大型发电机变压器
内部故障分析与继电保护

主编　王维俭　王祥珩　王赞基
参编　王善铭　孙宇光　桂　林
　　　毕大强　张琦雪　唐起超

中国电力出版社
CHINA ELECTRIC POWER PRESS

内 容 提 要

本书是清华大学电机工程与应用电子技术系 20 多年从事大机组继电保护的研究型著作，内容主要涉及三峡、龙滩电站等的发电机组保护的设计和研究。第 1 章前半部分系统地介绍大机组继电保护的理论基础——“多回路分析法”；后半部分集中讨论三峡、二滩、龙滩电站等的发电机内部短路主保护，总结了 20 多个电站的设计经验，改变了国内外长期应用的定性化设计传统，首次提出大机组主保护的定量化和优化设计新方法。第 2 章深入研究了大型发电机各种中性点接地方式的优缺点，以三峡电站发电机为对象，严谨地进行了全面的科学试验，最后提出三峡电站发电机中性点的最优接地方式。第 3 章着重研讨提高大型发电机定子单相接地保护的灵敏性和可靠性，提出了利用单相接地故障分量的定子单相接地保护新方案。第 4 章是变压器内部短路的数字仿真，对正确建立内部短路的变压器仿真模型提出了严谨、科学的方法，对 2 台电力变压器进行了内部短路的数字仿真和试验验证。

本书主要供继电保护和电机理论的专业技术人员，特别是主设备继电保护设计、运行和科研人员阅读，也可作为高等院校相关专业高年级的教学参考书。

图书在版编目（CIP）数据

大型发电机变压器内部故障分析与继电保护/王维俭，王祥珩，王赞基主编. —北京：中国电力出版社，2006.6（2020.9重印）

ISBN 978-7-5083-4131-6

Ⅰ. 大…　Ⅱ. ①王…　②王…　③王…　Ⅲ. ①发电机-故障诊断②变压器-故障诊断③发电机-继电保护④变压器-继电保护　Ⅳ. ①TM310.7 ②TM403.5

中国版本图书馆 CIP 数据核字（2006）第 014310 号

中国电力出版社出版、发行

（北京市东城区北京站西街 19 号　100005　http://www.cepp.sgcc.com.cn）

三河市航远印刷有限公司印刷

各地新华书店经售

*

2006 年 6 月第一版　　2020 年 9 月北京第五次印刷

787 毫米×1092 毫米　16 开本　22 印张　495 千字

印数 9001—9500册　　定价 **55.00** 元

Abstract

This book is written on the basis of more than twenty years' achievements in the field of great units relay protection by the authors and colleagues in the Department of Electrical Engineering, Tsinghua University. The main contents of the book are the design and research of the generator units protection in power stations, such as Three Gorges and Longtan Power Station.

This book is divided into four chapters. The first part of Chapter 1 gives a systematic introduction of the theory basis of great units protection—Multi-Loop Method. The second part of Chapter 1 discusses the main protection of the generators in some large hydro power stations such as Three Gorges, Ertan, and Longtan power station. Based on the summary of design experiences of more than twenty power stations, traditional qualitative design method used in and out of China for a long time has to be changed to give place to the new quantitative and optimized design method for great unit protection put forward in this part. In Chapter 2 the merits and disadvantages of various neutral grounding are researched in depth, and overall scientific experiments are carried out. Take Three Gorges power station generator as an example, the optimized neutral grounding for generators is presented for reference and discussion. Chapter 3 studies how to improve the sensitivity and reliability of stator grounding fault protection for large generators, and a new scheme for the stator grounding protection is put forward based on the fault component. Chapter 4 establishes the simulation model of transformer internal short circuits, and simulations and experiment validations are carried out for two transformers.

This book is a teaching material for training the professional in the field of relay protection and electric machine theory, and technology, especially for designer, operation engineer and researchers of main equipment protection. It is also a reference book for senior grade students of relative specialties in universities or colleges.

序 言

我国电力工业迅猛发展，发电机单机容量已达百万千瓦，为确保大型发电机、变压器安全运行，对其继电保护技术进行科学总结十分必要。本书在指出继电保护尚存在不足的基础上，对用最新技术装备的发电机、变压器继电保护进行了深入的研究和探讨。

继电保护技术的发展有赖于对短路故障特征的认识，而发电机、变压器绕组内部短路的分析计算，迄今尚未为国内外继电保护技术人员普遍掌握，以致发电机、变压器的主保护还停留在仅凭概念和传统经验的定性设计阶段，设计人员对被保护设备内部短路的故障特征心中无数，纵差保护的动作灵敏度仍沿用机端两相短路条件校验，横差保护则因技术原因无法作灵敏度校核，其结果是不论何种绕组结构的发电机或变压器，配置千篇一律的主保护方案，数十年间一成不变，保护技术长期停滞不前。

清华大学电机专业和继电保护专业科研人员的结合，在高景德教授的指导下，经20多年的跨学科合作努力，在国内外首先提出了“多回路分析法”，奠定了主设备主保护的理论基础，使发电机内部短路主保护技术面目一新，促进了“零序电流型横差保护”的推广和提高，“裂相或不完全裂相横差保护”和“纵差或不完全纵差保护”的完善和普及。

对于变压器内部短路计算的数字仿真，国内普遍采用国外的数学模型。本书指出该模型用于变压器绕组短路计算将严重失实，根据研究成果，开发了适用于继电保护的变压器内部短路计算仿真软件，将在大型电力工程中具体应用。

作者期望此书的问世将能使更多的中青年继电保护和电机专业工作者关注大型发电机、变压器继电保护新技术的研究和推广应用，尽快改变大机组主保护定性设计的现状。我们将一如既往地与国内外同行交流合作，共同促进主设备保护技术的发展，并竭诚欢迎广大读者批评指正。

本书由王维俭教授主编继电保护部分，由王祥珩教授主编发电机内部短路分析计算部分，由王赞基教授主编变压器内部短路分析计算部分。其中：

第 1 章由王祥珩教授和桂林博士执笔；

第 2 章由张琦雪博士执笔；

第 3 章由毕大强博士执笔；

第 4 章由王赞基教授和唐起超博士执笔；

附录一由王善铭副教授执笔；

附录二由孙宇光博士执笔；

附录三～附录八由桂林博士提供。

全书由王维俭教授统一整理定稿。

最后，欢迎读者指出错误，并提出批评和建议。

编著者谨识

2005.7.1

Preface

Nowadays electrical power industry has developed rapidly in China, and the power of a single generator has reached million kilowatts. In order to assure safe operation of large generators and transformers, it is necessary to study the relay protection technology of them. First pointing out the problems of current relay protection technology, this book will carry out a thorough research and discussion of the new development of the relay protection technology for generators and transformers.

The development of relay protection technology depends on correct understanding of the characteristics of short circuit faults, but up to now the analysis and calculation of the winding internal short circuit of the generators and transformers have not been mastered by general relay protection technologists in and out of China. Therefore main protection of generators and transformers is still at the stage of qualitative design only by concepts or traditional experiences. The designers have not understood the characteristics of internal short circuit faults, hence operation sensitivity of longitudinal differential protection is still verified according to two phases short circuit at the terminals, and the transverse differential protection sensitivity cannot be verified due to technical reasons. Under these circumstances the same main protection schemes are adopted for all generators and transformers regardless of the different windings configurations, which has resulted in the stagnancy of the main protection technology.

Under the guide of Professor Gao Jingde, the researchers of electrical machine and relay protection in the Department of Electrical Engineering, Tsinghua University, made joint efforts for more than twenty years to present Multi-Loop Method for the first time, and establish the theory basis of main protection for main equipments. Some new protection for generator internal faults, such as zero-sequence current transverse differential protection, complete and incomplete split-phase transverse differential protection, complete and incomplete longitudinal differential protection, are perfected and popularized with the application of the Multi-Loop Method.

China has used the mathematical model generally adopted in western countries in calculating the internal faults of transformers. But it is pointed out in this book that the model will cause obvious error. On the basis of the achievements made by the authors, the simulation software for the internal short circuit calculation of the transformers has been developed, and it will be applied in large electrical power engineering.

The authors of the book expect that the publication of the book will make more middle-aged and young technologists in the field of relay protection and electrical machine to pay more attention to the study and application of the new protection technologies for large generators and transformers, so that the status quo of qualitative design of large units can be changed as soon as possible.

We will cooperate with the technologists in and out of China as always to develop the protection technologies of the main equipments.

The editors in chief of this book are as follows: Professor Wang Weijian, for the part of relay protection; Professor Wang Xiangheng, for the part of internal short circuit calculation and analysis of the generators; Professor Wang Zanji, for the part of internal short circuit calculation and analysis of the transformers.

The authors are: Professor Wang Xiangheng and Doctor Gui Lin, for Chapter 1; Doctor Zhang Qixue, for Chapter 2; Doctor Bi Daqiang, for Chapter 3; Professor Wang Zanji and Doctor Tang Qichao, for Chapter 4; Associate Professor Wang Shanming, for Appendix 1; Doctor Sun Yuguang, for Appendix 2. Appendix 3 to 8 are provided by Doctor Gui Lin. All drafts of the book are finalized by Professor Wang Weijian.

Finally, we invite the readers to point out any errors that come to their attention. We also welcome any comments and suggestions.

符号说明

一、设备文字符号

C	电容器	TA	电流互感器、自耦变压器
L	电抗器、消弧线圈	TN（Tn）	中性点接地变压器
R	电阻器	TV	电压互感器
T	变压器		

二、主要物理量符号

A	矢量磁位	u	交流电压瞬时值
B	磁通密度	W	磁场能量
F	磁通势	w	绕组匝数
f	频率	$X(x)$	电抗
G（g）	电导	$Y(y)$	导纳（模值）
H	磁场强度	Z	阻抗（复数）、总槽数
I	交流电流有效值或直流电流	z	阻抗模值
i	交流电流瞬时值	δ	功角，气隙
J	电流密度	φ	功率因数角、阻抗角
l	线路长度	$\Psi(\psi)$	磁链
L	电感	ϕ	磁通
M	互感	ω	角频率、角转速
n	转速、变比	λ	气隙导磁系数
P	极对数、有功功率	γ	转子位置角
Q	无功功率	μ	磁导率
$R(r)$	电阻	ν	磁阻率
S	视在功率	σ	电导率
s	斜率	α	绕组接地故障位置
T	转矩、周期、时间常数	Δ	增量
t	时间	a	每相并联分支数
U	交流电压有效值或直流电压	p	微分算子

三、主要角标符号

A、B、C	三相（原方）	a、b、c	三相（副方）

d	阻尼绕组量、差动
f	故障
k	短路
fd	励磁绕组量
e	接地
e*l*	与端部漏磁场有关的量
h	高压侧
kL	短路回路
l	与漏磁场有关的量
m	幅值、互感
max	最大
min	最小
n，o	中性点
N	额定
1、2、0	正、负、零序
0	空载
op	动作
res	制动
sen	灵敏
set	整定
t	机端

目　录

序　言

符号说明

第1章　大型发电机内部短路分析与继电保护 …… 1

1.1　概述 …… 1

1.1.1　大型发电机内部短路分析及其保护研究的必要性 …… 1

1.1.2　交流电机内部故障的分析方法 …… 2

1.1.3　交流电机定子绕组内部故障的研究历史及发展趋势 …… 3

1.2　同步电机定子绕组内部短路分析——多回路理论 …… 4

1.2.1　同步电机定子绕组内部短路的数学模型 …… 4

1.2.2　同步电机定子绕组内部短路时的回路参数 …… 12

1.3　同步电机定子绕组内部短路仿真计算及实验研究 …… 15

1.3.1　凸极同步电机内部短路的瞬态实验和仿真 …… 15

1.3.2　隐极同步电机内部短路的瞬态实验和仿真 …… 18

1.3.3　同步电机内部短路的稳态实验和仿真 …… 23

1.4　大型水轮发电机多回路模型的合理简化 …… 26

1.4.1　等效纵轴和等效横轴阻尼绕组的处理方法 …… 27

1.4.2　阻尼绕组的简化笼型模型 …… 30

1.5　同步电机定子绕组内部短路规律的探讨 …… 32

1.6　大型发电机内部短路主保护的基本原理及发展 …… 33

1.6.1　概述 …… 33

1.6.2　发电机定子绕组的同槽和端部交叉故障 …… 34

1.6.3　零序电流型横差保护 …… 35

1.6.4　裂相横差保护 …… 39

1.6.5　不完全纵差保护 …… 47

1.6.6　完全纵差保护 …… 51

1.7　大型发电机主保护配置方案的定量化设计 …… 52

1.7.1　发电机主保护配置方案设计的现状 …… 52

1.7.2　三峡左岸电站发电机主保护配置方案的定量化设计 …… 53

1.7.3　定量化设计的重要性 …… 61

1.7.4　对发电机主保护配置方案定量化及优化设计的认识 …… 65

1.7.5 大型发电机主保护配置方案的优化设计 …… 66
1.7.6 大型发电机主保护配置方案定量化及优化设计的推广与应用 …… 68
1.7.7 三峡右岸电站发电机（HEC机组）主保护配置方案的定量化及优化设计 …… 75
1.7.8 水轮发电机主保护配置方案定量化及优化设计规则的总结 …… 88
1.8 大型汽轮发电机主保护配置方案的定量化设计 …… 92
1.8.1 大型汽轮发电机定子绕组同槽同相情况的调研 …… 92
1.8.2 大型汽轮发电机主保护配置方案的定量化设计 …… 94
1.9 加强主保护，简化后备保护 …… 97
参考文献 …… 98
第2章 大型发电机中性点接地方式的研讨 …… 101
2.1 概述 …… 101
2.1.1 大型发电机中性点基本的接地方式 …… 101
2.1.2 国内外大型发电机中性点接地方式的基本状况 …… 102
2.1.3 选择大型发电机中性点接地方式的三条基本原则 …… 103
2.2 中性点接地方式的认识和分歧 …… 104
2.2.1 对定子单相接地故障电流允许值的认识 …… 104
2.2.2 对定子单相接地故障暂态过电压的认识 …… 106
2.2.3 消弧线圈接地方式的特殊问题 …… 107
2.2.4 两种接地方式的分歧 …… 110
2.3 几种简单的分析方法 …… 110
2.3.1 零序电压的稳态模型 …… 110
2.3.2 采用叠加原理的分析方法 …… 111
2.3.3 暂态网络分析仪（TNA）方法 …… 111
2.3.4 准分布电容参数的PSpice方法 …… 112
2.4 多回路数学模型及其验证 …… 113
2.4.1 数学模型及推导 …… 113
2.4.2 仿真及试验验证 …… 119
2.5 发电机中性点消弧线圈接地方式的规律 …… 130
2.5.1 消弧线圈串联电阻的影响 …… 131
2.5.2 消弧线圈合谐度的影响 …… 134
2.5.3 发电机频率偏移的影响 …… 134
2.5.4 不同燃弧时刻接地故障电流的规律 …… 137
2.6 发电机中性点经高阻接地方式的规律 …… 138
2.6.1 中性点接地电阻对熄弧电压恢复过程的影响 …… 138
2.6.2 中性点接地电阻对重燃弧过电压的影响 …… 139

2.6.3 中性点接地电阻对故障电流的影响 …… 140
2.6.4 发电机频率偏移的影响 …… 141
2.7 三峡电站大型发电机中性点接地方式的选择 …… 142
2.7.1 三峡电站大型发电机组的特点 …… 142
2.7.2 三峡电站大型发电机中性点现有接地方式及参数 …… 143
2.7.3 接地故障电流不应伤及定子铁心 …… 143
2.7.4 重燃弧过电压不能危及绝缘 …… 144
2.7.5 两种接地方式的参数设置 …… 146
2.8 结论 …… 147
参考文献 …… 148
第3章 发电机定子单相接地故障分析及其保护 …… 151
3.1 概述 …… 151
3.1.1 定子单相接地故障及其对保护的要求 …… 151
3.1.2 定子单相接地保护的国内外研究状况 …… 152
3.2 定子单相接地故障零序电压和故障电流的特点 …… 155
3.2.1 机端和中性点零序电压的变化特点 …… 156
3.2.2 接地故障电流的变化特点 …… 159
3.3 现有定子单相接地保护的分析比较 …… 161
3.3.1 基波零序电压型定子单相接地保护 …… 161
3.3.2 3次谐波电压型定子单相接地保护 …… 163
3.3.3 几种提高定子单相接地保护灵敏度和可靠性的方法 …… 164
3.4 基于故障分量的3次谐波电压型定子单相接地保护 …… 166
3.4.1 保护原理基础 …… 166
3.4.2 保护方案 …… 168
3.4.3 保护装置试验结果 …… 171
3.5 基于小波变换的定子单相接地保护的研究 …… 175
3.5.1 噪声对基于小波变换模极大值接地保护的影响 …… 175
3.5.2 基小波与算法的选择 …… 179
3.5.3 基于变尺度小波变换的定子单相接地保护能量法 …… 179
3.5.4 定子单相接地保护能量法的仿真分析 …… 180
3.5.5 定子单相接地保护能量法的试验验证 …… 183
3.6 外加20Hz电源定子单相接地保护的分析与改进 …… 190
3.6.1 电源内阻和注入频率的影响分析与电流判据的改进 …… 190
3.6.2 中性点接地装置参数的影响分析及导纳判据的改进 …… 194
参考文献 …… 201

第 4 章　大型变压器内部故障分析与继电保护 …… 205

4.1　概述 …… 205
4.1.1　变压器内部短路故障保护的现状 …… 205
4.1.2　现有变压器故障保护的原理 …… 206
4.1.3　变压器内部故障差动保护存在原理性问题 …… 207
4.2　变压器内部短路分析的理论基础 …… 209
4.2.1　变压器绕组的基本结构 …… 209
4.2.2　变压器的漏磁场 …… 211
4.2.3　从磁场能量的角度计算变压器的短路电抗 …… 212
4.2.4　从磁场分布计算变压器漏电感 …… 215
4.2.5　变压器的短路电抗与电感矩阵的关系 …… 224
4.3　电力变压器内部短路分析 …… 225
4.3.1　变压器原边侧内部对地短路对漏磁场分布和短路电抗的影响 …… 225
4.3.2　变压器原边侧内部匝间短路对漏磁场分布和短路电抗的影响 …… 229
4.3.3　变压器副边侧内部发生对地短路对漏磁场分布和短路电抗的影响 …… 232
4.3.4　绕组内部短路对短路电抗的影响 …… 234
4.4　普通双绕组电力变压器内部短路仿真分析和实验验证 …… 234
4.4.1　实验变压器结构及参数 …… 234
4.4.2　线圈内部对地短路的仿真分析 …… 235
4.4.3　线圈内部匝间短路故障分析 …… 238
4.4.4　相间短路故障仿真分析 …… 241
4.4.5　纵差保护和零差保护分析 …… 245
4.4.6　实验验证 …… 248
4.5　自耦电力变压器内部短路故障仿真分析 …… 251
4.5.1　变压器结构及参数 …… 252
4.5.2　高压绕组接地短路故障分析 …… 252
4.5.3　匝间短路故障分析 …… 254
4.5.4　相间短路故障分析 …… 262
4.5.5　纵差保护和零差保护灵敏度分析 …… 263
4.6　双侧供电的自耦变压器内部短路故障仿真分析 …… 267
4.6.1　高压绕组接地短路故障分析 …… 267
4.6.2　匝间短路故障分析 …… 270
4.6.3　相间短路故障分析 …… 276
4.6.4　纵差保护和纵差/零差保护灵敏度分析 …… 279
参考文献 …… 282
附录一　电机的多回路参数计算 …… 283

附录二 发电机内部短路暂态分析 …… 302
附录三 水轮发电机定子绕组内部故障分析计算用原始资料 …… 322
附录四 汽轮发电机定子绕组内部故障分析计算用原始资料 …… 324
附录五 变压器绕组内部故障分析计算用原始资料 …… 326
附录六 12kW 凸极实验电机的主要数据 …… 327
附录七 许继动模实验室 30kVA 凸极同步发电机的主要数据 …… 329
附录八 许继动模实验室 30kVA 隐极同步发电机的主要数据 …… 330

Preface
List of Symbols

Chapter 1 Analysis and Relay Protection of Internal Faults in Large Generators ··· 1

1.1 General description ··· 1
1.1.1 Necessity of analysis and relay protection of internal faults in large generators ··· 1
1.1.2 Analysis methods of internal faults of AC machines ··· 2
1.1.3 History and trend of the research on internal faults in AC machines ··· 3
1.2 Internal fault analysis of stator windings in synchronous machines—Multi-Loop Theory ··· 4
1.2.1 Mathematical model of stator internal short circuits in synchronous machines ··· 4
1.2.2 Loop parameters of synchronous machines with stator internal short circuits ··· 12
1.3 Simulation and experiment research of stator internal short circuits in synchronous machines ··· 15
1.3.1 Transient experiment and simulation of stator internal short circuits in salient-pole synchronous machines ··· 15
1.3.2 Transient experiment and simulation of internal short circuits in non-salient-pole synchronous machines ··· 18
1.3.3 Steady-state experiment and simulation of stator internal short circuits in synchronous machines ··· 23
1.4 Reasonable simplification of Multi-Loop Model of large hydro-generators ··· 26
1.4.1 Equivalent direct-axis damper windings and equivalent cross-axis damper windings ··· 27
1.4.2 Simplified cage model of damper windings ··· 30
1.5 Discussion of rules for stator internal short circuits in synchronous machines ··· 32
1.6 Basic principles and development of main protection for internal short circuits in large generators ··· 33

1.6.1 General description ······ 33
1.6.2 Slot and end cross faults of stator windings of generators ······ 34
1.6.3 Zero-sequence current transverse differential protection ······ 35
1.6.4 Split-phase transverse differential protection ······ 39
1.6.5 Incomplete longitudinal differential protection ······ 47
1.6.6 Complete longitudinal differential protection ······ 51
1.7 Quantitative design of main protection configuration schemes for large generators ······ 52
1.7.1 Current situation of designing main protection configuration schemes for generators ······ 52
1.7.2 Quantitative design of main protection configuration schemes for Three Gorges left bank generator ······ 53
1.7.3 Importance of quantitative design ······ 61
1.7.4 Knowledge of quantitative design and optimized design of main protection configuration schemes for generators ······ 65
1.7.5 Optimized design of main protection configuration schemes for large generators ······ 66
1.7.6 Popularization and application of quantitative design and optimized design of main protection configuration schemes for large generators ······ 68
1.7.7 Quantitative design and optimized design of main protection configuration schemes for Three Gorges right bank generator ······ 75
1.7.8 Generalization of the rules of quantitative design and optimized design of main protection configuration schemes for hydro-generators ······ 88
1.8 Quantitative design of main protection configuration schemes for large turbo-generators ······ 92
1.8.1 Investigation on stator slot faults in the same phase for large turbo-generators ······ 92
1.8.2 Quantitative design of main protection configuration schemes for large turbo-generators ······ 94
1.9 Strengthen main protection and simplify reserve protection ······ 97
References ······ 98

Chapter 2 Research and Discussion on the Neutral Grounding Method of Large Generators ······ 101

2.1 General description ······ 101

2.1.1 Common neutral grounding methods of large generators 101
2.1.2 General situation of neutral grounding methods of large generators in and out of China 102
2.1.3 Three basic principles of selecting proper neutral grounding methods for large generators 103
2.2 Knowledge and divergence on the methods of neutral grounding 104
2.2.1 Knowledge of the allowable value of stator grounding fault current 104
2.2.2 Knowledge of the transient over-voltage during stator grounding 106
2.2.3 Special problems of neutral grounding with Peterson Coil 107
2.2.4 Divergence between the two methods of neutral grounding 110
2.3 Some simple methods of analyzing stator grounding faults 110
2.3.1 Steady zero-sequence voltage model 110
2.3.2 Analyzing method with superposition 111
2.3.3 Transient Network Analysis (TNA) Method 111
2.3.4 PSpice Method using quasi-distribution capacitance stator windings to ground 112
2.4 Multi-Loop Model and experiment verifications 113
2.4.1 Mathematic model and formulas derivation 113
2.4.2 Digital simulations and experiment verifications 119
2.5 Rules of generator neutral grounding with Peterson Coil 130
2.5.1 Effects of the series resistance of Peterson Coil 131
2.5.2 Effects of the tuning degree of Peterson Coil 134
2.5.3 Effects of generator frequency deviation 134
2.5.4 Rules of stator grounding fault current occurring at different times 137
2.6 Rules of generator neutral grounding with high resistance 138
2.6.1 Effects on recovery voltage while using different neutral grounding resistances 138
2.6.2 Effects on re-strike over-voltage while using different neutral grounding resistances 139
2.6.3 Effects on grounding fault current while using different neutral grounding resistances 140
2.6.4 Effects of generator frequency deviation 141
2.7 Proper selection of neutral grounding method for the Three Gorges Generators 142
2.7.1 Characteristics of the Three Gorges Generators 142
2.7.2 Current neutral grounding method and parameters of the Three

Gorges Generators ········ 143
2.7.3 Limitation of grounding fault current to avoid damage of stator core ········ 143
2.7.4 Limitation of re-strike over-voltage to avoid damage of insulation layer ········ 144
2.7.5 Parameters setting of two methods of neutral grounding ········ 146
2.8 Conclusions ········ 147
References ········ 148

Chapter 3 Analysis and Protection of Stator Grounding Fault for Generators ········ 151

3.1 General description ········ 151
3.1.1 Stator grounding fault and its requirements of protection ········ 151
3.1.2 Current situation of research on stator grounding fault protection ········ 152
3.2 Characteristics of fault current and zero-sequence voltage of stator grounding fault ········ 155
3.2.1 Variational characteristics of zero-sequence voltage at terminal and neutral ········ 156
3.2.2 Variational characteristics of grounding fault current ········ 159
3.3 Comparison of the present stator grounding fault protections ········ 161
3.3.1 Zero-sequence fundamental voltage based protection ········ 161
3.3.2 Third harmonic voltage based protection ········ 163
3.3.3 Methods to improve the sensitivity and reliability of protection ········ 164
3.4 Fault component of third harmonic voltage based stator grounding fault protection ········ 166
3.4.1 Fundamental principle of protection ········ 166
3.4.2 Protection schemes ········ 168
3.4.3 Experimental results of protection equipment ········ 171
3.5 Studies on wavelet transform based stator grounding fault protection ········ 175
3.5.1 Effect of noise on the modulus maximum of wavelet transform based protection ········ 175
3.5.2 Choice of base wavelet and calculating algorithm ········ 179
3.5.3 multiscale Wavelet transform based energy method to detect the stator grounding fault ········ 179
3.5.4 Simulation analysis ········ 180
3.5.5 Experiment verifications ········ 183
3.6 Analysis and improvement of the protection by injecting 20Hz signal ········ 190

3.6.1 Effect analysis of the internal resistance and frequency of power supply and improvement on the current based protection scheme …… 190
3.6.2 Effect analysis of the parameters of grounding equipment at neutral and improvement on the admittance based protection scheme ………… 194
References ……… 201

Chapter 4 Analysis and Relay Protection for Internal Faults in Large Power Transformers ……… 205

4.1 General description ……… 205
4.1.1 Existing situation of relay protection for internal faults of power transformers ……… 205
4.1.2 Principles of relay protection for internal faults of power transformers ……… 206
4.1.3 Existing problems of differential relay protection for internal faults of power transformers ……… 207
4.2 Fundamentals of internal short circuit analysis of power transformers ……… 209
4.2.1 Basic structures of power transformer windings ……… 209
4.2.2 Leakage fields of power transformers ……… 211
4.2.3 Calculation of short-circuit reactance of power transformers based on magnetic energy ……… 212
4.2.4 Calculation of leakage inductances of power transformers based on magnetic field distributions ……… 215
4.2.5 Relationship between short-circuit reactance and inductance parameters ……… 224
4.3 Analysis of internal short circuit of power transformers ……… 225
4.3.1 Effects of primary winding internal ground short circuit on leakage field distributions and short-circuit reactance ……… 225
4.3.2 Effects of primary winding internal inter-turn short circuit on leakage field distributions and short-circuit reactance ……… 229
4.3.3 Effects of internal ground short circuit in secondary winding on leakage field distributions and short-circuit reactance ……… 232
4.3.4 Effects of internal short circuits on short-circuit reactance ……… 234
4.4 Simulations and experiment verifications of internal short circuits in a double-winding power transformer ……… 234
4.4.1 Description of the structure and parameters of the transformer ……… 234
4.4.2 Simulations of ground short circuit ……… 235
4.4.3 Simulations of inter-turn short circuit ……… 238

4.4.4 Simulations of inter-phase short circuit ········ 241
4.4.5 Sensitivity analysis of longitudinal differential protection and zero differential protection ········ 245
4.4.6 Experiment verifications ········ 248
4.5 Simulations of internal short circuits in an power autotransformer ········ 251
4.5.1 Descriptions of the structure and parameters of the autotransformer ········ 252
4.5.2 Simulations of ground short circuit ········ 252
4.5.3 Simulations of inter-turn short circuit ········ 254
4.5.4 Simulations of inter-phase short circuit ········ 262
4.5.5 Sensitivity analysis of longitudinal differential protection and zero differential protection ········ 263
4.6 Simulations of internal short circuits in a double-side supplied autotransformer ········ 267
4.6.1 Simulations of ground short circuit ········ 267
4.6.2 Simulations of inter-turn short circuit ········ 270
4.6.3 Simulations of inter-phase short circuit ········ 276
4.6.4 Sensitivity analysis of longitudinal differential protection and zero differential protection ········ 279
References ········ 282
Appendix 1 Calculation of Multi-Loop Parameters of AC Machines ········ 283
Appendix 2 Transient Analysis of Internal Faults in AC Machines ········ 302
Appendix 3 Primal Data Needed for Analysis and Calculation of Internal Faults of Stator Windings in Hydro-generators ········ 322
Appendix 4 Primal Data Needed for Analysis and Calculation of Internal Faults of Stator Windings in Turbo-generators ········ 324
Appendix 5 Primal Data Needed for Analysis and Calculation of Internal Faults of Windings in Transformers ········ 326
Appendix 6 Main Data of the 12kW Experimental Salient-Pole Synchronous Machine ········ 327
Appendix 7 Main Data of the 30kVA Salient-Pole Synchronous Machine in Xu Ji Dynamic Analog Experimental Laboratory ········ 329
Appendix 8 Main Data of the 30kVA Non-Salient-Pole Synchronous Machine in Xu Ji Dynamic Analog Experimental Laboratory ········ 330

第1章 大型发电机内部短路分析与继电保护

1.1 概述

1.1.1 大型发电机内部短路分析及其保护研究的必要性

交流发电机定子绕组内部故障是电机常见的破坏性很强的故障。内部故障时很大的短路电流会产生破坏性严重的电磁力，也可能产生过热，烧毁绕组和铁心。故障产生的非同步磁场可能大大超过设计允许值，造成转子的严重损伤。对大型发电机来说，内部故障造成的破坏尤其严重。大型发电机内部故障还可能对电力系统的安全运行造成巨大危害。因此，配置可靠的发电机内部短路主保护是电力工作者的重要任务。

但长期以来，发电机内部短路主保护只讨论机端两相短路的灵敏度，对横差保护更无法讨论灵敏度问题。设计发电机主保护配置方案，只凭经验和概念作定性分析，对发电机定子绕组内部短路时主保护的灵敏度设计者心中无数。其根本原因是不掌握发电机内部短路的分析和计算方法。

为了掌握发电机内部短路时各电气量的变化规律，以设计性能优良的发电机主保护来减轻内部短路对发电机和系统的损害，电机界和保护界的专家学者对电机内部故障及其主保护进行了长期的研究。

对于交流发电机定子绕组内部故障，以前多用对称分量法分析，既无法考虑气隙磁场谐波的作用，也不能考虑绕组空间位置的影响，又无法得到所有绕组分支的不同电流，因而其分析结果不能指导发电机内部短路继电保护的设计。

20世纪70年代大古力电站615～700MVA发电机的保护中，考虑了内部故障和气隙偏心等因素，引起了国际学术界和工程界的广泛关注。那时国际上还普遍采用对称分量法计算发电机内部故障，国内专家也试图用对称分量法分析内部故障，但由于对称分量法在分析内部故障时的根本缺欠，内部故障的定量计算问题一直得不到解决。

近年来随着科学技术的发展，电机理论的拓宽和计算技术的进步，为交流电机定子绕组内部短路的研究提供了新的途径，也为发电机主保护技术的发展奠定了坚实的理论基础。

1.1.2 交流电机内部故障的分析方法

同步电机定子绕组内部故障时的一个重要特征是电机气隙磁场有很强的空间谐波，因此理想电机模型不再适用，相应地，如果采用基于理想电机模型的 dq0 坐标系统及相应的 Park 方程就会产生很大的误差。

对称分量法是分析电机不对称运行的传统手段，它以研究电机电流、电压的基波和气隙磁场的基波为基础。交流电机定子绕组发生内部故障时气隙磁场有很强的谐波分量，定子各回路电流也有较强的谐波。这些谐波的存在使得对称分量法的误差增加；气隙磁场谐波的存在还使得对称分量法中的各相序分量间不再是独立的（正序电流与负序电压间或负序电流与正序电压间可能有依存关系），从而丧失了使用对称分量法的优点。

相坐标法可以考虑气隙磁场谐波对参数的影响。但应用相坐标法研究问题时是将相绕组作为一个整体来列写方程和计算参数的，定子绕组内部故障时的相绕组不再是一个完整的整体，所以相坐标法也不适合用来分析定子绕组的内部故障。

可见，为了分析交流电机内部各种故障，必须研究新的理论和方法。

在高景德教授的指导下，清华大学电机系相关科研组提出了交流电机的多回路理论。按照多回路理论，电机被看作由相互运动的多个回路组成的电路，因而可以按一般的电路法则研究电机的运行行为。但是，由于电机转子的旋转，电机各回路的电感参数多是随转子位置而变化的时变参数，而且这些电感参数的数值受到铁磁饱和的影响。在发生内部故障时，电机的电路有了变化，电机的气隙磁场出现了很强的谐波，计算电机的电感参数时必须考虑这些磁场谐波的作用。这就是用多回路分析法研究电机的主要特点和难点。

经过多年的工作，运用多回路分析法对交流电机定子绕组内部故障和异步电机鼠笼转子断环断条故障进行了全面的研究，包括数学建模、分析计算、实验验证等。在此基础上对大型发电机的定子绕组内部故障的保护方案作了全面论证，并提出了动作可靠、灵敏度高、装置简便的内部故障保护方案，经多座电站采用，证明了它的有效性，其相关理论内容已列入文献［1］。上述成果为电机及其保护理论的发展和电机的安全运行做出了重要贡献。

目前用多回路分析法已经基本解决了同步电机内部故障的稳态和暂态[22~26]计算问题，但在计算电感参数时只能粗略考虑铁磁饱和的影响，无法计及内部故障后电机铁心随时间、空间而变化的饱和因素，特别是磁极形状、齿槽影响等。多回路数学模型的计算精度虽然能满足一般工程的要求，但求解内部故障时的电流谐波问题和暂态过程有时会产生比较大的计算误差。

近几年来，为了探索更加准确的计算方法以满足某些特殊场合的需要，清华大学电机系又将电机电磁场的有限元计算与多回路方法相结合，提出并建立了定子内部故障的场路耦合数学模型[38]，在此基础上对同步发电机三相突然短路和定子绕组的各种内部故障等进行了暂态仿真，不仅能考虑绕组的空间位置、连接方式，还能细致地考虑凸极效应、齿槽影响、铁心的饱和和涡流等因素。有关这部分的详细内容请参看附录二。

1.1.3 交流电机定子绕组内部故障的研究历史及发展趋势

交流电机定子绕组内部故障是常见的危害性严重的故障之一。早在20世纪60年代，Kinisty就用对称分量法进行了研究[14,15]。到了70年代，我国学者也试图用对称分量法分析内部故障[16,17]。对称分量法通常以分析气隙磁场的空间基波和电流、电压的时间基波为主，而定子绕组内部故障时，如文献[1]所述，气隙磁场的分数次谐波和低次谐波很强，定子电流、电压也出现较强的谐波，对称分量法无法考虑这些谐波的影响，因而误差很大，其分析结果不能指导内部短路继电保护的设计。

文献[18～20]采用相坐标法研究电机的运行行为。相坐标法可以考虑气隙磁场的谐波作用，对分析电机的谐波问题和电力系统的不对称问题十分方便；但当涉及交流电机内部故障问题时，以相绕组为基本单元的相坐标法亦有其局限性。

为了更好地研究定子绕组的内部不对称问题，文献[1～3]提出了交流电机的多回路分析法。其要点是：以单个线圈为基本单元，列写电机各回路的电压方程和磁链方程，计算电机各回路的电感系数，这样就得到一个时变系数的微分方程组；解这个微分方程组，就可以得到瞬态和稳态电流。文献[4]用多回路分析法分析了凸极同步发电机空载稳态时定子绕组内部故障，计算了用其他方法难以计算的定子绕组所有分支电流，充分考虑了绕组的结构、连接方式、故障的空间位置等因素对定子绕组内部故障的影响，对各种内部不对称稳态作了深入的研究。文献[5，6]进一步分析了负载稳态时定子绕组内部故障，并考虑了电机饱和的情况，建立了凸极同步发电机负载稳态时定子绕组内部不对称的数学模型，提出了求解方法和内部故障保护方案；在计算电感系数时，说明了气隙磁导分析法和磁场数值分析法的一致性，指出用气隙磁导分析法计算量相对要小。

世界各先进工业国家对交流电机内部故障的研究也日益广泛和深入。文献[7]分析了汽轮发电机定子绕组内部故障和非正常运行状况，所采用的分析方法与多回路分析法相似。文献[8，9]对异步电机绕组不对称的瞬态和稳态进行了研究，并讨论了异步电机绕组不对称对电机性能的影响和危害，对大型异步电机的在线监测很有实际意义。

凸极同步电机气隙不均匀，在发生定子绕组内部故障时气隙磁场的谐波更复杂。近年来在该领域的国外论文也多了起来。文献[10]研究内部故障，在计算绕组电感参数时考虑了气隙磁场的奇次谐波。但是这时气隙磁场除了奇次谐波外，还存在很强的分数次和偶次谐波，计算电感时忽略上述谐波将引起很大的误差。文献[11～13]将有内部故障的绕组分为两个子绕组，并把每个子绕组处理成等值的正弦绕组，忽略了气隙磁场的谐波，但文中没有给出这样处理的充分理由，同时也没有给出实验验证。

国内一些高校近年来应用多回路法研究交流电机内部故障，也取得了不少成果，如华中科技大学、东南大学、华北电力大学等。有的学者提出了简化的数学模型，把内部短路时的非故障支路合并，这样虽然减少了回路数，但增加了计算误差，而且不能得到所有各支路的不同电流，由此得到的内部短路保护装置的可靠性就有疑问了。实际上，用比较严格的多回路分析法计算交流电机内部故障稳态，在现代PC机上已是完全可以接受的，过多的简化是不必要的。

1.2 同步电机定子绕组内部短路分析——多回路理论

1.2.1 同步电机定子绕组内部短路的数学模型

基于多回路分析法建立的同步电机定子绕组内部故障的数学模型，就是将电机看作由多个相互运动的回路组成的电路，按照定、转子绕组的实际回路来列写电压和磁链方程。

下面在建立电机各回路的电压方程和磁链方程时，各电磁量正方向是这样选择的：在所有回路，正值的电流都产生正值的磁链；电压、电流关系都按电动机惯例，即向绕组方向看，回路电压与电流的正方向一致。

一、定子回路方程

同步发电机一般是联网负载运行的，考虑到定子绕组的电流、电压都要受到机端电网电压的约束，对定子绕组采用回路电压的方程比较方便。图 1-1 以每相 2 分支的电机为例，说明了定子回路与支路的关系。图中实线箭头和相应的数字代表定子各支路的正方向和支路号；虚线箭头和带括号的数字代表定子回路的正方向和回路序号；R_T 和 L_T 分别表示系统（包括升压变压器）的等值电阻和漏电感；R_f 表示短路过渡电阻。

如图 1-1 所示，将每个未发生内部短路的绕组分支当作一个支路，当发生绕组内部短路时，从短路点把该分支分成两个支路。如果每相的正常支路数为 n，那么定子绕组的支路数 m 为

$$m=\begin{cases}3n, & \text{未发生内部故障时[见图 1-1(a)]}\\3n+1, & \text{发生同支路匝间短路时[见图 1-1(b)]}\\3n+2, & \text{发生不同支路间短路时[见图 1-1(c)、(d)]}\end{cases}$$

按照图 1-1 所示选择定子回路，正常绕组有 $N_S=3n-1$ 个回路；发生内部故障就会增加一个故障回路，形成 $N_S=3n$ 个回路。回路电流与支路电流之间，可以通过下面的线性变换相互转化

$$\boldsymbol{I}_S=\boldsymbol{H}_1\boldsymbol{I}'_S \tag{1-1}$$

$$\boldsymbol{I}'_S=\boldsymbol{H}_2\boldsymbol{I}_S \tag{1-2}$$

式中：向量 $\boldsymbol{I}_S$ 代表定子各支路的电流，$\boldsymbol{I}_S=[i_{S,1}\,i_{S,2}\cdots i_{S,m}]^T$；$\boldsymbol{I}'_S$ 代表定子各回路的电流，$\boldsymbol{I}'_S=[i'_{S,1}\,i'_{S,2}\cdots i'_{S,N_S}]^T$；变换矩阵 $\boldsymbol{H}_1$ 和 $\boldsymbol{H}_2$ 见后。

然后可得到定子各回路电压与电流的关系

$$\boldsymbol{U}'_S=p\boldsymbol{\Psi}'_S+\boldsymbol{R}'_S\boldsymbol{I}'_S \tag{1-3}$$

式中：p 为微分算子 d/dt；N_S 维向量 $\boldsymbol{U}'_S$、$\boldsymbol{\Psi}'_S$ 和 $\boldsymbol{I}'_S$ 分别代表定子各回路的电压、磁链和电流；$\boldsymbol{R}'_S$为定子回路电阻矩阵，是 N_S 阶的常数方阵。

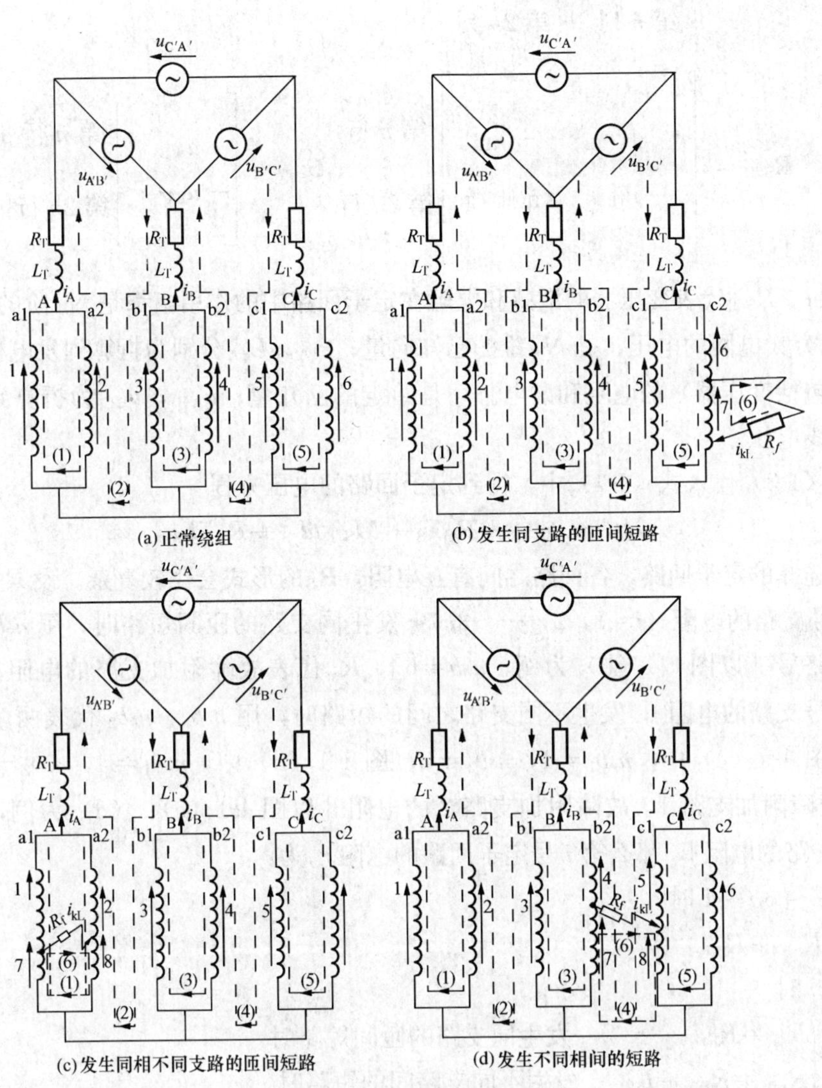

图 1-1 定子回路的选择

再考虑到电机与电网负载的连接，可得定子回路电压的约束方程为

$$\boldsymbol{U}_{\infty}=\boldsymbol{U}'_{\mathrm{S}}+\boldsymbol{M}_{\mathrm{S,T}}p\boldsymbol{I}'_{\mathrm{S}}+\boldsymbol{R}_{\mathrm{S,T}}\boldsymbol{I}'_{\mathrm{S}} \tag{1-4}$$

$$\boldsymbol{M}_{\mathrm{S,T}}=\begin{array}{c}\cdots\text{第 }n\text{ 列}\cdots\text{第 }2n\text{ 列}\cdots\\ \left[\begin{array}{cc} L_{\mathrm{TA}}+L_{\mathrm{TB}} & -L_{\mathrm{TB}}\\ -L_{\mathrm{TB}} & L_{\mathrm{TB}}+L_{\mathrm{TC}}\end{array}\right]\end{array}\begin{array}{l}\vdots\\ \text{第 }n\text{ 行}\\ \vdots\\ \text{第 }2n\text{ 行}\\ \vdots\end{array}$$

$$\cdots \text{第 } n \text{ 列} \cdots \text{第 } 2n \text{ 列} \cdots$$

$$\boldsymbol{R}_{\mathrm{S,T}} = \begin{bmatrix} & & \\ r_{\mathrm{TA}} + r_{\mathrm{TB}} & -r_{\mathrm{TB}} & \\ -r_{\mathrm{TB}} & r_{\mathrm{TB}} + r_{\mathrm{TC}} & \\ & & \end{bmatrix} \begin{matrix} \vdots \\ \text{第 } n \text{ 行} \\ \vdots \\ \text{第 } 2n \text{ 行} \\ \vdots \end{matrix}, \boldsymbol{U}_{\infty} = \begin{bmatrix} \\ -u_{\mathrm{A'B'}} \\ -u_{\mathrm{B'C'}} \\ \\ \end{bmatrix} \begin{matrix} \vdots \\ \text{第 } n \text{ 行} \\ \vdots \\ \text{第 } 2n \text{ 行} \\ \vdots \end{matrix}$$

式中：$\boldsymbol{M}_{\mathrm{S,T}}$、$\boldsymbol{R}_{\mathrm{S,T}}$代表变压器的漏感和电阻在定子回路中的作用，都是 N_{S} 阶的常数方阵；$\boldsymbol{U}_{\infty}$代表无穷大电网的电压，是 N_{S} 维的已知向量；r_{TA}，L_{TA}分别为折算到发电机一侧的 A 相系统（包括变压器）的电阻和漏电感，是给定的已知量；$u_{\mathrm{A'B'}}$，$u_{\mathrm{B'C'}}$为折算到发电机一侧的电网线电压。

将式（1-3）代入式（1-4）中，得到定子回路的电压方程

$$\boldsymbol{U}_{\infty} = p\boldsymbol{\Psi}'_{\mathrm{S}} + \boldsymbol{R}'_{\mathrm{S}}\boldsymbol{I}'_{\mathrm{S}} + \boldsymbol{M}_{\mathrm{S,T}}p\boldsymbol{I}'_{\mathrm{S}} + \boldsymbol{R}_{\mathrm{S,T}}\boldsymbol{I}'_{\mathrm{S}} \tag{1-5}$$

这样选择的定子回路，各回路之间有互电阻，$\boldsymbol{R}'_{\mathrm{S}}$的形式会比较复杂。设 $R_{\mathrm{S},i}$为正常绕组的第 i 号支路的电阻（i=1，2，…，$3n$）；发生同支路的匝间短路时，用 nsb 代表发生故障的支路号［以图 1-1（b）为例，$nsb=6$］，R_{sa}代表故障附加支路的电阻［如图 1-1（b）中 7 号支路的电阻］；发生不同支路之间的短路时，用 nsb_1、nsb_2 代表两个故障支路的编号［图 1-1（c）中，$nsb_1=1$，$nsb_2=2$；图 1-1（d）中，$nsb_1=4$，$nsb_2=5$］，R_{sa1}、R_{sa2}代表故障附加支路 1、故障附加支路 2 的电阻［以图 1-1（c）、（d）为例，分别是 7 号、8 号支路的电阻］，那么第 i 号定子回路的电阻 r'_i为：

$i = 1 \sim 3n-1$ 时

$$r'_i = R_{\mathrm{S},i} + R_{\mathrm{S},i+1}$$

$i = 3n$ 时

$$r'_i = \begin{cases} R_{\mathrm{sa}} + R_{\mathrm{f}}, & \text{发生同支路的匝间短路时} \\ R_{\mathrm{sa1}} + R_{\mathrm{sa2}} + R_{\mathrm{f}}, & \text{发生不同支路间的短路时} \end{cases}$$

式中：R_{f} 为短路过渡电阻。

定子回路电阻矩阵 $\boldsymbol{R}'_{\mathrm{S}}$和电流变换矩阵 $\boldsymbol{H}_1$、$\boldsymbol{H}_2$ 可表示如下：

（1）绕组正常时：

$\boldsymbol{R}'_{\mathrm{S}}$是 N_{S} 阶的方阵，$N_{\mathrm{S}}=3n-1$；$\boldsymbol{H}_1$ 是 $3n$ 行、（3n−1）列的矩阵；$\boldsymbol{H}_2$ 是（$3n-1$）行、$3n$ 列的矩阵。它们的表达式分别为

$$\boldsymbol{R}'_{\mathrm{S}} = \begin{bmatrix} r'_1 & -R_{\mathrm{S2}} & & & \\ -R_{\mathrm{S2}} & r'_2 & \ddots & & \\ & \ddots & \ddots & \ddots & \\ & & \ddots & r'_{3n-2} & -R_{\mathrm{S},3n-1} \\ & & & -R_{\mathrm{S},3n-1} & r'_{3n-1} \end{bmatrix}$$

$$\boldsymbol{H}_1=\begin{bmatrix}1 & & & & \\ -1 & 1 & & & \\ & \ddots & \ddots & & \\ & & -1 & 1 & \\ & & & & -1\end{bmatrix},\quad \boldsymbol{H}_2=\begin{bmatrix}1 & & & & 0\\ 1 & 1 & & & 0\\ \vdots & & \ddots & & \vdots\\ 1 & 1 & \cdots & 1 & 0\end{bmatrix}$$

（2）发生同支路的匝间短路时：

$\boldsymbol{R}'_{\rm S}$是 $N_{\rm S}$ 阶的方阵，$N_{\rm S}=3n$；$\boldsymbol{H}_1$ 是（$3n+1$）行、$3n$ 列的矩阵；$\boldsymbol{H}_2$ 是 $3n$ 行、（$3n+1$）列的矩阵。它们的表达式分别为

$$\boldsymbol{R}'_{\rm S}=\begin{bmatrix}r'_1 & -R_{\rm S2} & & & & \\ -R_{\rm S2} & r'_2 & \ddots & & & \\ & \ddots & \ddots & \ddots & & \\ & & \ddots & r'_{3n-2} & -R_{{\rm S},3n-1} & \\ & & & -R_{{\rm S},3n-1} & r'_{3n-1} & \\ & & & & & r'_{3n}\end{bmatrix}$$

$$\begin{array}{c} \\ \\ +\end{array}\begin{array}{c}\begin{matrix}1 & 2 & \cdots & nsb-1 & nsb & nsb+1 & \cdots & 3n-2 & 3n-1 & 3n\end{matrix}\\ \begin{bmatrix} & & & & & & & & & \\ & & & & & & & & & \\ & & & & & & & & & \\ & & & & & & & & & -R_{\rm sa}\\ & & & & & & & & & +R_{\rm sa}\\ & & & & & & & & & \\ & & & & & & & & & \\ & & & & & & & & & \\ & & & & & & & & & \\ & & & -R_{\rm sa} & +R_{\rm sa} & & & & & \end{bmatrix}\end{array}\begin{array}{c} \\ 1\\ 2\\ \vdots\\ nsb-1\\ nsb\\ nsb+1\\ \vdots\\ 3n-2\\ 3n-1\\ 3n\end{array}$$

$$\boldsymbol{H}_1=\begin{bmatrix}1 & & & & & & \\ -1 & 1 & & & & & \\ & \ddots & \ddots & & & & \\ & & -1 & 1 & & & \\ & & & \ddots & \ddots & & \\ & & & & -1 & 1 & \\ & & & & & -1 & \\ & & -1 & 1 & & & 1\end{bmatrix}\begin{array}{c}1\\ 2\\ \vdots\\ nsb\\ \vdots\\ 3n-1\\ 3n\\ 3n+1\end{array},$$

$$
\begin{array}{c} \\ \boldsymbol{H}_2 = \end{array}
\begin{array}{c}
\begin{array}{cccccccc} 1 & 2 & \cdots & nsb & \cdots & 3n-1 & 3n & 3n+1 \end{array} \\
\left[\begin{array}{cccccccc}
1 & & & & & & & \\
1 & 1 & & & & & & \\
\vdots & \vdots & \ddots & & & & & \\
 & & & 1 & & & & \\
 & & & \vdots & \ddots & & & \\
1 & 1 & \cdots & 1 & \cdots & 1 & & \\
 & & & -1 & & & & 1
\end{array}\right]
\end{array}
$$

(3) 发生不同支路间的短路故障时：

$\boldsymbol{R}'_S$是 N_S 阶的方阵，$N_S=3n$；$\boldsymbol{H}_1$ 是（$3n+2$）行、$3n$ 列的矩阵；$\boldsymbol{H}_2$ 是 $3n$ 行、（$3n+2$）列的矩阵。它们的表达式分别为

$$
\boldsymbol{R}'_S = \begin{bmatrix}
r'_1 & -R_{S2} & & & & \\
-R_{S2} & r'_2 & \ddots & & & \\
 & \ddots & \ddots & \ddots & & \\
 & & \ddots & r'_{3n-2} & -R_{S,3n-1} & \\
 & & & -R_{S,3n-1} & r'_{3n-1} & \\
 & & & & & r'_{3n}
\end{bmatrix}
$$

$$
\begin{array}{cccccccccccccc}
1 & 2 & \cdots & nsb1-1 & nsb1 & nsb1+1 & \cdots & nsb2-1 & nsb2 & nsb2+1 & \cdots & 3n-2 & 3n-1 & 3n
\end{array}
$$

$$
+\left[\begin{array}{cccccccccccccc}
 & & & & & & & & & & & & & \\
 & & & & & & & & & & & & & \\
 & & & & & & & & & & & & & \\
 & & & & & & & & & & & & & -R_{sa1} \\
 & & & & & & & & & & & & & +R_{sa1} \\
 & & & & & & & & & & & & & \\
 & & & & & & & & & & & & & \\
 & & & & & & & & & & & & & +R_{sa2} \\
 & & & & & & & & & & & & & -R_{sa2} \\
 & & & & & & & & & & & & & \\
 & & & & & & & & & & & & & \\
 & & & & & & & & & & & & & \\
 & & & & & & & & & & & & & \\
 & & & -R_{sa1} & +R_{sa1} & & & +R_{sa2} & -R_{sa2} & & & & &
\end{array}\right]
\begin{array}{c}
1 \\ 2 \\ \vdots \\ nsb1-1 \\ nsb1 \\ nsb1+1 \\ \vdots \\ nsb2-1 \\ nsb2 \\ nsb2+1 \\ \vdots \\ 3n-2 \\ 3n-1 \\ 3n
\end{array}
$$

$$
\boldsymbol{H}_1=\left[\begin{array}{ccccccccc}
1 & & & & & & & & \\
-1 & 1 & & & & & & & \\
 & \ddots & \ddots & & & & & & \\
 & & -1 & 1 & & & & & \\
 & & & \ddots & \ddots & & & & \\
 & & & & -1 & 1 & & & \\
 & & & & & \ddots & \ddots & & \\
 & & & & & & -1 & 1 & \\
 & & & & & & & -1 & \\
 & & -1 & 1 & & & & & 1 \\
 & & & & -1 & 1 & & & -1
\end{array}\right]
\begin{array}{c}
1 \\ 2 \\ \vdots \\ nsb1 \\ \vdots \\ nsb2 \\ \vdots \\ 3n-1 \\ 3n \\ 3n+1 \\ 3n+2
\end{array}
$$

$$
\begin{array}{ccccccccc}
1 & 2 & \cdots & nsb1 & \cdots & 3n-1 & 3n & 3n+1 & 3n+2
\end{array}
$$

$$
\boldsymbol{H}_2=\left[\begin{array}{ccccccc}
1 & & & & & & \\
 & 1 & & & & & \\
 & & \ddots & & & & \\
 & & & 1 & & & \\
 & & & & \ddots & & \\
1 & 1 & \cdots & 1 & \cdots & 1 & \\
 & & & -1 & & & 1
\end{array}\right]
$$

二、转子回路方程

不考虑转子内部故障时，可把整个励磁绕组看成 1 个回路（见图 1-2），其电压方程为

$$u_{\mathrm{fd}}=p\Psi_{\mathrm{fd}}+r_{\mathrm{fd}}i_{\mathrm{fd}} \tag{1-6}$$

式中：Ψ_{fd}、r_{fd}分别为励磁回路的磁链和电阻；励磁回路的电压 u_{fd}就是电源电压，一般是已知的。

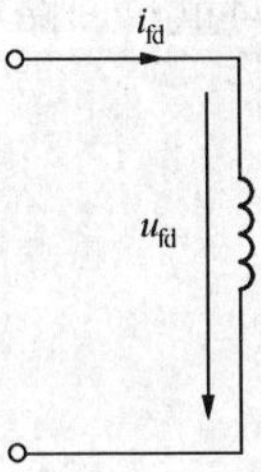

图 1-2 励磁回路示意图

按照图 1-3 所示的实际网形电路选取阻尼回路。设每极下有 N_{C} 根阻尼条，那么阻尼回路数为 $N_{\mathrm{d}}=2PN_{\mathrm{C}}$。其中 P 为电机的极对数。

由于阻尼回路相当于短路，各阻尼回路的电压都为 0，则阻尼绕组的 N_{d} 个回路的电压方程为

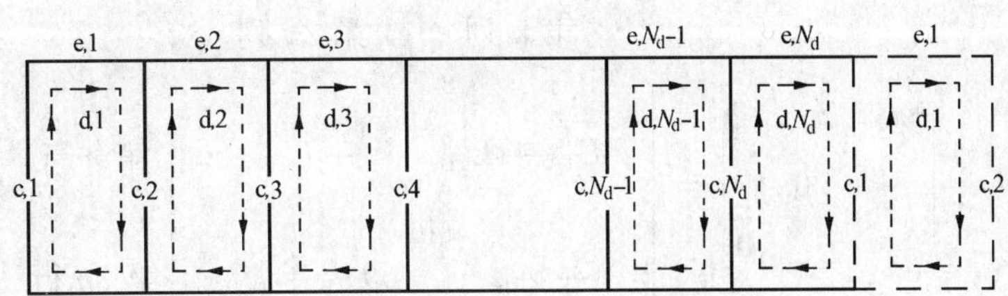

图 1-3 阻尼回路的示意图

$$\mathbf{0}=\begin{bmatrix}u_{d,1}\\u_{d,2}\\\vdots\\u_{d,N_d-1}\\u_{d,N_d}\end{bmatrix}=p\begin{bmatrix}\boldsymbol{\Psi}_{d,1}\\\boldsymbol{\Psi}_{d,2}\\\vdots\\\boldsymbol{\Psi}_{d,N_d-1}\\\boldsymbol{\Psi}_{d,N_d}\end{bmatrix}+\boldsymbol{R}_d\begin{bmatrix}i_{d,1}\\i_{d,2}\\\vdots\\i_{d,N_d-1}\\i_{d,N_d}\end{bmatrix}\tag{1-7}$$

式中：$\boldsymbol{R}_d$ 为阻尼回路电阻矩阵，是 N_d 阶的常数方阵。

设第 i 根阻尼条的电阻为 $r_{c,i}$，第 i 号阻尼端环的电阻为 $r_{e,i}$，则 i 号阻尼回路的电阻为 $r_{d,i}=r_{c,i}+r_{c,i+1}+2r_{e,i}$，那么阻尼回路电阻矩阵可表示为

$$\boldsymbol{R}_d=\begin{bmatrix}r_{d,1}&-r_{c,2}&&&-r_{c,1}\\-r_{c,2}&r_{d,2}&\ddots&&\\&\ddots&\ddots&&\\&&&r_{d,N_d-1}&-r_{c,N_d}\\-r_{c,1}&&&-r_{c,N_d}&r_{d,N_d}\end{bmatrix}$$

三、定、转子所有回路的电压方程

综合式（1-5）～式（1-7），可得到电机所有回路的电压方程

$$\boldsymbol{E}=p\boldsymbol{\Psi}'+\boldsymbol{M}_T p\boldsymbol{I}'+(\boldsymbol{R}'+\boldsymbol{R}_T)\boldsymbol{I}'\tag{1-8}$$

设回路总数为 N，则 $N=N_S+N_f+N_d$，其中 N_S、N_f、N_d 分别为定子回路数、转子励磁回路数和转子阻尼回路数，不考虑励磁绕组的内部故障时 $N_f=1$。

式（1-8）中，$\boldsymbol{\Psi}'$、$\boldsymbol{I}'$为所有回路的磁链和电流，都是未知的 N 维向量；$\boldsymbol{M}_T$、$\boldsymbol{R}_T$ 都是 N 阶的常数方阵；$\boldsymbol{E}$ 是 N 维的向量，由无穷大电网的电压和励磁电压组成，是已知的向量；回路电阻矩阵 $\boldsymbol{R}'$ 也是 N 阶的常数方阵。具体表达式为

$$\text{磁链向量 }\boldsymbol{\Psi}'=\begin{bmatrix}\Psi'_{S,1}\\\Psi'_{S,2}\\\vdots\\\Psi'_{S,N_S}\\\Psi_{fd}\\\Psi_{d,1}\\\Psi_{d,2}\\\vdots\\\Psi_{d,N_d}\end{bmatrix},\qquad \text{电流向量 }\boldsymbol{I}'=\begin{bmatrix}i'_{S,1}\\i'_{S,2}\\\vdots\\i'_{S,N_S}\\i_{fd}\\i_{d,1}\\i_{d,2}\\\vdots\\i_{d,N_d}\end{bmatrix}$$

$$\begin{array}{c}\cdots\text{第 }n\text{ 列}\cdots\quad\text{第 }2n\text{ 列}\cdots\end{array}$$

$$\boldsymbol{M}_T=\begin{bmatrix}\boldsymbol{M}_{S,T}&\\&0\\&&\mathbf{0}\end{bmatrix}=\begin{bmatrix}L_{TA}+L_{TB}&-L_{TB}\\-L_{TB}&L_{TB}+L_{TC}\end{bmatrix}\begin{matrix}\vdots\\\text{第 }n\text{ 行}\\\vdots\\\text{第 }2n\text{ 行}\\\vdots\end{matrix}$$

$$\boldsymbol{R}_{\mathrm{T}}=\begin{bmatrix}\boldsymbol{R}_{\mathrm{S,T}} & & \\ & 0 & \\ & & \boldsymbol{0}\end{bmatrix}=\begin{array}{c}\cdots\text{第}\,n\,\text{列}\cdots\quad\text{第}\,2n\,\text{列}\cdots\\ \left[\begin{array}{cc} r_{\mathrm{TA}}+r_{\mathrm{TB}} & -r_{\mathrm{TB}} \\ & \\ -r_{\mathrm{TB}} & r_{\mathrm{TB}}+r_{\mathrm{TC}}\end{array}\right]\begin{array}{l}\vdots\\ \text{第}\,n\,\text{行}\\ \vdots\\ \text{第}\,2n\,\text{行}\\ \vdots\end{array}\end{array}$$

$$\boldsymbol{E}=\begin{bmatrix}\boldsymbol{U}_{\infty}\\ u_{\mathrm{fd}}\\ \boldsymbol{0}\end{bmatrix}=\left[\begin{array}{c} \\ -u_{\mathrm{A'B'}}\\ \\ -u_{\mathrm{B'C'}}\\ \\ u_{\mathrm{f}}\\ \vdots\end{array}\right]\begin{array}{l}\vdots\\ \text{第}\,n\,\text{行}\\ \vdots\\ \text{第}\,2n\,\text{行}\\ \vdots\\ \text{第}\,N_{\mathrm{S}}\,\text{行}\\ \text{第}\,N_{\mathrm{S}}+1\,\text{行}\\ \vdots\end{array},\quad \boldsymbol{R}'=\begin{bmatrix}\boldsymbol{R}'_{\mathrm{S}} & & \\ & r_{\mathrm{fd}} & \\ & & \boldsymbol{R}_{\mathrm{d}}\end{bmatrix}$$

四、磁链方程

由于规定在所有回路中，正值的电流都产生正值的磁链，则所有回路的磁链可表示为

$$\boldsymbol{\Psi}'=\boldsymbol{M}'\boldsymbol{I}' \tag{1-9}$$

回路电感矩阵 $\boldsymbol{M}'$

$$=\begin{bmatrix}
L_{\mathrm{S'1}} & M_{\mathrm{S'1,S'2}} & \cdots & M_{\mathrm{S'1,S'}N_{\mathrm{S}}} & M_{\mathrm{S'1,fd}} & M_{\mathrm{S'1,d1}} & M_{\mathrm{S'1,d2}} & \cdots & M_{\mathrm{S'1,d}N_{\mathrm{d}}}\\
M_{\mathrm{S'2,S'1}} & L_{\mathrm{S'2}} & \cdots & M_{\mathrm{S'2,S'}N_{\mathrm{S}}} & M_{\mathrm{S'2,fd}} & M_{\mathrm{S'2,d1}} & M_{\mathrm{S'2,d2}} & \cdots & M_{\mathrm{S'2,d}N_{\mathrm{d}}}\\
\vdots & \vdots & \ddots & \vdots & \vdots & \vdots & \vdots & \vdots & \vdots\\
M_{\mathrm{S'}N_{\mathrm{S}},\mathrm{S'1}} & M_{\mathrm{S'}N_{\mathrm{S}},\mathrm{S'2}} & \vdots & L_{\mathrm{S'}N_{\mathrm{S}}} & M_{\mathrm{S'}N_{\mathrm{S}},\mathrm{fd}} & M_{\mathrm{S'}N_{\mathrm{S}},\mathrm{d1}} & M_{\mathrm{S'}N_{\mathrm{S}},\mathrm{d2}} & \cdots & M_{\mathrm{S'}N_{\mathrm{S}},\mathrm{d}N_{\mathrm{d}}}\\
M_{\mathrm{fd,S'1}} & M_{\mathrm{fd,S'2}} & \cdots & M_{\mathrm{fd,S'}N_{\mathrm{S}}} & L_{\mathrm{fd}} & M_{\mathrm{fd,d1}} & M_{\mathrm{fd,d2}} & \cdots & M_{\mathrm{fd,d}N_{\mathrm{d}}}\\
M_{\mathrm{d1,S'1}} & M_{\mathrm{d1,S'2}} & \cdots & M_{\mathrm{d1,S'}N_{\mathrm{S}}} & M_{\mathrm{d1,fd}} & L_{\mathrm{d1}} & M_{\mathrm{d1,d2}} & \cdots & M_{\mathrm{d1,d}N_{\mathrm{d}}}\\
M_{\mathrm{d2,S'1}} & M_{\mathrm{d2,S'2}} & \cdots & M_{\mathrm{d2,S'}N_{\mathrm{S}}} & M_{\mathrm{d2,fd}} & M_{\mathrm{d2,d1}} & L_{\mathrm{d2}} & \cdots & M_{\mathrm{d2,d}N_{\mathrm{d}}}\\
\vdots & \vdots & \ddots & \vdots & \vdots & \vdots & \vdots & \ddots & \vdots\\
M_{\mathrm{d}N_{\mathrm{d}},\mathrm{S'1}} & M_{\mathrm{d}N_{\mathrm{d}},\mathrm{S'2}} & \cdots & M_{\mathrm{d}N_{\mathrm{d}},\mathrm{S'}N_{\mathrm{S}}} & M_{\mathrm{d}N_{\mathrm{d}},\mathrm{fd}} & M_{\mathrm{d}N_{\mathrm{d}},\mathrm{d1}} & M_{\mathrm{d}N_{\mathrm{d}},\mathrm{d2}} & \cdots & L_{\mathrm{d}N_{\mathrm{d}}}
\end{bmatrix}$$

式中：L 代表回路的自感；M 代表不同回路之间的互感；下标 $\mathrm{S'}i$ 代表定子 i 号回路（$i=1，2，\cdots，N_{\mathrm{S}}$），fd 代表励磁回路，d$i$ 代表阻尼 i 号回路（$i=1，2，\cdots，N_{\mathrm{d}}$，$N_{\mathrm{d}}$ 为阻尼条的总数）。

由于定、转子之间的相对运动，定子绕组与转子绕组之间的互感是时变的；对于凸极同步发电机，由于气隙不均匀，定子各回路的自感、互感也是时变的。所以 $\boldsymbol{M}'$ 是时变矩阵，其中各元素的计算可参见附录一。

五、定子绕组内部短路的状态方程

将定、转子各回路的磁链方程式（1-9）代入到电压方程式（1-8）中，可得到以定、转子所有回路的电流为变量的状态方程

$$(\boldsymbol{M}'+\boldsymbol{M}_{\mathrm{T}})p\boldsymbol{I}'+(p\boldsymbol{M}'+\boldsymbol{R}'+\boldsymbol{R}_{\mathrm{T}})\boldsymbol{I}'=\boldsymbol{E}' \tag{1-10}$$

以上推导得出的状态方程的求解关键在于时变的回路电感矩阵 $\boldsymbol{M}'$ 的计算，时变的电感系数有了准确的表达式，运用四阶龙格—库塔法或其他数值解法对式（1-10）这组变系数的微分方程进行求解，即可得到定、转子各回路电流的数值解，经过式（1-1）的变换亦可得到定子各支路电流的稳态和暂态值。

1.2.2 同步电机定子绕组内部短路时的回路参数

回路参数的计算是多回路分析方法的关键，这里主要是指回路电感系数的计算。由于定子和转子之间有相对运动，其电感参数多是时变的。下面分别计算定子电路、转子电路以及定、转子电路之间的电感系数。

一、定子回路的电感系数

电机电路的电感系数主要由气隙磁场引起，此外还有漏磁场引起的。计算与气隙磁场有关的电感系数，其基本思路是：根据电感系数的基本概念 $L=\Psi/i$，对流过回路的电流 i 产生的气隙磁通势进行谐波分析，用气隙磁导的概念求出各次谐波磁场，再计算所研究回路的各次谐波磁链，从而得到总的磁链，磁链与电流 i 的比值即是该电机回路的电感。与漏磁场有关的电感系数的计算包括端部漏磁和槽漏磁两部分引起的。计算端部漏磁场引起的电感系数的基本思路是：把通电的端部绕组分成若干个电流元，依据毕奥—萨伐定理计算该电流元产生的磁场，端部每一点的磁场都是各电流元在该点产生的磁场的叠加。在此基础上计算绕组端部的磁链，得到端部漏磁产生的电感系数。槽漏磁场引起的电感系数，在认为漏磁路不饱和并忽略铁心部分的磁阻时，则只有同槽线棒间才有因槽漏引起的互感，不同槽线棒间则没有因槽漏引起的互感，已知定子绕组的连接后，用计算机逐槽找寻同槽号元件的方法来确定因槽漏磁场引起的定子各回路的电感系数。气隙磁场产生的电感系数与漏磁场产生的电感系数相加即得到总的电感系数。

依据文献 [1]，先求电机的气隙磁导系数，再求定子单个线圈的气隙磁通势，有了气隙导磁系数和气隙磁通势就可求出气隙磁场，从而得到单个线圈与气隙磁场相对应的自感系数

$$L_{\delta}=\frac{4w_k^2\tau l}{p\pi^2}\sum_k\sum_j\frac{k_{yk}k_{yj}}{kj}(\lambda_{dkj}\cos k\gamma\cos j\gamma+\lambda_{qkj}\sin k\gamma\sin j\gamma) \tag{1-11}$$

式中：k 为磁势谐波次数，$k=\frac{1}{p}, \frac{2}{p}, \frac{3}{p}, \cdots$；$j$ 为磁密谐波次数，$j=|k\pm 2l|$，$l=0, 1, 2, \cdots$；w_k 为单个线圈的匝数；τ 为极距；l 为定子铁心长度；k_{yk}、k_{yj} 分别为 k 次谐波和 j 次谐波短距系数；γ 为转子位置角，是转子 d 轴顺转子转向领先该线圈轴线的电角度，$\gamma=\int_0^t w\mathrm{d}t+\gamma_0$。

从式（1-11）可以看出，单个线圈的分数次谐波很强，计算时必须考虑，否则会导致

较大的误差。将式（1-11）改写，并考虑了槽漏和端漏引起的自感系数 L_{01} 后，定子单个线圈的自感系数为

$$L(\gamma)=L_0+L_2\cos2\gamma+L_4\cos4\gamma+\cdots \tag{1-12}$$

其中

$$L_0=L_{01}+\frac{2w_k\tau l}{p\pi^2}\sum_k\left[\left(\frac{k_{yk}}{k}\right)^2(\lambda_{dkk}+\lambda_{qkk})\right] \tag{1-13}$$

$$L_2=\frac{2w_k\tau l}{p\pi^2}\left\{\sum_k\left[\frac{k_{yk}k_{y(2-k)}}{k(2-k)}(\lambda_{dk(2-k)}-\lambda_{qk(2-k)})\right]+2\sum_k\left[\frac{k_{yk}k_{y(k+2)}}{k(k+2)}(\lambda_{dk(k+2)}+\lambda_{qk(k+2)})\right]\right\} \tag{1-14}$$

式（1-13）中连加号和式（1-14）中第二个连加号里 $k=\frac{1}{p},\frac{2}{p},\frac{3}{p}$，…，式（1-14）中第一个连加号里 $k=\frac{1}{p},\frac{2}{p},\cdots,\frac{2p-1}{p}$。

在考虑了两个线圈的偏移角 α 后，两个线圈间的互感系数同理可得出

$$M_{i,j}=M_{i,j,0}+M_{i,j,2}\cos\left(\gamma+\frac{\alpha}{2}\right)+\cdots \tag{1-15}$$

其中

$$M_{i,j,0}=M_{i,j,01}+\frac{2w_{ki}w_{kj}\tau l}{p\pi^2}\sum_k\left[\left(\frac{k_{yk}}{k}\right)^2(\lambda_{dkk}+\lambda_{qkk})\cos k\alpha\right] \tag{1-16}$$

$$\begin{aligned}M_{i,j,2}=\frac{2w_{ki}w_{kj}\tau l}{p\pi^2}&\left\{\sum_k\left[\frac{k_{yk}k_{y(2-k)}}{k(2-k)}(\lambda_{dk(2-k)}-\lambda_{qk(2-k)})\cos(1-k)\alpha\right]\right.\\&\left.+2\sum_k\left[\frac{k_{yk}k_{y(k+2)}}{k(k+2)}(\lambda_{dk(k+2)}+\lambda_{qk(k+2)})\cos(1+k)\alpha\right]\right\}\end{aligned} \tag{1-17}$$

式中：连加号里 k 的取值同自感系数；$M_{i,j,01}$ 为槽漏磁场和端漏磁场引起的两线圈的互感系数。

当线圈 i 和线圈 j 的轴线重合时，$\alpha=0$，式（1-16）、式（1-17）变为式（1-13）、式（1-14），所以自感是互感的特例。

有了单个线圈的电感系数，就可求出定子各个回路的电感系数

$$M_{S,Q}=\sum_{i=1}^{m}\sum_{j=1}^{n}M_{S(i),Q(j)}=M_{S,Q,0}+M_{S,Q,2}\cos2(\gamma+\alpha_{S,Q})+\cdots \tag{1-18}$$

式中：S、Q 分别为定子任意两个回路，S 回路有 m 个线圈，Q 回路有 n 个线圈，$M_{S(i),Q(j)}$ 表示 S 回路第 i 个线圈与 Q 回路的第 j 个线圈的互感系数。

二、转子回路的电感系数

励磁绕组的自感系数

$$L_{fd}=L_{fd\delta}+L_{fdl} \tag{1-19}$$

对于凸极同步电机

$$L_{\mathrm{fd}\delta}=\frac{\tau l p}{a_{\mathrm{fd}}^{2}}w_{\mathrm{fd}}\lambda_{0} \tag{1-20}$$

式中：L_{fdl}为励磁绕组漏磁自感系数；$L_{\mathrm{fd}\delta}$为由气隙磁场引起的励磁绕组自感系数；w_{fd}为每极匝数；a_{fd}为并联支路数。

阻尼绕组任意两个回路间的互感系数为

$$\begin{aligned}M_{1,2}=\frac{2w_{\mathrm{r}}^{2}\tau l}{p\pi^{2}}\sum_{j}\Big\{&\sum_{2l=|k-j|}\frac{\lambda_{2l}}{kj}\sin\frac{k\beta_{1}\pi}{2}\sin\frac{j\beta_{2}\pi}{2}\cos(j\alpha_{2}-k\alpha_{1})\\&+\sum_{2l=|k+j|}\frac{\lambda_{2l}}{kj}\sin\frac{k\beta_{1}\pi}{2}\sin\frac{j\beta_{2}\pi}{2}\cos(j\alpha_{2}+k\alpha_{1})\Big\}\end{aligned} \tag{1-21}$$

式中：$j=\frac{1}{p},\frac{2}{p},\frac{3}{p},\cdots$；$|k-j|=0,2,4,\cdots$；$|k+j|=2,4,\cdots$；$\alpha_1$、$\alpha_2$分别为阻尼回路11′和22′顺转子转向领先转子d轴的电角度；β_1、β_2分别为阻尼回路11′和22′的短距比；w_{r}为阻尼回路的匝数。当$\alpha_1=\alpha_2$、$\beta_1=\beta_2$时即得阻尼回路的自感系数。

励磁绕组与任意一阻尼回路11′之间的互感系数为

$$M_{1\mathrm{fd}}=\sum_{k}\frac{2w_{\mathrm{r}}w_{\mathrm{fd}}\tau l}{\pi}\frac{1}{a_{\mathrm{fd}}}\frac{\lambda_{\mathrm{d}k}}{k}\sin\frac{k\beta_{1}\pi}{2}\cos k\alpha_{1},k=1,3,\cdots \tag{1-22}$$

可以看出转子回路的电感系数与转子的位置角无关。

三、定子线圈与转子回路之间的电感系数

定子任意一线圈AA'与励磁回路之间的电感系数为

$$M_{\mathrm{fd,a}}=\frac{2w_{k}w_{\mathrm{fd}}\tau l}{\pi}\frac{1}{a_{\mathrm{fd}}}\sum_{k}\frac{\lambda_{\mathrm{d}k}}{k}\sin\frac{k\beta\pi}{2}\cos k\gamma,k=1,3,\cdots \tag{1-23}$$

定子任意一线圈AA'与阻尼回路之间的电感系数为

$$\begin{aligned}M_{\mathrm{d1,a}}=\frac{2w_{k}w_{\mathrm{r}}\tau l}{p\pi^{2}}\sum_{j}\Big\{&\sum_{2l=|k-j|}\frac{\lambda_{2l}}{kj}\sin\frac{k\beta_{1}\pi}{2}\sin\frac{k\beta_{1}\pi}{2}\cos(j\gamma+k\alpha_{1})\\&+\sum_{2l=|k+j|}\frac{\lambda_{2l}}{kj}\sin\frac{k\beta_{1}\pi}{2}\sin\frac{j\beta\pi}{2}\cos(j\gamma-k\alpha_{1})\Big\}\end{aligned} \tag{1-24}$$

从式（1-23）、式（1-24）可以看出，定子单个线圈和转子回路的电感系数与转子的位置角有关。

有了定子单个线圈与励磁绕组、阻尼绕组的互感系数后，就可求出由它们组成的定子各回路与转子各回路之间的互感系数。

上面的参数计算公式是针对凸极同步电机的。对于隐极电机，由于其转子一般是实心转子，可以用等效阻尼绕组代替实心转子的阻尼作用。其转子励磁绕组是由分布式的单个线圈组成，因此在计算它的自感系数以及它与其他回路的互感系数时也从单个线圈出发，最后按叠加原理得到总的电感系数值。

实际上，电机的磁路由空气隙与铁磁材料共同组成，所以前面所求的与气隙磁场有关的电感系数要受电机饱和程度的影响。在用气隙磁导法求电感参数时，一般把铁心磁阻按

基波主磁路归算到了气隙中，即认为磁通势全部消耗在气隙里，通过适当放大气隙来考虑铁心磁阻的影响。

交流电机回路电感系数计算的详细过程请参见附录一。

1.3 同步电机定子绕组内部短路仿真计算及实验研究

在用多回路模型建立了同步电机的定转子电压方程并计算了各回路参数后，就得到了一组具有时变系数的微分方程组，如式（1-10）所示。采用四阶龙格—库塔法等方法对该微分方程组进行求解，即可求得定转子各电流的稳态和暂态值，并进而得到其他电气量（如功率等）的值。

如果只要求对电机定子绕组内部故障稳态进行分析计算，为了节省内存和减少计算时间，可采用以下方法。

首先按照物理概念确定定子绕组内部故障时电机各回路电流的频率。例如：

定子回路电流频率为 $m\omega$， $m=1，3，\cdots$；

励磁回路电流频率为 $m_1\omega$， $m_1=2，4，\cdots$；

阻尼回路电流频率为 $\frac{n}{P}\omega$，$n=1，2，3，\cdots$，P 为电机的极对数。

然后写出各回路电流的一般表示式，例如定子 Q 回路电流可表示为

$$i_{\mathrm{Q}} = \sum_{m}\{I_{\mathrm{Qm}}\cos m\omega t + I'_{\mathrm{Qm}}\sin m\omega t\}, m = 1,3,\cdots$$

将各回路电流的表达式代入微分方程式（1-10），得到一个超越方程；再按照同频率量相等的原则，得到一个以各回路电流正弦量和余弦量的幅值（如 I_{Qm}、I'_{Qm}）为未知数、以回路电感幅值和电阻为系数的线性代数方程组。解之即可得到电机定子绕组内部故障时的稳态电流，继而可得到其他的电气量。

在多回路分析法建立的数学模型的基础上，编制了计算同步电机定子绕组内部故障的仿真程序。该程序也可以计算电机正常运行、外部故障及其他运行情况。

在北京重型电机厂制造的550kW凸极同步电机、东方电机厂制造的630kW凸极同步电机、兰州电机厂制造的12kW实验用凸极同步发电机以及许继集团公司继电器研究所（简称许继）动模实验室的30kVA模拟隐极和凸极同步发电机（北方电力设备总厂制造）上进行了一些正常工况和三种不同类型的内部短路实验，并作了相应的仿真计算。在验证了仿真程序的正确性后，利用该程序对内部故障规律又进行了较全面的探讨。

下面列出同步电机定子绕组内部故障的部分仿真计算结果及其与实验结果的比较。

1.3.1 凸极同步电机内部短路的瞬态实验和仿真

选用兰州电机厂制造的型号为72-D2的12kW凸极同步发电机作为专用实验机组。其主要数据见附录六。

该电机的定子绕组展开图如附图6-1所示。为方便内部短路实验，该电机定子各线圈的端头都引到接线板上。

在这个机组上我们进行了绕组正常运行时的空载实验、外部对称突然短路实验；在空载低励磁状态下，进行了定子绕组同一支路内匝间短路、同相不同支路间短路和不同相支路间短路三种不同类型的内部短路实验，并对实验结果与仿真计算的结果进行了比较。

一、单机空载时机端三相突然短路实验和仿真

机端三相突然短路时的仿真计算结果与实验结果的比较见图 1-4。短路前电机空载，其励磁电流 $I_{fd0}=4.1A$。

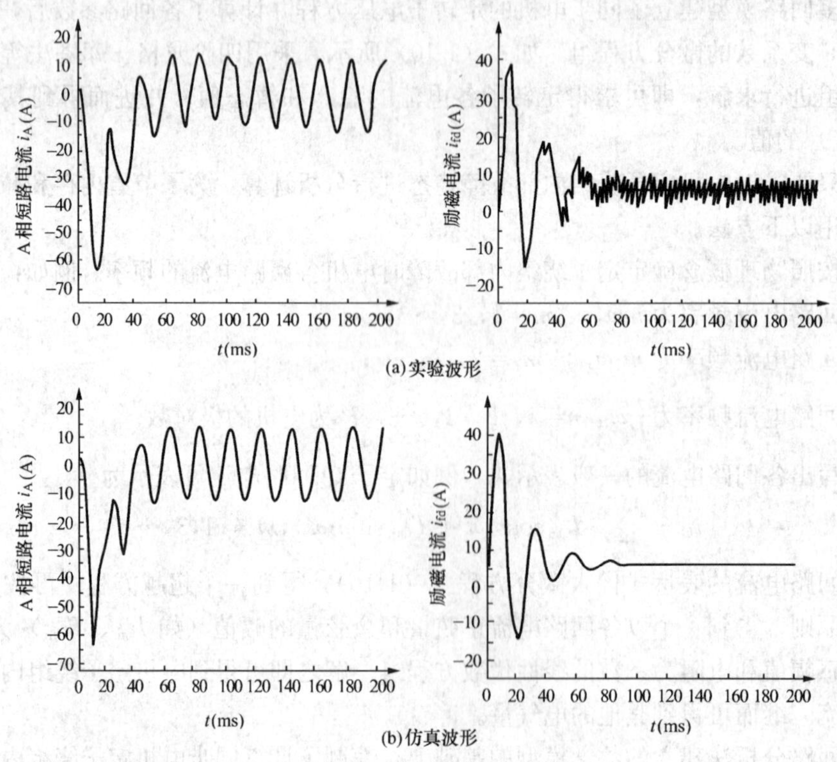

图 1-4　机端三相突然短路的暂态波形

二、单机空载时定子绕组内部短路实验和仿真

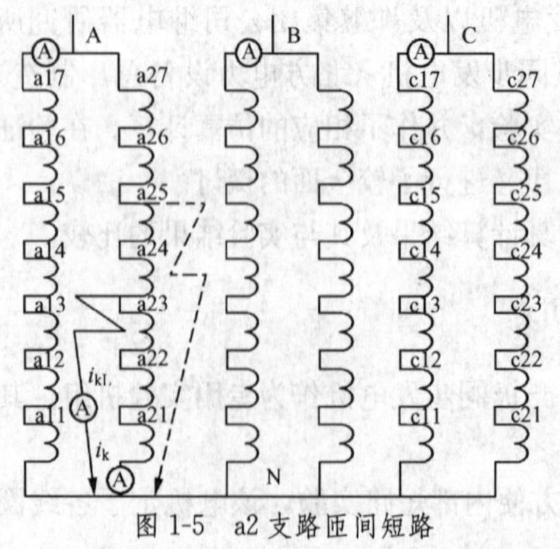

图 1-5　a2 支路匝间短路

对 12kW 凸极同步发电机进行了定子绕组内部故障时的实验和仿真计算，主要比较了以下几种短路方式：① a2 支路匝间短路。② a1 支路与 a2 支路同相不同支路短路。③ a2 支路与 c2 支路不同相支路的短路。

（1）定子绕组同一支路的匝间短路，示意图如图 1-5 所示。

短路时电流的过渡过程仿真波形与实验时故障录波波形比较参见图 1-6。

（2）定子绕组同相的不同支路间的短路，示意图如图 1-7 所示。

短路时电流的过渡过程仿真波形与实验时故障录波波形比较参见图 1-8。

（3）定子绕组不同相的分支间的短路，示意图如图 1-9 所示。

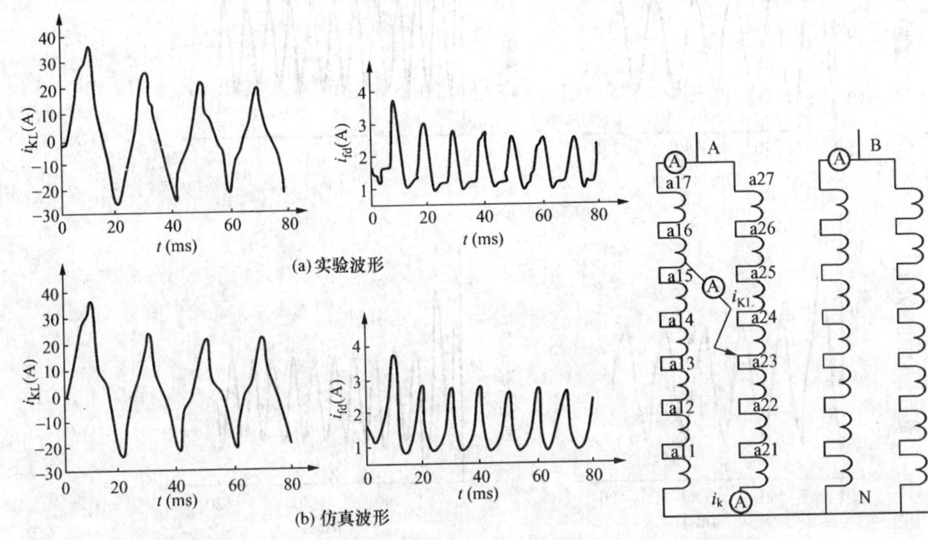

图 1-6　a23 对中点短路的暂态波形图（I_{fd0}=1.475A）

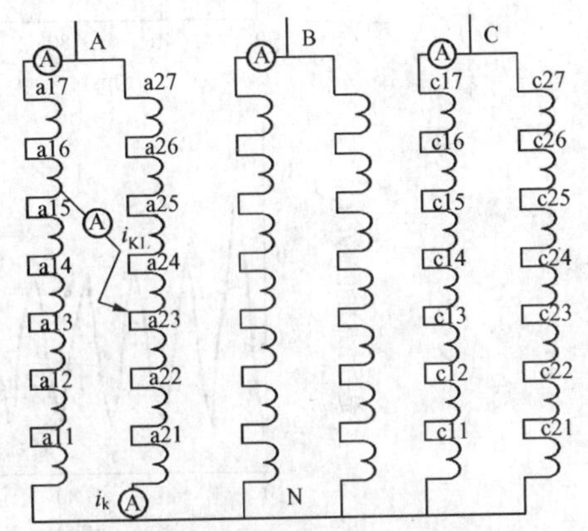

图 1-7　a1 支路与 a2 支路间的短路

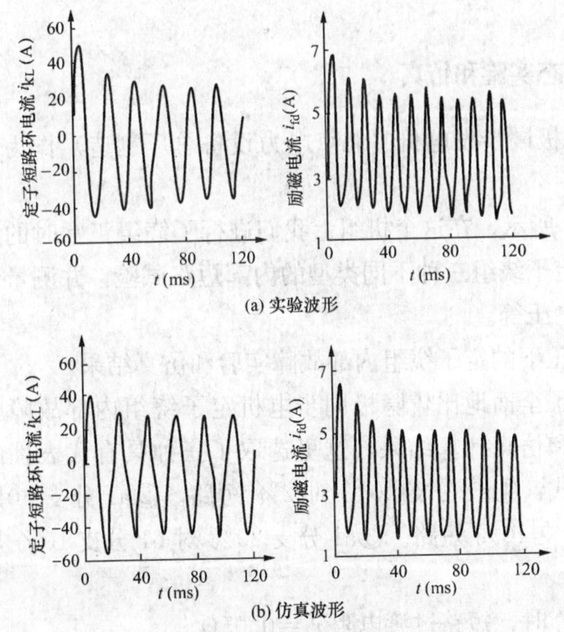

图 1-8　a15 对 a23 短路的暂态波形图（I_{fd0}=3.10A）

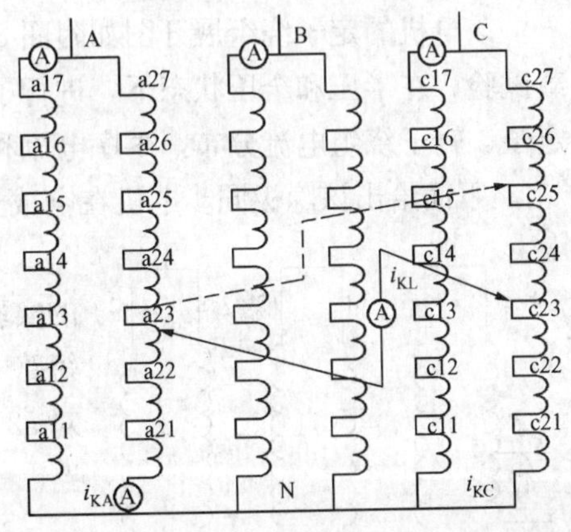

图 1-9　a2 分支与 c2 分支间的短路

短路时电流的过渡过程仿真波形与实验时故障录波波形比较参见图 1-10。

通过以上对比可以看出，用多回路理论分析凸极同步电机空载时定子绕组内部故障，

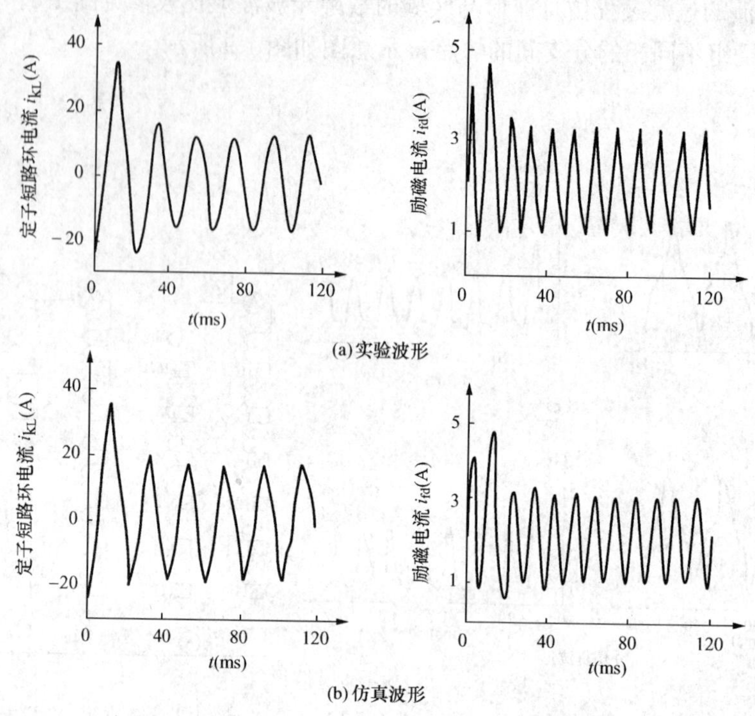

图 1-10　a23 对 c23 短路的暂态波形图（I_{fd0}＝1.10A）

暂态过程仿真波形与实验波形吻合较好。

1.3.2　隐极同步电机内部短路的瞬态实验和仿真

选用许继动模实验室 30kVA 模拟隐极同步发电机（北京电力设备总厂制造）作为试验机组。其主要数据见附录八。

该电机的定子绕组展开图如附图 8-1 所示。在这个机组上我们进行了绕组正常时的空载试验；在半压和全压状态下，进行了定子绕组三种不同类型的内部短路试验，并测量了定子、转子绕组电流分布，零序电流和电压等。

下面给出该隐极同步电机在空载全压下的定子绕组内部故障实验和仿真结果。

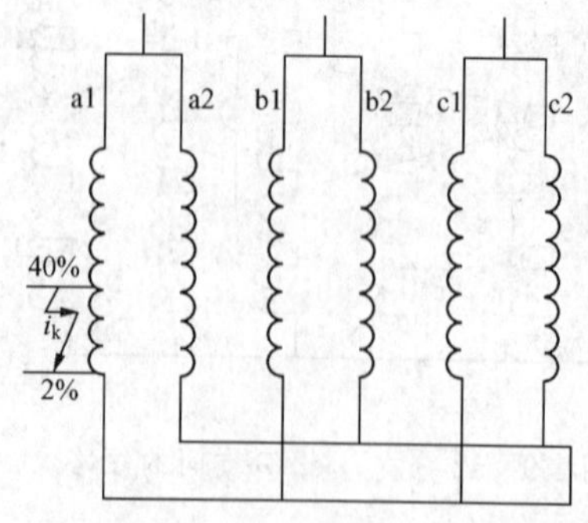

图 1-11　a1 分支 40%对 2%的短路

为了全面地比较隐极同步电机定子绕组内部故障时的实验和仿真计算结果，这里选取了三种具有代表性的短路方式：①a1 分支 40% 对 2% 短路。②a1 分支 40% 对 a2 分支 10% 短路。③a1 分支 20% 对 b1 分支 10% 短路。

计算时，短路过渡电阻 r_f＝0.05Ω。

(1) 定子绕组 a1 分支 40%对 2%短路，示意图如图 1-11 所示。

短路时电流的过渡过程仿真波形与实验时故障录波

波形的比较参见图 1-12～图 1-15。

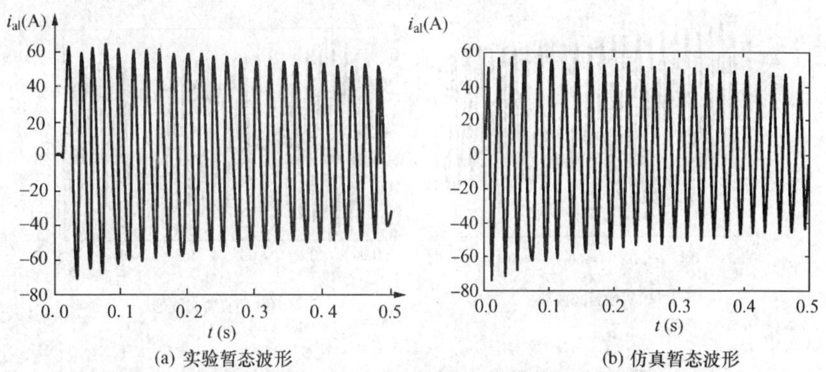

(a) 实验暂态波形　(b) 仿真暂态波形

图 1-12　定子绕组 a1 分支 40%对 2%短路时，机端侧 a1 分支电流的暂态波形

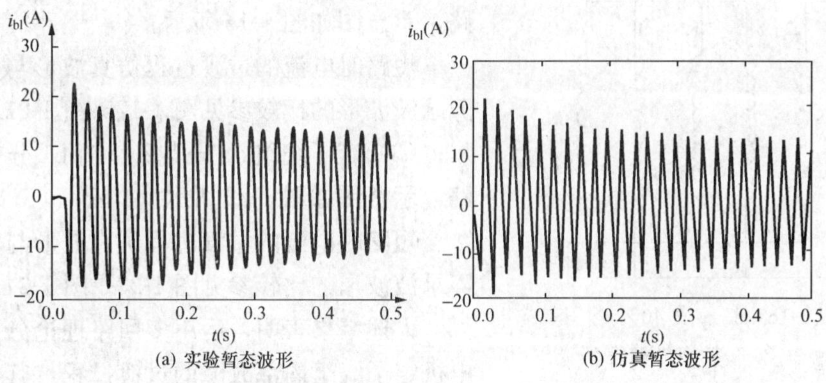

(a) 实验暂态波形　(b) 仿真暂态波形

图 1-13　定子绕组 a1 分支 40%对 2%短路时，机端侧 b1 分支电流的暂态波形

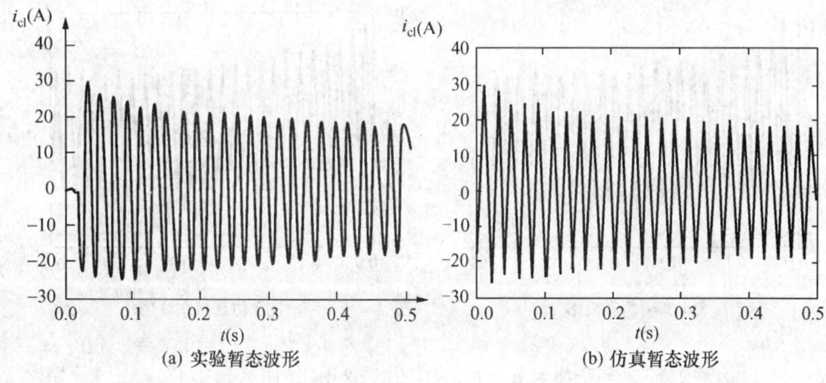

(a) 实验暂态波形　(b) 仿真暂态波形

图 1-14　定子绕组 a1 分支 40%对 2%短路时，机端侧 c1 分支电流的暂态波形

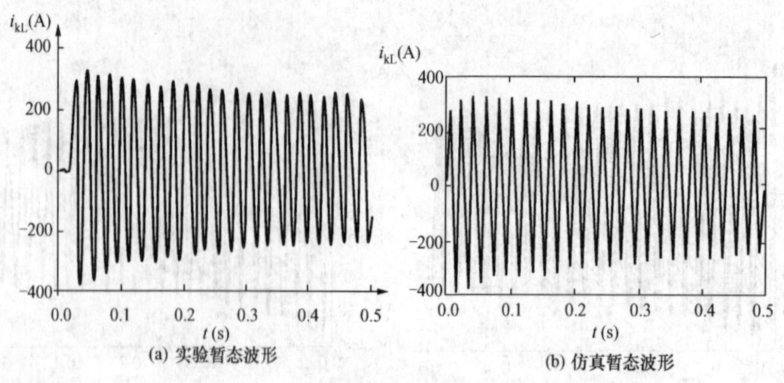

(a) 实验暂态波形 (b) 仿真暂态波形

图 1-15 定子绕组 a1 分支 40%对 2%短路时，短路环电流 i_{kL} 的暂态波形

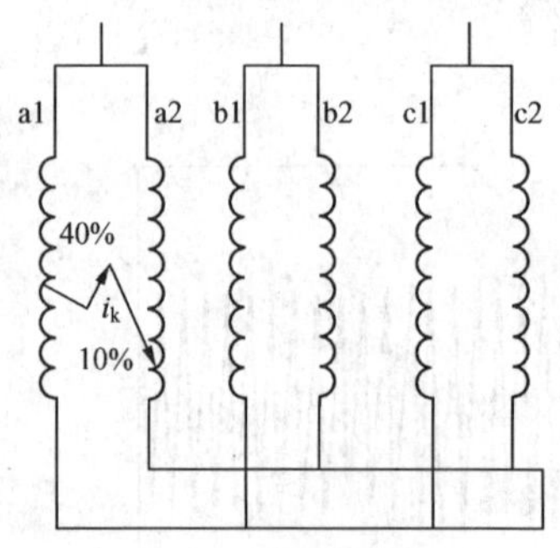

图 1-16 a1 分支 40%对 a2 分支 10%短路

（2）定子绕组 a1 分支 40%对 a2 分支 10%短路，示意图如图 1-16 所示。

短路时电流的过渡过程仿真波形与实验时故障录波波形的比较参见图 1-17～图 1-21。

（3）定子绕组 a1 分支 20%对 b1 分支 10%短路，示意图如图 1-22 所示。

短路时电流的过渡过程仿真波形与实验时故障录波波形的比较参见图 1-23～图 1-24。

上述结果表明，运用多回路理论分析隐极发电机定子绕组内部故障的过渡过程，其仿真结果与实验结果基本吻合。

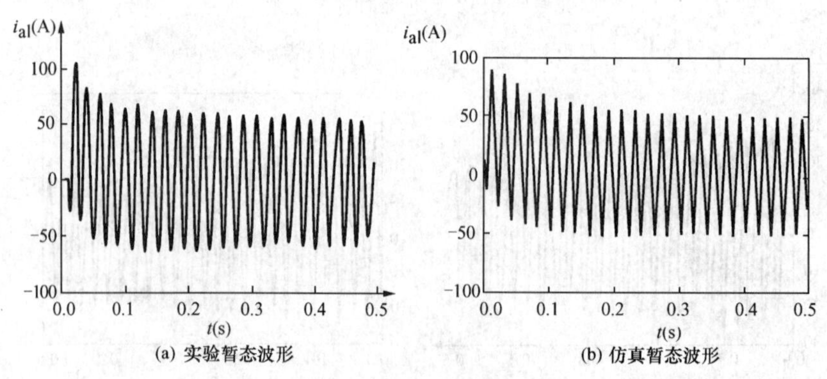

(a) 实验暂态波形 (b) 仿真暂态波形

图 1-17 定子绕组 a1 分支 40%对 a2 分支 10%短路时，机端侧 a1 分支电流的暂态波形

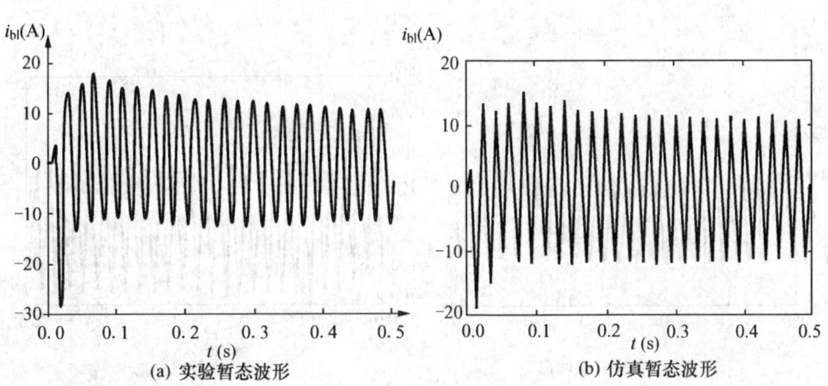

图 1-18 定子绕组 a1 分支 40%对 a2 分支 10%短路时，机端侧 b1 分支电流的暂态波形

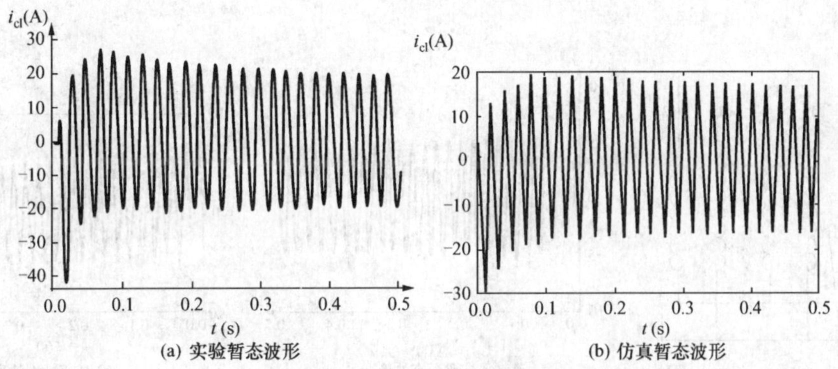

图 1-19 定子绕组 a1 分支 40%对 a2 分支 10%短路时，机端侧 c1 分支电流的暂态波形

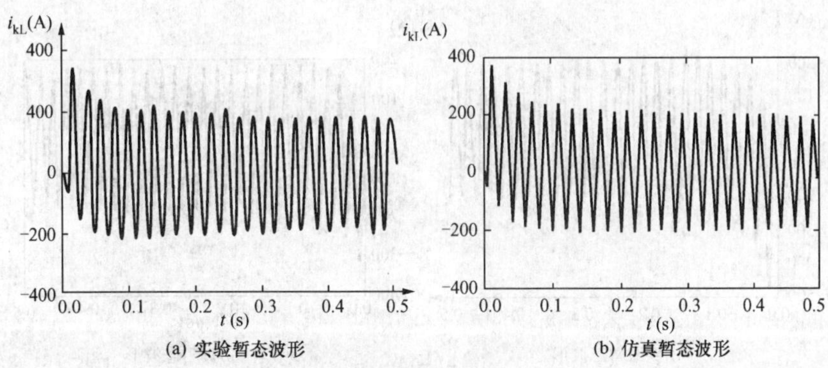

图 1-20 定子绕组 a1 分支 40%对 a2 分支 10%短路时，短路环电流 i_{kL} 的暂态波形

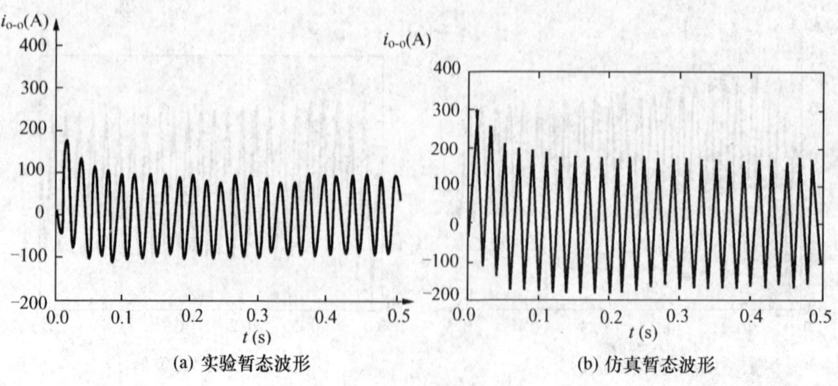

图 1-21 定子绕组 a1 分支 40%对 a2 分支 10%短路时，中性点连线电流的暂态波形

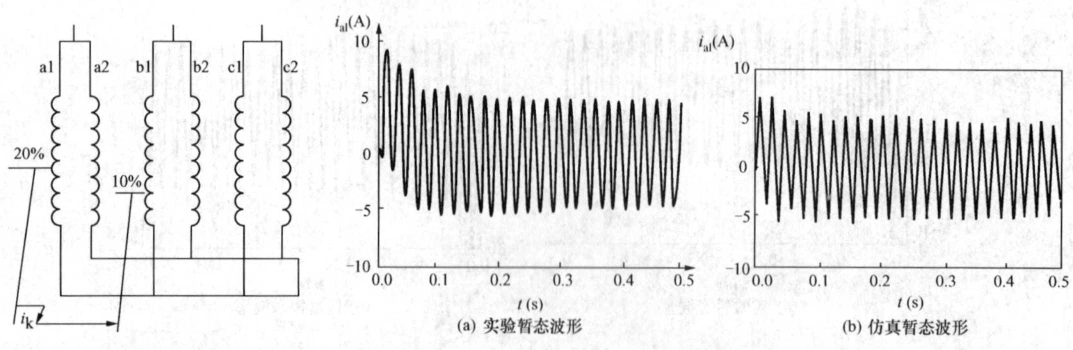

图 1-22 a1 分支 40%对 b1 分支 10%短路

图 1-23 定子绕组 a1 分支 20%对 b1 分支 10%短路时，机端侧 a1 分支电流的暂态波形

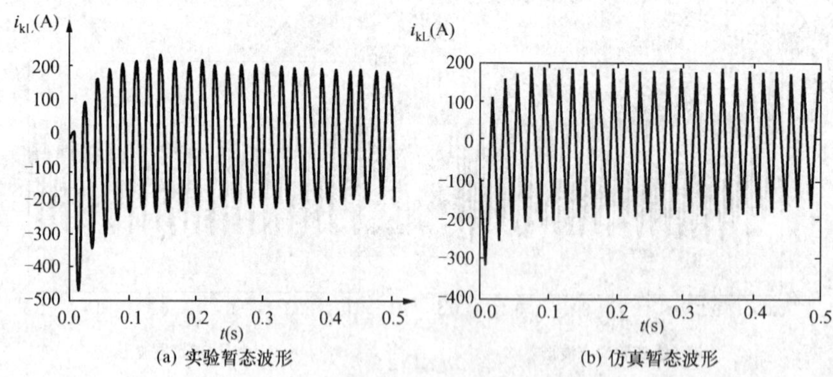

图 1-24 定子绕组 a1 分支 20%对 b1 分支 10%短路时，短路环电流 i_{kL} 的暂态波形

1.3.3 同步电机内部短路的稳态实验和仿真

在同步电机绕组不对称问题中，很多情况下只需要关心稳态情况。为了验证凸极同步电机的多回路理论和稳态仿真计算程序，并对凸极同步电机定子绕组内部故障问题进行稳态分析，我们在几台电机上进行了定子绕组发生内部不对称短路的稳态实验，并与稳态仿真结果做了对比。

一、东方电机厂 TD143/31-12 型 630kW 凸极同步电机空载时定子绕组内部短路的稳态实验

这台电机定子绕组每相 6 个并联分支，每分支有 5 个线圈。图 1-25（a）所示为定子 A 相的第一条支路 a1 的 40％点对中性点短路（即 a1 支路靠近中性点的两个线圈发生对中性点短路），其计算结果和实验结果见表 1-1。图 1-25（b）所示为定子 A 相的第一条支路 a1 的 40％点对 B 相的第一条支路 b1 的 40％点短路，其计算结果和实验结果见表 1-2。

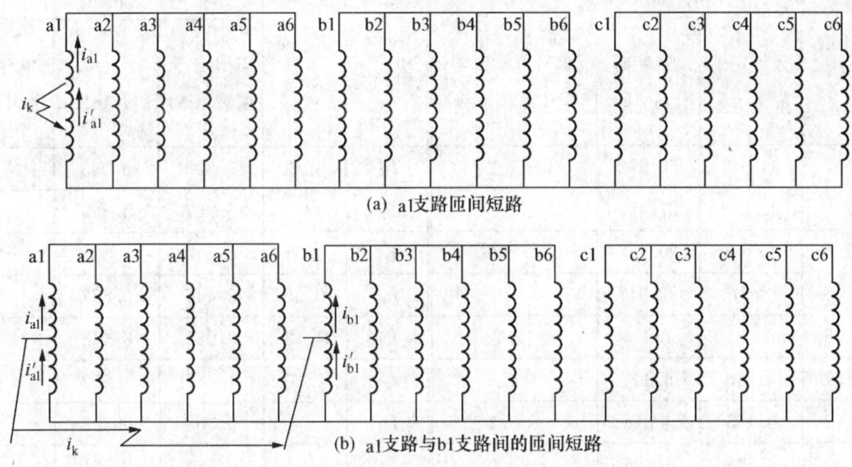

(a) a1支路匝间短路

(b) a1支路与b1支路间的匝间短路

图 1-25 一台 630kW 凸极同步电机定子绕组内部故障示意图

表 1-1 630kW 凸极同步电机 a1 支路 40％对中点短路时各电流的实验结果与计算结果

电流	实验值（A）	计算值		最后一列计算值对实验值的相对偏差（％）	电流	实验值（A）	计算值		最后一列计算值对实验值的相对偏差（％）
		只计定子基波（A）	$J_1=3$ $J_2=2$				只计定子基波（A）	$J_1=3$ $J_2=2$	
I_k	64.8	40.899	69.181	6.8	I_{a6}		0.431	9.896	
I'_{a1}		16.056	31.916		I_{b1}	2.70	5.670	2.943	9.0
I_{a1}	36.2	24.851	37.339	3.1	I_{b2}		2.539	0.423	
I_{a2}		7.332	6.595		I_{b3}		2.042	0.229	
I_{a3}	6.75	6.638	6.911	2.4	I_{b4}		1.178	0.381	
I_{a4}	8.00	5.953	7.007	−12.4	I_{b5}		2.179	0.632	
I_{a5}	6.85	4.499	6.971	1.8	I_{b6}	4.05	9.245	2.892	−28.6

续表

电流	实验值(A)	计算值		最后一列计算值对实验值的相对偏差(%)	电流	实验值(A)	计算值		最后一列计算值对实验值的相对偏差(%)
		只计定子基波(A)	$J_1=3$ $J_2=2$				只计定子基波(A)	$J_1=3$ $J_2=2$	
I_{c1}		3.104	3.983		I_{c5}		0.234	1.391	
I_{c2}		3.216	0.454		I_{c6}	4.59	9.632	5.365	16.9
I_{c3}		2.130	0.313		I_{f2}	1.38		1.482	7.4
I_{c4}		1.463	0.302						

注 J_1 为计及的定子电流谐波次数，J_2 为计及的转子电流谐波次数。

表 1-2　630kW 凸极同步电机 a1 支路 40%对 b1 支路 40%短路时各电流的实验结果与计算结果

电流	实验值(A)	计算值		最后一列计算值对实验值的相对偏差(%)	电流	实验值(A)	计算值		最后一列计算值对实验值的相对偏差(%)
		只计定子基波(A)	$J_1=3$ $J_2=2$				只计定子基波(A)	$J_1=3$ $J_2=2$	
I_k	51	34.647	50.372	−1.2	I_{b3}	4.82	3.808	5.095	5.7
I'_{a1}	27	22.089	27.450	1.7	I_{b4}		3.967	5.360	
I'_{b1}	22.5	9.103	20.782	−7.6	I_{b5}	4.31	5.542	4.922	14.2
I_{a1}		12.574	22.947		I_{b6}	9.56	8.446	9.657	1.0
I_{a2}	1.75	3.081	1.973	12.7	I_{c1}	4.42	9.081	3.478	−21.3
I_{a3}	5.57	2.810	5.304	−4.8	I_{c2}	2.30	1.862	1.553	−32.5
I_{a4}	5.02	3.135	4.858	−3.2	I_{c3}		0.362	0.322	
I_{a5}	4.83	2.548	4.686	−3.0	I_{c4}		0.460	0.321	
I_{a6}	6.70	1.066	6.241	−6.9	I_{c5}		1.032	0.439	
I_{b1}		25.564	29.608		I_{c6}	3.33	5.543	3.289	−1.2
I_{b2}	4.75	3.844	4.678	−1.5	I_{f2}	2.30		2.260	−1.7

注 1. 实验和计算时的直流励磁 $I_{f0}=10.64$A；

2. I_{f2}为励磁电流 2 次谐波的有效值。

二、30kW 模拟凸极同步电机在联网带载状态下定子绕组内部短路的稳态实验

这台电机有 3 对极，定子为叠绕组，双 Y 接。我们研究了三种有代表性的短路方式(如图 1-26 所示)：支路 a1 的 40%点对 2%短路［见图 1-26 (a)］；支路 a1 的 20%点对支路 a2 的 10%短路［见图 1-26 (b)］；支路 a1 的 20%点对支路 b1 的 10%短路［见图 1-26 (c)］。

表 1-3 列出了支路 a1 的 40%点对 2%点短路时的计算结果和实验结果，其他两种短路情况的对比结果与之类似，不再列出。

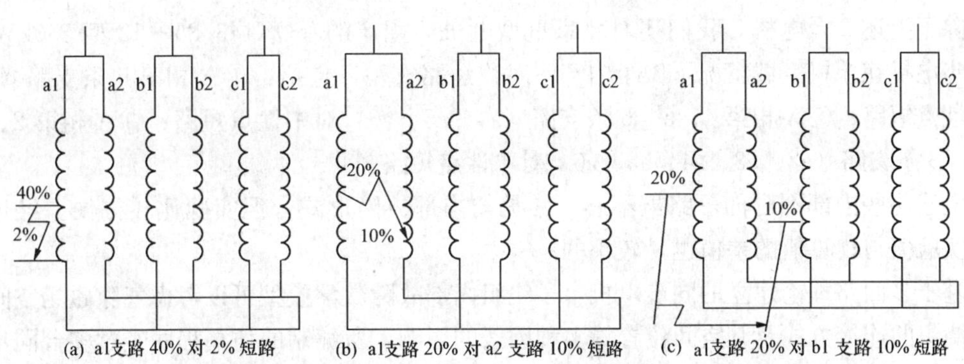

(a) a1支路40%对2%短路 (b) a1支路20%对a2支路10%短路 (c) a1支路20%对b1支路10%短路

图1-26 30kW模拟凸极同步电机联网时定子绕组内部故障的示意图

表1-3 30kW模拟凸极同步电机a1支路匝间短路的实验结果和计算结果

物理量	实验值	参数计算采用磁场数值分析法		参数计算采用气隙磁导分析法	
		计算值	误差（%）	计算值	误差（%）
I_{f0}（A）	4.25	4.25		4.3	
U_{ab}（V）	* * *	326.8		330.2	
U_{bc}（V）	* * *	377.8		377.5	
I_a（A）	49.6	46.4	−6.5	44.2	−10.9
I_b（A）	50.5	49.8	−1.4	47.5	−5.9
I_c（A）	10.7	12.7	18.7	13.0	21.5
P（kW）	14.45	14.91	3.2	14.69	1.7
I_{a1}（A）	75.8	67.3	−11.2	64.3	−15.2
I_{a2}（A）	30.6	30.5	−0.3	30.0	−2.0
I_{b1}（A）	52.6	47.2	−10.3	44.8	−14.8
I_{b2}（A）	9.0	6.6	−26.7	6.6	−26.7
I_{c1}（A）	34.0	26.2	−22.9	26.1	23.2
I_{c2}（A）	36.7	33.5	−8.7	33.8	−7.9
I_k（A）	343.0	327.2	−4.6	323.8	−5.6
I_{f2}（A）	0.360	0.338	−6.1	0.404	12.2
I_{o-o}（A）	8.0	6.4	−20.0	6.6	−17.5
$3U_0$（V）	* * *	40.0		37.0	
U_2（V）	* * *	32.5		30.2	
I_2（A）	* * *	21.5		20.0	
P_2（W）	* * *	276.6		239.9	

注 1. * * *表示没有实验结果。

2. I_{f2}—励磁电流2次谐波分量幅值；

I_{o-o}—中性点连线电流幅值；

$3U_0$—零序电压基波分量幅值。

3. 表中各电流、电压均为幅值。

除了上述2台电机，我们还对北京重型电机厂生产的TDK143/25－12型550kW凸极同步电机在单机空载情况下做了内部不对称短路实验，包括：①A相第6条支路（a6）对中性点短路；②A相第4、5、6条支路（a4、a5、a6）对中性点短路；③A相第2、3、4、5、6条支路（a2、a3、a4、a5、a6）对中性点短路。

上述这些内部不对称短路虽不属于常见的内部故障形式，但实验比较方便。经过比较，实验值与计算值的差值也是较小的。

基于多回路理论建立的同步电机定子绕组内部故障数学模型可以考虑气隙磁场空间谐波、绕组的连接方式及其空间位置等多种因素的影响，所编制的仿真程序经过多台同步电机稳态和暂态实验的检验。这里既有凸极同步电机，也有隐极同步电机；既有单机空载下的内部故障，也有联网状况下的内部故障；既有低电压下发生的内部故障，也有额定电压下发生的内部故障。这些对比证明了数学模型和仿真程序的正确性，为大型发电机内部故障继电保护配置方案的综合研究奠定了坚实的基础。

1.4　大型水轮发电机多回路模型的合理简化

前面已经完整地介绍了交流电机的多回路模型，就是将电机看作由多个相互运动的回路组成的电路。按照定、转子绕组的实际回路来列写电压和磁链方程，得到描述电机电流变化的微分方程组。方程的系数是电机各回路的电感系数和电阻，而电感系数大多是时变的。求解这样带时变系数的微分方程组一般采用数值积分法（例如龙格-库塔法）。如果只求稳态时的电流，在合理设定各回路电流一般表示式的基础上，可将微分方程组转化为线性代数方程组，以大大节省计算时间。

在分析计算发电机定子绕组内部短路时，微分方程组的维数就是电机多回路模型的回路数。一般来说，随方程维数的增加，计算机的计算时间将急剧增长，如果能够减少电机的回路数，对节省计算时间是十分有效的。

若定子绕组每相n条支路，则对于正常绕组定子边共有$N_S=3n-1$个回路，发生内部故障时就会增加一个故障回路，形成$N_S=3n$个回路。

转子励磁绕组通常是串联的一个回路。凸极发电机的阻尼绕组一般是由阻尼条和阻尼环组成的笼型电路。

若电机转子每极下有N_C根阻尼条，那么阻尼回路总数为$N_d=2PN_C$。其中P为电机的极对数。加上定子回路和励磁回路，电机电路的总回路数$N=N_S+1+N_d$。对于大型水轮发电机来说，通常极对数P较大，以致阻尼回路数占电机总回路数的绝大部分，例如三峡左岸电站ABB公司制造的、VGS公司制造的发电机（简称ABB、AGS发电机），定子每相支路数n=5，转子极数$2P$=80，每极阻尼条数N_C=5，定子绕组发生内部短路时的总回路数是416，其中阻尼回路数是400。所以减少计算机计算时间的主要途径就是压缩阻尼回路数。

下面我们讨论在大型水轮发电机定子绕组计算中，既能压缩阻尼回路数，又能基本满足工程计算精度的阻尼绕组简化方法。

1.4.1 等效纵轴和等效横轴阻尼绕组的处理方法

阻尼绕组的等效 d 轴和等效 q 轴模型是电机分析中常用的阻尼绕组模型。应该注意到，这种简化处理方法只有在理想电机假定的前提下才是准确的，而理想电机假定的主要一点就是其气隙磁场以基波为主[1]。我们知道，定子绕组内部短路时，电机气隙磁场有很强的谐波，从而破坏了理想电机的前提。在这种情况下能否采用阻尼绕组的等效 d 轴和等效 q 轴模型就有疑问了。下面从理论和仿真研究两方面讨论这个问题。

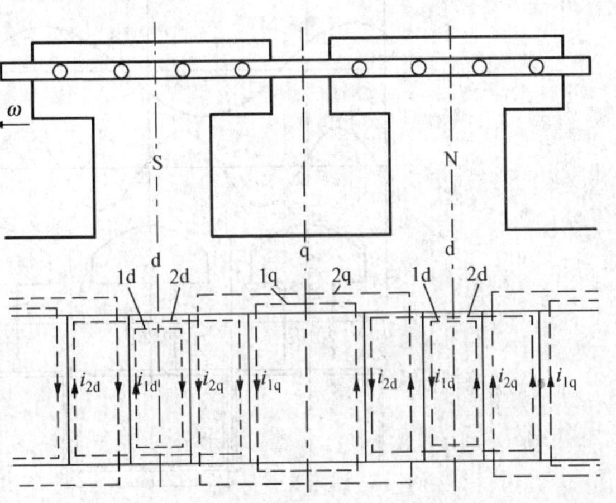

图 1-27 凸极同步电机的阻尼绕组

当电机气隙磁场主要是空间基波时，在笼型阻尼绕组中产生的感应电流如图 1-27 所示。图中表示每极有 4 根阻尼条的笼型阻尼绕组，阻尼回路的选取都是对称于纵轴或横轴的，其中回路 1d，2d 对称于纵轴，回路 1q，2q 对称于横轴。阻尼条中的电流则是相应的纵轴及横轴回路电流的代数和。

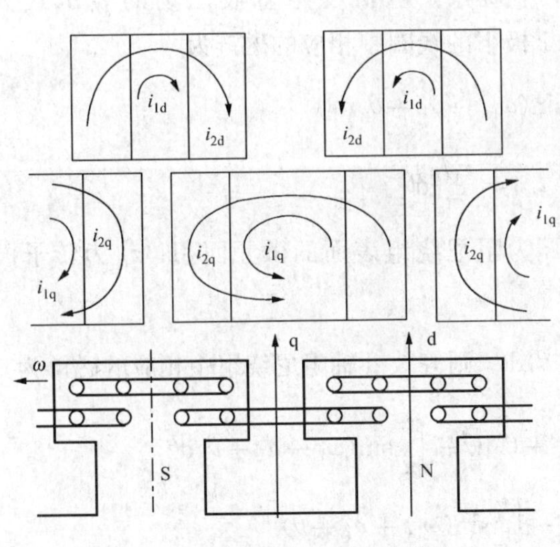

图 1-28 凸极同步电机的等效纵、横轴阻尼绕组

当只考虑气隙磁场的空间基波时，这样划分电流回路有很大的优点：由于纵轴电流回路与横轴电流回路在空间位置上互差 π/2 电弧度，而转子在结构上对纵轴及横轴而言又是对称的，因此这时 d 轴和 q 轴电路互不相干，就是 d 轴电流不影响 q 轴电路方程，q 轴电流不影响 d 轴电路方程，即在纵轴电流回路与横轴电流回路间没有互感及互电阻，从而可以认为 d 轴和 q 轴电路相对独立，并进而可以把这个实际的笼型阻尼绕组考虑为如图 1-28 所示的两组假想的阻尼绕组，即等效纵轴阻尼绕组和等效横轴阻尼绕组。另外，电机 N 极下等效 d 轴阻尼绕组电流相同，S 极下等效 d 轴阻尼绕组电流与 N 极下电流大小相同但方向相反，这就相当于认为电机的等效 d 轴阻尼绕组成为一个串联回路。等效 q 轴阻尼绕组也是如此。因而电机的阻尼回路只有 2 个。

阻尼绕组的这种简化方法能否用于定子绕组内部短路分析呢？内部短路时气隙磁场有很强的谐波，让我们分别考虑等效 d 轴和等效 q 轴阻尼绕组对各种磁场的作用。

用图 1-29 的示意图来分析这个问题。以 $P=2$ 的 4 极电机为例。为清楚起见图中仅画出了等效 d 轴阻尼绕组，分别讨论它对基波、2 次谐波和 1/2 次谐波气隙磁场的作用。

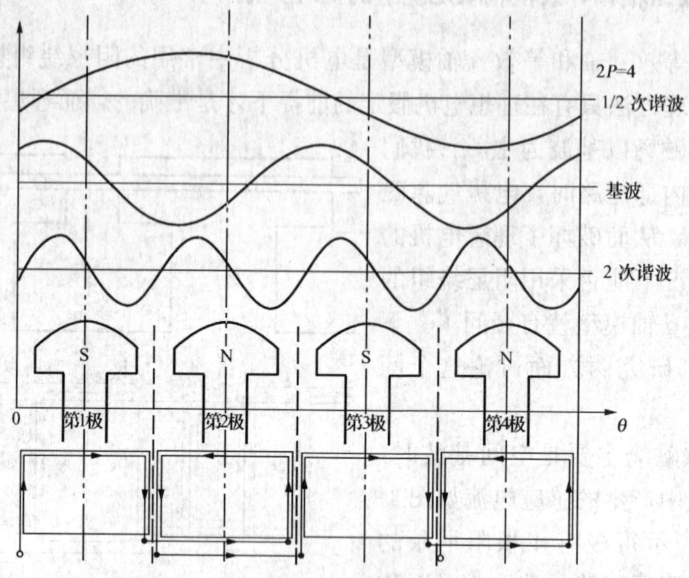

图 1-29　等效 d 轴和 q 轴阻尼绕组对气隙磁场基波和各种谐波的不同反应（图中只画出了等效 d 轴阻尼绕组）

先看气隙基波磁场。若在转子坐标系中观察，电机气隙基波磁场的表示式为 $B_1\sin(\omega_1 t+\alpha_1+\theta)$，则等效 d 轴阻尼绕组第 1 极下的线圈中相应的磁链为

$$\psi_{\mathrm{d,1,1}} = w_{\mathrm{d}}\int_{S_1}^{S_2} B_1\sin(\omega_1 t+\alpha_1+\theta)\mathrm{d}s$$

$$\mathrm{d}s = \mathrm{d}\left(\frac{\theta}{P}R_{\mathrm{r}}l_{\mathrm{r}}\right) = \frac{\tau_{\mathrm{r}}l_{\mathrm{r}}}{\pi}\mathrm{d}\theta$$

式中：w_{d} 为等效 d 轴阻尼绕组每极匝数；ds 为阻尼绕组表面的微元面积；τ_{r} 为转子极距；l_{r} 为转子铁心长。

因此，$\psi_{\mathrm{d,1,1}} = w_{\mathrm{d}}\dfrac{\tau_{\mathrm{r}}l_{\mathrm{r}}}{\pi}B_1\int_0^{\pi}\sin(\omega_1 t+\alpha_1+\theta)\mathrm{d}\theta$，则等效 d 轴阻尼绕组中相应的磁链为

$$\begin{aligned}\psi_{\mathrm{d,1}} &= w_{\mathrm{d}}\frac{\tau_{\mathrm{r}}l_{\mathrm{r}}}{\pi}B_1\left[\int_0^{\pi}\sin(\omega_1 t+\alpha_1+\theta)\mathrm{d}\theta - \int_{\pi}^{2\pi}\sin(\omega_1+\alpha_1+\theta)\mathrm{d}\theta\right.\\ &\quad\left.+\int_{2\pi}^{3\pi}\sin(\omega_1 t+\alpha_1+\theta)\mathrm{d}\theta - \int_{3\pi}^{4\pi}\sin(\omega_1 t+\alpha_1+\theta)\right]\\ &= \frac{8w_{\mathrm{d}}\tau_{\mathrm{r}}l_{\mathrm{r}}}{\pi}B_1\cos(\omega_1 t+\alpha_1)\end{aligned}$$

相应于该气隙基波磁场的磁链的感应电动势为

$$e_{\mathrm{d,1}} = \frac{\mathrm{d}\psi_{\mathrm{d,1}}}{\mathrm{d}t} = -\frac{8w_{\mathrm{d}}\tau_{\mathrm{r}}l_{\mathrm{r}}\omega_1}{\pi}B_1\sin(\omega_1 t+\alpha_1)$$

这个感应电动势将在闭路的阻尼绕组中产生感应电流。就气隙基波磁场而言，它在等效 d 轴阻尼绕组中产生的感应电流，无论等效阻尼绕组是串联成一个回路或是各极下单独

形成闭路，其结果是一致的。

下面再分析等效 d 轴阻尼绕组对气隙磁场高次谐波和分数次谐波的作用。

若在转子坐标系中观察，电机气隙 2 次谐波磁场的表示式为 $B_2\sin(\omega_2 t+\alpha_2+2\theta)$，则等效 d 轴阻尼绕组中相应的磁链为

$$\begin{aligned}\psi_{\mathrm{d},2}=&w_{\mathrm{d}}\frac{\tau_{\mathrm{r}}l_{\mathrm{r}}}{\pi}B_2\Big[\int_0^{\pi}\sin(\omega_2 t+\alpha_2+2\theta)\mathrm{d}\theta-\int_{\pi}^{2\pi}\sin(\omega_2 t+\alpha_2+2\theta)\mathrm{d}\theta\\&+\int_{2\pi}^{3\pi}\sin(\omega_2 t+\alpha_2+2\theta)\mathrm{d}\theta-\int_{3\pi}^{4\pi}\sin(\omega_2 t+\alpha_2+2\theta)\mathrm{d}\theta\Big]\\=&0\end{aligned}$$

若在转子坐标系中观察，电机气隙 1/2 次谐波磁场的表示式为 $B_{\frac{1}{2}}\sin\left(\omega_{\frac{1}{2}}t+\alpha_{\frac{1}{2}}+\frac{\theta}{2}\right)$，则等效 d 轴阻尼绕组中相应的磁链为

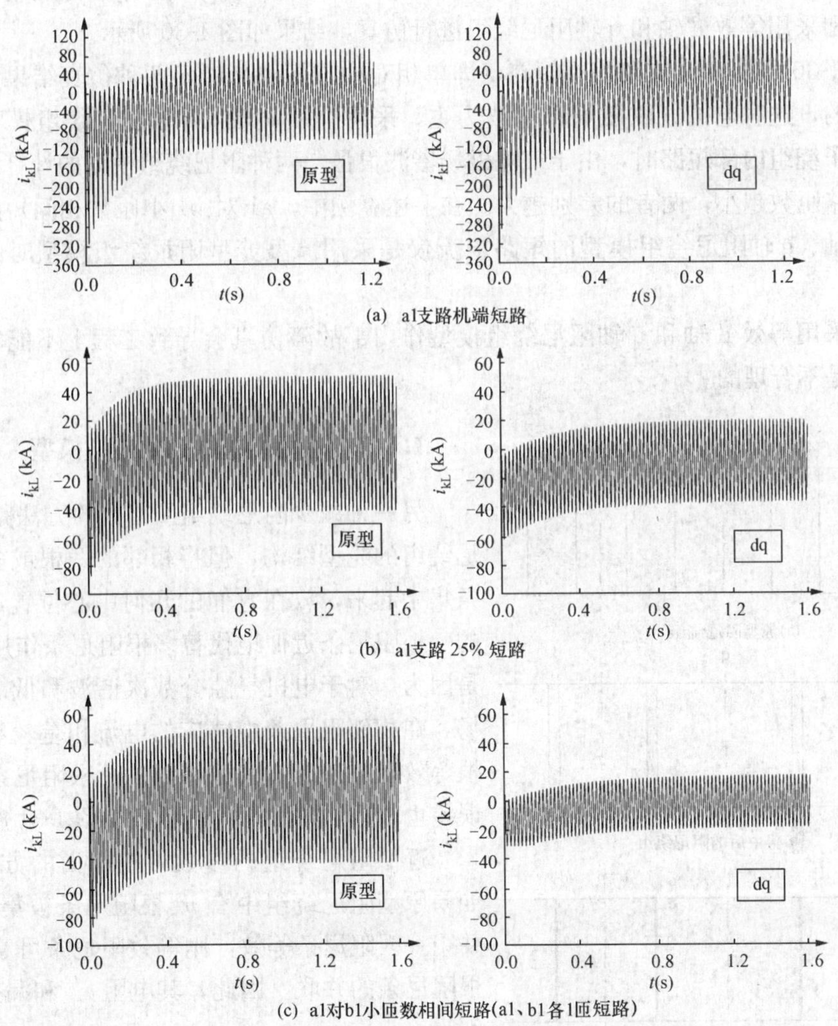

图 1-30 采用原型笼型阻尼绕组和等效 d 轴 q 轴阻尼绕组时的短路回路电流计算结果比较

$$\begin{aligned}\psi_{d,1/2} &= w_d \frac{\tau_r l_r}{\pi} B_{\frac{1}{2}} \Big[\int_0^{\pi} \sin\Big(\omega_{\frac{1}{2}} t + \alpha_{\frac{1}{2}} + \frac{\theta}{2}\Big) d\theta - \int_{\pi}^{2\pi} \sin\Big(\omega_{\frac{1}{2}} t + \alpha_{\frac{1}{2}} + \frac{\theta}{2}\Big) d\theta \\ &\quad + \int_{2\pi}^{3\pi} \sin\Big(\omega_{\frac{1}{2}} t + \alpha_{\frac{1}{2}} + \frac{\theta}{2}\Big) d\theta - \int_{3\pi}^{4\pi} \sin(\omega_{\frac{1}{2}} t + \alpha_{\frac{1}{2}} + \frac{\theta}{2}) d\theta\Big] \\ &= 0\end{aligned}$$

由上可见，等效 d 轴阻尼绕组对 2 次谐波和 1/2 次谐波气隙磁场没有反应。

进一步的研究表明，等效 d 轴阻尼绕组对所有偶次谐波气隙磁场和一些分数次谐波磁场没有反应，对其他分数次谐波磁场和高次谐波磁场的反应也弱于笼型阻尼绕组。因此，采用等效 d 轴和 q 轴阻尼绕组来代替笼型阻尼绕组的合理性是有疑问的。

为了进一步阐明这个问题，我们用经过多次实验验证的内部短路仿真来定量分析采用等效 d 轴和 q 轴阻尼绕组的合理性问题。

以三峡左岸电站 ABB 发电机为例，计算了几种定子绕组内部短路，分别用原型笼型阻尼绕组和采用等效 d 轴和 q 轴阻尼绕组进行仿真，结果如图 1-30 所示。

从图 1-30 可见，a1 支路机端短路（即单相对中点短路）时，两种仿真结果一致，这是很自然的，这时电机气隙磁场以基波为主，采用等效 d 轴、q 轴阻尼绕组模型是适宜的。但定子绕组内部短路时，由于气隙磁场谐波很强，两种阻尼绕组模型的计算结果相差甚大。短路匝数越小，两者的差别越大。在上述算例中，a1 对 b1 小匝数相间短路时，采用等效 d 轴、q 轴阻尼绕组模型的短路电流仅是采用原型笼型阻尼绕组模型时的 1/3 左右。

可见采用等效 d 轴和 q 轴阻尼绕组模型作内部故障仿真会导致工程上不能容许的误差，因而是不合理的。

1.4.2 阻尼绕组的简化笼型模型

另一种减少阻尼绕组回路数的方法是维持阻尼绕组的笼型结构，但将相邻的两根或多根阻尼条集中起来，放在它们的几何中心位置，用这样的一根阻尼条近似地代替多根阻尼条作用[21]。这是因为，对于电机气隙分数次谐波和低次谐波磁场，在相邻阻尼条中感应的电流相差较小，用一根等效阻尼条近似代替相邻的几根阻尼条造成的误差也较小。这种简化的示意如图 1-31 所示。

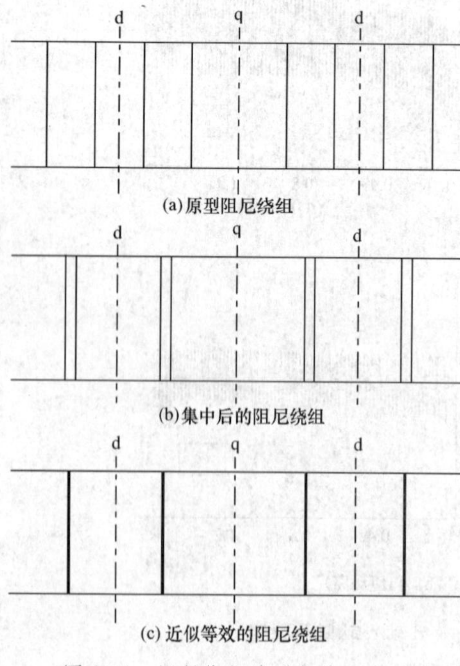

图 1-31　阻尼绕组的近似处理方法

近似阻尼绕组的参数可按下面的方法确定：如果原型阻尼绕组中有 n_e 根阻尼条被集中起来，并用一根阻尼条等效，则等效阻尼条可看成是 n_e 根阻尼条的并联。因此，其电阻 r'_c 和漏感 L'_c 分别为

$$r'_c = \frac{r_c}{n_e};\ L'_c = \frac{L_c}{n_e} n_e$$

按照上述近似阻尼绕组的处理方法，对三峡电站 700MW 水轮发电机（左岸电站 ABB 发电机）定子绕组内部短路进行了三种情况下的仿真计算，分别用原型阻尼绕组和近似阻尼绕组，其中原型阻尼笼模型的正确性经过了多次实验的检验，可用它的仿真结果作为对近似阻尼笼合理性的评价标准。三种情况的仿真结果如图 1-32～图 1-34 所示。该发电机有 80 极，每极有 5 根阻尼条，采用两种近似，分别用每极 2 根和每极 1 根等效阻尼条代替。

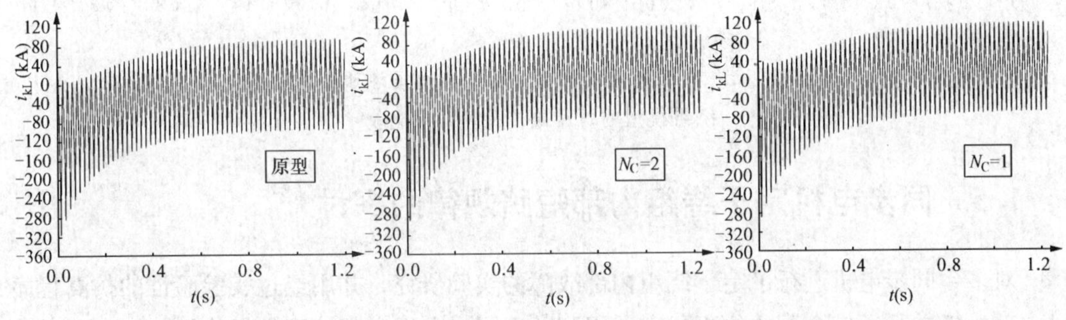

图 1-32　a1 支路机端短路时三种阻尼绕组模型的短路电流计算结果比较

从仿真结果可见，用近似的阻尼笼代替原型阻尼笼在工程上是可行的。每极 2 根阻尼条的近似阻尼笼与原型阻尼笼的结果吻合较好，每极 1 根阻尼条的近似阻尼笼结果差一些。

最后比较一下采用不同阻尼回路模型时的计算时间。对三峡左岸电站 ABB 发电机定子绕组内部短路，用龙格—库塔法解微分方程组，每个周期计算 100 个采样点，在比较好的微机（P4 1.7GHz）上计算一个周期所需时间：采用原型阻尼笼时约需 1h，采用等效 d 轴和 q 轴阻尼绕组时约 10s，采用每极 2 根阻尼条的近似笼时约 2min，采用每极 1 根阻尼条的近似笼时约 0.5min。可见计算时间最省的是用等效 d 轴和 q 轴阻尼绕组模型，但它的计算误差过大，无法采用。而近似笼的处理方法既可节省计算时间，又能保证计算准确

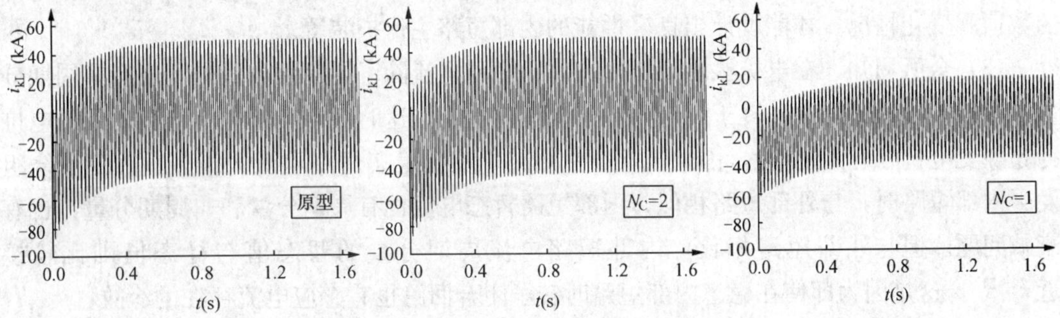

图 1-33　a1 支路 25%点对中点短路时三种阻尼绕组模型的短路电流计算结果比较

度，因而是可行的简化方法。

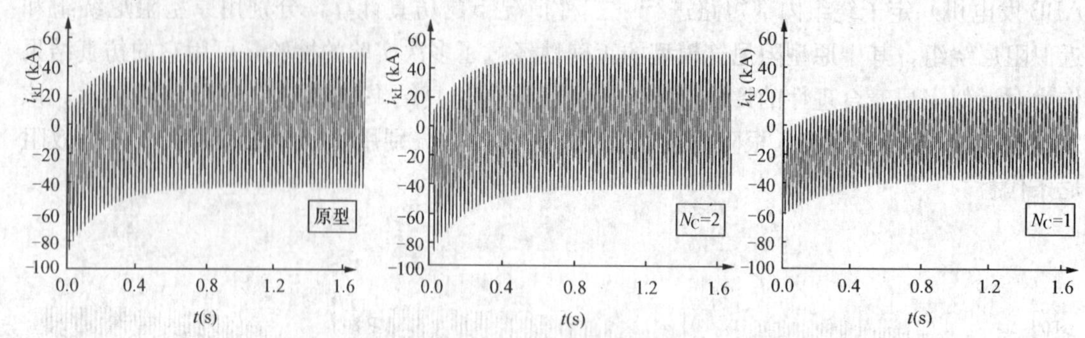

图 1-34 a1 对 b1 小匝数（各 1 匝）相间短路时三种阻尼绕组模型的短路电流计算结果比较

1.5 同步电机定子绕组内部短路规律的探讨

对多台同步电机进行了定子绕组内部故障的实验研究，并用经过实验验证的仿真程序对内部故障进行了较全面的仿真研究，得到关于同步电机内部故障的规律性认识，列举如下。

（1）为了设计发电机内部短路的主保护配置方案，必须全面了解内部短路时电机各种电气量的数值和变化情况。同步电机发生内部短路时，不仅要考虑其气隙的基波磁场（与励磁电流和电网电压等有关），还必须考虑这种情况下很强的气隙谐波磁场的存在。定子线圈的空间位置、定子绕组的连接方式以及电机的结构等对内部短路也有重要的影响。多回路分析法能比较全面地考虑这些因素的作用，比 Park 方程、对称分量法、相坐标法等更适合于分析同步电机的内部短路。

（2）同步电机内部短路时其气隙磁场的分数次谐波和其他谐波很强，即使在稳态情况下，由于气隙中存在不同转向、各种转速和谐波次数的空间磁场，转子绕组中有较大的感应电流，致使定子绕组内部短路的稳态电流也很大，甚至大于外部短路。短路匝数越少，短路电流越大，故障后果越严重。但这时非短路部分的电流却不一定很大，因而内部短路的主保护十分困难，特别是小匝数短路时。只有全面地详细计算各种内部短路时各电气量的数值和变化情况，才能设计出良好性能的内部短路主保护装置。

（3）众所周知，在电机机端突然短路时，短路电流除了周期性分量外，还有非周期分量。由于突然短路瞬间，转子闭合回路出现感应电流，这时机端突然短路电流遇到的电抗为超瞬变电抗（有阻尼时），因此机端突然短路电流比稳态短路电流大得多。在定子绕组发生内部短路时，与外部短路相似，内部短路暂态电流也有周期分量和非周期分量，也有衰减问题。但与外部短路相比，内部短路电流周期分量的暂态值与稳态值则比较接近[22~24]，这是因为即使在稳态内部短路时转子闭合回路也有感应电流存在的缘故。

（4）从继电保护的角度看，按内部故障稳态设计的保护装置，在暂态时一般都能可靠动作[24]。因而可用内部短路稳态计算来完成内部短路主保护的设计。若用内部短路暂态计算来设计保护，则需要采取合理的简化模型。

1.6 大型发电机内部短路主保护的基本原理及发展

本章讨论的发电机内部短路包括定子绕组不同相之间的相间短路，同相不同分支之间和同相同分支之间的匝间短路，兼顾定子绕组开焊故障，但不包括单相接地故障。内部短路主保护包括零序电流型横差保护（以往称单元件横差保护）、裂相横差保护、不完全纵差保护和完全纵差保护，简称为“两横（两种横差保护）两纵（两种纵差保护）”，前三种保护方案均有不同的构成形式。其他原理的主保护方案（纵向基波零序过电压保护和故障分量负序方向保护等）参见文献[39]。

1.6.1 概述

根据中国电力科学研究院的全国调查❶，我国1999年100MW及以上容量发电机共有804台，经过5年的发展，已经增加到1072台。5年期间100MW及以上发电机故障率统计如表1-4所示。

表1-4　　1999～2003年100MW及以上发电机故障率统计

设备	数　据	1999年	2000年	2001年	2002年	2003年	5年增加
发电机	发电机台数	804	868	913	965	1072	268
	故障台数	30	22	17	32	42	143
	故障次数(本体)	30	23	17	32	42	144
	故障率[次/(百台·年)]	3.73	2.64	1.86	3.31	3.91	

发电机144次本体故障中，相间短路有25次（占17.36%），定子匝间短路有6次（占4.17%），定子绕组开路有1次（占0.69%）。由于自20世纪80年代以来从国外引进的大型发电机组大多没有装设定子匝间短路保护，所以这些发电机定子绕组只有在匝间短路发展为相间短路后才由纵差保护跳闸，统计资料将其视为相间短路。可以断言，定子绕组匝间短路的实际次数将大于统计数据。

而我国1998～2003年100MW及以上发电机差动保护正确动作率如表1-5所示。

表1-5　　1998～2003年100MW及以上发电机差动保护正确动作率分析

保护名称	完全纵差	不完全纵差	发-变组纵差	匝间保护	横差保护	总　计
动作总次数	63	2	90	24	10	189
正确动作次数	46	2	68	14	10	140
不正确动作次数	17		22	10		49
正确动作率（%）	73.02	100.00	75.56	58.33	100.00	74.07

注　1. 表中的不完全纵差保护动作次数少，仅在2001年正确动作2次，正确动作率为100%；

2. 表中的匝间保护和横差保护均能反应定子绕组的相间短路和匝间短路。

❶ 周玉兰。1999～2003年全国电网元件保护运行情况。

上述统计资料告诉我们，发电机定子绕组发生匝间短路是可能的，如果仅仅装设完全纵差保护就无法给发电机提供完全的主保护，因此有必要对零序电流型横差、裂相横差和不完全纵差保护的原理及发展进行深入的分析和研究。

1.6.2 发电机定子绕组的同槽和端部交叉故障

本章讨论的定子绕组内部短路的起因有两种：

(1) 一种是同槽上下层线棒之间由于绝缘损坏而导致的短路，称其为同槽故障，如图1-35所示；

(2) 另一种是绕组端部交叉处绝缘损坏而导致的短路，称其为端部交叉故障，如图1-36所示。

所有这些故障位置都不是任意设定的，而是根据电机制造厂提供的绕组连接图，考虑任两导线相邻均有可能发生短路。

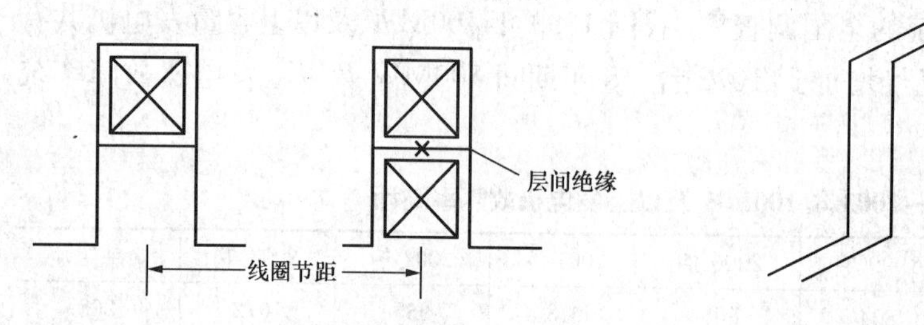

图 1-35 同槽故障示例

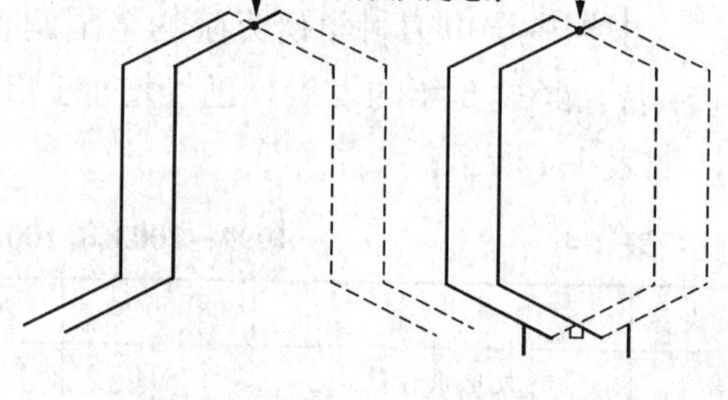

图 1-36 端部交叉故障示例

下面以三峡右岸电站发电机（哈电机组）为例，来说明如何根据哈尔滨电机厂提供的绕组连接图来确定该发电机实际可能发生的内部短路类型。

三峡右岸电站发电机（哈电机组）700MW，80极，定子槽数为840，每相8分支，每分支35槽，采用的是分数槽波绕组，定子绕组第一节距为12槽。为节省篇幅，仅列写了a相第1分支所有的线圈，如下所示，其中“+”（省略未写）表示定子绕组的绕向是先到上层边而后到下层边，“−”表示定子绕组的绕向是先到下层边而后到上层边：

1 22 43 64 85 107 128 149 170 191/ −203/ −182 −161 −140 −119 −97 /−76 −55 −34 −13 −831 −810 −789 −768 −747 738 759 780 801 822 4 25 46 67 /88

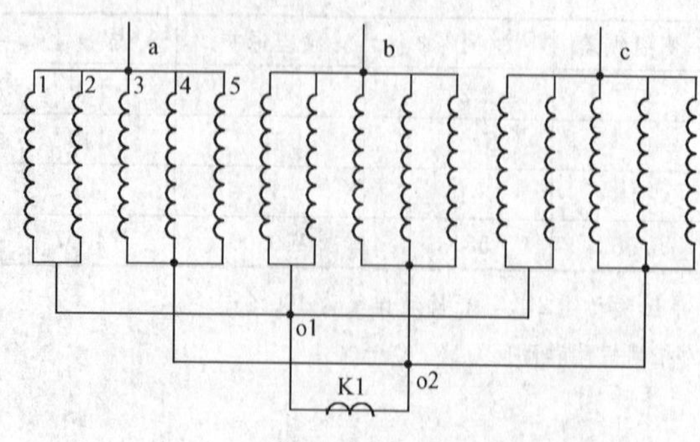

图 1-37 一套零序电流型横差保护

根据定子绕组的节距和图1-35的示例，a1支路191号线圈的下层边与203号线圈的上层边同在第203号槽中，若发生同槽故障则将203号线圈短路（用阴影标识），短路匝数为1匝（为最小短路匝数的同相同分支匝间短路）；同理所示，a1支路76号线圈的下层边与88号线圈的上层边同在第88号槽中，若发生同槽故障则将用下划线标识的18个线圈短路，短路匝数为 18 匝（为最大短路匝数的同相同分支匝间短路）。

1.6.3 零序电流型横差保护

零序电流型横差保护以其灵敏度高、功能全面，且特别简单的特点，在各种主保护方案中优点突出，并在龙羊峡、岩滩、二滩、天生桥一级、三峡左岸电站等得到广泛应用，积累了丰富的运行经验[39]。下面以每相 5 分支的三峡左岸电站 ABB 发电机为例，来讨论该保护的基本原理、构成形式以及新的技术观点。

一、基本原理及构成形式

对于三峡左岸电站 ABB 发电机而言，可以将每相的 1、2 分支连在一起，形成中性点 o1；再将每相的 3、4、5 分支连在一起，形成中性点 o2；然后在 o1、o2 之间装设一套零序电流型横差保护，如图 1-37 所示。

也可以将每相的 1、2 分支连在一起，形成中性点 o1；将每相的 4、5 分支连在一起，形成中性点 o3；再将每相的第 3 分支单独引出，形成中性点 o2；然后在 o1 与 o2 之间、o2 与 o3 之间装设两套零序电流型横差保护，如图 1-38 所示。

因为零序电流型横差保护比较的是内部故障时一台发电机两部分之间的不平衡，而内部短路时将整个定子绕组分成三部分，其各部分之间的不平衡度应大于整个定子绕组分成两部分之间的不平衡度，前者的横差电流应大于后者，所以两套零序电流型横差保护性能上优于一套零序电流型横差保护。表 1-6 的统计结果也说明这一点。

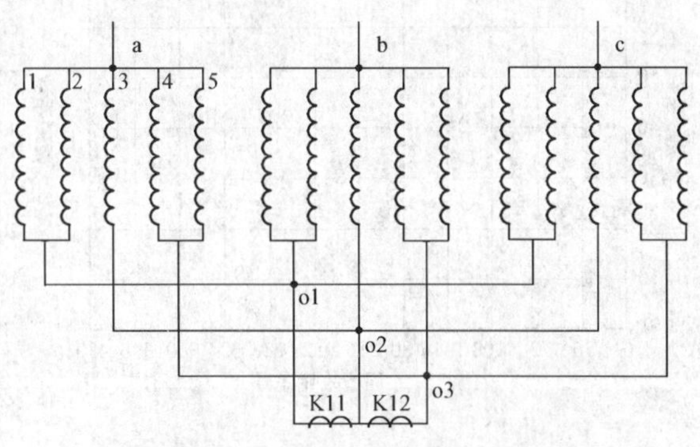

图 1-38 两套零序电流型横差保护

采用一套或两套零序电流型横差保护直接影响发电机中性点侧的引出方式，需综合考虑各种因素在定量分析的基础上确定。

表 1-6 三峡左岸电站 ABB 发电机并网额定负载时对同槽故障各种主保护方案的灵敏性

主保护方案			总故障数	灵敏动作数 $K_{sen} \geq 1.5$				可能动作数 $1.5 > K_{sen} \geq 1.0$			不能动作数 $K_{sen} < 1.0$		
				匝间短路		相间短路	总计	匝间短路		相间短路	匝间短路		相间短路
				相同分支	不同分支			相同分支	不同分支		相同分支	不同分支	
零序电流型横差保护	一套（2-3 组合）	相邻连接	540	194	60	47	301	57	0	5	169	0	8
		相隔连接	540	197	60	40	297	56	0	9	167	0	11
	两套（2-1-2 组合）	相邻-相邻	540	233	60	52	345	55	0	4	132	0	4
		相邻-相隔	540	235	60	49	344	51	0	6	134	0	5
		相隔-相隔	540	235	60	47	342	51	0	10	134	0	3

注 “相邻连接”指分支编号相邻的连接在一起（如 1、2；3、4、5；……），“相隔连接”指分支 1、3 或 1、3、5 等的连接方式，下同。

二、保护用电流互感器（TA）的选型

零序电流型横差保护用 TA 一次额定电流的选择一直是困扰国内外保护界的一个技术问题，根据机组容量和工程经验进行选择很容易造成保护误动或拒动，从而大大降低该保护的性能。二滩电站发电机单元件横差保护用 TA 变比为 500/5A 和 250/5A 两种，仅凭开机后负荷状态下的最大一次不平衡电流选择额定电流，这种选择并不合理。应该通过全面的内部短路仿真计算，掌握各种内部短路时中性点连线电流的大小，可以唯一正确地确定零序电流型横差保护用 TA 的变比。

为正确选择零序电流型横差保护用 TA 的变比，除了一次额定电流应大于发电机最大负载条件下两中性点连线的最大不平衡电流（此电流必须实测）外，还必须计算发电机各种内部短路时各条中性点连线电流的大小。下面以百色电站发电机为例进行说明。

通过内部故障仿真计算，已知百色电站发电机内部短路时零序电流型横差保护（对应的动作电流为 $0.05I_N$）的灵敏系数分析如图 1-39 所示。

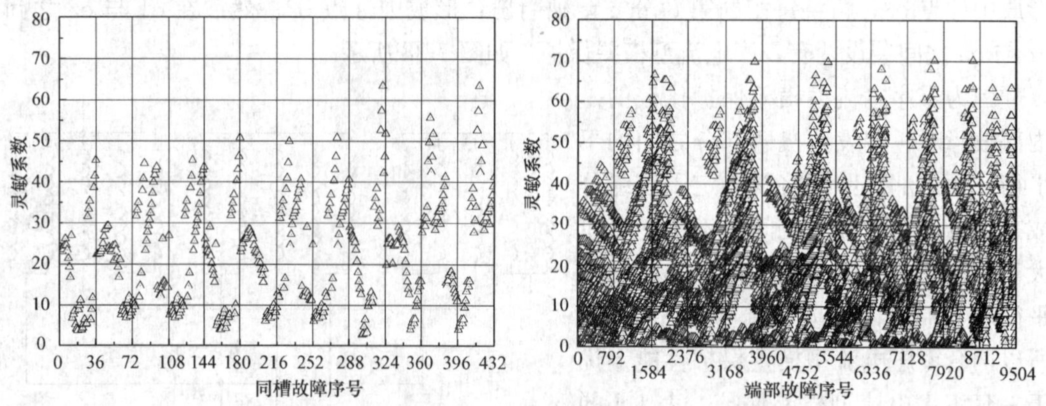

图 1-39　百色电站发电机同槽和端部故障时零序电流型横差保护灵敏系数分布图

从图 1-39 可以看出，在百色电站发电机实际可能发生的 9936 种内部短路中，流过中性点连线的短路电流在 3 倍额定电流以上（即 20000A 以上，对应的零序电流型横差保护的灵敏系数为 60 以上）所占比例不大（0.5%左右），从而确定零序电流型横差保护用 TA 的型号为 5P20、变比为 1000/1A，理由分析如下：

当中性点连线的短路电流不超过 20×1000=20000（A）时，TA 的二次电流误差保证不会超过 5%，可以正确动作；中性点连线的短路电流超过 20000A 时，虽然 TA 有可能饱和，但由于是零序电流型横差保护（执行元件为过电流继电器，而不是差动电流继电器），可以保证正确动作；而当中性点连线的短路电流小于 TA 额定电流的 15%（即 150A）时，这类故障的零序电流型横差保护灵敏度已低于 0.45 [对应的动作电流为 $0.05I_N=0.05\times6644.7=332.2$（A）]，本属保护动作死区，所以在 TA 的选型中，不必考虑这种情况。

可见，零序电流型横差保护用 TA 一次额定电流的正确选择依赖于发电机运行条件下不平衡电流的实测结果和定子绕组内部短路的大量仿真计算数据，没有这些严谨科学的数

据，仅凭主观臆测选择一次额定电流是不科学的，可能造成误动或拒动。

三、转子偏心对零序电流型横差保护性能的影响[41]

2003年二滩电站1号水轮发电机（550MW，分数槽叠绕组，每相6分支）灭磁开关误跳后，在失磁保护（由异步边界阻抗圆加发电机出口低电压判据构成）动作之前，零序电流型横差保护（动作电流整定为$7\% I_{gN}$）动作停机。

而用于龙羊峡电站4台发电机（320MW，分数槽波绕组，每相6分支）的零序电流型横差保护（动作电流整定为$3.68\% I_{gN}$，为全国此类保护的最低定值）一直运行正常，多次系统短路从未误动过，并在2001年1号机组定子绕组b相第1分支轻微开焊故障时（b1分支中性点连线处4个固定螺栓中3个松动，1个螺栓螺母未拧上，接触面有电弧烧伤痕迹）灵敏动作（注：零序电流型横差保护反应定子绕组开焊故障）。

是什么原因导致同样一套保护在2台多分支的水轮发电机上产生了不同的保护效果？按理讲，发电机失磁后零序电流型横差保护不应动作，但从故障录波的电流波形看，此时发电机中性点连线上确实存在比较大的电流，已达到横差保护的动作值。在排除了定子绕组内部故障之后，怀疑零序电流型横差保护动作的起因可能是发电机转子发生偏心（零序电流型横差保护也被称为转子偏心保护）而引起的。

为进一步弄清原因，清华大学电机系接受二滩电站的委托，采用基于有限元与多回路分析法相结合，即“场－路结合”的方法来分析转子偏心问题，建立了转子偏心条件下水轮发电机的数学模型，并通过求解得到转子偏心条件下水轮发电机各支路的电流和零序电流型横差保护的不平衡电流，如图1-40所示。

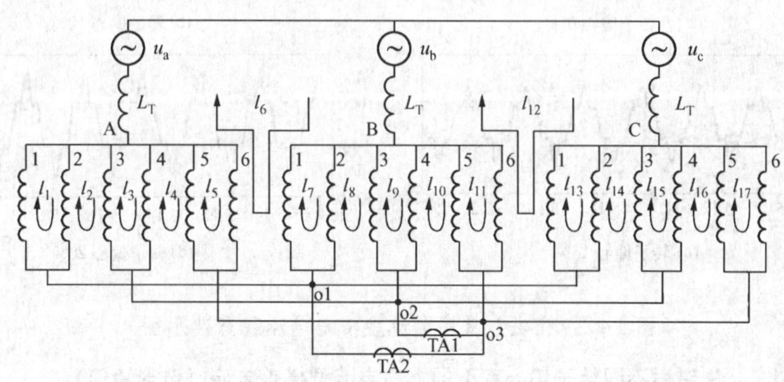

图1-40 二滩电站发电机定子三相绕组排列结构

这里考虑的转子偏心，是指发电机的定子内圆和转子外圆不在同一圆心上，假设转子圆心从o点偏移到o1点，如图1-41所示。

为定量描述转子偏心程度，定义转子偏心量ε为

$$\varepsilon = k\% \delta'$$

$$\delta' = \delta_{min} + (\delta_{max} - \delta_{min})/3$$

式中：$k\%$为转子偏心率；δ'、δ_{max}、δ_{min}分别是发电机的计算气隙、最大气隙和最小气隙。

为了更好地研究失磁后转子偏心对零序电流型横差保护的影响，首先对二滩电站1号水轮发电机在失磁前的转子偏心横差电流进行了计算。分别计算了转子在偏心率为0%、

10%、15%、20%四种情况下流过中性点连线的电流（取流过两套零序电流型横差保护横差电流中的较大值，下同），其中横差电流达到稳态时的波形如图 1-42 所示。从图中可以看出，随着转子偏心率的增大，流过中性点连线的不平衡电流逐渐增大。

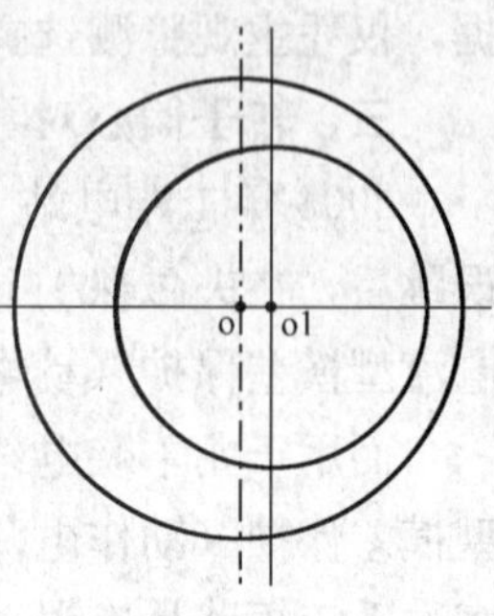

图 1-41　转子偏心示意图

进一步对失磁后的转子偏心工况下横差电流进行了计算。分别计算了转子在偏心率为 0%、10%、15%、20%四种情况下的暂态横差电流，其暂态波形如图 1-43 所示。

表 1-7 和表 1-8 又对失磁后转子偏心条件下横差电流的峰值和基波有效值（取失磁后的第二个周波，即 0.02～0.04s）进行了计算。从计算结果可以看出，若采用通常的基波有效值，则转子偏心 10%（国标允许的偏心范围）时零序电流型横差保护不会动作，而二滩电站发电机零序电流型横差保护恰恰是用中性点连线电流的瞬时值作判据，从而导致发电机失磁后，转子偏心 10%（制造工艺、装配、振动等因素引起），横差电流值已达 7.9%I_{gN}，保护应该动作。

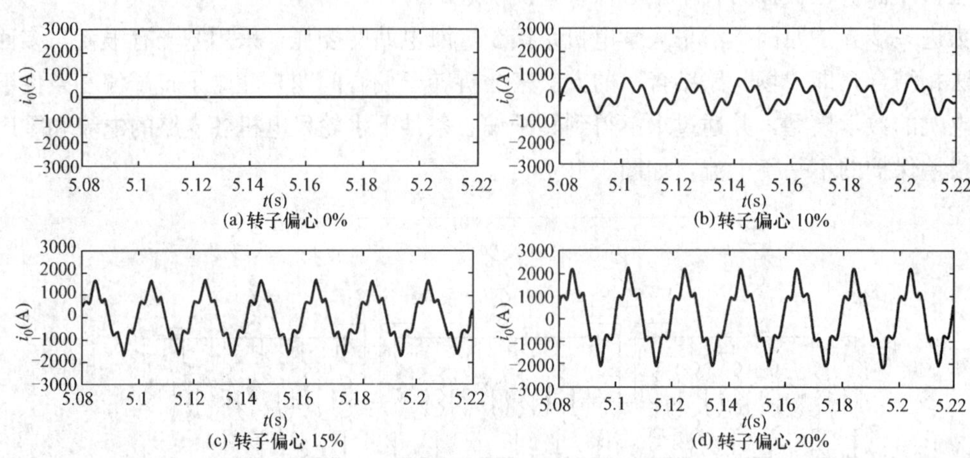

图 1-42　失磁前零序电流型横差电流稳态波形图

表 1-7　失磁后不同转子偏心率下的零序电流型横差电流（波形峰值）

转子偏心率	不偏心	偏心 10%	偏心 15%	偏心 20%
横差电流（A）	0	1550	3200	4250
额定电流有效值（A）	19630	19630	19630	19630
转子偏心电流比率（%）	0	7.90%	16.3%	21.6%

表 1-8　失磁后不同转子偏心率下的零序电流型横差电流（基波有效值）

转子偏心率	不偏心	偏心 10%	偏心 15%	偏心 20%
横差电流（A）	0	453.77	1087.6	1442.3
额定电流有效值（A）	19630	19630	19630	19630
转子偏心电流比率（%）	0	2.3%	5.5%	7.3%

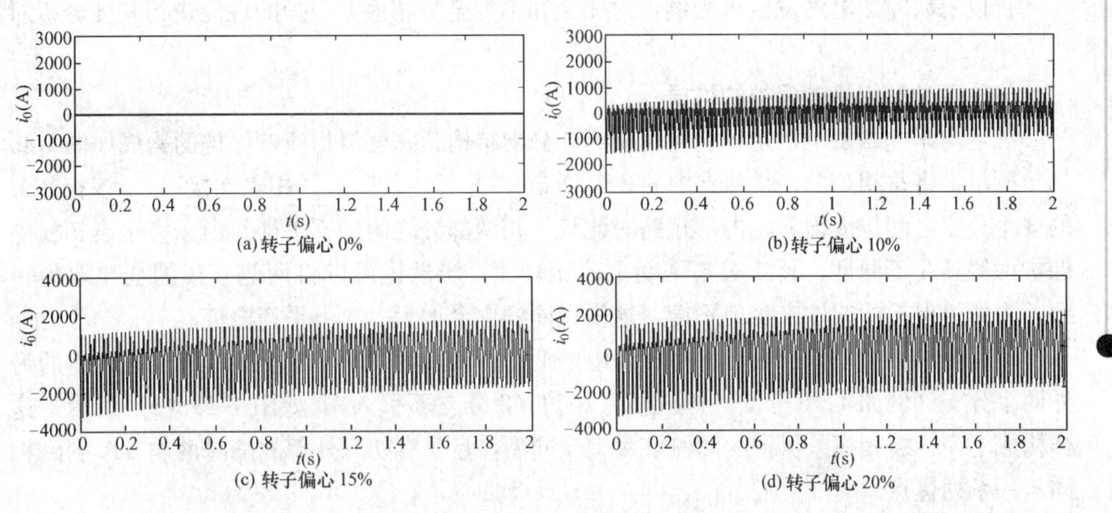

图 1-43 失磁后零序电流型横差电流暂态波形图

龙羊峡电站发电机也经历过类似的失磁工况，而其零序电流型横差保护没有误动，原因需从电机绕组设计方面进行分析。

如图 1-44 所示，二滩电站发电机采用的是叠绕组（集中绕组），每个分支集中分布于电机内圆的某一区域，同相的 6 个分支沿电机内圆连续分布，当发生转子偏心时，同相的各分支电动势相差较大（特别是空间相差 180°机械角度的两个分支），从而导致同相的各分支之间不平衡电流较大，使得流过中性点连线的不平衡电流也较大；而龙羊峡电站发电机采用的是波绕组（分布绕组），每个分支均匀分布于电机内圆“一周”，同相的 6 个分支沿电机内圆相互交错，当发生转子偏心时，同相的各分支电动势相差不大，使得同相各分支之间的不平衡电流以及流过中性点连线的不平衡电流均较小。

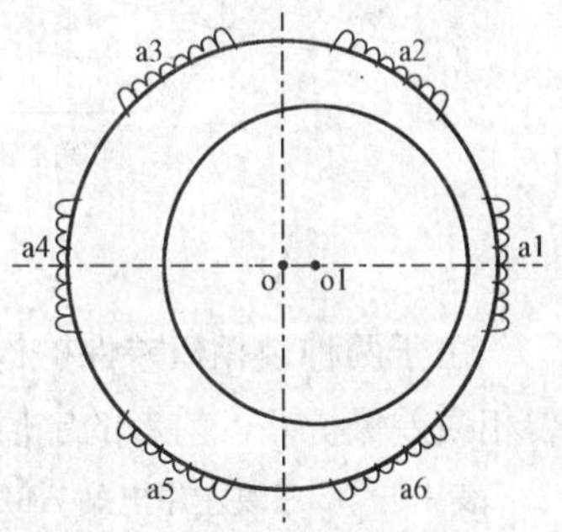

图 1-44 二滩电站发电机的绕组分布示意图

因此，在同样的转子偏心条件下，二滩电站发电机零序电流型横差保护可能动作，而龙羊峡电站发电机的却不会动作。

1.6.4 裂相横差保护[42]

完全裂相横差保护比较发电机内部故障时一相绕组两部分之间的不平衡，对于每相绕组为奇数分支的发电机，为了减小横差回路的不平衡电流，又提出了不完全裂相横差保护，即舍弃每相绕组的某一分支，将每相绕组剩余的偶数分支一分为二，比较这两部分之间的不平衡。不完全裂相横差保护已于 2004 年 5 月在风滩电站 200MW 的水轮发电机上顺利投运，运行情况正常。

仍以三峡左岸电站发电机为例，对完全和不完全裂相横差保护的性能进行具体分析对比。

一、两种裂相横差保护的构成

三峡左岸电站发电机定子绕组每相为5分支结构，完全裂相横差保护的构成如图1-45（a）所示，将每相5个并联分支中的2个分支（“相邻连接”或“相隔连接”）与该相其余的3个分支之间构成横差，内部短路时比较一相两部分之间的不平衡。由于完全裂相横差保护两侧TA不同型，其二次不平衡电流比较大；当然也可以将两侧TA的变比取得一致，由微机保护的软件来实现平衡，这样做同样也会增大二次不平衡电流。

不完全裂相横差保护则是将每相绕组的2个分支（例如1、2分支）与该相绕组的另外两个分支（例如4、5分支）构成横差保护（3分支不引入），如图1-45（b）所示。这样构成不完全裂相横差保护的两侧TA完全同型，且具有切除外部故障时两侧TA剩磁相同等一系列优点。

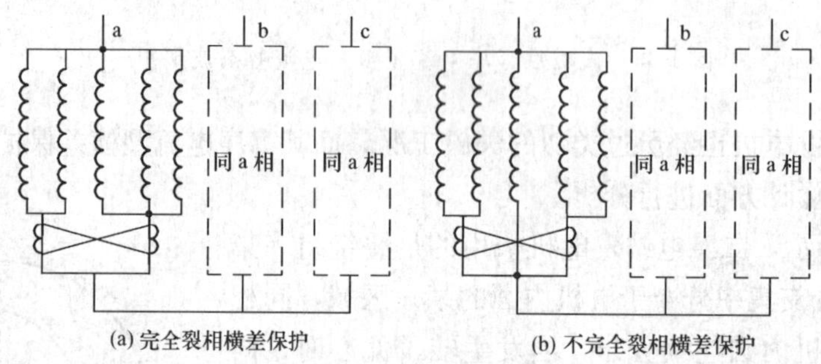

图1-45　裂相横差保护构成

由于两种裂相横差保护构成的不同，使得完全裂相横差保护两侧电流的对称性比不完全裂相横差保护差，前者的定值应该高于后者，但表1-9～表1-12中，两者定值设定相同。

表1-9　三峡左岸电站ABB发电机对同槽故障两种裂相横差保护不能可靠动作故障的性质

主保护方案		不能可靠动作故障数	匝间短路					相间短路
			相同分支				不同分支	
			1匝	3匝	5匝	7匝		
完全裂相横差保护	相邻连接	113	102	9	2	0	0	0
	相隔连接	110	91	15	4	0	0	0
不完全裂相横差保护	相邻-相邻	176	101	24	21	18	12	0
	相邻-相隔	155	88	27	20	13	7	0
	相隔-相隔	147	75	28	20	15	9	0

表1-10　三峡左岸电站VGS发电机对同槽故障两种裂相横差保护不能可靠动作故障的性质

主保护方案		不能可靠动作故障数	匝间短路					相隔短路
			相同分支				不同分支	
			2匝	4匝	6匝	其他		
完全裂相横差保护	相邻连接	16	12	3	1	0	0	0
	相隔连接	27	18	6	2	1	0	0

续表

主保护方案		不能可靠动作故障数	匝间短路					相隔短路
			相同分支				不同分支	
			2匝	4匝	6匝	其他		
不完全裂相横差保护	相邻-相邻	32	15	9	2	4	2	0
	相邻-相隔	32	15	9	1	2	1	4
	相隔-相隔	26	18	4	1	2	1	0

表1-11　三峡左岸电站ABB发电机对端部故障两种裂相横差保护不能可靠动作故障的性质

主保护方案		不能可靠动作故障数	匝间短路						相隔短路
			相同分支					不同分支	
			2匝	4匝	6匝	7匝	其他		
完全裂相横差保护	相邻连接	132	65	5	2	0	0	0	60
	相隔连接	118	54	6	2	0	0	0	56
不完全裂相横差保护	相邻-相邻	381	32	23	46	18	54	50	158
	相邻-相隔	328	38	23	42	13	44	28	140
	相隔-相隔	295	39	26	44	17	39	28	102

表1-12　三峡左岸电站VGS发电机对端部故障两种裂相横差保护不能可靠动作故障的性质

主保护方案		不能可靠动作故障数	匝间短路						相间短路
			相同分支					不同分支	
			1匝	3匝	5匝	7匝	其他		
完全裂相横差保护	相邻连接	184	36	9	3	0	0	108	28
	相隔连接	153	39	12	6	2	0	84	10
不完全裂相横差保护	相邻-相邻	151	33	12	6	2	44	28	26
	相邻-相隔	237	30	15	7	1	20	72	92
	相隔-相隔	65	36	15	1	1	4	2	6

二、同相同分支匝间短路时两种裂相横差保护的性能对比

从表1-9～表1-12中可以看出，对于小匝数同相同分支匝间短路，不完全裂相横差保护的灵敏性与完全裂相横差保护的灵敏性相差不大，甚至要好于完全裂相横差保护，但是随着短路匝比的增加，不完全裂相横差保护的灵敏性逐渐变差。

当发生小匝数同相同分支匝间短路时，由于故障相各个分支的匝数近于相同，从而使得故障相非故障分支中性点侧电流的大小和相位近于相同，故障分支中性点侧电流的大小和相位与它们相差也不大，这时不完全裂相横差保护与完全裂相横差保护的灵敏度应相差不大，有时不完全裂相横差保护的灵敏度反而比完全裂相横差保护大。这是因为当发生小匝数同相同分支匝间短路时，制动电流一般小于额定电

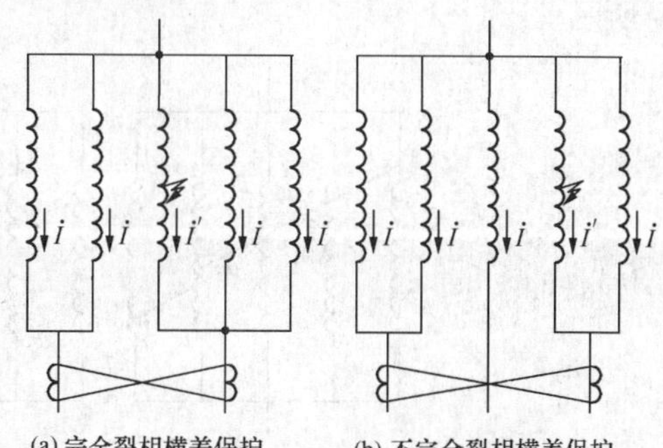

(a) 完全裂相横差保护　(b) 不完全裂相横差保护

图1-46　小匝数同相同分支匝间短路时两种裂相横差保护的灵敏性比较

流，处于制动特性的“平台区”，从而使得上述两种保护方案的动作电流相同，而完全裂相横差保护（2—3 组合）中 2 个分支一侧不包含故障分支的这一类保护方案（所占比率为 60%）的差动电流要小于不完全裂相横差保护（2—2 组合）中任一侧包含故障分支的这一类保护方案（所占比率为 80%）的差动电流，以下例进行说明。

如图 1-46 所示，以故障相为例，由于是小匝数同相同分支匝间短路，假定故障分支中性点侧电流为 $\dot{I}'$、非故障分支的电流均为 $\dot{I}$。完全裂相横差保护（2—3 组合）中 2 个分支一侧不包含故障分支的一类保护方案（所占比率为 $C_4^2/C_5^2=60\%$）的差动电流为 $I_{d1}=\left|\frac{5}{2}\times2\dot{I}-\frac{5}{3}\times(2\dot{I}+\dot{I}')\right|=\frac{5}{3}|\dot{I}-\dot{I}'|$，而 2 个分支一侧包含故障分支的一类保护方案（所占比率为 40%）的差动电流为 $I_{d2}=\left|\frac{5}{2}\times(\dot{I}+\dot{I}')-\frac{5}{3}\times3\dot{I}\right|=\frac{5}{2}|\dot{I}-\dot{I}'|$；但不完全裂相横差保护（2-2 组合）中任一侧包含故障分支的一类保护方案（所占比率为 $1-C_5^1=80\%$）的差动电流为 $I_{d3}=\left|\frac{5}{2}\times2\dot{I}-\frac{5}{2}\times(\dot{I}+\dot{I}')\right|=\frac{5}{2}|\dot{I}-\dot{I}'|$，可见 $I_{d1}<I_{d2}=I_{d3}$，不完全裂相横差保护更灵敏。

但是随着短路匝数的增加，故障相故障分支中性点侧电流的大小和相位与非故障分支中性点侧电流的大小和相位相差越来越大，故障分支中性点侧电流对故障相不平衡度的影响越来越显著（电网电压加在故障分支的非故障部分，在这部分匝数变少时，故障分支中性点侧电流很快增加）。当故障分支恰好为被舍弃的分支时，故障相绕组其余 4 个分支之间的不平衡度就很小了，必然导致故障相不完全裂相横差保护灵敏度的降低。

三、同相不同分支匝间短路时两种裂相横差保护的性能对比

三峡左岸电站 ABB 发电机由同槽和端部交叉故障导致的同相不同分支匝间短路，两个短路分支的短路点相差很远或较远（图 1-47 中实线和虚线箭头所示，一个短路分支的短路点靠近机端，另一个短路分支的短路点靠近中性点侧），如表 1-13 中故障Ⅰ、Ⅱ所示。三峡左岸电站 VGS 发电机由同槽和端部故障导致的同相不同分支匝间短路，除了两个短路分支的短路点相差很远或较远这种故障类型（如表 1-13 中故障Ⅲ、Ⅳ所示）外，还包括两个短路分支的短路点相差较近这种故障类型（端部故障所致），如表 1-13 中故障Ⅴ所示。

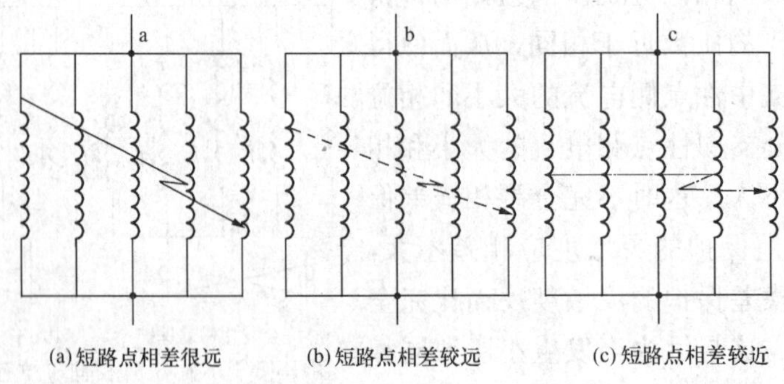

图 1-47　三峡左岸电站发电机同相不同分支匝间短路的三种示意图

表 1-13　三峡电站 ABB、VGS 发电机并网额定负载发生同相不同分支匝间短路时各分支中性点侧电流

分支电流		同槽故障				端部故障
		三峡电站 ABB 发电机		三峡电站 VGS 发电机		三峡电站 VGS 发电机
		故障Ⅰ a1 100%～a5 2.8%	故障Ⅱ a1 91.7%～a5 11.1%	故障Ⅲ a1 2.9%～a2 97.1%	故障Ⅳ a1 17.6%～a2 82.4%	故障Ⅴ a1 79.4%～a5 55.9%
I_{a1}	[有效值（A）/相角（°）]	19594.5/56.1	16357.1/60.5	123048.8/−82.8	40460.5/−80.7	8370.6/132.2
I_{a2}		19165.5/55.8	9300.4/68.7	24924.1/107.3	21489.4/115.1	3917.0/163.5
I_{a3}		19151.9/55.8	9528.8/68.3	16419.0/112.6	4874.4/144.8	4681.0/153.4
I_{a4}		19125.7/56.0	9550.3/68.9	17685.0/110.9	7609.2/131.6	3903.1/168.5
I_{a5}		132374.0/−137.4	58826.6/−138.4	17343.5/111.6	6338.6/139.4	5064.1/−112.5
I_{b1}	[有效值（A）/相角（°）]	8958.2/34.5	6076.4/13.7	8702.0/89.3	4783.2/54.4	4227.2/43.5
I_{b2}		8708.9/34.6	5549.7/17.0	7996.9/84.9	4629.9/58.6	4130.2/41.4
I_{b3}		8723.5/34.5	5504.7/14.4	7656.3/87.3	4394.4/58.2	4409.1/43.4
I_{b4}		8807.7/34.4	5674.3/14.5	7726.7/87.0	4555.0/55.3	4117.3/48.0
I_{b5}		9088.4/35.5	5463.8/17.8	8588.4/87.7	5913.4/73.8	4341.0/37.6
I_{c1}	[有效值（A）/相角（°）]	3737.5/4.8	569.3/2.5	2609.7/−6.8	4046.0/−68.2	3908.5/−79.5
I_{c2}		3646.8/2.7	2037.7/−95.6	3172.4/62.0	1981.5/−70.3	4051.7/−79.3
I_{c3}		3588.6/2.6	1816.0/−102.3	2769.8/50.6	2793.6/−70.0	3754.9/−78.9
I_{c4}		4340.1/9.7	1333.4/−27.3	3084.3/55.0	2014.4/−64.5	4483.8/−79.8
I_{c5}		2761.0/−16.9	5506.6/−120.9	3131.9/60.5	3171.6/−77.4	4042.3/−78.7

表 1-14　针对表 1-13 中的五种故障两种裂相横差保护的灵敏系数

保护方案			故障Ⅰ	故障Ⅱ	故障Ⅲ	故障Ⅳ	故障Ⅴ
完全裂相横差保护	相邻连接	12～345	38.120	57.653	16.084	33.006	9.961
		23～145	37.679	44.640	55.808	48.679	1.908
		34～125	37.590	45.033	42.052	22.077	1.346
		45～123	15.439	24.143	43.699	24.802	11.901
		15～234	15.395	22.414	16.877	46.285	1.302
	相隔连接	13～245	38.088	58.095	16.970	46.946	11.946
		24～135	37.621	44.592	59.030	54.352	0.819
		35～124	15.437	24.160	41.351	19.144	9.364
		14～235	38.030	58.052	16.843	46.430	9.411
		25～134	15.435	24.213	58.007	51.432	11.350
不完全裂相横差保护	相邻-相邻	23～45	15.356	18.715	0.662	3.121	8.280
		15～34	15.386	22.596	14.885	18.655	1.584
		12～45	15.485	27.475	16.411	34.683	13.118
		15～23	15.407	22.377	17.711	66.733	1.926
		12～34	0.715	1.391	16.006	33.049	3.787
	相邻-相隔	25～34	15.345	18.834	1.105	3.846	7.616
		13～45	15.478	27.858	15.091	19.865	14.308
		15～24	15.393	22.269	18.327	70.135	0.774
		12～35	15.491	27.587	15.842	31.290	11.595
		14～23	1.170	4.429	17.796	64.978	3.306
	相隔-相隔	24～35	15.349	18.701	0.942	4.606	5.233
		14～35	15.470	27.840	14.803	17.364	11.264
		14～25	15.474	27.634	18.233	66.628	12.456
		13～25	15.488	27.764	17.945	70.034	13.977
		13～24	0.832	1.489	18.124	71.786	5.530

当两个短路分支的短路点相差很远时［如图1-47（a）中实线箭头所示］，除小匝数短路支路（短路分支的短路点接近中性点侧）外，由于故障相的其余4个分支的匝数近于相同，其电流的大小和相位也近于相同，如表1-13中故障Ⅰ、Ⅲ所示，从而使得这4个分支之间的不平衡度很小，当不完全裂相横差保护被舍弃的分支恰好为小匝数短路支路时，故障相不完全裂相横差保护的灵敏度必将很低，如表1-14中阴影部分数据所示。而此时各种连接形式的完全裂相横差保护的灵敏度都很高。

当两个短路分支的短路点相差较远时［如图1-47（b）中虚线箭头所示］，除小匝数短路支路外，故障相的其余4个分支之间的不平衡度将增大，如表1-13中故障Ⅱ、Ⅳ所示，当不完全裂相横差保护被舍弃的分支恰好为小匝数短路支路时，故障相的不完全裂相横差保护的灵敏度仍很低，有时由于互感影响的不同，非故障相的保护却能可靠动作，如表1-14中下划线部分数据所示。而此时各种连接形式的完全裂相横差保护的灵敏度都很高。

当两个短路分支的短路点相差较近时［如图1-47（c）中点划线箭头所示］，短路回路电流大小相差不大（两短路分支的感应电动势相差不大），如表1-13中故障Ⅴ所示，这不同于故障Ⅰ～Ⅳ（短路回路电流大小相差很大）。在构成完全裂相横差保护时，如果一侧同时包含两短路分支，其构成的完全裂相横差保护的灵敏动作情况不好，而对应的一侧同时包含两短路分支的不完全裂相横差保护的灵敏动作情况要好一些，如表1-14中方框部分数据所示。

综上所述，两种裂相横差保护的灵敏性与2台发电机中同相不同分支匝间短路的类型及所占比率有关。对于三峡电站ABB发电机，同槽和端部故障中的同相不同分支匝间短路，只存在2个分支的短路点相差很远或较远这两种故障类型，完全裂相横差保护的灵敏性要优于不完全裂相横差保护。对于三峡电站VGS发电机，同槽故障中的同相不同分支匝间短路，同样也只存在2个分支的短路点相差很远或较远这两种故障类型，完全裂相横差保护的灵敏性同样要优于不完全裂相横差保护。而对于三峡电站VGS发电机端部故障中的同相不同分支匝间短路，除了2个分支的短路点相差很远或较远这种故障类型外，还包括2个分支的短路点相差较近这种故障类型，不完全裂相横差保护的灵敏性要优于完全裂相横差保护，如表1-9～表1-12所示。

四、相间短路时两种裂相横差保护的性能对比

完全裂相横差保护和不完全裂相横差保护都存在各自的不能动作的相间短路类型。完全裂相横差保护不能动作的相间短路类型为机端侧大匝数相间短路（2个分支的短路点均靠近机端），此时由于故障相各分支的匝数近于相等，从而使得故障相中性点侧各分支电流的大小和相位近于相同，差动电流太小，故障相保护的灵敏度不高，有时由于互感影响的不同，非故障相的保护反而能可靠动作。另外，我们都知道完全裂相横差保护不反应机端引线相间短路（因为电机在结构上是均衡的，外部不对称短路时同相的各支路电流都是相等的），那么把故障位置稍作下移，完全裂相横差保护对机端侧相间短路的灵敏度也不会高。

当发生相间短路时，如果短路分支的短路点距机端或中性点很近，则故障相除短路分

支外的其余4个分支电流的大小和相位相差不大（互感的影响相差不大），故障相这4个分支之间的不平衡度将很小，此时若不完全裂相横差保护被舍弃的分支恰好为故障分支时，则反应故障相4个非故障分支不平衡度的不完全裂相横差保护的灵敏度将很小。所以，故障分支为被舍弃分支的不完全裂相横差保护不能动作的相间短路类型，包括机端侧大匝数相间短路（2个短路分支的短路点均靠近机端）、中性点侧小匝数相间短路（2个短路分支的短路点均靠近中性点）和短路分支的短路点相差很远的相间短路（1个短路分支的短路点靠近机端，另一个短路分支的短路点靠近中性点）。

五、不完全裂相横差保护定值整定实例分析

乐（恶）滩电站发电机单机额定功率为150MW，每相3分支，其额定参数为：$U_N=15.75$kV，$I_N=6284.1$A，$\cos\varphi_N=0.875$，$I_{fd0}=951.4$A，$I_{fdN}=1744.1$A。在其主保护配置方案中采用了不完全裂相横差保护（如图1-48所示），两侧TA的变比为3000/5A，比率制动特性的最小动作电流为$0.3I_N$（I_N即发电机额定电流）。

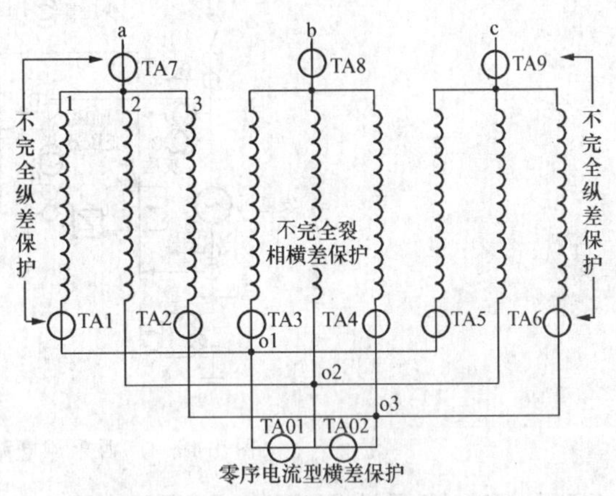

图1-48 乐滩发电机内部故障主保护及TA配置方案

乐滩电站主接线图如图1-49所示，2004年12月21日21时12分28秒，1号主变压器高压侧GIS内部进线隔离开关的绝缘盘（专业名称是“线形隔离开关静触头绝缘盘”）发生闪络故障（如图1-50所示），造成主变压器高压侧区内单相接地短路❶。

在这次发电机区外故障中，发电机不完全裂相横差保护未发生误动作；同时保护装置录下了机组的所有波形，为事故分析和相关保护定值整定提供了依据。

表1-15 发电机故障各侧电流（最大值）数据

序号	名　　称	故障前二次值	故障时刻二次值	故障时刻一次值	跳闸后最大不平衡值
1	机端电流A相	0.24A	0.39A	$0.09I_N$	
2	机端电流B相	0.25A	4.69A	$1.19I_N$	
3	机端电流C相	0.29A	5.03A	$1.28I_N$	
4	中性点一电流A相	0.29A	0.43A	$0.12I_N$	
5	中性点一电流B相	0.20A	4.14A	$1.18I_N$	
6	中性点一电流C相	0.19A	4.37A	$1.25I_N$	
7	中性点二电流A相	0.18A	0.29A	$0.08I_N$	
8	中性点二电流B相	0.24A	4.16A	$1.19I_N$	
9	中性点二电流C相	0.31A	4.55A	$1.30I_N$	
10	裂相差流A相	$0.05I_N$	$0.03I_N$		$0.08I_N$
11	裂相差流B相	$0.01I_N$	$0.01I_N$		$0.01I_N$
12	裂相差流C相	$0.03I_N$	$0.05I_N$		$0.07I_N$

❶ 沈全荣. 广西乐滩电厂1号机组主变压器高压侧C相接地故障分析。

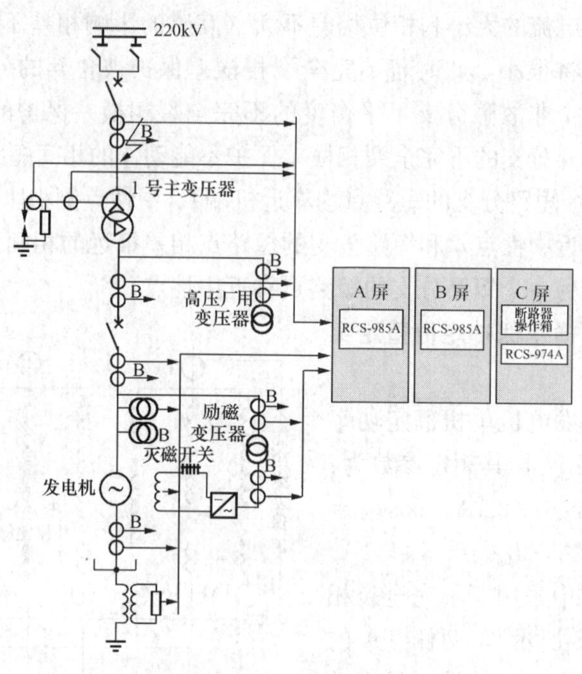

图 1-49 广西乐滩电站 1 号机组主接线图

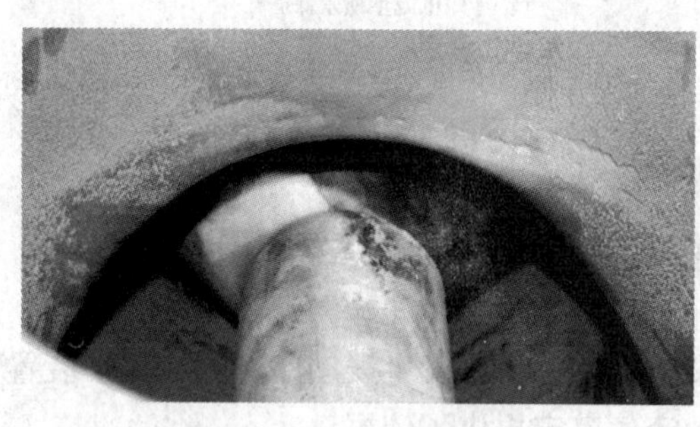

图 1-50 乐滩电站 1 号主变压器进线隔离开关的绝缘盘闪络故障照片

图 1-51 和表 1-15 中的数据表明在切除区外故障的过程中，不完全裂相横差保护差动回路中的最大不平衡电流接近 $0.1I_N$；而这次发电机保护区外故障不算“严重”，发电机机端相电流并不大，故对于乐滩电站发电机而言，其不完全裂相横差保护最小动作电流整定为 $0.3I_N$ 是合适的，不能更小。

前面已经提及对于每相绕组分支数为奇数的发电机，不完全裂相横差保护两侧电流的对称性比完全裂相横差保护好，前者的定值应该低于后者；而对于后者，《大型发电机变压器继电保护整定计算导则》（简称《导则》）的推荐值为$(0.15\sim0.3)I_N$。但是对于叠绕组发电机，考虑到转子偏心可能导致同相绕组各分支之间不平衡电流增大，从而使得不完全裂相横差保护两侧 TA 一次电流不再相同，故其定值能否降低还有待工程实践经验的积累。

譬如，乐滩电站发电机的绕组形式虽为分数槽波绕组，但其同相各分支的排列与叠绕组发电机相类似，每个分支集中分布于电机内圆的某一区域，同相的 3 个分支“基本”沿电机内圆连续分布，但相互间有少许交错。

同上所述，对于绕组型式为分数槽叠绕组的凤滩电站发电机，其最小动作电流同样整定为 $0.3I_N$。

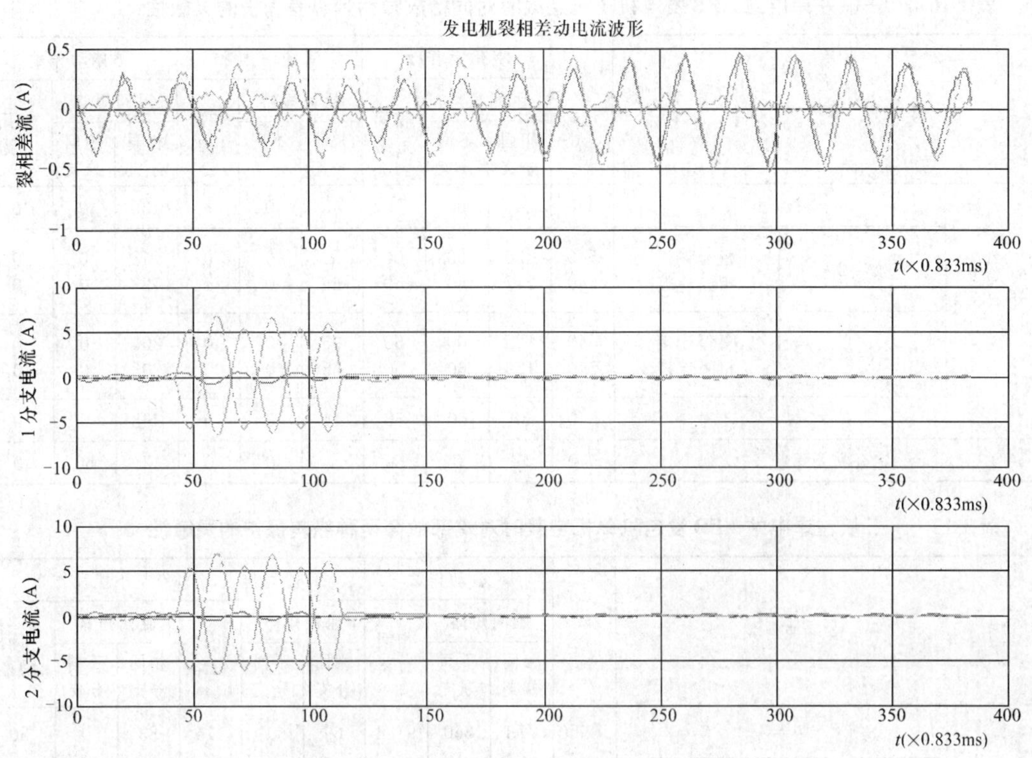

图1-51 发电机不完全裂相差动电流波形（录波速率为每周波24点）

1.6.5 不完全纵差保护

一、中性点侧接入保护分支数 N 的选择

在进行三峡左岸电站发电机主保护方案的选择时，由于当时无法确定不完全纵差保护中性点侧接入分支数 N 以及具体的连接形式，并且通过当时少量的仿真计算发现其灵敏性不如其他三种主保护方案，所以放弃了不完全纵差保护。

现在已经清楚随着中性点侧接入分支数 N 的增多，不完全纵差保护对于匝间短路的灵敏性逐渐下降，对于相间短路的灵敏性却逐渐上升，如表1-16～表1-19所示；并且发现由于原先计算的故障点太少，从而导致有关不完全纵差保护的灵敏性分析不够充分，认识不够全面。

另外，主保护配置方案的定量化设计通过确定发电机中性点侧引出方式和分支TA的数目及位置，很自然地就解决了不完全纵差保护中性点侧接入分支数 N 及具体连接形式问题。

二、不完全纵差保护误动实例的分析

某电厂2号汽轮发电机的单机额定容量为32万kW，发电机不完全纵差保护为双套配置（Ⅰ、Ⅱ），双套保护装置共用发电机机端电流互感器TA12，中性点侧电流互感器TA4Ⅰ、TA4Ⅱ分别接入Ⅰ和Ⅱ套保护装置，如图1-52所示。

表 1-16　三峡左岸电站 ABB 发电机单机空载时对同槽故障两种纵差保护的灵敏性

主保护方案			总故障数	灵敏动作数			可能动作数			不能动作数		
				匝间短路		相间短路	匝间短路		相间短路	匝间短路		相间短路
				相同分支	不同分支		相同分支	不同分支		相同分支	不同分支	
不完全纵差保护	N=1		540	240	60	59	45	0	1	135	0	0
	N=2	相邻连接	540	220	60	60	52	0	0	148	0	0
		相隔连接	540	217	60	59	65	0	1	138	0	0
	N=3	相邻连接	540	125	60	60	95	0	0	200	0	0
		相隔连接	540	129	60	60	88	0	0	203	0	0
	N=4		540	38	60	60	14	0	0	368	0	0
完全纵差保护			540	0	0	60	0	0	0	420	60	0

表 1-17　三峡左岸电站 ABB 发电机单机空载时对端部故障两种纵差保护的灵敏性

主保护方案			总故障数	灵敏动作数			可能动作数			不能动作数		
				匝间短路		相间短路	匝间短路		相间短路	匝间短路		相间短路
				相同分支	不同分支		相同分支	不同分支		相同分支	不同分支	
不完全纵差保护	N=1		10950	778	660	9134	69	0	176	83	0	50
	N=2	相邻连接	10950	761	660	9146	74	0	102	95	0	112
		相隔连接	10950	771	660	9078	63	0	122	96	0	160
	N=3	相邻连接	10950	626	660	9224	135	0	48	169	0	88
		相隔连接	10950	684	660	9166	87	0	64	159	0	130
	N=4		10950	235	656	9264	208	4	54	487	0	42
完全纵差保护			10950	0	0	9360	0	0	0	930	660	0

表 1-18　三峡电站 ABB 发电机单机空载时对同槽故障两种纵差保护不能可靠动作故障数及其性质

主保护方案	构成方式	具体连接形式	不能可靠动作故障数	匝间短路					相间短路
				相同分支				不同分支	
				1匝	3匝	5匝	7匝		
不完全纵差保护	N=1		181	89	77	11	3	0	1
	N=2	相邻连接	200	105	79	13	3	0	0
		相隔连接	204	105	78	15	5	0	1
	N=3	相邻连接	295	105	105	70	15	0	0
		相隔连接	291	105	105	63	18	0	0
	N=4		382	105	105	87	85	0	0
完全纵差保护			480	105	105	105	105	60	0

表 1-19　三峡电站 ABB 发电机单机空载时对端部故障两种纵差保护不能可靠动作故障数及其性质

主保护方案	构成方式	具体连接形式	不能可靠动作故障数	匝间短路						相间短路
				相同分支					不同分支	
				2匝	4匝	6匝	7匝	其他		
不完全纵差保护	$N=1$		378	87	57	5	0	3	0	226
	$N=2$	相邻连接	383	105	59	5	0	0	0	214
		相隔连接	441	105	46	8	0	0	0	282
	$N=3$	相邻连接	440	105	104	82	13	0	0	136
		相隔连接	440	105	87	50	4	0	0	194
	$N=4$		795	105	102	195	72	221	4	96
完全纵差保护			1590	105	105	240	90	390	660	0

图 1-52 中不完全纵差保护两侧 TA 的型号分别为：机端（TA12 组）为母线式电流互感器，其型号为 TШ-20-10P-12000/5A（50VA）；而中性点侧（TA4Ⅰ组和 TA4Ⅱ组）则为套管式电流互感器，其型号为 TBГ-24-1-5P-6000/5A（50VA）。可以看出，该发电机不完全纵差保护两侧 TA 不同型。

虽然两侧 TA 在正常运行时二次电流的大小、相位相差不大（参见表 1-20，两侧电流以流入发电机为正方向），但在外部故障的暂态过程中，由于两侧 TA 不同型而导致其传变特性不一致，流入保护装置的两侧电流的相位相差很大，有可能导致保护装置误动作。下面以一则实例进行分析。

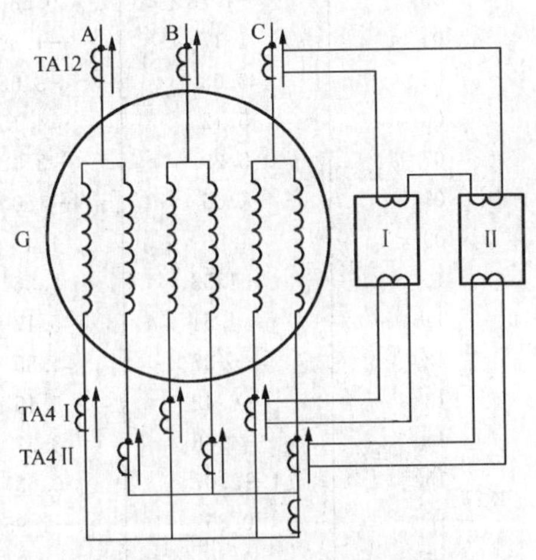

图 1-52　某电厂 2 号发电机不完全纵差保护接线示意图

表 1-20　　某电厂 2 号发电机实测数据（相位测定以 $\dot{U}_{AB}$ 为基准）

2号发电机实带负荷	280MW、$\cos\varphi=0.92$					
定子电流（一次值）	A相		B相		C相	
	8810A		9000A		9020A	
	A相		B相		C相	
TA12 组	电流	3.61A	电流	3.61A	电流	3.67A
	角度	237°	角度	355°	角度	117.6°
	A相		B相		C相	
TA4Ⅰ组	电流	3.56A	电流	3.71A	电流	3.68A
	角度	57°	角度	175.7°	角度	297°
	A相		B相		C相	
TA4Ⅱ组	电流	3.6A	电流	3.62A	电流	3.62A
	角度	56.8°	角度	176.6°	角度	297°

上述 2 号发电机，在差动保护区外的一次电气操作过程中，第Ⅰ套不完全纵差保护（A、C 相）误动作。表 1-21 为跳闸前 2 个周期该套不完全纵差保护的录波数据，其中 i_{tA} 表示 A 相机端相电流，i_{nA} 表示 A 相中性点侧分支电流，其余依此类推。对应的三相机端相电流和中性点侧分支电流的波形如图 1-53 所示，图中两侧电流的正方向相同。

表 1-21　　发变组单元保护动作记录表

保　护	发电机差动保护					
动作时间	2002.10.25 08：50：02					
	A、C 相					
采样点 N	i_{tA}（A）	i_{nA}（A）	i_{tB}（A）	i_{nB}（A）	i_{tC}（A）	i_{nC}（A）
01	−6.07	5.24	0.97	−0.75	4.66	−5.12
02	−4.46	3.32	−1.87	2.14	6.03	−5.68
03	−1.78	0.68	−4.19	4.44	5.76	−5.02
04	1.17	−1.87	−5.37	5.49	3.97	−3.14
05	3.63	−3.66	−5.12	5.10	1.19	−0.51
06	5.12	−4.15	−3.80	3.56	−1.78	2.17
07	5.29	−3.12	−1.51	1.04	−4.46	4.24
08	4.05	−1.00	1.44	−1.97	−6.34	5.27
09	1.56	1.44	4.12	−4.63	−6.71	4.58
10	−1.53	3.56	5.59	−5.90	−5.10	2.27
11	−4.51	5.17	5.37	−5.49	−1.83	−0.75
12	−6.37	5.85	3.66	−3.56	1.87	−3.44
13	−6.42	5.15	1.02	−0.80	4.73	−5.15
14	−4.76	3.22	−1.80	2.07	6.07	−5.66
15	−2.07	0.63	−4.12	4.37	5.81	−5.00
16	0.85	−1.95	−5.29	5.41	4.05	−3.14
17	3.19	−3.71	−5.07	5.05	1.29	−0.51
18	4.51	−4.27	−3.78	3.53	−1.66	2.14
19	4.46	−3.32	−1.51	1.04	−4.32	4.22
20	3.00	−1.22	1.39	−1.95	−6.20	5.20
21	0.41	1.22	4.07	−4.58	−6.56	4.49
22	−2.66	3.36	5.51	−5.85	−4.98	2.17
23	−5.46	5.00	5.34	−5.46	−1.75	−0.83
24	−7.05	5.71	3.68	−3.58	1.90	−3.44

采用全周傅氏算法求取误动的不完全纵差保护两侧电流的基波分量：

（1）第一个周波内（前 12 个采样点）A 相机端相电流和中性点侧分支电流的基波有效值和相位分别为 $\dot{I}_1=\dot{I}_A=4.17\angle-163.63°$A 和 $\dot{I}_2=\dot{I}_{A1}=3.52\angle176.24°$A，两侧电流的相位差为 20.13°，大小相差 0.65A（18.5%）；第二个周波内（后 12 个采样点）A 相机端相电流和中性点侧分支电流的基波有效值和相位分别为 $\dot{I}_1=\dot{I}_A=4.11\angle-167.96°$A 和 $\dot{I}_2=\dot{I}_{A1}=3.51\angle177.18°$A，两侧电流的相位差为 14.86°，大小相差 0.6A（17.1%）。

（2）第一个周波内（前12个采样点）C相机端相电流和中性点侧分支电流的基波有

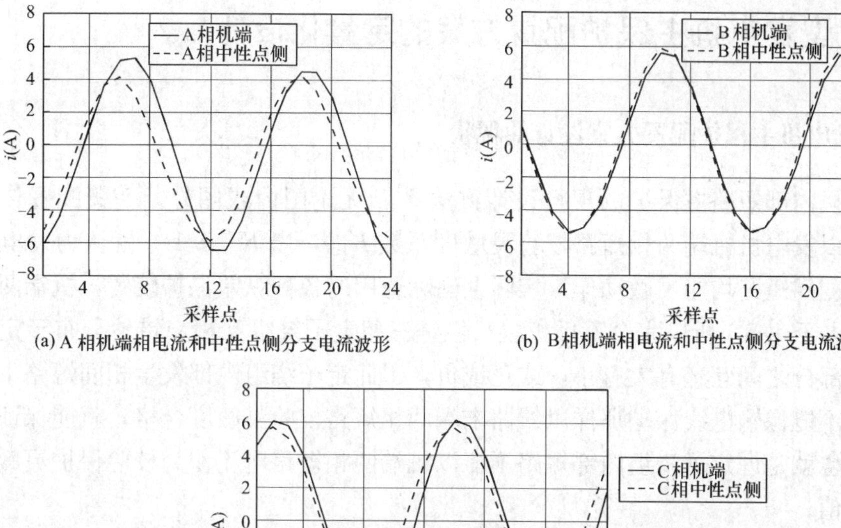

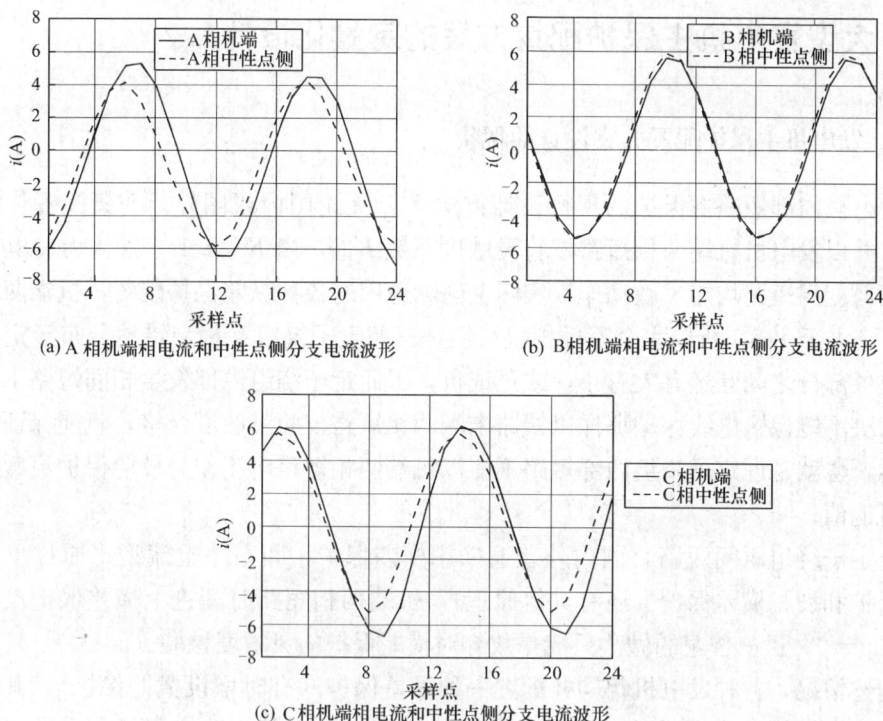

图 1-53 某电厂2号发电机不完全纵差保护两侧电流波形

效值和相位分别为 $\dot{I}_1=\dot{I}_C=4.55\angle 74.08°$A 和 $\dot{I}_2=\dot{I}_{C1}=3.88\angle 59.49°$A，两侧电流的相位差为 14.59°，大小相差 0.67A（17.3%）；第二个周波内（后 12 个采样点）C 相机端相电流和中性点侧分支电流的基波有效值和相位分别为 $\dot{I}_1=\dot{I}_C=4.51\angle 74.27°$A 和 $\dot{I}_2=\dot{I}_{C1}=3.85\angle 59.13°$A，两侧电流的相位差为 15.14°，大小相差 0.66A（17.1%）。

由此可见，在外部故障的暂态过程中，两侧 TA 的相位误差远远大于其稳态误差，还有不小幅值误差，导致不完全纵差保护误动作。已有继电保护工作者提出在差动保护动作判据中应考虑闭锁角问题[43]，防止在区外故障暂态过程中，由于差动保护两侧 TA 的暂态特性不一致，使得两侧 TA 的二次电流相角差增大且幅值之间也有一定差别，造成差动保护误动作。

1.6.6 完全纵差保护

完全纵差保护虽然只能够反应相间短路故障，但是前面提及的同相分支之间的不平衡电流却对完全纵差保护的性能毫无影响，因为根据基尔霍夫电流定律，此时完全纵差保护两侧电流必然大小相等、方向相同（如图 1-54 所示），差动回路中的电流理论上为零，保护不会因同相分支间的不平衡电流而误动。

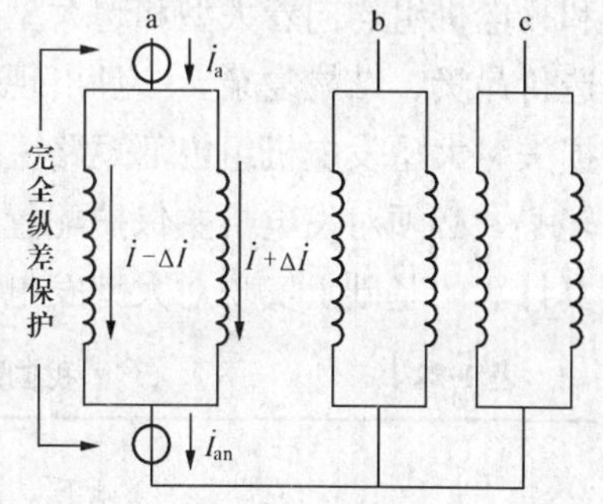

图 1-54 分支不平衡电流对完全纵差保护的影响

1.7 大型发电机主保护配置方案的定量化设计

1.7.1 发电机主保护配置方案设计的现状

大型发电机内部短路主保护的现行设计方法[39]，无论国内或国外，一概配置传统的纵差保护，并以发电机机端两相短路校验灵敏度系数 K_{sen}，当 $K_{sen} \geqslant 1.5$ 就认为发电机定子绕组的任何相间短路均能灵敏动作；实际上国际通用的各种纵差保护装置，机端两相短路时 K_{sen} 一定大于1.5，所以完全不用校验。但是三相定子绕组互相交错地分布于定子铁心上，绕组各部分之间互感有大有小，或正或负，因此定子绕组内部发生相间短路不同于机端短路，决不能像输电线保护那样以线路末端两相短路校验灵敏度合格，就能保证全线的保护性能，也就是说定子绕组内部短路不能以机端两相短路电流作为校验保护灵敏度系数的最小可能值。

为反应定子绕组匝间短路，国内外普遍采用横差保护，即零序电流型（原称单元件式）横差保护和裂相横差保护（还有其他原理），机端两相短路时理论上横差保护没有动作电流，$K_{sen}=0$。目前普遍的做法只能是放弃对横差保护的灵敏度检验。

由于上述情况，各种发电机都同样配置一种纵差保护（有时增设横差保护），其结果是不同发电机定子绕组实际结构，千篇一律地采用同一种内部短路主保护（纵差保护），不再有设计方案的选择比较。发电机主保护设计技术的发展也就停止不前了。

迄今为止，在设计讨论发电机主保护之前很少对被保护发电机实际可能发生的内部短路的种类和数量作调研统计，笼统地说有相间短路和匝间短路，更有甚者称："大型汽轮发电机定子同槽同相的情况没有或很少"，这是脱离实际、不作实际调研的错误结论。进一步要研讨何种纵差保护能灵敏反应哪些相间短路，选用零序电流型横差保护还是裂相横差保护等技术问题，单靠机端两相短路的认识更是无从谈起。为此必须研究定子绕组内部短路时各支路和主保护的电流大小和相位[1]，在此基础上正确计算各保护的灵敏度。

因此，以往凭概念、经验和传统习惯的定性的设计方法，确实无法给大型发电机组提供高质量的保护，这种设计局面亟待改善。我国的电力建设已进入又一个发展高潮，水电和火电机组均向着大型和超大型方向发展（如表1-22、表1-23所示），这些大型发电机组造价昂贵、结构复杂，一旦出现故障，不仅检修期长，而且将造成巨大的直接和间接经济损失。大型发电机组内部短路主保护装置的拒动或误动，都将产生严重后果，决不能掉以轻心，必须对发电机主保护配置方案的设计进行深入的分析和研究，在全面的内部短路仿真计算的基础上实现对大型发电机主保护配置方案的定量化设计[40]。

表 1-22　　我国正在和即将建设的部分大型水电站

水电站名称	三峡左岸	三峡右岸及地下	龙滩	小湾	溪洛渡	向家坝	糯扎渡	拉西瓦	瀑布沟
装机数（台）	14	18	9	6	18	8	9	6	6
单机容量（MW）	700	700	700	700	700	750	650	700	550

表 1-23　　我国正在和即将建设的部分大型火电厂

火电厂名称	纳雍二厂	桐梓	盘南	台山		托克托	王滩	岱海
装机数（台）	4	4	6	6	4	8	4	2
单机容量（MW）	300	600	600	600	1000	600	600	600

1.7.2　三峡左岸电站发电机主保护配置方案的定量化设计[44~47]

下面以 2 台三峡左岸电站发电机（分数槽波绕组，每相 5 分支）为例，来介绍如何在全面的内部短路分析计算的基础上进行发电机主保护的定量化设计，以及由此发现原有设计方法存在的问题。

由于两种发电机的定子绕组结构不同——三峡左岸电站 ABB 发电机 540 槽、VGS 发电机 510 槽，其连接方式也有差异，使得可能发生的同槽和端部故障数及其类型不同，如表 1-24～表 1-27 所示。近年来，通过对定子绕组内部故障事故的统计和分析，发现定子绕组端部是事故多发地带[44]，所以进行了三峡左岸电站发电机对定子绕组端部故障的仿真计算和分析。

表 1-24　　三峡左岸电站 ABB 发电机同槽故障 540 种

	同相同分支短路 420 种				同相不同分支短路	相间短路
短路匝数	1 匝	3 匝	5 匝	7 匝		
故障数	105	105	105	105	60	60

表 1-25　　三峡左岸电站 ABB 发电机端部交叉故障 10950 种

	同相同分支短路 930 种				同相不同分支短路	相间短路
短路匝数	2 匝	4 匝	6 匝	7 匝以上		
故障数	105	105	240	480	660	9360

表 1-26　　三峡左岸电站 VGS 发电机同槽故障 510 种

	同相同分支短路 270 种						同相不同分支短路	相间短路
短路匝数	2 匝	4 匝	6 匝	8 匝	10 匝	12 匝		
故障数	45	45	45	45	45	45	90	150

表 1-27　　三峡左岸电站 VGS 发电机端部交叉故障 10530 种

	同相同分支短路 690 种				同相不同分支短路	相间短路
短路匝数	1 匝	3 匝	5 匝	7 匝以上		
故障数	45	45	45	555	1560	8280

运用“多回路分析法”对三峡左岸电站 ABB 和 VGS 发电机实际可能发生的同槽和端部交叉故障进行仿真计算，求出发电机各分支电流的大小和相位（包括两中性点间的零序电流），由此可得到各种短路状态下进入各种主保护的动作电流和制动电流，在已整定的动作

特性条件下，最终获得相应主保护方案的灵敏系数 K_{sen}。在此基础上对各种主保护方案的灵敏动作数（$K_{sen}\geqslant 1.5$）、可能动作数（$1.0\leqslant K_{sen}<1.5$）和不能动作数（$K_{sen}<1.0$）进行了统计，然后进一步分析了各种主保护方案不能可靠动作故障的性质（将可能动作和不能动作都归为不能可靠动作，即以灵敏度 $K_{sen}<1.5$ 为界），如表 1-28～表 1-35 所示。

表 1-28　三峡左岸电站 ABB 发电机并网额定负载时对同槽故障各种主保护方案的灵敏性

主保护方案			总故障数	灵敏动作数 $K_{sen}\geqslant 1.5$				可能动作数 $1.5>K_{sen}\geqslant 1.0$			不能动作数 $K_{sen}<1.0$		
				匝间短路		相间短路	总计	匝间短路		相间短路	匝间短路		相间短路
				相同分支	不同分支			相同分支	不同分支		相同分支	不同分支	
零序电流型横差保护	一套（2-3 组合）	相邻连接	540	194	60	47	301	57	0	5	169	0	8
		相隔连接	540	197	60	40	297	56	0	9	167	0	11
	两套（2-1-2 组合）	相邻-相邻	540	233	60	52	345	55	0	4	132	0	4
		相邻-相隔	540	235	60	49	344	51	0	6	134	0	5
		相隔-相隔	540	235	60	47	342	51	0	10	134	0	3
裂相横差保护	传统裂相横差	相邻连接	540	307	60	60	427	47	0	0	66	0	0
		相隔连接	540	310	60	60	430	54	0	0	56	0	0
	不完全裂相横差	相邻-相邻	540	256	48	60	364	83	5	0	81	7	0
		相邻-相隔	540	272	53	60	385	69	4	0	79	3	0
		相隔-相隔	540	282	51	60	393	53	6	0	85	3	0
不完全纵差保护	$N=2$	相邻连接	540	239	60	60	359	61	0	0	120	0	0
		相隔连接	540	237	60	60	357	55	0	0	128	0	0
完全纵差保护			540	0	0	60	60	0	0	0	420	60	0

注　"相邻连接"指分支编号相邻的连接在一起（如 1、2；3、4、5；……）；"相隔连接"指分支 1、3 或 1、3、5 等的连接方式，下同。

表 1-29　三峡左岸电站 ABB 发电机并网额定负载时对端部交叉故障各种主保护方案的灵敏性

主保护方案			总故障数	灵敏动作数 $K_{sen}\geqslant 1.5$				可能动作数 $1.5>K_{sen}\geqslant 1.0$			不能动作数 $K_{sen}<1.0$		
				匝间短路		相间短路	总计	匝间短路		相间短路	匝间短路		相间短路
				相同分支	不同分支			相同分支	不同分支		相同分支	不同分支	
零序电流型横差保护	一套（2-3 组合）	相邻连接	10950	735	660	7648	9043	83	0	566	112	0	1146
		相隔连接	10950	720	660	8116	9496	79	0	476	131	0	768
	两套（2-1-2 组合）	相邻-相邻	10950	784	660	8128	9572	54	0	584	92	0	648
		相邻-相隔	10950	787	660	8384	9831	55	0	474	88	0	502
		相隔-相隔	10950	782	660	8596	10038	60	0	404	88	0	360
裂相横差保护	传统裂相横差	相邻连接	10950	858	660	9300	10818	60	0	44	12	0	16
		相隔连接	10950	868	660	9304	10832	41	0	44	21	0	12
	不完全裂相横差	相邻-相邻	10950	757	610	9202	10569	58	36	112	115	14	46
		相邻-相隔	10950	770	632	9220	10622	76	22	102	84	6	38
		相隔-相隔	10950	765	632	9258	10655	50	20	72	115	8	30
不完全纵差保护	$N=2$	相邻连接	10950	788	660	9210	10658	62	0	64	80	0	86
		相隔连接	10950	797	660	9134	10591	49	0	106	84	0	120
完全纵差保护			10950	0	0	9360	9360	0	0	0	930	660	0

表 1-30　三峡左岸电站 VGS 发电机并网额定负载时对同槽故障各种主保护方案的灵敏性

主保护方案			总故障数	灵敏动作数 $K_{sen}\geqslant1.5$				可能动作数 $1.5>K_{sen}\geqslant1.0$			不能动作数 $K_{sen}<1.0$		
				匝间短路		相间短路	总计	匝间短路		相间短路	匝间短路		相间短路
				相同分支	不同分支			相同分支	不同分支		相同分支	不同分支	
零序电流型横差保护	一套（2-3 组合）	相邻连接	510	207	90	147	444	29	0	3	34	0	0
		相隔连接	510	204	90	150	444	24	0	0	42	0	0
	两套（2-1-2 组合）	相邻-相邻	510	227	90	149	466	25	0	1	18	0	0
		相邻-相隔	510	227	90	150	467	23	0	0	20	0	0
		相隔-相隔	510	227	90	150	467	23	0	0	20	0	0
裂相横差保护	传统裂相横差	相邻连接	510	254	90	150	494	9	0	0	7	0	0
		相隔连接	510	243	90	150	483	17	0	0	10	0	0
	不完全裂相横差	相邻-相邻	510	240	88	150	478	15	1	0	15	1	0
		相邻-相隔	510	243	89	146	478	17	1	3	10	0	1
		相隔-相隔	510	245	89	150	484	15	0	0	10	1	0
不完全纵差保护	$N=2$	相邻连接	510	221	90	150	461	24	0	0	25	0	0
		相隔连接	510	210	90	150	450	29	0	0	31	0	0
完全纵差保护			510	0	0	150	150	0	0	0	270	90	0

表 1-31　三峡左岸电站 VGS 发电机并网额定负载时对端部交叉故障各种主保护方案的灵敏性

主保护方案			总故障数	灵敏动作数 $K_{sen}\geqslant1.5$				可能动作数 $1.5>K_{sen}\geqslant1.0$			不能动作数 $K_{sen}<1.0$		
				匝间短路		相间短路	总计	匝间短路		相间短路	匝间短路		相间短路
				相同分支	不同分支			相同分支	不同分支		相同分支	不同分支	
零序电流型横差保护	一套（2-3 组合）	相邻连接	10530	603	1356	7818	9777	28	67	166	59	137	296
		相隔连接	10530	594	1404	8148	10146	27	24	58	69	132	74
	两套（2-1-2 组合）	相邻-相邻	10530	622	1448	8194	10264	19	44	54	49	68	32
		相邻-相隔	10530	620	1496	8268	10384	20	14	12	50	50	0
		相隔-相隔	10530	618	1560	8264	10442	20	0	12	52	0	4
裂相横差保护	传统裂相横差	相邻连接	10530	642	1452	8252	10346	17	76	28	31	32	0
		相隔连接	10530	631	1476	8270	10377	31	12	10	28	72	0
	不完全裂相横差	相邻-相邻	10530	593	1532	8254	10379	50	8	12	47	20	14
		相邻-相隔	10530	617	1488	8188	10293	38	32	58	35	40	34
		相隔-相隔	10530	633	1558	8274	10465	31	0	4	26	2	2
不完全纵差保护	$N=2$	相邻连接	10530	609	1366	8238	10213	24	74	30	57	120	12
		相隔连接	10530	609	1444	8212	10265	19	18	42	62	98	26
完全纵差保护			10530	0	0	8280	8280	0	0	0	690	1560	0

表 1-32　三峡左岸电站 ABB 发电机并网额定负载时对同槽故障各种主保护方案不能可靠动作故障数及其性质

主保护方案	构成方式	具体连接形式	不能可靠动作故障数	匝间短路					相间短路
				相同分支				不同分支	
				1 匝	3 匝	5 匝	7 匝		
零序电流型横差保护	一套（2-3 组合）	相邻连接	239	105	87	28	6	0	13
		相隔连接	243	105	77	29	12	0	20
	两套（2-1-2 组合）	相邻-相邻	195	105	72	9	1	0	8
		相邻-相隔	196	105	65	13	2	0	11
		相隔-相隔	198	105	60	15	5	0	13
裂相横差保护	传统裂相横差	相邻连接	113	102	9	2	0	0	0
		相隔连接	110	91	15	4	0	0	0
	不完全裂相横差	相邻-相邻	176	101	24	21	18	12	0
		相邻-相隔	155	88	27	20	13	7	0
		相隔-相隔	147	75	28	20	15	9	0
不完全纵差保护	$N=2$	相邻连接	181	105	67	6	3	0	0
		相隔连接	183	105	61	13	4	0	0
完全纵差保护			480	105	105	105	105	60	0

表 1-33　三峡左岸电站 ABB 发电机并网额定负载时对端部交叉故障各种主保护方案不能可靠动作故障数及其性质

主保护方案	构成方式	具体连接形式	不能可靠动作故障数	匝间短路						相间短路
				相同分支					不同分支	
				2 匝	4 匝	6 匝	7 匝	其他		
零序电流型横差保护	一套（2-3 组合）	相邻连接	1907	105	69	17	4	0	0	1712
		相隔连接	1454	103	60	32	9	6	0	1244
	两套（2-1-2 组合）	相邻-相邻	1378	105	40	1	0	0	0	1232
		相邻-相隔	1119	103	38	2	0	0	0	976
		相隔-相隔	912	101	40	7	0	0	0	764
裂相横差保护	传统裂相横差	相邻连接	132	65	5	2	0	0	0	60
		相隔连接	118	54	6	2	0	0	0	56
	不完全裂相横差	相邻-相邻	381	32	23	46	18	54	50	158
		相邻-相隔	328	38	23	42	13	44	28	140
		相隔-相隔	295	39	26	44	17	39	28	102
不完全纵差保护	$N=2$	相邻连接	292	105	34	3	0	0	0	150
		相隔连接	359	103	24	6	0	0	0	226
完全纵差保护			1590	105	105	240	90	390	660	0

表 1-34　三峡左岸电站 VGS 发电机并网额定负载时对同槽故障各种主保护方案不能可靠动作故障数及其性质

主保护方案	构成方式	具体连接形式	不能可靠动作故障数	匝间短路					相间短路
				相同分支				不同分支	
				2匝	4匝	6匝	其他		
零序电流型横差保护	一套（2-3组合）	相邻连接	66	41	17	4	1	0	3
		相隔连接	66	39	15	8	4	0	0
	两套（2-1-2组合）	相邻-相邻	44	37	5	1	0	0	1
		相邻-相隔	43	33	8	2	0	0	0
		相隔-相隔	43	35	7	1	0	0	0
裂相横差保护	传统裂相横差	相邻连接	16	12	3	1	0	0	0
		相隔连接	27	18	6	2	1	0	0
	不完全裂相横差	相邻-相邻	32	15	9	2	4	2	0
		相邻-相隔	32	15	9	1	2	1	4
		相隔-相隔	26	18	4	1	2	1	0
不完全纵差保护	$N=2$	相邻连接	49	36	9	3	1	0	0
		相隔连接	60	39	12	6	3	0	0
完全纵差保护			360	45	45	45	135	90	0

表 1-35　三峡左岸电站 VGS 发电机并网额定负载时对端部交叉故障各种主保护方案不能可靠动作故障数及其性质

主保护方案	构成方式	具体连接形式	不能可靠动作故障数	匝间短路						相间短路
				相同分支					不同分支	
				1匝	3匝	5匝	7匝	其他		
零序电流型横差保护	一套（2-3组合）	相邻连接	753	45	30	8	3	1	204	462
		相隔连接	384	45	27	12	8	4	156	132
	两套（2-1-2组合）	相邻-相邻	266	45	18	4	1	0	112	86
		相邻-相隔	146	45	19	5	1	0	64	12
		相隔-相隔	88	45	18	7	2	0	0	16
裂相横差保护	传统裂相横差	相邻连接	184	36	9	3	0	0	108	28
		相隔连接	153	39	12	6	2	0	84	10
	不完全裂相横差	相邻-相邻	151	33	12	6	2	44	28	26
		相邻-相隔	237	30	15	7	1	20	72	92
		相隔-相隔	65	36	15	1	1	4	2	6
不完全纵差保护	$N=2$	相邻连接	317	45	27	6	3	0	194	42
		相隔连接	265	45	21	9	3	3	116	68
完全纵差保护			2250	45	45	45	45	510	1560	0

在发电机初步设计阶段，根据《导则》，比率制动式差动保护最小动作电流的标么值为 $I_{op.0}=0.1$p. u.，比率制动特性的拐点为 $I_{res.0}=1.0$p. u.，比率制动特性的斜率为 $s=0.3$；零序电流型横差保护一次动作电流的标么值为 $I_{op}=0.05$p. u.。

通过上述工作，对各种主保护方案反应三峡左岸电站 ABB 发电机和 VGS 发电机实际可能发生的内部短路的能力（能灵敏反应哪些短路，不能灵敏反应的又是哪些短路）已有了清楚的认识，从而为主保护配置方案的确定提供了充分的依据。

下面简单介绍一下三峡左岸电站发电机主保护方案定量化设计的步骤：

(1) 首先结合零序电流型横差保护的选型，确定发电机中性点侧定子绕组的引出方式，明确中性点引出个数、零序电流型横差保护套数及相关电流互感器的型号。

零序电流型横差（以往称单元件横差）保护以其灵敏、功能全面、特别简单的特点，在各种主保护方案中优点突出，而且零序横差保护采用一套或两套直接影响发电机中性点侧的引出方式，所以首先讨论零序电流型横差保护的选型。

从表 1-28～表 1-35 可清楚地看到，采用两套零序电流型横差保护比一套的灵敏度高，装置也不复杂，所以该发电机中性点侧引出方式应用图 1-55 和图 1-56（均有 3 个中性点），每相绕组 5 并联分支以 2-1-2 方式引出。图 1-55 和图 1-56 中以 1、2 分支合并和 4、5 分支合并（相邻方式），3 分支单独引出；也可能是 1、3 或 1、4 分支合并和 2、4 或 2、5 分支合并（相隔方式）。这主要决定于电机结构和制造工艺是否方便，不能由继电保护决定。

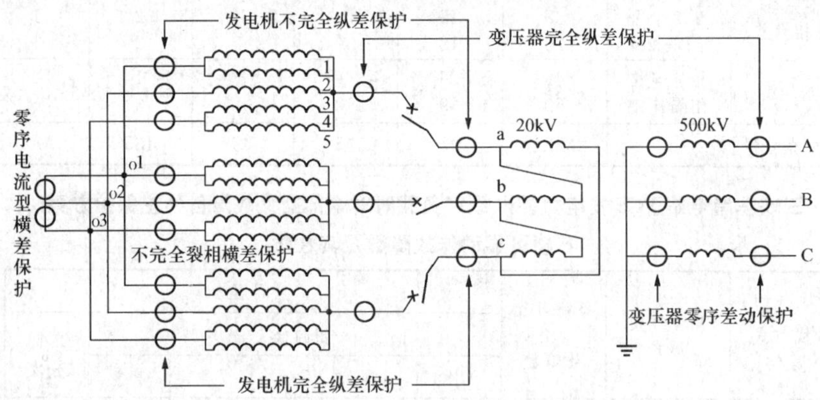

图 1-55　三峡左岸电站 ABB 发电机内部故障主保护及 TA 配置方案

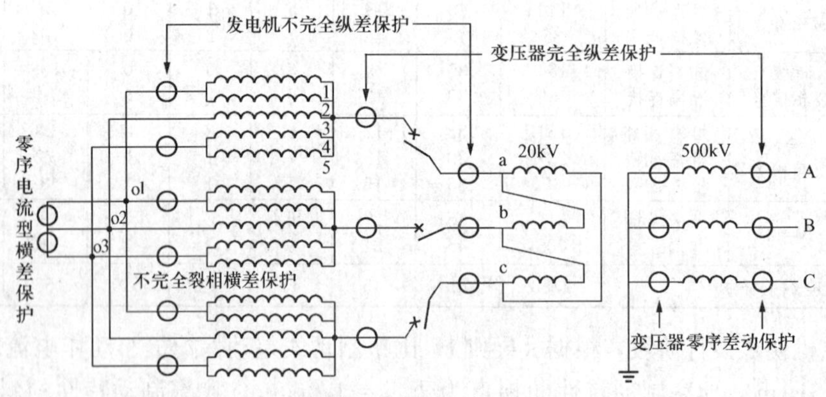

图 1-56　三峡左岸电站 VGS 发电机内部故障主保护及 TA 配置方案（不加完全纵差保护）

（2）对于发电机端部引出线相间短路和定子绕组各种故障，除零序电流型横差外，还需装设纵差保护，优先考虑不完全纵差保护，形成“一横一纵”（一种横差保护和一种纵差保护）的初步格局。

表 1-28～表 1-35 同时告诉我们，单靠两套零序电流型横差保护不可能对三峡电站

ABB发电机和VGS发电机所有实际可能发生的短路实现完全保护，更谈不上每一故障有两种及以上主保护动作，为此必须配置其他主保护方案。由于不完全纵差保护原理上的优越性，首先考虑不完全纵差保护。

(3) 在对上述保护方案组合的性能进行分析的基础上，再考虑裂相横差保护和完全纵差保护的取舍，这时需综合考虑各种指标——中性点侧TA的数目和安装位置、已有主保护配置方案不能动作故障数及其性质等等，从而确定最终的主保护配置方案（"一横两纵"、"两横一纵"，还是"两横两纵"）。

为了提高主保护配置方案的性能，在不增加任何TA的条件下可增设不完全裂相横差保护；综合考虑其他各种指标，再决定是否增设每相第3分支的TA和完全纵差保护。

(4) 需要注意的是任一保护方案的取舍不仅与自身灵敏性有关，还取决于与其他保护方案之间的互补性。

按照上述设计步骤，确定三峡左岸电站ABB发电机和VGS发电机内部故障主保护及TA配置方案，分别如图1-55和图1-56所示（电流互感器按一块屏配置，计及双重化的需要另一块屏完全拷贝，下同）。

从图1-55和图1-56的对比可以看出，三峡左岸电站ABB发电机和VGS发电机的单机额定容量虽然相同，但是由于两种发电机的定子绕组结构不同，最终导致应采用不同的主保护配置方案。下面来具体分析一下造成这种差异的原因。

表1-36　三峡左岸电站ABB发电机同槽故障时各种保护动作情况

能同时灵敏反应的保护数	0	1	2	3	4
槽内故障数	100	60	95	238	47

表1-37　三峡左岸电站ABB发电机540种同槽故障中60种故障只有一种保护能灵敏动作的情况

灵敏动作保护	零序电流型横差保护	不完全裂相横差保护	不完全纵差保护	完全纵差保护
故障数	3	54	3	0

表1-38　三峡左岸电站ABB发电机540种同槽故障中95种故障只有2种保护能灵敏动作的情况

灵敏动作保护	零序横差保护＋不完全裂相横差保护	零序横差保护＋不完全纵差保护	零序横差保护＋完全纵差保护	不完全裂相横差保护＋不完全纵差保护	不完全裂相横差保护＋完全纵差保护	不完全纵差保护＋完全纵差保护
故障数	26	41	0	28	0	0

表1-39　三峡左岸电站ABB发电机端部交叉故障时各种保护动作情况

能同时灵敏反应的保护数	0	1	2	3	4
端部故障数	49	95	289	2097	8420

表 1-40　　三峡左岸电站 ABB 发电机 10950 种端部故障中 95 种故障只有一种保护能灵敏动作情况

灵敏动作保护	零序电流型横差保护	不完全裂相横差保护	不完全纵差保护	完全纵差保护
故障数	1	70	10	14

表 1-41　　三峡左岸电站 ABB 发电机 10950 种端部故障中 289 种故障只有 2 种保护能灵敏动作情况

灵敏动作保护	零序横差保护＋不完全裂相横差保护	零序横差保护＋不完全纵差保护	零序横差保护＋完全纵差保护	不完全裂相横差保护＋不完全纵差保护	不完全裂相横差保护＋完全纵差保护	不完全纵差保护＋完全纵差保护
故障数	13	133	0	19	114	10

从表 1-36～表 1-41 可以看出，对于三峡左岸电站 ABB 发电机而言，确实存在 14 种相间短路故障只有完全纵差保护能够动作（见表 1-40），通过进一步的分析，发现它们均为图 1-57 所示的不同相而分支编号相同的分支之间发生的中性点侧小匝数相间短路。

因为是不同相而编号相同分支间（a1 对 b1）发生的短路，短路回路电流不流过中性点连线，从而导致零序电流型横差保护灵敏度下降；由于故障分支的短路点接近中性点侧，使得故障相非故障分支电流 $\dot{I}_{a2}$、$\dot{I}_{a3}$、$\dot{I}_{a4}$、$\dot{I}_{a5}$ 及 $\dot{I}_{short1}$ 的大小、相位相差不大，而与 $\dot{I}_{a1}$ 的大小、相位相差很大，如果不完全裂相横差保护舍弃的分支恰好为故障分支，则不完全裂相横差保护（比如比较每相 2、3 分支与 4、5 分支的不平衡度）的灵敏度不高；同理，如果不完全纵差保护中性点侧接入分支恰好为非故障分支，则不完全纵差保护的灵敏度也不高；但由于机端相电流与中性点侧相电流的大小和相位相差较大，使得完全纵差保护能够灵敏动作。

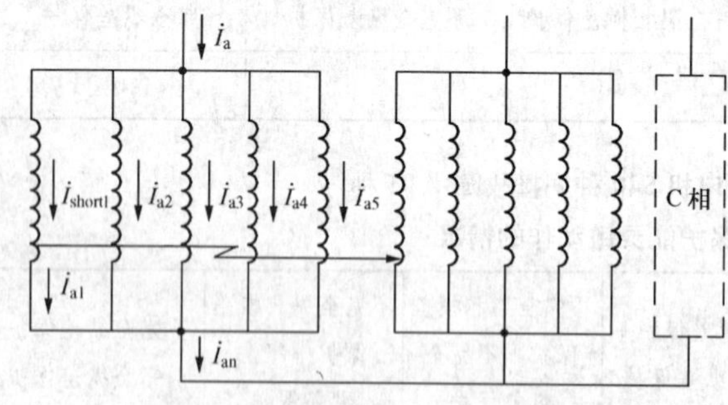

图 1-57　不同相而分支编号相同的分支间发生的中性点侧小匝数相间短路

通过上述定性分析，使我们认识到图 1-57 所示的相间短路类型为零序电流型横差保护、不完全裂相横差保护和不完全纵差保护的共同死区，三峡左岸电站 ABB 发电机实际可能发生的端部交叉故障中存在上述故障类型，为了对这部分故障提供保护，需要装设完全纵差保护；而在三峡左岸电站 VGS 发电机中不存在上述故障类型，所以不需要装设完全纵差保护。这从表 1-42、表 1-43 的统计分析也可以看出，对于三峡左岸电站 VGS 发电机，两种横差保护和一种不完全纵差保护的组合，其保护死区为小匝数同相同分支匝间短路，再装完全纵差保护毫无意义。

表 1-42　三峡左岸电站 VGS 发电机对同槽故障"两横一纵"的主保护方案组合不能可靠动作故障数及其性质

主保护方案的组合	不能可靠动作故障数	匝间短路					相间短路
		相同分支				不同分支	
		2 匝	4 匝	6 匝	其他		
零序横差保护＋不完全裂相横差保护＋不完全纵差保护	17	15	2	0	0	0	0
	17	15	2	0	0	0	0
	17	15	2	0	0	0	0
	18	15	3	0	0	0	0
	21	18	3	0	0	0	0
	21	18	3	0	0	0	0

注　主保护方案的组合有 6 种构成形式，如何构成应由电机制造厂根据发电机实际结构和工艺上是否方便而定。

表 1-43　三峡左岸电站 VGS 发电机对端部故障"两横一纵"的主保护方案组合不能可靠动作故障数及其性质

主保护方案的组合	不能可靠动作故障数	匝间短路						相间短路
		相同分支					不同分支	
		1 匝	3 匝	5 匝	7 匝	其他		
零序横差保护＋不完全裂相横差保护＋不完全纵差保护	64	33	7	0	0	0	24	0
	65	33	8	0	0	0	24	0
	101	30	12	1	0	0	58	0
	101	30	12	1	0	0	58	0
	47	36	11	0	0	0	0	0
	46	36	10	0	0	0	0	0

注　同表 1-42。

通过上述定量化的设计过程，使我们对于所设计的主保护配置方案的性能心中有数，对于"至少两种主保护动作的故障数"、"只有一种主保护动作的故障数"以及"保护的动作死区"这些定量化的指标更是一目了然。

传统的基于定性分析的设计方法，由于没有掌握发电机定子绕组内部短路的正确分析计算，从而无法清楚认识故障特征和各种主保护方案的性能，也就无法得到上述的定量化指标；只进行少量的内部短路仿真计算和主保护方案灵敏度校核，虽然简便，但对内部故障特点和主保护方案性能的认识有很大的片面性和主观性。

另外，通过三峡左岸电站 ABB 发电机和 VGS 发电机主保护方案的设计，使我们认识到相同容量、不同定子绕组结构的发电机应有各自的主保护配置方案，不能以容量相等或相近为理由，互相照搬主保护配置方案。

1.7.3　定量化设计的重要性[47]

通过对三峡左岸电站发电机原有设计方法的反思和进一步的深入研究，提出了大型发电机主保护配置方案的定量化设计，下面通过两个工程实例来进一步说明在发电机实际可能发生的内部短路仿真计算基础上进行主保护配置方案定量化设计的重要性。

平班电站发电机 $P_N=135\text{MW}$，$U_N=15.75\text{kV}$，$I_N=5656\text{A}$，$\cos\varphi_N=0.875$，$I_{f0}=892\text{A}$，$I_{fN}=1772\text{A}$；56 极，定子 420 槽，每相 2 分支，分数槽叠绕组。

百色电站发电机 $P_N=135\text{MW}$，$U_N=13.8\text{kV}$，$I_N=6644.7\text{A}$，$\cos\varphi_N=0.85$，$I_{f0}=828.3\text{A}$，$I_{fN}=1621\text{A}$；36 极，定子 432 槽，每相 3 分支，整数槽波绕组。

由于这两台发电机的绕组形式都不同于常用的分数槽波绕组且差异很大，使得它们实际可能发生的内部故障数及其类型迥然不同，如表 1-44～表 1-47 所示。

表 1-44　　平班电站发电机 420 种同槽故障

同相同分支短路 324 种					同相不同分支短路 12 种			相间短路
短路匝数	1 匝	2 匝	3 匝	4 匝	短路匝数	1 匝	136 匝	
故障数	81	81	81	81	故障数	6	6	84

表 1-45　　平班电站发电机 2263 种端部交叉故障

同相同分支短路 246 种				同相不同分支短路 3 种		相间短路
短路匝数	1 匝	2 匝	3 匝	短路匝数	135 匝	
故障数	84	81	81	故障数	3	2014

表 1-46　　百色电站发电机 432 种同槽故障

同相同分支短路	同相不同分支短路 216 种							相间短路
	短路匝数	36 匝	37 匝	42 匝	54 匝	59 匝	60 匝	
0	故障数	30	72	6	12	36	60	216

表 1-47　　百色电站发电机 9504 种端部交叉故障

同相同分支短路 873 种				同相不同分支短路	相间短路
短路匝数	1 匝	2 匝	3 匝及以上		
故障数	9	9	855	1935	6696

(1) 平班电站发电机同槽故障以匝间短路为主，且短路匝比大都很小；端部交叉故障的同相同分支短路也均为小短路匝比，因此主保护灵敏度问题突出。

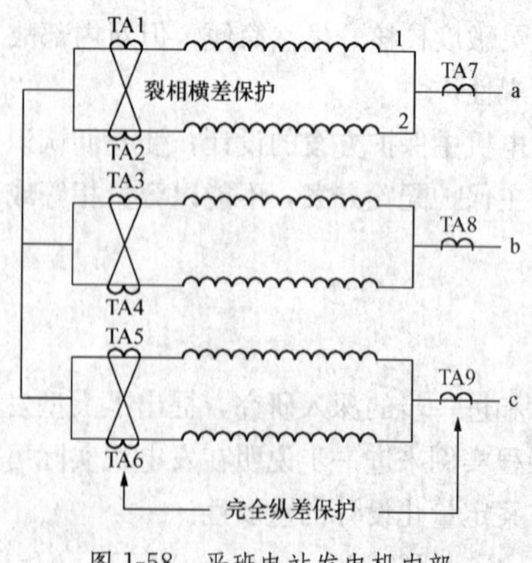

图 1-58　平班电站发电机内部故障主保护及 TA 配置方案

(2) 百色电站发电机同槽故障中不存在同相同分支匝间短路；端部交叉故障中小匝数同相同分支匝间短路所占比率也极小。

由于两台发电机的内部短路类型相差悬殊，导致最终的主保护配置方案完全不同，详见下文。

一般情况下，零序电流型横差保护由于简单、功能好而被优先选用；不完全纵差保护相对于完全纵差保护而言，兼有可能反应匝间短路的优点。但是对于平班电站发电机而言，由于同相同分支匝间短路的短路匝比太小（1.43%～5.71%，见表 1-44、表 1-45），零序电流型横差保护和不完全纵差保护都不灵敏（如表 1-48、表 1-49 中带下划线的数字所示)；而图 1-58 所示主保护方案的组合，不能动作的故障基本上都是同相同分支匝间短路。所以对于平班电站发电机，加装零序电流型横差保护和不完全纵差保护实无必要，这从表 1-50 和表 1-51 不难看出。

表 1-48　　平班电站发电机并网额定负载时对同槽故障各种主保护方案的灵敏性

主保护方案	动作定值	总故障数	灵敏动作数 $K_{sen}\geqslant 1.5$				可能动作数 $1.5>K_{sen}\geqslant 1.0$			不能动作数 $K_{sen}<1.0$		
			匝间短路		相间短路	总计	匝间短路		相间短路	匝间短路		相间短路
			相同分支	不同分支			相同分支	不同分支		相同分支	不同分支	
零序电流型横差保护	$I_{op}=0.05$p. u.	420	6	6	58	70	122	1	17	196	5	9
裂相横差保护	$I_{op.0}=0.1$p. u. $S=0.3$	420	229	7	83	319	87	2	0	8	3	1
不完全纵差保护Ⅰ	$I_{op.0}=0.1$p. u. $S=0.3$	420	0	6	80	86	141	0	2	183	6	2
不完全纵差保护Ⅱ	$I_{op.0}=0.1$p. u. $S=0.3$	420	0	6	80	86	141	0	2	183	6	2
完全纵差保护	$I_{op.0}=0.1$p. u. $S=0.3$	420	0	0	84	84	0	0	0	324	12	0

表 1-49　　平班电站发电机并网额定负载时对端部故障各种主保护方案的灵敏性

主保护方案	动作定值	总故障数	灵敏动作数 $K_{sen}\geqslant 1.5$				可能动作数 $1.5>K_{sen}\geqslant 1.0$			不能动作数 $K_{sen}<1.0$		
			匝间短路		相间短路	总计	匝间短路		相间短路	匝间短路		相间短路
			相同分支	不同分支			相同分支	不同分支		相同分支	不同分支	
零序电流型横差保护	$I_{op}=0.05$p. u.	2263	4	0	1464	1468	10	0	392	232	3	158
裂相横差保护	$I_{op.0}=0.1$p. u. $S=0.3$	2263	156	0	1988	2144	84	0	11	6	3	15
不完全纵差保护Ⅰ	$I_{op.0}=0.1$p. u. $S=0.3$	2263	0	0	1905	1905	43	0	57	203	3	52
不完全纵差保护Ⅱ	$I_{op.0}=0.1$p. u. $S=0.3$	2263	0	0	1951	1951	43	0	38	203	3	25
完全纵差保护	$I_{op.0}=0.1$p. u. $S=0.3$	2263	0	0	2014	2014	0	0	0	246	3	0

表 1-50　　平班电站发电机并网额定负载时对同槽故障各种主保护方案组合不能可靠动作故障数及其性质

主保护方案的组合	不能可靠动作故障数	匝间短路					相间短路
		相同分支				不同分支	
		1匝	2匝	3匝	4匝		
1+3	100	81	12	2	0	5	0
1+3+0	100	81	12	2	0	5	0
1+3+0+2	100	81	12	2	0	5	0

注　主保护方案的组合中代号“0、1、3、2”分别表示零序电流型横差、裂相横差、完全纵差、不完全纵差（Ⅰ和Ⅱ）保护。

表 1-51 平班电站发电机并网额定负载时对端部故障各种主保护方案组合不能可靠动作故障数及其性质

主保护方案的组合	不能可靠动作故障数	匝间短路				相间短路
		相同分支			不同分支	
		1 匝	2 匝	3 匝		
1+3	93	84	5	1	3	0
1+3+0	92	84	4	1	3	0
1+3+0+2	92	84	4	1	3	0

注 同表 1-50。

但是对百色电站发电机而言，从表 1-52 和表 1-53 各种主保护方案不能可靠动作故障的性质统计分析中可以看出，两套零序电流型横差保护与不完全纵差保护之间具有很好的互补性：

表 1-52 百色发电机单机空载时对同槽故障各种主保护方案不能可靠动作故障数及其性质

主保护方案	构成方式	不能可靠动作故障数	匝间短路		相间短路
			相同分支	不同分支	
零序电流型横差保护	两套	0	0	0	0
不完全纵差保护	$N=1$	4	0	3	1

表 1-53 百色发电机单机空载时对端部故障各种主保护方案不能可靠动作故障数及其性质

主保护方案	构成方式	不能可靠动作故障数	匝间短路				相间短路
			相同分支			不同分支	
			1 匝	2 匝	其他		
零序电流型横差保护	两套	319	9	1	0	0	309
不完全纵差保护	$N=1$	69	6	0	0	55	8

(1) 432 种同槽故障中，不完全纵差保护不能可靠动作故障数只有 4 种，而两套零序电流型横差保护对所有的同槽故障均能灵敏动作。

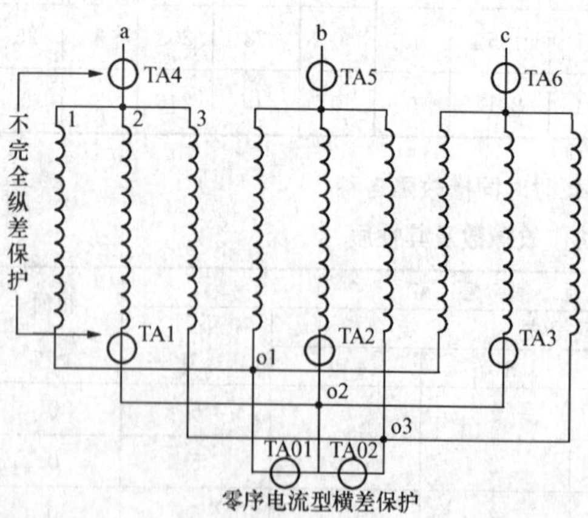

(2) 9504 种端部故障中，不完全纵差保护不能可靠动作的 55 种同相不同分支匝间短路，两套零序电流型横差保护均能灵敏动作；对于两套零序电流型横差保护不能可靠动作的 309 种相间短路，不完全纵差保护又几乎都能灵敏动作。

通过上述分析，初步确定百色电站发电机主保护配置方案如图 1-59 所示，即配置了两套零序电流型横差保护和一套不完全纵差保护（其性能如表 1-54 所示）。

图 1-59 百色电站发电机内部故障主保护及 TA 配置方案

表 1-54 百色电站发电机同槽和端部故障时 2 种主保护的动作情况

故障数	几种主保护均不动作	只有1种主保护动作	2种及以上主保护都动作
同槽故障数	0	4	428
端部交叉故障数	11	366	9127

平班电站和百色电站发电机主保护设计实例的鲜明对比，说明了大型发电机主保护配置方案定量化设计的重要性。因为如果不在全面的内部短路仿真计算的基础上进行主保护配置方案的定量化设计，按照已有的基于定性分析的设计方法，是决不会将两台相同容量的发电机的主保护方案设计成完全不同的两种"一横一纵"的主保护方案组合。

1.7.4 对发电机主保护配置方案定量化及优化设计的认识[40]

从图 1-60 可以看出，发电机主保护配置方案定量化设计的基础是清楚认识发电机实际可能发生的内部故障的特点和各种主保护方案的性能，由于各种主保护方案都存在各自的保护死区，尝试各种主保护方案的组合以实现"优势互补"是最基本的做法。

但是一台发电机实际可能发生的内部故障（同槽和端部交叉故障）有成千上万种，主保护方案的种类和构成方式随发电机每相分支数的增加将会急剧增多，而最终的主保护配置方案的实现又与设计院、电机制造厂的合作密切相关；科学性（各种主保护方案的取舍依据，主保护配置方案的性能等）和实用性（发电机中性点侧的引出方式，分支 TA 的数目和位置，保护装置是否成熟并有丰富的运行经验，完成设计任务所需时间和代价等）是进行主保护配置方案设计时必须同时兼顾的两个基本要求。所以发电机主保护配置方案的设计是一个多目标的工程优化设计问题，仅凭穷举法（在全面的内部故障仿真计算的基础上进行

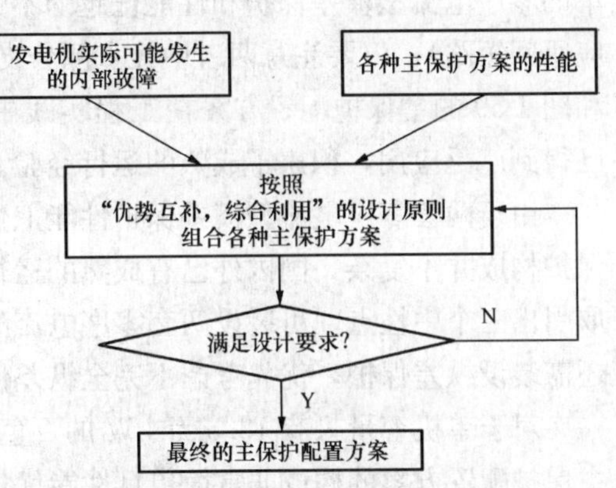

图 1-60 发电机主保护配置方案定量化设计的一般过程

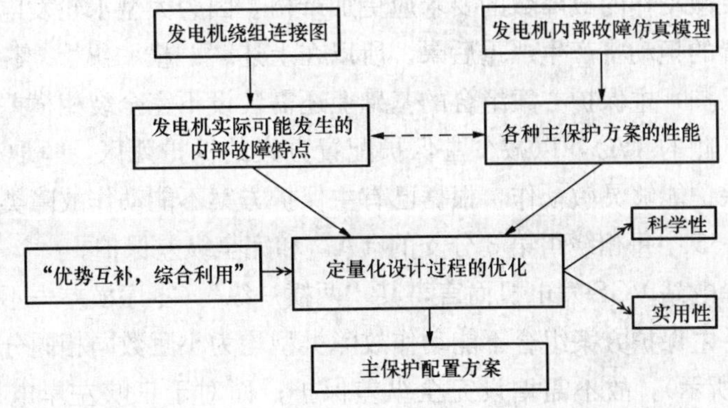

图 1-61 发电机主保护配置方案的定量化及优化设计

主保护方案的各种组合，如图 1-60 所示）不仅所花代价太大，也无法圆满完成设计任务。

因此就需要我们在提出定量化设计方法解决工程设计问题的基础上，通过对工程实例的归纳总结，将实践经验和定性分析上升为设计规则，同时兼顾科学性和实用性的要求，实现对定量化设计过程的优化（如图 1-61 所示），使该方法能够更好地服务于工程实践。

1.7.5 大型发电机主保护配置方案的优化设计[40]

百色电站发电机“一横一纵”的主保护初步方案组合与三峡电站发电机的相似，不同之处在于中性点侧分支 TA 的数目和位置，以及由此导致的不完全纵差保护构成的差异；由于平班电站发电机内部故障特点的不同，其“一横一纵”的主保护初步方案组合完全不同于百色电站发电机的，提供了一种新的设计思路。有必要对上述两种设计思路进行分析总结。

一、“零序电流型横差保护＋不完全纵差保护”构成“一横一纵”的初步方案组合

图 1-56 和图 1-59 的初步方案组合基本一致，所采用的都是灵敏、功能全面、特别简单的零序电流型横差保护和性能优越的不完全纵差保护（相对于完全纵差保护而言可以反应匝间短路）；但要注意两者中性点侧分支 TA 的数目和安装位置的不同。类似于图 1-56 和图 1-59 的主保护配置方案在工程实践中（龙羊峡、岩滩、二滩、天生桥一级电站等）已得到广泛应用，积累了成熟的运行经验。

由于两套零序电流型横差保护性能上优于一套零序电流型横差保护（分析同前），且保护构成并不复杂，国内外已有成熟的运行经验，因此在可能的情况下发电机中性点侧争取引出三个中性点，可装设两套零序电流型横差保护；由于要保护机端引线的相间短路，还需装设纵差保护，优先考虑不完全纵差保护，构成“一横一纵”的初步方案组合。

对于单机容量只有 13.5 万 kW 的百色电站发电机，其可能发生的内部短路类型导致主保护配置方案的构成非常简单且性能优良（如表 1-54 所示），零序电流型横差保护和不完全纵差保护已对百色电站发电机实际可能发生的内部短路形成了良好的互补，完全不需再增设其他主保护方案。

但是对于单机额定容量为 70 万 kW 的大型水轮发电机，除了按照“二十五条反措”的要求双屏配置（AB 屏）外，其一块屏上对于主保护配置方案的保护死区、两种及以上不同原理主保护灵敏动作的故障数的要求应更加严格，因为大型水轮发电机造价昂贵、结构复杂，保护装置的拒动将产生严重后果。所以在上述“一横一纵”（零序电流型横差保护＋不完全纵差保护）主保护方案组合的基础上还需装设不完全裂相横差保护（利用不完全纵差保护中性点侧的 TA），以减少主保护配置方案的保护死区，争取任一故障至少有两种不同原理主保护能够灵敏动作，根据已有主保护方案不能动作故障类型再决定是否增设分支 TA（图 1-55 中每相绕组第 3 分支的 TA）和完全纵差保护。

对于三峡左岸电站 VGS 发电机而言，其“两横一纵”（零序横差＋不完全裂相横差＋不完全纵差保护）主保护方案组合不能动作故障类型均为小匝数同相同分支匝间短路（如表 1-42、表 1-43 所示），故不需增设完全纵差保护；而对于三峡左岸电站 ABB 发电机，由于上述“两横一纵”主保护方案组合的保护死区是——中性点侧小匝数相间短路且两个

短路分支的编号相同（图 1-57 所示），为此如表 1-40 和表 1-41 所示需增设完全纵差保护和每相绕组第 3 分支的 TA，以进一步减少保护的动作死区（14 种）并提高两种及以上主保护灵敏动作的故障数（124 种）。

二、"裂相横差保护＋完全纵差保护"构成"一横一纵"的初步方案组合

图 1-58 的初步方案组合不同于图 1-56 和图 1-59，其"一横一纵"的组成为裂相横差保护和完全纵差保护（要求每相绕组各个分支都装设 TA）。由于裂相横差保护比较的是一相两部分之间的不平衡，而零序电流型横差保护反应的是整个定子绕组各部分之间的不平衡，当发生小匝数同相同分支匝间短路时，一相两部分之间的不平衡度应大于整个定子绕组各部分之间的不平衡度，所以裂相横差保护反应匝间短路的能力要优于零序横差保护。对于平班电站发电机这类采用分数槽叠绕组的中型水轮发电机，由于其小匝数同相同分支匝间短路所占比率较大，横差保护中应优先考虑选用裂相横差保护。

对于平班电站发电机这类水轮发电机，由于其同相不同分支匝间短路在故障总数中所占比率很小（叠绕组），而同相同分支匝间短路的短路匝比又偏小，使得不完全纵差保护相对于完全纵差保护而言可以反应匝间短路的优点体现得不明显，在平班电站发电机中甚至完全丧失（如表 1-48、表 1-49 所示），所以纵差保护优先选用完全纵差保护，这时主保护配置方案对相间短路不存在保护死区。

平班电站发电机最终的主保护配置方案采用"裂相横差保护＋完全纵差保护"（如图 1-58 所示），其保护死区基本上都是小匝数同相同分支匝间短路，加装零序横差保护和不完全纵差保护实无必要（如表 1-50、表 1-51 所示）。

通过对上述 4 台不同绕组形式发电机内部故障的全面仿真计算和主保护设计的归纳总结，在定量化设计的基础上，根据发电机绕组结构的不同，提出了发电机主保护配置方案的优化设计过程（如图 1-62 所示），为主保护配置方案的设计方法开辟了新途径。

上述优化规则的核心在于如何根据发电机实际可能发生的内部故障特点的不同，来确定发电机中性点侧引出方式和分支 TA 的数目和安装位置——是从零序电流型横差保护入手，还是从裂相横差保护入手，然后加装纵差保护以形成"一横一纵"的初步方案组合，

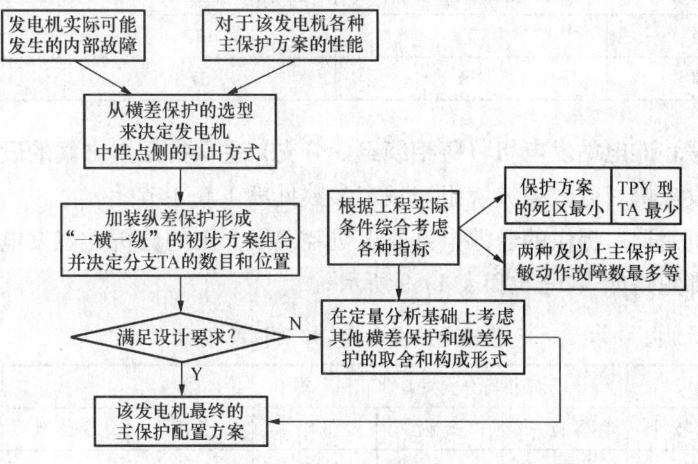

图 1-62　发电机主保护配置方案的优化设计过程

再根据工程实际条件综合考虑其他量化指标——保护方案的死区最小，TPY型TA最少，两种及以上不同原理主保护灵敏动作故障数最多等，在定量分析的基础上决定其他主保护方案的取舍和构成方式，从而确定最终的主保护配置方案。

1.7.6 大型发电机主保护配置方案定量化及优化设计的推广与应用

一、天生桥二级电站发电机（每相绕组3分支）主保护配置方案的设计

天生桥二级电站发电机（技改项目，分数槽波绕组）单机额定功率220.5MW，30极，定子324槽，每分支36槽。发电机额定参数为：$U_N=18kV$，$I_N=7858A$，$\cos\varphi_N=0.9$，$I_{f0}=894A$，$I_{fN}=1537A$。

表1-55　天生桥二级电站发电机324种同槽故障

同相同分支短路108种				同相不同分支短路	相间短路	
短路匝数	2匝	4匝	6～34匝		分支编号相同	分支编号不同
故障数	7	7	94	108	24	84

表1-56　天生桥二级电站发电机6468种端部交叉故障

同相同分支短路675种							同相不同分支短路	相间短路	
短路匝数	1匝	2匝	3匝	4匝	…	35匝		分支编号相同	分支编号不同
故障数	30	22	29	22	…	6	1242	1672	2879

根据对电机制造厂提供的天生桥二级电站发电机绕组展开图的分析，该发电机定子绕组实际可能发生的内部短路如表1-55和表1-56所示。由于内部短路中小匝数同相同分支匝间短路所占比率很小（故障特点与百色电站发电机类似），故采用图1-63所示的主保护配置方案（两套零序电流型横差保护＋一套不完全纵差保护）就取得了很好的保护性能（如表1-57所示）。

表1-57　天生桥二级电路发电机同槽和端部故障时3种主保护的动作情况

故障数	几种主保护均不动作	只有1种主保护动作	2种及以上主保护都动作
同槽故障数	1	6	317
端部交叉故障数	28	51	6389

二、乐（恶）滩电站发电机（每相绕组3分支）主保护配置方案的设计[48]

乐滩电站发电机（分数槽波绕组）额定参数见第1.6.4节。

根据对电机制造厂提供的乐滩电站发电机绕组展开图的分析，该发电机定子绕组实际可能发生的内部短路如表1-58和表1-59所示。

表1-58　乐滩电站发电机792种同槽故障

同相同分支短路378种							同相不同分支短路	相间短路
短路匝数	2匝	4匝	5匝	6匝	7匝	≥13匝		
故障数	57	57	6	57	6	195	54	360

表 1-59　　乐滩电站发电机 11088 种端部交叉故障

同相同分支短路 2520 种						同相不同分支短路 360 种						相间短路
短路匝数	1 匝	2 匝	3 匝	4 匝	≥5 匝	短路匝数	3～111 匝	170 匝	171 匝	172 匝	173 匝	
故障数	135	78	135	78	2094	故障数	342	3	9	3	3	8208

对于乐滩电站发电机，如果采用图1-64（a）所示的主保护配置方案（类似于百色电站发电机的主保护配置方案，每相只装设 1 个分支 TA），则存在较大的保护死区（如表 1-60 所示），这就要求我们增设保护方案和相应的分支 TA［如图 1-64（b）所示，类似于三峡左岸电站 VGS 发电机的主保护配置方案］，以减少主保护配置方案的保护死区，提高两种及以上不同原理主保护灵敏动作故障数，如表 1-60 所示。由于图 1-64（b）所示主保护配置方案不能动作故障类型基本均是小匝数同相同分支匝间短路，故不需增设完全纵差保护和相应的每相绕组第 2 分支的 TA。

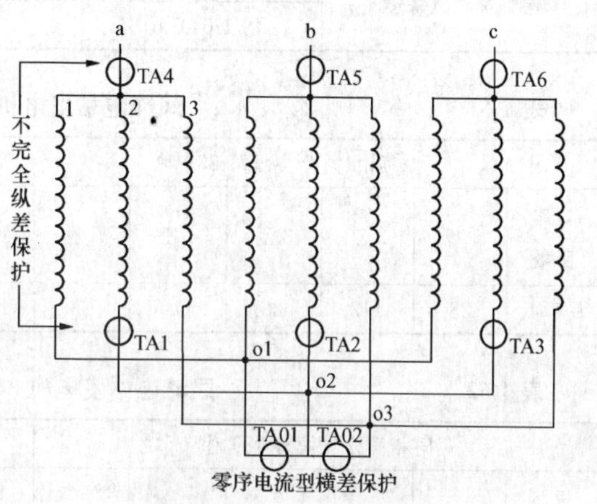

图 1-63　天生桥二级电站发电机内部故障主保护及 TA 配置方案

综上所述，天生桥二级电站和乐滩电站发电机主保护配置方案的设计过程验证了“零序电流型横差保护＋不完全纵差保护”构成“一横一纵”初步方案组合的可行性。

三、凤滩电站发电机（每相绕组 3 分支）主保护配置方案的设计[49]

凤滩电站发电机（分数槽叠绕组）单机额定容量为 200MW，48 极，定子 468 槽，每分支 52 槽。发电机额定参数为：$U_N=15.75$kV，$I_N=8379$A，$\cos\varphi_N=0.875$，$I_{f0}=845$A，$I_{fN}=1664$A。发电机有机端断路器。

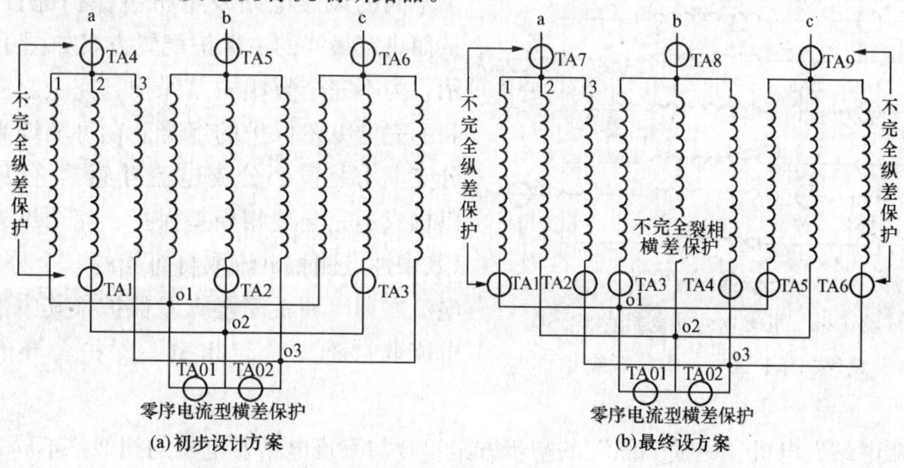

图 1-64　乐滩电站发电机主保护配置方案的设计过程

表 1-60　乐滩电站发电机同槽和端部故障时两种主保护配置方案动作情况的对比

发电机		几种主保护均不动作	只有1种主保护动作	2种及以上主保护都动作
同槽故障数	图 1-64（a）	106	91	595
	图 1-64（b）	42	51	699
端部交叉故障数	图 1-64（a）	450	502	10136
	图 1-64（b）	251	127	10710

表 1-61　凤滩电站发电机 468 种同槽故障

同相同分支短路 339 种							同相不同分支短路 21 种					相间短路
短路匝数	1 匝	2 匝	3 匝	4 匝	5 匝	6 匝	短路匝数	103 匝	102 匝	54 匝	5 匝	
故障数	23	112	23	112	23	46	故障数	4	3	7	7	108

表 1-62　凤滩电站发电机 3417 种端部交叉故障

同相同分支短路 489 种						同相不同分支短路 12 种						相间短路
短路匝数	1 匝	2 匝	3 匝	4 匝	5 匝	短路匝数	103 匝	56 匝	55 匝	7 匝	6 匝	
故障数	180	59	135	69	46	故障数	2	1	4	1	4	2916

根据对电机制造厂提供的凤滩电站发电机绕组展开图的分析，该发电机定子绕组实际可能发生的内部短路如表 1-61 和表 1-62 所示。

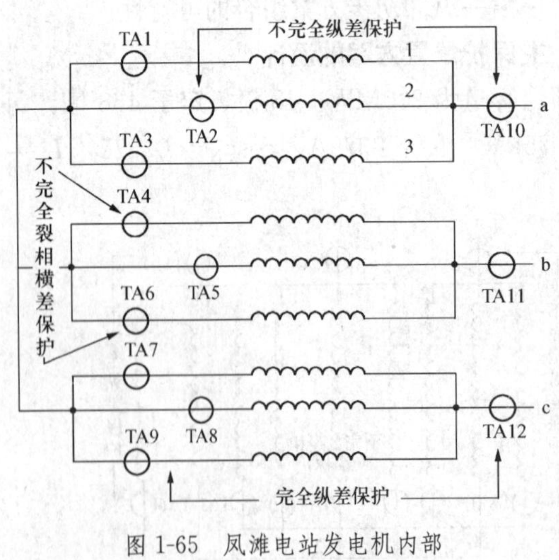

图 1-65　凤滩电站发电机内部故障主保护及 TA 配置方案

在对凤滩电站发电机所有实际可能发生的同槽和端部故障仿真计算和对常用的各种原理主保护方案的动作性能分析对比的基础上，按照图 1-62 所示的优化设计过程，对比了不同的凤滩电站发电机主保护配置方案，从而决定最终的主保护配置方案如图 1-65 所示，为不完全裂相横差保护、完全纵差保护和不完全纵差保护的组合。在每相绕组 3 个分支上均装设了分支电流互感器（5P 型），以构成不完全裂相横差保护、完全纵差保护（其中性点侧相电流取自每相的 3 个分支 TA 电流之和）和不完全纵差保护（其中性点侧电流取自不完全裂相横差保护舍弃的分支 TA）。

凤滩电站发电机“一横一纵”的初步方案组合与平班电站发电机的相似，不同之处是在不增加任何硬件投资的情况下增设了不完全纵差保护（其中性点侧电流取自不完全裂相横差保护舍弃的分支 TA)，与不完全裂相横差保护形成了良好的互补作用。

这是因为随着发电机每相绕组分支数的增多，每分支线圈数逐渐减少，相同短路匝数的同相同分支匝间短路的短路匝比有所增大，不完全纵差保护反应匝间短路的能力得到提高；且随着不完全纵差保护中性点侧接入分支数的减少，其反应接入分支匝间短路的能力有所增强，而接入分支正是不完全裂相横差保护舍弃的分支[49]。所以在“裂相横差保护＋完全纵差保护”构成的“一横一纵”初步方案组合的基础上应增设不完全纵差保护（不需增加任何电流互感器)，以提高保护方案的性能。

四、瓦屋山电站发电机（每相绕组 3 分支）主保护配置方案的设计

瓦屋山电站发电机（整数槽叠绕组）单机额定容量为 130MW，18 极，定子 270 槽，每分支 30 槽。发电机额定参数为：$U_N=13.8$kV，$I_N=6398.6$A，$\cos\varphi_N=0.85$，$I_{f0}=652$A，$I_{fN}=1230$A。其最终采用的主保护配置方案与凤滩电站发电机相同，如图 1-65 所示。

凤滩电站和瓦屋山电站发电机主保护配置方案的设计过程在验证了“裂相横差保护＋完全纵差保护”构成“一横一纵”初步方案组合的同时，又进一步补充了图 1-62 所示的优化设计过程。

五、沙湾电站发电机（每相绕组 2 分支）主保护配置方案的设计

如前所述，为保证设计的可靠性，我们在进行主保护配置方案的定量化设计时，首选零序电流型横差保护、裂相横差保护、不完全纵差保护和完全纵差保护，这些主保护方案（简称为“两横两纵”）成熟并有丰富的运行经验。“两横两纵”主保护方案可以实现 4 种“一横一纵”的初步方案组合，上述 8 台发电机主保护配置方案的设计呈现了其中的两种组合——“零序电流型横差保护＋不完全纵差保护”和“裂相横差保护＋完全纵差保护”，而沙湾电站发电机（120MW）主保护配置方案的设计则呈现出另一种“一横一纵”的初步方案组合——“裂相横差保护＋不完全纵差保护”。

沙湾电站发电机（分数槽波绕组）单机额定容量为 120MW，78 极，定子 576 槽，每分支 96 槽。发电机额定参数为：$U_N=15.75$kV，$I_N=5027.5$A，$\cos\varphi_N=0.875$，$I_{f0}=755$A，$I_{fN}=1385$A。发电机有机端断路器。

由于沙湾电站发电机实际可能发生的内部故障中不同相而分支编号相同的分支间（例如 a1 对 b1）发生的相间短路所占比率很大（如表 1-63、表 1-64 所示，占 57.7%)，这种故障的短路回路电流不流过中性点连线，从而导致零序电流型横差保护灵敏度下降，因此横差保护中应优先考虑选用裂相横差保护；不完全纵差保护相对于完全纵差保护而言可以反应匝间短路。因此其“一横一纵”的初步方案组合为“裂相横差保护＋不完全纵差保护”的组合。

表 1-63　　沙湾电站发电机 576 种同槽故障

同相同分支短路 168 种		同相不同分支短路	相间短路	
短路匝数	28～36 匝		分支编号相同	分支编号不同
故障数	168	84	252	72

表 1-64　　沙湾电站发电机 7488 种端部交叉故障

同相同分支短路 1680 种						同相不同分支短路	相间短路	
短路匝数	2 匝	3 匝	4 匝	5 匝	6～53 匝		分支编号相同	分支编号不同
故障数	16	48	48	48	1520	462	4398	948

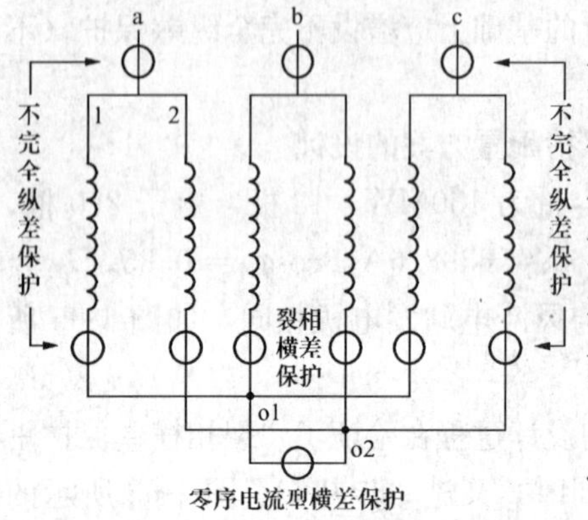

图 1-66　沙湾电站发电机内部故障主保护及 TA 配置方案

通过定量分析，发现在已有“一横一纵”初步方案组合的基础上，增设一套零序电流型横差保护，所费不多——中性点引出并不复杂且增加的是一个小变比的 5P 型 TA，却能更进一步提高主保护配置方案的性能（因为不能动作故障类型均为小匝数同相同分支匝间短路，所以无需增加完全纵差保护），故最终的主保护配置方案如图 1-66 所示。

六、紫坪铺电站发电机（每相绕组 4 分支）主保护配置方案的设计[50]

紫坪铺电站发电机（整数槽波绕组）40 极，定子 480 槽，每分支 40 槽。发电机额定参数为：$U_N=13.8kV$，$I_N=9084.6A$，$\cos\varphi_N=0.875$，$I_{f0}=760A$，$I_{fN}=1380A$。发电机有机端断路器。

根据对紫坪铺电站发电机绕组展开图的分析，该发电机定子绕组实际可能发生的内部短路如表 1-65 和表 1-66 所示。

表 1-65　　紫坪铺电站发电机 480 种同槽故障

同相同分支短路	同相不同分支短路 240 种							相间短路
	短路匝数	10 匝	19 匝	20 匝	60 匝	61 匝	70 匝	
0	故障数	4	80	36	72	40	8	240

表 1-66　　紫坪铺电站发电机 10550 种端部故障

同相同分支短路 504 种				同相不同分支短路	相间短路
短路匝数	19 匝	20 匝	40 匝		
故障数	240	252	12	2610	7436

紫坪铺电站发电机主保护配置方案的设计，则是在对可能的 6 种“一横一纵”组合（分别对应不同的中性点引出个数和保护方案的选择）的性能进行对比分析的基础上，考虑到其中性能最好的一种“一横一纵”（裂相横差保护＋不完全纵差保护）组合的基础上再增加一套零序电流型横差保护，形成“两横一纵”主保护方案组合（如图 1-67 所示），所费不多却能更进一步提高主保护配置方案的性能，实现无保护死区和一块保护屏上对所有内部故障有两种及以上不同原理主保护灵敏动作的“双优”目标（如表 1-67 所示）。

紫坪铺电站发电机最终的主保护配置方案（如图 1-67 所示）简单且性能优越，完全不同于初步设计方案（每个分支均需装设 TA），其根本原因在于紫坪铺电站发电机绕组

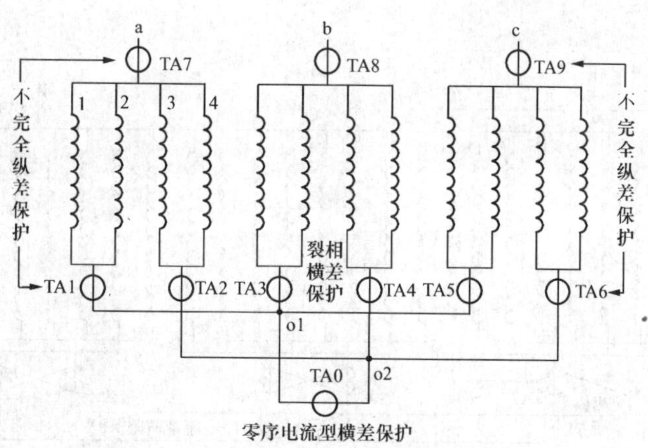

图1-67 紫坪铺电站发电机最终的主保护及TA配置方案

结构决定实际可能的内部故障中根本不存在小匝数同相同分支匝间短路。

表1-67 紫坪铺电站发电机"一横一纵"和"两横一纵"主保护配置方案的性能对比

故障类型	构成形式	均不动作	只有1种主保护动作	2种及以上主保护都动作
同槽故障数	"一横一纵"	0	0	480（100%）
	"两横一纵"	0	0	480（100%）
端部故障数	"一横一纵"	0	56	10494（99.47%）
	"两横一纵"	0	0	10550（100%）

七、龙滩电站和构皮滩电站发电机（每相8分支）主保护配置方案的设计

龙滩电站发电机（分数槽波绕组）为首台国内生产的700MW水轮发电机，56极，定子624槽，每分支26槽。发电机额定参数为：$U_N=18\text{kV}$，$I_N=24947.9\text{A}$，$\cos\varphi_N=0.9$，$I_{f0}=1979.6\text{A}$，$I_{fN}=3439.8\text{A}$。有机端断路器。

根据对哈尔滨电机厂提供的龙滩电站发电机绕组展开图的分析，该发电机定子绕组实际可能发生的内部短路如表1-68和表1-69所示：

表1-68 龙滩电站发电机624种同槽故障

同相不同分支短路312种					相间短路
短路匝数	18匝	19匝	33匝	34匝	
故障数	72	84	84	72	312(7～45匝，都是分支编号不同的)

表1-69 龙滩电站发电机12480种端部故障

同相同分支短路600种							同相不同分支短路	相间短路
短路匝数	1匝	2匝	3匝	4匝	……	25匝		
故障数	24	24	24	24	……	24	3000	8880

通过主保护配置方案的定量化及优化设计，图1-68所示的龙滩电站发电机主保护配置方案的保护死区只有0.18%，在一块屏上对99.51%的短路实现了不同原理主保护的双

重化。

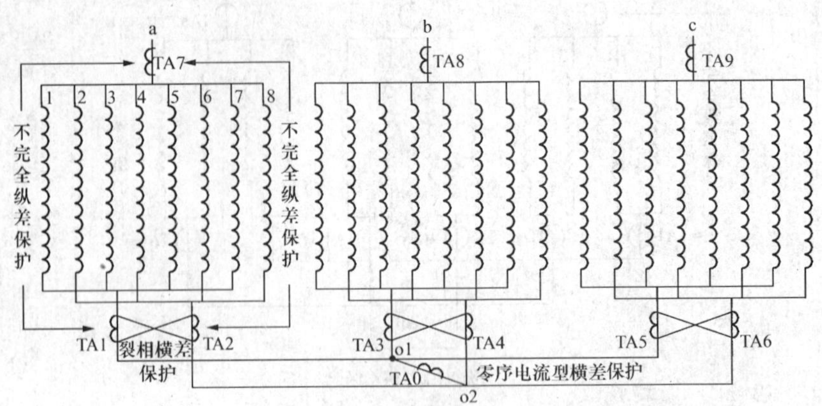

图 1-68 龙滩电站发电机内部故障主保护及 TA 配置方案

构皮滩电站发电机（DFEM 机组，整数槽波绕组）单机 600MW，48 极，定子 576 槽，每分支 24 槽。发电机额定参数为：$U_{\mathrm{N}}=18\mathrm{kV}$，$I_{\mathrm{N}}=21383.3\mathrm{A}$，$\cos\varphi_{\mathrm{N}}=0.9$，$I_{\mathrm{f0}}=1588\mathrm{A}$，$I_{\mathrm{fN}}=2656\mathrm{A}$。有机端断路器。

根据对东方电机厂提供的构皮滩电站发电机绕组展开图的分析，该发电机定子绕组实际可能发生的内部短路如表 1-70 和表 1-71 所示。

表 1-70　　构皮滩电站发电机 576 种同槽故障

同相同分支短路	同相不同分支短路	相间短路	
		分支编号相同	分支编号不同
0	288	0	288

表 1-71　　构皮滩电站发电机 12652 种端部故障

同相同分支短路 24 种		同相不同分支短路	相间短路	
短路匝数	24 匝		分支编号相同	分支编号不同
故障数	24	3708	1152	7768

构皮滩电站发电机主保护配置方案的构成（如图 1-69 所示）与龙滩电站发电机相

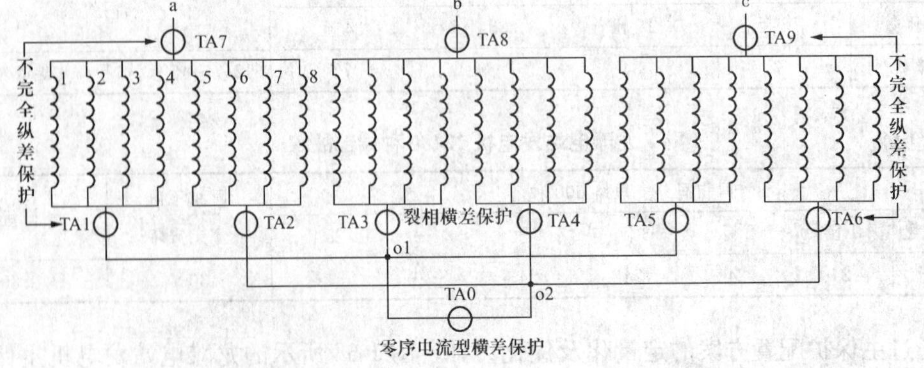

图 1-69 构皮滩电站发电机内部故障主保护及 TA 配置方案

同，均是将每相绕组8分支一分为二、引出两个中性点，共装设了一套零序电流型横差保护、一套完全裂相横差保护和两套不完全纵差保护。但是龙滩电站发电机定子绕组中性点侧采用的是“相隔连接”的引出方式（如图1-68所示，每相的1、3、5、7分支接在一起，形成中性点o1；每相的2、4、6、8分支接在一起，形成中性点o2）；而构皮滩电站发电机采用的则是“相邻连接”的引出方式（如图1-69所示，每相的1、2、3、4分支接在一起，形成中性点o1；每相的5、6、7、8分支接在一起，形成中性点o2）。究其原因在于两台发电机绕组结构的不同——短路点相对位置接近的同相不同分支匝间短路（所占比率较大，如图1-70实线箭头所示），龙滩电站发电机发生在同相的相邻支路间，而构皮滩电站发电机则发生在同相的相隔分支间，从而龙滩电站发电机用相隔连接，而构皮滩电站发电机用相邻连接。

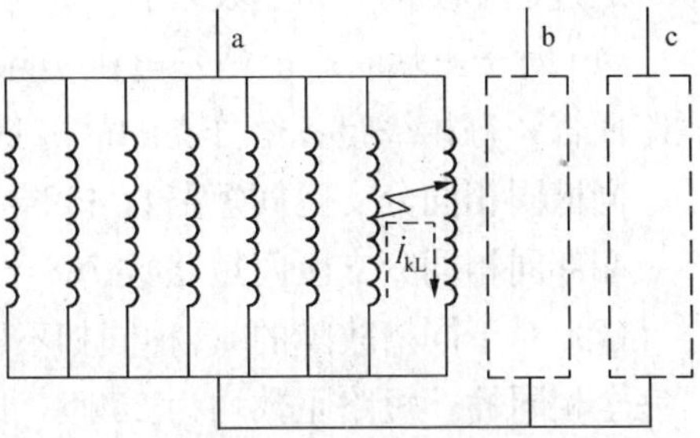

图1-70 发生在相近电位的同相不同分支匝间短路

综上所述，沙湾、紫坪铺、龙滩电站和构皮滩电站（DFEM机组）发电机主保护配置方案的设计过程验证了“裂相横差保护+不完全纵差保护”构成“一横一纵”初步方案组合的可行性。

1.7.7 三峡右岸电站发电机（HEC机组）主保护配置方案的定量化及优化设计

三峡右岸电站HEC机组（简称为三峡右岸电站发电机）700MW，80极，分数槽波绕组，定子840槽，每相8分支，每分支35匝线圈。发电机额定参数为：$U_N=20kV$，$I_N=22453.2A$，$\cos\varphi_N=0.9$，$I_{f0}=2416.4A$，$I_{fN}=4171.5A$。发电机有机端断路器。

在总结已有的偶数分支水轮发电机——平班电站发电机（每相绕组2分支、分数槽叠绕组）、沙湾电站发电机（每相绕组2分支、分数槽波绕组）、紫坪铺电站发电机（每相绕组4分支、整数槽波绕组）、龙滩电站发电机（每相绕组8分支、分数槽波绕组）和构皮滩电站发电机（DFEM机组、每相绕组8分支、整数槽波绕组）等主保护配置方案设计经验的基础上，三峡右岸电站发电机主保护顺利地完成了设计任务，且其主保护配置方案的定量化及优化设计又体现出一些新的特点，值得归纳总结，供今后景洪电站发电机（每相绕组4分支）、构皮滩电站发电机（ALSTOM机组、每相绕组6分支）、金安桥电站发电机（每相绕组8分支）等一批偶数分支水轮发电机主保护设计时借鉴。

一、调查发电机故障特点，确定典型故障特征

根据对哈尔滨电机厂提供的发电机定子绕组展开图的分析，该发电机定子绕组实际可能发生的内部短路如表1-72和表1-73所示。

表1-72　　三峡右岸电站发电机840种同槽故障

同相同分支匝间短路432种							同相不同分支匝间短路	相间短路
短路匝数	1匝	2匝	3匝	4匝	5匝	6匝及以上		
故障数	24	24	24	24	24	312	48	360

表 1-73　　三峡右岸电站发电机 15960 种端部交叉故障

同相同分支匝间短路 768 种							同相不同分支匝间短路	相间短路
短路匝数	1 匝	2 匝	3 匝	4 匝	5 匝	6 匝及以上		
故障数	24	24	24	24	24	648	3792	11400

通过进一步的分析，发现：

(1) 对于三峡右岸电站发电机实际可能发生的 1200（=432+768）种同相同分支匝间短路而言，每相绕组各个分支的故障特点是完全相同的，即

同槽同相同分支匝间短路数 432=18(每分支个数)×8(每相分支数)×3(相数)

端部同相同分支匝间短路数 768=32(每分支个数)×8(每相分支数)×3(相数)

(2) 对于同槽故障的 48 种同相不同分支匝间短路而言，每相各个分支的故障特点也是完全相同的，短路匝数均为 25 匝，即

同槽同相不同分支匝间短路数 48=2(每分支个数)×8(每相分支数)×3(相数)

(3) 对于端部故障的 3792 种同相不同分支匝间短路而言，每相各个分支的故障特点也是完全相同的；只是对于图 1-71 所示的相近电位的同相不同分支匝间短路，发生在相邻分支间（如 1、2 分支间，或 2、3 分支间，…，或 8、1 分支间）的故障数要远远多于发生在相隔分支间（或 1、3 分支间，或 2、4 分支间，…，或 8、2 分支间）的故障数。

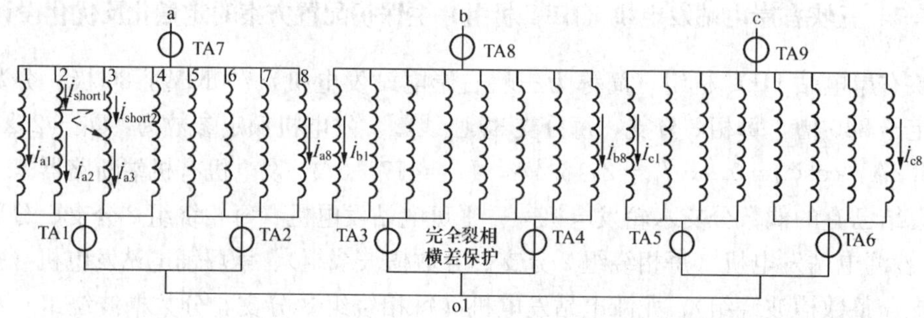

图 1-71　发生在相近电位的同相不同分支匝间短路

具体统计如下：

1）相邻分支间两短路点位置相差 4 匝的故障数是 480(=20×8×3)种；

2）相邻分支间两短路点位置相差 5 匝的故障数是 408(=17×8×3)种；

3）相邻分支间两短路点位置相差 6 匝的故障数是 96(=4×8×3)种；

4）相邻分支间两短路点位置相差 7 匝的故障数是 96(=4×8×3)种；

5）相邻分支间两短路点位置相差 8 匝的故障数是 96(=4×8×3)种；

6）相邻分支间两短路点位置相差 9 匝的故障数是 96(=4×8×3)种；

7）相邻分支间两短路点位置相差 10 匝的故障数是 96(=4×8×3)种；

8）相邻分支间两短路点位置相差 11 匝及以上的故障数是 1344(=56×8×3)种；

9）相隔分支间两短路点位置相差9匝的故障数是120(＝5×8×3)种；

10）相隔分支间两短路点位置相差10匝的故障数是240(＝10×8×3)种；

11）相隔分支间两短路点位置相差11匝及以上的故障数是720(＝30×8×3)种。

(4) 对于同槽和端部故障的相间短路，每相各个分支的故障特点也是完全相同的；只是同槽故障的360种相间短路中不存在图1-72所示的故障类型，但是对于端部故障的11400种相间短路而言，却存在图1-72所示的故障类型，其中短路匝数为2、3、4、5、6、7、8、9、10匝及以上的故障数分别为16、16、24、24、24、24、24、24、3304种，其余7920种相间短路则发生在分支编号不同的分支间。

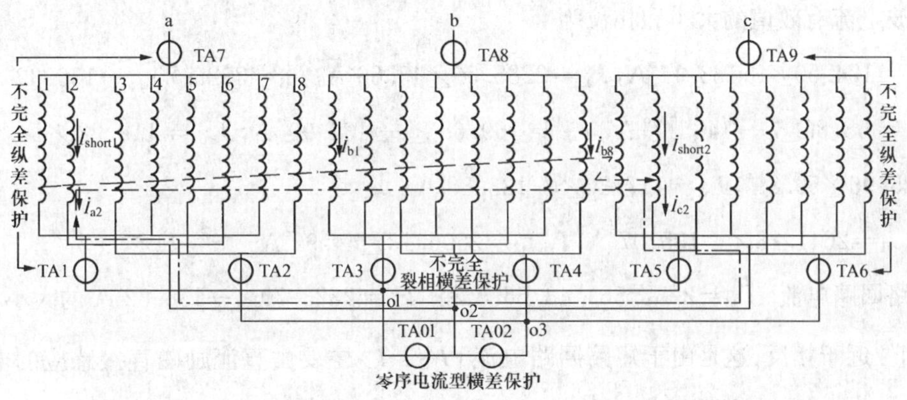

图1-72 不同相而分支编号相同的分支间发生的中性点侧小匝数相间短路

综上所述，对小匝数同相同分支匝间短路，图1-71所示的发生在相近电位的同相不同分支匝间短路和图1-72所示的不同相而分支编号相同的分支间发生的中性点侧小匝数相间短路的故障特征需做仔细的分析对比。

二、分析典型故障特征，为主保护配置方案的优化设计明确方向

1. 对典型故障特征的分析和计算

(1) 小匝数同相同分支匝间短路为常用各种主保护方案共同的保护死区，譬如对于同槽和端部故障的1匝同相同分支匝间短路（短路匝比仅2.86%），常用各种主保护方案均不能动作。但是，定子绕组内部短路的回路电流除了与短路匝比有关外，还受绕组的分布和连接方式以及发生故障的空间位置等因素的影响。

虽然同槽和端部故障中均存在3匝同相同分支匝间短路（短路匝比为8.57%），但是由于同槽故障中的3匝同相同分支匝间短路的故障位置均靠近机端，而端部故障中的3匝同相同分支匝间短路的故障位置均靠近中性点侧，使得相同短路匝比的两种同相同分支匝间短路，由于故障位置的不同，其各个分支的短路电流是不相同的，从而导致同一种保护

方案［完全裂相横差保护（K10_1357-2468）[1]，如图 1-73（b）所示］的性能是不一样的。对于同槽故障中的 3 匝同相同分支匝间短路，上述完全裂相横差保护均能灵敏动作；而对于端部故障中的 3 匝同相同分支匝间短路，上述完全裂相横差保护均不能动作。

（2）对于端部故障相近电位的同相不同分支匝间短路，不同构成形式（“相隔连接”或“相邻连接”）的主保护方案的性能相差悬殊。下面以完全裂相横差保护为例进行说明。

图 1-71 中虚线箭头所示故障为三峡右岸电站发电机在并网空载运行方式下，a 相第 2 支路第 14 号线圈的上层边和 a 相第 3 支路第 19 号线圈的下层边在端部交叉处发生同相不同分支匝间短路，相邻分支间两短路点位置相差 4 匝。故障相各支路（包括短路附加支路）基波电流有效值的大小和相位为

$\dot{I}_{a1}=124.50\angle-133.11°\text{A}$，$\dot{I}_{a2}=2288.56\angle43.66°\text{A}$，$\dot{I}_{a3}=2323.70\angle-136.32°\text{A}$，

$\dot{I}_{a4}=58.86\angle-148.17°\text{A}$，$\dot{I}_{a5}=169.68\angle-134.90°\text{A}$，$\dot{I}_{a6}=112.22\angle34.67°\text{A}$，$\dot{I}_{a7}=125.96\angle50.89°$，$\dot{I}_{a8}=117.20\angle-133.88°\text{A}$

$\dot{I}_{short1}=2641.28\angle-135.07°\text{A}$，$\dot{I}_{short2}=2606.13\angle44.93°\text{A}$

短路回路电流 $\dot{I}_{a2}=2288.56\angle43.66°\text{A}$ 和 $\dot{I}_{a3}=2323.70\angle-136.32°\text{A}$ 的大小相差不大，相位近于相反，这是由于短路回路电流 $\dot{I}_{a2}$、$\dot{I}_{a3}$ 主要由直流励磁直接感应的电动势差所产生（其他电流对它的影响很小），所以 $\dot{I}_{a2}$ 和 $\dot{I}_{a3}$ 近于反向；由于两短路点距中性点位置较接近，所以 $\dot{I}_{a2}$ 和 $\dot{I}_{a3}$ 的大小相差很小。通过互感的作用，两个短路分支对其他分支的互感磁链基本相互抵消，从而导致其他分支的电流与故障前相比变化不大（其他分支电流主要由短路电流在相邻支路的感应电动势之差产生），非故障分支的电流都比较小。

---

[1] 主保护方案组合代号说明：
以“K242”为例：
（1）第 1 位数字“2”代表不完全纵差保护；同理，0，1，3 分别代表零序电流型横差，裂相横差和完全纵差保护。
（2）第 2 位数字“4”代表该不完全纵差保护中性点侧接入分支数，即用“K24”代表中性点侧 4 个分支接入的不完全纵差保护；同理，K01，K02，K10，K11，K22，K23 分别代表一套零序电流型横差，两套零序电流型横差，完全裂相横差，不完全裂相横差，中性点侧 2 个分支接入的不完全纵差和中性点侧 3 个分支接入的不完全纵差保护。
（3）第 3 位数字“2”代表中性点侧四个分支接入的不完全纵差保护用了两套。
再以“K01+10+242_1357-2468”为例：
（1）“K01+10+242”代表一套零序电流型横差保护，一套完全裂相横差保护和两套中性点侧 4 个分支接入的不完全纵差保护的组合。
（2）“_1357-2468”代表上述 4 种主保护方案的中性点分支引出组合，即将每相绕组的第 1，3，5，7 分支接在一起，形成中性点 o1；再将每相绕组的 2，4，6，8 分支接在一起，形成中性点 o2。在 o1－o2 之间接一个电流互感器 TA0，并在每相绕组的 1，3，5，7 分支和 2，4，6，8 分支上装设分支电流互感器 TA1～TA6，并有机端电流互感器 TA7～TA9，以构成一套零序电流型横差，一套完全裂相横差和两套不完全纵差保护（由于微机保护装置强调 TA 资源共享，每相的这两个分支 TA 既可以构成完全裂相横差保护，也可以分别与每相的机端 TA 构成两套不完全纵差保护）。
其余主保护方案组合的代号依此类推。

所以，对于图1-71所示的完全裂相横差保护（K10_1234-5678），故障相故障分支的电流几乎相互抵消，而故障相非故障分支的电流都比较小，使得流过分支电流互感器TA1和TA2的电流都不大，从而导致对应的裂相横差保护的灵敏系数只有0.149；而采用“相隔连接”的完全裂相横差保护（K10_1357-2468）却能灵敏动作，其灵敏系数为4.202。

采用相隔连接的引出方式时，两个故障支路被分在不同的支路组中，数值比较大的短路电流流过互感器，从而导致相隔连接方式保护方案的性能要明显优于相邻连接方式的。

(3) 完全纵差保护不反应匝间短路，但对所有的相间短路均能灵敏动作；零序电流型横差保护、不完全裂相横差保护和不完全纵差保护不能动作的相间短路类型各不相同，但不同相而分支编号相同的分支间发生的中性点侧小匝数相间短路却成为上述3种主保护方案共同的保护死区。具体分析见1.7.2节。

(4) 三峡右岸电站发电机每相8个分支的故障数和故障类型完全相同，但同相的各个分支中发生在“相邻分支”（如1、2、3、4分支等）和“相隔分支”（如1、3、5、7分支，1、4、7分支，1、4、6分支等）间的故障特点是不相同的，使得常用主保护方案的各种具体构成形式中，属于相同排列（“相邻”或“相隔”）的两种保护方案（例如不完全纵差保护K23_135、K23_357、K23_157和K23_137，中性点侧接入分支均相隔一个分支号）的性能相同。表1-74的统计数据与上述定性分析相吻合，说明仿真计算和统计分析的正确性。

表1-74　三峡右岸电站发电机并网空载时对同槽故障不完全纵差保护（$N=3$）的灵敏性

主保护方案	构成方式	具体连接形式	总故障数	灵敏动作数 $K_{sen}\geqslant 1.5$				不能可靠动作数 $K_{sen}<1.5$		
				匝间短路		相间短路	总计	匝间短路		相间短路
				相同分支	不同分支			相同分支	不同分支	
不完全纵差保护	$N=3$	K23_157	840	312	42	360	714	120	6	0
		K23_368	840	315	42	360	717	117	6	0
		K23_147	840	315	42	360	717	117	6	0
		K23_358	840	315	42	360	717	117	6	0
		K23_146	840	315	42	360	717	117	6	0
		K23_357	840	312	42	360	714	120	6	0
		K23_137	840	312	42	360	714	120	6	0
		K23_258	840	315	42	360	717	117	6	0
		K23_136	840	315	42	360	717	117	6	0
		K23_257	840	315	42	360	717	117	6	0
		K23_135	840	312	42	360	714	120	6	0
		K23_247	840	315	42	360	717	117	6	0

2. 发电机主保护配置的优化设计方向

对典型故障特征的定性分析与定量计算，既说明了仿真计算和统计分析的正确性，同时也为发电机主保护配置方案的优化设计指明了方向：

(1) 由于图1-71所示的同相不同分支匝间短路在“相邻连接”方式下即“转化为”

小匝数同相同分支匝间短路，将增大保护的死区，故在三峡右岸电站发电机主保护配置方案的设计中着重考虑“相隔连接”的中性点引出方式。

(2) 图 1-72 所示故障类型的存在，使得采用不完全裂相横差保护的中性点引出方式 (3-2-3 或 2-4-2，如图 1-75～图 1-76 所示) 下的主保护配置方案的性能下降，图1-72所示故障将成为其保护死区。

(3) 若主保护配置方案的死区为小匝数同相同分支匝间短路，则难以通过改变中性点侧引出方式、分支 TA 的数目和位置以及保护方案的配置来进一步减少保护死区。

三、主保护配置方案定量化设计的严密性

通过上述工作，使我们对三峡右岸电站发电机的故障特点和常用的各种原理主保护方案的动作性能（能灵敏反应哪些短路，不能反应的又是哪些短路）有了一个清楚的认识，由于各种主保护方案均存在各自的保护死区，需按照“优势互补、综合利用”的设计原则来制定三峡右岸发电机的主保护和 TA（TPY 型）配置方案，以达到对发电机内部故障保护范围最大的目的。

为兼顾定子绕组短路和机端引线短路，主保护配置方案中必须包括横差保护和纵差保护，以形成“一横一纵”的初步方案组合；总结已有的绕组为偶数分支水轮发电机（绕组形式既有叠绕组也有波绕组）的设计经验，主要考虑“完全/不完全裂相横差保护＋不完全纵差保护”和“完全裂相横差保护＋完全纵差保护”两种初步方案组合。在对上述保护方案组合性能分析的基础上，再考虑其他横差保护和纵差保护的取舍，这时需综合考虑各种指标——中性点侧 TA（TPY 型）的数目和安装位置，主保护配置方案不能动作故障数及其性质等。在完成相同的保护功能的前提下，应尽量减少主保护配置方案所需的硬件投资［中性点侧引出方式和分支 TA（TPY 型）的数目］和保护方案的复杂程度。

考虑 TPY 型 TA 的安装条件，本章不采用在发电机中性点侧每相 3 台 TA 的各种方案。下面就不同的发电机中性点侧引出方式和分支 TA 的配置（电流互感器按一块屏配置，计及双重化的需要另一块屏完全拷贝），结合三峡右岸电站发电机的故障特点，分析对比不同的主保护配置方案的性能。

1. 方案一：发电机中性点侧只引出 1 个中性点

方案一如图 1-73 所示，将每相绕组的 8 分支一分为二（4-4，“相邻引出”或“相隔引出”），共装设了 6 个分支 TPY 型电流互感器 TA1～TA6，并有机端电流互感器 TA7～TA9，以构成一套完全裂相横差保护和两套不完全纵差保护。方案一（代号 K10＋242）的性能如表 1-75 所示。

表 1-75　　三峡右岸电站发电机同槽和端部故障时方案一的动作情况

故障类型	构 成 形 式	3 种主保护均不动作	只有 1 种主保护动作	2 种及以上主保护都动作
同槽故障数	K10＋242_1234－5678	96	72	672
	K10＋242_1357－2468	48	72	720
端部故障数	K10＋242_1234－5678	678	564	14718
	K10＋242_1357－2468	72	264	15624

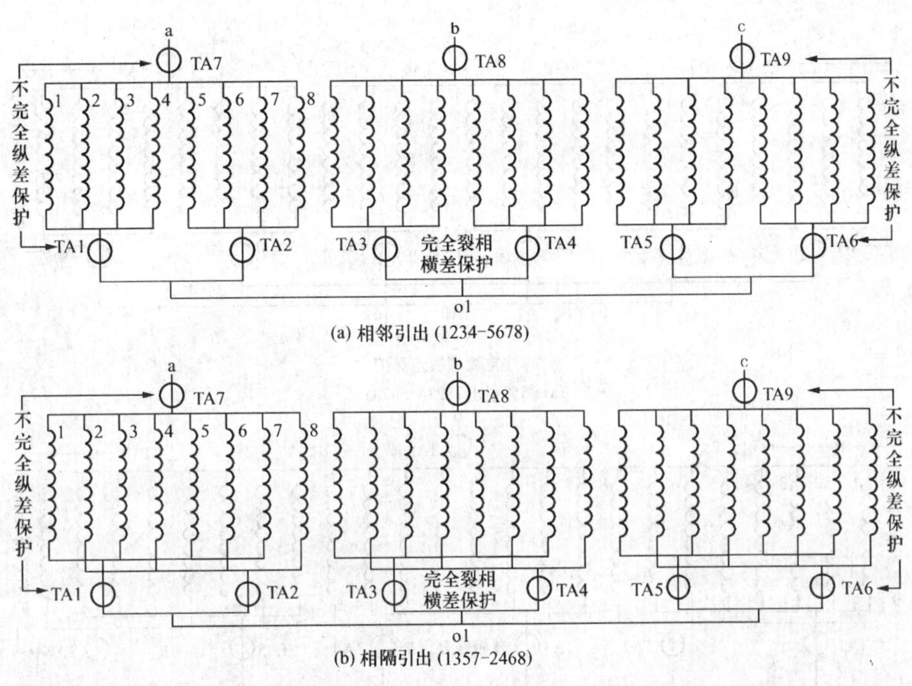

图 1-73　三峡右岸电站发电机主保护配置方案一

2. 方案二：发电机中性点侧引出 2 个中性点

方案二如图 1-74 所示，形成中性点 o1 和 o2，在 o1－o2 之间接一个 P 级电流互感器 TA0，在每相上装设分支 TPY 型电流互感器 TA1～TA6，并有机端电流互感器 TA7～TA9，以构成一套零序电流型横差保护、一套完全裂相横差保护和两套不完全纵差保护，即在方案一的基础上增设了一套零序电流型横差保护。方案二（代号 K01＋10＋242）的性能如表 1-76 所示。

表 1-76　　三峡右岸电站发电机同槽和端部故障时方案二的动作情况

故障类型	构成形式	几种主保护均不动作	只有 1 种主保护动作	2 种及以上主保护都动作
同槽故障数	K01＋10＋242_1234－5678	86（86）	44（60）	710（694）
	K01＋10＋242_1357－2468	48（48）	64（72）	728（720）
端部故障数	K01＋10＋242_1234－5678	660（660）	350（400）	14950（14900）
	K01＋10＋242_1357－2468	72（72）	200（288）	15688（15600）

吸取平班电站发电机主保护的设计经验[47]，将方案二中的两套不完全纵差保护替换为一套完全纵差保护（中性点侧相电流取自每相的 2 个分支 TA 电流之和），以形成“完全裂相横差保护＋完全纵差保护”的初步方案组合，中性点引出和分支 TA 的配置不变，其性能如表 1-76 中括号内数字所示。

3. 发电机中性点侧引出 3 个中性点（每相仍装设 2 个 TPY 型分支 TA）

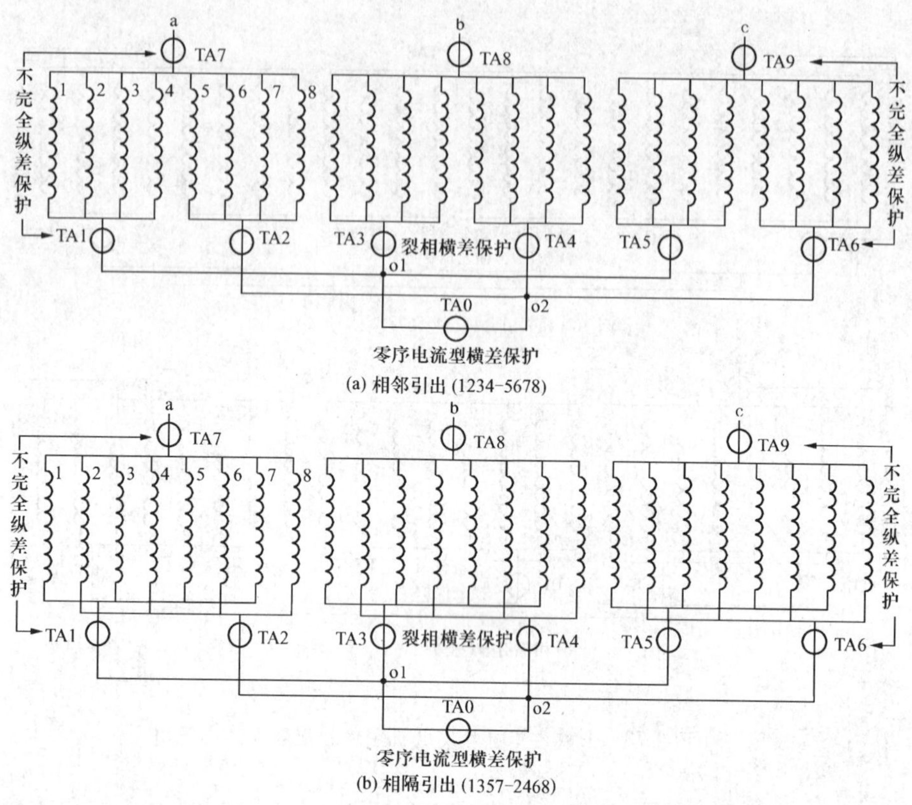

图 1-74　三峡右岸电站发电机主保护配置方案二

（1）方案三："3—2—3"中性点引出方式。

方案三如图 1-75 所示，将每相的第 1、4、7 分支接在一起，形成中性点 o1；将每相的 2、6 分支或第 3、5、8 分支接在一起，分别形成中性点 o2 或 o3。在 o1—o2、o2—o3 之间接两个 P 级电流互感器 TA01 和 TA02，在每相的 1、4、7 分支和 3、5、8 分支上装设分支 TPY 型电流互感器 TA1～TA6，并有机端电流互感器 TA7～TA9，以构成两套零序电流型横差保护、一套不完全裂相横差保护和两套不完全纵差保护。方案三（代号 K02 +11+232）的性能如表 1-77 所示。

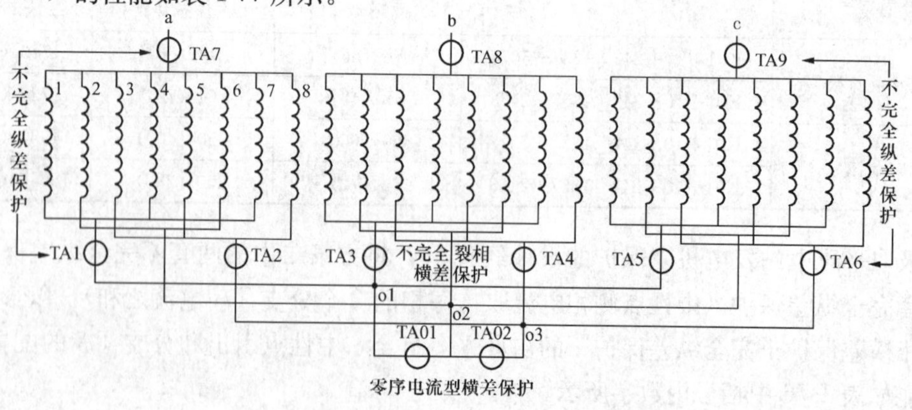

图 1-75　三峡右岸电站发电机主保护配置方案三

表 1-77　三峡右岸电站发电机同槽和端部故障时两套零序电流型横差保护＋一套不完全裂相横差保护＋两套不完全纵差保护的动作情况（方案三）

故障类型	构成形式	5种主保护均不动作	只有1种主保护动作	2种及以上主保护都动作
同槽故障数	K02＋11＋232_157－24－368	60	30	750
	K02＋11＋232_147－26－358	66	30	744
	K02＋11＋232_146－28－357	60	30	750
	K02＋11＋232_137－46－258	60	30	750
	K02＋11＋232_136－48－257	66	30	744
	K02＋11＋232_135－68－247	60	30	750
端部故障数	K02＋11＋232_157－24－368	105	68	15787
	K02＋11＋232_147－26－358	98	60	15802
	K02＋11＋232_146－28－357	105	68	15787
	K02＋11＋232_137－46－258	105	68	15787
	K02＋11＋232_136－48－257	98	60	15802
	K02＋11＋232_135－68－247	105	68	15787

（2）方案四："2－4－2"中性点引出方式。

方案四如图 1-76 所示，将每相的第 1、5 分支接在一起，形成中性点 o1；将每相的 2、4、6、8 分支或第 3、7 分支接在一起，分别形成中性点 o2 或 o3。在 o1－o2、o2－o3 之间接两个 P 级电流互感器 TA01 和 TA02，在每相的 1、5 分支和 3、7 分支上装设分支 TPY 型电流互感器 TA1～TA6，并有机端电流互感器 TA7～TA9，以构成两套零序电流型横差保护、一套不完全裂相横差保护和两套不完全纵差保护。方案四（代号 K02＋11＋222）的性能如表 1-78 所示。

表 1-78　三峡右岸电站发电机同槽和端部故障时两套零序电流型横差保护＋一套不完全裂相横差保护＋两套不完全纵差保护的动作情况（方案四）

故障类型	构成形式	5种主保护均不动作	只有1种主保护动作	2种及以上主保护都动作
同槽故障数	K02＋11＋222_13－2468－57	54	24	762
	K02＋11＋222_15－2468－37	48	12	780
	K02＋11＋222_17－2468－35	54	24	762
端部故障数	K02＋11＋222_13－2468－57	150	156	15654
	K02＋11＋222_15－2468－37	116	28	15816
	K02＋11＋222_17－2468－35	150	156	15654

4. 发电机中性点侧引出 3 个中性点（每相只装设 1 个 TPY 型分支 TA）

（1）方案五："3－2－3"中性点引出方式。

方案五如图 1-77 所示，将每相的第 1、4、7 分支接在一起，形成中性点 o1；将每相的 2、6 分支或第 3、5、8 分支接在一起，分别形成中性点 o2 或 o3。在 o1－o2、o2－o3

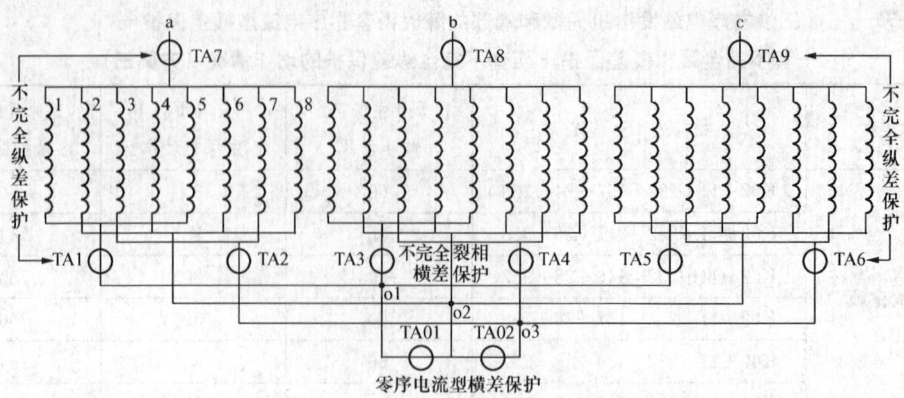

图 1-76 三峡右岸电站发电机主保护配置方案四

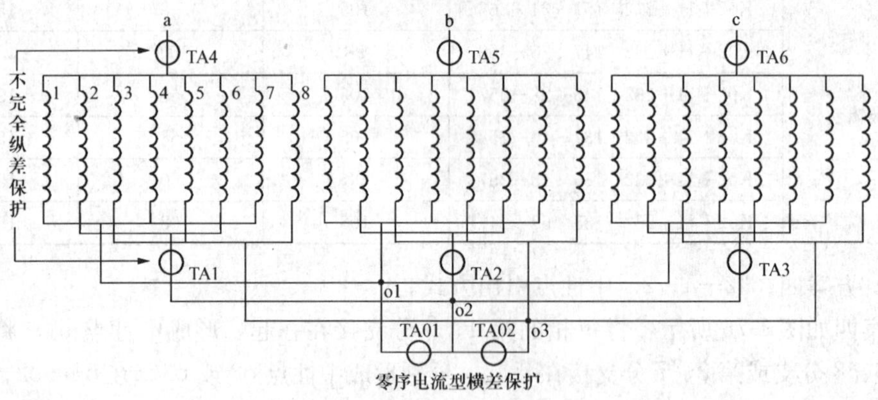

图 1-77 三峡右岸电站发电机主保护配置方案五

之间接两个 P 级电流互感器 TA01 和 TA02，在每相的 2、6 分支上装设分支 TPY 型电流互感器 TA1～TA3，并有机端电流互感器 TA4～TA6，以构成两套零序电流型横差保护和一套不完全纵差保护。方案五（代号 K02+22）的性能如表 1-79 所示。

表 1-79 三峡右岸电站发电机同槽和端部故障时两套零序电流型横差保护+一套不完全纵差保护的动作情况（方案五）

故障类型	构成形式	3 种主保护均不动作	只有 1 种主保护动作	2 种及以上主保护都动作
同槽故障数	K02+22_157—24—368_24	79	58	703
	K02+22_147—26—358_26	82	58	700
	K02+22_146—28—357_28	79	58	703
	K02+22_137—46—258_46	79	58	703
	K02+22_136—48—257_48	82	58	700
	K02+22_135—68—247_68	79	58	703
端部故障数	K02+22_157—24—368_24	252	1017	14691
	K02+22_147—26—358_26	246	960	14754
	K02+22_146—28—357_28	252	1017	14691
	K02+22_137—46—258_46	252	1017	14691
	K02+22_136—48—257_48	246	960	14754
	K02+22_135—68—247_68	252	1017	14691

(2) 方案六："2—4—2"中性点引出方式。

方案六如图1-78所示，将每相的第1、5分支接在一起，形成中性点o1；将每相的2、4、6、8分支或第3、7分支接在一起，分别形成中性点o2或o3。在o1—o2、o2—o3之间接两个P级电流互感器TA01和TA02，在每相的2、4、6、8分支上装设分支TPY电流互感器TA1～TA3，并有机端电流互感器TA4～TA6，以构成两套零序电流型横差保护和一套不完全纵差保护。方案六（代号K02+24）的性能如表1-80所示。

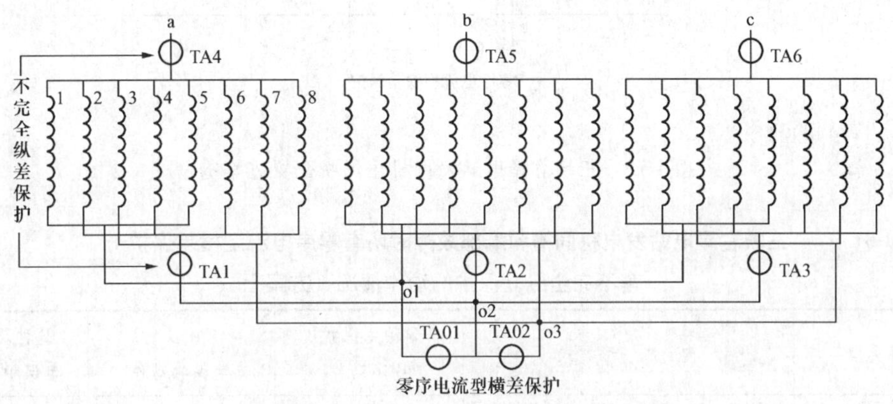

图1-78 三峡右岸电站发电机主保护配置方案六

表1-80 三峡右岸电站发电机同槽和端部故障时两套零序电流型横差保护+一套不完全纵差保护的动作情况（方案六）

故障类型	构成形式	3种主保护均不动作	只有1种主保护动作	2种及以上主保护都动作
同槽故障数	K02+24_13—2468—57_2468	102	56	682
	K02+24_15—2468—37_2468	96	48	696
	K02+24_17—2468—35_2468	102	56	682
端部故障数	K02+24_13—2468—57_2468	318	1350	14292
	K02+24_15—2468—37_2468	300	816	14844
	K02+24_17—2468—35_2468	318	1350	14292

(3) 方案七："3—2—3"中性点引出方式。

方案七如图1-79所示，将每相的第1、4、7分支接在一起，形成中性点o1；将每相的2、6分支或第3、5、8分支接在一起，分别形成中性点o2或o3。在o1—o2、o2—o3之间接两个P级电流互感器TA01和TA02，在每相的1、4、7分支（或3、5、8分支）上装设分支TPY型电流互感器TA1～TA3，并有机端电流互感器TA4～TA6，以构成两套零序电流型横差保护和一套不完全纵差保护。方案七（代号K02+23）的性能如表1-81所示。

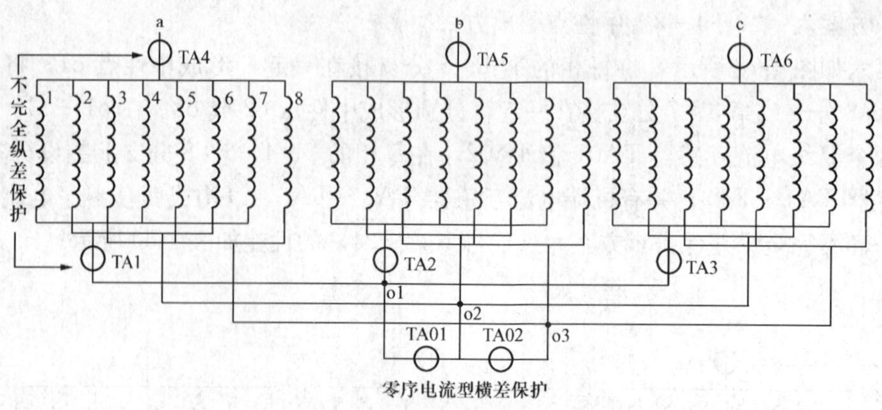

图 1-79　三峡右岸电站发电机主保护配置方案七

表 1-81　　三峡右岸电站发电机同槽和端部故障时两套零序电流型横差保护＋一套不完全纵差保护的动作情况（方案七）

故障类型	构　成　形　式	3种主保护均不动作	只有1种主保护动作	2种及以上主保护都动作
同槽故障数	K02＋23_157－24－368_157	93	50	697
	K02＋23_157－24－368_368	98	39	703
	K02＋23_147－26－358_147	101	34	705
	K02＋23_147－26－358_358	101	34	705
	K02＋23_146－28－357_146	98	39	703
	K02＋23_146－28－357_357	93	50	697
	K02＋23_137－46－258_137	93	50	697
	K02＋23_137－46－258_258	98	39	703
	K02＋23_136－48－257_136	101	34	705
	K02＋23_136－48－257_257	101	34	705
	K02＋23_135－68－247_135	93	50	697
	K02＋23_135－68－247_247	98	39	703
端部故障数	K02＋23_157－24－368_157	270	1223	14467
	K02＋23_157－24－368_368	238	1232	14490
	K02＋23_147－26－358_147	231	1239	14490
	K02＋23_147－26－358_358	231	1239	14490
	K02＋23_146－28－357_146	238	1232	14490
	K02＋23_146－28－357_357	270	1223	14467
	K02＋23_137－46－258_137	270	1223	14467
	K02＋23_137－46－258_258	238	1232	14490
	K02＋23_136－48－257_136	231	1239	14490
	K02＋23_136－48－257_257	231	1239	14490
	K02＋23_135－68－247_135	270	1223	14467
	K02＋23_135－68－247_247	238	1232	14490

（4）方案八："2－4－2"中性点引出方式。

方案八如图 1-80 所示，将每相的第 1、5 分支接在一起，形成中性点 o1；将每相的 2、4、6、8 分支或第 3、7 分支接在一起，分别形成中性点 o2 或 o3。在 o1－o2、o2－o3

之间接两个P级电流互感器TA01和TA02，在每相的1、5分支（或3、7分支）上装设分支TPY电流互感器TA1～TA3，并有机端电流互感器TA4～TA6，以构成两套零序电流型横差保护和一套不完全纵差保护。方案八（代号K02+22）的性能如表1-82所示。

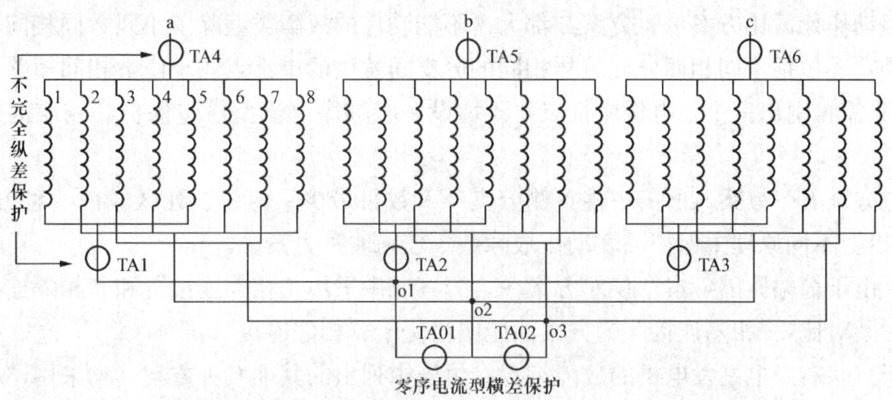

图1-80 三峡右岸电站发电机主保护配置方案八

表1-82 三峡右岸电站发电机同槽和端部故障时两套零序电流型横差＋一套不完全纵差保护的动作情况（方案八）

故障类型	构成形式	3种主保护均不动作	只有1种主保护动作	2种及以上主保护都动作
同槽故障数	K02+22_13−2468−57_13	89	88	663
	K02+22_13−2468−57_57	89	88	663
	K02+22_15−2468−37_15	90	108	642
	K02+22_15−2468−37_37	90	108	642
	K02+22_17−2468−35_17	89	88	663
	K02+22_17−2468−35_35	89	88	663
端部故障数	K02+22_13−2468−57_13	348	1894	13718
	K02+22_13−2468−57_57	348	1894	13718
	K02+22_15−2468−37_15	308	1460	14192
	K02+22_15−2468−37_37	308	1460	14192
	K02+22_17−2468−35_17	348	1894	13718
	K02+22_17−2468−35_35	348	1894	13718

5. 8种主保护配置方案的对比分析

上面立足于“完全/不完全裂相横差保护＋不完全纵差保护”构成的“一横一纵”的初步格局，对4种中性点侧引出方式和分支TA的配置共计8种主保护配置方案的性能进行了分析对比，从中可以看出：

（1）方案一和方案二的动作死区相同（0.71%，均为最小），不能动作的故障类型均为小匝数同相同分支匝间短路，即同槽故障中的1匝、2匝同相同分支匝间短路和端部故障中的1匝、2匝、3匝同相同分支匝间短路。

方案二的“两种及以上不同原理主保护灵敏动作故障数”要多于方案一，且只需增加一个小变比的5P级TA，相应的保护构成并不复杂。

(2) 方案三和方案四的“两种及以上不同原理主保护灵敏动作故障数”要多于前两种方案，但动作死区比方案一、方案二都大（不能动作的故障类型除了小匝数同相同分支匝间短路外，还包括不同相而分支编号相同的分支间发生的中性点侧小匝数相间短路，分析同前)，且需再引出一个发电机中性点，再增设一套零序电流型横差保护和相应的保护用TA。

(3) 方案五～方案八所需中性点侧分支TA数目最少，但保护死区较前4种方案大，“两种及以上不同原理主保护灵敏动作故障数”较前4种方案少。

(4) 由于篇幅原因，本章仅对方案一、方案二中采用“相邻连接”和“相隔连接”的性能进行了对比，“相隔连接”的方案性能明显优于“相邻连接”。

鉴于三峡右岸电站发电机的故障特点，报告中列出的其他6种方案（均采用“相隔连接”）的性能也要优于各自采用“相邻连接”或“相邻-相隔连接”的方案的性能。

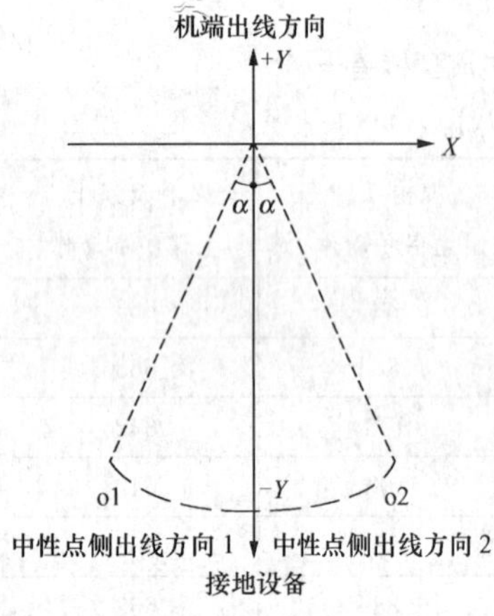

图1-81 发电机铜环引线布置示意图

进一步从电机设计的角度进行分析对比，方案一和方案二均需在发电机中性点侧引出6个出线端子，考虑到TPY型分支TA体积大，同相的两个分支TA布置困难，电机制造厂在布置多分支大型水轮发电机铜环引线时，通常在发电机中性点侧安排两个出线方向，以形成中性点o1和o2，如图1-81所示。

另外，若发电机中性点侧引出三个中性点，则将使中性点侧铜环布置过于复杂。

综合上述，推荐方案二作为三峡右岸电站发电机的主保护和TA配置方案［如图1-74（b）所示］，对该发电机实际可能发生的16800种内部故障，不能动作的故障数为120种（仅占0.71%），其中16416种（97.71%）内部故障有两种及以上不同原理的主保护灵敏动作。

在现有的图1-74（b）所示中性点引出和分支TA布置的基础上增设完全纵差保护，不需增加任何硬件投资，但因为方案二“只有1种主保护动作”的故障类型均为匝间短路，结论是不必增设完全纵差保护。

1.7.8 水轮发电机主保护配置方案定量化及优化设计规则的总结

对于水轮发电机而言，由于水头等因素的影响，即使是相同容量的发电机，其绕组形式的不同（分数槽波绕组、整数槽波绕组、分数槽叠绕组、整数槽叠绕组4种绕组形式均可能采用）导致实际可能发生的故障特点大相径庭，根本不能相互照搬主保护配置方案，从而也就使得水轮发电机主保护配置方案的设计呈现多样化，但又共同遵守一些基本的设计规则，具体是：

(1) 对于每相绕组分支数a为奇数的水轮发电机，可将其主保护配置方案的设计过程归纳为一个每相绕组 3 分支的水轮发电机主保护配置方案的设计。

1）$a=3$。

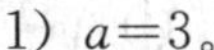

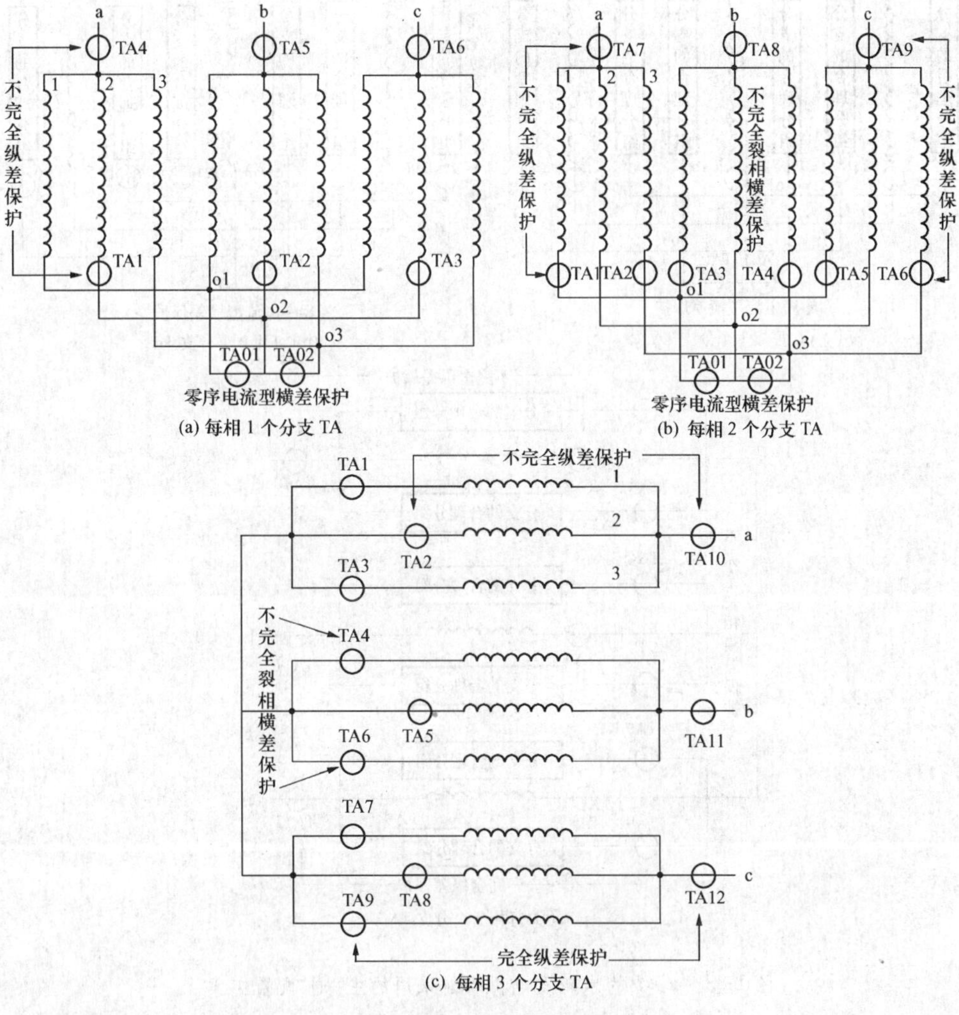

(a) 每相 1 个分支 TA　(b) 每相 2 个分支 TA

(c) 每相 3 个分支 TA

图 1-82　$a=3$ 的水轮发电机可能采用的主保护配置方案

对于每相绕组 3 分支的水轮发电机，其可能采用的主保护配置方案如图1-82所示，分支 TA 的数目从 1 变化到 3，“一横一纵”的初步方案组合可能为“零序电流型横差保护＋不完全纵差保护”或“裂相横差保护＋不完全纵差保护”。

2）$a\geqslant5$。

对于每相分支数大于或等于 5 的水轮发电机，其可能采用的主保护配置方案如图 1-83（a）～图 1-83（c）所示，立足于如何使用不完全裂相横差保护，即根据发电机实际可能发生的故障特点，舍弃每相绕组某一分支的同时实现对剩余偶数分支的合理分组（相邻或相隔方式）；根据已有“一横一纵”主保护配置方案的性能，再决定是否需要增设其他保护方案（充分利用已有的分支 TA 的信息资源），以形成最终的主保护配置方案。

（2）对于每相分支数 a 为偶数的水轮发电机，可将其主保护配置方案的设计过程归纳

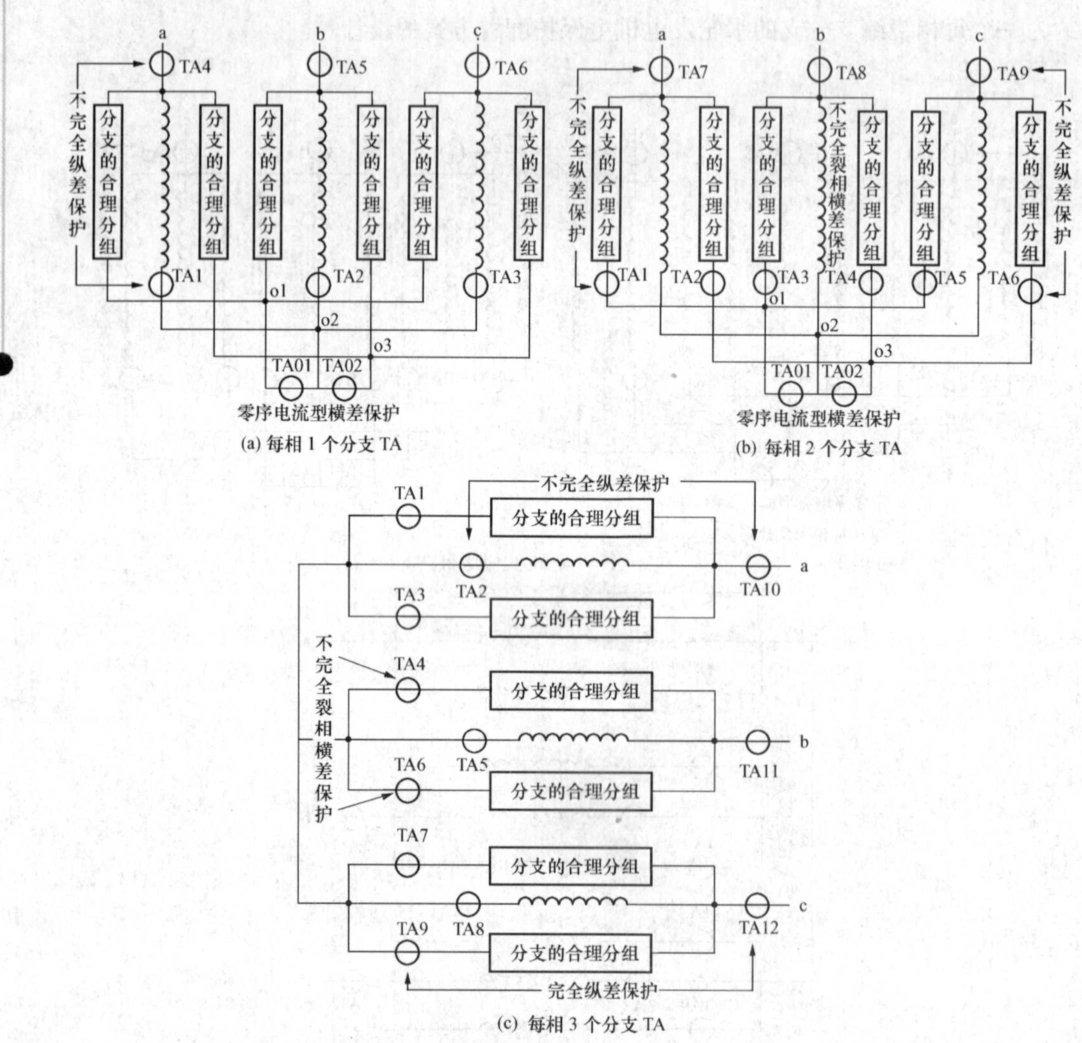

(a) 每相 1 个分支 TA
(b) 每相 2 个分支 TA
(c) 每相 3 个分支 TA

图 1-83　$a \geqslant 5$ 的水轮发电机可能采用的主保护配置方案

为一个每相绕组 2 分支的水轮发电机主保护配置方案的设计。

1）$a=2$。

对于每相绕组 2 分支的水轮发电机，其可能采用的主保护配置方案如图 1-84（a）～图 1-84（b）所示，“一横一纵”的初步方案组合可能为“裂相横差保护＋完全纵差保护”或“裂相横差保护＋不完全纵差保护”。

2）$a \geqslant 2n$（$n=2$，3，4，5）。

对于每相绕组分支数大于或等于 4 的水轮发电机，其可能采用的主保护配置方案如图 1-85（a）～图 1-85（c）所示，均是将每相绕组分支一分为二（根据发电机实际可能发生的故障特点来实现分支的合理分组），装设两个分支 TA，立足于使用完全裂相横差保护；由于微机保护信息资源共享，用于完全裂相横差保护的两个分支 TA 还可构成两套不完全纵差保护或一套完全纵差保护；根据现有“一横一纵”主保护配置方案的性能，再决定是

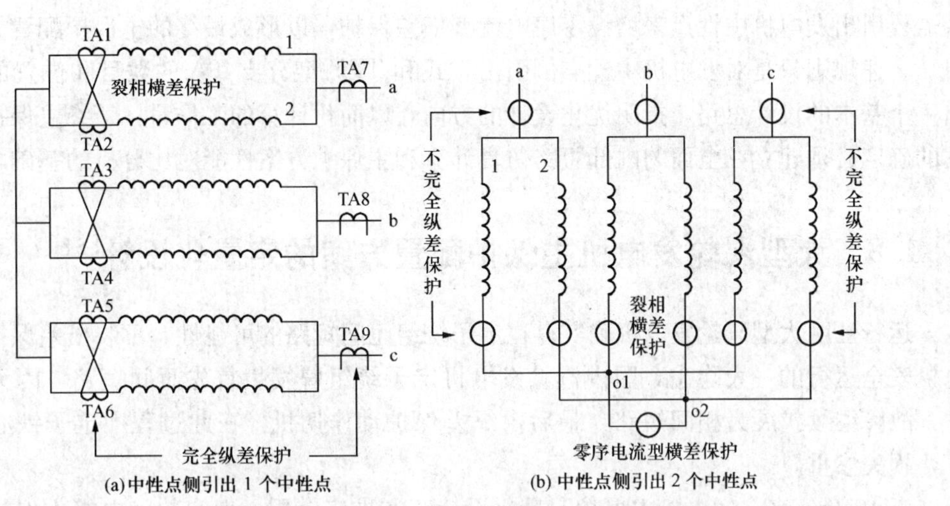

(a) 中性点侧引出 1 个中性点　(b) 中性点侧引出 2 个中性点

图 1-84　$a=2$ 的水轮发电机可能采用的主保护配置方案

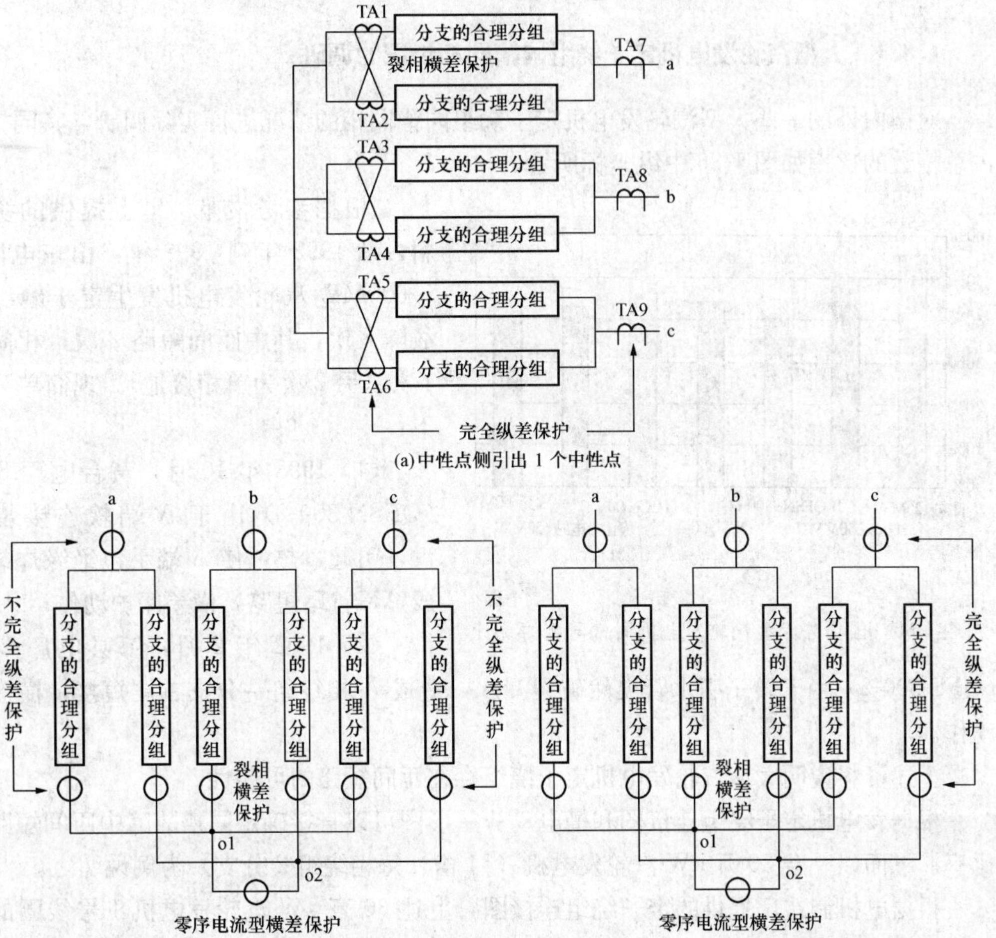

(a) 中性点侧引出 1 个中性点

(b) 中性点侧引出 2 个中性点并装设不完全纵差保护　(c) 中性点侧引出 2 个中性点并装设完全纵差保护

图 1-85　$a\geqslant 2n$ 发电机可能采用的主保护配置方案

否需要引出发电机中性点来增设零序电流型横差保护，以形成最终的主保护配置方案。

上述规则只是对发电机中性点侧引出方式和TPY型分支TA的数目和位置的确定提出一个基本的设计思路，指明优化设计的方向，以简化计算的工作量，最终主保护配置方案的确定必须建立在全面的内部短路仿真计算和主保护方案性能对比分析的基础之上。

1.8 大型汽轮发电机主保护配置方案的定量化设计[51]

运行证明大型汽轮发电机确实存在定子绕组匝间短路的可能性，不装横差保护将是发电机安全运行的一大隐患。国内汽轮发电机定子绕组曾发生首先匝间短路，因无横差保护，故障继续扩展为相间短路，最后由纵差保护动作切机，在此过程中定子铁心严重烧坏，损失惨重。

近10余年来，发电机主保护定量化设计正在推广应用，但汽轮发电机主保护配置方案仍处在原来定性化设计阶段，进展很小。

1.8.1 大型汽轮发电机定子绕组同槽同相情况的调研

对国内外的一些大型汽轮发电机定子绕组同槽同相的情况进行实际调研，其同槽同相占总槽数的比率如图1-86中纵坐标所示。

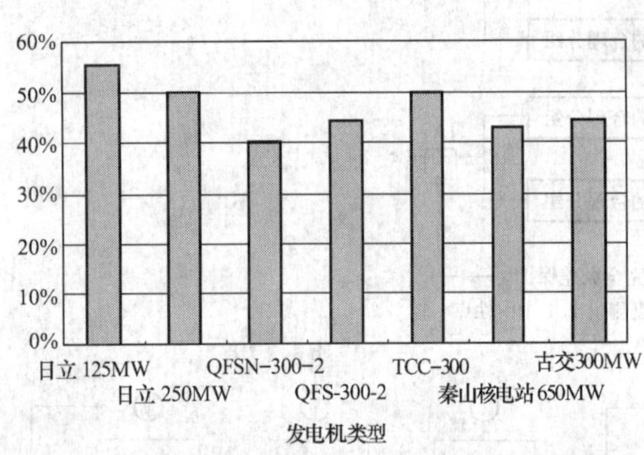

图1-86 国内外大型汽轮发电机同槽同相的统计

根据参考文献［52］提供的统计资料，从1992年到1999年，山东电网300～600MW汽轮发电机发生定子绝缘击穿故障8次，其中匝间短路2次，相间短路4次（另2次为单相接地）。现简单列举如下：

（1）1993年10月，黄台电厂8号机（QFSN-300-2）由于A端软连接装配错误，引起过热，使A端手包绝缘炸裂，造成AX首尾短路，横差保护动作；

（2）1992年2月，邹县电厂2号机（QFS-300-2）由于转子引水管突然破裂漏水，造成A相绕组一分支首尾短接，横差保护动作。

上述资料说明大型汽轮发电机定子绕组存在匝间短路的可能性。

根据发电机定子绕组连接图和槽电动势星形图可以直接确定同槽故障中匝间短路所占比率。下面以一台30万kW汽轮发电机（54槽，每相绕组2分支）为例说明之。

根据电机制造厂提供的定子绕组连接图，上述30万kW汽轮发电机1号线圈的上层线棒与33号线圈的下层线棒同在1号槽中（定子绕组的节距为22槽），由于1号槽中的层间绝缘被破坏而导致同槽故障的发生；从图1-87所示的槽电动势星形图可以看出，1号线圈属于A相带，33号线圈属于X相带，从而使得上述同槽故障属于同相匝间短路。

同上所述，从槽电动势星形图可以看出，2、3、4号线圈的上层线棒与34、35、36号线圈的下层线棒由于同槽而发生的短路属于同相匝间短路；而5、6、7、8、9号线圈的上层线棒与37、38、39、40、41号线圈的下层线棒，由于同槽而发生的短路属于相间短路（5、6、7、8、9号线圈在A相带，37、38、39、40、41号线圈在C相带），这样a1支路可能发生的9种同槽故障中属于匝间短路的有4种，属于相间短路的有5种，其他支路的情况也一样。所以，在54种同槽故障中匝间短路占了44.4%，相间短路占了55.6%。

下面再以最常见的每相两分支的汽轮发电机为例，从电机设计的角度进一步分析大型汽轮发电机存在匝间短路的可能（每极下某相带的q个线圈相串联组成该相的一个支路）。

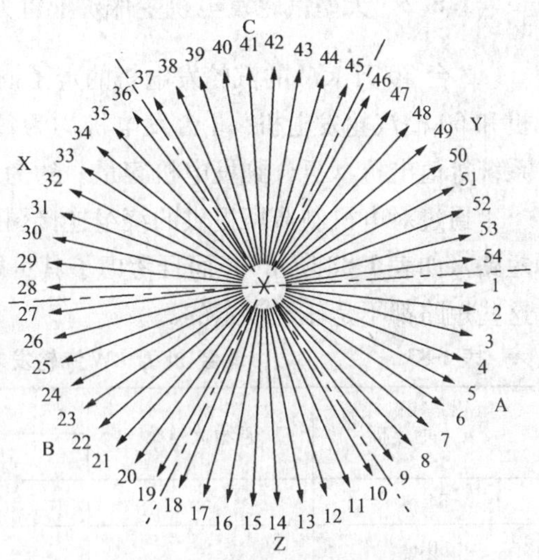

图1-87　54槽汽轮发电机槽电动势星形图

由于三相绕组采用Y形或△形连接，线电压中已经消除了3次及3的倍数次谐波，所以在选择绕组节距时主要考虑同时削弱5、7次谐波电动势，故通常采用$y_1 \approx \frac{5}{6}\tau$。根据上述同槽故障的定义可知，某一线圈的上层边应与领先其约150°电角度的线圈的下层边由于层间绝缘被破坏而发生短路；由于每一相带宽度为60°电角度，所以能够发生同槽故障的两个线圈肯定不在同一相带内，也就是不属于同一分支。因此，$a=2$的大型汽轮发电机同槽故障中不存在同相同分支匝间短路。而且根据发电机已知参数，可以很方便地计算出同槽故障中同相不同分支匝间短路和相间短路各自所占比率。

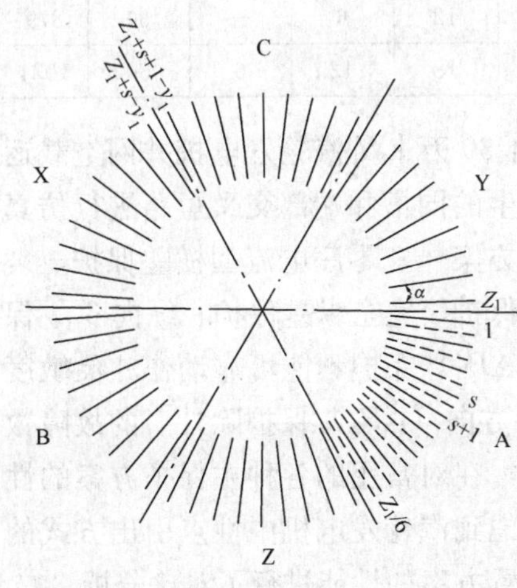

图1-88　整数槽叠绕组的分布图

如图1-88所示，假定在第s号槽中发生的同槽故障还属于同相不同分支匝间短路，在第$s+1$号槽中发生的同槽故障就已属于相间短路，即属于X相带的第Z_1+s-y_1号线圈的下层边（用虚线表示）在s号槽中，而相邻的第$Z_1+s+1-y_1$号线圈属于C相带，其下层边在$s+1$号槽中。所以下列等式应成立：$\frac{y_1}{Z_1/2} \times 180° - 120° - s \times \frac{360°}{Z_1} = 0 (\tau = Z_1/2P = Z_1/2)$，即$s = y_1 - \frac{Z_1}{3}$。因此，同槽故障中同相不同分支匝间短路所占比率为$\frac{y_1 - Z_1/3}{Z_1/6}$，相间短路所占比率为

$\frac{Z_1/2-y_1}{Z_1/6}$。

仍以上述54槽汽轮发电机为例进行说明。由于其定子槽数 $Z_1=54$，$y_1=22$，按照上述推导，同槽故障中同相不同分支匝间短路所占比率应为$\frac{22-54/3}{54/6}=\frac{4}{9}$，相间短路所占比率应为$\frac{54/2-22}{54/6}=\frac{5}{9}$，与前面的分析结果相一致，从而证明了上述分析的正确性。

1.8.2 大型汽轮发电机主保护配置方案的定量化设计

2台30万kW的汽轮发电机的定子槽数分别为54槽和60槽，简称为54槽汽轮发电机和60槽汽轮发电机。2台发电机均为每相两分支，其他电气参数从略。升压变压器和系统等值电抗（折合到发电机容量）约为0.2（标么值）。

通过对电机制造厂提供的绕组连接图的分析，不仅考虑了发电机实际可能发生的同槽短路（如表1-83所示），而且考虑了其可能发生的端部交叉短路（如表1-84所示），所有这些短路都不是任意设定的。

表1-83　2台30万kW汽轮发电机实际可能发生的同槽短路

发电机	同槽故障数	匝间短路		相间短路
		同相同分支	同相不同分支	
54槽	54	0	24	30
60槽	60	0	24	36

表1-84　2台30万kW汽轮发电机实际可能发生的端部交叉短路

发电机	端部故障数	匝间短路									相间短路
		同相同分支								同相不同分支	
		1匝	2匝	3匝	4匝	5匝	6匝	7匝	8匝		
54槽	1077	42	36	30	24	18	12	6	—	30	879
60槽	1317	48	42	36	30	24	18	12	6	30	1071

与前面水轮发电机的做法相类似，首先对上述2台30万kW汽轮发电机并网空载运行方式下所有实际可能发生的同槽和端部交叉短路进行仿真计算，然后对各种主保护方案——零序电流型横差保护、裂相横差保护、不完全纵差保护、完全纵差保护、纵向 $3U_0$ 保护和故障分量负序方向（ΔP_2）保护不能可靠动作［灵敏度 $K_{sen}<1.5$，故障分量负序方向（ΔP_2）保护除外］的故障数及其性质进行了统计分析；在对常用的各种主保护方案的性能清楚认识的基础上，考虑到汽轮发电机中性点引出方式的不同，对相应的主保护配置方案的性能进行了对比分析。

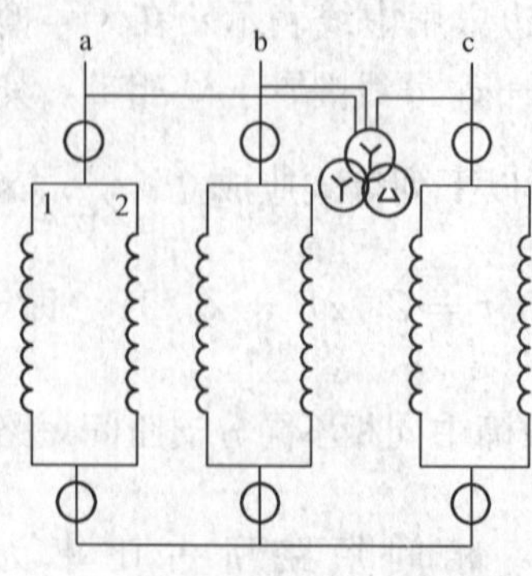

图1-89　汽轮发电机中性点侧只引出1个中性点

一、发电机中性点侧只引出1个中性点

如图1-89所示（一块屏），由于发电机中性点侧只引出

3个相引出端和1个中性点，无法装设横差保护和不完全纵差保护。为给发电机实际可能发生的匝间短路提供保护，可以装设纵向 $3U_0$ 保护和 ΔP_2 保护，其保护性能如表1-85、表1-86所示。

由于上述两种主保护方案均存在不足，且纵向 $3U_0$ 保护的选择性较差，而 ΔP_2 保护在发电机并网前又将失去保护作用，故图1-89所示的发电机中性点侧引出方式对主保护而言不是理想的，但它反映了现实的主要情况。

表1-85　54槽汽轮发电机并网空载时对于同槽和端部交叉短路各种主保护配置方案的动作情况

故障类型	主保护配置方案的构成形式	几种主保护均不动作	只有1种主保护动作	2种及以上主保护都动作
54种同槽短路	K3-4-5（$0.01S_N$）	0	12	42（77.8%）
	K0-3	0	24	30（55.6%）
	K0-21L	0	0	54（100%）
	K0-21R	0	0	54（100%）
	K1-21L	0	0	54（100%）
	K1-21R	0	0	54（100%）
1077种端部短路	K3-4-5（$0.01S_N$）	0	66	1011（93.9%）
	K0-3	0	249	828（76.9%）
	K0-21L	0	51	1026（95.3%）
	K0-21R	0	51	1026（95.3%）
	K1-21L	0	3	1074（99.7%）
	K1-21R	0	3	1074（99.7%）

注　代号“0、1、21L、21R、3、4、5”分别表示零序电流型横差（即单元件横差）、裂相横差、每相第1分支或第2分支接入的不完全纵差、完全纵差、纵向 $3U_0$、故障分量负序方向保护，K0-21L表示零序电流型横差保护和每相第1分支接入的不完全纵差保护的组合。

表1-86　60槽汽轮发电机并网空载时对于同槽和端部交叉短路各种主保护配置方案的动作情况

故障类型	主保护配置方案的构成形式	几种主保护均不动作	只有1种主保护动作	2种及以上主保护都动作
60种同槽短路	K3-4-5（$0.01S_N$）	0	12	48（80%）
	K0-3	0	24	36（60%）
	K0-21L	0	0	60（100%）
	K0-21R	0	0	60（100%）
	K1-21L	0	0	60（100%）
	K1-21R	0	0	60（100%）
1317种端部短路	K3-4-5（$0.01S_N$）	6	81	1230（93.4%）
	K0-3	0	303	1014（77%）
	K0-21L	0	57	1260（95.7%）
	K0-21R	0	57	1260（95.7%）
	K1-21L	0	3	1314（99.8%）
	K1-21R	0	3	1314（99.8%）

注　同表1-85。

二、发电机引出2个中性点（但未装设分支TA）

如图1-90所示，国外引进的部分发电机中性点侧引出2个中性点，但未装分支TA，完全纵差保护用的两侧 TA 不同型，且由于完全纵差保护不反应匝间短路，使得该主保护配置方案中“两种主保护灵敏动作的故障数”偏少。

三、发电机引出 2 个中性点（装设 6 个分支 TA）

如图 1-91 所示，发电机中性点侧引出 2 个中性点且装设了分支 TA，可以装设零序电流型横差和不完全纵差保护，该主保护配置方案简单且性能优良，没有不能动作的故障、“两种主保护都能灵敏动作的故障”所占比率很高，如表 1-85、表 1-86 所示。

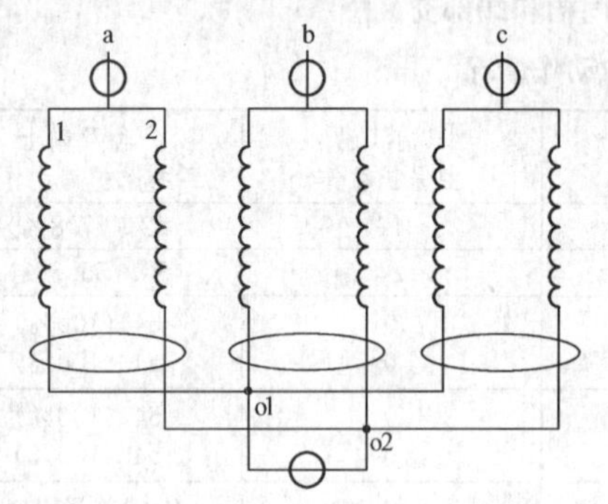

图 1-90　发电机中性点侧引出 2 个中性点（未装设分支 TA）

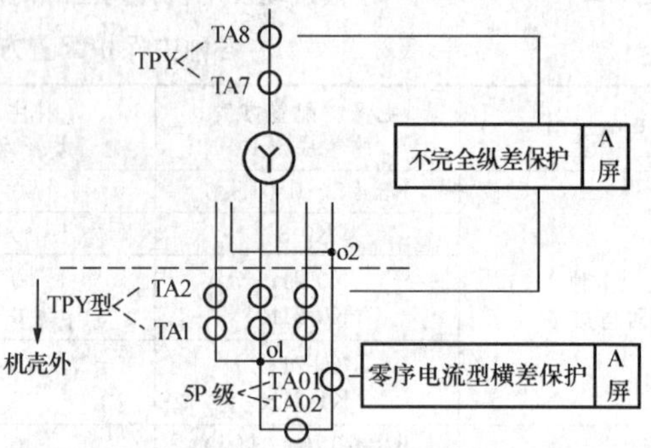

图 1-91　汽轮发电机中性点侧引出 4 个端子（装设了 6 个分支 TA）

四、发电机引出 2 个中性点（装设 12 个分支 TA）

从表 1-85、表 1-86 可以看出，裂相横差保护和不完全纵差保护组合的性能最好，但要求发电机中性点侧装设 12 个分支 TA（5P 级），如图 1-92 所示，以满足装设裂相横差保护和双屏配置的要求。

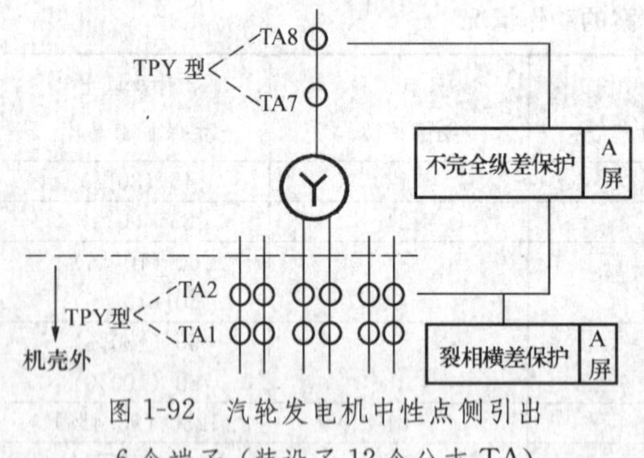

图 1-92　汽轮发电机中性点侧引出 6 个端子（装设了 12 个分支 TA）

从上面的分析可以看出：

（1）大型汽轮发电机存在匝间短路的可能，不装设匝间短路保护将给发电机的安全运行带来严重隐患。

（2）通过 2 台不同型号的 30 万 kW 汽轮发电机主保护配置方案的定量化设计，说明应争取在发电机中性点侧引出 6 或 4 个端子并装设分支 TA，为采用零序电流型横差保护、不完全纵差保护或裂相横差保护创造条件。

（3）对 30 万 kW 及以上的大型汽轮发电机，若采用每相中性点装设 1 个 TPY 型 TA，则只能装设 1 套完全纵差保护，可以实现 A、B 屏的双重化配置，但不能采用零序电流横差保护、不完全纵差保护和裂相横差保护的主保护配置方案。这是目前大型汽轮发电机中性点侧只引出 3 相和 1 个中性点的主保护配置方案的主要形式。

1.9 加强主保护，简化后备保护[53]

如图 1-93（a）所示，在机端装设 0°接线方式的阻抗继电器，保护对象为三峡左岸电站 ABB 发电机和 VGS 发电机。

当发电机发生内部相间或匝间短路时，机端阻抗继电器的测量阻抗（标么值）$\frac{\dot{U}_a-\dot{U}_b}{\dot{I}_a-\dot{I}_b}$、$\frac{\dot{U}_b-\dot{U}_c}{\dot{I}_b-\dot{I}_c}$、$\frac{\dot{U}_c-\dot{U}_a}{\dot{I}_c-\dot{I}_a}$中的最小值以“Δ”表示在阻抗平面上。图 1-93（b）中圆 2 以 $X''_d=0.20$ 为半径，图 1-93（c）中圆 2 以 $X''_d=0.245$ 为半径；圆 1 以正常运行负荷阻抗为半径。图 1-93 告诉我们，发电机内部相间或匝间短路，机端阻抗继电器测量阻抗绝大部分落在以 X''_d 为半径的圆外，即后备阻抗保护将误判为短路在离发电机很远的地方，保护不能正确动作。

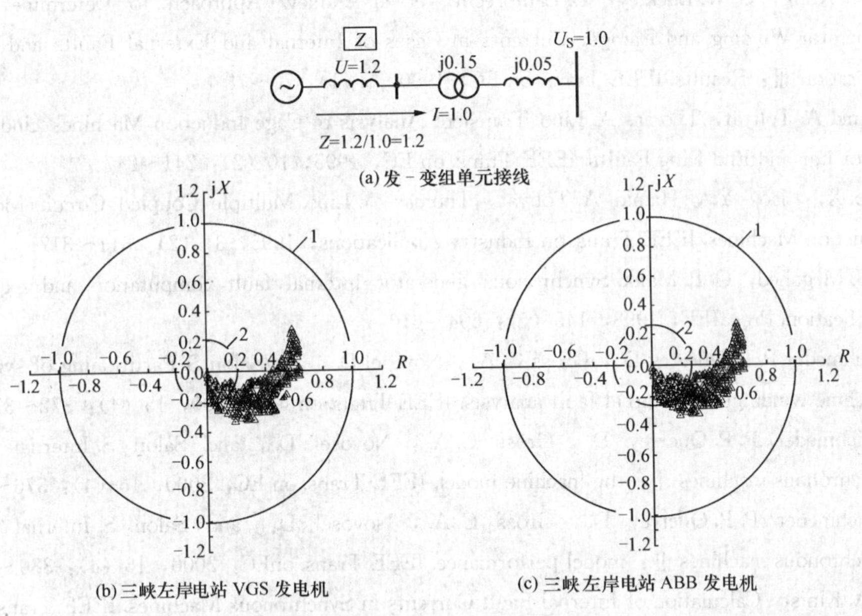

图 1-93 三峡左岸电站 VGS 发电机和 ABB 发电机机端阻抗保护的测量阻抗在阻抗平面上的分布

通过发电机主保护配置方案的定量化设计，对主保护配置方案的死区及故障类型（主要是小匝数同相同分支匝间短路）已一清二楚，后备阻抗保护对它不能反应；对于主保护方案能够灵敏动作的故障，后备阻抗保护在灵敏度和选择性上又远不及上述主保护方案，所以说后备阻抗保护在技术性能上“没有资格”充当发电机绕组内部短路的近后备保护。

近几年保护装置运行情况表明，发电机、变压器各种后备保护的正确动作率比较低，如低阻抗保护，有时正确动作率仅 30%。为此应坚持“加强主保护，简化后备保护”的原则，实践也表明，这是一条简明实用的原则，兼顾了保护可靠性和安全性的要求。

参考文献

[1] 高景德，王祥珩，李发海．交流电机及其系统的分析．北京：清华大学出版社，1993

[2] 高景德，王祥珩．交流电机的多回路理论．清华大学学报，1987，27（1）：1～8

[3] 王祥珩，高景德，金启玫．凸极同步电机回路参数的计算．清华大学学报，1987，27（1）：9～19

[4] 王祥珩．多支路同步电机无载时定子内部故障的分析方法．中国电机工程学报，1987，7（5）：1～11

[5] 张龙照，王祥珩，高景德．同步电机定子绕组不对称状态分析方法-Ⅰ．基本方程和分析方法．中国科学A辑，1990，12：1329～1335

[6] 张龙照，王祥珩，高景德．同步电机定子绕组不对称状态分析方法-Ⅱ．参数的计算方法．中国科学A辑，1991，1：84～88

[7] T. S. Kulig，G. W. Buckley，D. Lambrecht，et al. A New Approach to Determine Transient Generator Winding and Damper Currents in Cases of Internal and External Faults and Abnormal Operation-Ⅲ：Results. IEEE Trans. on EC，1990，5（1）：70～78

[8] Hamid A. Toliyat，Thomas A. Lipo. Transient Analysis of Cage Induction Machines Under Stator, Rotor Bar and End Ring Faults. IEEE Trans. on EC，1995，10（2）：241～247

[9] Luo. X，Liao，Y.，Hamid A. Toliyat，Thomas A. Lipo. Multiple Coupled Circuit Modeling of Induction Machines. IEEE Trans. on Industry Applications，1995，31（2）：311～317

[10] A. I. Megahed，O. P. Malik. Synchronous generator internal fault computation and experimental verification. Proc. IEE，1998，145（5）：604～610

[11] Reichmeder P. P. Querrey D.，Gross C. A.，Novosel D.，and Salon S. Partitioning of synchronous machine windings for internal fault analysis. IEEE Trans. on EC，2000，15（4）：372～375

[12] Reichmeder P. P. Querrey D.，Gross C. A.，Novosel D.，and Salon S. Internal faults in synchronous machines-Ⅰ：the machine model. IEEE Trans. on EC，2000，15（4）：376～379

[13] Reichmeder P. P. Querrey D.，Gross C. A.，Novosel D.，and Salon S. Internal faults in synchronous machines-Ⅱ：model performance. IEEE Trans. onEC，2000，15（4）：380～383

[14] V. A. Kinisty. Calculation of Internal Fault Currents in Synchronous Machines. IEEE Trans. onPAS，1965，84（5）：381～389

[15] V. A. Kinisty. Digital Computer Calculation of Internal Fault Currents in a Synchronous Machine. IEEE Trans. on PAS，1968，87（8）：1675～1679

[16] 何仰赞．同步电机的内部短路计算．华中工学院学报，1978，36（1）：140～151

[17] 侯煦光，杨顺义．发电机匝间短路计算．电站设备自动化，1979（1）

[18] M. A. Laughton. Analysis of Unbalanced Polyphase Networks by the Method of Phase coordinates-Ⅱ：Fault Analysis. PIEE，1969，116（5）：857～865

[19] Samaha-Fahmy，Barton. Harmonics Effects in Rotating Electric Machines. IEEE Trans. on PAS，1974，93（4）：1173～1176

[20] A. Brameller，R. S. Pandy. General Fault Analysis Using Phase Frame of Reference. PIEE，1974，121（5）：366～368

[21] 张龙照，王祥珩，高景德．大型水轮发电机定子绕组内部故障计算的简化方法，电工技术学报，1991，6（2）：1～5

[22] X. H. Wang，Y. G. Sun，B. Ouyang，W. J. Wang，Z. Q. Zhu and D. Howe. Transient behavior of salient-pole synchronous machines with internal stator winding faults. IEE proc. -Electr. Power Appl.，2002，149（2）：143～151

[23] Xiangheng Wang，Songlin Chen，Weijian Wang，Yuguang Sun and Longya Xu. A Study of Armature Winding Internal Faults for Turbogenerators. IEEE Trans. on IA，2002，38（3）：625～631

[24] 孙宇光，王祥珩，欧阳蓓等．凸极同步发电机定子绕组内部故障的瞬态计算及有关保护方案的分析．电工技术学报，2001，16（1）：3～8

[25] 陈松林，王祥珩，王维俭等．汽轮发电机定子绕组内部故障的参数计算和仿真．清华大学学报，2000，40（3）：36～39

[26] 孙宇光，王祥珩，桂林等．三峡发电机定子绕组内部故障暂态仿真计算．电力系统自动化，2002，26（16）：56～61

[27] 屠黎明，胡敏强．用有限元法计算分数槽绕组水轮发电机的回路参数．东南大学学报，1999，29（4）：136～140

[28] 屠黎明，胡敏强．汽发发电机内部故障回路电气参数的计算方法．电力系统自动化，2001，25（16）：22～25

[29] 王艳，胡敏强．大型凸极同步发电机定子绕组内部故障瞬态仿真．电力系统自动化，2002，26（16）：34～38

[30] 肖仕武，屠黎明，苏毅等．凸极同步发电机定子绕组内部故障暂态仿真及试验验证．电力系统自动化，2003，27（18）：52～56

[31] 肖仕武，刘万顺，屠黎明等．同步发电机定子内部故障暂态过程及对保护的影响．电力系统自动化，2003，27（23）：63～66

[32] Silvio Ikuyo Nabeta，Albert Foggia，Jean-Louis Coulomb，et al. Atime-stepped finite-element simulation of a symmetricl short-circuit in a synchronous machine. IEEE Trans. on Magnetics，1994，30（5）：3683～3686

[33] Silvio Ikuyo Nabeta，Albert Foggia，Jean-Louis Coulomb，et al. A non-linear time-stepped finite-element simulation of a symmetricl short-circuit in a synchronous machine. IEEE Trans. on Magnetics，1995，31（3）：2040～2043

[34] J. P. Sturgess，M. Zhu，D. C. Macdonald. Finite-element simulation of a generator on load during and a fter a three-phase fault. IEEE Trans. on EC，1992，7（4）：787～793

[35] 王善铭，王祥珩，李义翔等．交直流混合供电同步发电机空载电压波形的计算．清华大学学报（自然科学版），2001，41（4/5）：155～158

[36] 王善铭，王祥珩，李义翔等．交直流混合供电同步发电机稳态性能的仿真．清华大学学报（自然科学版），2001，41（9）：22～25

[37] 王善铭，王祥珩，李义翔等．交直流混合供电同步发电机暂态性能的研究．电工电能新技术，2001，20（2）：16～19

[38] 孙宇光，王祥珩，桂林等．场路耦合法计算同步发电机定子绕组内部故障的暂态过程．中国电机工程学报，2004，24（1）：136～141

[39] 王维俭. 电气主设备继电保护原理与应用. 第 2 版. 北京：中国电力出版社，2002

[40] 桂林，王祥珩，孙宇光等. 大型发电机主保护配置方案的优化设计. 清华大学学报，2005，45 (1)：141～144

[41] 诸嘉慧，袁新枚，邱阿瑞等. 大型水轮发电机转子偏心对单元件横差保护影响的分析. 2005，29 (11)：45～48

[42] 王维俭，桂林，王祥珩. 三峡电站不完全裂相横差保护的灵敏度分析. 电力自动化设备，2001，21 (4)：1～5、45

[43] 李德佳，袁宇波. 数字式比率制动发电机纵差保护的制动特性分析. 继电器，2005，33 (11)：40～44

[44] 傅自清，陈文学. 大型汽轮发电机定子匝间保护及中性点引出方式探讨. 电力系统自动化，2000，24 (10)：63～66

[45] 王维俭，桂林，王祥珩. 论大型发电机微机主保护设计的科学性. 电力自动化设备，2002，22 (2)：1～7

[46] 王维俭，桂林，王祥珩等. 大型水轮发电机微机型主保护设计方法再商榷. 继电器，2002，30 (9)：1～6

[47] 桂林，王祥珩，孙宇光等. 大中型发电机主保护方案和配置的定量化设计—发电机内部短路仿真软件的应用. 电力系统自动化，2003，27 (24)：50～55

[48] 王维俭，孙宇光，王祥珩等. 规范大型发电机主保护设计的方法. 继电器，2003，31 (1)：1～11

[49] 桂林，孙宇光，王祥珩等. 发电机内部短路保护用“计算软件”的应用实例. 水电自动化与大坝监测，2003，27 (6)：33～40

[50] 桂林，王维俭，孙宇光等. 大中型发电机主保护配置方案定量化及优化设计的重要性. 电力自动化设备，2004，24 (10)：1～6

[51] 桂林，王祥珩，王剑等. 大型汽轮发电机绕组同槽同相调查及保护方案定量化设计. 电力系统自动化，2004，28 (17)：75～79

[52] 高波，300MW 汽轮发电机故障分析及对策. 华东电力，1998 年第 8 期：1～4

[53] 王维俭，桂林，唐起超. 主设备后备阻抗保护反应绕组短路的灵敏性分析. 电力自动化设备，2003，23 (9)：1～5

第 2 章

大型发电机中性点接地方式的研讨

2.1 概述

大型发电机中性点接地方式在欧美以经配电变压器高阻接地为主，在原苏联和我国的大型水轮发电机习惯采用消弧线圈接地，不同接地方式的技术评估，历来是一个争论的问题。本章将全面论证它们的优缺点，并针对三峡电站发电机的中性点接地方式提出严谨的科学观点。

2.1.1 大型发电机中性点基本的接地方式

随着发电机单机容量不断增大，人们对发电机安全运行的要求也越来越高。发电机中性点接地方式的选择是涉及安全运行的一个重要方面。发电机中性点的接地方式，按照其发展的历程大体可划分为[1]：

（1）直接接地；

（2）经低阻抗接地；

（3）不接地或经电压互感器接地；

（4）经高阻接地；

（5）经消弧线圈（又称谐振）接地。

对于上述的（1）、（2）两种接地方式，若发电机定子绕组发生单相接地故障，相当于定子绕组匝间故障，故障电流往往很大，即使继电保护能够快速动作，也不能避免发电机的内部损伤。对于第（3）种接地方式，当发电机定子绕组发生单相接地故障时，间歇性的接地电弧可能引起定子绕组对地之间积累性的电压升高，威胁非故障相的定子绕组绝缘。

基于上述的原因，现今世界各国的大型机组中性点接地方式多采用上述的（4）、（5）两种接地方式。它们成为大型发电机中性点最基本的两种接地方式。其中，高阻接地方式包括：①直接经高电阻接地；②经单相或三相配电变压器（其低压侧接电阻）接地。而消弧线圈接地方式包括：①可调电感接地；②固定电感（经配电变压器加电抗器）接地。后续的分析中我们可以知道这两种接地方式各有优缺点。

2.1.2 国内外大型发电机中性点接地方式的基本状况

1988 年国际大电网会议（CIGRE）第 23 专业委员会第 6 工作组（SC23-06）发表了一份重要的报告[2]。这份报告征询了 17 个国家（包括澳大利亚、加拿大、法国、美国等）、33 家电力公司关于“发电机、发电机升压变压器中性点接地方式”的现状，其中统计了 1975 年以来投入运行的单组容量为 50～1640MVA 的 754 个大中型发电机组。征询结果显示[2]：

（1）有 53%选择了经配电变压器高阻接地，其中 256 个机组为经单相配电变压器电阻接地，140 个机组采用经 Y，d 接线的三相配电变压器电阻接地。

（2）15 家公司的 154（约 20%）个机组为直接经高电阻接地。

（3）两家公司的 106 个机组采用了经低电阻接地方式，占 14%。值得注意的是，虽然是低阻接地方式，但定子绕组单相接地故障电流已指明限制到 20～30A，也就是说与高阻接地方式相近。

（4）7 家公司的 77 个机组中性点没有接地，但是发电机组的三相出口处均接了副边为开口三角的 Y，d 接线的配电变压器，其原边中性点接地，副边开口三角接电阻，并且接地。这实际是一种经过变化的中性点接地方式。

（5）有 3 家公司的 17 台机组选择了经消弧线圈接地方式，所占比例非常小。

注意，上述的一些接地方式，比如（3）、（4），多用在中小型机组上，大型机组已不采用。另外，经消弧线圈接地方式的应用非常少。

这之后的十几年来，未见有此类的统计。对于这个统计结果，文献［1］明确指出该报告“无论是没有进行征询，还是没有得到回复，其中缺少中国和原苏联等国家的有关资料”，而当时这些国家的绝大多数大型发电机采用了经消弧线圈接地方式。也就是说，这份征询报告未能全面地反映客观情况。

另外，值得一提的是，美国 New England 系统的发电机多年来一直采用经消弧线圈接地方式[3]，积累了丰富的运行经验。虽然经历过单相接地故障，但由于消弧线圈可以补偿系统电容电流，使得故障电流很小，因此没有发生一次烧毁定子铁心的事故。

再看国内的情况。我国早年学习原苏联，大型水轮发电机中性点绝大多数是经消弧线圈接地，并积累了丰富的运行经验，而美国、加拿大、法国等国家则多采用经高阻接地方式。我国现有的 50MW 以上的水轮发电机，中性点经消弧线圈接地的运行经验已有 50 多年；20 世纪 60 年代末、70 年代初丹江口水电站 6 台 150MW 水轮发电机均采用经消弧线圈接地方式；20 世纪 80 年代葛洲坝电站 19 台 125MW 和 2 台 170MW 水轮发电机也都采用经消弧线圈接地方式。但是，在这之后，我国又逐渐向美国等西方国家学习，国产大型机组以及引进国外的大型机组大多改为经配电变压器高阻接地方式。

以湖北省为例，20 世纪 90 年代开始，湖北省大中型电厂投产的机组几乎都采用了经配电变压器高阻接地方式，见表 2-1。

特别注意到，三峡电站这样标志性的大电站，其左岸电厂 14 台机组无一例外地抛弃了经消弧线圈接地方式，而采用了经高阻接地方式。此种转变是否有科学依据？如何重新认识大型发电机定子单相接地故障？这都是值得重视的问题。

表 2-1 湖北省部分大中型电厂情况一览表

发电厂	台数（台）	单机容量（MW）	机组类型	投产时间	接地方式
汉川电厂	4	300	汽轮发电机	90 年代	经配电变压器接地
隔河岩电厂	4	300	水轮发电机	90 年代	经配电变压器接地
鄂州电厂	2	300	汽轮发电机	90 年代	经配电变压器接地
襄樊电厂	4	300	汽轮发电机	90 年代	经配电变压器接地
青山电厂新 8 号机	1	100	汽轮发电机	2000 年	经不接地（TV）接地
三峡左岸电厂	14	700	水轮发电机	2003 年开始	经配电变压器接地

2.1.3 选择大型发电机中性点接地方式的三条基本原则

前面已经提到，发电机中性点接地方式的选择与发电机定子绕组单相接地故障（即定子绕组与铁心之间的绝缘破坏）密切相关。同一台发电机，选择不同的中性点接地方式，其应对同一个定子单相接地故障的能力会有所不同。

以图 2-1 所示的一个发电机定子绕组发生单相接地故障为例。在这个简单的等效电路中，定子绕组对地分布电容等效为集中参数的电容放置在发电机机端，假设 a 相绕组在故障点 f 处发生金属性接地故障。显然，接地故障将改变发电机中性点以及机端的对地电位，流过电容的电流和流过中性点接地装置的电流叠加后流过故障点，即

$$\dot{I}_{\mathrm{f}} = \dot{I}_{\mathrm{n}} + \sum_{\varphi=\mathrm{a,b,c}} \dot{I}_{C\varphi} = \dot{I}_{\mathrm{n}} + \dot{I}_{C}$$

如果选择一种接地方式（比如经消弧线圈接地），使得 $\dot{I}_{\mathrm{n}}$ 与 $\dot{I}_{C}$(即 $\dot{I}_{C\mathrm{a}}+\dot{I}_{C\mathrm{b}}+\dot{I}_{C\mathrm{c}}$) 大小相近，且近似反相，那么故障电流 $\dot{I}_{\mathrm{f}}$ 就可以被大大削弱。这就是中性点接地装置的第一个可能的作用：通过补偿电容电流，限制接地故障电流过大，避免伤及定子铁心。

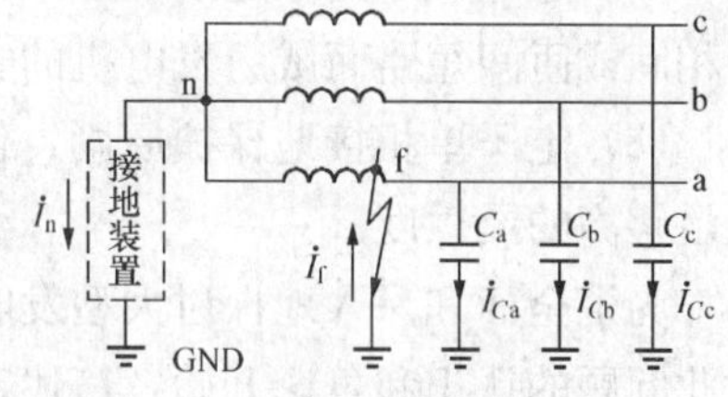

图 2-1 发电机定子绕组单相接地故障示意图

随着发电机单机容量的增大，定子绕组对地电容增加，相应的单相接地电容电流也增大。比如，葛洲坝电站一台 125MW 机组每相对地电容为 1.35μF，一台 170MW 机组每相对地电容 1.8μF；隔河岩电站每台 300MW 机组每相对地电容达到 1.34～1.45μF[5]；再比如，三峡首批发电的 2 号、5 号机组定子绕组每相对地电容分别为 2.03μF 和 1.35μF❶。因此，如果不采取措施，单相接地故障电流将危及定子铁心，严重时会烧损铁心，甚至进一步扩大为相间或匝间短路等严重故障，潜在危险严重。现代大型汽轮发电机组采用复杂的辐向和轴向冷却通道，定子铁心检修比较困难。定子单相接地

❶ 长江水利委员会长江勘测规划设计研究所．长江三峡二期工程枢纽工程左岸电站首批机组（2 号、5 号机）启动验收，左岸电站机电设计报告．2003。

故障后停机检修时间较长，将造成比较大的经济损失[4]。因此，现代的大型发电机无一例外地要求装设定子绕组单相接地保护，且要求实现无死区(即100%保护区)[4]。

中性点接地装置的第二个可能的作用是：限制间歇性的定子单相接地故障电弧引起的积累性电压升高，从而限制定子单相接地故障重燃弧暂态过电压。所谓间歇性接地故障，是指具有在短时间内反复地燃弧、熄弧、再燃弧过程的接地故障。间歇性的接地故障（其故障电流反复变化）必然会引起电容电流与流过中性点接地装置的电流发生波动与冲击，这可能引起电容上出现很大的暂态过电压。中性点接地装置实际上给电容上的电荷提供了一个泄放回路，如果接地装置是一个阻值较小的电阻，就可以有效地抑制暂态过电压。

值得注意的是，发电机定子绕组单相接地故障是发电机常见的故障之一[4]。根据近年来对国内100MW及以上发电机运行情况的调查，在发电机本体故障中，定子单相接地故障在1995年之后占了比较大的比例，在1998年和1999年其故障发生率甚至上升到了第一位；1995年定子单相接地故障约占本体故障的28.2%，1999年更是占到了本体故障的约36.7%，故障发生率较高。

中性点接地装置的第三个可能的作用就是：增强检测出定子绕组单相接地故障的能力，完成有效的定子单相接地保护。定子绕组单相接地保护的相关内容在第3章有详细的论述，它与中性点接地装置密切相关。

综上所述,合理选择发电机中性点的接地方式必须考虑定子绕组单相接地的故障电流、重燃弧过电压、接地保护的构成以及系统运行等多方面的因素。应重视以下三条原则：

(1) 接地故障电流原则：定子绕组单相接地故障电流不应超过安全电流，确保定子铁心安全。

(2) 过电压原则：定子绕组单相接地故障重燃弧暂态过电压数值要小，避免故障发展为相间或匝间短路而威胁发电机的安全运行。

(3) 定子单相接地保护原则：保护动作区覆盖整个定子绕组（即100%保护），且应有足够高的灵敏度。

为了全面和深入地探讨大型发电机中性点接地方式这个问题，本章首先从介绍国内外对此问题的认识和争论开始，简述定子绕组单相接地故障的一些分析法；然后由浅入深，提出用于分析定子单相接地故障的多回路分析法，这是本章与下一章内容的重要理论依据；再以三峡电站大型发电机为研究对象，分析两种基本的中性点接地方式（经高阻接地、经消弧线圈接地）情况下定子单相接地故障的规律；依照这些规律，结合三峡电站机组自身的特点，最后论述三峡电站机组两种接地方式的优劣，给出合理选择大型发电机中性点接地方式的思路和基本结论。

2.2 中性点接地方式的认识和分歧

2.2.1 对定子单相接地故障电流允许值的认识

关于定子接地故障电流允许值的认识国内外很不统一[1,4]。

(1) 德国 AEG 公司 1926 年研究了不同接地电流和电弧持续时间作用下发电机定子铁心的烧损情况，认为：当接地故障电流为 20～120A 时，电弧允许持续时间为 4s；当电弧为 100～325A 时，电弧允许持续时间为 0.4s。注意 4s 这个时间为灭磁要求的时间，0.4s 为当时油断路器断开故障需要的时间。由此建议按照 20A 的接地电流选择发电机中性点的接地电阻。

1929 年该公司对 2～5 A 小电流持续 4s、1min、10min 和 60min 时间的燃弧情况做了研究，认为对于云母和复合云母绝缘的发电机，铁心烧损范围不大。

(2) 原苏联的斯姆罗夫高压试验室于 1933 年对额定电压为 6.6 kV 的沥青云母浸胶和虫胶烘卷式绝缘的发电机进行试验，确定不同接地电流和电弧持续时间情况下定子铁心烧损范围，指出：当单相接地电流不大于 5 A 时，定子铁心烧损深度小于 4～4.5mm，熔化铁心叠片少于 16～17 片，烧熔体积不大于 90～120mm^3；提出接地故障电流不大于 5A 的条件下发电机允许带故障运行一段时间。

注意：过去我国和捷克等国家曾经长期沿用 5 A 这个标准。

(3) 美国 AIEE 专委会 1953 年在报告[6]中指出：发电机中性点高阻接地方式下，流过发电机中性点接地电阻的电流应限制在 5～15A，不超过 20A；同时指出：高阻接地方式通常限制接地故障电流在 5～15A 之间，以便减轻故障电流对定子的破坏。

另外，受这份报告的影响，IEEE C62.92—1989 的标准[7]还一直沿用这种认识。IEEE C37.102—1995 的标准[8]中则声称：“中性点高阻接地选择阻值时应将故障电流限制在 3～25A”。

(4) 瑞士 BBC 在 20 世纪 60 年代中期通过试验表明：“接地故障电流为 20～40A，燃弧持续时间为 2s，仅对定子铁心有轻微损坏”。

(5) 捷克动力研究所认为大型发电机造价高、工艺复杂、检修困难，并在 20 世纪 70 年代初期提出新的更为严格的标准：接地故障电流和其他情况不变的条件下，重复进行 5 次接地试验，如果有一次或一次以上发生铁心叠片之间烧结在一起，则认为该试验电流是不被允许的。

该研究所进行了试验，试验电流 0.2～20A，持续时间 0.3s ～ 20min，结果测得临界电流是 2A，考虑一定的安全裕度后，推荐将接地电流限制在 1.0～1.5A。另外，该研究所指出：“单纯依靠断路器跳闸和灭磁装置，要使单相接地电容电流在 0.3s 内减小到 1.0～1.5A 以下是不行的，因此定子绕组单相接地故障瞬间跳闸和灭磁，远不是防止铁心损坏的充分有效方法”[9]。

(6) 我国曾长期沿用原苏联 5 A 的标准，20 世纪 80 年代初期，河南省电力科学试验研究所进行了定子铁心在电容电流作用下的烧伤试验[1]，试验包括了从 6.3～20kV 的 6 个电压等级，先后进行了 120 余次试验，以故障点不建立电弧和接地电弧瞬间熄灭为原则，考虑一定的安全裕度，确定了接地安全电流；指出：不同额定电压的发电机，有不同的定子单相接地故障的安全接地电流值。根据这次重要的试验结果，给出了发电机安全接地电流值的具体结果，见表 2-2。

这一结果通过审定后，陆续列入了 SDJ 6—1983、DL 400—1991、GB 14285—1993、

DL/T 620—1997 等行业标准和国家标准。

(7) 曾主张发电机中性点经高阻接地的国内学者也做了定子铁心电弧烧损的试验[10]。大电流试验结果：故障电流 31.2A、燃弧持续时间 0.92～1.66s，即可将铁心烧损出深度为 2～5.2mm、直径为 4.3～4.7mm 大小不等的坑，并有明显的熔渣溅出；小电流试验结果：2.8A 的故障电流，持续时间 2h，虽然铁心无烧损，但线棒绝缘烧损严重。

表 2-2　发电机接地电流允许值

发电机额定电压 (kV)	故障电流允许值 (A)
≤6.3	4
10.5	3
13.8～15.75	2*
≥18	1

* 对于氢冷发电机可取 2.5A。

这里应当指出，我国提出的安全电流标准在技术和经济上比较合理，对发电机安全运行有指导意义。另外，从发展的趋势看，各国对大型发电机中性点接地方式的意见是“尽可能减小单相接地故障电流”。1988 年 CIGRE 的 SC23—06 工作组的征询报告[2]中指出：“在选择发电机中性点接地方式时，99%的用户都主张将接地故障电流保持在非常低的水平”。

2.2.2 对定子单相接地故障暂态过电压的认识

历史上，对定子单相接地故障暂态过电压的研究是从中性点不接地的电力系统开始的。这些过电压的研究理论和方法同样可以应用到发电机上。

早在 1917 年，在不接地的电力系统过电压问题的研究中，德国的 W. Petersen 率先提出高频熄弧理论[1]。该理论首先假定故障相在工频电压达到最大值时发生绝缘击穿；忽略弧道电阻，近似为金属性接地，且认为接地电弧在高频振荡电流通过第一个零点时熄灭。此时非故障相上的自由电荷重新分布，由此产生了位移电压。此后，每半个工频周期后当故障相的电压达到最大值时，接地电弧重燃一次，由于非故障相上的电荷不断积累，于是非故障相的暂态过电压逐渐升高。

由于接地故障的高频振荡电流过零熄灭后，故障点的介质强度不可能恢复得那么快，因此暂态过电压不可能逐级连续增加。Petersen 于是补充了相间电容的限压作用。最终认为暂态过电压不超过 3.5p.u.（标么值的基值取额定相电压的幅值❶，以下同）。若考虑电流泄漏、电压衰减等影响，过电压会有所降低。另外，他也曾提出中性点经电阻和避雷器的接地措施，以限制过电压。

与 W. Petersen 的高频熄弧过电压理论不同，1923 年美国的 J. F. Peters、J. Slepian 提出工频熄弧理论[1]。他们也假定故障相在工频电压达到最大值时发生绝缘击穿，但却认为电弧熄灭是在其工频电流过零时发生的。其研究结果同样认为最高暂态过电压为 3.5p.u.。

1957 年，苏联学者别列柯夫（Н. Н. Беляков）进一步完善了过电压理论[1]。上述两种理论均忽略了弧道电阻，且认为电弧熄弧后故障点的介质强度可瞬间恢复到能够耐受恢

❶ 有些文献，比如文献［4］，在给出定子单相接地暂态过电压的数值时，将标么值的基值当作“额定相电压”，为笔误。

复电压的强度，等等。他认为这些假定和实际情况不完全符合。

别列柯夫根据在6～10kV中性点不接地系统中多次实测和模拟试验的结果认为，只要由回路电感和电流变化率决定的熄弧峰压小于弧道介质的恢复强度，接地电弧就不会发生重燃；接地电弧可以是高频过零熄弧，也可以是工频过零熄弧。最后，根据试验和分析认为，中性点不接地的电力系统，其最高暂态过电压仅为3.2p.u.。

与上述结果不同的是，美国曾在早期利用暂态网络分析仪（TNA）对电弧接地过电压进行了模拟研究，认为不接地系统的过电压可高达5～6p.u.。文献［1］认为这个结论产生了广泛的影响，致使人们普遍对这种过电压的危害性估计过高。同时文献［1］给出了在国内电网中进行的现场试验的统计结果：中性点不接地电力系统的暂态过电压极少超过3.0p.u.，最高的一次为3.4p.u.，其峰值作用时间不超过2 ms。国外的现场试验数据与国内类似。这些试验虽然不是在发电机上，而是在电力系统上测得的，但有参考价值。

对于发电机中性点经消弧线圈接地方式下的定子绕组单相接地重燃弧过电压，国内外的学者和研究机构都做过研究，但是，结论相差较大。

美国学者P.G.Brown等人通过TNA模型较为全面地研究了发电机中性点经消弧线圈接地情况下的过电压问题[11]。研究认为，发电机在启动、停机、突加负荷、甩负荷过程中会引起频率偏移，在消弧线圈接地方式下，当频率偏移较大时，过电压非常严重，可达3.8p.u.❶。但是，美国学者M.V.Haddad等人提出不同观点，明确指出P.G.Brown没有考虑消弧线圈电阻限制过电压的作用，认为频率偏移下的过电压并不高[12]。

国内清华大学采用Pspice模型计算结果也表明，当计及消弧线圈电阻时，频率偏移情况下的过电压不是很高，而且，在额定频率附近，过电压甚至低于高阻接地方式下的值。

图2-2为发电机单相接地故障暂态过电压与频率的关系曲线，这里额定频率为60Hz。

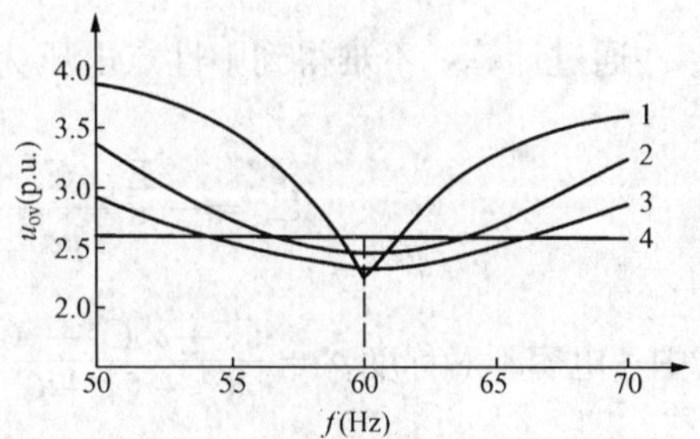

图2-2 发电机单相接地暂态过电压与频率的关系曲线

1—GE公司P.G.Brown等学者的仿真结果；
2—清华大学1996年的仿真结果；
3—M.V.Haddad等人的仿真结果；
4—中性点高阻接地情况下的仿真结果

值得一提的是，美国学者P.G.Brown在分析自己的仿真结果时，不得不指出："在一些现场试验中，曾试图利用多种电弧接地形式激发并希望得到高倍数的暂态过电压，但实测结果不仅低于TNA的模拟值，而且极少超过3.0p.u."[11]。

2.2.3 消弧线圈接地方式的特殊问题

发电机中性点经消弧线圈接地方式，国内外都积累了不少运行经验。相比经高阻接地方式，它有更多的问题需要注意，这里对其中的一些问题做一些简单的介绍，使读者加深对经消弧线圈接地方式的认识。

❶ 文献［11］中指出其标么值取为故障前发电机运行时相电压的峰值，由于大多是讨论额定工况，故与基值为额定相电压峰值是一致的。

一、正常运行情况下的中性点位移电压

理想情况下，发电机三相定子绕组对地电容相等，且三相电压完全对称。此时发电机中性点对地电压的基波分量为零。而实际的发电机，三相定子绕组对地电容不完全相等，而且发电机三相电压也不可能完全对称，这使得发电机在中性点不接地情况下就会出现零序性质的不对称电压。当发电机中性点接入消弧线圈后，在此电压的作用下，零序回路有零序电流流过，于是在消弧线圈两端产生了电位差，这就是中性点位移电压。

假设发电机三相电压完全对称❶，三相定子绕组对地电容 C_a、C_b、C_c 不等，发电机中性点经消弧线圈接地，简化的等效电路如图 2-3（a）所示；根据戴维南电路等效原理，进一步等效为图 2-3（b）。因为是分析稳态，为了便于计算，这里将消弧线圈等效为电感与电阻的并联电路。

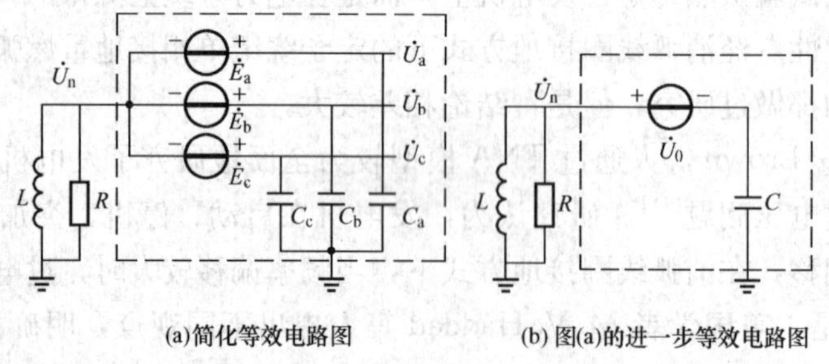

图 2-3　发电机中性点消弧线圈接地方式下正常运行时的等效电路

通过计算，不难得到中性点电压为

$$\dot{U}_0=-\frac{\dot{E}_a j\omega C_a+\dot{E}_b j\omega C_b+\dot{E}_c j\omega C_c}{j\omega C_a+j\omega C_b+j\omega C_c}=-\dot{\rho}\dot{E}_a$$

式中：电容不对称度 $\dot{\rho}=\frac{C_a+\alpha^2 C_b+\alpha C_c}{C_a+C_b+C_c}=\frac{C_a+\alpha^2 C_b+\alpha C_c}{C}$；$\alpha=e^{j\frac{2\pi}{3}}$；$C=C_a+C_b+C_c$。

当中性点接消弧线圈时，流过消弧线圈的电流为 $\dot{I}_0=\dot{U}_n\left(\frac{1}{R}+\frac{1}{j\omega L}\right)$，又因为 $\dot{I}_0\frac{1}{j\omega C}+\dot{U}_n=\dot{U}_0$，所以可得发电机正常运行情况下的中性点位移电压为

$$\dot{U}_n=\frac{\dot{U}_0}{1+\frac{1}{j\omega C}\left(\frac{1}{R}+\frac{1}{j\omega L}\right)}=\frac{-\dot{\rho}\dot{E}_a}{v-jd}$$

式中：脱谐度 $v=1-\frac{1}{\omega^2 LC}=1-\frac{X_C}{X_L}$；阻尼率 $d=\frac{1/R}{\omega C}=\frac{1/R}{X_C^{-1}}$。

一般情况下，发电机电容的不平衡度很小，所以 U_0 很小。但是，消弧线圈的并联等

---

❶ 这里仅考虑基波电压，实际电机还有 3 次谐波电压分量。由于 3 次谐波电压本身具有零序性质，故发电机正常运行情况下的中性点电压、位移电压都含有 3 次谐波分量，一般不会太大。

效电阻值较大，所以d很小，另外感抗与容抗相接近，所以脱谐度v很小。这就是为什么消弧线圈接地方式下，位移电压比较大的缘故。如果对地电容的不对称度较大，则会使发电机中性点长期有较大的位移电压，对发电机的绝缘不利。与此同时，采用基波零序电压为判据的定子单相接地保护的动作值不得不提高。

解决的办法，首先要求在电机的制造工艺上要保证三相电压的平衡和三相对地电容的不平衡度尽量小；其次，适当地调节消弧线圈的电感值，使得脱谐度增加，但是，这样一来消弧线圈补偿电容电流的能力将有所下降。

二、传递过电压

单元接线的大型发电机经过升压变压器与系统相连。设升压变压器每相高、低压绕组之间的耦合电容为C_M，发电机定子绕组每相对地电容为C_g，发电机与升压变压器之间的母线、厂用高压变压器高压绕组以及升压变压器低压绕组等每相对地电容为C_t，如图2-4（a）所示。设系统侧因接地故障而产生一对地零序电压U_{H0}，则该电压会通过升压变压器的耦合电容在发电机侧产生过电压U_{L0}。简化等效电路如图2-4（b）所示。

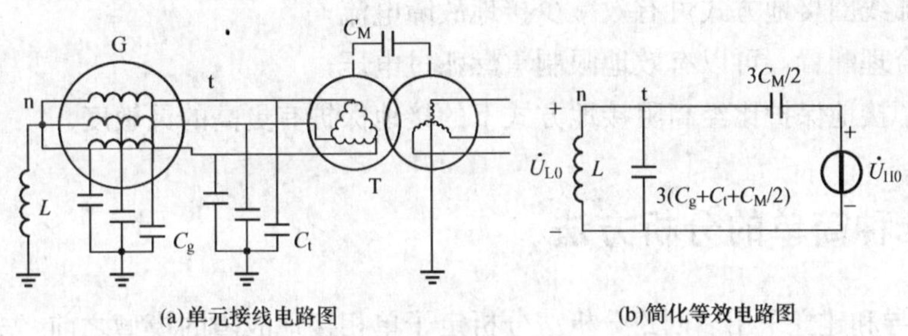

图2-4 传递过电压等效电路图

根据这个等值电路，不难计算得到传递过电压系数为

$$B=\frac{U_{L0}}{U_{H0}}=\frac{C_M/2}{C_M+(C_g+C_t)-\frac{1}{3\omega^2 L}}=\frac{C_M/2}{C_M+(C_g+C_t)[1-1/K]}$$

$$=\frac{C_M/2}{C_M+(C_g+C_t)v}$$

设$K=\omega L/[3\omega(C_g+C_t)]^{-1}$，当$K>1$，称之为欠补偿接地方式；当$K<1$，则称之为过补偿接地方式。一般情况下，为了让消弧线圈能够很好地补偿电容电流，其感抗总是约等于系统容抗，即$K\approx1$，此即谐振接地方式。若运行在过补偿方式下，使K略小于1，则$v=(1-1/K)$可能为负值，这样一来传递过电压系数会大于1，这是不允许的。因此，在发电机中性点采用经消弧线圈接地方式时必须采用欠补偿方式。

减小传递过电压的办法主要有：

（1）从设计制造上使得变压器高压、低压绕组之间的耦合电容尽量小；

（2）发电机外部增加限制过电压的电容器，从而增大发电机系统对地的电容值，但是这种方法增加了电容电流；

（3）调节消弧线圈的参数，避免其处于完全补偿状态。

2.2.4 两种接地方式的分歧

经消弧线圈接地和经配电变压器高阻接地这两种基本的接地方式存在不同的特点，由于认识上的不全面，所以大型发电机中性点究竟采用何种接地方式为优，至今仍然存在分歧。文献［13～18］主张采用经高阻接地方式，文献［1，5，9，19～22］则支持经消弧线圈接地方式。这里简单归纳一下他们的观点。

（1）支持经高阻接地方式的观点认为：

1）经高阻接地方式可有效降低重燃弧过电压，且配置简单；

2）经高阻接地方式下定子接地保护的灵敏度不会很低；

3）经高阻接地方式下定子接地故障电流可能很大，但可以通过接地保护动作于跳闸和灭磁，减轻定子铁心的损伤；

4）经消弧线圈接地方式调谐要求高，配置难度大，存在谐振过电压的危险。

（2）支持经消弧线圈接地的观点认为：

1）经消弧线圈接地方式可有效减少接地故障电流；

2）只要合理配置，可以有效地限制重燃弧过电压；

3）其定子接地保护比经高阻接地方式下的接地保护有更高的灵敏度。

2.3 几种简单的分析方法

在后文推导和建立采用多回路分析法分析定子单相接地故障的模型之前,先介绍几种简单的分析方法,这些方法易于理解,便于读者由浅入深地了解分析定子单相接地故障的手段。

2.3.1 零序电压的稳态模型

为揭示定子绕组单相接地后,发电机电压、电流稳态值的规律,国内外学者很早就提出零序电压的稳态电路模型[4,23]。模型分两类:基波零序电压模型和3次谐波电压模型。其理论基础是对称分量法。由于模型简单,同时工程上容易提取和处理发电机中性点或机端零序电压以及3次谐波电压,所以通常用于发电机定子单相接地保护的参数设计与整定。

基波零序电压模型是等效复合序网经过简化得到的，忽略定子绕组电阻与感抗压降。由计算可知，基波零序电压与故障位置之间呈线性关系。

3次谐波电压模型，则根据汽轮发电机与水轮发电机的差别而有所不同❶。对汽轮发电机而言，按故障点的位置，将总的3次谐波电动势划分成两个电动势，满足一定的相量关系。根据这个模型很容易得到发电机两侧（机端、中性点）3次谐波电压之间的幅值和相位关系。

对于水轮发电机，根据匝电动势的分布情况，将定子绕组划分成多个单元电路，并将

❶ 由于绕组形式不同，汽轮发电机定子绕组一个分支的匝电动势组成半圆弧，水轮发电机则更复杂。详细内容可参见文献［4］。

定子绕组对地电容等效成准分布参数的电容。由于电路模型中回路数比较多，需采取一定的简化。简化时考虑定子绕组感抗相对于对地电容的容抗小得多，将感抗忽略，然后用等效有源两端口网络代替非故障相分支[4]，或者先将单匝3次谐波电动势作用时的等效电路进行简化，然后叠加[23]。这些简化处理可以使计算大大简化。

波兰学者 Fulczyk 在近几年陆续发表了一些文章[24~30]，详细分析了发电机中性点不接地、经高阻接地和经消弧线圈接地三种接地方式下，基波零序电压、3次谐波电压的稳态规律，所用的方法是一致的。

2.3.2 采用叠加原理的分析方法

采用叠加原理的分析方法，可推出定子单相接地故障暂态过程的解析解，计算量小，得到的结果形式简洁，这对认识单相接地故障内在的物理规律、参数之间的内在关系十分有利。不过，为得到解析解，这种方法采用了集中电容参数模型，只能对机端接地故障进行分析，且只考虑基波电压。模型过于简单。

文献［31］对中性点不接地电力系统情况下的单相接地故障做了推导，文献［32，33］则对大型凸极同步发电机中性点经消弧线圈接地方式下的单相接地故障做了详细的分析。方法都是在接地故障点与地之间串联两个大小相等、方向相反的电压（该电压值等于正常运行时故障点对地电压），这两个电压叠加的结果恰好使故障点的电位为零，即故障为金属性接地故障。

2.3.3 暂态网络分析仪（TNA）方法

在早期的研究中，美国学者 P. G. Brown 和 M. V. Haddad 都采用暂态网络分析仪（TNA）模型[11,12]分析发电机定子单相接地问题。P. G. Brown 采用的 TNA 模型如图2-5所示。该模型将定子绕组对地分布电容等效至机端，忽略定子绕组电阻，考虑暂态，每相定子绕组采用超瞬变电感和正常运行时的相电动势（不考虑谐波电动势）串联等效。当S1闭合、S2打开时，中性点采用经消弧线圈接地；当S1打开、S2闭合时，中性点采用经高阻接地；当SW闭合时，表示a相机端发生金属性接地故障。

M. V. Haddad 虽然也采用 TNA 模型，但其考虑了消弧线圈的电阻，明确指出把消弧线圈看成一个纯电感，忽略其电阻是不符合实际的。

针对上述 TNA 模型，国内上海交通大学、华中科技大学等高校分别提出了相应的改进办法[32,34]。

文献［32］对 TNA 模型中的发电机超瞬变电感做了修正，采用 I. M. Canay 提出的模型[37]来计算超瞬变电感参数；将解析结果和数值计算结果对比，两者吻合较好，认为模型合理。实际上，由于解析结果和数值计算结果均来自同一模型，所以只能证明解析结果推导过程中简化处理得当。

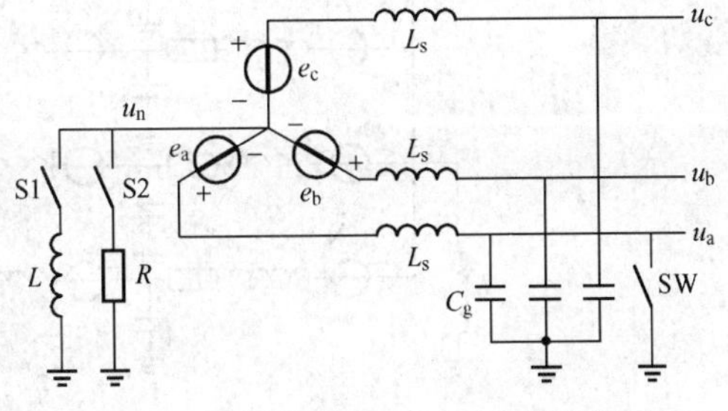

图2-5 P. G. Brown 采用的 TNA 模型

华中科技大学提出的改进办法是：增加对相间电容、定子绕组电阻以及接地过渡电阻的考虑。发电机电感参数仍然用超瞬变电感。另外，通过对中性点位移电压以及动态电动势的研究[36,37]，文献［34］分析了发电机不对称度（主要是定子绕组对地电容的不对称）、动态电动势等多种因素对单相接地暂态过电压的影响。分析认为燃弧条件（高频熄弧和工频熄弧等）、发电机的不对称度对发电机暂态过电压影响较大；发电机甩负荷、频率发生变化时发生单相间歇性接地，以及动态电动势是影响暂态过电压的主要因素。

波兰学者 M. Fulczyk 在近几年也提出了 TNA 模型的一个改进，不再将发电机定子绕组对地电容等效至机端，而是分成两部分，等效至发电机定子绕组两侧（机端和中性点）[38]。文献［38］认为故障处的弧道电阻不会很小，仿真分析时假设故障接地电阻为 2～10Ω。除此之外，还假设了另一种情况：燃弧初期 0.5ms 时间内，故障接地电阻由 1kΩ 线性地降至 10Ω。Fulczyk 对发电机中性点不接地、经高阻接地和经消弧线圈接地三种接地方式进行分析，仿真结果表明：三种接地方式下，重燃弧过电压基本上不超过 2.0p.u.，在某些参数条件下，过电压可超过 2.5p.u.，但没有超过 3.0p.u.，经消弧线圈接地方式不比经高阻接地方式有更高的过电压。

应该说，TNA 模型方法比较简单，而且经过不断改进，计算结果的可信度也大大提高了。但是，TNA 模型仍然存在一些不足：

（1）由于采用的是集中参数，相绕组是一个整体，因此只能考虑机端接地故障，对定子绕组内部接地故障的分析无能为力；

（2）定子绕组对地电容被等效为集中参数的电容，而实际是分布参数；

（3）发电机电感参数究竟取何值（漏感还是超瞬变电感），虽然对接地故障稳态影响很小，但对暂态影响较大，值得商榷；

（4）只考虑了发电机基波电动势，实际上还有 3 次谐波的影响。

2.3.4 准分布电容参数的 PSpice 方法

针对 TNA 模型不能考虑定子绕组内部接地故障，清华大学、上海交通大学先后提出了准分布电容参数的 PSpice 模型[33,39,40,]。该模型如图 2-6 所示。

该模型将每分支定子绕组划分成 N 个单元电路，每相定子绕组的漏感（或超瞬变电

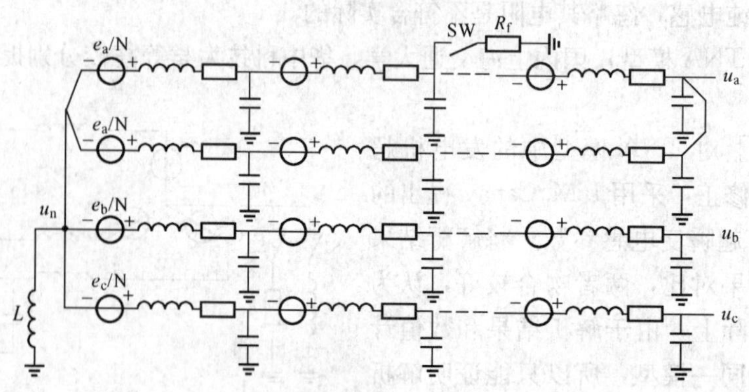

图 2-6 定子单相接地故障的 PSpice 模型

感）、电阻、电动势以及对地电容都分配到各单元电路，同一分支中的各单元电路之间相互串联。为简化分析，对每相多分支的电机，将非故障相中同一相的各分支合并为一个支路，故障相中非故障分支合并为一个支路，故障支路为单独的一个支路；故障支路的某一个节点发生接地故障用开关SW和接地过渡电阻 R_f 等效。另外，模型中的消弧线圈（电感为 L）考虑了串联等效电阻（图中未标出）。

采用这种准分布电容参数电路模型，比集中参数电路模型更接近实际情况；同时，由于定子绕组被一定程度地拆解，所以可以对定子绕组内部接地故障进行仿真。这实际上是TNA模型的一个发展。

但这种模型仍然存在一些问题：

（1）模型中电感参数究竟取何值，对暂态影响较大，值得商榷；

（2）只考虑了基波电动势，没有考虑3次谐波；

（3）划分定子绕组电路单元并未考虑绕组的实际连接，实际上同一支路上划分的各单元电路，彼此基波电动势相位是不同的，应该满足一定的相位关系。

2.4 多回路数学模型及其验证[44,45]

借鉴前人的研究思路，这里将引出采用多回路分析法的数学模型，用于分析和计算发电机定子单相接地故障。出于完整性的考虑，本节内容有比较详细的公式推导过程。对于不关心细节的读者，可以免读这些复杂公式的推导过程，注意掌握其中的基本思路即可。模型给出后，通过数字仿真与电机试验的对比验证其正确性。

2.4.1 数学模型及推导

研究对象是以发电机为核心的电力系统，发电机通过变压器与无穷大电力系统相连，发电机中性点经消弧线圈或者经配电变压器电阻接地。

为研究上的方便，做如下假设：

（1）忽略定子绕组各支路间的分布电容；每一支路对地的电容在该支路上均匀分布，同相各个支路的对地电容相等；

（2）不计中性点接地装置的非线性效应；

（3）单相接地故障前后，发电机转速保持不变；

（4）以理想开关和故障点过渡电阻串联等效故障点的燃弧和断弧；

（5）发电机铁心磁阻按基波主磁路归算到气隙中，以此考虑铁心磁阻的影响；忽略铁心的磁滞作用；不考虑气隙磁导中的齿谐波，齿槽效应采用气隙的卡氏系数表征。

一、定子侧电路方程

设定子每相有 m 个并联支路。我们以单个线圈为基本单元，相互串接的若干线圈为一组，将每一组线圈对地分布电容等效为两个相等的集中参数的电容放置在该组线圈的两端，由此构成 π 型单元电路；定子每个支路由 N 个这样的单元电路串接而成。

发电机中性点经消弧线圈或配电变压器电阻接地，接地装置等效为电阻和电感的串联❶。

主变压器高压侧电路折算到低压侧，构成Δ型（或者Y型）等值电路。其中，升压变压器（包括线路阻抗）等效为漏抗和电阻串联，而无穷大电力系统经过折算等效为理想电压源。发电机机端外部连接设备的一次侧对地电容等效至发电机机端。

发电机定子侧绕组电路（正常运行时）模型如图2-7所示❷。

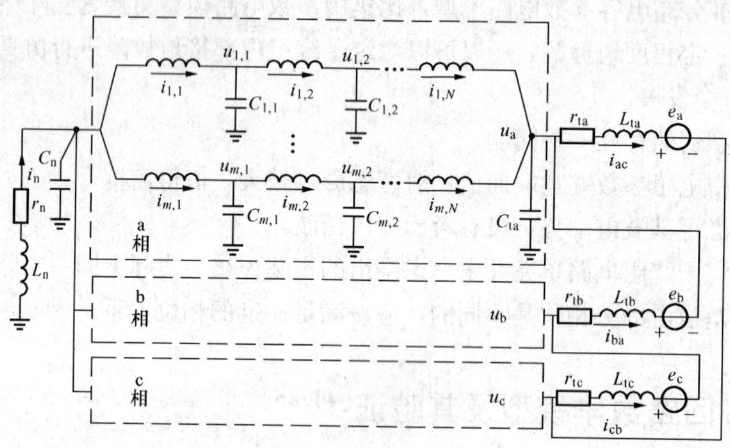

图2-7 发电机定子侧绕组电路模型

定义定子绕组各电流、磁链和电压的正方向（与文献［41］中的定义一致）为：正值的电流产生负值的磁链，并在负载方向上产生正值的压降。

对图2-7中的各个节点列写电压方程，并写成矩阵形式，为此，令电容矩阵为

$$\boldsymbol{C}_s = \mathrm{diag}(C_{1,1} \quad C_{1,2} \quad \cdots \quad C_{1,N-1} \;\vdots\; \cdots \;\vdots\; C_{3m,1} \quad C_{3m,2} \quad \cdots \quad C_{3m,N-1})$$

$$\boldsymbol{C}_t = \mathrm{diag}(C_{ta} \quad C_{tb} \quad C_{tc})$$

由图2-7可知，当定子未发生故障时，定子节点电压的状态方程为

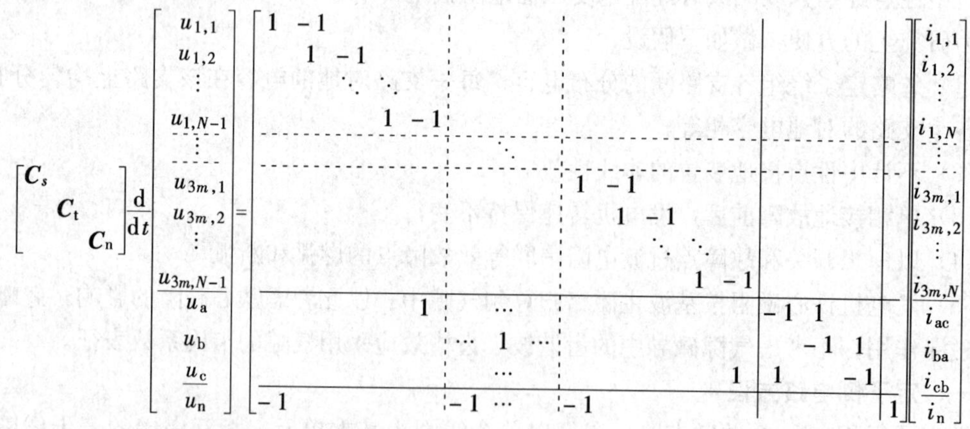

$$\begin{bmatrix} \boldsymbol{C}_s & & \\ & \boldsymbol{C}_t & \\ & & \boldsymbol{C}_n \end{bmatrix} \frac{\mathrm{d}}{\mathrm{d}t} \begin{bmatrix} u_{1,1} \\ u_{1,2} \\ \vdots \\ u_{1,N-1} \\ \vdots \\ u_{3m,1} \\ u_{3m,2} \\ \vdots \\ u_{3m,N-1} \\ u_a \\ u_b \\ u_c \\ u_n \end{bmatrix} = \left[\begin{array}{cccc:c:cccc|ccc|c} 1 & -1 & & & & & & & & & & & \\ & 1 & -1 & & & & & & & & & & \\ & & \ddots & \ddots & & & & & & & & & \\ & & 1 & -1 & & & & & & & & & \\ \hdashline & & & & \ddots & & & & & & & & \\ \hdashline & & & & & 1 & -1 & & & & & & \\ & & & & & & 1 & -1 & & & & & \\ & & & & & & & \ddots & \ddots & & & & \\ & & & & & & & 1 & -1 & & & & \\ \hline & & & 1 & \cdots & & & & & -1 & 1 & & \\ & & & & \cdots\ 1\ \cdots & & & & & & -1 & 1 & \\ & & & & \cdots & & & & 1 & 1 & & -1 & \\ \hline -1 & & & & -1\ \cdots & -1 & & & & & & & 1 \end{array}\right] \begin{bmatrix} i_{1,1} \\ i_{1,2} \\ \vdots \\ i_{1,N} \\ \vdots \\ i_{3m,1} \\ i_{3m,2} \\ \vdots \\ i_{3m,N} \\ i_{ac} \\ i_{ba} \\ i_{cb} \\ i_n \end{bmatrix}$$

---

❶ 有的发电机中性点接地的消弧线圈会并联一个阻值较大的电阻，建立模型时，应当增加一个并联的电阻；另外，当需要比较准确地考虑配电变压器时，可考虑用变压器T型等值电路进行计算。

❷ 参考文献［44］中的模型考虑得更精细，还考虑了机端对地的电压互感器等。

简记为

$$\begin{bmatrix} \boldsymbol{C}_s & & \\ & \boldsymbol{C}_t & \\ & & \boldsymbol{C}_n \end{bmatrix} p \begin{bmatrix} \boldsymbol{U}_s \\ \boldsymbol{U}_t \\ u_n \end{bmatrix} = \begin{bmatrix} \boldsymbol{H}_{11} & & \\ \boldsymbol{H}_{21} & \boldsymbol{H}_{22} & \\ \boldsymbol{H}_{31} & & 1 \end{bmatrix} \begin{bmatrix} \boldsymbol{I}_s \\ \boldsymbol{I}_t \\ i_n \end{bmatrix} \tag{2-1}$$

式中：p 表示微分算子 d/dt；下标 s 表示定子；下标 t 表示机端或变压器；下标 n 表示中性点；$\boldsymbol{H}_{21}$ 为 $3\times(3mN)$ 的矩阵；$\boldsymbol{H}_{21}\boldsymbol{H}_{31}$ 为 $1\times(3mN)$ 的矩阵。

$\boldsymbol{H}_{21}$ 三行中元素 1 所在的列是：

第 1 行：N，$2N$，…，mN；

第 2 行：$(m+1)N$，$(m+2)N$,…，$2mN$；

第 3 行：$(2m+1)N$，$(2m+2)N$,…，$3mN$。

$\boldsymbol{H}_{31}$ 元素 -1 所在的列是：

1，$N+1$，$2N+1$，…，$(3m-1)N+1$。

将式（2-1）进一步简记为

$$\boldsymbol{C}_{s'} p\boldsymbol{U}_{s'} = \boldsymbol{H}\boldsymbol{I}_{s'} \tag{2-2}$$

式中：下标 s′ 表示包含定子绕组、发电机机端外和中性点接地装置（下同）。

若发电机定子绕组内部发生接地故障，情况则略有不同。假设定子绕组内部在第 P 支路的第 Q 节点处发生接地故障，接地过渡电阻为 r_f（如图 2-8 所示），则该接地故障节点电压满足

$$C_{P,Q}\frac{\mathrm{d}u_{P,Q}}{\mathrm{d}t} = i_{P,Q} - i_{P,Q+1} - \frac{u_{P,Q}}{r_f}$$

与正常运行情况下的状态方程相比，故障节点处的方程仅仅是多了最后一项。倘若不在定子绕组内部，而是其他节点位置发生接地故障，我们可以得到类似的结果（相应节点的方程多出一项）。所以，不管故障点在内部某节点，还是在机端或者中性点，都可以得到形式如式（2-3）的电压状态方程

$$\boldsymbol{C}_{s'} p\boldsymbol{U}_{s'} = \boldsymbol{H}\boldsymbol{I}_{s'} - \boldsymbol{G}\boldsymbol{U}_{s'} \tag{2-3}$$

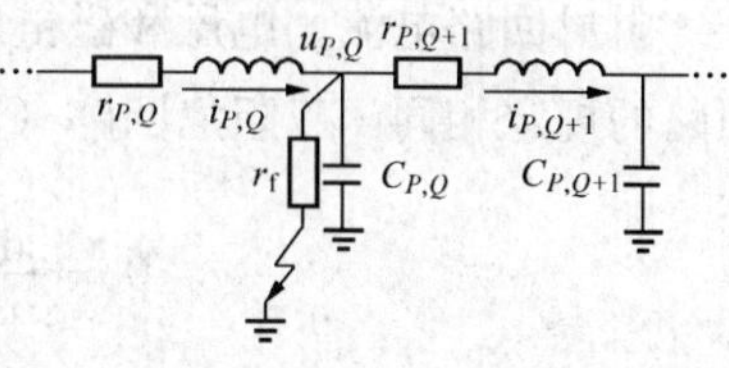

图 2-8 定子绕组第 P 支路的第 Q 节点处发生接地故障示意图

式中：导纳矩阵 $\boldsymbol{G}$ 主对角线上与故障节点相对应的元素为 r_f 的倒数，其余元素均为零。

式（2-2）和式（2-3）分别是定子绕组正常运行和接地故障情况下的定子侧电路的节点电压方程。

再看定子侧电路的磁链方程。令磁链向量、电阻矩阵、系统电源向量为

$$\boldsymbol{\Psi}_s = [\Psi_{1,1} \quad \Psi_{1,2} \quad \cdots \quad \Psi_{1,N} \;\vdots\; \cdots \;\vdots\; \Psi_{3m,1} \quad \Psi_{3m,2} \quad \cdots \quad \Psi_{3m,N}]^T$$

$$\boldsymbol{\Psi}_t = [\Psi_{ta} \quad \Psi_{tb} \quad \Psi_{tc}]^T$$

$$\boldsymbol{R}_s = \mathrm{diag}(r_{1,1} \quad r_{1,2} \quad \cdots \quad r_{1,N} \;\vdots\; \cdots \;\vdots\; r_{3m,1} \quad r_{3m,2} \quad \cdots \quad r_{3m,N})$$

$$\boldsymbol{R}_t = \mathrm{diag}(r_{ta} \quad r_{tb} \quad r_{tc})$$

$$\boldsymbol{E}=[e_{\mathrm{a}} \quad e_{\mathrm{b}} \quad e_{\mathrm{c}}]^{\mathrm{T}}$$

不难得到定子磁链的状态方程为

$$\begin{bmatrix} \boldsymbol{H}_{11}^{\mathrm{T}} & \boldsymbol{H}_{21}^{\mathrm{T}} & \boldsymbol{H}_{31}^{\mathrm{T}} \\ & \boldsymbol{H}_{22}^{\mathrm{T}} & \\ & & 1 \end{bmatrix} \begin{bmatrix} \boldsymbol{U}_{\mathrm{s}} \\ \boldsymbol{U}_{\mathrm{t}} \\ u_{\mathrm{n}} \end{bmatrix} = p \begin{bmatrix} \boldsymbol{\Psi}_{\mathrm{s}} \\ \boldsymbol{\Psi}_{\mathrm{t}} \\ \Psi_{\mathrm{n}} \end{bmatrix} \begin{bmatrix} \boldsymbol{R}_{\mathrm{s}} & & \\ & \boldsymbol{R}_{\mathrm{t}} & \\ & & r_{\mathrm{n}} \end{bmatrix} \begin{bmatrix} \boldsymbol{I}_{\mathrm{s}} \\ \boldsymbol{I}_{\mathrm{t}} \\ i_{\mathrm{n}} \end{bmatrix} - \begin{bmatrix} \boldsymbol{0} \\ \boldsymbol{E} \\ 0 \end{bmatrix}$$

类似的可以简记为

$$\boldsymbol{H}^{\mathrm{T}}\boldsymbol{U}_{\mathrm{s}'} = p\boldsymbol{\Psi}_{\mathrm{s}'} - \boldsymbol{R}_{\mathrm{s}'}\boldsymbol{I}_{\mathrm{s}'} - \boldsymbol{E}_{\mathrm{s}'} \tag{2-4}$$

二、转子侧电路方程

转子励磁回路电流、磁链和电压的正方向规定与定子不同，规定正值的电流产生正值的磁链，向绕组方向看，电压降的正方向与电流的正方向一致[41]。

励磁回路磁链的状态方程为

$$u_{\mathrm{fd}} = p\Psi_{\mathrm{fd}} + r_{\mathrm{fd}}i_{\mathrm{fd}} \tag{2-5}$$

式中：下标 fd 表示励磁绕组。

发电机阻尼回路则按照实际的阻尼条构成的网形电路选取回路，假设一共有 N_{d} 根阻尼条，如图 2-9 所示。图中给出的是一个极下有 4 根阻尼条的例子。对阻尼回路比较多的情况，可以将相邻的两根或者多根阻尼条集中起来等效[41]。

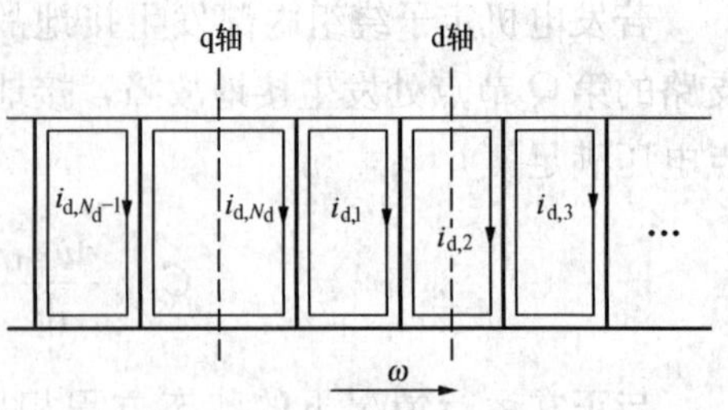

图 2-9 阻尼回路

阻尼回路电流、电压和磁链的正方向与励磁回路的规定相同。以阻尼回路（见图 2-9）的第 3 个回路为例，其磁链满足方程

$$0 = \frac{\mathrm{d}}{\mathrm{d}t}\Psi_{\mathrm{d},3} + r_{\mathrm{dl},3}i_{\mathrm{d},3} - r_{\mathrm{dc}}(i_{\mathrm{d},2} + i_{\mathrm{d},4})$$

式中：下标 d 表示阻尼，dl 表示阻尼回路，dc 表示阻尼导条；$r_{\mathrm{dl},3}$ 为第 3 阻尼回路的电阻；r_{dc} 为阻尼导条电阻。

为列写整个阻尼回路的磁链方程，写成矩阵形式，设 $\boldsymbol{\Psi}_{\mathrm{d}} = [\Psi_{\mathrm{d},1} \quad \Psi_{\mathrm{d},2} \quad \cdots \quad \Psi_{\mathrm{d},N_{\mathrm{d}}}]^{\mathrm{T}}, \boldsymbol{I}_{\mathrm{d}} = [i_{\mathrm{d},1} \quad i_{\mathrm{d},2} \quad \cdots \quad i_{\mathrm{d},N_{\mathrm{d}}}]^{\mathrm{T}}$ 分别为阻尼回路磁链、电流向量。不难得到

$$\boldsymbol{0} = p\boldsymbol{\Psi}_{\mathrm{d}} + \boldsymbol{R}_{\mathrm{d}}\boldsymbol{I}_{\mathrm{d}} \tag{2-6}$$

式中阻尼电阻矩阵 $\boldsymbol{R}_{\mathrm{d}}$ 为阻尼回路电阻矩阵 $\boldsymbol{R}_{\mathrm{dl}}$ 与阻尼条电阻矩阵 $\boldsymbol{R}_{\mathrm{dc}}$ 的代数和，即

$$\boldsymbol{R}_{\mathrm{d}} = \boldsymbol{R}_{\mathrm{dl}} - \boldsymbol{R}_{\mathrm{dc}} \tag{2-7}$$

$$\boldsymbol{R}_{\mathrm{dl}} = \mathrm{diag}(r_{\mathrm{dl},1} \quad r_{\mathrm{dl},2} \quad \cdots \quad r_{\mathrm{dl},N_{\mathrm{d}}}), \boldsymbol{R}_{\mathrm{dc}} = \mathrm{circ}(0 \quad r_{\mathrm{dc}} \quad 0 \quad \cdots \quad 0 \quad r_{\mathrm{dc}})_{N_{\mathrm{d}}\times N_{\mathrm{d}}}$$

记号 $\boldsymbol{C} = \mathrm{circ}(c_1, c_2, c_3, \cdots, c_n)$ 表示

$$\boldsymbol{C}=\begin{bmatrix} c_1 & c_2 & c_3 & \cdots & c_n \\ c_n & c_1 & c_2 & \cdots & c_{n-1} \\ c_{n-1} & c_n & c_1 & \cdots & c_{n-2} \\ \cdots & \cdots & \cdots & \cdots & \cdots \\ c_2 & c_3 & c_4 & \cdots & c_1 \end{bmatrix}$$，称之为轮换矩阵（circulant matrix）

三、总的电路方程

由物理概念可知，各绕组的磁链均为电感系数（包括自感系数和互感系数）与对应的电流相乘后的代数和，即

$$\begin{bmatrix} \boldsymbol{\Psi}_{\mathrm{s}} \\ \boldsymbol{\Psi}_{\mathrm{t}} \\ \Psi_{\mathrm{n}} \\ \hdashline \Psi_{\mathrm{fd}} \\ \boldsymbol{\Psi}_{\mathrm{d}} \end{bmatrix}=\left[\begin{array}{ccc:cc} -\boldsymbol{L}_{\mathrm{s}} & & & \boldsymbol{M}_{\mathrm{sfd}} & \boldsymbol{M}_{\mathrm{sd}} \\ & -\boldsymbol{L}_{\mathrm{t}} & & & \\ & & -L_{\mathrm{n}} & & \\ \hdashline -\boldsymbol{M}_{\mathrm{sfd}}^{\mathrm{T}} & & & L_{\mathrm{fd}} & \boldsymbol{M}_{\mathrm{fdd}} \\ -\boldsymbol{M}_{\mathrm{sd}}^{\mathrm{T}} & & & \boldsymbol{M}_{\mathrm{fdd}}^{\mathrm{T}} & \boldsymbol{L}_{\mathrm{d}} \end{array}\right]\begin{bmatrix} \boldsymbol{I}_{\mathrm{s}} \\ \boldsymbol{I}_{\mathrm{t}} \\ i_{\mathrm{n}} \\ \hdashline i_{\mathrm{fd}} \\ \boldsymbol{I}_{\mathrm{d}} \end{bmatrix}$$

可以简记为

$$\begin{bmatrix} \boldsymbol{\Psi}_{\mathrm{s'}} \\ \Psi_{\mathrm{fd}} \\ \boldsymbol{\Psi}_{\mathrm{d}} \end{bmatrix}=\begin{bmatrix} -\boldsymbol{L}_{\mathrm{s'}} & \boldsymbol{M}_{\mathrm{s'fd}} & \boldsymbol{M}_{\mathrm{s'd}} \\ -\boldsymbol{M}_{\mathrm{s'fd}}^{\mathrm{T}} & L_{\mathrm{fd}} & \boldsymbol{M}_{\mathrm{fdd}} \\ -\boldsymbol{M}_{\mathrm{s'd}}^{\mathrm{T}} & \boldsymbol{M}_{\mathrm{fdd}}^{\mathrm{T}} & \boldsymbol{L}_{\mathrm{d}} \end{bmatrix}\begin{bmatrix} \boldsymbol{I}_{\mathrm{s'}} \\ i_{\mathrm{fd}} \\ \boldsymbol{I}_{\mathrm{d}} \end{bmatrix} \tag{2-8}$$

注意：式中出现的负号是参考方向定义的结果。

对式（2-8）等号两侧求导，代入定转子磁链的状态方程式（2-4）、式（2-5）和式（2-6），改写成以电流为自变量的微分方程，结合式（2-3），与定子侧各节点电压的微分方程一起联立，写成矩阵形式。整理后最终可得发电机定子接地故障时总的状态方程为

$$\left[\begin{array}{c:ccc} \boldsymbol{C}_{\mathrm{s'}} & & & \\ \hdashline & -\boldsymbol{L}_{\mathrm{s'}} & \boldsymbol{M}_{\mathrm{s'fd}} & \boldsymbol{M}_{\mathrm{s'd}} \\ & -\boldsymbol{M}_{\mathrm{s'fd}}^{\mathrm{T}} & L_{\mathrm{fd}} & \boldsymbol{M}_{\mathrm{fdd}} \\ & -\boldsymbol{M}_{\mathrm{s'd}}^{\mathrm{T}} & \boldsymbol{M}_{\mathrm{fdd}}^{\mathrm{T}} & \boldsymbol{L}_{\mathrm{d}} \end{array}\right] p \begin{bmatrix} \boldsymbol{U}_{\mathrm{s'}} \\ \hdashline \boldsymbol{I}_{\mathrm{s'}} \\ i_{\mathrm{fd}} \\ \boldsymbol{I}_{\mathrm{d}} \end{bmatrix}=\left[\begin{array}{c:ccc} -\boldsymbol{G} & \boldsymbol{H} & & \\ \hdashline \boldsymbol{H}^{\mathrm{T}} & p\boldsymbol{L}_{\mathrm{s'}}+\boldsymbol{R}_{\mathrm{s'}} & -p\boldsymbol{M}_{\mathrm{s'd}} & -p\boldsymbol{M}_{\mathrm{s'd}} \\ & p\boldsymbol{M}_{\mathrm{s'fd}}^{\mathrm{T}} & -r_{\mathrm{fd}} & \\ & p\boldsymbol{M}_{\mathrm{s'd}}^{\mathrm{T}} & & -\boldsymbol{R}_{\mathrm{d}} \end{array}\right] \times \begin{bmatrix} \boldsymbol{U}_{\mathrm{s'}} \\ \hdashline \boldsymbol{I}_{\mathrm{s'}} \\ i_{\mathrm{fd}} \\ \boldsymbol{I}_{\mathrm{d}} \end{bmatrix}+\begin{bmatrix} \hdashline \boldsymbol{E}_{\mathrm{s'}} \\ u_{\mathrm{fd}} \end{bmatrix} \tag{2-9}$$ ❶

这是一个以定子绕组各节点电压和各单元电路的电流、励磁电流、阻尼回路电流为状态变量的含时变系数的状态方程，可简记为

$$\boldsymbol{A}(t)\frac{\mathrm{d}\boldsymbol{X}}{\mathrm{d}t}=\boldsymbol{B}(t)\boldsymbol{X}+\boldsymbol{U}(t) \tag{2-10}$$

另，记 $f(t,\boldsymbol{X})=\boldsymbol{A}^{-1}(t)\boldsymbol{B}(t)\boldsymbol{X}+\boldsymbol{A}^{-1}(t)\boldsymbol{U}(t)$ 为状态方程的右端函数。显然，发电机

❶ 与文献[44]中公式推导的思路是一致的，虽然结果不同，但形式是一致的。

正常运行时状态方程中导纳矩阵 $\boldsymbol{G}$ 的元素全部为零。

四、电感参数的计算

上述模型采用多回路分析法，该方法的一个关键问题是必须准确地计算电机参数，特别是各个电路单元之间的互感和自感。由于定子、转子之间相对运动，这些电感参数有些是时变的。由于电机的磁路由气隙和铁磁材料共同组成，一些电感参数还与电机的饱和程度有关。如果考虑汽轮发电机实心转子的涡流作用，严格地说还有分布参数的问题。

本章计算发电机电感参数时采用的是气隙磁导法[41]。假设磁通势全部消耗在气隙中；铁心磁阻的影响可以用适当放大气隙长度的方法加以考虑，定子、转子的齿槽影响用卡氏系数考虑。最终同步电机所有时变的电感参数都可以表示为常数项和各次谐波项叠加的形式（计算公式的具体推导过程参见本书附录一）。

定子第 i 和第 j 单元电路之间的互感系数为

$$M_{s'i,s'j}=M_{s'i,s'j,0}+M_{s'i,s'j,2}\cos 2(\omega t+\alpha_{s'i,s'j,2})$$

定子第 i 单元电路和励磁绕组之间的互感系数为

$$M_{s'i,\mathrm{fd}}=\sum_j M_{s'i,\mathrm{fd},j}\cos[\mathrm{j}(\omega t+\alpha_{s'i,\mathrm{fd},j})],j=1,3,\cdots$$

定子第 i 单元电路和转子第 j 阻尼回路之间的互感系数为

$$M_{s'i,\mathrm{d}j}=\sum_k M_{s'i,\mathrm{d}j,k}\cos\left[\frac{k}{P}(\omega t)+\alpha_{s'i,\mathrm{d}j,k}\right],k=1,2,3,\cdots$$

与水轮发电机不同，具体计算汽轮发电机的阻尼回路的漏磁自感系数时，由于转子往往是实心的，因此需要考虑涡流的作用；另外，通常励磁绕组所在的槽内一般也装设导电性能较好的槽楔，也起阻尼作用，所以计算时，必须综合考虑阻尼绕组、转子槽楔和转子涡流。转子涡流等效为与阻尼相并联的漏感和电阻。

五、方程的解算

经过推导得到的上述方程式（2-9），有三个问题需要考虑：①发电机定子绕组每个分支划分多少单元合适，即 N 等于多少？②发电机转子阻尼回路是否可以简化？③选择什么样的方法解算状态方程比较合适？

设定子每个支路划分成 N 个单元电路，显然 N 越大，采用准分布电容参数的模型就越接近实际情况。但是由于多回路模型以单个线圈为基本研究单元，所以 N 最大只能取到每分支的线圈数。另外，过大的 N 值将导致状态方程的规模很大，仿真的运算量大大增加。但是 N 值也不能太小，如果 N 很小，比如 $N=1$，则一方面不便于对定子绕组内部发生的接地故障进行计算；另一方面，对地电容划分得不够多，与实际的分布电容参数相差较大。

通过对一些算例进行计算[45]，结果发现 N 对故障前后的稳态结果没有什么影响，对暂态结果有一定的影响。N 越大，接地故障瞬间在非故障相产生的过电压要略高，这说明集中参数的电容与分布参数的电容在暂态过程中充放电的效果是不一样的，后者在整个定子绕组中都存在充放电现象，前者只是在节点处充放电。不过，随着 N 的增加，计算得到的过电压值增加趋缓。因此，为接近实际分布电容的情况，应当视运算规模确定一个较大的 N，不应太小。

对于汽轮发电机而言，转子极对数 P 很小，一般 $P=1$ 或 2，因而阻尼绕组回路数很少，仿真计算时无需简化。但是对水轮发电机而言，极对数往往很大，比如三峡电站 2 号发电机，$P=40$。这样一来，方程的规模很大，严重影响计算速度。此时，通常希望将阻尼回路进行简化。

对定子单相接地故障而言，相对于发电机的额定电流，其故障电流很小，因此故障前后可以认为发电机的气隙磁场基本不变，阻尼绕组的影响很小。所以，在计算大型水轮发电机的定子单相接地故障时，可忽略阻尼绕组，大大减少仿真运算量。通过算例进行对比[45]，可以发现阻尼对稳态结果没有影响，对故障瞬间有影响，但影响很小，可以忽略。

多回路分析法得到的状态方程式（2-9）是一个刚性方程。这导致数值求解上的困难，如果采用常规 4 阶显式的 Runge-Kutta 算法，上述的多回路模型计算结果常常发散。隐式的 RK 算法稳定性好，精度高，但由于需要迭代求解方程，运算量十分巨大。Gear 方法也有较好的稳定性，现在也有成熟的程序，但这是一个多步方法，初值问题比较难定。

为了解决这个问题，我们采用了 Calahan 在 1968 年提出一个类似于梯形（trapezoidal）方法的半隐格式的求解方法[42]，这种方法无需迭代，可直接递推，稳定性高，而且该方法截断误差为 $O(h^4)$，可以满足工程计算精度的要求。

该解法对应于状态方程式（2-10）的递推公式为

$$\begin{cases} \boldsymbol{X}_{n+1}=\boldsymbol{X}_n+0.75\boldsymbol{K}_1+0.25\boldsymbol{K}_2 \\ \boldsymbol{K}_1=h\boldsymbol{M}f(t_n,\boldsymbol{X}_n) \\ \boldsymbol{K}_2=h\boldsymbol{M}f(t_n+bh,\boldsymbol{X}_n+b\boldsymbol{K}_1) \\ \boldsymbol{M}=(\boldsymbol{I}-ha\boldsymbol{A}^{-1}(t_n)\boldsymbol{B}(t_n))^{-1} \end{cases} \tag{2-11}$$

其中 $\begin{cases} a=(3+\sqrt{3})/6\approx 0.78867513595 \\ b=-2\sqrt{3}/3\approx -1.15470053838 \end{cases}$

解算式（2-9）的仿真程序运行流程如图 2-10 所示。

由于多回路分析法是以发电机单个线圈为研究单位，按绕组的实际连接构成回路和列写方程，因此，计算定子绕组内部接地故障上有很大的灵活性。基于多回路分析法的定子单相接地故障仿真模型的特点主要是：

（1）可以考虑定子绕组的实际连接情况；

（2）可以考虑气隙磁场的空间谐波；

（3）可以将电容参数等效为准分布参数；

（4）缺点是计算量大，状态方程为刚性方程。

2.4.2 仿真及试验验证

上述数学模型是否准确和有效，需要通过试验进行验证。为此分别在一台 12kW 和一台 30kVA 凸极同步发电机上进行定子单相接地故障试验，试验在单机空载和并网负荷运行两种工况下进行，发电机中性点采用不同接地方式（经电阻接地、经电抗器接地）；试

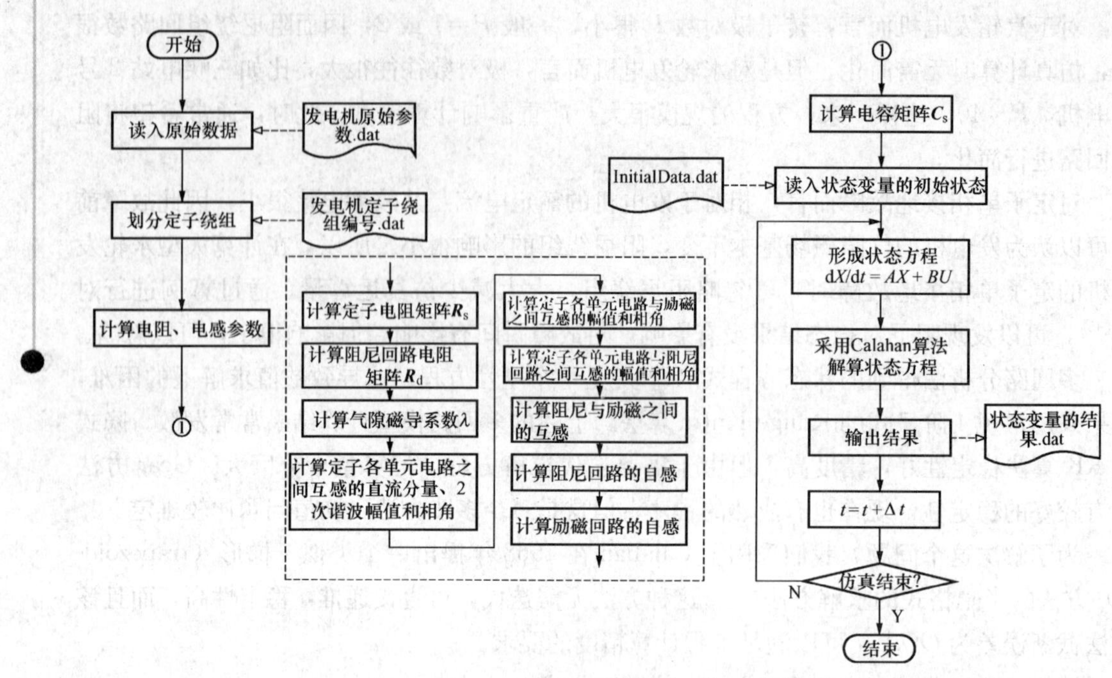

图 2-10　仿真程序运行流程图

验结果与仿真结果做了对比。

一、单机空载条件下的仿真与试验

1. 试验方案

试验样机是一台 12kW 凸极同步发电机，其主要参数参见附录六。该样机定子绕组每相 2 分支，每分支有 7 个线圈，为了方便进行定子绕组内部故障等试验，该电机在制造时就将各个线圈的两端都引出到外部的端子上。

定子单相接地故障试验接线示意图如图 2-11 所示。模拟故障点经过接触器、过渡电阻 r_f 接地，接触器闭合时为燃弧，断开时为熄弧。发电机中性点经电阻 r_n 接地。原动机为一台直流电动机。试验中用一台 DC24V/15A 的开关电源作为发电机的励磁电源。发电机的中性点、三相机端对地电压、励磁电源电压直接用数字示波器测量记录，发电机的励

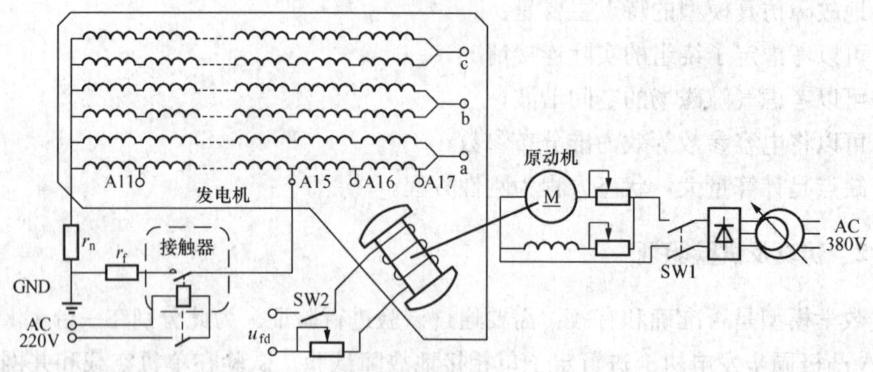

图 2-11　定子单相接地故障试验接线示意图

磁电流则经霍尔元件检测后由示波器测量记录。

2. 定子绕组对地电容测量结果

由于试验电机定子绕组各个线圈的两端都已引出，故可以将三相绕组在中性点处相互断开，断开后用 RLC 电桥测量各相机端对地电容。其测量结果如表 2-3 所示。

3. 单相接地故障仿真与试验的对比

表 2-3 各相定子绕组对地电容的实测结果

C_a	C_b	C_c
2.016nF	2.095nF	2.093nF

对 a 相绕组各引出点进行对地短路试验，金属性接地或经不同阻值的过渡电阻接地；发电机中性点电阻接地，亦取多种阻值。限于篇幅，取一例单机空载状态下的单相接地试验做分析比较。

发电机中性点采用电阻接地，接地电阻实测 $r_n=3.554\text{k}\Omega$；接地故障位置是 a 相第一支路第 4 线圈末端（即 57.14%处）；接地故障点的过渡电阻实测为 $r_f=100.83\Omega$。由于发电机定子绕组每支路有 7 个线圈，故仿真时将定子每分支划分为 7 个单元，并且考虑阻尼回路的影响。仿真中发电机的励磁电压取实际测量值 $u_{fd}=23.87\text{V}$；励磁电阻取值 $r_{fd}=3.1537\Omega$，由稳态时励磁电压和励磁电流测量值的比值确定。

图 2-12 为机端三相电压和中性点电压在故障前后试验与仿真的结果❶。

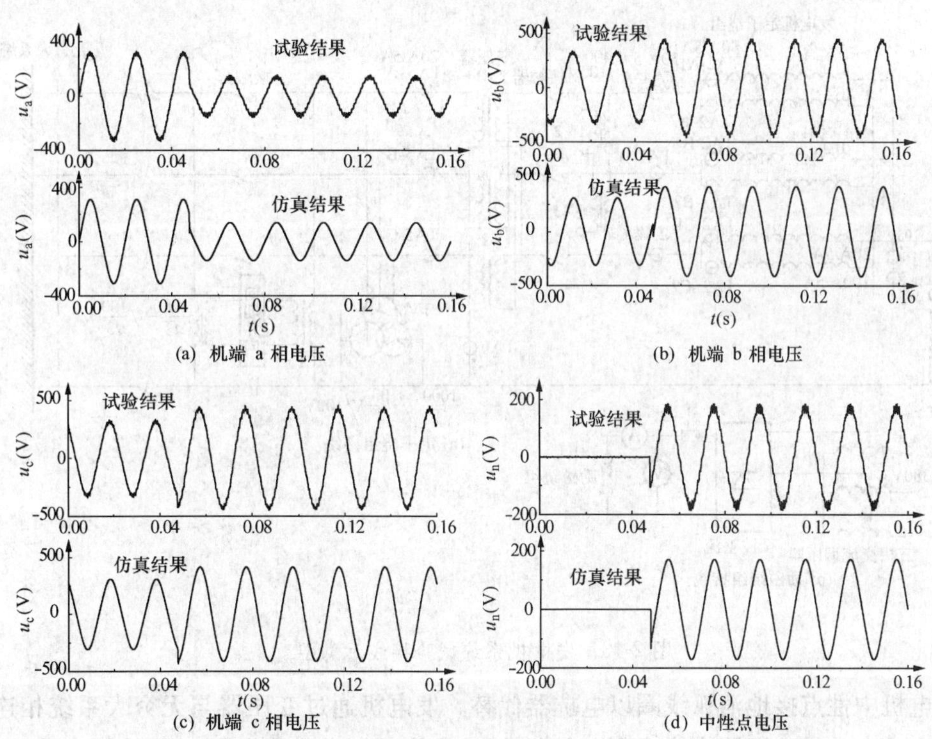

图 2-12 机端三相电压与中性点电压的波形

❶ 该仿真结果是对 3 次谐波做了修正后的结果，修正的原因和修正的方法参见第 2.4.2 中的第三节内容。

与仿真结果不同，由于发电机齿槽效应的影响，实测电压波形有比较明显的齿谐波分量。而仿真中计算电感参数时为了分析和计算上的简化，虽然用卡氏系数表征电机的齿槽效应，但却不考虑磁导的齿谐波，因此仿真结果中没有齿谐波分量。

另外，若放大波形仔细观察，发现仿真结果中电压在故障瞬间有冲击振荡过程，而实测结果不明显。这说明仿真中的准分布电容与实际分布电容情况相比有差别，不可避免。试验样机定子绕组对地电容非常小，电容效应不明显。

值得一提的是，与实际不同，试验中用接触器的通断模拟定子单相接地故障时的燃弧和熄弧，实际上定子绕组发生一点绝缘破坏情况很复杂，绝缘性能随着燃弧会进一步恶化。试验中的处理只是一种简化。

二、单机并网负载条件下的仿真与试验

1. 试验方案

试验样机是许继电气（集团）公司动模试验室一台 30 kVA 凸极同步发电机，其主要参数参见附录七。该样机定子绕组每相 2 分支，每分支有 9 个线圈，每线圈 8 匝。为方便进行定子内部故障等试验，该电机 a1、a2、b1 分支上有抽头，所在位置为 1.5 匝（2%）、3.5 匝（5%）、7.5 匝（10%）、14.5 匝（20%）和 28.5 匝（40%）。

该发电机系统试验接线示意图如图 2-13 所示。

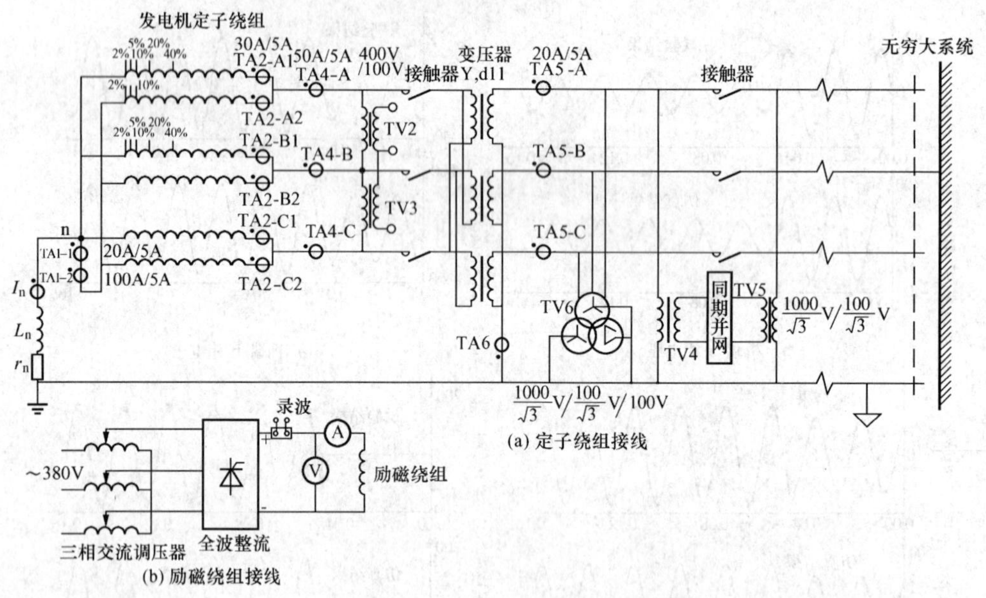

图 2-13 发电机系统试验接线示意图

发电机中性点接地消弧线圈以电抗器代替。发电机通过变压器与无穷大系统相连接。变压器由三个单相变压器连接成 Y，d11。试验中未使用励磁调节器。原动机为整流供电的直流电动机，试验中未使用调速器。

试验过程中，定子侧电流量经过电流互感器引出，励磁电流经过分流器引出，测量的电压、电流信号均用数字示波器测量记录。试验时，从发电机机端或定子绕组抽头引线，

经过接触器、过渡电阻接地。接地时刻、切除时刻均由相角合闸器控制。

2. 试验参数测量结果

为仿真计算定子单相接地故障，需确定试验中的一些参数。

（1）发电机定子绕组对地电容。

打开发电机中性点，断开发电机机端外的变压器，使三相绕组各自独立。在机端与地之间施加交流电压，测电容电流，计算得出电容值。其测量结果如表2-4所示。

（2）发电机中性点接地的电抗器的参数。阻抗测量结果：

$$Z_n = 27.38 + j6383.94\Omega$$

表2-4 定子绕组对地电容的测量结果

相	U (V)	I (mA)	C_g (μF)
a	230	4.83	0.0668
b	230	4.98	0.0689
c	230	4.67	0.0646

（3）变压器漏抗。

对发电机并网负载运行工况下定子单相接地故障的仿真，需要将主变压器高压侧无穷大系统折算至低压侧。仿真时，对变压器做简化处理，忽略电阻、励磁阻抗，仅考虑其漏抗。通过对三个单相变压器的短路试验，可实测出漏抗值，试验结果见表2-5。

表2-5 变压器短路试验结果

a相			b相			c相		
U (V)	I (A)	X_l (Ω)	U (V)	I (A)	X_l (Ω)	U (V)	I (A)	X_l (Ω)
20.00	3.105	6.4412	20.00	3.125	6.4000	20.00	3.100	6.4516
25.05	3.890	6.4396	25.00	3.875	6.4516	25.00	3.875	6.4516
27.75	4.325	6.4162	27.50	4.295	6.4028	27.50	4.295	6.4028
30.05	4.675	6.4278	30.00	4.650	6.4516	30.00	4.660	6.4378

仿真时，各相漏抗取平均值。

（4）变压器低压侧对地电容。

测量方法是断开变压器外部连接，在低压侧端子与地之间施加交流电压，测出电容电流。a相、b相和c相的测量结果分别为0.001121，0.001163，0.001121μF。

3. 机端a相接地故障

发电机中性点经电抗器接地，模拟消弧线圈接地方式，对机端a相进行金属性接地故障试验。经电桥实测接地短路线的电阻r_f=0.0686Ω。由于发电机定子绕组每支路有9个线圈，故仿真时将定子每分支划分为9个单元。

发电机并网负载运行，有功2.47kW，功率因数0.8。故障前稳态时实测励磁电压的直流分量u_{fd}=75.3V，励磁电流实测为i_{fd}=3.93A，励磁电阻$r_{fd}=u_{fd}/i_{fd}$=75.3/3.93=19.16（Ω），这与原始资料中给的励磁电阻实测值（$r_{fd,35℃}$=19.1585Ω）相符合。

图2-14给出了机端三相电压和中性点电压在故障前后试验与仿真的结果。

上述试验之后，紧接着对机端a相进行非金属性接地故障试验，并网负载运行的条件基本不变，接地故障的过渡电阻改为1kΩ。图2-15为机端三相电压、中性点电压仿真与试验的结果。

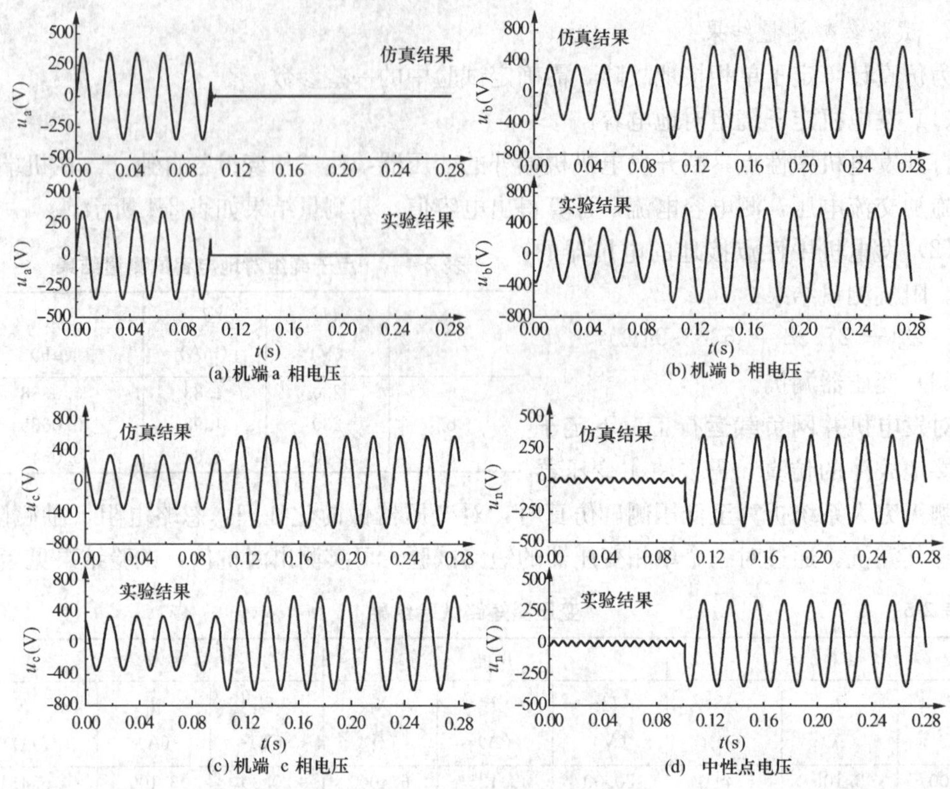

图 2-14 机端 a 相金属性接地故障机端三相电压、中性点电压仿真与试验的结果

动模电机定子绕组采用斜槽，以削弱齿谐波，电压波形比较光滑。另外，电机转子极靴弧线形状由三段圆弧组成，使得气隙磁场接近正弦，3 次谐波较小。

从上述机端 a 相接地故障试验和仿真的结果看：

(1) 故障前后，各电压仿真结果的波形与试验结果的波形基本吻合。

(2) 金属性接地故障时，各电压几乎立刻进入稳态；接地过渡电阻为 1kΩ 时，电压有一过渡过程，时间短。这是因为发电机对地电容很小，导致过渡过程时间常数很小。

(3) 金属性接地故障时，仿真结果图 2-14 (a) 中机端 a 相电压在故障时刻有尖峰振荡至负值，与试验结果不符。这说明仿真中的准分布电容与实际的分布电容在金属性接地故障时的放电特性上是不同的。

(4) 试验与仿真结果都显示：在故障发生时刻，非故障相没有出现明显的尖峰电压。这说明发电机对地电容太小，电容瞬间放电效应不明显，难以引起尖峰电压。

(5) 仔细对比发电机中性点电压在故障前的结果，仿真结果与试验结果虽然在幅值上比较接近，但 3 次谐波在相位上有一定的偏差。故障后，中性点电压基波占主要部分，看不出试验与仿真结果有相位差。

对上述试验与仿真结果故障前后的稳态量做分析，得到各电压的基波分量与 3 次谐波分量如表 2-6、表 2-7 所示。

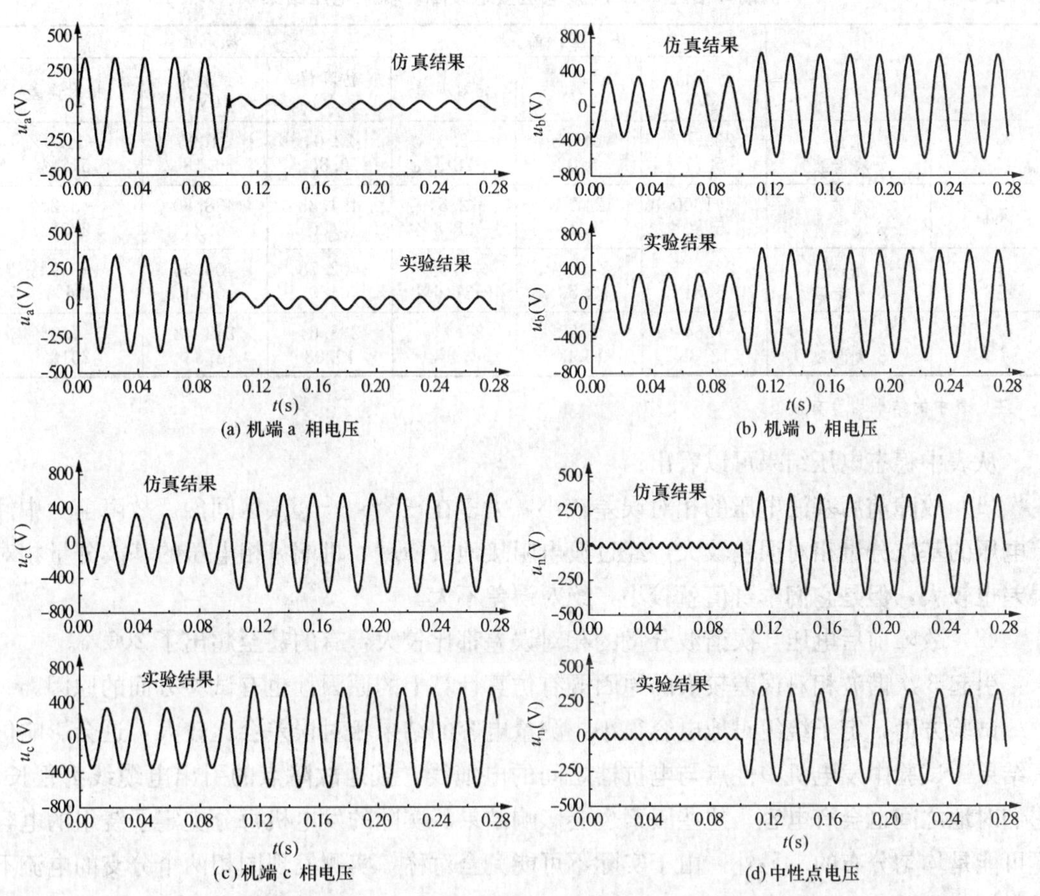

(a) 机端 a 相电压　(b) 机端 b 相电压　(c) 机端 c 相电压　(d) 中性点电压

图 2-15　机端 a 相接地故障（$r_f=1\text{k}\Omega$）机端三相电压、中性点电压仿真与试验的结果

表 2-6　机端 a 相金属性接地故障，稳态电压结果

电压		故障前 仿真值(V)	故障前 试验值(V)	故障前 相对误差	故障后 仿真值(V)	故障后 试验值(V)	故障后 相对误差
U_a	基波	239.73	247.55	−3.2%	—	—	—
	3次谐波	5.75	8.19	−29.8%	—	—	—
U_b	基波	240.96	247.71	−2.7%	415.09	428.16	−3.1%
	3次谐波	5.75	8.39	−31.5%	0.002	0.14	−98.6%
U_c	基波	238.24	245.89	−3.1%	415.10	427.87	−3.0%
	3次谐波	5.81	8.71	−33.3%	0.003	0.53	−99.4%
U_n	基波	1.61	1.22	32.0%	239.66	246.88	−2.9%
	3次谐波	13.32	13.24	0.6%	19.13	6.10	213.6%

注　表中的结果均为有效值。

表 2-7　　机端 a 相经 1kΩ 过渡电阻接地故障，稳态电压结果

电压		故障前			故障后		
		仿真值(V)	试验值(V)	相对误差	仿真值(V)	试验值(V)	相对误差
U_a	基波	239.67	246.8	−2.9%	22.04	31.96	−31.0%
	3 次谐波	5.77	8.02	−28.1%	0.80	0.13	515%
U_b	基波	241.00	247.1	−2.5%	424.83	438.80	−3.2%
	3 次谐波	5.80	8.15	−28.8%	0.80	0.24	233%
U_c	基波	238.17	245.27	−2.9%	402.78	406.56	−0.9%
	3 次谐波	5.81	8.50	−31.6%	0.80	0.54	26%
U_n	基波	1.64	1.22	34.4%	238.64	242.48	−1.6%
	3 次谐波	13.38	13.20	1.4%	19.03	6.33	201%

注　表中的结果均为有效值。

从表中稳态电压结果可以看出：

(1) 故障前后基波电压的相对误差较小，大多在−5%～+5%区间内。故障前，中性点电压的基波分量相对误差较大，经过渡电阻接地故障后，机端 a 相电压的基波分量相对误差也较大，但是它们本身值就较小，绝对误差不大。

(2) 故障前后电压 3 次谐波分量的相对误差都比较大，有的甚至超出了 200%。

引起 3 次谐波相对误差较大的原因既有仿真计算上的原因，也有试验方面的原因。

试验方面，定子绕组对地电容很小，测量电容的结果相对误差会比较大，这会影响仿真结果。试验中发电机中性点与电抗器之间的电缆线、接地故障点的引出电缆线都很长，它们对地之间也会有电容。这些因素也会影响结果。实际的发电机每分支定子绕组的电容不可能是均匀分布的。另外，由于实际不可能完全对称，实测发现同相两个分支的电流不平衡。

模型本身影响 3 次谐波计算的问题主要是多回路分析法采用气隙磁导法计算参数时，对铁心饱和的处理是通过按正常运行时的基波主磁路归算后，统一放大气隙的办法。这种处理对高次谐波不合适，这是 3 次谐波电压在计算上不准确的主要原因。2.4.2 节中的第三部分将详细讨论。

4. 定子 a 相 10%处接地故障

多回路模型分析定子单相接地故障时是以单个线圈为基础的，而动模试验电机定子绕组抽头在半匝处，并不在线圈的末端。这里选择定子 a 相第一分支 10%处的单相接地故障试验，故障位置比较接近第一个线圈的末端。仿真则按定子绕组 a 相第一分支第一个线圈末端（即 11%处）发生接地故障进行计算。

对机端 a 相进行接地故障试验后，保持并网负载运行的条件基本不变，紧接着对 a 相第一分支 10%做金属性接地故障试验。图 2-16 为机端三相电压、中性点电压仿真与试验的结果。

从上述 a 相内部接地故障试验和仿真的结果看：

(1) 故障前后，各电压仿真结果的波形与试验结果基本吻合。

(2) 接地故障后，各电压几乎立刻进入稳态。这是因为接地过渡电阻很小，发电机对

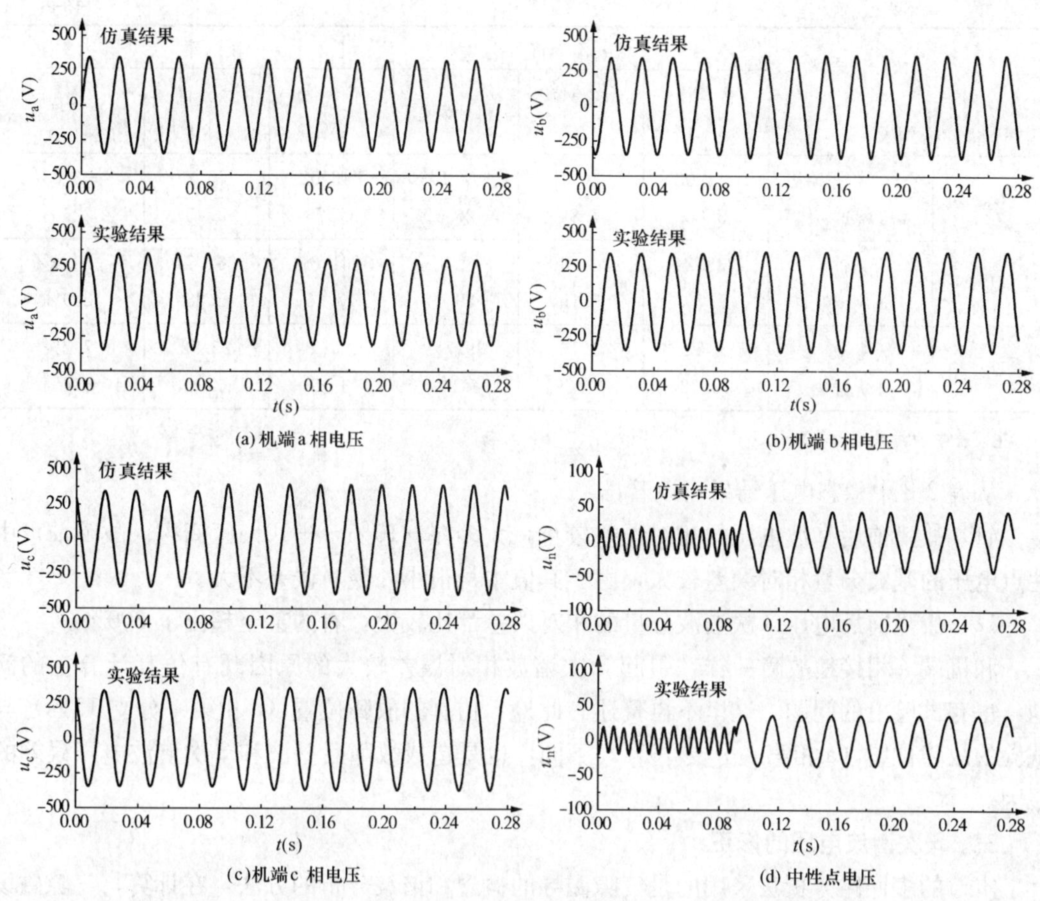

图 2-16 定子绕组 a 相第一分支 10%处金属性接地故障机端三相电压、中性点电压仿真与试验的结果

地电容也很小，导致过渡过程时间常数很小。

(3) 在故障发生时刻，非故障相没有出现明显的尖峰电压。这说明发电机对地电容太小，电容瞬间放电效应不明显，难以引起尖峰电压。

(4) 故障前，发电机中性点电压仿真与试验结果虽然在幅值上比较接近，但 3 次谐波在相位上有一定的偏差，导致故障发生时刻两者波形不一致。

对试验结果与仿真结果故障前后的稳态量做分析，得到各电压的基波分量与 3 次谐波分量，如表 2-8 所示。

表 2-8　a 相第一分支 10%处金属性接地故障前后的稳态电压结果

电压		故障前			故障后		
		仿真值 (V)	试验值 (V)	相对误差	仿真值 (V)	试验值 (V)	相对误差
U_a	基波	239.65	245.66	−2.4%	213.79	219.53	−2.6%
	3 次谐波	5.82	7.71	−24.5%	17.76	5.62	216%

续表

电压		故障前			故障后		
		仿真值(V)	试验值(V)	相对误差	仿真值(V)	试验值(V)	相对误差
U_b	基波	241.02	246.16	−2.1%	246.02	255.77	−3.8%
	3次谐波	5.80	7.84	−26.0%	17.76	5.45	226%
U_c	基波	238.24	244.40	−2.5%	261.61	262.74	−0.4%
	3次谐波	5.79	8.15	−29.0%	17.76	5.23	239%
U_n	基波	1.62	1.16	39.7%	27.78	25.92	7.2%
	3次谐波	13.32	12.79	4.1%	3.19	0.77	314%

注 表中的结果均为有效值。

从表2-8中稳态电压结果可以看出：

(1) 故障前后基波电压的相对误差较小，大多在−10%～+10%区间内。故障前，中性点电压的基波分量相对误差较大，由于其值本身很小，绝对误差不大。

(2) 故障前后电压3次谐波分量的相对误差都比较大，有的甚至超出了300%。

和机端a相接地故障一样，引起3次谐波相对误差较大的原因既有仿真计算上的问题，也有试验上的问题。这里不再赘述。此外，仿真的故障位置（a相第一分支11%）与试验的故障位置（a相第一分支10%）不同，也是造成故障后基波和3次谐波电压误差的原因。

三、3次谐波电压的修正

本节的多回路分析法采用的是气隙磁导的概念和谐波分析的方法，在计算与气隙磁场有关的电感系数时，认为气隙磁通势全部消耗在气隙中，至于铁心磁阻，则按正常运行时的基波主磁路归算到气隙中；而且假定了铁心在圆周方向上的各个位置饱和程度一样。正是这个假设，使得计算谐波时会出现相对较大的误差。

比如，以12kW的试验电机为例。该电机转子为凸极结构，极靴下的气隙均匀，且极靴两端狭长，容易在两端拐角处出现局部饱和，如图2-17 (a) 所示；可将其展开成直线，如图2-17 (b) 所示。

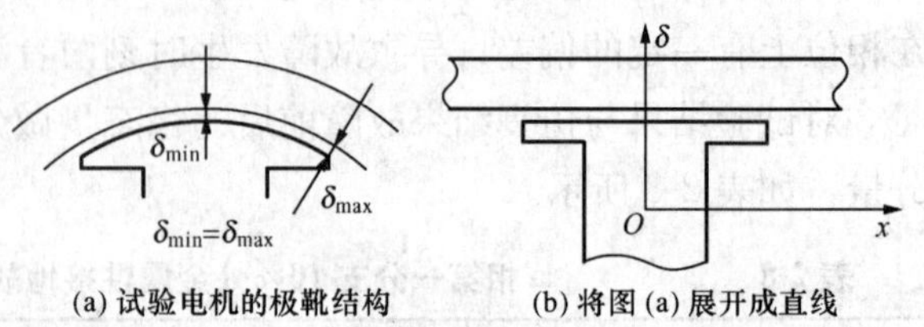

图2-17 12kW样机极靴处气隙尺寸示意图

若按上述的放大气隙的方法来等效铁心磁阻的影响，则在一定工况下，转子磁极下x位置处的等效气隙$\delta_{eq}(x)$取实际气隙$\delta(x)$的K_δ倍$[\delta_{eq}(x)=K_\delta\delta(x)]$，其中$K_\delta$为一常数。而实际上，磁通沿着转子磁极中部和磁极两侧在铁心内通过的路径长度不同，饱和情况也不同，更合理的等效气隙$\delta_{eq}(x)$应当为$\delta_{eq}(x)=\delta(x)+\delta_{iron}(x)$，其中$\delta_{iron}(x)$为铁心磁阻归算到气隙中的长度。显然，等效气隙$\delta_{eq}(x)$与实际气隙$\delta(x)$之比不是常数。

一个简单的近似处理办法是将极靴下的均匀气隙修正为非均匀的气隙，极靴两侧的气隙更大一些。表2-9给出了12kW试验电机正常空载运行下试验与仿真的结果。从结果上看，通过修正气隙（改为非均匀气隙）后仿真结果中的基波和3次谐波电压与试验值吻合得较好。但是注意，这个修正办法不是很严格。因为很难定量地说将气隙调整到什么程度是合理的。

表2-9 机端三相电压仿真结果与实验结果的对比

电压量		实验值(V)	采用均匀气隙计算的电压(V)	采用非均匀气隙计算的电压(V)
U_a	基波	219.4	238	214.2
	3次谐波	5.9	16.6	5.8
U_b	基波	222.4	238	214.1
	3次谐波	6.0	16.6	5.8
U_c	基波	220.3	238	214.1
	3次谐波	5.7	16.6	5.8

一个更为合理的修正方法是根据试验或者电磁场的仿真结果，分别对基波、3次谐波的饱和程度进行修正❶。

发电机空载运行情况下的修正方法如下：

（1）由发电机空载试验数据（或者通过稳态电磁场计算）分解得到关于基波电压和3次谐波电压的空载特性曲线，如图2-18所示。

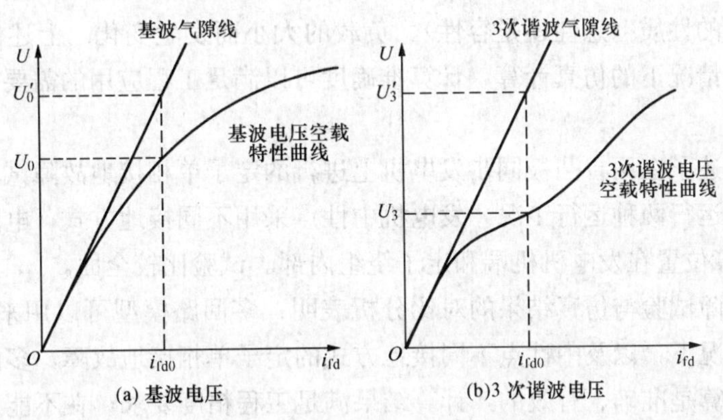

(a) 基波电压　(b)3次谐波电压

图2-18 发电机空载特性曲线

（2）先确定基波的饱和系数：按基波气隙线计算得到对应于i_{fd0}的相电压U'_0，然后根据基波电压空载特性曲线找到对应的U_0，则多回路分析法仿真计算中将实际气隙$\delta(x)$统一放大U'_0/U_0倍，即$K_\delta=U'_0/U_0$。

（3）在调整后的气隙下，计算出3次谐波电压值U'_3，再根据3次谐波电压空载特性曲线查到实际的电压U_3，得到修正系数$K_{r3}=U'_3/U_3$，将励磁绕组与定子绕组之间的3次谐波互感系数减小K_{r3}倍。

❶ 若直接用电磁场计算多回路模型中的电感参数，则无需再做修正，但是这种方法计算量太大。

按上述步骤修正了电感参数之后，在基波电压算得比较准确的同时，3 次谐波电压也能够算得比较准确。因为发电机定子绕组发生单相接地故障前后，发电机的饱和程度基本不变，所以这样处理在工程应用上是合理、可行的。这种方法同样适用于考虑铁心饱和对其他次谐波的影响。

图 2-19 给出了电磁场有限元方法计算得到的三峡电站 2 号水轮发电机的空载特性曲线。这组曲线可以用来修正三峡电站 2 号水轮发电机的定子单相接地故障的仿真计算。

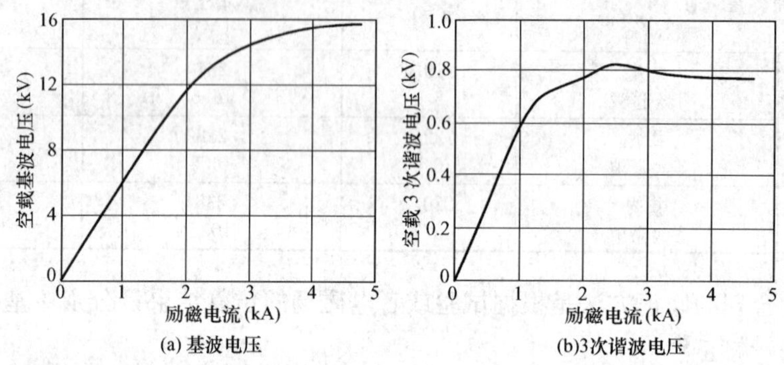

图 2-19　三峡电站 2 号水轮发电机的空载特性曲线
（电磁场有限元计算结果）

需要说明的是，当发电机并网负载运行时，由于电枢反应的影响，定子绕组 3 次谐波电压会随着负载的性质（感性还是容性）、负载的大小而发生变化。上述修正方法也可以应用到负载运行情况下的仿真计算，计算准确度可以满足工程应用的需要。

本节详细阐述了在两台凸极同步发电机上进行的定子单相接地故障试验。试验有单机空载、并网负荷运行两种运行工况，发电机中性点采用不同接地方式（电阻接地、电抗器接地），接地故障位置在发电机机端和定子绕组内部。试验比较全面。

通过接地故障试验与仿真结果的对比分析表明：多回路模型可以用来分析单机空载、并网负荷运行工况下，以及中性点不同接地方式的定子单相接地故障；多回路分析法对电压基波分量的计算是准确、有效的，计算结果满足工程精度要求；在不能忽略转子极靴局部饱和等影响时，需要在仿真计算中将发电机气隙或对相应的电感参数做修正，修正后可提高 3 次谐波电压的计算精度。

2.5　发电机中性点消弧线圈接地方式的规律[46]

本节以三峡电站 2 号发电机为研究对象，采用上述的多回路模型，分析中性点经消弧线圈接地情况下定子单相接地故障的暂态过电压和故障电流的规律。发电机的主要参数见附录三。电容参数来源于文献［17］，发电机每相定子绕组对地电容 $C_g=1.81\mu F$，计及发电机外接设备的对地总电容，每相为 $C_t=0.2\mu F$（估计值）。总的每相对地电容 $C_\Sigma=C_g+C_t=2.01\mu F$。

消弧线圈可以按电阻 r_n 与电感 L_n 的串联等值电路来等效。这里定义消弧线圈的合谐度 K 为消弧线圈工频情况下的感抗 X_L 与发电机定子绕组侧对地容抗 X_C 之比❶，即 $K=X_L/X_C=\omega L_n/(3\omega C_\Sigma)^{-1}$。定义阻尼率 $d=r_n/X_L$❶。另外，认为流过接地故障点的电流过零时可能发生熄弧，进行仿真计算时，假设燃弧一段时间（比如 2～3 个工频周期）之后电流过零出现熄弧。

2.5.1 消弧线圈串联电阻的影响

发电机中性点接地消弧线圈的等值电感取 $L_n=1/(3\omega^2C_\Sigma)=1.68\text{H}$，即 $K=1.0$；等值电阻 r_n 分别取 5，10，20，40，100Ω。假设机端 a 相电压达到峰值时发生燃弧故障，燃弧三个工频周期之后，当故障点电流接近为零时发生熄弧。以下分析不同 r_n 对熄弧电压恢复过程、重燃过电压以及对接地故障电流的影响。

一、串联电阻对熄弧电压恢复过程的影响

计算出发电机机端 a 相发生金属性接地故障后经历“燃弧→熄弧”的电压变化过程，如图 2-20 所示。图中颜色较浅的曲线为电压的仿真结果曲线，颜色较深的曲线为它们的包络线。

从仿真结果曲线看，消弧线圈接地方式下，定子单相接地故障在熄弧后，定子绕组对地电压有较明显的波动，出现“拍频”现象，并逐渐恢复正常。仿真结果曲线表明：

（1）消弧线圈等值电阻越大，熄弧后电压恢复的过渡过程时间越短；当 $r_n=40\Omega$，即阻尼率 $d=7.58\%$时，电压经过约 0.2s 就可以恢复到正常稳态值；

（2）消弧线圈等值电阻越大，熄弧后的电压波动幅度越小；当 $r_n=40\Omega$，即阻尼率 $d=7.58\%$时，机端 a 相电压在熄弧恢复过程中包络线的超调已被限制在 2%左右。

从物理概念上讲，当定子单相接地故障电流熄弧后，从“零序”回路看，消弧线圈的电感、电阻与定子绕组对地电容构成一个二阶的振荡回路，消弧线圈的电阻在这个振荡回路中起到阻尼的作用，也就是说消弧线圈的串联等值电阻可有效抑制故障点处电压恢复的电压超调量。“拍频”现象的发生，本质上也是串联谐振回路中，电感、电容的自然谐振频率与发电机电压工频频率相差很小，相互发生影响的结果。

二、串联电阻对重燃弧过电压的影响

由前面图 2-20 的仿真结果可知，故障点发生熄弧后，其恢复电压经过一段时间即可超过正常运行时的电压峰值，而且在相当长的时间段内，电压都超过了原来的峰值，在这些时间段上都有可能发生重燃。实际上，重燃时刻有很多不确定因素，不仅与电压相关，还和故障点处绝缘介质恢复的状况有关。通过分析发现，当电压恢复达到最大值时发生重燃弧，这时，在故障瞬间，非故障相的重燃弧过电压相对最严重❷。以下给出的重燃弧过

---

❶ 在定子绕组单相接地故障点熄弧后的电压恢复过程中，这里定义的合谐度 K 表征了发电机频率与电感电容的自然角频率之比的平方，即 $K=\omega^2L_n\times(3C_\Sigma)=\omega^2/\omega_0^2$，其中 $\omega_0^2=(3L_nC_\Sigma)^{-1}$ 为自然角频率；定义的阻尼率 d 表征了串联谐振回路的电压衰减程度。这样定义对暂态过程而言，物理概念清楚，详见文献［45］。注意：这个定义与有些参考文献上的定义不同。

❷ 文献［45］中还计算了其他时刻发生重燃的过电压情况，过电压相对要小一些。

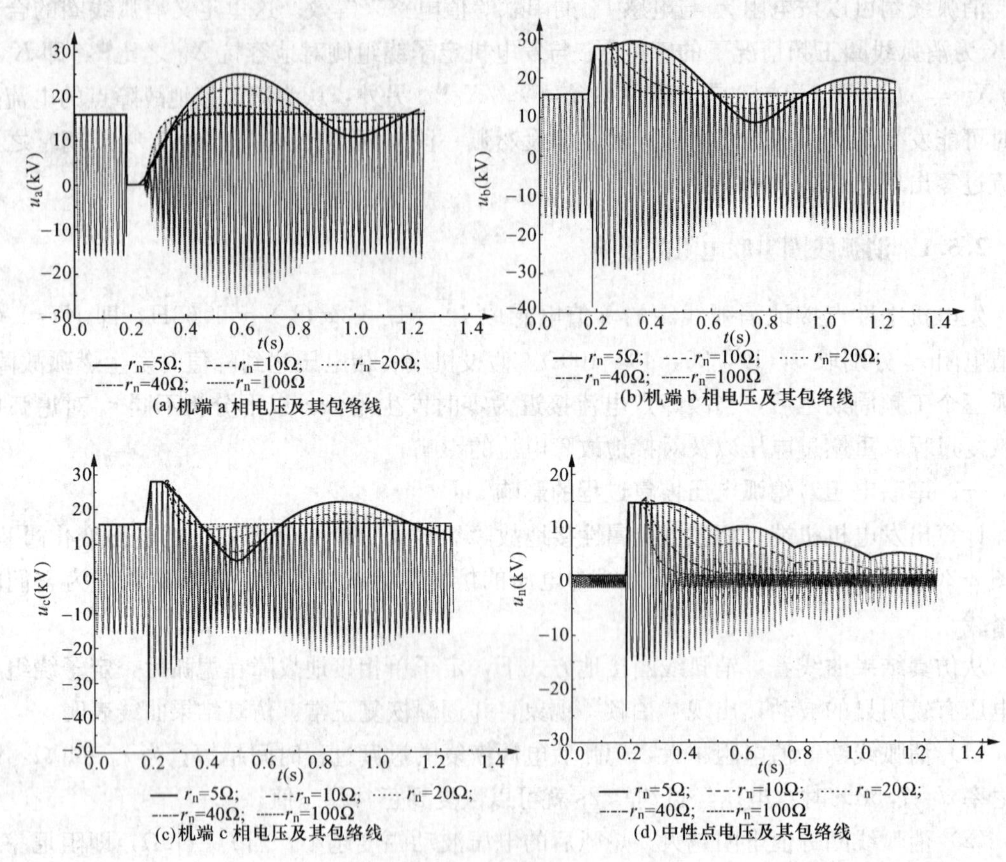

图 2-20　机端 a 相接地故障，机端三相电压和中性点电压燃弧、熄弧过程

电压都是在“电压恢复达到最大值时刻”的仿真结果。

如图 2-21 所示，为“正常→接地燃弧→熄弧恢复→重燃弧”过程的仿真结果，重燃弧发生时刻有可能在非故障相引起比单次燃弧情况下更高的尖峰过电压。

消弧线圈仍取不同的等值电阻，进行发电机机端 a 相金属性接地故障情况下的重燃弧的计算，计算的电压波形与图 2-21 相类似，这里不再给出。将计算的重燃弧时刻非故障相的尖峰电压整理一下，得到图 2-22 消弧线圈等值电阻与重燃弧尖峰过电压之间的关系曲线。

计算结果表明：适当增加消弧线圈串联等值电阻有助于减小暂态过电压，但电阻增大到一定程度之后，这种减小暂态过电压的效果已不明显。从物理概念上看，随着电阻的增大，阻尼增大，故障点在熄弧后的电压恢复的最大值也就越小；也就是说，在重燃弧初始状态中，故障相的电容储能也就越小，当发生重燃时，电容电流突然的充放电引起的电压冲击自然也就越小。这同时显示出消弧线圈等值电阻具有耗散燃弧的冲击能量的作用。

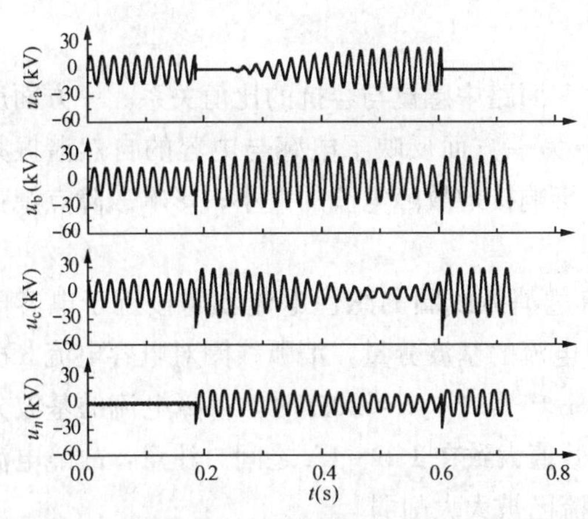

图 2-21 机端 a 相间歇性接地故障，机端三相电压和中性点电压的仿真结果曲线（消弧线圈的参数：$K=1.0$，$r_n=5\Omega$）

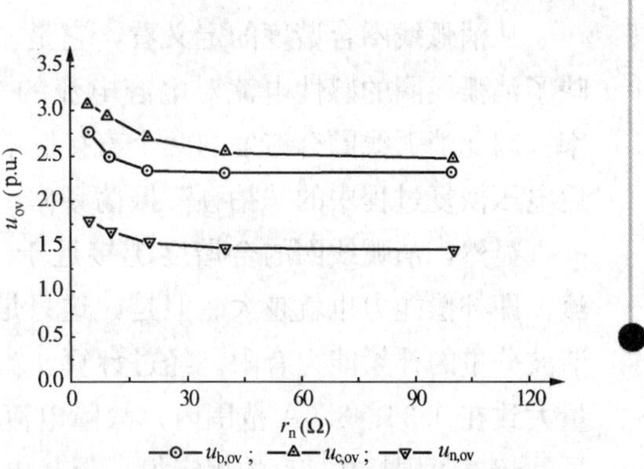

图 2-22 消弧线圈等值电阻与重燃弧尖峰过电压之间的关系曲线

三、串联电阻对稳态接地故障电流的影响

仍对机端 a 相金属性接地故障做分析，消弧线圈取不同的等值电阻，故障后，故障点的接地电流的稳态值如表 2-10 所示。

表 2-10 **消弧线圈等值电阻与故障电流（稳态值）之间的关系**

电阻 r_n (Ω)	故障电流			
	有效值 (A)	基波 (A)	3 次谐波 (A)	5 次谐波 (A)
5	1.432	0.113	1.427	0.039
10	1.437	0.167	1.427	0.039
20	1.471	0.355	1.428	0.039
40	1.701	0.922	1.429	0.040
100	3.348	3.025	1.435	0.040

从仿真结果看，随着中性点消弧线圈电阻的增加，故障电流的有效值和基波都有所增加，电流的 3 次谐波分量和 5 次谐波分量则变化不大。这是因为，电阻增加，流过中性点消弧线圈的有功电流分量会增加，消弧线圈补偿电容电流的程度下降。对 3 次谐波而言，消弧线圈等值电感的感抗是对应基波情况下感抗的 3 倍，等值电阻小范围的增加相对消弧线圈 3 次谐波的感抗影响很小，因此故障电流的 3 次谐波含量基本不变。

值得注意的是：

（1）即使接近完全补偿，故障电流有效值也不小于 1A，因为 3 次谐波电流很难补偿；

（2）中性点消弧线圈等值电阻在 40Ω 以上时，故障电流的基波分量将逐渐超过 3 次谐波分量。

当然，上述的仿真只是针对发电机单机空载情况，实际上，发电机 3 次谐波电压随着发电机运行工况的不同，会有一些变化。因此，故障电流的 3 次谐波分量也应当随工况而不同。另外，上面的仿真没有对 3 次谐波做适当的修正，因此，仿真的 3 次谐波分量的结果与实际相比可能偏大。

2.5.2 消弧线圈合谐度的影响

从消弧线圈合谐度的定义看，它是“零序”回路中感抗与容抗的比值关系。一方面反映了消弧线圈的感性电流对电容电流的补偿；另一方面反映了电感与电容的自然谐振频率。因此消弧线圈合谐度的两个直接影响是：影响接地故障电流的大小；影响故障点熄弧后电压恢复过程中的“拍频”振荡频率。

显然，消弧线圈的合谐度越接近于1，流过消弧线圈的感性电流就越接近于电容电流，即补偿能力也就越大。但是，这只是针对电流的基波分量，消弧线圈对电容电流3次谐波分量的补偿能力有限。经过计算，当$K=1.0\sim1.2$、$r_n=20\Omega$时，故障电流的基波分量大致在0.36～3.6A范围内，故障电流的有效值大致在1.5～4A之间。注意，故障电流虽然超过了国标中1A的规定值，但是电容电流已被大大削弱。

另一方面，消弧线圈的合谐度越接近于1，电感电容的自然谐振频率就越接近于发电机电压的工频频率，这就是说，故障点熄弧后电压恢复过程中电压的包络线波动频率小。

2.5.3 发电机频率偏移的影响

发电机中性点经消弧线圈接地方式中必须考虑发电机频率偏移带来的影响。当发电机突加负载、突卸负载（甩负荷）、启动、停机操作时，发电机频率会发生偏移，此时发生定子接地故障属于重复性故障，概率很低。但该故障情况下，重燃弧的暂态过电压可能很高，必须予以考虑。

一、对熄弧电压恢复过程的影响

当消弧线圈的参数确定下来之后，消弧线圈电感与发电机侧对地电容之间的自然谐振频率也就确定下来。当发电机频率偏移，故障点熄弧后，恢复电压的“拍频”频率也会有所改变。另外，发电机频率偏移之后，消弧线圈电感的感抗发生变化，而消弧线圈自身的电感不随频率改变而改变，所以阻尼率会发生变化。这些因素将直接影响熄弧电压的恢复过程。

这里消弧线圈取$K=1.0$、$r_n=20\Omega$，仍以发电机机端a相金属性接地故障为例，仿真时，不同频率x下励磁电压取不同值（$u_{fd,x}=u_{fd,50}\times50/x$，其中$x$在40～60Hz范围内取值），这样近似保证发电机空载电压仍为额定值。图2-23～图2-25分别是机端a相、b相

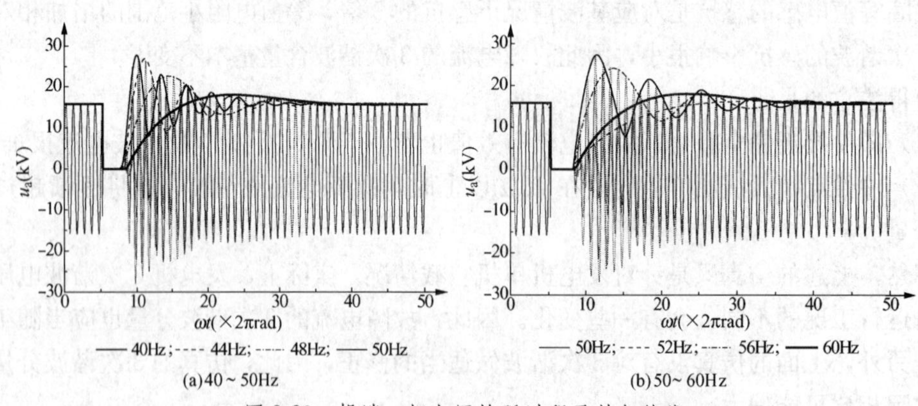

图2-23 机端a相电压熄弧过程及其包络线

和 c 相电压熄弧恢复过程的仿真结果。为比较不同频率下的电压过渡过程，这些结果以电角度［单位为 rad（弧度）］为横坐标，图中颜色比较浅的曲线为电压波形，其余为包络线。

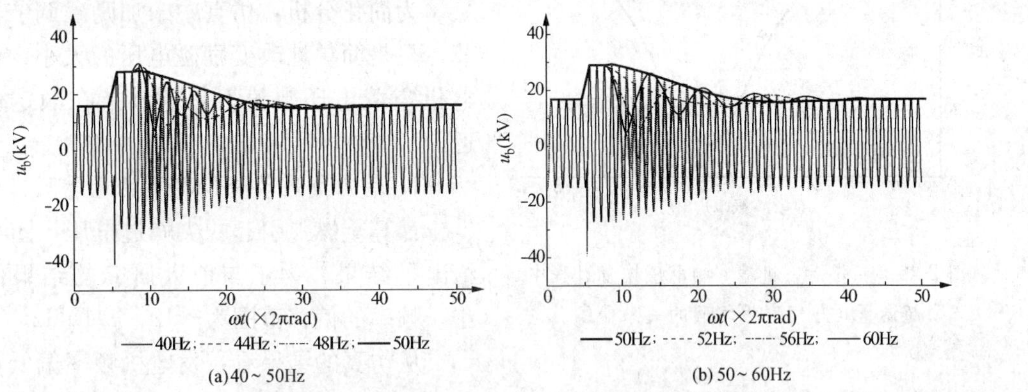

图 2-24 机端 b 相电压熄弧过程及其包络线

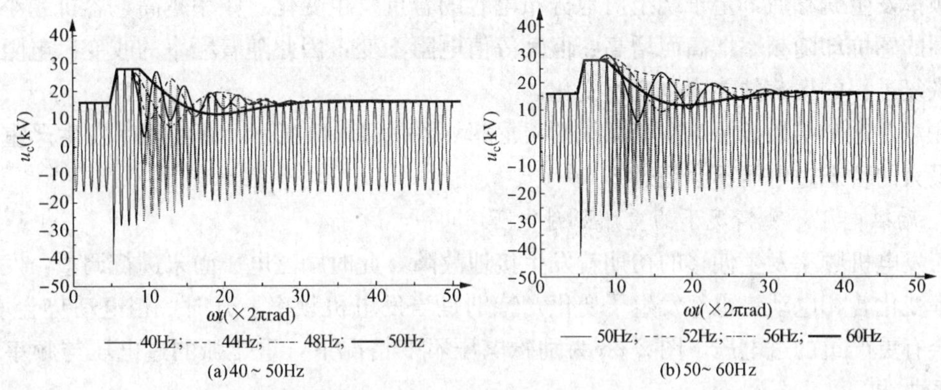

图 2-25 机端 c 相电压熄弧过程及其包络线

上述结果中机端 a 相电压恢复过程的超调量与频率之间的关系如图 2-26 所示。

仿真结果显示频率偏移影响熄弧电压的恢复过程，有如下一些规律：

（1）频率偏低和频率偏高都会使电压在恢复过程中产生明显的振荡，从电压的包络线来看，电压出现明显的超调；但这不是以额定频率 50Hz 为“对称”中心的，52Hz 频率附近电压振荡比 50Hz 情况更小❶；

（2）频率偏低和偏高，机端三相电压在熄弧恢复过程中振荡的周期数均略有增加，但是差别不大，即基本上经过大致同样的周期数后，电压都进入了稳态。

二、对重燃弧过电压的影响

仍以机端 a 相金属性接地故障为例，消弧线圈参数取：$K=1.0$，$r_n=20\Omega$。考虑两种

❶ 若用简单的 TNA 模型分析熄弧电压恢复过程，可以发现电压超调的结果基本上是以额定频率 50Hz 为“对称”中心的，与多回路分析的结果不相符，但规律基本上还是一致的。

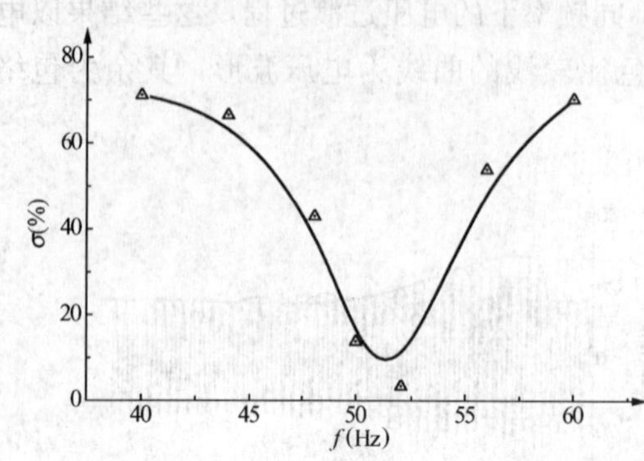

图 2-26　熄弧后，机端 a 相电压恢复过程中超调量 σ 与频率 f 之间的关系曲线

情况：①发电机频率改变后，励磁电压在励磁调节器的作用下发生改变；②发电机频率改变后，励磁电压不变。

为简化分析，仿真中未加励磁调节器环节，只是简单地改变励磁电压的大小，使发电机空载电压数值上仍然维持在额定值附近。

1. 励磁电压改变情况下的重燃弧过电压

计算重燃弧引起的尖峰过电压，图 2-27 给出了结果。为了与前人研究的结果做对比，频率的偏移范围为－10～＋10Hz。

从仿真的结果看，发电机频率偏低和偏高的情况下发生单相接地重燃，重燃弧的过电压都有可能增加。严重偏移情况下的重燃弧过电压数值可能很高。图 2-27 与图 2-26 的规律相似。之所以有这样的规律，是因为当发电机频率发生偏移后，定子绕组对地分布电容的容抗发生变化，频率越高，容抗越小；消弧线圈的感抗却随频率增高而增高，但其等值电阻不变，因此随着频率的改变，电阻抑制电压恢复过程的振荡的能力也有所变化。

注意：这个结果显示，在消弧线圈阻尼率 d 约为 4%情况下，即使频率发生严重的偏离，最大的暂态过电压不会超过 3.6p.u.。

2. 励磁电压不变情况下的重燃弧过电压

若发电机频率发生偏移的初期就发生接地故障，此时励磁电压尚未进行调整，发电机因频率变化各相电动势也都发生了变化，特别是当发电机频率上升时，相电动势会增加，可能会有更严重的过电压。图 2-28 为励磁电压不变情况下，重燃弧的过电压与频率之间的关系曲线。

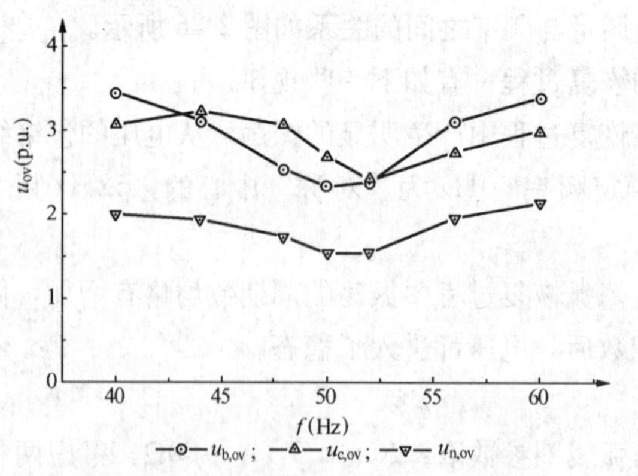

图 2-27　重燃弧过电压 u_{ov} 与频率 f 之间的关系曲线

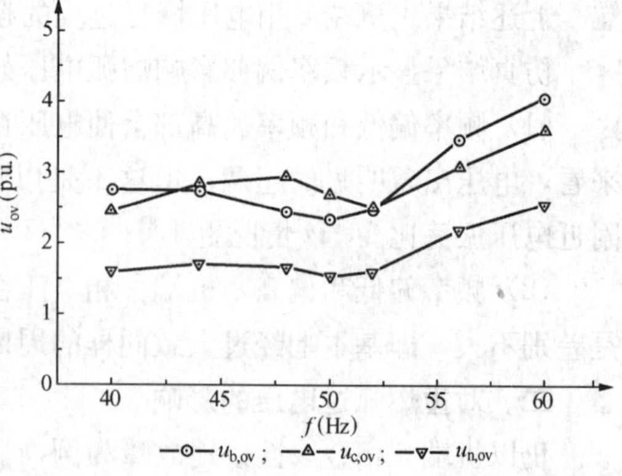

图 2-28　励磁电压不变情况下，重燃弧过电压 u_{ov} 与频率 f 之间的关系曲线

很明显，在频率比较低的时候，由于相电动势降低，因此重燃弧的过电压不会很高。注意，频率偏至60Hz时重燃弧的过电压可达4.07p.u.，这是比较严重的。

2.5.4 不同燃弧时刻接地故障电流的规律

以上对燃弧故障的分析，是假设故障前故障点的电压达到峰值的时候发生接地故障。实际上，何时燃弧是不确定的，在电压峰值附近也有可能发生燃弧。下面对电压达到峰值的附近时刻发生的接地故障做仿真计算。

设机端a相金属性接地故障，以u_a为基准，一个时间周期划分为360°，0°时u_a过零，90°时u_a达到最大值，故障时刻对应的角度称之为故障时刻角φ。

仍以三峡电站2号发电机为例，消弧线圈参数为：$K=1.0$，$r_n=20\Omega$。图2-29为不同故障时刻角情况下的接地故障电流的仿真结果。

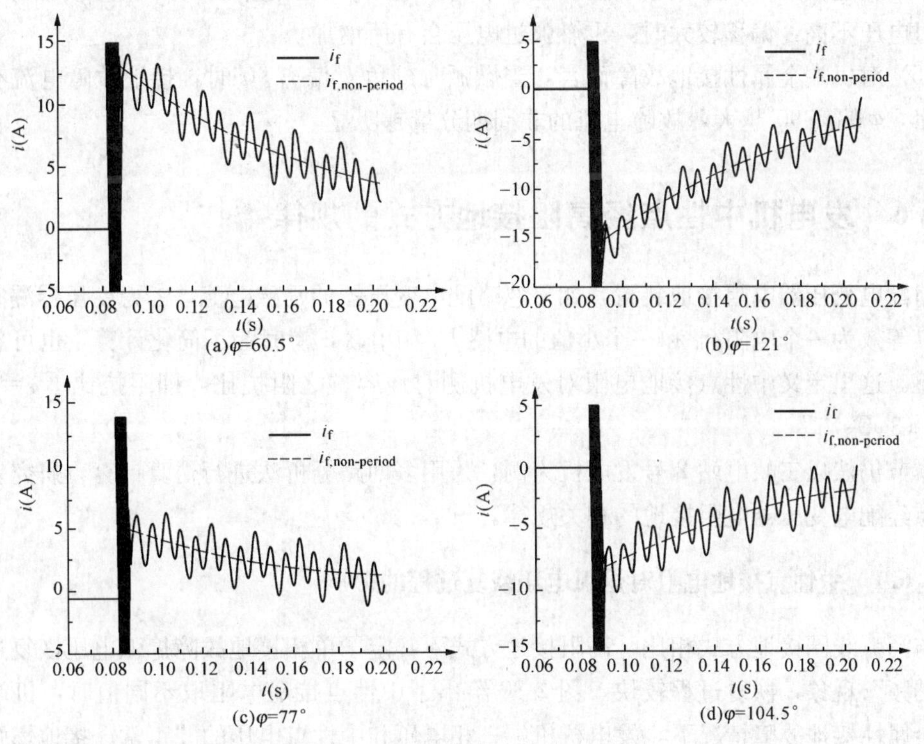

图2-29 不同故障时刻角情况下的接地故障电流的仿真结果[❶]

很明显，当故障时刻角φ偏离90°时，接地故障电流有一明显的非周期衰减分量，而且角φ偏离90°越大，非周期分量的绝对值越大。另外，当角φ在90°两侧对称时，非周期衰减分量是正负对称的。注意：由于仿真时，时间点是离散的，这里的仿真选取的故障时刻角未能在90°两侧完全对称。

❶ 实际上，若考虑弧道电阻不会太小，则故障电流会更小，并且燃弧瞬间电流不会有明显的高频振荡波形。

另外，需要说明的是，虽然故障电流的非周期分量使得故障电流较稳态时有明显增加，但是，这个非周期过程持续时间仅 0.2s 左右，相对时间短。

通过采用多回路分析法，对三峡电站 2 号水轮发电机中性点经消弧线圈接地情况下，定子单相接地故障进行了大量仿真计算。分析结果表明：

(1) 消弧线圈等值电阻对熄弧电压恢复过程、故障电流以及重燃弧过电压有明显影响，适当增大电阻将减小熄弧电压恢复过程中的电压超调，有效地降低重燃弧的过电压，但是，增加电阻会使故障电流有所增加；

(2) 消弧线圈很难补偿故障电流的 3 次谐波分量；

(3) 消弧线圈的合谐度同样影响熄弧电压恢复过程，电阻不变而增加合谐度实际上就是减小了阻尼率，会使熄弧电压恢复的超调量增加，同时可能引起较大的重燃弧过电压；合谐度不能太大，否则电容电流不能很好的补偿，失去了消弧线圈的优点；

(4) 发电机频率发生偏移，会明显影响熄弧电压恢复的过程，频率偏移较小时，重燃弧的过电压不高，偏移较大时，重燃弧过电压会有所增加；

(5) 对机端金属性接地故障而言，当燃弧时刻角 φ 偏离 90°时，接地故障电流有非周期分量，φ 偏离 90°越大，故障电流的非周期分量越明显。

2.6 发电机中性点经高阻接地方式的规律[47]

对配电变压器电阻接地装置，如果忽略配电变压器的励磁电流，考虑变压器漏感，可以将其等效为一个电阻 r_n 和一个小值的电感 L_n 相串联，有时为了简化计算，也可忽略这个电感。这里定义中性点接地电阻对发电机侧对地容抗之阻抗比，即阻抗比 $K_R=r_n/X_C=r_n/(3\omega C_\Sigma)^{-1}$。

本节仍然以三峡电站 2 号发电机为例，采用多回路分析法进行仿真计算，研究发电机中性点经配电变压器电阻接地的相关规律。

2.6.1 中性点接地电阻对熄弧电压恢复过程的影响

与消弧线圈接地方式相比，高阻接地方式下，定子单相接地故障熄弧电压恢复过程没有“拍频”现象，恢复过程较快。图 2-30 给出了中性点接地电阻取不同值时，机端 a 相发生金属性接地故障情况下，发电机机端三相电压和中性点电压的“正常→接地燃弧→熄弧恢复”过程的仿真结果。仿真时假设机端 a 相电压达到峰值时发生首次燃弧，燃弧持续 2 个周期后，当故障点接地电流过零时，出现熄弧，电压开始恢复。

仿真结果表明：中性点接地电阻越大，熄弧后电压恢复的过渡时间越长，恢复电压的峰值也越高。实际上，中性点接地电阻是电容的一个放电支路，电阻越大，中性点电压就越难快速地恢复到正常值。

值得注意的是：如果中性点采用较大的接地电阻，那么熄弧电压恢复时，恢复电压将超出正常运行时的电压峰值。而且，电阻越大，电压超出越多。另外，故障点处的熄弧恢复电压基本上经过 1/4 周期就可以恢复到最大值，恢复速度很快，因此重燃的可能性很大。

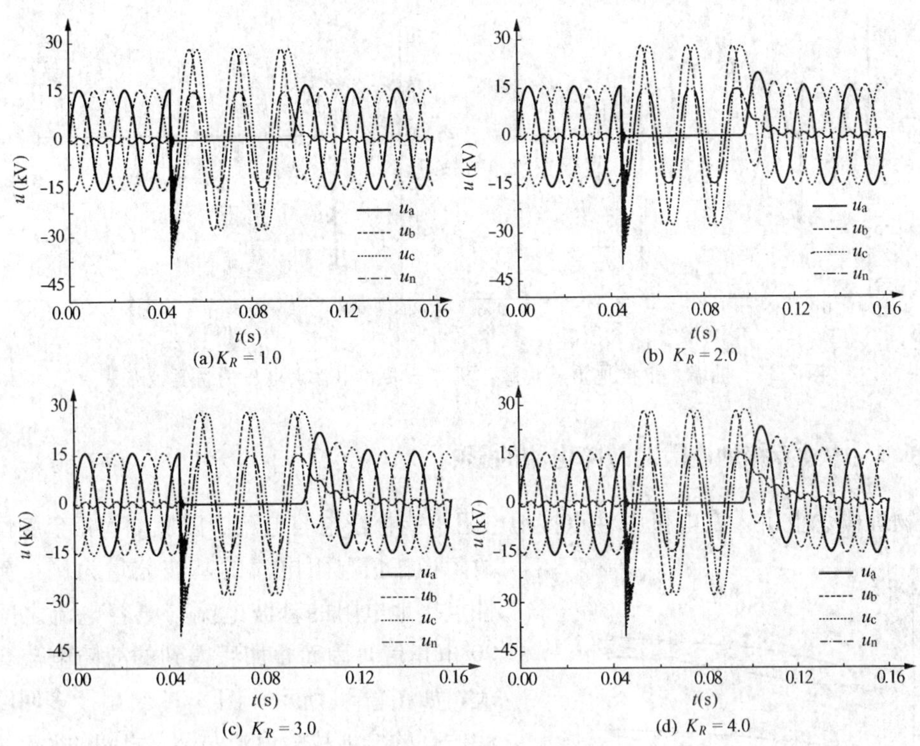

图 2-30　机端 a 相接地故障，机端三相电压和中性点电压的仿真结果❶

2.6.2　中性点接地电阻对重燃弧过电压的影响

故障点熄弧后定子绕组各处电压在几个周期内就可以迅速恢复到稳态，此时再发生燃弧将和单次燃弧情况相同。因此这里只需要考虑电压尚未恢复到稳态时就发生的重燃。正如分析经消弧线圈接地方式时所说的一样，何时发生重燃的影响因素很多，有很多不确定性。为研究上的方便，认为在熄弧后的两个时刻最有可能发生重燃：①电压恢复到原来稳态时的电压峰值时；②电压恢复到最大值时。

对这两个时刻重燃做了仿真计算，考虑到后一种情况下的暂态过电压更大，限于篇幅，下面若未做说明，都是指“电压恢复到最大值时”发生重燃的仿真结果。

图 2-31 为不同中性点电阻情况下，机端三相电压和中性点电压的仿真波形。这里只给出了阻抗比 K_R＝1.0，4.0 的仿真结果，K_R＝2.0，3.0，5.0 等情况下的仿真波形与此相类似，限于篇幅，不再给出。

整理中性点接地电阻取不同阻值情况下的重燃弧过电压，得到重燃弧过电压与中性点接地电阻之间的关系曲线。如图 2-32 所示。

仿真结果表明：随着 K_R 的减小，即中性点接地电阻的减小，重燃弧过电压可以得到有效的抑制。中性点接地电阻阻值较大时，过电压也不会超过 3.5p.u.。

❶　若考虑弧道电阻的影响，燃弧瞬间尖峰过电压会更小，且瞬间电压不会有明显的高频振荡过程。

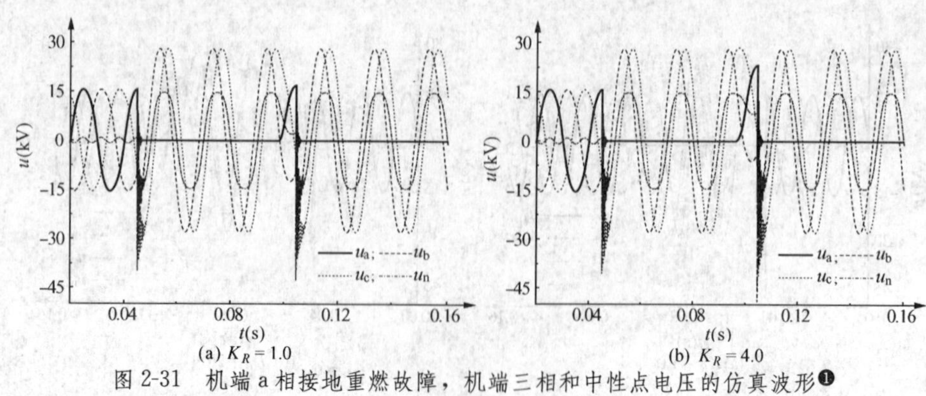

图 2-31 机端 a 相接地重燃故障，机端三相和中性点电压的仿真波形❶

2.6.3 中性点接地电阻对故障电流的影响

从物理概念上讲，发电机中性点接地电阻不能补偿电容电流。以机端 a 相金属性接地故障稳态情况下电流的基波分量为例，流过中性点接地电阻的基波电流与电容电流之间相差 90°电角度，因而叠加后得到的故障电流会比较大，如图 2-33 所示。图 2-34 给出了多回路分析法仿真的接地故障电流与 K_R 之间的关系曲线。

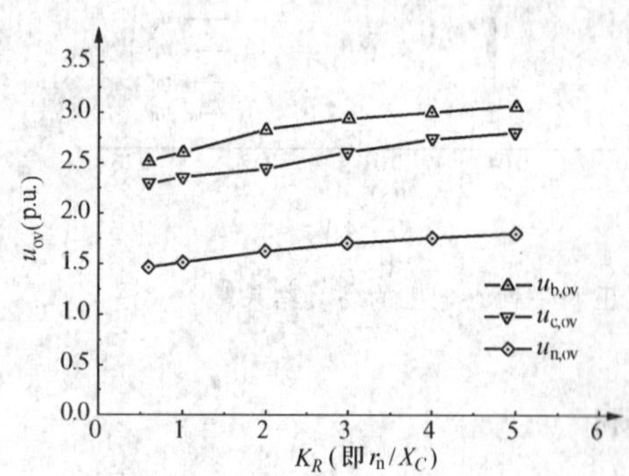

图 2-32 机端 a 相接地故障，重燃过电压与中性点接地阻抗比之间的关系曲线

显然，随着 K_R 增大，即中性点接地电阻的增大，故障点接地电流的有效值、基波分量、3 次谐波分量都会减小，但减小的程度逐渐趋缓；5 次谐波分量变化很小。

另外，与消弧线圈接地方式不同，燃弧后，故障电流几乎立刻进入稳态，燃弧时刻角 φ 不等于 90°时，不会引起故障电流非周期分量的出现。

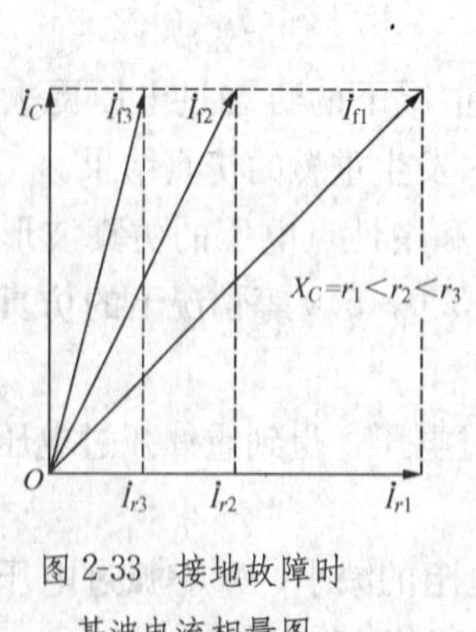

图 2-33 接地故障时基波电流相量图

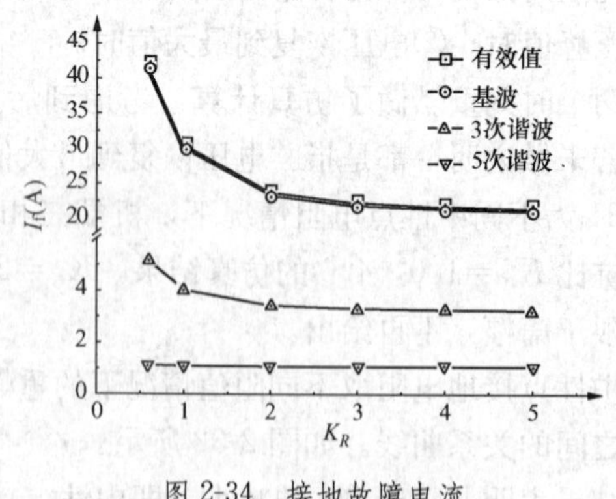

图 2-34 接地故障电流与阻抗比的关系曲线

❶ 若考虑弧道电阻的影响，燃弧瞬间尖峰过电压会更小，且瞬间电压不会有明显的高频振荡过程。

2.6.4 发电机频率偏移的影响

发电机频率发生偏移时，因为对地电容容抗发生变化，电容电流也会发生变化，因此接地故障电流也就会有所改变。

前面分析了发电机中性点经消弧线圈接地情况下，发电机频率偏移对熄弧电压恢复的影响。与之相比，中性点经高阻接地方式下的熄弧电压恢复受发电机频率偏移的影响不大，这里不再给出熄弧电压恢复的仿真结果。

发电机中性点接地电阻取两种值，其阻抗比分别为 $K_R=1.0$ 和 $K_R=4.0$。仍以机端 a 相发生间歇性接地故障为例。

1. 发电机励磁电压改变情况下的仿真结果

设重燃弧期间，发电机励磁电压已发生改变，使得发电机单机空载电压基本保持在空载额定电压的数值上。取励磁电压 $u_{\mathrm{fd},x}=50\times u_{\mathrm{fd},50}/x$，其中 $x=40$，46，48，50，52，56，60。图 2-35 为重燃弧过电压与发电机频率之间的关系曲线。

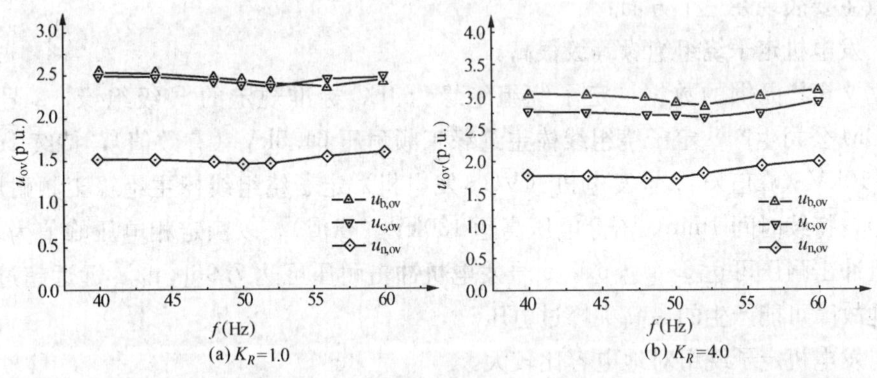

图 2-35 机端 a 相接地故障，重燃弧过电压与发电机频率之间的关系曲线

从计算的结果看，过电压基本保持一条水平线。这表明当发电机频率发生偏移，若发电机励磁调节使得相电动势基本维持不变的话，那么频率变动对中性点经高阻接地时的暂态过电压影响不大。另外，不同中性点接地电阻，重燃弧过电压与频率之间的关系曲线的规律是相似的，同样频率下，中性点接地电阻越大，相应的重燃弧过电压越高。

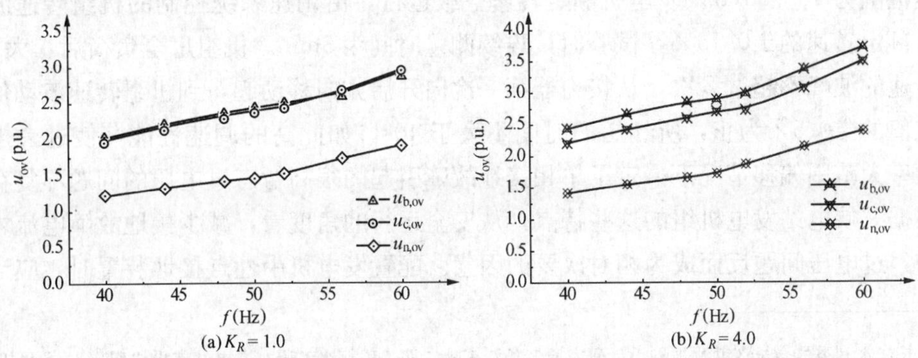

图 2-36 机端 a 相接地故障，重燃弧过电压与发电机频率之间的关系曲线

2. 发电机励磁电压不变情况下的仿真结果

设重燃弧期间，发电机励磁电压维持不变。图 2-36 为重燃弧过电压与发电机频率之间的关系曲线。

从仿真的结果看：发电机频率向上偏移越大，即转速越高，则发电机相电动势增大，相应的重燃弧暂态过电压也就越大；发电机频率向下偏移越大，则相反，重燃弧暂态过电压就越小。另外，不同中性点接地电阻，重燃弧过电压与频率之间的关系曲线的规律相似，同样频率下，中性点接地电阻越大，相应的重燃弧过电压越高。

2.7 三峡电站大型发电机中性点接地方式的选择

2.7.1 三峡电站大型发电机组的特点

三峡电站大型发电机组有其自身的特点，就与发电机中性点接地方式有关的问题而言，特点主要表现在三个方面：

(1) 发电机定子绕组绝缘等级很高。

根据文献❶提供的数据，定子绕组绝缘为 IEC 标准规定的 F 级绝缘，2 号发电机（ALSTOM 公司生产）定子绕组线棒主绝缘工频耐压 61.5kV（有效值），持续 1min，击穿电压 110kV（峰值）；5 号发电机（VGS 发电机）定子绕组线棒主绝缘工频耐压 80kV（有效值），持续时间 1min，击穿电压高达 130kV（峰值）。以额定相电压峰值为基值，2 号发电机冲击耐压可达 6.74p.u.，5 号发电机冲击耐压可达 7.96p.u.，远远超过机端金属性接地故障可能产生的最高尖峰过电压。

(2) 发电机定子绕组对地电容比较大。

根据文献❶提供的数据，2 号发电机、5 号发电机定子绕组对地电容分别达到了 2.03、1.35μF，考虑发电机外部设备一次侧对地电容 0.2μF（估计值），则发电机机端金属性接地故障时，电容电流可分别达到 24、17A。可见，电容电流较大。

(3) 机组调速性能很好。

根据文献❶提供的数据，三峡电站机组的调速性能指标很高。在转速控制方式下，转速调整范围为 45～55Hz。发电机额定转速空载运行，由调速系统控制的机组转速波动值不超过额定转速的±0.15%，试验时，连续测量时间为 3min。机组甩全负荷后，大于 3% 额定转速的波峰不超过 2 次，从接力器第一次向开启方向移动起，到机组转速波动值不超过额定值的±0.5%为止，所经历的时间不大于 40s。如此高的调速性能，使过去担心发电机频率大范围偏移情况下，定子单相接地故障引起的很高暂态过电压的问题不复存在。

根据三峡电站发电机组的这些特点，从安全运行的角度看，减少接地故障电流才是最关键的，过电压问题反而成为相对次要的因素。配置发电机中性点接地装置时，应当考虑

❶ 长江水利委员会长江勘测规划设计研究所．长江三峡二期工程枢纽工程左岸电站首批机组（2、5 号机）启动验收，左岸电站机电设计报告．2003。

这些特点。

2.7.2 三峡电站大型发电机中性点现有接地方式及参数

在进一步分析之前，我们首先看一下当前三峡电站 2 号发电机与 5 号发电机的中性点接地方式和接地装置的参数，见表 2-11。

表 2-11 三峡电站 2、5 号发电机中性点接地方式及参数

发电机		2号发电机	5号发电机
接地方式		配电变压器电阻接地	配电变压器电阻接地
接地变压器参数	二次侧所接电阻	$R'_n=0.963\Omega$	$R'_n=1.42\Omega$
	变比	$n_V=\frac{20kV}{\sqrt{3}}\Big/480V$	$n_V=\frac{20kV}{\sqrt{3}}\Big/500V$
	折算至一次侧的电阻	$R_n=557.3\Omega$	$R_n=757.3\Omega$
电容参数	定子绕组一相对地电容	$C_g=2.03\mu F$	$C_g=1.35\mu F$
	外部一相总的对地电容	$C_t=0.2\mu F$（估计值）	$C_t=0.2\mu F$（估计值）
	总的一相对地电容	$C_\Sigma=C_g+C_t=2.23\mu F$	$C_\Sigma=C_g+C_t=1.55\mu F$
阻抗比		$K_R=R_n/(3\omega C_\Sigma)^{-1}=1.17$	$K_R=R_n/(3\omega C_\Sigma)^{-1}=1.11$

这里需要提一下，文献［17］曾指出："当发电机中性点接地电阻值等于或近似于从发电机中性点看入的对地容抗值时，限制定子一点接地故障时的定子绕组弧光暂态过电压和接地电流的综合性能比较好"。按国内外通行的做法，为限制定子接地重燃弧过电压小于 2.6p.u.，选取中性点接地电阻时要求阻抗比 $K_R\leqslant1.0$。从表中看，参数 K_R 虽然大于 1.0，但都在 1.0 附近，说明三峡电站机组基本上还是按照通行做法去做的。

有了这些参数，我们再回顾本章 2.1.3 节中提到的选择大型发电机中性点接地方式应当重视的三个原则。以下我们将从这三个原则出发，分析三峡电站大型发电机的中性点接地方式。

2.7.3 接地故障电流不应伤及定子铁心

大型发电机定子铁心检修比较麻烦，停机时间长，会造成相当大的直接和间接经济损失，为此，必须将接地故障电流限制在一个合理的安全允许值之内。定子铁心烧损的程度和接地故障电流有效值的平方及故障电流的持续时间成正比，故障电流在故障点处产生的能量为 $I^2_{f,rms}r_ft$[7]。为避免接地故障电流伤及铁心，首先应减少故障电流，这是最根本的方法；其次是减少燃弧持续时间。由于断路器跳闸之后，故障电流仍然存在且不断衰减，故障电流的持续时间与灭磁速度直接相关，很难限制在很短的时间内。

1995 年 5 月在北京召开的"三峡工程发电机组中性点接地方式专题学术讨论会"上，对三峡电站机组提出："对于单相接地故障，定子铁心不用修复"[9]，即任何对定子铁心的"轻微损坏"也是不允许的。

从前面介绍的数据看，以目前的配置，机端金属性接地故障后，2 号与 5 号发电机故

障电流可分别达到30、24A以上，不仅远远超出国家标准GB 14285—1993推荐的发电机接地故障电流的允许值（1A），甚至不能满足美国等国家提出的“中性点高阻接地将故障电流限制在15～20A，以减轻对定子的破坏”的要求。

值得注意的是，文献［17］给出了一个与当前实际方案不同的选型结果，根据其选择的参数，$K_R=4.37$，可使流过中性点电阻的电流不超过5A，一定程度上降低了接地故障电流，值得参考。不过，故障点电流仍然很大，无法满足我国国家标准，无法满足三峡工程“对于单相接地故障，定子铁心不用修复”的要求。

另外，ABB公司在二滩水电站配置中性点接地电阻时，也采用了这种思路，很重视限制机端单相接地故障电流，其《变压器及发电机保护的使用说明书》中只字未提限制动态过电压问题，但推荐流过发电机中性点接地电阻的电流小于5A。最终配置中性点接地电阻时K_R取值2.0以上。

反过来再看消弧线圈接地方式。

我们知道，补偿电容电流、大大降低接地故障电流正是消弧线圈的基本功能。

美国AIEE的报告，以及IEEE C62.92—1989都明确指出，发电机中性点消弧线圈可以将接地故障电流限制在很小的范围内，同时限制机械应力的损伤。美国New England系统的发电机采用中性点经消弧线圈接地方式，几十年的运行资料证明该接地方式可靠，由于电容电流被补偿，虽发生过接地故障，但定子铁心从未烧坏过，定子绕组的绝缘损坏也很小，更没有发展为相间或匝间短路。

从前面多回路模型的仿真结果看，消弧线圈在接近完全补偿的情况下，可将故障电流的基波分量限制在1A以下，即使考虑电流3次谐波分量的影响，故障电流的有效值也远远小于高阻接地情况下的值❶。另外，虽然故障电流在过渡过程中可能含有非周期分量，导致故障电流增加，但过渡过程时间不长。

简言之，仅从接地故障电流的要求看，在大型发电机电容电流比较大的情况下，中性点经高阻接地已无优越性。唯一可能的出路是采用经消弧线圈接地。当然，正确选择消弧线圈的参数还是比较复杂的。

2.7.4 重燃弧过电压不能危及绝缘

发电机中性点采用高阻接地还是采用消弧线圈接地，定子单相接地重燃弧的过电压是一个必须考虑的因素。中性点接地的一个目的就是要降低这种重燃弧的过电压，使之不能危及定子绕组非故障部分的绝缘。

发电机中性点经消弧线圈接地可明显减小故障电流，但长期以来人们普遍担心谐振接地方式会导致危险的过电压。这种担心实际上是对过电压问题缺乏深入认识造成的。考虑到发电机频率发生偏移会对消弧线圈接地方式下的过电压产生影响，以下分两种情况论述发电机中性点两种接地方式的优劣。

---

❶ 若其故障电流为高阻接地情况下故障电流的1/10，考虑到发热与电流有效值的平方相关，这意味着在同样的接地故障情况下，同样的时间内，消弧线圈接地方式下的燃弧发热的能量仅为1/100。

一、发电机频率不变情况下的重燃弧过电压

首先看发电机高阻接地方式下的重燃弧过电压。

美国学者早在20世纪30～40年代就开始利用暂态网络分析仪（TNA），分析发电机中性点经高阻接地情况下的任意重燃次数的暂态过电压。图2-37中的虚线为TNA分析的结果，该结果在1953年AIEE的报告[6]中就提了出来，并一直沿用。图2-37中的实线则为多回路模型仿真结果的拟合曲线。

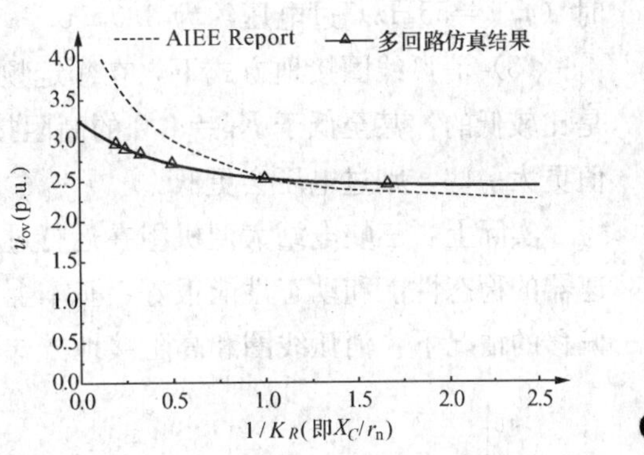

图2-37　发电机中性点接地阻抗比倒数与暂态过电压之间的关系

很明显，对中性点接地电阻比较小（即K_R比较小）的情况下，两者的结果基本吻合；在中性点接地电阻比较大的情况下，多回路模型仿真结果比TNA仿真结果要小。对中性点不接地的发电机，TNA仿真结果认为暂态过电压可达5p. u. 左右，而多回路仿真结果不超过3. 5p. u. 。根据这些年来对过电压的认识（参照第2. 2. 2节内容），我们认为，多回路模型的仿真结果比较接近实际，并且这也再一次说明了美国TNA模型过于理想，没有考虑一些实际因素，因而过高地估计了暂态过电压。

再看发电机中性点经消弧线圈接地方式下的过电压。

参照前面第2. 5. 1节多回路模型的仿真结果（图2-22），我们知道重燃弧过电压与消弧线圈串联等值电阻密切相关，只要串联电阻值合适，便可以有效地限制过电压，比如当$K=\omega L_n/(3\omega C_{\Sigma})^{-1}=1.0$、$r_n=40\Omega$，过电压即可不超过2. 6p. u. 。结果同时也表明：发电机中性点经消弧线圈接地情况下重燃弧的过电压并不比中性点经高阻接地情况下的过电压更高。

这里必须强调：配置消弧线圈应当重视串联电阻的作用，它是限制过电压的技术关键。

二、发电机频率发生偏移情况下的重燃弧过电压

整理第2. 5节与2. 6节的计算结果，这里将发电机中性点经高阻接地和经消弧线圈接地方式下的过电压计算值放在一起，为和前人的研究做对比，这里的频率偏移仍然取±10Hz。图2-38是在励磁电压随频率升高而降低（以保证机端电压维持在额定值）的情况下仿真得到的结果，图2-39则是励磁电压不变情况下的仿真结果。对于高阻接地，给出两种中性点接地电阻值，阻抗比分别为$K_R=1.0$和$K_R=4.0$。对于消弧线圈接地，参数为：合谐度$K=1.0$，$r_n=20\Omega$。

从仿真的结果看：

(1) 如果励磁电压不变，频率向上偏移（比如甩负荷引起）很大，则会有比较危险的过电压，以三峡电站发电机$f_{max}=55$Hz而言，消弧线圈和高阻（$K_R=4.0$）接地均为3. 5p. u. 左右。

(2) 如果励磁电压随频率增高而降低，中性点高阻接地和消弧线圈接地频率偏移很大

时（$f_{max}=55Hz$）过电压约为 3.0p.u.。

（3）消弧线圈接地方式下，在额定频率附近，即频率偏移不是很大的情况下，过电压是比较低的，甚至低于 $K_R=4.0$ 的高阻接地方式下的过电压。如果消弧线圈串联电阻取值更大一些，则过电压会更低。

实际上，三峡电站大型机组在运行过程中，频率不允许有±5Hz 以上的偏移。机组调速器的稳态性能和动态性能很好，基本上可将转速波动限制在±1.5Hz 内。频率在小范围偏移的情况下，消弧线圈和高阻接地方式下的过电压并不大，不足惧。

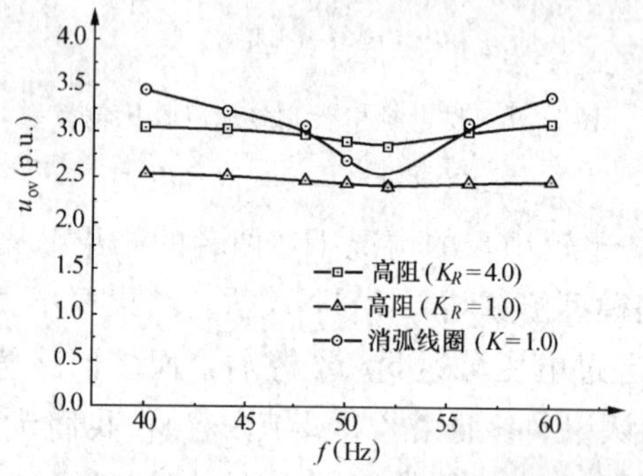

图 2-38　频率偏移与重燃弧过电压之间的关系（励磁电压随频率而调节）

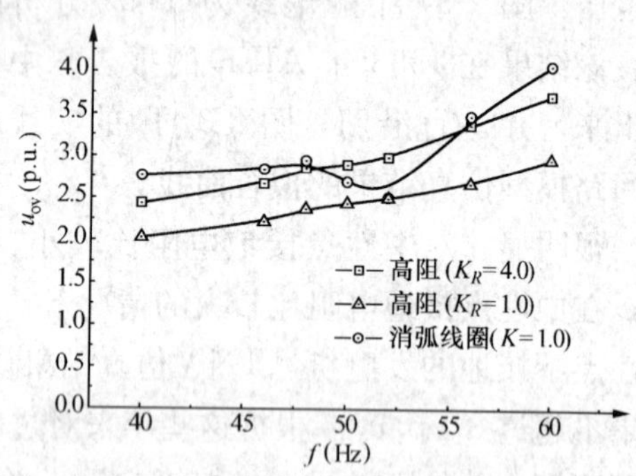

图 2-39　频率偏移与重燃弧过电压之间的关系（励磁电压不变）

2.7.5　两种接地方式的参数设置

一、高阻接地方式的参数设置

高阻接地方式下，发电机正常运行时，不会因三相电容不平衡引起中性点较大的位移电压；另外，当高压系统侧发生接地故障时，通过主变压器耦合电容传递至发电机的零序电压较小，定子接地保护误动可能性小，配置相对简单。

通常按以下原则配置：

（1）阻抗比 K_R 取值应在 1.0 附近，以限制发电机定子绕组接地重燃弧过电压，使其不超过 2.6p.u.；

（2）接地故障电流小于允许电流，或者尽可能的小；

（3）流过中性点接地电阻的电流（一次侧值）不超过 5A；

（4）尽可能增大 K_R，以增加定子接地保护的灵敏度，同时减小故障电流。

这几条原则是相互制约的。对定子绕组对地电容较小的发电机，配置电阻时容易满足上述四条原则。对电容比较大的发电机（比如三峡电站机组），接地故障电流不可能小于允许电流值，只能尽可能小。原则（2）、（3）和（4）相一致，通过增大 K_R，可以使流过中性点的电流不超过 5A，同时可以使接地故障电流有所降低，保护灵敏度增大。但是，增大 K_R 与原则（1）相矛盾，过电压有可能超过 2.6p.u.。

目前三峡电站 2 号发电机、5 号发电机中性点接地电阻的配置，K_R 取值都在 1.0 附近，这种做法只顾及到上述的配置原则（1），却不顾定子绕组绝缘等级很高的事实，放弃了上述配置原则（2）、（3）和（4）。根据多回路模型仿真的结果，从优化的角度看，应当放宽对过电压的限制，K_R 可考虑取值 4.0～5.0，优先满足原则（2）、（3）和（4）。

二、消弧线圈接地方式的参数设置

发电机中性点经消弧线圈接地需要考虑多种因素：电容不平衡引起的位移电压，高压侧系统接地故障引起的传递过电压，重燃弧过电压以及故障接地电流等。因此，配置合适的参数比较困难。

其配置的基本原则应该是：

（1）限制重燃弧过电压，使其不超过 2.6p.u.；

（2）限制接地故障电流，使其不超过允许电流值；

（3）应避免高压系统接地时定子接地保护误动；

（4）限制中性点位移电压，避免定子接地保护误动；

（5）应避免厂用高压变压器低压侧接地故障引起定子接地保护误动（汽轮发电机发生过）。

由多回路模型的仿真结果和前人研究的成果可知，原则（1）是容易做到的，消弧线圈接地方式下的重燃弧暂态过电压并不高，即使发电机频率在小范围内波动，过电压也不大。

原则（1）、（3）～（5）是一致的。限制过电压的关键技术应当是适当地增加串联电阻值，增大发电机侧系统的阻尼；限制位移电压和传递过电压的关键在于调整消弧线圈，使其处于欠补偿运行方式，且适当地远离完全补偿点。但是这些措施与原则（2）相矛盾，增大串联电阻，将导致阻性电流增加，由此使得接地故障电流增加。

要同时满足这些原则非常困难，有时根本做不到。由于中性点位移电压主要是三相对地电容不平衡引起的，因此减少中性点位移电压也是对发电机制造提出的更高要求。

对三峡电站机组而言，主变压器高压侧为 500kV 系统，由于变压器耦合电容小，发电机对地电容大，因此传递过电压很小，不会使定子接地保护误动，原则（3）可以满足。唯一让人担心的是厂用高压变压器低压侧接地故障引起定子接地保护误动，确定消弧线圈合谐度和阻尼率时必须仔细整定。

由于三峡电站机组定子绕组绝缘等级比较高，应当抓住主要矛盾，尽量降低接地故障电流，可考虑适当地放宽对过电压的限制。根据多回路模型的仿真结果，消弧线圈接地方式优于高阻接地方式。综合考虑重燃弧过电压和接地故障电流，推荐消弧线圈的合谐度 K 在 1.0～1.1 内取值，消弧线圈的阻尼率 d 取值 4%左右。

当然三峡电站机组对安全性和定子接地保护的灵敏性、可靠性的要求都比较高，因此需要根据现场实际条件仔细配置消弧线圈参数以及整定定子接地保护定值。

2.8 结论

大型发电机中性点接地方式的合理选择，是涉及机组安全运行的重要技术问题。正确认识和掌握发电机定子绕组单相接地故障引起的过电压、接地故障电流的一般规律，合理选择中性点接地方式和定子单相接地保护，对提高大型发电机组的安全运行有重要的理论意义和实用价值。

本章在介绍国内外情况以及相关研究的基础上，通过推导和建立基于多回路分析法的定子绕组单相接地故障仿真模型，重点研究了三峡电站大型发电机中性点两种接地方式（经消弧线圈接地和经配电变压器高阻接地）相关规律，进行了接地方式的探讨。

主要结论有：

(1) 基于多回路分析法的模型，将定子绕组划分成多个电路单元，可以考虑定子绕组对地电容的分布性、定子绕组的实际连接、故障的空间位置以及气隙磁场的空间谐波。试验结果验证了仿真模型的正确性和有效性。

(2) 目前三峡电站机组采用中性点经配电变压器高阻接地方式，且中性点接地电阻与发电机侧容抗之间的阻抗比 K_R 取值 1.0 左右。研究表明，阻抗比的取值不合理，应当突破传统的 K_R 取值 1.0 左右的思路，从“放宽对过电压限制，尽量减小接地故障电流”的角度出发，提高 K_R 值，以减小接地故障电流和提高定子接地保护灵敏度。阻抗比 K_R 可取值 4.0～5.0 左右，过电压仍可限制在 3.5p.u. 以下。

(3) 消弧线圈接地方式虽然牵涉的问题较多，但这不是拒绝消弧线圈接地方式的理由。从发电机安全运行的角度考虑，对具有“定子绕组绝缘等级高，对地电容大，机组调速性能好”这些特点的三峡电站发电机而言，采用消弧线圈接地方式更合理。

(4) 消弧线圈串接电阻是有效降低过电压的技术手段；重视串联电阻的作用，可提高消弧线圈的阻尼率至 4%左右。对三峡电站机组而言，发电机频率实际只能在很小的范围内波动，消弧线圈接地方式下的暂态过电压并不危险，其过电压低于 K_R 值较高的高阻接地方式下的过电压。

(5) 对三峡电站机组而言，电容电流大，虽然接地故障电流的 3 次谐波分量等因素使得选择的消弧线圈难以保证接地故障电流在规定的 1A 以内，但远小于高阻接地方式下的故障电流，可接近 1A。

本章关于三峡电站大型发电机中性点接地方式的结论是建立在相关试验以及多回路模型仿真研究的基础上，对现有接地方式提出了不同意见，供同行参考和讨论。

参 考 文 献

[1] 要焕年，曹梅月. 电力系统谐振接地. 北京：中国电力出版社，2000

[2] J. Basilesco, J. Taylor. Report on methods for earthing of generator step-up transformer and generator winding neutrals as practiced throughout the world. CIGRE, electra, 1988, (121): 86～101

[3] E. M. Gulachenski, E. W. Courville. New England Electric's 39 Years of Experience with Resonant Neutral Grounding of Unit-connected Generators. IEEE Trans. on Power Delivery, 1991, 6 (3): 1016～1024.

[4] 王维俭. 电气主设备继电保护原理与应用. 第 2 版. 北京：中国电力出版社，2002.

[5] 殷建刚，彭丰，王维俭. 合理配置发电机中性点接地方式. 电力设备，2001, 2 (4): 67～70

[6] AIEE Committee Report. Application guide for grounding of synchronous generator systems. AIEE

Trans.，1953，(954)：517～530

[7] IEEE Standards Board. C62. 92—1989. IEEE Guide for the application of neutral grounding in electrical utility systems，part Ⅱ-Grounding of synchronous generator systems. New York：IEEE，1989-09-29

[8] IEEE Standards Board. C37. 102—1995. IEEE Guide for Generator Ground Protection. New York. IEEE Std C37. 101～1993

[9] 王维俭，刘俊宏，汤连湘等. 从三峡发电机组安全的观点分析机组中性点接地方式. 电力自动化设备，1995，(4)：2～7，10

[10] 容健纲. 发电机铁心电弧烧损的分析与试验. 高电压技术，1993，19 (2)：18～22

[11] P. G. Brown，I. B. Johnson，J. R. Stevenson. Generator neutral grounding some aspects of application for distribution transformer with secondary resistor and resonant types. IEEE Trans. on PAS，1978，97 (3)：683～694

[12] K. J. S. Khunkhun，J. L. Koepfinger，M. V. Haddad. Resonat grounding (ground fault neutralizer) of a unit connected generator. IEEE Trans. on PAS，1977，96 (2)：550～559

[13] 薛紫球. 大型发电机中性点接地装置的研制. 人民长江，1995，26 (3)：16～21，61

[14] 朱杰民，隋勇正，鲁青. 水电站发电机中性点接地方式选择分析. 东北水利水电，1999，(5)：4～6

[15] 朱杰民，王丽，王雪松. 发电机中性点接地与定子接地保护. 东北电力技术，2000，(1)：16～18

[16] 王志英，容健纲. 发电机中性点接地方式的研究. 电网技术，1994，18 (4)：13～17

[17] 李毅军. 三峡左岸电站发电机中性点接地方式的选型与计算. 水力发电，1999，(4)：48～50

[18] 殷建刚，蔡敏，彭丰，等. 发电机中性点经配电变压器接地的配置方法. 湖北电力，2002，26 (3)：28～30

[19] 王维俭，鲁华富. 大型发电机中性点接地方式与定子接地保护灵敏度关系的分析计算. 电力自动化设备，1995，(3)：3～6

[20] 安振山. 大型水轮发电机组中性点接地方式. 四川电力技术，1998，(1)：1～3，24

[21] 王维俭，刘俊宏. 大型发电机中性点接地方式的抉择——与《发电机中性点接地方式的研究》一文的商榷. 电网技术，1995，19 (6)：54～58

[22] 要焕年. 水轮发电机中性点接地方式的商榷. 中国电力，1995，(11)：37～42

[23] R. L. Schlake，G. W. Buckley，G. McPherson. Performance of third harmonic ground fault protection schemes for generator stator windings. IEEE Trans. on PAS，1981，100 (7)：3195～3199

[24] M. Zielichowski，M. Fulczyk. Optimization of third harmonic ground-faults protection systems of unit-connected generators grounded through neutralizer. Electric Power Systems Research，1998，45：149～162

[25] M. Zielichowski，M. Fulczyk. Influence of load on operating conditions of third harmonic ground-fault protection system of unit connected generators. IEE Proc. -Gener. Transm. Distrib.，1999，146 (3)：241～248

[26] M. Fulczyk. Zero-sequence components in unit-connected generator with ungrounded neutral during ground-faults. International Conference on Power System Technology，2000，2：831～836

[27] M. Fulczyk. Zero-sequence voltages in unit-connected generator for different methods of grounding generator neutral. IEE，Seventh International Conference on Developments in Power System Pro-

tection，2001，：499～502

[28] M. Fulczyk，J. Bertsch. Ground-fault currents in unit-connected generators with different elements grounding neutral. IEEE Trans. on Energy Conversion，2002，17（1）：61～66

[29] M. Fulczyk. Unit-connected generator with ground-fault neutralizer in generator neutral during ground-fault process. Transmission and Distribution Conference and Exhibition 2002，Asia Pacific，IEEE/PES，2002，3：2362～2367

[30] M. Zielichowski，M. Fulczyk. Analysis of operating conditions of ground-fault protection schemes for generator stator winding. IEEE Trans. on Energy

[31] 解广润. 电力系统过电压. 北京：水利电力出版社，1985

[32] 郭可忠，陈陈. 凸极同步发电机的Canay模型和单相接地的计算. 大电机技术，1997，(5)：9～15

[33] 郭可忠，莫春霞，秦岭等. 大型凸极同步发电机单相接地的研究. 上海交通大学学报，1999，33（12）：1506～1510

[34] 汪雁，钱冠军，王晓瑜等. 水轮发电机中性点经消弧线圈接地暂态过电压的研究. 电网技术，2000，24（2）：14～19

[35] I. M. Canay. Determination of model parameters of synchronous machines. IEE Proc.，1983，130（2）：86～94

[36] 汪雁，王晓瑜，舒廉甫等. 水轮发电机中性点经消弧线圈接地动态电势的研究. 高电压技术，1999，25（1）：56～57，60

[37] 汪雁，王晓瑜，钱冠军等. 发电机中性点经消弧线圈接地的位移电压. 高电压技术，1999，25（3）：84～85

[38] M. Fulczyk，W. Piasecki，J. Bertsch. Influence of element grounding generator neutral and resistance of breakdown channel on fast transient process in unit-connected generator. Transmission and Distribution Conference and Exhibition 2002，Asia Pacific，IEEE/PES，2002，2：1259～1264

[39] 李义翔，王祥珩，王维俭等. 大型发电机定子中性点接地方式研究的一种新途径. 电网技术，1997，21（9）：15～18

[40] 李汝良，李义翔，王祥珩. 大型发电机定子中性点接地暂态研究. 电力自动化设备，1999，19（4）：1～5

[41] 高景德，王祥珩，李发海. 交流电机及其系统的分析. 北京：清华大学出版社，1993

[42] Calahan D. A. A Stable，Accurate Method of Numerical integration for nonlinear systems. Proceedings of the IEEE，1968，56（4）：744～745

[43] 邰能灵，尹项根. 大型水轮发电机定子绕组接地故障的数字仿真. 电力系统自动化，2000，24（9）：19～31

[44] 毕大强，王祥珩，王善铭等. 大型水轮发电机定子单相接地故障的暂态仿真. 电力系统自动化，2002，26（15）：39～44

[45] 张琦雪，王祥珩. 大型同步发电机单相接地故障的暂态多回路分析. 电力系统自动化，2004，27（6）：59～65

[46] 张琦雪，王祥珩，王维俭. 大型水轮发电机中性点消弧线圈接地暂态分析. 电力系统自动化，2003，27（23）：74～78

[47] 张琦雪，王祥珩，王维俭. 大型水轮发电机定子中性点高阻接地暂态分析. 电网技术，2004，28（1）：30～33，37

第 3 章 发电机定子单相接地故障分析及其保护

3.1 概述

发电机定子单相接地故障往往是相间或匝间短路的先兆，完善的定子单相接地保护对发电机的安全运行关系重大。努力提高该保护的灵敏度和可靠性是当前主要的技术关键问题。利用暂态量判据是定子单相接地保护原理上的重大突破。

3.1.1 定子单相接地故障及其对保护的要求

定子绕组与铁心之间的绝缘破坏就会发生定子绕组单相接地故障，这是发电机最常见的一种故障。随着发电机容量的增大，由于定子绕组对地电容增大和新型冷却技术的应用，定子绕组接地故障的危害更加严重，接地故障的可能性也增加。表 3-1 是近些年全国 100MW 以上发电机发生的定子绕组单相接地故障数据统计。可以看出，单相接地故障在发电机本体故障中占很高比例。

尽管大中型发电机中性点不接地或经高阻抗接地（经配电变压器高阻接地和经消弧线圈接地），定子单相接地故障并不产生很大的故障电流，运行经验和理论分析也表明，定子绕组单相接地故障与定子绕组内部短路相比对发电机的损伤程度较小，但由于它是发电机最常见的一种故障，而且往往是更为严重的内部相间或匝间短路发生的先兆，定子绕组单相接地保护的可靠与灵敏动作可以大大降低更为严重的内部短路故障发生几率。如果定子单相接地故障电流不大，对发电机定子铁心的损伤就可以避免，故障造成的经济损失减少。因此，定子绕组单相接地保护对预防严重的内部短路故障具有重要意义，是大型发电机继电保护中十分重要的一项保护。

《防止电力生产重大事故的二十五项重点要求》[1]中指出，当发电机定子回路发生单相接地故障时，允许的接地故障电流见表 3-2。发电机定子接地保护的出口动作行为应按表 3-2 的要求确定。当定子接地保护报警时，应立即转移负荷，停机检修。当接地故障电流超过表 3-2 的大小时，发电机的接地保护装置宜作用于跳闸。

文献［2］中建议：当单相接地电流小于上述安全电流时，定子接地保护动作后只发信号不跳闸，但应及时处理，转移负荷，平稳停机，以免再发生另一点接地故障而烧毁发电机。我国曾有过单相接地电流小于 2A，发电机继续长期运行，最终发展为相间短路的严重教训。

表 3-1　　发电机定子绕组单相接地故障统计数据

年　份	100MW 以上发电机总台数	发电机本体故障数	定子绕组单相接地故障数	所占百分比（%）	排名/统计故障类型
1994	532	45	6	13.33	2/6
1995	610	71	20	28.17	2/7
1998	772	67	23	22.39	2/6
1999	804	30	11	36.67	1/6
2000	868	23	6	26.09	2/5
2001	913	17	3	17.65	2/5
2002	965	32	8	25	1/5

表 3-2　　发电机定子绕组单相接地故障电流允许值

发电机额定电压（kV）	发电机额定容量（MW）	接地电流允许值（A）
10.5	100	3
13.8～15.75	125～200	2（对于氢冷发电机为 2.5A）
18～20	300～600	1

大中型发电机装设无死区的 100%定子接地保护是十分必要的[2,3]。随着机组容量的增大，尤其是采用水内冷技术，中性点附近的初期渗漏会引起绝缘的逐步劣化，虽未立即击穿，但接地保护必须立即检测出来，否则，持续的漏水，不仅使渗漏处绝缘进一步劣化，还可能损坏同一线槽其他导线的绝缘和相邻线槽导线绝缘。若该导线靠近出线端，其对地电压为相电压，便会将损坏的绝缘击穿，造成一相出线端单相接地；此时中性点电压立即升到相电压，便又将中性点劣化了的绝缘击穿，从而导致严重的两点接地故障，甚至进一步蔓延为相间或层间短路故障，使机组严重损坏。另外，由于机械原因（定子线棒在槽内的蠕动、中性点附近螺栓的松动或者风扇叶片断裂砸伤定子绝缘），也会导致绝缘的逐步损坏。因此，对于大型发电机组，其定子接地保护应保证具有 100%的保护区。

对于 100MW 及以上的发电机组，不仅要求装设 100%保护区的定子接地保护，还要求在定子绕组任意一点经过渡电阻接地时，保护能灵敏动作。其灵敏度常用在中性点发生单相接地故障时，保护能够动作的最大接地电阻值表示。这主要是考虑到当中性点附近首先经过渡电阻接地时，若保护灵敏度不够而未能动作，随之在机端附近再发生第二点接地故障，中性点电位升高，第一个接地点的接地电流增大而过渡电阻减小，结果发生相间和匝间的严重短路。

3.1.2　定子单相接地保护的国内外研究状况

一、基于稳态量的定子单相接地保护研究状况

发电机定子接地保护所利用的信号来源可分为本身固有信号与外加电源信号。按前者，保护方案可分为基波零序电压型、3 次谐波电压型定子单相接地保护；按后者，保护方案可分为外加直流电源型、外加 12.5Hz（额定频率为 50Hz）或 15Hz（额定频率为 60Hz）交流电源型、外加 20Hz 交流电源型和外加 2 次谐波分量型定子单相接地保护。

1. 基波零序电压型定子接地保护

发电机定子绕组中某点发生单相接地故障时，通过检测机端或中性点处基波零序电压可以判别接地故障，这种接地保护简便易行。但由于发电机三相绕组对地电容不完全对称，正常时中性点存在位移电压，该方案在中性点附近存在保护死区，并且在保护区内经过渡电阻接地时灵敏度不高，高压侧系统或高压厂用变压器低压系统发生单相接地故障可能引起保护误动[2,4~8]。

2. 3次谐波电压型定子接地保护

由于基波零序电压型定子接地保护在发电机中性点附近存在5%～15%的死区，最初3次谐波电压型保护主要是为了消除基波零序电压型接地保护的这一死区提出的。

3次谐波电压型定子接地保护是利用单相接地故障前后发电机中性点与机端处3次谐波电压变化特点不同构成的。在发电机中性点附近发生接地故障时，与正常运行时相比，机端三次谐波电压增大，中性点3次谐波电压降低。基于稳态量的3次谐波电压型保护主要是为了消除基波零序电压型接地保护在中性点附近的保护死区。

仅利用机端或中性点单侧3次谐波电压构成的保护灵敏度较低，且保护范围较小，受运行工况影响很大[9]。由机端和中性点双侧3次谐波电压构成的判据，由于能够综合考虑3次谐波电压的大小和相位变化，因而具有更高的灵敏度和可靠性，这种保护已经由简单的双侧量比值发展为利用双侧量的相量组合作为判据[10~14]，并且通过分析不同的中性点接地方式、发电机机端外接元件对地电容的大小、负载变化、系统高压侧3次谐波电压等诸多影响因素，对保护判据做了不断地改进，提高了判据的灵敏度和可靠性[15~27]。但由于利用的是稳态量，所以当接地过渡电阻较大，故障位置在发电机绕组中部附近时，机端和中性点3次谐波电压变化量很小，保护的灵敏度较低。

3. 外加电源型定子绕组单相接地保护

这一类保护是在发电机定子回路与大地之间外加一个信号电源。在正常运行时，这个信号电源不产生电流或很小。只有发生接地故障时，这个电源才产生相应频率的较大接地电流，使保护动作。因为信号是外加的，不受接地位置的限制，这一类保护能单独完成100%定子绕组保护。

外加直流电压源的方案具有与发电机三相对地电容大小无关，能检测定子绝缘的均匀老化等特点，但由于保护二次回路与一次回路直接连接，使人有不安全感，而且在该保护投运时易引起误动，所以现在很少使用[28]。外加2次谐波电压的方案由于采用倍频，不需专门的电源[29]，但发电机对地电容影响该保护性能。对于外加12.5Hz或15Hz信号源的定子单相接地保护，两种信号源都是按编码的方式间歇注入到定子回路，保护方案的判据很严谨，利用积分测量方法能够最大限度地减小因暂态和干扰信号造成保护误动的可能，但调试复杂[30~33]。当采用外加20Hz电源的电流型判据时，发电机中性点经消弧线圈接地比经配电变压器高阻接地时保护的灵敏度低，并且中性点的接地方式以及外加电源的内阻对保护判据的灵敏度影响较大[34~36]。为了消除中性点接地方式对保护判据灵敏度的影响，已经提出了应用电流突变量的判据[37]，选择合适注入信号频率的谐振原理[38]，基于电流平衡原理[39,40]等新的改进外加电源保护判据，不同程度地改善了保护的性能。

虽然这类保护方案均需外加信号电源，对电源的可靠性和性能有较高要求，现场调试也较复杂，但它在发电机静止、起停和运行过程中均有保护作用，灵敏度高并有可以进行绝缘监测的突出优点，使它具有广泛的应用前景。

二、基于暂态量的定子单相接地保护研究状况

为了尽早检测出发电机的接地故障，避免发电机遭受严重损伤，需要提高接地保护的灵敏度。基于稳态量的发电机定子绕组单相接地保护很难满足目前不断提高的灵敏度要求，这就迫切需要开发具有高灵敏度的单相接地保护。虽然经较高过渡电阻接地时，故障前后的电气稳态量变化很小，但是故障初期存在相对较大的暂态变化量。对故障初期暂态分量的提取和利用，将打破束缚灵敏度提高的瓶颈。

自调整式的3次谐波电压定子接地保护，在正常运行时，通过补偿使机端和中性点处3次谐波电压相差180°，且幅值相等，在发生接地故障时，可以获得最大的相对突变量，使判据具有较高的灵敏度[41]。在此基础上，通过自动跟踪中性点与机端两侧的3次谐波电压，采用自适应3次谐波电压相量比差方案[42]，进一步提高了保护的灵敏度，并且能够单独完成定子绕组100%保护。随着微机保护性能的提高，自适应判据能够得到更好的实现[43]，但此判据需要较多的闭锁条件，增加了判据的复杂程度。基于3次谐波电压故障分量的定子接地保护[44,45]，由于其充分利用了机端和中性点故障分量的幅值和相位特征，具有更高的灵敏度和可靠性。由于水轮发电机的定子绕组3次谐波匝电动势的分布与汽轮发电机不同，所以目前基于机端和中性点3次谐波电压相位差及其变化的相位判据[46,47]，对水轮发电机不适用。

从文献上看，近几年国外对3次谐波电压型保护的理论研究较少，几乎没有见到新型保护判据提出。国内在此方面应用自适应和故障分量原理取得了一些进展[41~47]。此类暂态保护方案，特别在处理灵敏度和可靠性之间关系方面还存在不足，还需进一步研究。另外，由于汽轮发电机的3次谐波电压分布规律较强，一些新开发的方案都是针对汽轮发电机的，所以有必要针对水轮发电机的3次谐波电压的特点及其保护方案进行研究。

基于傅里叶分析的自适应定子接地保护判据由于不能区分特征信号的变化类型，只能按最大缓变范围来整定保护，从而限制了灵敏度的进一步提高。由于区分故障与正常情况最本质的依据是特征信号的变化方式，而非变化程度，因此理想的接地保护判据应具有良好的信号奇异检测能力，而小波变换非常适合这项工作。

利用小波变换构造高通和带通滤波器，由机端或中性点的基波与3次谐波复合零序电压的小波变换作为动作量构成保护判据[48]，同时增加了陷波算子以突出信号奇异性的小波检测结果，提高了定子单相接地保护判据的灵敏度。但由于判据中只使用了单侧量的小波变换结果，所以判据在可靠性和选择性方面还存在不足。单相接地故障在机端和中性点零序电压中都会产生突变，信号的奇异点与其小波变换的模极大值有一一对应关系。通过比较同一尺度上机端和中性点3次谐波电压或零序电压的小波变换局部模极大值的位置和符号是否相同来识别定子接地故障，具有更高的可靠性[49,50]。但是由于实际噪声的影响，在信噪比较低时，保护判据检测出故障的难度将增加。在频率发生变化时，若没有频率跟踪措施，傅氏变换结果会出现严重的失真，以致依据各序分量的故障判据无法工作。小波变换从原理上解决了这一困难。当频率在一定范围内波动时，利用小波变换提取的机端和中性点处基波和3次谐波电压分量结果不受频率变化的影响[51]，可以提高保护判据的可靠性。

当发电机采用扩大单元接线时，通常的定子接地保护方案在原理上无法选出故障机。基于行波零序功率方向的发电机定子单相接地保护[2,52]，利用内部接地故障初始半波期间，故障机与非故障机的机端行波零序功率符号相反的特点，实现了有选择性的接地保护。

已有发电机定子单相接地保护受所用特征量性质、中性点接地方式、绕组对地电容大小和运行工况变化等因素影响，特别是对大型水轮发电机，很难达到较高的灵敏度。而近年大型水轮发电机对定子单相接地保护的灵敏度要求不断提高，三峡电站水轮发电机定子单相接地保护的灵敏度要求绕组任意一点经8kΩ过渡电阻接地都能可靠动作，这较以前单相接地保护的灵敏度要求提高了很多，以至现有接地保护方案很难满足要求。

目前通过发电机基波零序电压和3次谐波电压保护组合实现的双频式100%定子绕组接地保护得到广泛应用。基波零序电压保护简单可靠，是所有装设定子单相接地保护必须配置的保护方案，但该方案在发电机中性点附近存在动作死区，并且随着定子绕组对地电容的增大和不对称度增加，接地保护灵敏度降低、死区扩大。传统的基于稳态量的3次谐波电压保护在运行中容易误动，很难满足灵敏度不断提高的要求。三峡电站发电机定子单相接地保护要求绕组任何一点经8kΩ过渡电阻接地都要灵敏动作，这对继电保护工作者提出了挑战。

本章内容是以三峡电站建设为契机，以三峡电站发电机组为主要对象，针对大型水轮发电机的定子单相接地保护做了细致的研究，这将对定子单相接地保护的基础理论研究和实际应用起到促进作用。首先利用基于交流电机多回路分析法的大型水轮发电机定子单相接地故障仿真模型[54,55]分析单相接地故障的零序电压和故障电流的变化特点；之后仿真对比分析了目前应用较为广泛的几种单相接地保护方案的灵敏度，并介绍了几种提高单相接地保护灵敏度的方案。本章最后几节重点介绍了基于3次谐波电压故障分量的定子单相接地保护，基于小波变换的定子单相接地保护，以及提高外加20Hz电源定子单相接地保护灵敏度和准确度的分析。

3.2 定子单相接地故障零序电压和故障电流的特点

本节主要以三峡左岸电站发电机的一种机型为例，对定子单相接地故障过程中零序电压和故障电流的变化特点进行分析，为单相接地保护方案的开发提供理论基础。

该发电机的主要数据：额定容量778MVA，额定电压20kV，空载额定励磁电流2100A，极对数40，定子槽数540，每相并联支路数5，每相绕组对地电容1.81μF。假设发电机的机端有对地电容C_t=0.2μF/相，当中性点经消弧线圈接地时，为使基波接地故障电流小于1A，取消弧线圈电感L_n=1.7H，串联电阻值R_n=20Ω，此时消弧线圈的补偿系数K=1.01，接近谐振接地；当中性点经配电变压器高阻接地时，为限制接地故障过程中产生的动态过电压不超过 2.6 倍的额定相电压，中性点的接地电阻（一次值）应小于三相绕组对地容抗，此算例中三相绕组对地容抗为 528Ω，取折算到一次侧的接地电阻值等于 520.8Ω。发电机机端电压互感器每相励磁电感为 637H。

以下分析采用文献［54，55］中提出的基于交流电机多回路分析法的大型水轮发电机定子绕组单相接地故障仿真模型分析单相接地故障。该模型考虑了发电机绕组的实际结构、定子绕组对地电容的分布性、不同的中性点接地方式、空载与负载饱和对 3 次谐波电压的影响等因素，通过修改故障电导矩阵，实现不同类型故障的仿真，并能够针对定子绕组单相接地故障进行多方面影响因素的研究，可以为单相接地故障的保护方案分析与开发提供理论依据。

3.2.1 机端和中性点零序电压的变化特点

定子单相接地保护与发电机零序电压密切相关，为此首先分析基波和 3 次谐波零序电压的特征。

一、中性点经消弧线圈接地方式

表 3-3 是在综合考虑计算量与精度的前提下，将定子绕组每分支平均分成 12 段，B 相绕组第 1 分支的不同位置 α（故障点到中性点的匝数与一相串联总匝数的比值）经电阻 R_f=0.001、100、1000Ω 和 8000Ω 发生接地故障时的仿真结果。从表中可以看出，当接地电阻较小、故障点靠近中性点或机端附近时，机端和中性点处 3 次谐波电压相量（$\dot{U}_{3t}$、$\dot{U}_{3n}$）的比值和相位差相对正常运行时的值变化较大；而对于高阻接地时故障前后的比值和相位差变化较小，当接地电阻达到 8000Ω 时故障前后的比值几乎不发生变化，并且在绕组中部附近发生接地故障时，比值和相位差变化都较小，这说明基于稳态分量的 3 次谐波电压型定子接地保护在高阻接地和绕组中部接地时灵敏度都较低。从表 3-3 还可以看出不同接地电阻 R_f 下基波零序电压随故障位置的变化情况，当 R_f=0.001Ω 接近金属性接地时，计算的中性点基波零序电压 U_{1n} 与额定相电压的比值等于中性点到故障点的匝数占一相串联总匝数的百分比 α，随着接地电阻的增加，相应故障的中性点基波零序电压 U_{1n} 与额定相电压的比值将减小。

表 3-3　中性点经消弧线圈接地时 B 相第 1 分支绕组接地故障的仿真结果

R_f（Ω）	α	U_{3n}（V）	U_{3t}（V）	$\dot{U}_{3t}/\dot{U}_{3n}$	U_{1n}（V）
∞		480.64	290.28	0.60∠177.04°	0
0.001	0	0	770.86	∞	0
	0.167	138.41	645.89	4.66∠151.95°	1931.22
	0.333	273.25	499.89	1.82∠189.44°	3857.47
	0.50	385.00	385.72	1.00∠180.01°	5753.64
	0.667	516.24	263.12	0.51∠161.94°	7674.72
	0.833	658.94	116.14	0.17∠197.03°	9609.88
	1.0	771.58	0	0	11507

续表

R_f（Ω）	α	U_{3n}（V）	U_{3t}（V）	$\dot{U}_{3t}/\dot{U}_{3n}$	U_{1n}（V）
100	0	216.74	703.96	3.24∠99.74°	0
	0.167	287.34	583.93	2.03∠120.55°	1917.74
	0.333	305.63	475.84	1.55∠160.52°	3830.55
	0.50	402.89	372.06	0.92∠168.01°	5713.49
	0.667	525.84	247395	0.47∠169.05°	7621.18
	0.833	613.38	188.74	0.30∠218.12°	9542.82
	1.0	717.46	131.08	0.18∠250.71°	11427
1000	0	471.40	325.97	0.69∠149.77°	0
	0.167	482.18	305.14	0.63∠155.83°	1804.56
	0.333	467.84	308.98	0.66∠165.32°	3604.49
	0.50	475.99	296.75	0.62∠171.50°	5376.32
	0.667	490.43	280.36	0.57∠178.44°	7171.45
	0.833	480.69	291.86	0.60∠188.15°	8979.70
	1.0	491.98	284.69	0.57∠194.73°	10752
8000	0	480.52	291.45	0.61∠173.30°	0
	0.167	481.81	289.81	0.60∠174.27°	1235.55
	0.333	479.72	291.58	0.61∠175.43°	2467.98
	0.50	480.44	290.66	0.61∠176.30°	3681.15
	0.667	481.80	289.13	0.60∠177.29°	4910.25
	0.833	479.60	291.01	0.61∠178.44°	6148.40
	1.0	480.55	290.19	0.60∠179.31°	7362.18

为提高单相接地故障保护的灵敏度，利用故障后的暂态电气量是最近研究的热点，上述仿真模型可为此方面的研究提供较好的故障暂态过程分析。发电机中性点经消弧线圈接地，B相绕组第1分支第6匝（α=0.167）处经100Ω电阻接地时，机端和中性点处零序电压（包括基波和各次谐波）暂态仿真波形如图3-1所示，图3-2是相应的零序电压故障分量（计算间隔为两个工频周期）。

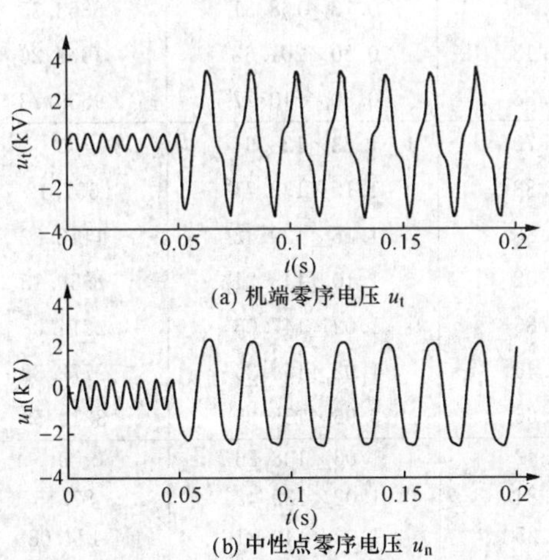

图3-1 单相接地故障时机端和中性点处零序电压暂态仿真波形

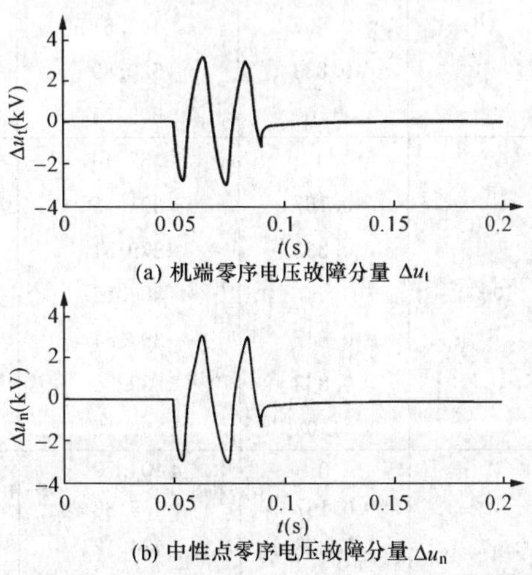

图3-2 单相接地故障时机端和中性点处零序电压故障分量

二、中性点经配电变压器高阻接地方式

发电机中性点经配电变压器高阻接地时，表 3-4 给出了 B 相绕组第 1 分支不同位置和经不同过渡电阻 R_f 发生接地故障的仿真结果。对比表 3-3 与表 3-4，中性点经高阻接地时，机端和中性点处 3 次谐波电压随接地过渡电阻增加的变化规律与中性点经消弧线圈接地时基本相同，但故障前后的两侧电压比值的变化比消弧线圈接地时稍高些，也即用机端和中性点 3 次谐波电压的比值作为保护判据时，中性点经配电变压器高阻接地比经消弧线圈接地具有较高的保护灵敏度。对于相同故障位置、相同的过渡电阻，故障后中性点经消弧线圈接地时比经配电变压器高阻接地时的基波零序电压高，也就是说，对于基波零序电压保护判据，中性点经消弧线圈接地比经配电变压器高阻接地具有更高的保护灵敏度。

表 3-4　中性点经配电变压器高阻接地时 B 相绕组第 1 分支接地故障的仿真结果

R_f（Ω）	α	U_{3n}（V）	U_{3t}（V）	$\dot{U}_{3t}/\dot{U}_{3n}$	U_{1n}（V）
∞	—	407.59	411.09	1.01∠140.58°	0
0.001	0	0	770.86	∞	0
	0.167	138.44	645.82	4.66∠151.98°	1931.62
	0.333	273.27	499.89	1.82∠189.52°	3858.85
	0.50	385.02	385.66	1.00∠180.14°	5756.63
	0.667	517.84	263.05	0.50∠162.13°	7679.27
	0.833	658.13	116.81	0.17∠196.97°	9614.46
	1.0	770.14	0	0	11512
100	0	184.28	714.75	3.87∠100.80°	0
	0.167	244.25	612.09	2.50∠122.30°	1600.80
	0.333	259.74	521.42	2.00∠160.10°	3197.85
	0.50	342.31	433.20	1.26∠167.14°	4770.28
	0.667	446.61	327.99	0.73∠168.31°	6363.35
	0.833	520.89	262.13	0.50∠201.62°	7967.20
	1.0	609.15	185.88	0.30∠213.77°	9539.73
1000	0	382.40	470.70	1.23∠128.94°	0
	0.167	391.15	449.83	1.15∠132.71°	557.12
	0.333	379.51	441.88	1.16∠139.42°	1112.82
	0.50	386.12	426.02	1.10∠143.21°	1659.85
	0.667	397.84	405.86	1.02∠147.06°	2214.08
	0.833	389.98	400.46	1.02∠154.35°	2772.38
	1.0	399.15	385.66	0.96∠158.25°	3319.55
8000	0	404.79	418.42	1.03∠138.86°	0
	0.167	405.88	415.84	1.02∠139.42°	87.15
	0.333	404.12	415.25	1.02∠140.31°	174.08
	0.50	404.72	413.30	1.02∠140.84°	259.66
	0.667	405.87	410.74	1.01∠141.41°	346.35
	0.833	404.17	410.20	1.01∠142.31°	433.68
	1.0	404.82	408.27	1.00∠142.85°	519.30

中性点经配电变压器高阻接地，B 相绕组第 1 分支第 6 匝（$\alpha=0.167$）处经 100Ω 电阻接地时，机端和中性点处零序电压的暂态仿真波形如图 3-3 所示，图 3-4 是相应的零序电压故障分量（计算间隔为两个工频周期）。

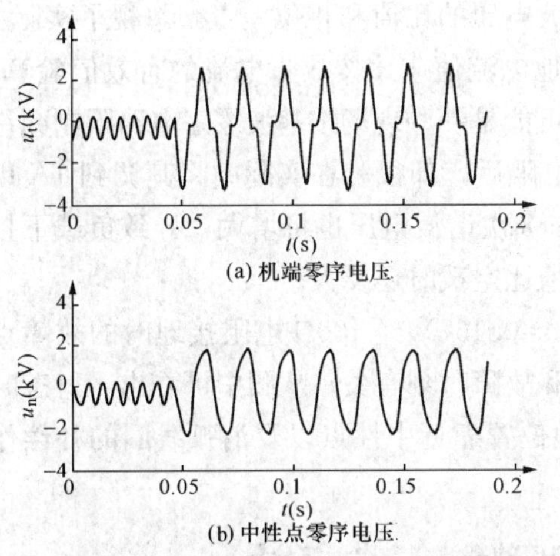

图 3-3　单相接地故障时机端和中性点处零序电压暂态仿真波形

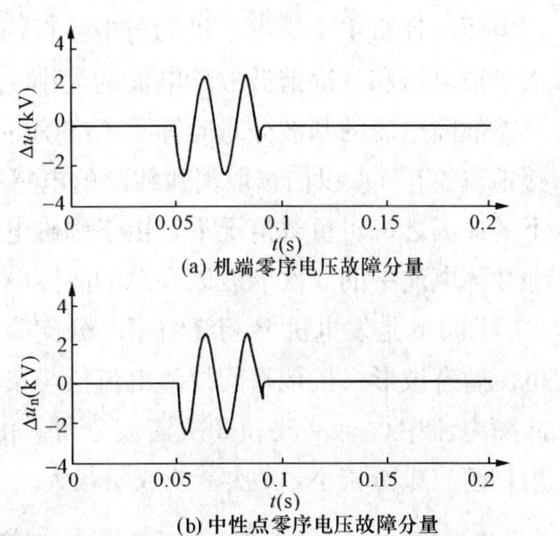

图 3-4　单相接地故障时机端和中性点处零序电压故障分量

由图 3-1 和图 3-3 可知，不论何种中性点接地方式，发电机接地故障前后，机端和中性点处的零序电压都会发生突变。由图 3-2 和图 3-4 可知，机端和中性点零序电压的故障分量几乎相同，包括基波和 3 次谐波电压，这主要是因为发电机的绕组漏阻抗很小的缘故。这些变化特点都可以为进一步开发新的接地保护判据提供理论基础。

3.2.2　接地故障电流的变化特点

一、中性点经消弧线圈接地方式

国标规定，发电机额定电压在 18kV 以上时，定子绕组单相接地故障电流的允许值为 1A。

表 3-5 为上述三峡电站发电机 B 相绕组第 1 分支不同位置经不同电阻接地时故障电流的基波分量 I_{f1} 和 3 次谐波分量 I_{f3} 计算结果比较。由表可以看出，选择消弧线圈的补偿系数 $K=1.01$ 后，可将接地故障电流的基波分量限制在 1A 范围内，但从故障电流的 3 次谐波分量值可看出，在接地电阻较小时故障电流的 3 次谐波分量较大，超过 1A，那么总的故障电流有效值也将大于 1A。例如机端经过渡电阻 $R_f=0.001\Omega$（近似金属性接地）接地时，总的故障电流有效值 $I_f=\sqrt{0.82^2+1.47^2}=1.68$（A）。因为消弧线圈是按补偿基波电流选取电感值，3 次谐波下发电机对地容抗减小至基波下的 1/3，消弧线圈 3 次谐波下的感抗却增加到基波的 3 倍，所以它对 3 次谐波电流的补偿作用很小，这使接地电阻较小时故障电流中有较大的 3 次谐波分量。在接地电阻相同条件下，故障位置越靠近机端故障电流的基波成份越大；故障位置在靠近机端和中性点时故障电流的 3 次谐波成份较大，在绕

组中部时较小。由于发电机的3次谐波电动势比基波电动势小，随着接地电阻的增大，故障电流的3次谐波分量减小很快。

过去单相接地故障时的允许接地电流是用基波零序电路计算的，而对故障电流的3次谐波成份却没有讨论过，这主要因为过去是将基波与3次谐波电压分开计算，而且3次谐波电压的计算主要集中在机端与中性点处3次谐波电压的比值和相位差上，忽视了实际3次谐波电压和3次谐波故障电流的大小。允许接地电流值应该按故障电流的有效值验算，只按故障电流的基波分量验算是不准确的，这也可能是一些现场按基波零序电路限制允许接地电流在1A以内选取消弧线圈的电感和串联电阻后，却很难在实际中将其调到1A以下的原因之一。负载情况下，由于励磁电流增大，3次谐波电压也将增大，导致负载下接地故障电流中的3次谐波以及总的故障电流有效值比空载时还要大。

图3-5是发电机B相绕组第1分支第6匝（α=0.167）经100Ω电阻接地时的故障点电流暂态波形。接地瞬间故障电流值与接地位置和故障时刻有关。从图中可看出，稳态时故障电流中含有基波和3次谐波分量。由于接地位置靠近中性点以及消弧线圈的补偿作用，基波成份较小，3次谐波成份很大。

表3-5　中性点经消弧线圈接地时接地故障电流的基波和3次谐波分量

α	R_f=0.001Ω		R_f=100Ω		R_f=1000Ω		R_f=8000Ω	
	I_{f1} (A)	I_{f3} (A)	I_{f1} (A)	I_{f3} (A)	I_{f1} (A)	I_{f3} (A)	I_{f1} (A)	I_{f3} (A)
0	0	2.43	0	2.16	0	0.47	0	0.06
0.167	0.13	1.80	0.13	1.60	0.12	0.34	0.08	0.04
0.333	0.27	1.07	0.27	0.95	0.25	0.20	0.17	0.02
0.50	0.41	0.48	0.40	0.43	0.38	0.09	0.26	0.01
0.667	0.54	0.28	0.54	0.25	0.50	0.05	0.34	0.00
0.833	0.69	0.91	0.67	0.81	0.63	0.17	0.43	0.02
1.0	0.82	1.47	0.81	1.31	0.76	0.28	0.52	0.03

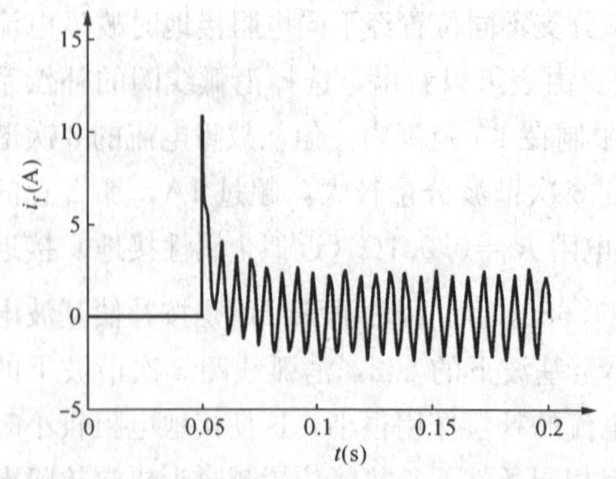

图3-5　经消弧线圈接地时的故障电流

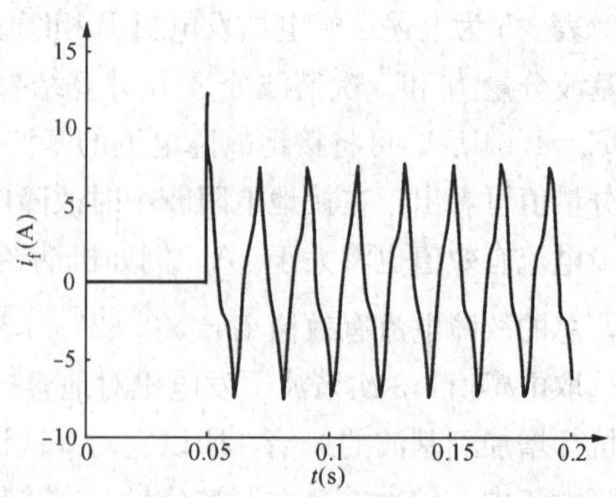

图3-6　经配电变压器高阻接地时的故障电流

二、中性点经配电变压器高阻接地方式

表 3-6 是发电机中性点经配电变压器高阻接地时，不同故障位置经不同过渡电阻接地时，故障电流的大小。可以看出，由于中性点高阻接地，故障电流中除容性电流外增加了阻性电流，使得接地故障电流很大，远超过允许接地电流的范围。此时故障电流中基本上都是基波成分，3 次谐波成分所占比例相对较小。B 相第 1 分支第 6 匝（$\alpha=0.167$）经 100Ω 过渡电阻接地的接地故障电流波形如图 3-6 所示。

表 3-6 中性点经配电变压器高阻接地时接地故障电流的基波和 3 次谐波分量

α	$R_f=0.001\Omega$		$R_f=100\Omega$		$R_f=1000\Omega$		$R_f=8000\Omega$	
	I_{f1}（A）	I_{f3}（A）	I_{f1}（A）	I_{f3}（A）	I_{f1}（A）	I_{f3}（A）	I_{f1}（A）	I_{f3}（A）
0	0	2.43	0	1.84	0	0.38	0	0.05
0.167	5.17	1.60	4.28	1.21	1.49	0.25	0.23	0.03
0.333	10.34	1.19	8.56	0.90	2.98	0.18	0.46	0.02
0.50	15.42	0.82	12.77	0.62	4.44	0.12	0.69	0.01
0.667	20.57	0.92	17.04	0.69	5.93	0.14	0.92	0.01
0.833	25.76	1.91	21.34	1.45	7.42	0.30	1.16	0.03
1.0	30.84	2.45	25.55	1.85	8.89	0.38	1.39	0.05

3.3 现有定子单相接地保护的分析比较

本节主要以第 3.2 节中的三峡左岸电站发电机为例，采用基于交流电机多回路分析法的大型水轮发电机定子绕组单相接地故障仿真模型，对目前应用较为广泛的定子单相接地保护进行分析，对比不同的中性点接地方式下（经配电变压器高阻接地与经消弧线圈接地）定子绕组经 8kΩ 过渡电阻接地时各种保护的灵敏度。

3.3.1 基波零序电压型定子单相接地保护

从大型发电机安全看，不应该人为增大单相接地电流，所以定子单相接地保护宜采用零序电压方案，包括基波零序电压和 3 次谐波电压，这里首先分析基波零序电压方案。

发电机定子回路中各点（包括与定子绕组连接的主变压器低压绕组、高压厂用变压器和电压互感器的一次绕组等）的基波零序电压相同，因此，利用基波零序电压作为动作参量的定子接地保护是不能区分接地故障点位于发电机内部或外部，这是这种保护的固有缺点。但对于已将单相接地故障电流补偿到很小的大型发电机组来说，因为这时定子接地保护只发信号，并不跳闸，严格区分机内或机外接地仅对故障检修有利；只有当定子接地保护作用于跳闸时，区分机内或机外故障的选择性才有意义。

在发电机定子回路中某点发生单相接地故障时，定子回路各点均有相同的基波零序电压。因此作为保护动作参量的基波零序电压可以取自发电机中性点单相电压互感器或消弧线圈的副边电压，也可取自机端三相电压互感器的开口三角形绕组的电压。对于中性点采用经配电变压器接地的发电机，这时基波零序电压可以取自配电变压器的副边电压。

图 3-7 是常用的一种基波零序电压型定子单相接地保护的原理接线图，TV 如果是单相电压互感器，则电阻 R_n 就可能是防止谐振的消振电阻（必要时才加）；如果 TV 是配电变压器，则 R_n 一次值大小通常小于三相绕组的对地容抗；如果 TV 是消弧线圈，则一般不另接附加电阻 R_n。执行元件 K 就是简单的过电压继电器，其动作电压国内一般取 5～10V，这也就是说的保护的死区将达到 5%～10%。

发电机基波零序电压单相接地保护的电压取自发电机的中性点，中性点电压互感器变比为$\frac{U_N}{\sqrt{3}}\Big/100V$。三峡电站发电机在空载额定励磁电流下，B 相绕组第 1 分支不同位置经 8kΩ 过渡电阻发生接地故障，不同接地方式下发电机中性点的 TV 副边侧零序电压值如图 3-8 所示。选取动作整定值为 5V，从图中可以看出，当消弧线圈接近谐振接地时，基波零序电压保护具有很高的灵敏度，可实现 7.8%～100% 范围内定子绕组的保护；而当中性点经配电变压器高阻接地时，若过渡电阻仍为 8kΩ，即使当机端发生接地故障，基波零序电压也小于动作值 5V，所以难以在过渡电阻较大时对定子绕组实现保护，灵敏度很低。

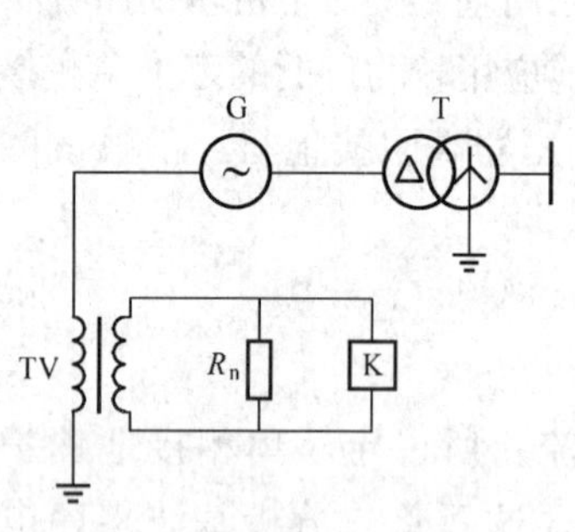

图 3-7　基波零序电压型定子单相接地保护接线示意图

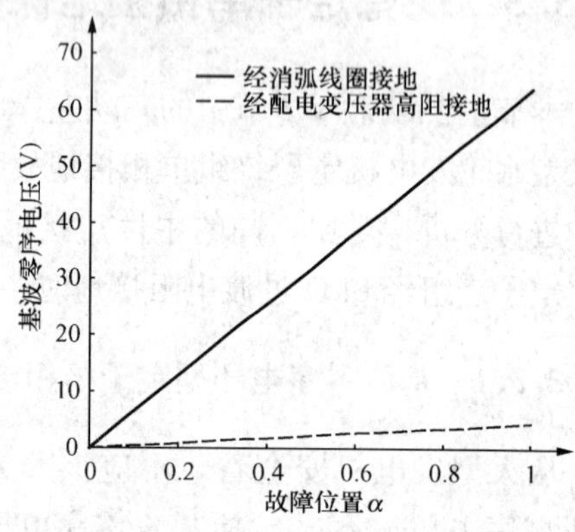

图 3-8　不同故障位置基波零序电压保护的动作量

基于基波零序电压的定子单相接地保护在应用中须注意以下问题：

（1）尽量减小正常运行时的不平衡电压。由于发电机三相绕组对地电容不完全对称，正常时中性点存在位移电压，导致该方案在中性点附近存在保护死区。另外，为消除零序电压中 3 次谐波对基波的影响，应提高 3 次谐波滤过比，以减小动作电压提高保护的灵敏度。

(2) 防止在高压系统发生接地故障时保护误动。如果高压系统中性点直接接地，当高压系统发生单相接地故障时，若直接传递给发电机的基波零序电压超过定子接地保护的动作电压，这必须使定子接地保护的动作时限大于系统接地保护的时限，也可以引入高压侧零序电压作为制动量，以防止保护误动，但考虑到定子接地保护是延时动作，而系统接地保护是快速跳闸的，所以这个制动作用并非十分必要。如果高压系统中性点不直接接地，当高压系统发生单相接地故障时，通过耦合电容传递给发电机的基波零序电压超过定子接地保护的动作电压，则必须装设以高压侧零序电压为制动量、以发电机零序电压为动作量的基波零序电压型定子接地保护，或者以动作电压和延时配合整定。

(3) 防止厂用电系统发生接地故障时保护误动[4~8]。厂用电系统发生单相接地故障时，一方面通过高厂变低压绕组与高压绕组之间的耦合电容传递给发电机一部分零序电压，另一方面厂用电系统发生单相接地故障使发电机的三相对地电容的对称关系发生变化，发电机中性点将产生位移电压。如果两方面的作用结果使发电机的基波零序电压超过定子接地保护的动作电压，则保护误动。由厂用电系统单相接地故障引发的发电机定子接地保护误动的事例多发生在汽轮发电机中性点经消弧线圈接地情况，这主要是由于此时发电机中性点的零序阻抗大，并且发电机的中性点位移电压在中性点经消弧线圈接地时受发电机的三相电容不对称度的影响较大。为此应根据实际情况和现场条件，采取切实有效的防误动措施：若发电机装设有其他反应中性点附近区域接地故障的定子接地保护，则按照两种保护动作区共同覆盖全部定子绕组的原则，适当增大保护动作定值；增设厂用电系统的基波零序制动电压；发电机定子单相接地保护在动作电压（即灵敏度）与时限上，应与相邻元件的接地保护取得配合，保证动作的选择性。

3.3.2 3次谐波电压型定子单相接地保护

由于水轮发电机定子绕组的结构形式决定了其3次谐波匝电势分布没有像汽轮发电机那样规则，因此不易用解析的形式进行分析，这里采用基于交流电机多回路分析法的大型水轮发电机定子绕组单相接地故障仿真模型进行保护方案的灵敏度分析。下面对目前应用较多的几种3次谐波电压型定子接地保护判据进行仿真与分析。

方案1比值判据为

$$\left|\frac{\dot{U}_{3t}}{\dot{U}_{3n}}\right|>\beta_1$$

方案2自调整式判据[41]为

$$\frac{|\dot{U}_{3n}-\dot{K}_{p}\dot{U}_{3t}|}{|\dot{U}_{3n}|}>\beta_2$$

式中：$\dot{U}_{3t}$为机端3次谐波电压；$\dot{U}_{3n}$为中性点3次谐波电压。

以上两种判据都是利用机端和中性点3次谐波电压的比值变化来检测定子单相接地故障。由于发电机运行工况的改变，不仅使机端和中性点的3次谐波电压之间的相位差有较大的变化，而且比值也有不同程度的改变，所以这两种3次谐波电压型定子单相接地保护的灵敏度和可靠性不高。

在中性点经高阻接地和消弧线圈两种接地方式下，三峡发电机B相绕组第1分支不同位置经8kΩ过渡电阻接地时，方案1与方案2的动作量分别如图3-9与图3-10所示。按文献［2］选取制动量$\beta_1=1.25$、$\beta_2=0.15$时，可以看出两个判据在绕组整个范围内都不能动作。实际应用中，虽然方案2较方案1具有较高的灵敏度，但是方案2中系数$\dot{K}_p$整定较困难，无法确定在哪种运行工况下调整$\dot{K}_p$使$|\dot{U}_{3n}-\dot{K}_p\dot{U}_{3t}|$最小，很难同时满足不误动和高灵敏度的要求。由于发电机经消弧线圈接地比经配电变压器高阻接地时的中性点阻抗大，所以若中性点附近发生接地故障，经消弧线圈接地方式要比经配电变压器高阻接地方式时中性点的零序电压变化量大，对于保护方案2，中性点经消弧线圈接地方式要比经配电变压器高阻接地方式时具有更高的灵敏度。

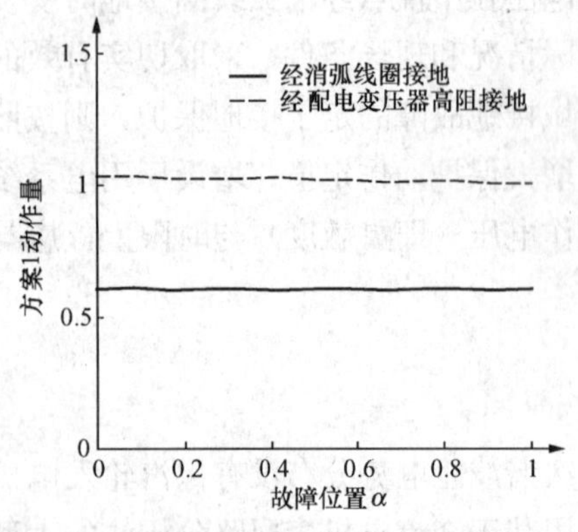

图3-9　不同故障位置3次谐波电压保护方案1的动作量

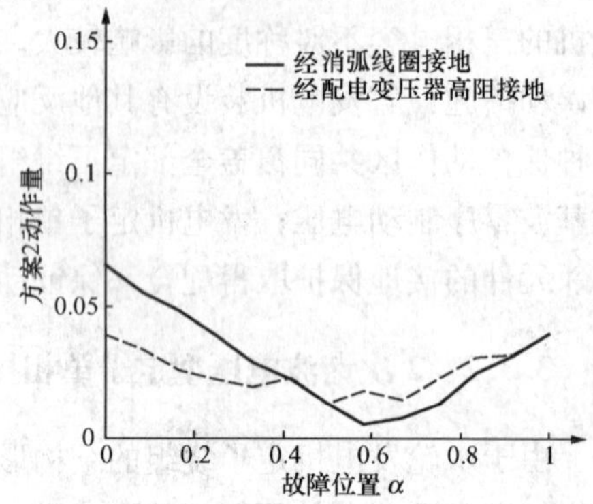

图3-10　不同故障位置3次谐波电压保护方案2的动作量

3.3.3　几种提高定子单相接地保护灵敏度和可靠性的方法

由于上面的两种发电机（特别是水轮发电机）3次谐波电压型定子单相接地保护整定计算和调试繁琐，而且灵敏度不高，为此继电保护工作者在高灵敏度的3次谐波电压型定子单相接地保护新方案方面进行不断的探索。

方案3自适应判据[43]为

$$\left|\dot{U}_{3t}(t)-\frac{\dot{U}_{3t}(t-t_{cc})}{\dot{U}_{3n}(t-t_{cc})}\dot{U}_{3n}(t)\right|>\beta_3|\dot{U}_{3n}(t)|$$

即
$$\left|\frac{\dot{U}_{3t}(t)}{\dot{U}_{3n}(t)}-\frac{\dot{U}_{3t}(t-t_{cc})}{\dot{U}_{3n}(t-t_{cc})}\right|>\beta_3$$

式中：t 为采样时刻；t_{cc}为计算间隔。

由发电机正常运行方式改变（有功功率或无功功率的调整）或系统发生振荡时，引起的机端和中性点 3 次谐波电压及它们的比值变化比较缓慢，由发电机内部不同位置的温度及其变化不均匀，使绕组对地电容分布不均匀引起的机端和中性点 3 次谐波电压及它们的比值变化也比较缓慢；而发生单相接地故障时机端和中性点 3 次谐波电压及它们的比值将迅速改变。方案 3 利用微机强大的记忆和计算功能自动跟踪这种变化，因而制动量 β_3 的整定基本不受发电机结构和工况的影响，只取决于跟踪计算误差，可以取较小的值，并且判据中充分利用了机端和中性点 3 次谐波电压幅值和相位的变化，与前两种保护方案相比具有更高的灵敏度。

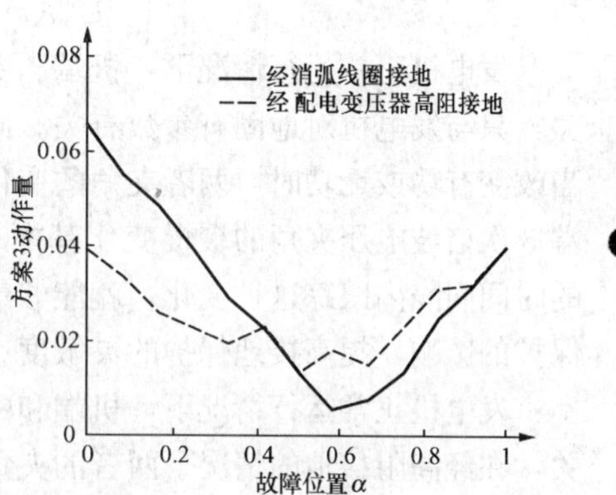

图 3-11 不同故障位置 3 次谐波电压保护方案 3 的动作量

图 3-11 是三峡电站发电机在不同接地方式下，B 相绕组第 1 分支不同位置经 8kΩ 过渡电阻接地时方案 3 的动作量。按文献［43］选取 $\beta_3=0.08$ 时，保护不能对绕组实现保护。当选取 $\beta_3=0.06$ 时，中性点经消弧线圈接地时，可以对中性点 4%处实现保护，即使与图 3-8 中的基波零序电压保护判据的灵敏度互补组合，还是不能实现定子绕组经 8kΩ 过渡电阻接地时灵敏动作的 100%保护。当选取 $\beta_3=0.035$ 时，中性点经配电变压器高阻接地时，可以对中性点 6%处实现保护，这时与图 3-8 中的基波零序电压保护判据的灵敏度互补组合，还是同样不能实现定子绕组经 8kΩ 过渡电阻接地时灵敏动作的 100%保护。需注意的是提高灵敏度应该在保证可靠性的前提下，不应该片面地降低阈值 β_3。从图 3-10 与图 3-11 还可以看出，当发电机绕组中部附近发生接地故障时，由于机端和中性点的 3 次谐波电压变化小，所以此时 3 次谐波电压保护判据的灵敏度相对较低。

方案 4 故障分量保护判据[44]为

$$\left[K_1<\left|\frac{\dot{U}_{3t}(t)-\dot{U}_{3t}(t-t_{cc})}{\dot{U}_{3n}(t)-\dot{U}_{3n}(t-t_{cc})}\right|<K_2\right]\cap(|\dot{U}_{3n}(t)-\dot{U}_{3n}(t-t_{cc})\neq 0|)$$
$$\cap(|\operatorname{Arg}[\dot{U}_{3t}(t)-\dot{U}_{3t}(t-t_{cc})]-\operatorname{Arg}[\dot{U}_{3n}(t)-\dot{U}_{3n}(t-t_{cc})]|<\varepsilon)$$

式中：t 为采样时刻；t_{cc}为计算间隔；$0<K_1<K_2$ 并且 K_1、K_2 近似等于 1；$\varepsilon>0$。

因为该判据充分利用了接地故障前后机端和中性点 3 次谐波电压故障分量在大小和相位上的变化特点，判据的比值部分理论上使判据具有很高的灵敏度，相位差部分使判据具有很高的选择性和抗干扰性，文献中仿真结果表明判据能够取得更高的灵敏度。但判据中 K_1 与 K_2 的整定约束条件太强，使得在实际应用中整定值对保护的灵敏度及可靠性影响较大，两者之间依旧存在矛盾，第 3.4.2 节中将给出对比结果加以说明。

方案 5 相角突变原理判据为

$$\left|\text{Arg}\frac{\dot{U}_{3t}(t)}{\dot{U}_{3n}(t)}-\text{Arg}\frac{\dot{U}_{3t}(t-t_{cc})}{\dot{U}_{3n}(t-t_{cc})}\right|>\delta_{set}$$

发电机正常运行情况下，机端和中性点 3 次谐波电压夹角与发电机 3 次谐波电动势无关，只与发电机对地固有参数有关。此特性是选择相角量的根据。现场实测结果也表明：当改变有功或无功时，两者夹角的变化很小。因此在有功、无功调整变化时，中性点和机端 3 次谐波电压夹角的缓慢变化基本上趋近于零，定值 δ_{set} 可取很小（0°～15°）。在较短的时间间隔内跟踪这种变化，就能够最大限度地消除发电机运行工况对 3 次谐波定子接地保护的影响，提高接地保护的灵敏度。

发电机正常运行情况下，机端和中性点 3 次谐波电压夹角与发电机中性点接地方式有关，在经高阻接地的情况下两者的夹角不等于零，因此相位判别式保护不适用于经高阻接地的发电机。而相角突变量保护只判断突变量，与稳态时两者之间的夹角无关，因此它适用于各种接地方式下的发电机。基于相角突变原理的保护方案尤其适用于中性点经消弧线圈接地的发电机组，其灵敏度上的优势很大；其次是中性点不接地的发电机组。基于相角突变原理的保护方案，在中性点经高阻接地的发电机组灵敏度优势不明显。因为在发电机高阻接地方式下，正常情况下发电机对地阻抗就呈较大的阻性，短路过渡电阻对中性点 3 次谐波电压的相角影响不显著。

尽管方案 5 中的判据只能应用在汽轮发电机上，但它对水轮发电机利用相角变化原理构成保护也提供了启示。

3.4 基于故障分量的 3 次谐波电压型定子单相接地保护[56,57]

3.4.1 保护原理基础

有关单相接地故障引起的零序电压变化特点分析中指出，定子单相接地故障在发电机机端和中性点处产生的零序电压故障分量近似相同，以下通过简化电路进一步加以说明。

因为发电机定子绕组的漏抗与电阻远小于定子绕组对地容抗，忽略它们的影响，当发电机发生定子单相接地故障后，3 次谐波电压故障分量零序电路可以简化为图 3-12 所示等效电路，其中 Z_t、Z_n 分别为机端和中性点处的等效阻抗；R_f 为接地过渡电阻；$\Delta\dot{E}_3$ 为故障前故障点的 3 次谐波电压。从图中可以看出，故障后机端和中性点 3 次谐波电压的故障分量（$\Delta\dot{U}_{3t}$、$\Delta\dot{U}_{3n}$）近似相同（包括幅值与相位）。

当发电机正常运行时，3 次谐波电压等效电路如图 3-13 所示。图中 C_t 为每相机端附加电容；C_g 为每相绕组对地电容；R_n、L_n 分别为中性点接地电阻和电感；$\dot{E}_3$ 为发电机 3 次谐波电动势。对于不同的中性点接地方式，机端和中性点的 3 次谐波电压（$\dot{U}_{3t}$、$\dot{U}_{3n}$）

相位差不尽相同。以地为参考点，当 $L_n=0$ 时，若 R_n 趋向∞，发电机中性点不接地，两侧 3 次谐波电压相位差为 180°；若 R_n 很小，发电机中性点接近直接接地，两侧 3 次谐波电压相位差为 90°；当 $R_n=1/3\omega(C_g+C_t)$ 时，发电机中性点经电阻接地，无附加电容时两侧 3 次谐波电压相位差约为 146°，有附加电容时两侧 3 次谐波电压相位差比 146°略小。综上，当中性点接地电阻 R_n 在 0～∞之间变化时，对应正常时机端与中性点的 3 次谐波电压相位差在 90°～180°之间变化。当发电机中性点经消弧线圈接地（欠补偿或谐振方式）时，若 $R_n=0$，两侧 3 次谐波电压相位差为 180°；若 R_n 为小值电阻时，两侧 3 次谐波电压相位差略小于 180°。

通过以上分析可知，正常时机端与中性点 3 次谐波电压的相位差为 90°～180°。当发电机运行方式变化或由于其他原因引起机端和中性点的 3 次谐波电压变化时，其表现为机端和中性点的 3 次谐波电压变化量的比值近似不变，并且它们变化量的相位差近似于正常时的规律。

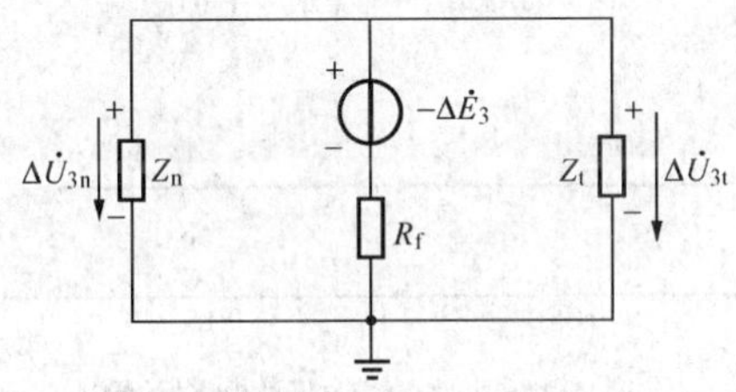

图 3-12 接地故障时 3 次谐波电压故障分量的等效电路

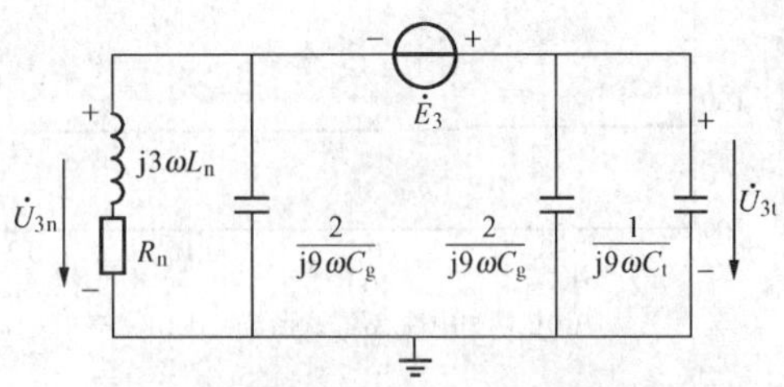

图 3-13 正常时 3 次谐波电压的等效电路

为进一步说明以上 3 次谐波电压的变化特点，利用基于多回路分析法的定子单相接地故障暂态仿真模型，对三峡发电机进行了仿真计算，中性点单相电压互感器变比为 $\frac{20\text{kV}}{\sqrt{3}}\Big/100\text{V}$，机端三相电压互感器变比为 $\frac{20\text{kV}}{\sqrt{3}}\Big/\frac{100\text{V}}{3}$。

为表述简洁，对图 3-14～图 3-15 中各分图统一说明如下：图（a）是机端和中性点零序电压波形（u_t、u_n）；图（b）是两侧零序电压中 3 次谐波电压相位差 δ 的变化；图（c）是相应故障分量波形（Δu_t、Δu_n，计算间隔为 40ms）；图（d）是两侧零序电压中 3 次谐波电压故障分量的相位差 $\Delta\delta$ 的变化。

图 3-14 是发电机中性点经配电变压器高阻接地条件下（发电机参数同第 3.2 节），中性点处经 8kΩ 过渡电阻发生接地故障时各电气量的变化。图 3-14（b）中正常时机端和中性点的 3 次谐波电压相位差 δ 约为 141°，故障时可以看出；图 3-14（c）中机端和中性点零序电压的故障分量重合，几乎相同。因为是中性点发生接地故障，所以故障分量中只有 3 次谐波，图 3-14（d）中两侧 3 次谐波电压故障分量的相位差 $\Delta\delta$ 接近于 0°。

图 3-15 是在相同的仿真初状态下，发电机励磁电压增加时各电气量的变化。从图 3-15（a）中可以看出，励磁电压增加使机端和中性点处的 3 次谐波电压都增大，虽然图 3-

15（c）中 3 次谐波电压故障分量的大小基本相同，但是图 3-15（d）中故障分量的相位差 $\Delta\delta$ 接近图 3-15（b）中正常时机端和中性点 3 次谐波电压的相位差 δ（约同为 141°）。

图 3-14（d）和图 3-15（d）中计算的正常时故障分量的相位差波动较大，这是由于相应故障分量几乎等于零的缘故，但也不会呈现单相接地故障时的特征。实际中也可根据保护装置 A/D 转换的精度，即最小电压分辨率判断计算的相位差是否有效，如果电压的故障分量小于保护装置的最小分辨率，则认为此时计算的相位差无效。

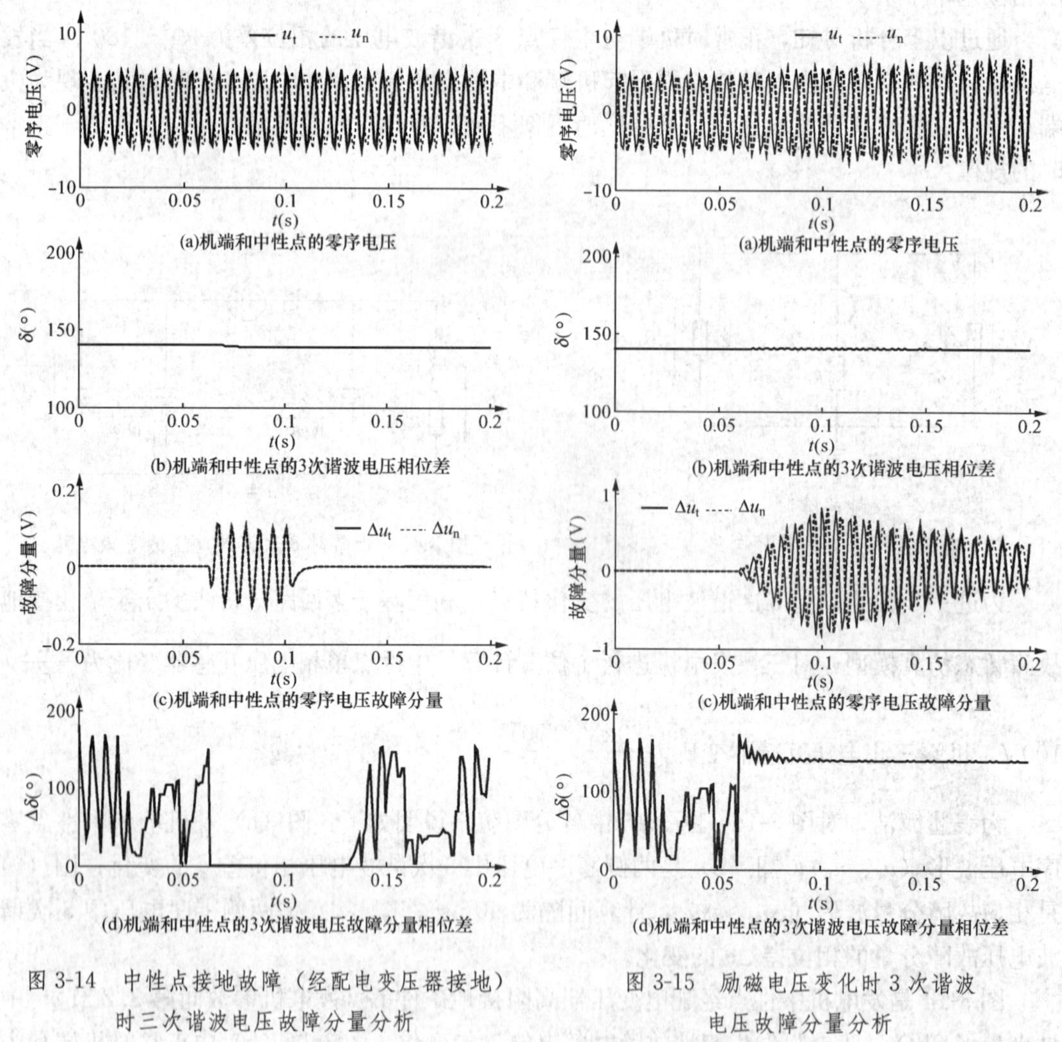

图 3-14　中性点接地故障（经配电变压器接地）时三次谐波电压故障分量分析

图 3-15　励磁电压变化时 3 次谐波电压故障分量分析

3.4.2　保护方案

通过以上分析，利用机端和中性点处 3 次谐波电压故障分量，可以得到以下两种形式的接地保护方案：

（1）对于不同的中性点接地方式，发电机在正常运行和非接地故障时机端和中性点 3

次谐波电压故障分量的相位差在90°～180°之间，而发生单相接地故障时，此相位差接近于0°，故障前后相位差的变化很大。因此接地故障的比相判据为

$$\left| \mathrm{Arg}(\Delta \dot{U}_{3t}) - \mathrm{Arg}(\Delta \dot{U}_{3n}) \right| < \varepsilon$$

其中门槛值ε理论上整定ε<90°，考虑实际的影响因素整定ε<10°～30°。

(2) 因为当两个相量夹角大于90°时，两个相量和的模小于两个相量差的模；当两个相量夹角小于90°时，两个相量和的模大于两个相量差的模。根据相量合成的这一特点，如果选用机端和中性点3次谐波电压的故障分量和作为动作量，它们的差作为制动量，比相判据可以用比幅的形式表示如方案6比幅判据为

$$\left| \Delta \dot{U}_{3t} + \Delta \dot{U}_{3n} \right| > \beta \left| \Delta \dot{U}_{3t} - \Delta \dot{U}_{3n} \right|$$

$$即 \left| \Delta U_{op3} \right| > \beta \left| \Delta U_{res3} \right|$$

式中：β是可靠性系数，$\beta=\sqrt{\dfrac{1+\cos\varepsilon}{1-\cos\varepsilon}}$。

为进一步提高判据可靠性，防止短时干扰的影响，判据连续满足M次后，判断为单相接地故障，M取1/2～2/3个工频周期内的采样点数。

理想的定子单相接地保护应具有以下性质：发生接地故障时，特征信号的幅值或相位只要有轻微的突变，判据就应动作；正常运行时，特征信号的幅值或相位发生较大的缓变，判据也不应动作。

基于3次谐波电压故障分量的保护中的动作判据具有下述特点：首先，3次谐波电压的故障分量反应了接地故障的突变程度，接地故障发生后机端和中性点的3次谐波电压增量近似相同，判据左侧动作量大于右侧制动量，判据灵敏动作；其次，正常时机端和中性点的3次谐波电压相位差大于90°，当发电机运行方式变化或其他原因引起机端和中性点的3次谐波电压发生变化，即使有较大的缓变，判据左侧动作量总是小于右侧制动量，保护不会动作。进一步分析，故障前后判据的动作量和制动量变化方向相反，能够自适应发电机运行工况的变化，鲁棒性很强，整定十分简单。

值得指出：3次谐波定子接地稳态保护方案（例如保护方案1、2等）中均以中性点3次谐波电压$\dot{U}_{3n}$为制动量，一旦$\dot{U}_{3n}$失去，保护必将误动。采用3次谐波电压故障分量的保护方案6中，即使$\Delta\dot{U}_{3n}$消失也不会引起误动，所以保护方案6大大提高了定子单相接地保护的安全可靠性。

为防止主变压器高压侧接地故障时导致发电机保护误动，可用高压侧零序电压闭锁判据。另外，在运行中定子绕组对地绝缘水平是逐渐下降的，为反映这种逐渐下降的过程，在实际应用中应增设常规保护方案。

方案6与第3.3节中的3次谐波故障分量定子接地保护方案4在许继动模室30kVA凸极发电机上做了对比试验，对试验数据做保护判据的离线分析，记$K=\left|\dfrac{\dot{U}_{3t}(t)-\dot{U}_{3t}(t-t_{cc})}{\dot{U}_{3n}(t)-\dot{U}_{3n}(t-t_{cc})}\right|$，取$K_1=0.8$、$K_2=1.2$，$\varepsilon=20°$；三峡电站发电机要求接地

过渡电阻为 8kΩ，折算到模拟发电机上为 93.3kΩ，试验中选取接地过渡电阻为 93.56kΩ。

发电机中性点经高阻接地，A 相绕组第 1 分支距中性点 5%位置经 93.56kΩ 过渡电阻发生接地故障，各保护方案的动作情况如图 3-16 所示，方案 4 的动作标志为 flag4❶，方案 6 的动作标志为 flag6，保护动作时相应标志置 1。从图中可以看出，在接地故障发生时 flag4 为零，方案 4 拒动，而方案 6 能够正确灵敏动作，可见保护方案 6 比方案 4 具有更高的灵敏度。分析原因如下：由于过渡电阻很大，机端和中性点零序电压故障分量 Δu_t、Δu_n 中 3 次谐波分量很小，这样两个很小的数值相除可能使比值较大幅度偏离 1，超出整定范围，导致保护方案拒动，所以方案 4 中参数 K_1、K_2 的整定对保护判据的灵敏度和可靠性影响很大。由于在数值较小时，计算相位较计算幅值有更高的准确度，由图中可以看出故障时机端和中性点故障分量的相位差 $\Delta\delta$ 仍然很小，保护仍能够灵敏动作。

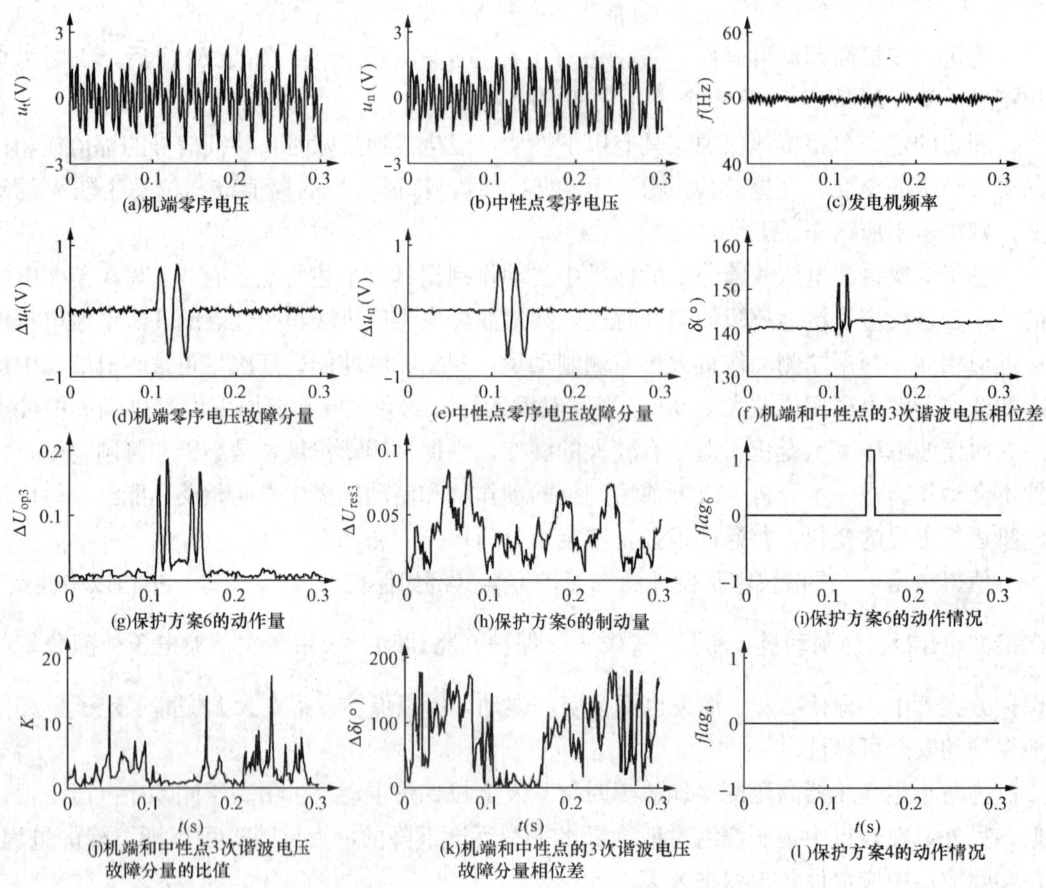

图 3-16 定子接地保护方案 6 与方案 4 的灵敏度对比

❶ flag 为保护方案动作标志，动作为 1，不动作为 0。

3.4.3 保护装置试验结果

一、许继动模室30kVA模拟发电机试验结果

在许继 WFB－800 微机发—变组保护装置平台上编制了保护程序。2003 年 12 月 11 日～13 日在许继动模室 30kVA 凸极发电机上对基于 3 次谐波电压故障分量的定子单相接地保护装置进行了试验，发电机参数见附录七。主要试验内容如下：发电机定子绕组不同位置经不同过渡电阻发生接地故障，定子绕组内部故障，机端两相和三相短路，正常调节发电机有功和无功，发电机发生振荡，发电机失磁，发电机电压互感器断线，系统高压侧发生单相接地故障、两相接地短路和短路故障、三相接地短路和短路故障等。从这些试验项目可以比较全面地考察基于 3 次谐波电压故障分量的定子单相接地保护装置的灵敏度、可靠性和选择性。以下给出了一些具有代表性的试验项目录波图。

1. 发电机定子单相接地故障

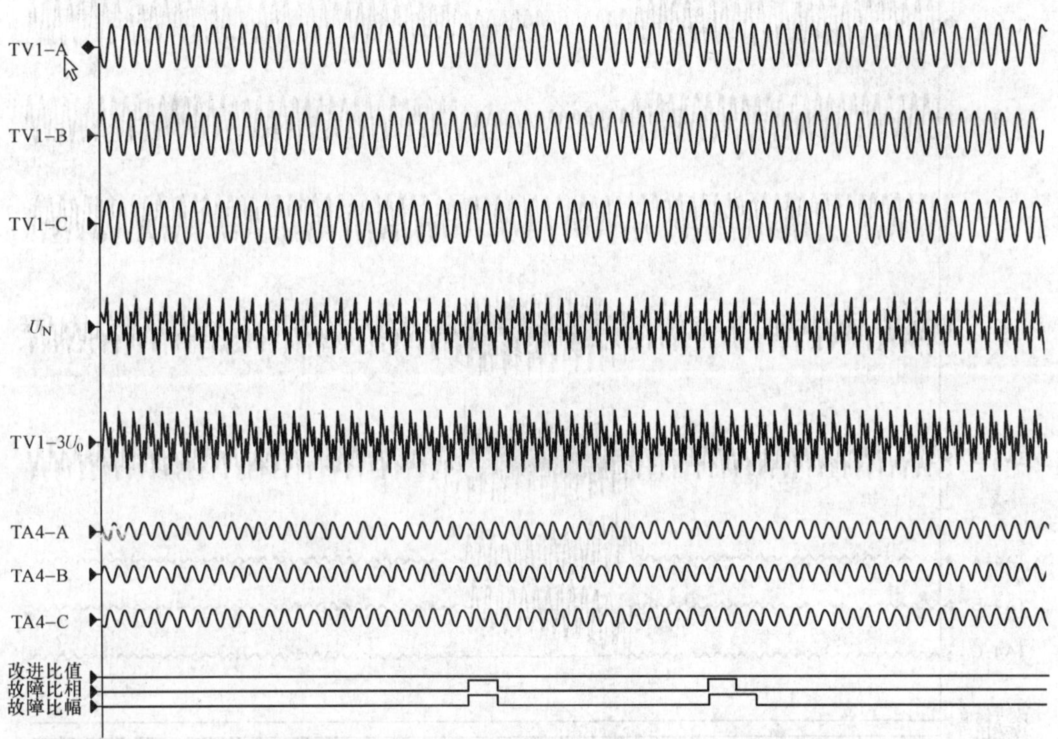

图 3-17 发电机 A 相第一分支靠近中性点 5%处经 40kΩ 过渡电阻发生单相接地故障过程中保护的动作情况

发电机 A 相第一分支靠近中性点 5%处经 40kΩ 过渡电阻发生单相接地故障，图 3-17 给出了相应发电机电气量和保护动作情况的录波图。图中标识：TV1-A、TV1-B、TV1-C 分别是发电机机端三相对地电压；U_N 是发电机中性点零序电压；TV1-U_0 是发电机机端开口三角形零序电压；TA4-A、TA4-B、TA4-C 分别是发电机机端三相电流；“改进比

值”是改进的3次谐波电压判据 $|\dot{U}_{3t}+k\dot{U}_{3n}|>k_{res}|\dot{U}_{3n}|$ 的动作情况，“故障比相”和“故障比幅”分别是方案6中提出的基于3次谐波电压故障分量的定子单相接地保护判据的动作情况。从图中可以看出，接地故障发生时方案6中提出的基于3次谐波电压故障分量的定子单相接地保护能够正确动作，而现有改进型3次谐波电压保护拒动，所以基于3次谐波电压故障分量的定子单相接地保护具有更高的灵敏度。

基于3次谐波电压故障分量保护的灵敏度虽在理论上不受发电机运行工况的影响，但是由于保护装置存在测量精度，不同工况下发电机的3次谐波电动势大小不同，因此这种判据的灵敏度是受发电机的运行工况影响的，规律是3次谐波电动势越大，保护的灵敏度越高。从动模试验结果看，发电机对地电容约为0.15μF时，不同故障位置、不同运行工况下发生单相接地故障，可靠动作的灵敏度在20kΩ，基于3次谐波电压故障分量保护比常规3次谐波电压比值保护灵敏度高得多。

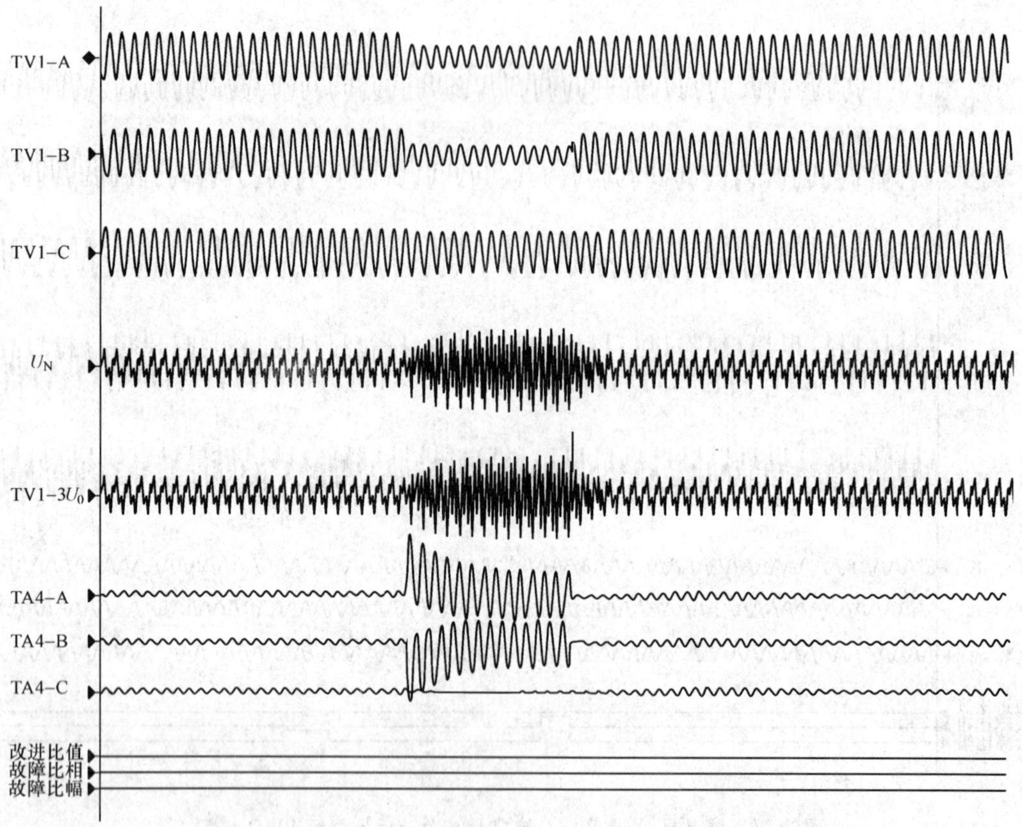

图3-18　发电机机端A—B两相发生短路故障过程中保护的动作情况

2. 发电机机端两相短路

图3-18是发电机机端A—B两相发生短路故障的录波图。由图可以看出尽管发电机的机端和中性点零序电压发生较大变化，但基于3次谐波电压故障分量的保护正确不动作，表现了良好的选择性。

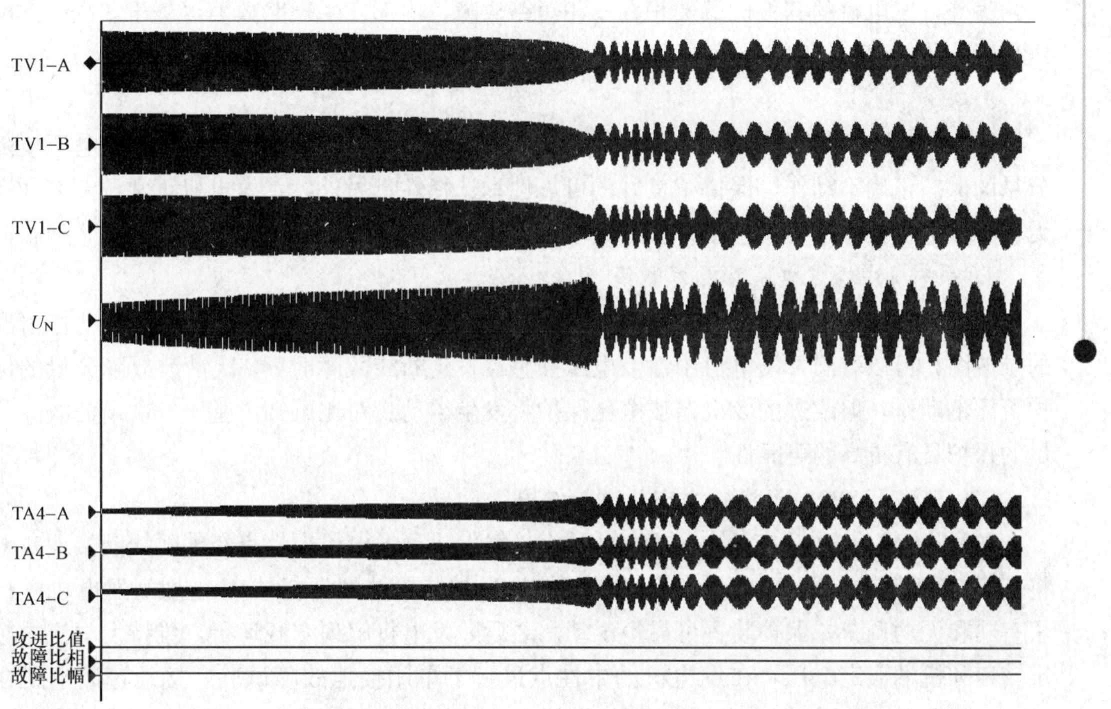

图 3-19　发电机振荡过程中保护的动作情况

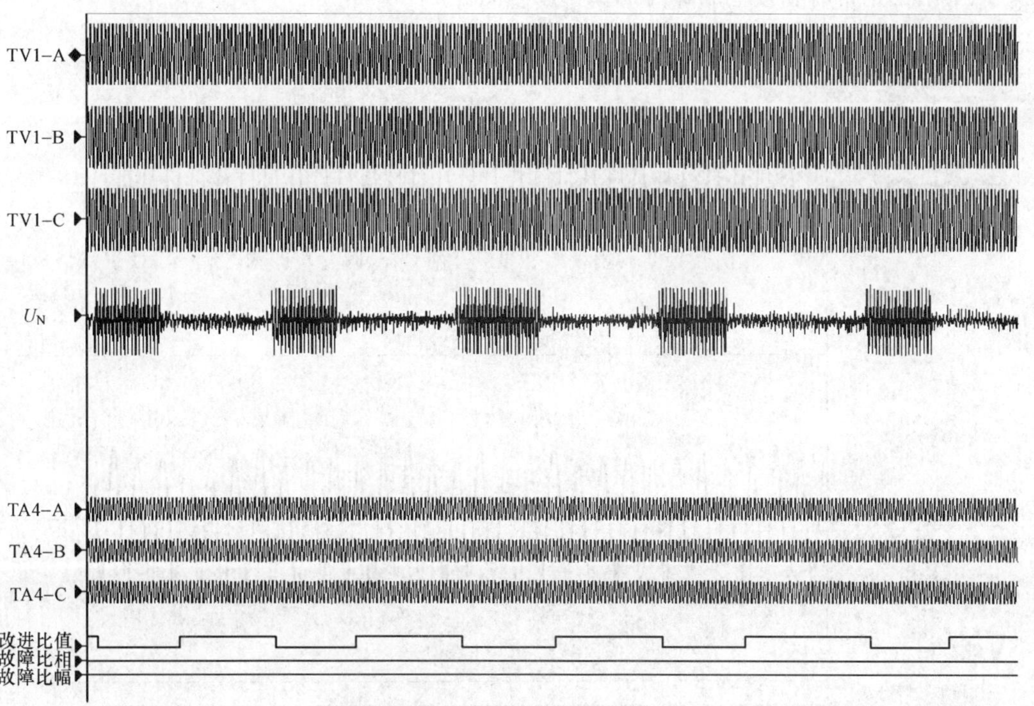

图 3-20　发电机中性点电压互感器发生
断线故障过程中各电气量和保护的动作情况

另外，发电机的其他机端两相和三相短路故障、内部发生短路故障，基于3次谐波电压故障分量的保护正确不动作，保持了良好的可靠性和选择性。

3. 发电机振荡

图3-19是发电机发生振荡过程中保护的动作情况，可以看出基于3次谐波电压故障分量的保护正确不动作，保持了良好的可靠性和选择性。另外，在发电机正常调节有功和无功、发电机失磁过程中基于3次谐波电压故障分量的保护正确不动作。

4. 发电机中性点电压互感器断线[58]

图3-20是发电机中性点处电压互感器发生断线故障过程中各电气量和保护动作情况的录波图，可以看出，发电机中性点电压互感器发生断线故障时，3次谐波故障分量的保护可靠不动作，但改进的3次谐波电压保护将发生误动。对比可知，基于3次谐波故障分量的保护具有更高的可靠性。

二、某电厂300MW汽轮发电机试验结果

2003年12月24日在某电厂300MW汽轮发电机（发电机中性点经消弧线圈接地）上将基于3次谐波电压故障分量的定子单相接地保护装置挂网运行约4h，期间发电机进行了有功和无功调节，保护装置可靠不误动。之后，发电机解列空载运行，维持发电机的额定转速和机端额定电压，在发电机的中性点进行了单相接地故障试验，接地过渡电阻在10kΩ以下时故障分量3次谐波定子接地保护正确动作，而发电机正常配置的3次谐波电压保护却没有动作，因此基于3次谐波电压故障分量的定子单相接地保护具有更高的灵敏度。以下给出正常时和接地故障时的保护录波图。

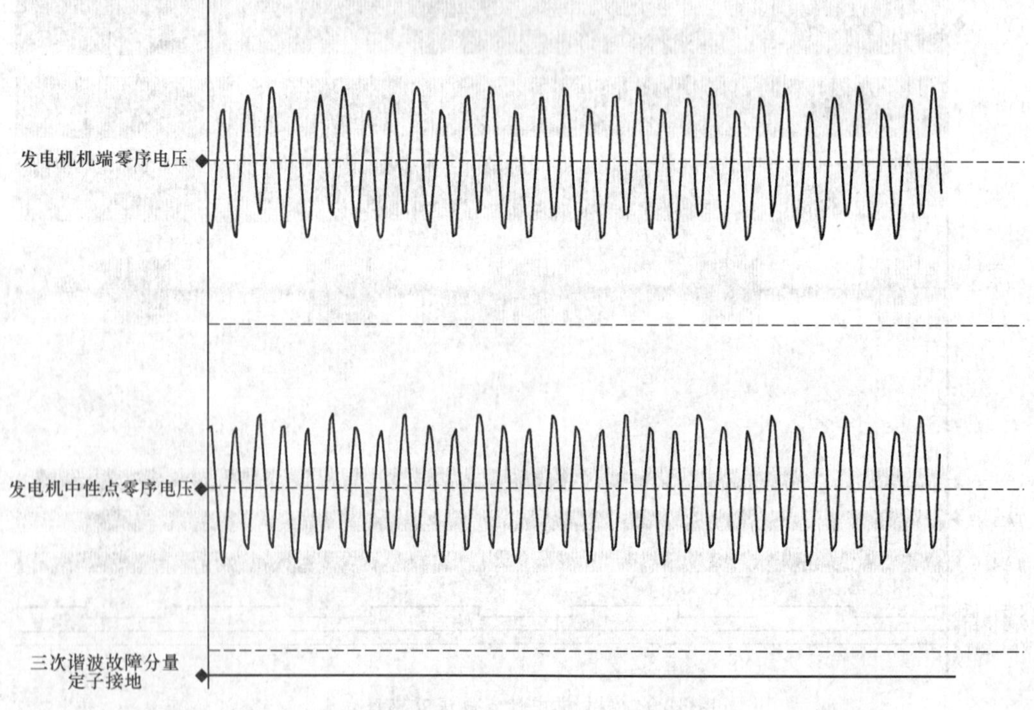

图3-21　发电机正常运行时保护的动作情况

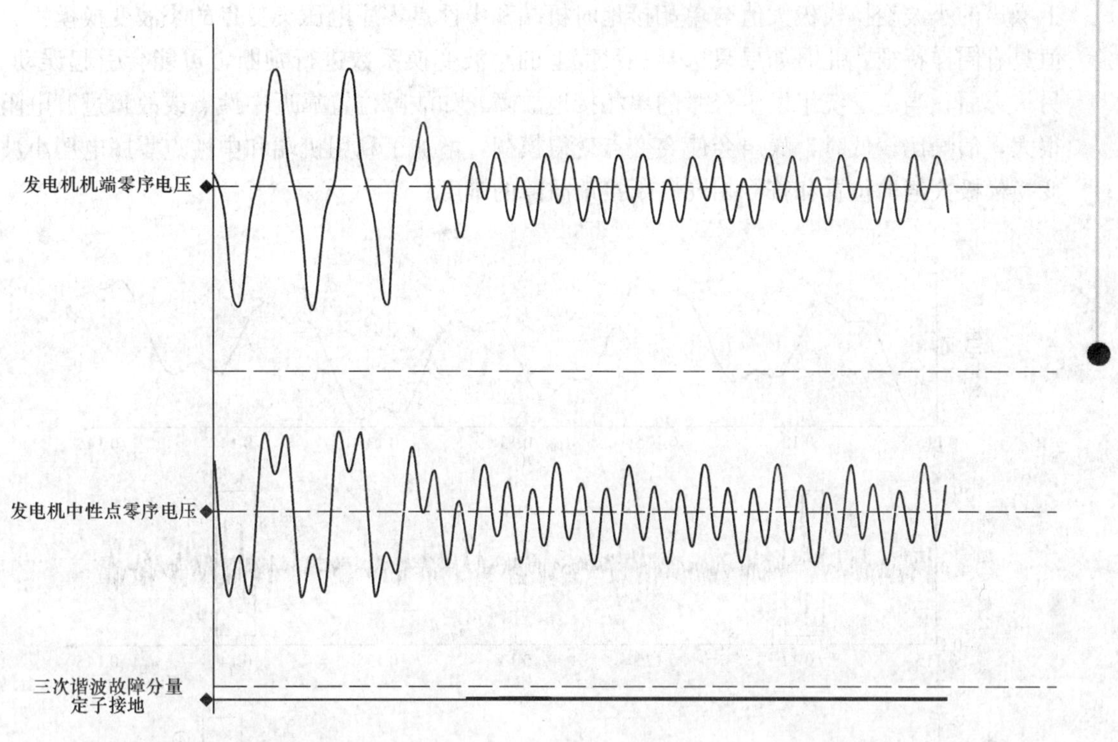

图 3-22 发电机中性点经 10kΩ 过渡电阻发生单相接地故障时保护的动作情况

1. 发电机正常运行

图 3-21 是发电机正常并网运行时保护的动作情况，可以看出发电机正常运行时，基于 3 次谐波电压故障分量的定子单相接地保护可靠不误动。

2. 发电机中性点经 10kΩ 电阻发生单相接地故障

图 3-22 是发电机中性点经 10kΩ 过渡电阻发生单相接地故障时保护动作情况的录波图，可以看出基于 3 次谐波电压故障分量的定子单相接地保护正确动作，表现出很高的灵敏度。

3.5 基于小波变换的定子单相接地保护的研究

3.5.1 噪声对基于小波变换模极大值接地保护的影响

由于小波变换对信号突变点的检测十分灵敏，使得基于小波变换模极大值的继电保护判据具有较高的灵敏度，但同时也存在易受噪声干扰的不足，特别是在信噪比较低的情况下，如何提高保护判据的可靠性是值得注意和不可回避的问题。文献[49，50]分别利用 Daubechies 正交小波和基于三次中心 B 样条函数的导函数构成的小波检测发电机机端和中性点零序电压中的突变信息，根据同一尺度上两侧零序电压小波变换模极大值的位置和符号相同的特征判断单相接地故障，但通过以下分析可知噪声会对该保护方案产生负面影响。

一方面，噪声可能在机端和中性点零序电压中产生同样的突变点，这样会使某一尺度上噪声的小波变换模极大值与单相接地时机端和中性点零序电压突变点的小波变换模极大值具有同样特征，此时如果只选某一尺度上的小波变换系数进行判断，可能会引起误动。另一方面，当定子绕组发生轻微的单相接地故障，如故障位置靠近中性点或故障过渡电阻很大，信噪比较低时，噪声会使突变点变得模糊，增加了利用机端和中性点零序电压小波变换模极大值的位置和符号相同判断接地故障的难度。

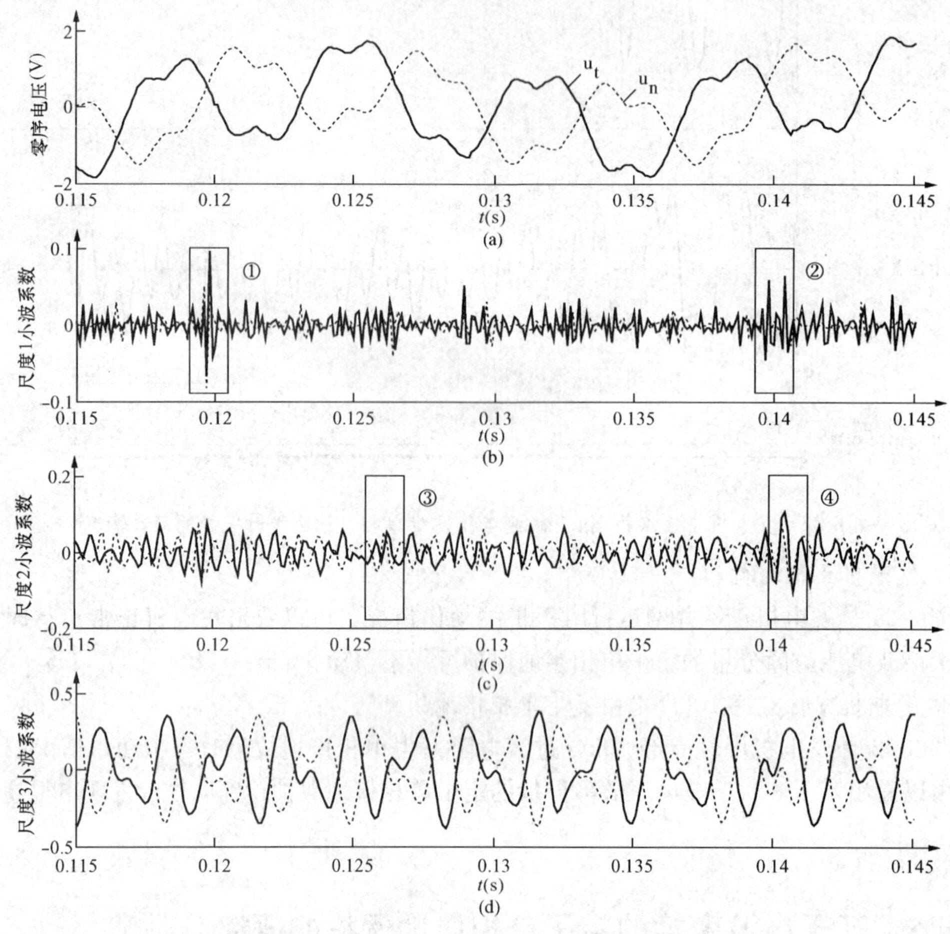

图 3-23　噪声对基于小波变换模极大值单相接地保护方案的影响分析

下面以附录七中的许继动模发电机 A 相绕组第 1 分支距中性点 2%处在 0.1404s 时经 93.56 kΩ 过渡电阻发生接地故障为例进行讨论，采样频率为 10kHz。图 3-23（a）是机端和中性点零序电压 u_t、u_n 的录波数据，图（b）～图（d）是经 Daubechies 5 次正交小波在三个尺度下分析的结果，其中实线为机端零序电压 u_t 的小波分析结果，虚线为中性点零序电压 u_n 的小波分析结果。从图 3-23（b）尺度 1 下的分析结果看，方框①中机端和中性点零序电压的小波变换模极大值的位置和符号相同，但此处无故障发生，是由于电磁噪声产生的。故障点产生的小波变换模极大值在方框②中，如果选择尺度 1 下小变换模极大值作为判据将会导致误动。如果选择尺度 2 下的小波变换值作为提取特征，如图 3-23（c）

中方框④所示，在故障点处，由于噪声的影响，机端和中性点零序电压小波变换的模极大值出现的位置发生偏移，而方框③中由噪声产生的小波变换模极大值点也有偏移，这又增加了区别方框④和方框③中小波变换模极大值产生原因的难度。由于零序电压的突变幅度较小，在故障时刻，图 3-23（d）尺度 3 下的分解结果很难找到机端和中性点零序电压小波变换模极大值符号相同的点。所以，只基于单一尺度小波变换模极大值特点的判据是不可靠的。

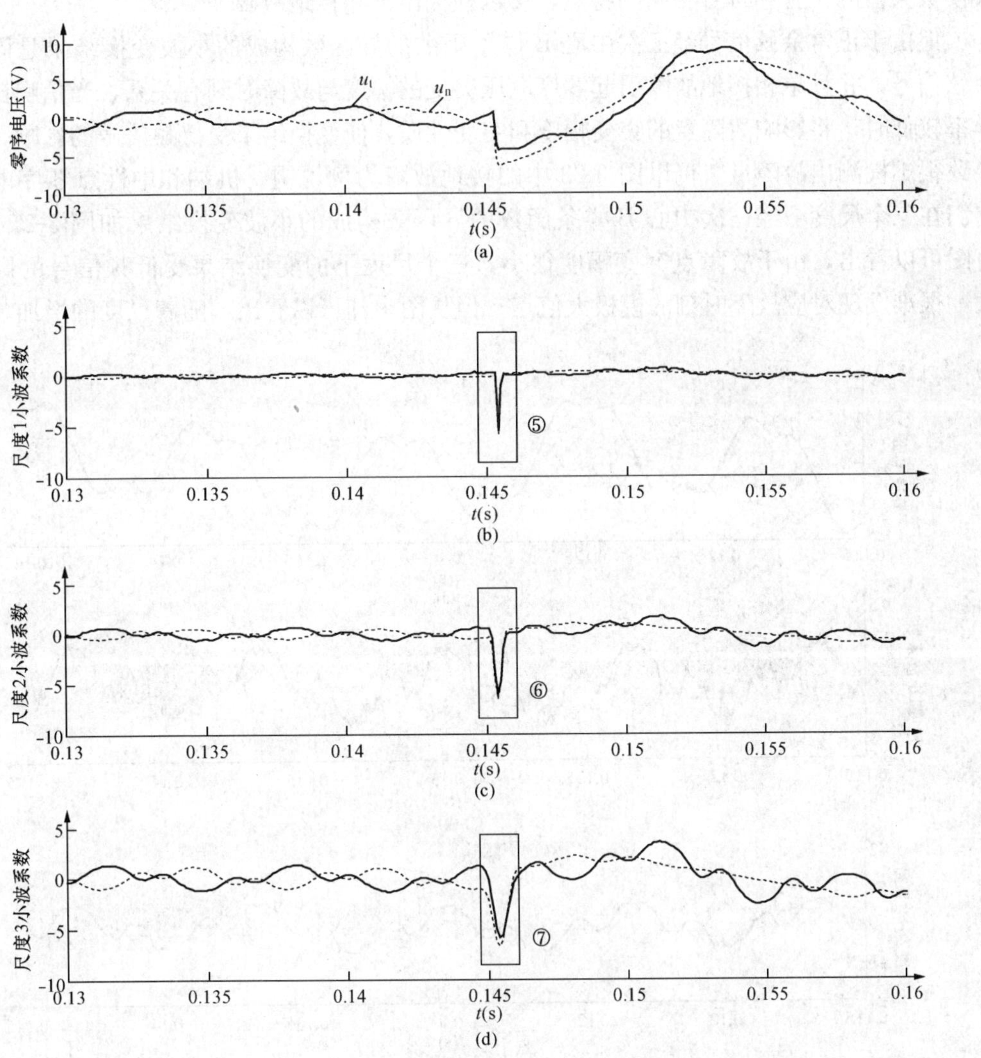

图 3-24　噪声与信号突变点小波变换模极大值在不同尺度下的传播特性分析

对于噪声产生的对小波变换模极大值点的影响，理论上可通过噪声与信号突变点的小波变换模极大值在不同尺度下的传播特性不同加以解决[59]。噪声的小波变换模极大值幅度和平均稠密度随尺度的增大而减小，而信号的小波变换模极大值随尺度的增加不衰减。因此通过观察不同尺度之间小波变换模极大值的变化规律，去除幅度随尺度增加而减小的点（对应噪声的极值点），保留幅度随尺度增加而不衰减的点（对应有用信号的极值点），可以在一定程度上消除噪声的影响。以许继动模发电机A相绕组第1分支距中性点5%处在0.1453s时发生金属性接地故障为例进行分析，机端和中性点零序电压及它们在三个尺度下经三次中心B样条函数的导函数构成的小波分析结果如图3-24所示。由图可以看出，随着尺度的增加，方框⑤、⑥、⑦中故障点的小波变换模极大值不衰减，而其他地方变换结果变得逐渐光滑，说明噪声产生的模极大值点的幅度和稠密度在减少，这样保留模极大值幅度不衰减的点消除噪声的影响，再结合单相接地故障时机端和中性点零序电压小波变换模极大值的位置和符号相同的特点，可以检测出单相接地故障。

但由于正常余弦信号经三次中心B样条函数的导函数构成的小波变换结果是同频率余弦信号，并且单相接地故障引起零序电压突变的幅度与故障时刻有关系，当信噪比和采样率较低时，将影响故障点的突变幅度和突变性质，使变换结果受低频信号的影响，同样导致很难检测出故障点。仍以图3-23中的接地故障为例说明，机端和中性点零序电压及它们在三个尺度下经三次中心B样条函数的导函数构成的小波变换结果如图3-25所示。由图可以看出，由于故障点突变幅度很小，三个尺度下的变换结果受低频信号的影响较大，很难发现对应故障时刻的模极大值点。但从图中却可以看出，随着尺度的增加，小波

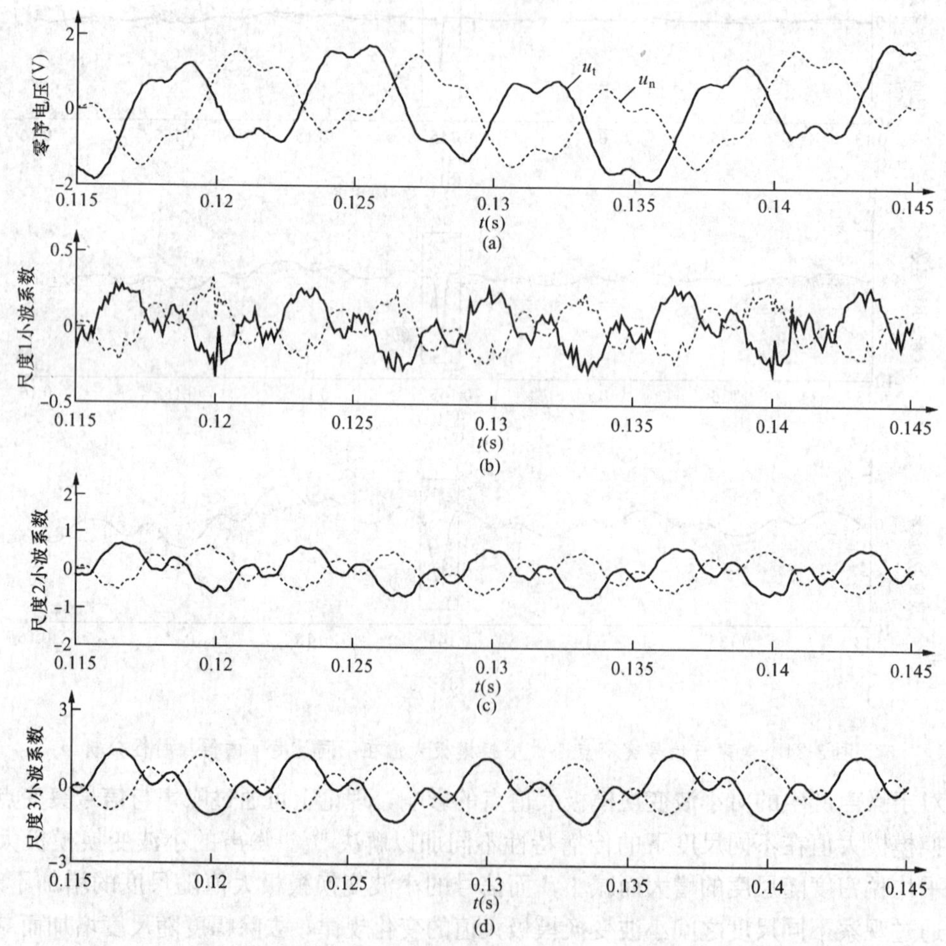

图3-25 故障点突变幅度小时经三次中心B样条函数的导函数构成的小波变换结果分析

变换结果变得很光滑，表现出良好的滤波性能。

综合考虑噪声对信号小波变换模极大值的影响和三次中心B样条函数的导函数构成的小波的变换结果特点，根据第3.2节中分析的单相接地故障在发电机机端和中性点所产生的零序电压故障分量Δu_t、Δu_n近似相同的特点，对机端和中性点零序电压故障分量进行小波变换，利用小波变换多尺度滤波的优势，由故障后一段时间内故障信息的能量构成保护判据，并引入噪声估计，提高判据的可靠性。

3.5.2 基小波与算法的选择

这里选取三次中心B样条函数的导函数作为基小波[60~62]，因为该小波具有线性相位的优点，而且支撑集短，计算简单，对应的滤波器系数为

$$\{h_0(-1),h_0(0),h_0(1),h_0(2)\}$$
$$=\{0.125,0.375,0.375,0.125\},\{h_1(0),h_1(1)\}=\{-2.0,2.0\}$$

在小波变换算法实现上，Mallat算法[63]是通过滤波器组实现的，但小波变换每增加一个分解尺度，需要进行一次二抽取，数据减少一半，分解尺度越大，得到的数据越稀疏，不同尺度下细节信号的突变部分很难准确对应起来。为保证分解后的小波系数长度与原始信号相等，本文采用“多孔算法”（Algorithme à trous）[64]，即滤波器系数插零方式，在每层分解中把各滤波器系数之间插入适当零值再做卷积，分解运算时不需再对卷积结果作减抽样。

利用三次中心B样条函数的导函数构成的小波对发电机机端和中性点零序电压进行变换时，由于正常余弦信号经三次中心B样条函数的导函数构成的小波变换的结果是同频率余弦信号，使得正常时的小波变换结果会出现周期性的峰值。为消除此影响，本文选用机端和中性点零序电压的故障分量作小波变换，而且选择故障分量有利于对噪声进行估计，使其不受正常零序电压的影响。

3.5.3 基于变尺度小波变换的定子单相接地保护能量法[65]

针对噪声对基于小波变换模极大值定子单相接地保护方案的影响，提出了基于小波变换多尺度滤波的定子单相接地保护能量法，保护方案的流程如图3-26所示。

（1）由发电机机端和中性点电压互感器得到相应处的零序电压u_t、u_n，以一个工频周期为间隔计算机端和中性点零序电压的故障分量Δu_t、Δu_n。

（2）计算不同尺度j下故障分量的小波系数$\Delta u_{twj,k}$、$\Delta u_{nwj,k}$，其中下标k为计算数据序列号；w代表小波系数。

（3）计算不同尺度j下的动作信号$u_{opj,k}=|\Delta u_{twj,k}+\Delta u_{nwj,k}|$和制动信号$u_{resj,k}=|\Delta u_{twj,k}-\Delta u_{nwj,k}|+\sigma_j$，其中$\sigma_j$为第$j$尺度下对噪声偏差的估计。这里借鉴文献[66]中小波变换的软阈值消噪过程中对噪声标准偏差的估计，$\sigma_j=\dfrac{\mathrm{MAD}[(\Delta u_{twj,l}+\Delta u_{nwj,l})]}{0.6745}$，其中$\mathrm{MAD}[(\Delta u_{twj,l}+\Delta u_{nwj,l})]=$中位数（$|\Delta u_{twj,l}+\Delta u_{nwj,l}|$）；$l=k-L+1$，…，$k$，$L$为数据窗长度，取一个工频周期内的数据。

(4) 计算不同尺度 j 下动作信号和制动信号的谱能量 $Eu_{\mathrm{op}j}$、$Eu_{\mathrm{res}j}$ 分别作为保护的动作量和制动量，$Eu_{\mathrm{op}j,k}=\sum\limits_{l=k-L+1}^{k}u_{\mathrm{op}j,l}^{2}\Delta t$，$Eu_{\mathrm{res}j,k}=\sum\limits_{l=k-L+1}^{k}u_{\mathrm{res}j,l}^{2}\Delta t$，$\Delta t$ 是采样周期，计算过程中可做归一化处理。

(5) 比较不同尺度 j 下动作量和制动量的大小，若相邻两个尺度下在大于 1/2 工频周期内连续满足 $Eu_{\mathrm{op}j}>Eu_{\mathrm{res}j}$时，判断发电机发生单相接地故障。

当发电机发生较严重的接地故障（过渡电阻小，靠近机端）时，故障产生的零序电压故障分量较大，判据在较小尺度上就能够检测出故障；当发电机发生轻微的接地故障（过渡电阻大，靠近中性点）时，故障产生的零序电压故障分量较小，判据将在较大尺度上检测出故障。在噪声较弱环境下发生接地故障时，判据将在较小的尺度上检测出故障；在噪声较强环境下发生接地故障时，判据将在较大尺度上检测出故障。

由于噪声估计随实际噪声强度的变化而变化，不需要人为事先整定，所以简化了整定过程，提高了保护判据的自适应性。

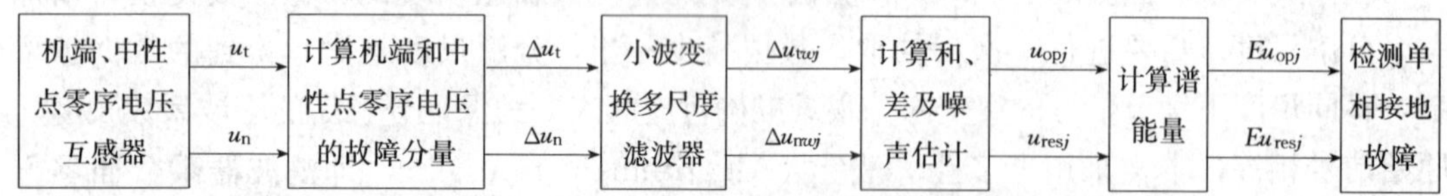

图 3-26 基于小波变换变尺度滤波的能量法保护方案流程图

3.5.4 定子单相接地保护能量法的仿真分析

三峡电站发电机的仿真参数与第 3.2 节相同，小波分析要求的采样频率较高，通过仿真比较，综合考虑计算量和计算结果，这里取采样频率为 2kHz，故障分量的计算间隔为一个工频周期，在三个尺度下进行小波变换。

对图 3-27～图 3-30 中的各分图统一说明如下，图（a）、（b）分别是发电机机端和中性点处零序电压 u_{t} 和 u_{n}，图（c）、（d）分别是相应的故障分量 Δu_{t} 和 Δu_{n}，图（e）～图（g）、图（h）～图（j）、图（k）～图（m）分别是第 1、2、3 尺度下机端和中性点电压故障分量的小波变换 $\Delta u_{\mathrm{tw}j}$、$\Delta u_{\mathrm{nw}j}$ 和按以上能量法计算的接地保护判据中动作量 $Eu_{\mathrm{op}j}$ 和制动量 $Eu_{\mathrm{res}j}$（$j=1\sim3$）的比较。

图 3-27 给出了发电机中性点经配电变压器高阻接地方式下，中性点处经 8kΩ 过渡电阻发生单相接地故障过程中机端和中性点零序电压的变化及相应故障分量的小波分析结果。可以看出，在没有噪声干扰的情况下，接地故障发生后的一段时间内，各个尺度下保护的动作量都大于制动量，均能可靠灵敏动作。

图 3-28 是发电机 B 相绕组第 1 分支距中性点 8.33％处经 8kΩ 过渡电阻发生接地故障时保护的动作情况，为了模拟实际测量情况，在原始仿真数据中加入了幅度为 0.2V 的白噪声信号，第 1 尺度上噪声占主要成份，保护没有动作；随着尺度的增加故障分量含量增大，在第 2、3 尺度上故障后保护的动作量大于制动量，保护正确动作。还可以看出，受噪声污染后的机端和中性点处零序电压故障分量的突变点变得模糊、不一致，导致故障发

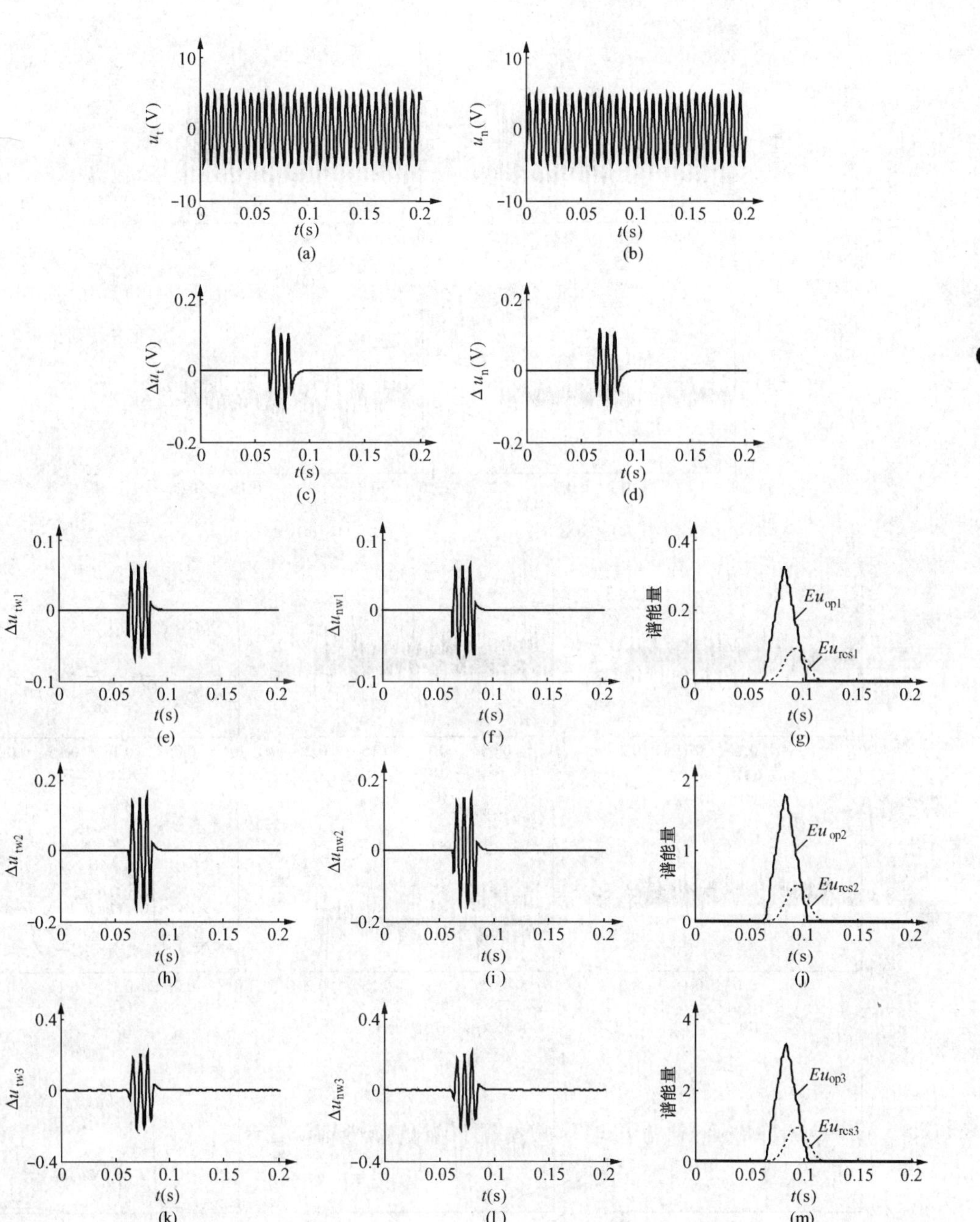

图 3-27 中性点处经 8kΩ 过渡电阻发生接地故障时保护的动作情况

生时刻不同尺度下两侧的小波变换模极大值点很难完全对应，所以单纯依靠故障突变点的模极大值进行检测是有难度的。由于能量法利用不同尺度下故障分量小波系数的整体信息，并且考虑了噪声影响，因而具有较高的灵敏度和可靠性。

图 3-29 是发电机 B、C 两相在机端发生短路故障引起机端和中性点零序电压故障分量发生变化时，保护的动作情况，原始仿真数据中仍含有 0.2V 的白噪声。可以看出，在三个尺度上制动量始终大于动作量，保护可靠不动作。

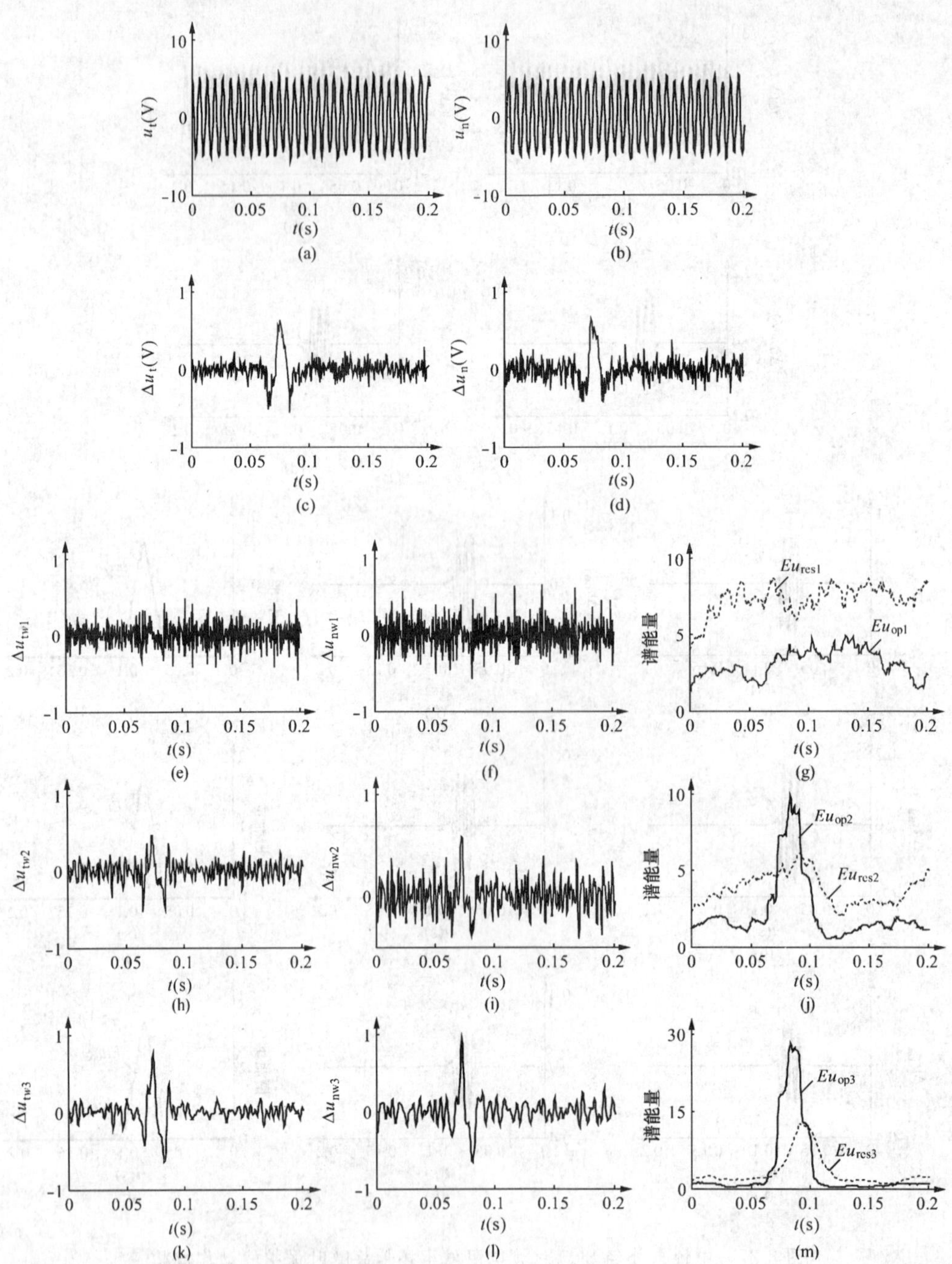

图 3-28　B 相第 1 分支 8.33%处经 8kΩ 过渡电阻发生接地故障时保护的动作情况

图 3-30 是发电机的励磁电压发生变化引起机端和中性点零序电压故障分量发生变化时，保护的动作情况，原始信号中同样加入了幅度为 0.2V 的噪声信号。可以看出，各尺度下制动量始终大于动作量，判据可靠不动作，说明保护方案具有良好的选择性和可靠性。

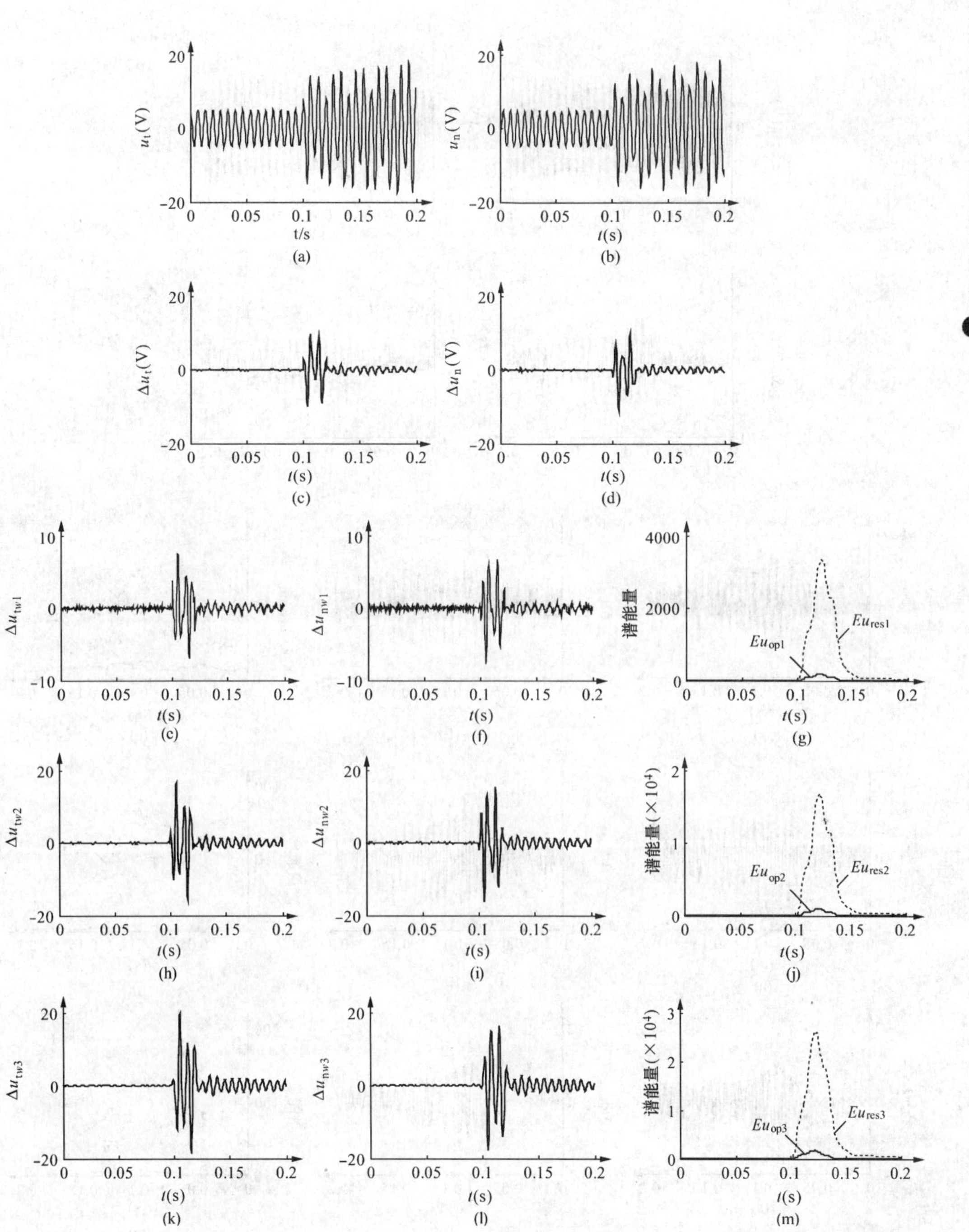

图 3-29　机端两相短路时保护的动作情况

3.5.5　定子单相接地保护能量法的试验验证

为了验证以上基于小波变换多尺度滤波的定子单相接地保护能量法，在附录七中的许继 30kVA 动模发电机（中性点经高阻方式接地和电抗器接地）和附录六中的清华 15kVA

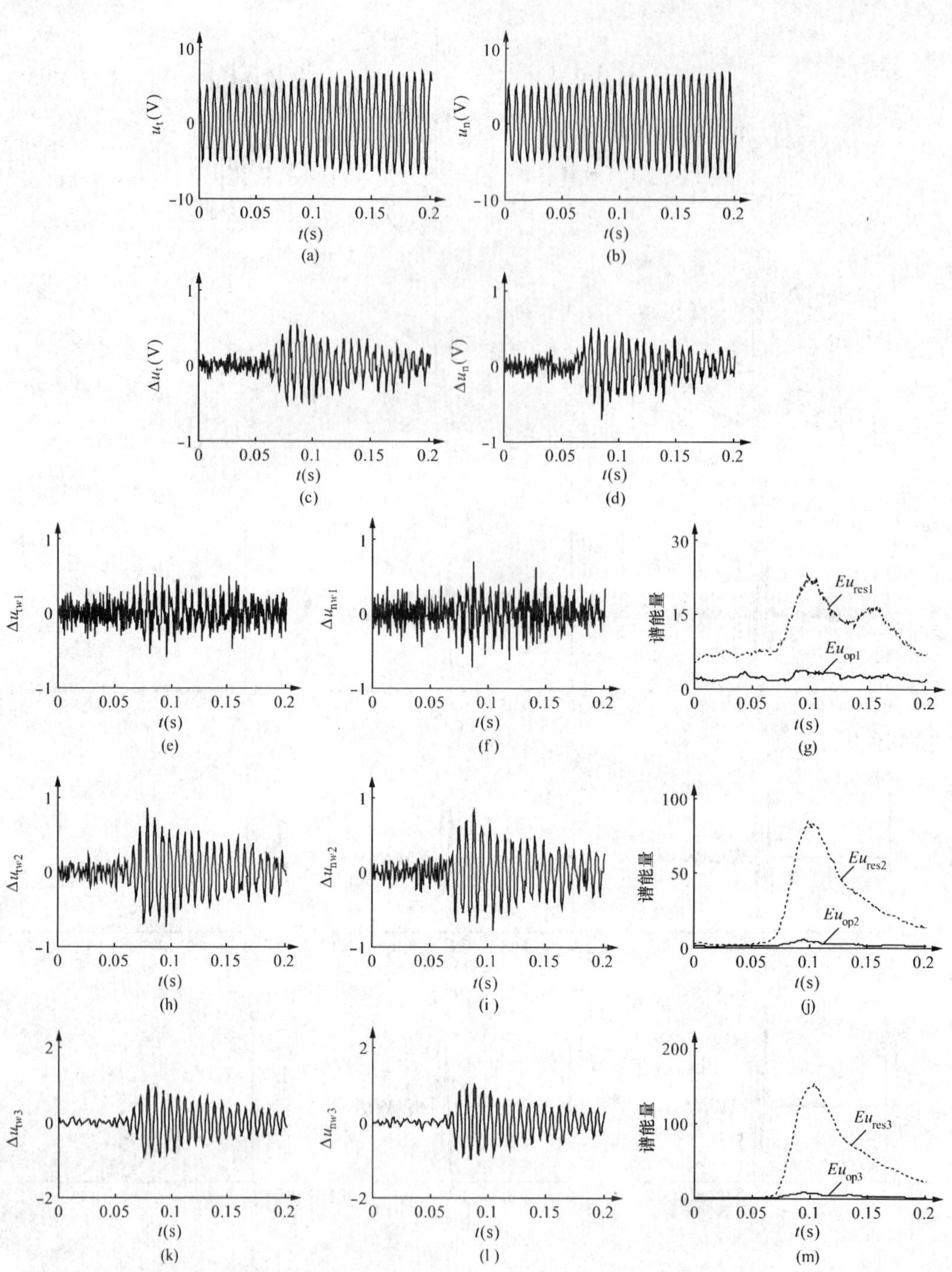

图 3-30 励磁电压发生变化时保护的动作情况

试验发电机（中性点经 958Ω 电阻接地）上做了大量试验，离线分析了保护方案的动作情况。试验中采样频率为 10kHz，离线数据分析时抽样为 2kHz。以几种典型的试验情况为例说明。在图 3-31～图 3-35 不同情况的保护动作情况分析中各分图对应的物理量符号与上面仿真分析中相同。

一、许继动模发电机的试验结果

（1）发电机中性点经高阻接地，A 相绕组第 1 分支距中性点 2%处经 93.56 kΩ 过渡电阻发生接地故障（与图 3-23 是同一故障），基于小波变换的能量判据动作情况如图 3-31 所示。由图可以看出，在故障后的一段时间内，三个尺度上动作量都大于制动量，保护能正确动作，检测出单相接地故障，保护具有很高的灵敏度，较基于小波变换模极大值的单

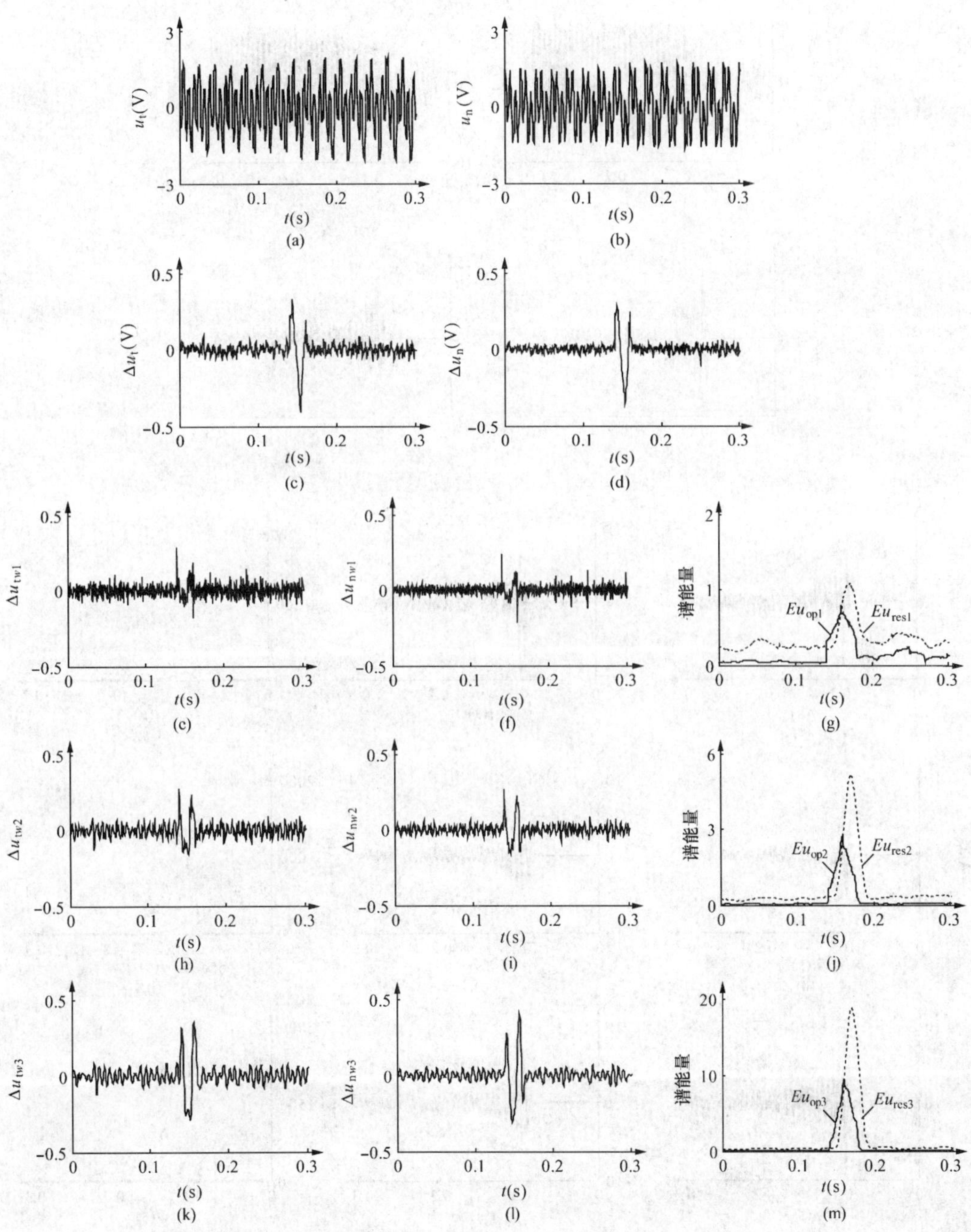

图 3-31　A 相第 1 分支距中性点 2%处经 93.56kΩ 过渡电阻发生接地故障时保护的动作情况

相接地保护判据具有更高的可靠性、更容易实现。

（2）发电机中性点经高阻接地，A 相与 B 相绕组在机端发生相间短路故障，基于小波变换的能量判据动作情况如图 3-32 所示。由图可以看出，在不同尺度下，保护的动作量小于制动量，在短路过程中保护可靠不动作，表现出良好的选择性。

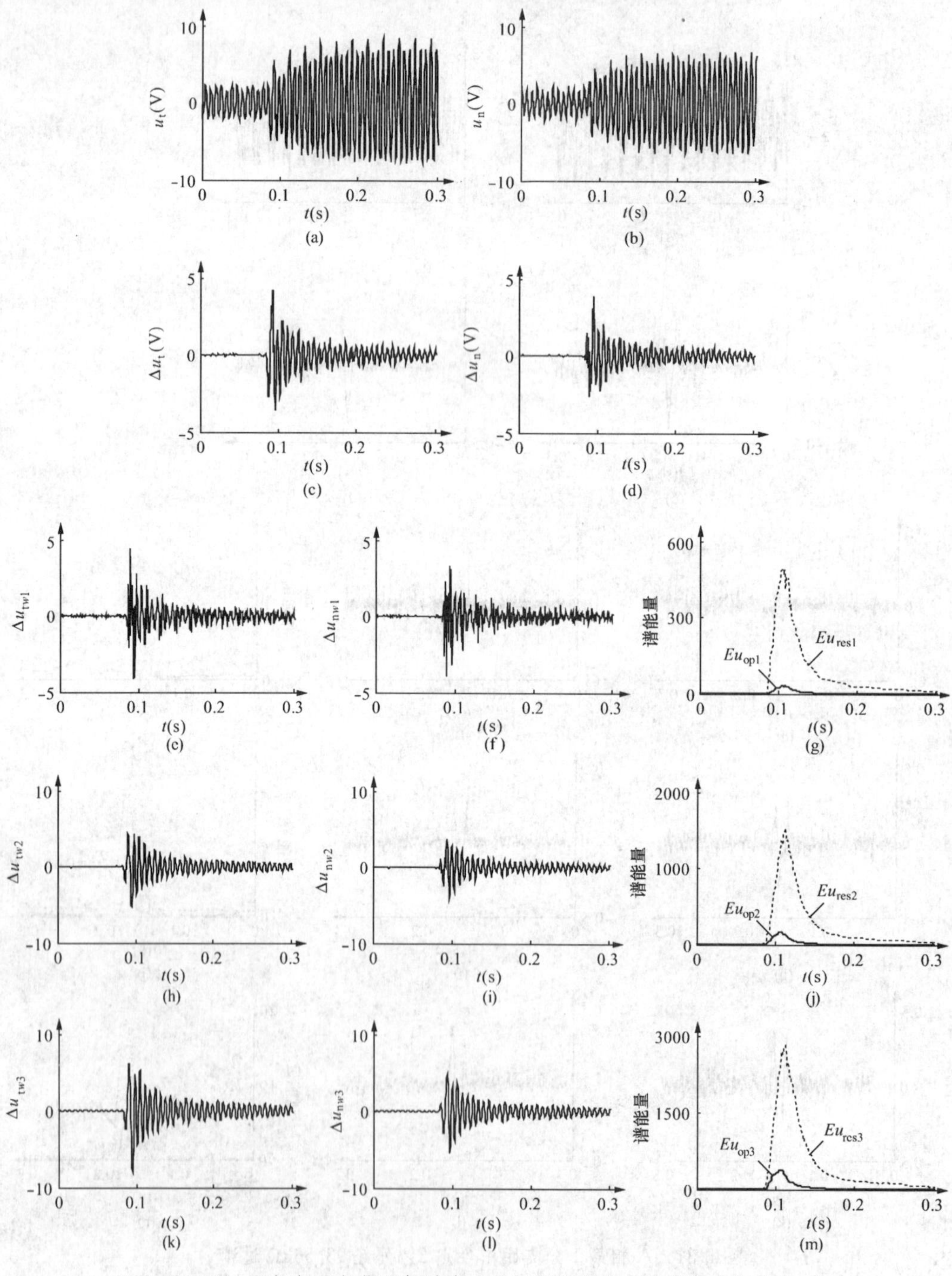

图 3-32 A 相与 B 相绕组机端发生相间短路故障时保护的动作情况

（3）发电机中性点经电抗器（代替消弧线圈）接地，首先发生失步振荡，然后又在A相机端经11 kΩ过渡电阻发生接地故障，保护的动作情况如图3-33所示。由图可以看出，在接地故障前的振荡过程中，各尺度下判据可靠制动。发生接地故障时，因为纪录数据很长，所以故障后一段时间内的动作量与制动量比较在图中看不太清，但将图局部放大后，

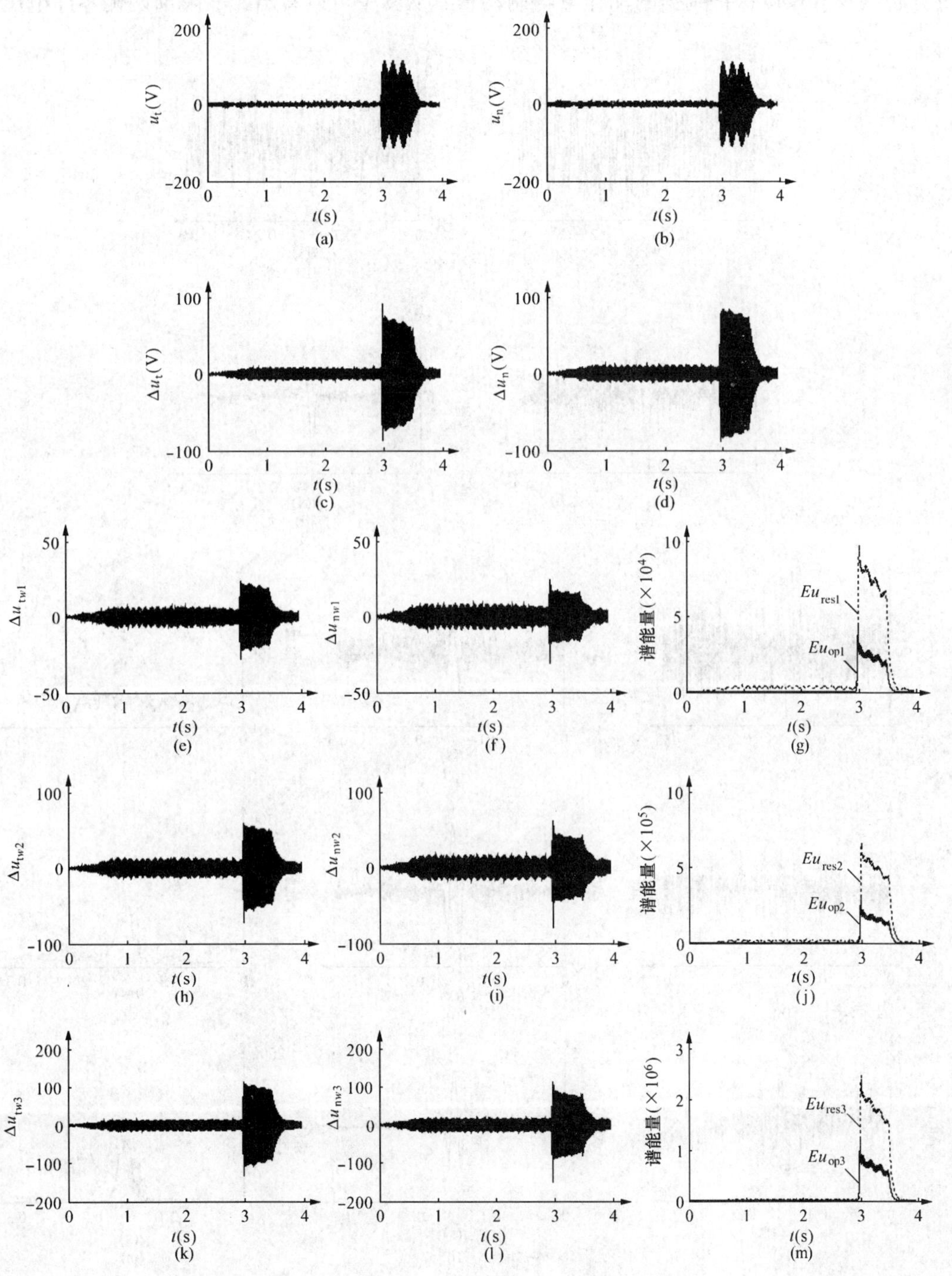

图3-33 发电机振荡过程中A相机端经11kΩ过渡电阻发生接地故障时保护的动作情况

看到动作量大于制动量，保护正确动作。

二、清华试验发电机的试验结果

（1）A相绕组第1分支靠近中性点第2匝线圈经8.364kΩ过渡电阻发生接地故障，图3-34给出了机端和中性点零序电压、相应零序电压的故障分量、故障分量的三尺度小波分解以及各尺度保护判据的动作量与制动量。从图中可以看出，故障前两侧零序电压的

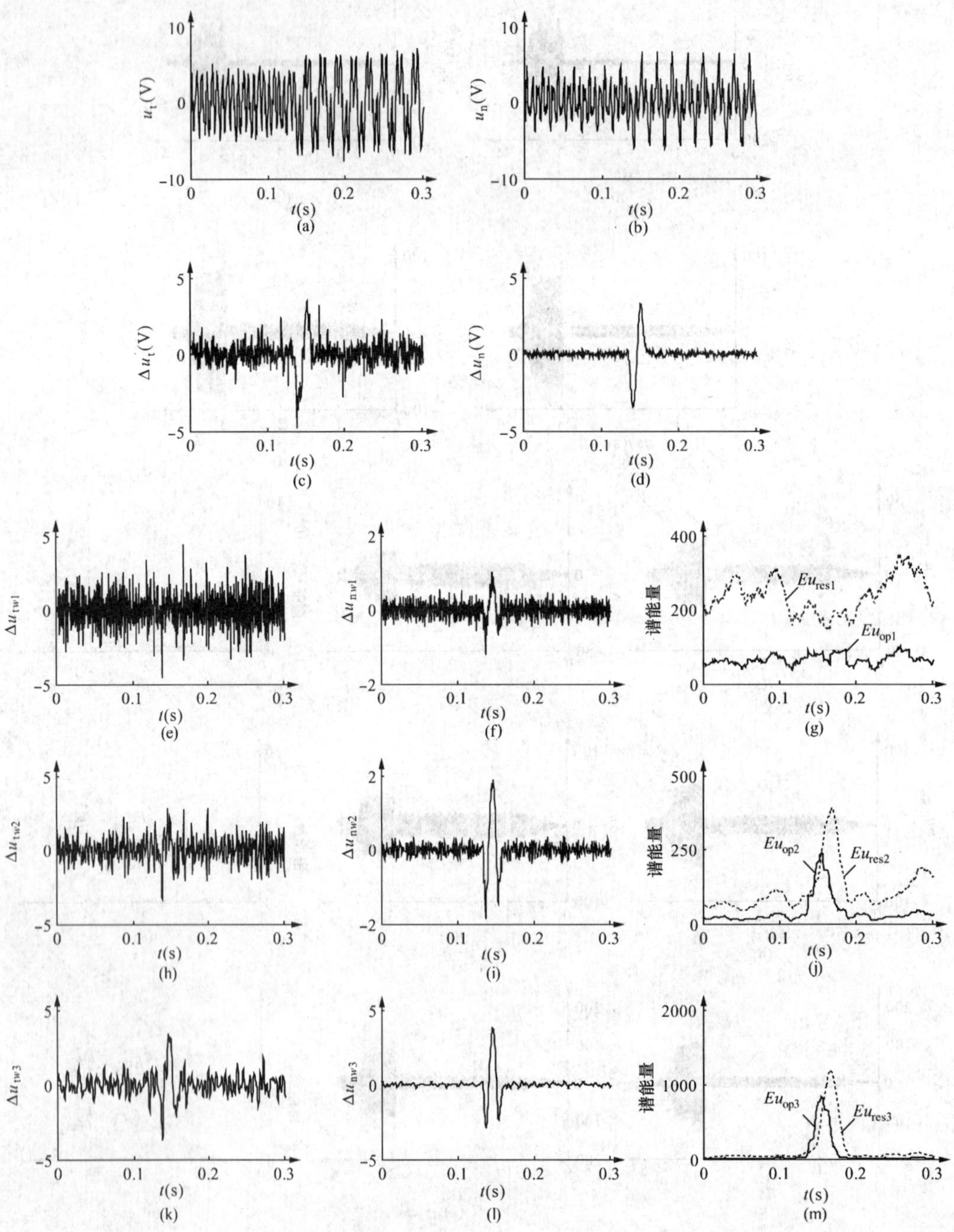

图3-34 A相第1分支靠近中性点第2匝线圈经8.364kΩ过渡电阻发生接地故障时保护的动作情况

噪声较大，由于在保护判据中引入噪声估计，故障前即使有较强的噪声，保护也可靠不动。故障时随着分解尺度的增加，噪声强度降低，故障分量增大，保护在第 2、3 尺度上都能正确动作。

（2）为进一步检验判据的可靠性与选择性，图 3-35 是在 0.19s 发电机 A 相第 1 分支第 4 匝线圈与 A 相第 2 分支第 1 匝线圈之间发生同相不同分支短路故障，在 0.57s 短路故障切除，之后发电机发生振荡时保护的动作情况。从图中可以看出，整个过程中各尺度分

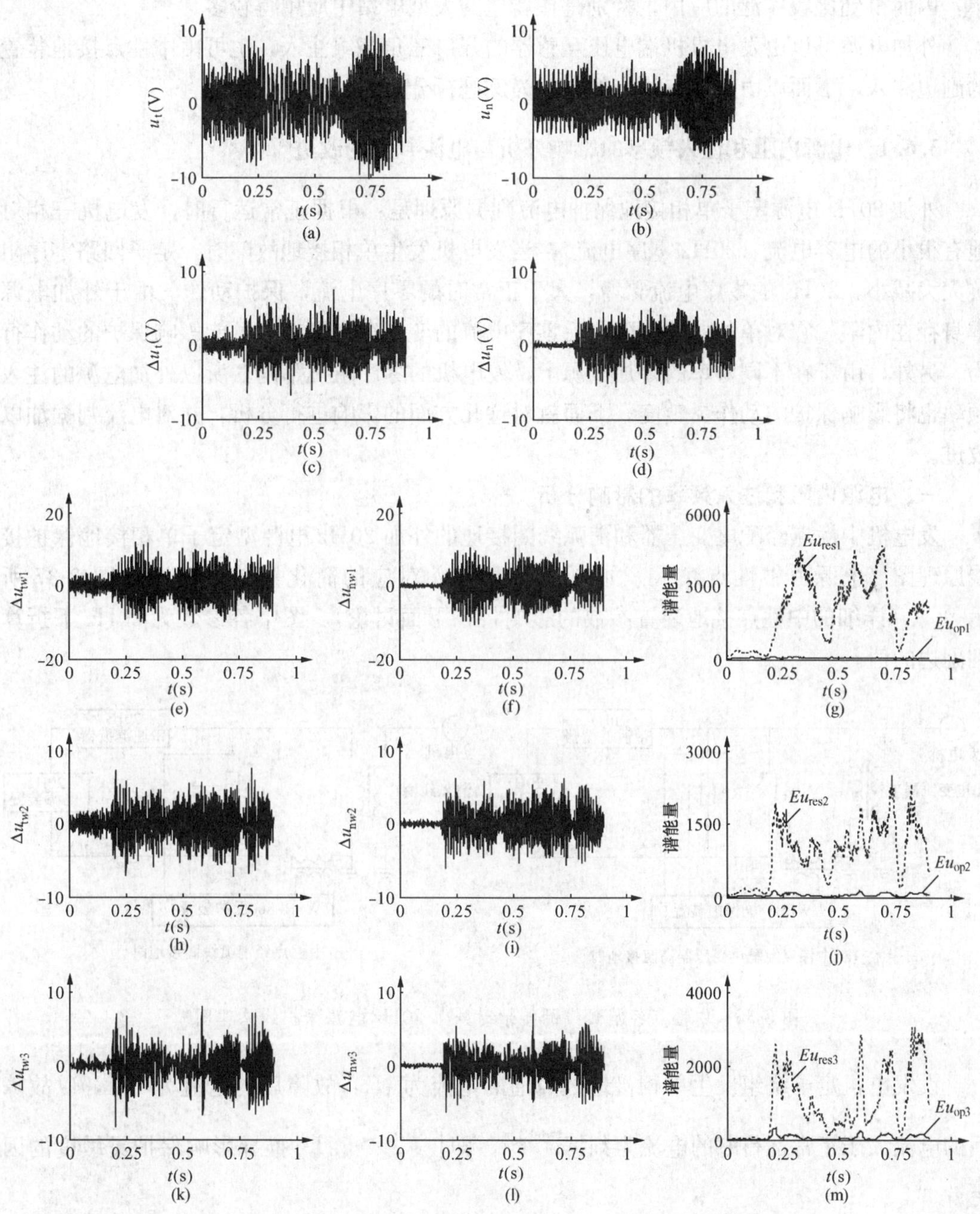

图 3-35 A 相不同分支匝间短路故障导致发电机振荡时保护的动作情况

解下的保护可靠不动作，证明保护具有很高的可靠性与选择性。

3.6 外加 20Hz 电源定子单相接地保护的分析与改进

外加 20Hz 电源定子单相接地保护与发电机绕组的接地故障位置无关，能够反映定子绕组绝缘的均匀下降，能对绝缘老化起到监督作用，并且这种外加电源保护的调试相对简单，因而得到比较广泛的应用，特别是在新建的大型电站中应用得较多。

外加电源可以由发电机机端电压互感器的开口三角绕组注入，也可由中性点接地装置的副边注入，下面以由中性点注入的方式为例进行分析。

3.6.1 电源内阻和注入频率的影响分析与电流判据的改进[67]

外加 20Hz 电源定子单相接地保护电流判据原理是：根据正常运行时，发电机三相对地有很小的电容电流（20Hz 零序电流），当发电机发生单相接地故障时，定子回路零序阻抗大大减小，20Hz 的零序电流骤增，大于正常时的零序电流，保护动作。由于外加电源本身存在内阻，它对单相接地故障前后零序电流的变化存在影响，可能影响保护的动作行为。另外，由于在不同频率的外加电源下，发电机的零序阻抗不同，所以外加电源的注入频率也将影响保护的动作灵敏度。下面就对这几方面的影响进行分析，并对电流判据加以改进。

一、电源内阻和注入频率的影响分析

发电机中性点经配电变压器和消弧线圈接地的外加 20Hz 电源型定子单相接地保护接线原理图（电源由中性点注入）如图 3-36 所示，对应的简化等效电路图如图 3-37 所示[35,36]（详细的中性点接地装置参数的影响将在下面讨论）。图中各参数为 20Hz 下折算到副边的值。

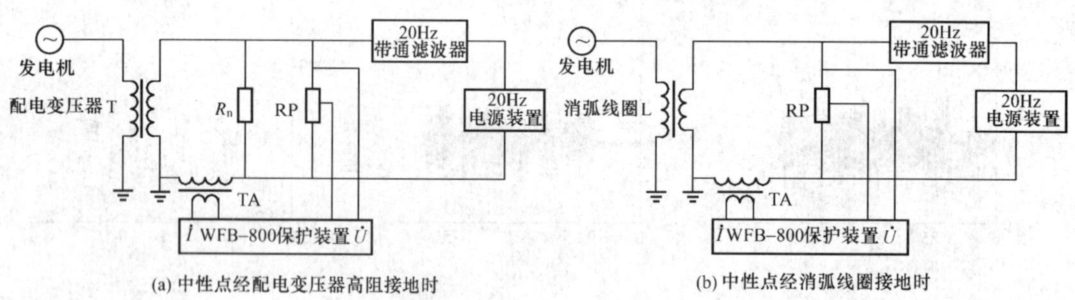

图 3-36 中性点经消弧线圈接地时外加 20Hz 电源保护的原理图

设发电机定子绕组发生单相接地故障前的电流为 $\dot{I}$，故障后的电流为 $\dot{I}'$，以故障后的电流大于正常运行时的电流为判据[34~36]，即 $|\dot{I}'|>|\dot{I}|$ 推导影响保护灵敏度的因素。

以中性点经配电变压器电阻接地为例，由等值电路图 3-37（a）得

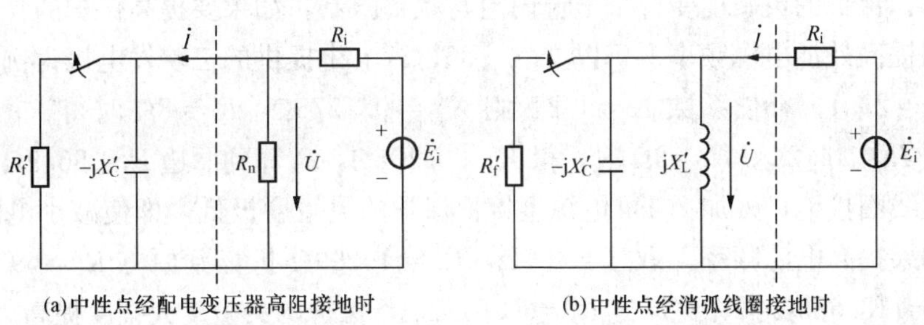

图 3-37 外加电源 20Hz 保护的简化等效电路

R'_f—定子单相接地故障过渡电阻；X'_C—发电机三相对地容抗；X'_L—发电机中性点消弧线圈感抗值；R_n—接地变压器副边电阻；R_i—20Hz 电源内阻；$\dot{I}$—20Hz 电流；$\dot{U}$—20Hz 电压；$\dot{E}_i$—外加 20Hz 电源（幅值 30V）

$$\dot{I}=\frac{\dot{E}_i}{\dfrac{-jR_nX'_C}{R_n-jX'_C}+R_i}\times\frac{R_n}{R_n-jX'_C}$$

$$\dot{I}'=\frac{\dot{E}_i}{\dfrac{1}{\dfrac{1}{R'_f}-\dfrac{1}{jX_C}+\dfrac{1}{R_n}}+R_i}\times\frac{1}{\dfrac{1}{R'_f}-\dfrac{1}{jX_C}+\dfrac{1}{R_n}}\times\left(\frac{1}{R'_f}-\frac{1}{jX_C}\right)$$

由 $|\dot{I}'|>|\dot{I}|$ 推导得

$$R'_f<\frac{X'^2_C(R_n+R_i)}{2R_nR_i} \tag{3-1}$$

式（3-1）为保护动作时接地电阻应满足的条件，式右端清晰地反映了影响保护灵敏度的因素。将 R'_f 折算到配电变压器的原边后可得接地故障的过渡电阻值 R_f，接地过渡电阻只有小于此值时保护的动作电流才比正常时的大，保护才能动作。由限制暂态过电压的条件，中性点接地电阻 R_n 小于发电机对地容抗 X_C 确定 R_n 值之后，由式（3-1）可知，要想提高过渡电阻只有降低外加电源频率和减小电源内阻。按文献［36，37］中提供的三峡电站发电机参数，定子每相对地电容 $C_g=1.81\mu F$，配电变压器变比为 $n=23.1$，$R_n=1.1\Omega$，$X'_C=2.746\Omega$，$R_i=8\Omega$，得 $R'_f<3.8989\Omega$，折算到原边 $R_f<2080\Omega$，从表 3-7 中可以看出在高阻接地时电流变化很小，保护的灵敏度受到限制。对比当降低电源内阻 $R_i=2\Omega$ 时，得 $R'_f<5.313\Omega$，折算到原边 $R_f<2834\Omega$。当降低外加电源频率 $f=10Hz$ 时，$R'_f<15.5959\Omega$，折算到原边 $R_f<8321\Omega$。可见减小内阻提高灵敏度的潜力不大，降低电源频率可较大地提高保护灵敏度。

类似，当发电机中性点经消弧线圈接地时，由图 3-37（b）可推导出

$$R'_f<\frac{1}{2R_i}\left(\frac{X'_LX'_C}{X'_L-X'_C}\right)^2 \tag{3-2}$$

由式（3-2）可知，接地过渡电阻只有小于此值时保护的动作电流才比正常时的大，保护才能动作。因为中性点经消弧线圈接地应是欠补偿方式，由补偿系数 $K>1$ 确定消弧

线圈电感后，保护的灵敏度受外加电源内阻与频率限制，如果要提高保护的灵敏度须减小电源内阻和提高外加电源频率。仍以文献［36，37］中提供的三峡发电机为例，取消弧线圈变比为 $n=23.1$，补偿系数 $K=1.2$，则 $X'_L=0.5276\Omega$，$R_i=8\Omega$ 时得 $R'_f<0.0267\Omega$，折算到原边 $R_f<14.2\Omega$；$R_i=2\Omega$ 时，得 $R'_f<0.106\Omega$，折算到原边 $R_f<56.9\Omega$。可见对中性点经消弧线圈接地，外加 20Hz 电源型接地保护的灵敏度极低，即使减小电源内阻也收效甚微。如果提高电源频率，取 $f=40\text{Hz}$，$R'_f=1.299\Omega$ 折算到原方 $R_f=693\Omega$；取 $f=45\text{Hz}$，$R'_f=113.586\Omega$ 折算到原方 $R_f=60.611\text{k}\Omega$，保护的灵敏度大幅度提高。

二、电流判据的改进

由以上的分析和表 3-7、表 3-8 中电流值可以看出，以接地故障后电流大于故障前电流为判据的保护灵敏度较低，对三峡电站发电机经配电变压器高阻接地时过渡电阻不会超过 2kΩ，经消弧线圈接地时过渡电阻不会超过 20Ω，所以有必要进行改进。

1. 基于电压与电流之间相位差（阻抗角）的判据

从电路的角度看，单相接地后，由于过渡电阻 R'_f 的并联，定子回路阻抗大小和相位都要发生变化，对于幅值较小、频率较低的信号，相位差的测量比幅值的测量精度更高[38]。

由等效电路图可知，在忽略配电变压器和消弧线圈的阻抗影响后，副边电压与电流的相位差等值于原方阻抗角，正常时原边阻抗角的绝对值近似为 90°，随着接地过渡电阻的减小，阻抗角也逐渐减小。在不改变外加电源的情况下，如果应用副边 20Hz 电压与电流的相位差，即原边阻抗角 φ 的绝对值作为动作判据，表 3-7 和表 3-8 是按上述发电机中性点经配电变压器高阻接地和经消弧线圈接地参数计算的副边电流和阻抗角。当 $|\varphi|<\varphi_{set}$ 时保护动作，取动作阻抗角 $\varphi_{set}=80°$，则经配电变压器高阻接地时过渡电阻 $R_f=8\text{k}\Omega$，经消弧线圈接地时过渡电阻接近 $R_f=1.5\text{k}\Omega$。比较可见，基于阻抗角变化的保护判据灵敏度比用故障前后电流的大小作判据有较大提高。

因为阻抗角反映的是定子绕组对地回路的固有特性，只有绕组的对地绝缘发生变化时阻抗角才发生改变，所以利用阻抗角为判据不受正常运行时的 20Hz 不平衡电流的影响。

表 3-7　中性点经配电变压器高阻接地的电流值和阻抗角（$f=20\text{Hz}$）

R_f（kΩ）	正常 40	20	15	10	8	7	6	5	4	3	2	1
I（A）	1.232	1.221	1.214	1.204	1.197	1.194	1.191	1.188	1.189	1.201	1.253	1.505
$\|\varphi\|$（°）	87.90	85.81	84.42	81.66	79.62	78.18	76.28	73.67	69.88	63.97	53.77	34.31
$\|\Delta\varphi\|$（°）	0	2.09	3.48	6.24	8.28	9.72	11.63	14.24	18.02	23.93	34.13	53.59

表 3-8　中性点经消弧线圈接地的电流值和阻抗角（$f=20\text{Hz}$）

R_f（kΩ）	正常 40	20	8	7	6	5	4	3	2	1.5	1	0.01
I（A）	3.735	3.732	3.725	3.723	3.720	3.717	3.711	3.704	3.688	3.673	3.648	3.741
$\|\varphi\|$（°）	89.50	89.00	87.51	87.15	86.68	86.01	85.02	83.37	80.12	76.92	70.79	1.64
$\|\Delta\varphi\|$（°）	0	0.50	1.99	2.35	2.82	3.49	4.48	6.13	9.39	12.58	18.71	87.88

2. 基于阻抗角变化量的保护判据

由于正常运行时，对应 20Hz 回路的参数基本不发生变化，副边测量的阻抗角约为 90°，其变化量接近于零，这样通过阻抗角变化量的大小也可监测发电机绝缘的变化，如果定子绕组绝缘损坏，将使回路参数发生变化，导致阻抗角发生较大突变。

根据阻抗角突变原理的外加电源单相接地保护判据为

$$|\Delta\varphi| = |\varphi(n) - \varphi(n-1)| > \Delta\varphi_{set}$$

式中：$\varphi(n)$、$\varphi(n-1)$ 分别为连续两个计算周期的阻抗角；$\Delta\varphi_{set}$ 为动作整定角。

发电机在正常运行时，$|\Delta\varphi|$ 变化很小，考虑到在一定频率下阻抗角随过渡电阻变化的快慢、计算误差和现场实际情况，一般可取 5°。采用阻抗角突变原理后，由表 3-7 和表 3-8 看出当中性点经配电变压器高阻接地时灵敏度大于 10kΩ；当中性点经消弧线圈接地时灵敏度大于 3kΩ，保护的灵敏度进一步提高。

基于阻抗角变化量的判据适用于发电机的绝缘突然破坏的情况，这时该判据具有更高的灵敏度。如果发电机的绝缘水平由于老化逐渐降低，可利用基于阻抗角的判据进行检测。

3. 基于阻抗角保护方案的进一步改进

若想提高基于阻抗角变化保护判据的灵敏度，应该使正常时阻抗角较大，而随接地过渡电阻的减小迅速减小，与正常时相比有较大变化。由图 3-37 可得，当发电机中性点经配电变压器高阻接地时，由副边测得的阻抗角为 $|\varphi| = \mathrm{arctg}\left(\frac{R'_f}{X'_C}\right)$；当发电机中性点经消弧线圈接地时，由副边测得的阻抗角为 $|\varphi| = \mathrm{arctg}\left(\frac{R'_f}{X'_L} - \frac{R'_f}{X'_C}\right)$。这样，中性点经配变压器高阻接地时需降低电源频率，而中性点经消弧线圈接地时需提高电源频率，使其接近于谐振频率 $f = f_0/\sqrt{K}$（式中：f_0 为电网频率；K 为补偿系数）。

表 3-9、表 3-10 给出了两种中性点接地方式分别在 10Hz 和 40Hz 下阻抗角的变化。由表可以看出尽管改变频率后正常时的阻抗角较 20Hz 时略有降低，但随着过渡电阻的降低阻抗角大幅变化。若取 $\varphi_{set} = 80°$，对经配电变压器高阻接地方式，保护的灵敏度可达 15kΩ 以上；对经消弧线圈接地方式，保护的灵敏度可达 13kΩ 以上；取 $\Delta\varphi_{set} = 5°$时，保护的灵敏度对于以上两种接地方式分别可达 18kΩ 和 16kΩ。

表 3-9　　中性点经配电变压器高阻接地的电流值和阻抗角（f=10Hz）

R_f（kΩ）	正常 40	20	18	15	9	8	7	6	5	4	3	1
I（A）	0.644	0.641	0.641	0.641	0.648	0.652	0.658	0.668	0.685	0.716	0.779	1.340
$\|\varphi\|$（°）	85.81	81.66	80.75	78.95	71.96	69.88	67.28	63.97	59.62	53.77	45.67	18.84
$\|\Delta\varphi\|$（°）	0	4.15	5.06	6.86	13.85	15.93	18.53	21.84	26.19	32.04	40.14	66.97

从表 3-11 中可以看出，随着外加频率的增加，正常状态下的阻抗角也不断减小，这样就不利于以阻抗角为判据的保护整定。但对比表 3-8、表 3-10、表 3-11 可知，随着外加频率的增加，阻抗角随过渡电阻的减小变化率增大，更有利于采用阻抗角突变量的保护判

据。从信号的提取难易程度来看，不宜采用太接近于工频的外加电源。从目前电源的发展情况来看，制造出可调节的变频电源已不是难事，这里对经消弧线圈接地方式，推荐采用40Hz外加电源。文献［38］中也提出了选择合适的注入信号频率，补偿定子绕组对地容抗，测量故障接地电阻或测量信号电压、信号电流相位差改善大型机组定子接地保护的灵敏度。

表 3-10　　中性点经消弧线圈接地的电流值和阻抗角（f=40Hz）

R_f（kΩ）	正常 40	20	16	13	12	9	8	7	6	5	4	1
I（A）	3.178	3.107	3.075	3.042	3.027	2.974	2.951	2.926	2.897	2.867	2.840	3.112
$\|\varphi\|$（°）	86.52	83.07	81.36	79.40	78.54	74.87	73.09	70.84	67.93	64.06	58.69	22.35
$\|\Delta\varphi\|$（°）	0	3.45	5.16	7.12	7.98	11.65	13.43	15.68	18.59	22.46	27.83	64.17

表 3-11　　中性点经消弧线圈接地的电流值和阻抗角（f=45Hz）

R_f（kΩ）	正常 40	32	27	20	16	12	9	8	7	6	5	4
I（A）	0.711	0.743	0.776	0.861	0.950	1.098	1.284	1.370	1.474	1.601	1.758	1.957
$\|\varphi\|$（°）	59.90	54.08	49.35	40.78	34.61	27.37	21.22	19.04	16.80	14.51	12.17	9.79
$\|\Delta\varphi\|$（°）	0	5.83	10.56	19.12	25.29	32.54	38.69	40.87	43.10	45.39	47.73	50.11

3.6.2　中性点接地装置参数的影响分析及导纳判据的改进

目前外加20Hz电源定子接地保护主要采用导纳判据计算接地故障过渡电阻R_f，当R_f计算值低于电阻的高整定值时保护发信号告警，当R_f计算值小于电阻的低整定值时保护动作于跳闸。导纳判据中接地故障过渡电阻R_f的计算值是单相接地保护的出口动作行为和监测绝缘水平的主要依据，准确地计算R_f十分必要。但现有运行的外加电源单相接地保护都没有考虑中性点接地变压器参数的影响。此节分析了发电机接地装置等效参数对导纳判据中由副边测量的电流和电压计算原边接地故障电阻值的影响，通过对导纳判据进行修正，提高了故障电阻计算的准确度，进一步提高检测的灵敏度，并分析了实际运行中可能出现的20Hz电源引线故障，给出相应的防范措施。

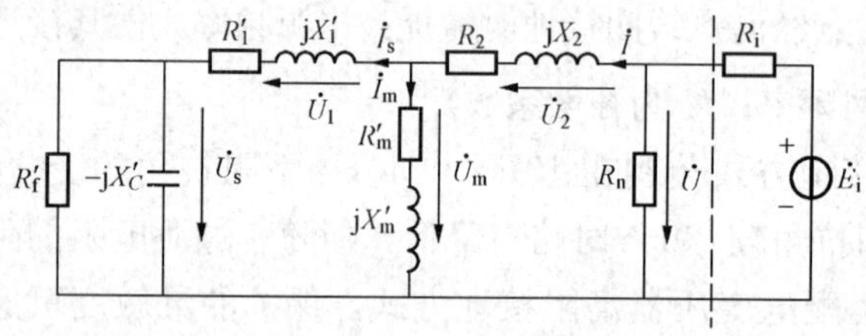

图 3-38　考虑配电变压器参数的T型等效电路

R'_1、X'_1与R_2、X_2—分别是原、副边绕组的漏阻抗，R'_1、X'_1均为20Hz下折算到副边的值，$R'_1=R_2=R_k/2$，$X'_1=X_2=X_k/2$，R_k、X_k为配电变压器短路阻抗；R'_m、X'_m—折算到副边的激磁阻抗。

一、发电机中性点经配电变压器高阻接地[68,69]

1. 考虑配电变压器参数的接地电阻计算

发电机中性点经配电变压器高阻接地时，外加20Hz电源单相接地保护的接法如图3-36（a）所示。过去分析外加电源型单相接地保护的等效电路时，认为配电变压器的漏阻抗很小可以忽略不计，激磁阻抗很大认为开路。实际上，配电变压器的激磁阻抗并非无穷大，漏抗也会产生压降。图 3-38 是考虑配电变压器参数的等效电路。

由 5 个工频周期的采样点，即以 10Hz 为基频，提取 2 次谐波 20Hz 电压 $\dot{U}$ 和电流 $\dot{I}$ 分量。副边计算的定子对地导纳为

$$Y=\frac{\dot{I}_s}{\dot{U}_s} \tag{3-3}$$

$$\dot{U}_s=\dot{U}-\dot{U}_2-\dot{U}_1,\dot{I}_s=\dot{I}-\dot{I}_m,\dot{U}_2=\dot{I}(R_2+jX_2),$$

$$\dot{U}_1=\dot{I}_s(R'_1+jX'_1),\dot{I}_m=\frac{\dot{U}-\dot{U}_2}{R'_m+jX'_m}$$

折算到原边的接地过渡电阻值为

$$R_f=n^2\frac{1}{\mathrm{Re}(Y)} \tag{3-4}$$

式中：n 为配电变压器变比。

2. 现场试验结果及分析

根据以上考虑配电变压器参数的接地电阻计算方法，在许继 WFB-800 微机发—变组保护装置平台上编制了保护程序，在秦山核电站二期 2 号机上做了发电机定子单相接地故障试验。发电机主要参数：额定电压 20kV，额定容量 650MW，发电机定子每相电容理论值 0.237μF；中性点经 DDBC-50/20 型树脂浇注干式配电变压器接地，变比为 20kV/0.865kV，副边接 6.5Ω 电阻，中间电流互感器为 10A/5A，分压电阻为 3∶1；外加电源采用西门子公司 20Hz 电源装置（型号：7XT3110-1/CC）和 20Hz 滤波器（型号：7XT3200-0/CC）。

(1) 接地电阻的计算：

为准确计算配电变压器漏阻抗和激磁阻抗的参数，表 3-12 给出了由外加 20Hz 电源作用下的空载和短路试验计算出的 20Hz 下配电变压器的实际参数。

表 3-12　　20Hz 下配电变压器参数副边值

漏电阻（Ω）	漏电抗（Ω）	激磁电阻（kΩ）	激磁电抗（kΩ）
0.289	0.231	0.129	0.189

表 3-13 对比了不考虑与考虑配电变压器漏阻抗和激磁阻抗时计算的原边接地电阻值。从计算结果可以看出，不考虑配电变压器参数影响时，接地电阻的计算结果误差很大，尤其在接地电阻小于 1kΩ 时，接地电阻的计算误差更大。接地电阻在小于低定值时保护动作于跳闸，但计算结果偏大将严重影响保护的动作性能，对发电机产生危害。而考虑配电变压器参数影响时，从计算结果可以看出，原边接地电阻值的计算值误差大幅降低，特别是在接地电阻较小时，保护需要跳闸的阻值段，计算准确度很高，这就为保护判据执行正

确的动作行为提供了保证。

表 3-13　　不考虑与考虑配电变压器参数时接地电阻计算值与实际值的对比（TA 10A/5A）

原边实际接地电阻（kΩ）	副边输入装置 20Hz 电压（V）	副边输入装置 20Hz 电流（A）	不考虑参数影响接地电阻		考虑参数影响接地电阻	
			计算值（kΩ）	误差（%）	计算值（kΩ）	误差（%）
20.0	3.111∠78.09°	0.235∠126.45°	16.027	19.86	17.624	11.88
10.0	2.833∠177.47°	0.301∠208.31°	8.824	11.76	9.265	7.35
9.0	2.775∠158.24°	0.315∠186.44°	8.023	10.85	8.376	6.93
8.0	2.719∠83.53°	0.335∠109.15°	7.024	12.20	7.488	6.40
7.0	2.637∠317.79°	0.359∠340.53°	6.396	8.62	6.576	6.05
6.0	2.544∠61.77°	0.389∠81.26°	5.556	7.40	5.671	5.48
5.0	2.418∠230.10°	0.429∠246.07°	4.699	6.02	4.742	5.16
4.0	2.255∠142.36°	0.482∠154.58°	3.840	4.00	3.821	4.475
3.0	2.034∠49.88°	0.559∠57.89°	2.955	1.50	2.879	4.03
2.0	1.712∠181.33°	0.672∠184.43°	2.046	2.30	1.934	3.30
1.0	1.204∠23.42°	0.854∠19.67°	1.126	12.60	0.982	1.80
0.9	1.138∠356.86°	0.879∠352.14°	1.034	14.88	0.887	1.44
0.8	1.065∠154.54°	0.904∠148.82°	0.944	18.00	0.790	1.25
0.7	0.991∠307.69°	0.932∠300.72°	0.850	21.42	0.695	0.71
0.6	0.909∠270.93°	0.963∠262.39°	0.756	26.00	0.597	0.50
0.5	0.823∠307.59°	0.995∠297.43°	0.664	32.80	0.501	0.20
0.4	0.731∠65.15°	1.029∠52.75°	0.572	43.00	0.403	0.75
0.3	0.632∠137.37°	1.067∠122.37°	0.483	61.00	0.305	1.67
0.2	0.526∠316.02°	1.106∠296.78°	0.396	98.00	0.206	3.00
0.1	0.420∠283.84°	1.151∠258.56°	0.313	213.00	0.110	10.00
0（金属性接地）	0.308∠24.40°	1.195∠347.45°	0.246		0.011	
∞（正常绝缘）	3.447∠301.16°	0.201∠22.85°	93.071		202.977	

（2）20Hz 电源及其引线故障分析：

外加 20Hz 电源装置的可靠性是外加电源型定子单相接地保护能否正确动作的前提，因此保护必须能够检测出外加 20Hz 电源及其引线故障，以防止不必要的误动作。

如果外加 20Hz 电源本身发生故障，则保护装置测量到的 20Hz 电流和电压都将很低，如果测量到的 20Hz 电流和电压同时低于相应的某一整定值，则闭锁外加电源保护，发出电源故障信息。如果输入保护装置的电压回路发生断线或短路故障，保护装置测量到的 20Hz 电压接近于零，这时计算接地电阻表现为较小的值，使保护误动作，这可以通过改进接地电阻的计算条件加以避免。

一次侧发生金属性接地故障时，保护装置测得的副边 20Hz 电压值最小，由于中性点配电变压器漏阻抗的存在，副边测量的 20Hz 电压不为零。如表 3-13 中，原边发生金属性接地故障时，副边测量的 20Hz 电压为 0.308V；在原边绝缘正常时，保护装置测得的副边 20Hz 电流值最小，为 0.201A。在真正故障时，20Hz 电压和电流都会大于上述最小值，而 20Hz 电源引线故障时，电压或电流会小于上述最小值。如果保护程序在副边 20Hz 电压、电流都大于最小值时才开始计算接地电阻，则能够较全面地解决由于引线故障引起的保护误动问题。

另外，对于副边 20Hz 电压分压器输入电压的引线位置也须注意。如图 3-39 所示，如果副边输入电压引自配电变压器的副边线圈两端，与保护装置之间跨过中间电流互感器，此时若发生引线短路故障，中间电流互感器中将有较大的20Hz电流流过，这一电流一方面可能使外加电源保护中的过流保护误动作，另一方面也可能使计算的接地电阻值很小，也使保护误动作。表3-14给出了这种接线方式下保护装置测量到的20Hz电压、电流以及接地电阻计算值。实际应将电压输入引线接在副边接地电阻两端，这样即使引线发生短路故障，20Hz短路电流不流过中间电流互感器，从接线上避免了保护的误动。

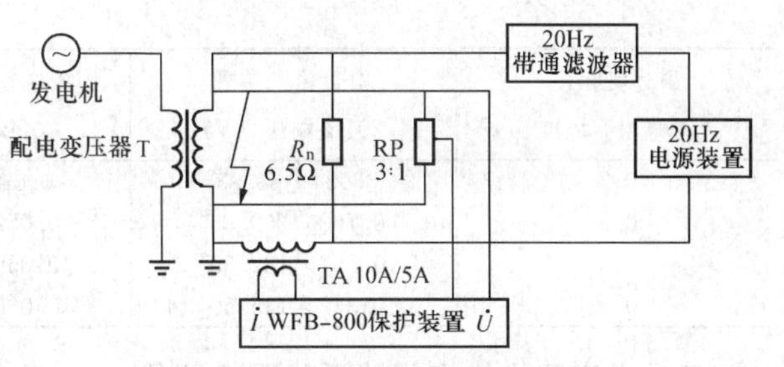

图3-39 20Hz电压分压器输入引线短路故障示意图

表3-14 图3-39接线方式下20Hz电压分压器输入引线短路故障

副边输入装置20Hz电压（V）	副边输入装置20Hz电流（A）	接地电阻计算值（kΩ）
0.078∠154.07°	1.177∠152.01°	0.247

（3）不同中间电流互感器变比的对比：

中间电流互感器变比选择的不同，对保护的灵敏度和计算误差有影响。表3-15给出了中间电流互感器变比为200A/5A的情况下，原边不同接地电阻的计算值。对比表3-13与表3-15中的计算结果可知，考虑配电变压器参数时，当中间电流互感器变比为200A/5A时，比变比为10A/5A时，接地电阻的计算值误差大些，这主要是由于原边20Hz电流较小，电流互感器的变比太大影响副边20Hz很小电流的测量精度，但比不考虑配电变压器参数时的计算误差整体上要小，特别是在低整定电阻值跳闸段，有利于保护的正确动作。

中间电流互感器的变比选择原则是：在保护灵敏度期望值的要求下，首先要保证副边保护装置的测量精度；在考虑接地故障时基波电流的影响下，选取电流互感器的额定值，不使电流互感器饱和。

表3-15 考虑配电变压器参数时接地电阻计算值与实际值的对比（TA 200A/5A）

副边实际接地电阻（kΩ）	副边输入装置20Hz电压（V）	副边输入装置20Hz电流（A）	考虑参数影响接地电阻	
			计算值（kΩ）	误差（%）
20.0	3.107∠83.01°	0.013∠139.93°	17.621	11.89
10.0	2.833∠282.46°	0.016∠317.62°	8.588	14.12
9.0	2.777∠273.04°	0.017∠309.05°	8.282	7.97
8.0	2.708∠294.30°	0.018∠323.48°	6.927	13.41
7.0	2.634∠269.69°	0.020∠298.40°	6.201	11.41
6.0	2.528∠354.78°	0.021∠17.76°	5.206	13.23
5.0	2.403∠355.73°	0.023∠16.53°	4.492	10.16
4.0	2.244∠294.86°	0.026∠310.24°	3.583	10.42
3.0	2.012∠355.82°	0.029∠8.57°	2.781	7.30
2.0	1.682∠319.16°	0.035∠325.49°	1.898	5.10
1.0	1.156∠125.70°	0.045∠124.90°	0.942	5.80
0.9	1.089∠116.87°	0.045∠115.23°	0.865	3.88

续表

副边实际接地电阻（kΩ）	副边输入装置20Hz电压（V）	副边输入装置20Hz电流（A）	考虑参数影响接地电阻	
			计算值（kΩ）	误差（%）
0.7	0.934∠28.93°	0.049∠23.96°	0.663	5.28
0.5	0.762∠269.83°	0.052∠261.78°	0.480	4.00
0.3	0.561∠182.39°	0.056∠168.10°	0.289	3.66
0.1	0.342∠145.50°	0.060∠116.05°	0.097	3.00

二、发电机中性点经消弧线圈接地[70]

目前大型发电机中性点一般都采用经配电变压器高阻接地，外加20Hz电源定子接地保护已有运行经验。但还有一部分发电机中性点经消弧线圈接地，特别是这些机组保护的升级改造，能否引入外加20Hz电源定子接地保护是一个值得注意的问题，但目前在这方面还缺少运行经验和理论分析。国内某水电站也发生过在发电机中性点经消弧线圈接地时，外加20Hz电源定子单相接地保护在投运试验过程中改变原边的模拟接地故障电阻值，而副边保护测量的电阻变化很小，不能正确检测原边接地电阻变化的现象，导致此保护无法投入运行。

这里对经消弧线圈接地方式下应用外加20Hz电源定子单相接地保护时可能存在的问题进行分析，为此种保护扩展应用范围提供参考。

1. 考虑消弧线圈参数的接地电阻计算

（1）等效电路：

发电机中性点经消弧线圈接地时，外加电源可由消弧线圈的副边线圈注入，图3-36（b）是现有中性点经消弧线圈接地时的外加20Hz电源保护的原理图，图3-37（b）是其简化等效电路。

副边计算的定子对地导纳为

$$Y=\frac{\dot{I}}{\dot{U}}=\frac{1}{R'_{\mathrm{f}}}-\frac{1}{\mathrm{j}X'_{C}}+\frac{1}{\mathrm{j}X'_{L}} \tag{3-5}$$

折算到原边的接地过渡电阻值为

$$R_{\mathrm{f}}=n^{2}\frac{1}{\mathrm{Re}(Y)} \tag{3-6}$$

实际上，消弧线圈是一种带气隙的铁心电抗器。其电抗值基本上不随电流的大小变化，但运行时有较大的漏磁通。其电感由激磁电感和漏电感两部分组成，消弧线圈的漏感较大，通常约占总电感的20%左右。图3-40是将漏阻抗和激磁阻抗分开处理的消弧线圈T型等效电路。

此时副边计算的定子对地导纳为

$$Y=\frac{\dot{I}_{\mathrm{s}}}{\dot{U}_{\mathrm{s}}} \tag{3-7}$$

$$\dot{U}_{\mathrm{s}}=\dot{U}-\dot{U}_{2}-\dot{U}_{1},\dot{I}_{\mathrm{s}}=\dot{I}-\dot{I}_{\mathrm{m}},\dot{U}_{2}=\dot{I}(R_{2}+\mathrm{j}X_{2}),$$

$$\dot{U}_1 = \dot{I}_s(R'_1 + jX'_1), \dot{I}_m = \frac{\dot{U} - \dot{U}_2}{R'_m + jX'_m}$$

折算到原边的接地过渡电阻值为

$$R_f = n^2 \frac{1}{\text{Re}(Y)} \tag{3-8}$$

式中：n 为消弧线圈变比。

通过计算分析表明，把消弧线圈的整个电感值都作为激磁电感考虑，根据副边测量的电流和电压，利用图3-37（b）中简化电路得到的公式(3-5)、式（3-6）计算原边不同接地故障过渡电阻值的相对误差很大。由副边测量值计算原边接地故障的电阻值时，需同时考虑消弧线圈漏阻抗和激磁阻抗的影响，按由图3-40得到的式(3-7)、式（3-8）计算才能够提高接地故障电阻的计算准确度。

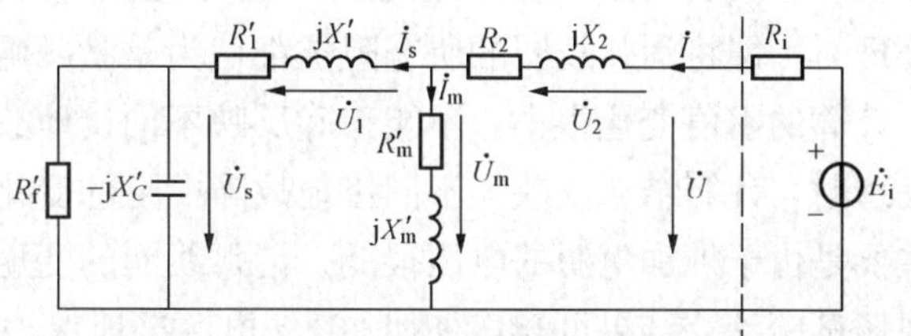

图3-40 考虑漏阻抗和激磁阻抗分开的消弧线圈T型等效电路

R'_1、X'_1与R_2、X_2—分别是原、副边绕组的漏阻抗；R'_m、X'_m—激磁阻抗；各参数均为20Hz下折算到副边的值

（2）消弧线圈参数的计算：

测量消弧线圈的漏阻抗和激磁阻抗时，因为消弧线圈的漏阻抗较大，不能像消量配电变压器参数一样，在短路试验测量短路阻抗时忽略激磁阻抗，在空载试验测量激磁阻抗时忽略漏阻抗。对于消弧线圈，如图3-41（a）所示空载时是激磁阻抗 Z_m 与漏阻抗 Z_k 串联；如图3-41（b）所示短路时是漏阻抗与激磁阻抗并联，再与漏阻抗串联。其中 $Z_m = R'_m + jX'_m, Z_k = R'_1 + jX'_1$，这里近似简化消弧线圈的原、副边的漏阻抗相同，更精细的结果可以由原、副边的短路试验分别计算原、副边的漏抗。由图3-41得方程

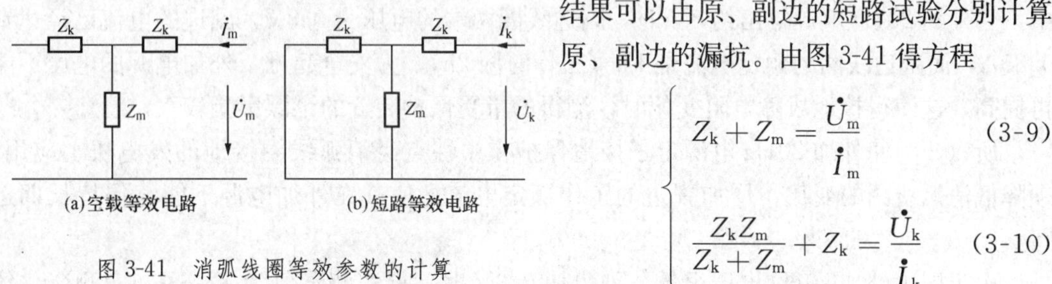

图3-41 消弧线圈等效参数的计算

$$\begin{cases} Z_k + Z_m = \dfrac{\dot{U}_m}{\dot{I}_m} & (3\text{-}9) \\[2ex] \dfrac{Z_k Z_m}{Z_k + Z_m} + Z_k = \dfrac{\dot{U}_k}{\dot{I}_k} & (3\text{-}10) \end{cases}$$

以式（3-9）代入式（3-10），整理得 $Z_k^2 - 2Z_k \dfrac{\dot{U}_m}{\dot{I}_m} + \dfrac{\dot{U}_m}{\dot{I}_m}\dfrac{\dot{U}_k}{\dot{I}_k} = 0$，解得 Z_k，代入式（3-9）中可得 Z_m。

2. 现场试验结果

根据以上考虑消弧线圈参数影响的接地电阻计算方法，在许继WFB-800微机发—变组保护装置平台上编制了保护程序，在某电厂一台汽轮发电机上做发电机定子单相接地故

障试验。发电机主要参数：额定电压20kV，额定容量300MW，发电机定子每相电容0.192μF；发电机中性点经XDG-35/20型干式消弧线圈接地，原、副边变比为156.1，电抗为7698Ω（50Hz下），副边线圈额定电流为1A，工作时限2h；外加电源采用西门子公司20Hz电源装置（型号：7XT3110-1/CC）和20Hz滤波器（型号：7XT3200-0/CC）。试验过程中，在消弧线圈的原边接不同的电阻模拟发电机接地故障。

表3-16给出了消弧线圈的漏阻抗与激磁阻抗不分开处理［图3-37（b）］与分开处理（图3-40）时模拟接地故障过程中故障电阻的计算结果对比。当漏阻抗与激磁阻抗不分开处理时，即将消弧线圈的所有阻抗都认为是激磁阻抗，对不同过渡电阻1、5、10kΩ下保护计算的阻值变化很小，不能正确反映不同接地故障的变化。而将漏阻抗与激磁阻抗分开处理时，计算结果反映了不同接地故障电阻的变化趋势，与实际值较接近，计算存在误差主要是由于外加电源的电压很低、消弧线圈的变比较大等原因使采样存在一定误差。比较现场试验计算结果可知，外加20Hz电源接地保护在计算接地故障过渡电阻的模型上必须考虑消弧线圈漏阻抗与激磁阻抗的分离处理。

表3-16　　试验计算结果对比

接地故障电阻值（kΩ）		1	5	10
按图3-37（b）计算	计算值（kΩ）	8.40	9.37	9.30
	相对误差（%）	740	87.4	7.0
按图3-40计算	计算值（kΩ）	0.73	3.52	7.19
	相对误差（%）	27.0	29.6	28.1

3. 实际工作中须注意的问题

外加20Hz电源单相接地保护能否在中性点经消弧线圈接地的发电机上应用，消弧线圈参数的选择十分重要。外加电源由消弧线圈的副边线圈注入，通常消弧线圈副边线圈是为基波零序电压保护用的，所以变比很大，导致原边折算到副边的阻抗很小。在试验过程中，当外加20Hz电源输出约8V时，副边线圈两端的电压为0.3V，副边的电流已经达到0.85A，而副边线圈的额定电流是1A（工作时限2h），为安全起见，外加电源的电压不能再提高，这使得接地故障电阻变化时，测得的量受保护装置的零漂影响较大。

所以，为使外加20Hz电源定子接地保护在中性点经消弧线圈接地的发电机上应用，须降低消弧线圈的变比，增加副边的工作额定电流，使其在外加电源下能够保持长期运行。

由于副边外加20Hz电压很低，副边加0.3V时，原边测量值为12.6V，实测变比约为42，与50Hz下的变比156.1相差较大，这可能是因为消弧线圈工作在非线性区的缘故，为准确地计算接地过渡电阻值，须在所加的20Hz电源下实测消弧线圈的变比。

另外，外加20Hz电源装置的可靠性是外加电源型定子单相接地保护能否正确动作的前提，因此保护装置必须能够检测出外加20Hz电源及其引线故障，以防止不必要的误动作。

参考文献

[1] 国家电力公司. 防止电力生产重大事故的二十五项重点要求. 北京：中国电力出版社，2000

[2] 王维俭. 电气主设备继电保护原理与应用. 第2版. 北京：中国电力出版社，2002

[3] 史世文. 大机组继电保护. 北京：水利电力出版社，1987

[4] 毕大强，王祥珩，王维俭. 发电机中性点经消弧线圈谐振方式接地中串联电阻对定子单相接地保护的影响. 继电器，2001，29（11）：5～8

[5] 王维俭，毕大强. 防止高压厂用变压器低压侧单相接地造成发电机单相接地保护误动. 电力自动化设备，2001，21（9）：1～3

[6] 夏东升，王燕明，王云飞. 厂用电系统单相接地故障对发电机零序电压的影响. 电力情报，2001（3）：19～22

[7] 李郭民，孟崇林. 山西阳光发电有限责任公司2号发电机 $3u_0$ 定子接地保护原因分析. 山西电力技术，2000（2）：34～35

[8] 田伟，白铮，权东国等. 北安电厂发电机定子接地故障误动原因的分析. 继电器，2000，28（5）：51～54

[9] Pierce A C. Generator ground protection guide. IEEE Transaction on Power Apparatus and Systems，1984，103（7）：1743～1748

[10] Pazmandi L. Stator earth-leakage protection for large generators. IEEE Transaction on Power Apparatus and Systems，1975，94（4）：1436～1439

[11] Marttila R J. Design principles of a new generator stator ground relay for 100% coverage of the stator winding. IEEE Transaction on Power Delivery，1986，1（4）：41～51

[12] 史世文. 发电机—变压器三次谐波式接地保护分析. 南京工学院学报，1979，（7）：1～20

[13] 王维俭，鲁华富. 三次谐波电压式定子接地保护的运行和改进. 中国电力，1995，28（11）：46～49

[14] Kerr D J. The application of 100% stator earth fault protection to salient pole generators. Journal of Electrical and Electronics Engineering，1988，10（1）：51～59

[15] Rifaat R M. Considerations for generator ground fault protection in midsize congeneration plants. IEEE Transaction on Industry Application，1997，33（3）：628～634

[16] Rifaat R M. Utilizing third harmonic 100% stator ground fault protection a cogeneration experience. In：Proceedings of IEEE Industry Applications Conference. Piscataway，2000. 3254～3259

[17] Zielichowskil M and Fulczyk M. Optimization of third harmonic ground-fault protection systems of unit-connected generators ground through neutralizer. Electric Power System Research，1998，(45)：149～162

[18] Zielichowski M and Fulczyk M. Influence of voltage transformers on operating conditions of ground-fault protection system for unit-connected generator. Electrical Power and Energy Systems，1998，20（5）：313～319

[19] Zielichowski M and Fulczyk M. Influence of load on operating conditions of third harmonic ground-fault protection system of unit connected generators. IEE Proceedings：Generation，Transmission and Distribution，1999，146（3）：313～319

[20] 唐清弟，谭建华．3ω定子接地保护误动原因分析和对策．电力系统自动化，2001，25（1）：59～61

[21] 马肃，李玉海．JDJ-31 型三次谐波式定子接地保护存在问题的研究及改进．电力自动化设备，1994，14（2）：27～30，44

[22] 张政军．QFQS-200-2 型汽轮发电机定子接地保护的改进．电力自动化设备，1997，17（2）：65～66

[23] 李晋民．双频分离 100%定子接地保护动作分析．华东电力，1998，(7)：24～26

[24] 李晋民．100%定子接地保护改进方案的研究．电网技术，1998，22（9）：46～48

[25] 逍遥，胡斌，邓春年等．发电机三次谐波电压与定子接地保护整定值．华中电力，2000，13（1）：23～25

[26] 乐秀蕃，张方军．大容量发电机定子接地保护改造过程的分析．电力自动化设备，2002，22（12）：20～22

[27] 马俊超．防止发电机定子接地保护误动的措施．华中电力，1998，(4)：35～37

[28] 史世文，丁莹，孙斌华等．外加直流法定子接地保护．电力系统自动化，1978，2（3）：36～56

[29] 颜卓胜，李振然．微机人工二次谐波发电机定子单相接地保护．继电器，1997，25（4）：26～29，59

[30] Ilar M，Zidar J and Fiorentzis M. Innovations in generator protection. Brown Boveri Review，1978，65（6）：379～387

[31] Pope J W. A comparison of 100% stator ground fault protection schemes for generator stator windings. IEEE Transaction on Power Apparatus and Systems，1994，103（4）：832～840

[32] 赵兴国，柏青海．新原理的发电机 100%定子接地保护．电站设备自动化，1988，(1)：44～49

[33] 大机组继电保护调查报告．电力自动化设备，1996，16（2）：60～64

[34] Eitel F，Knutter and Karl N. New stator fault for high voltage machines. Siemens Review，1973，(4)：157～159

[35] 王维俭，徐振宇，张振华．大型发电机定子单相接地保护的研讨．继电器，1999，27（4）：6～9

[36] 邰能灵，尹相根，胡玉峰等．注入式定子单相接地保护的应用分析．继电器，2000，28（6）：15～17

[37] Tai N L，Yin X G，Zhang Z，et al. Research of subharmonic injection schemes for hydro-generator stator ground protection. In：Proceedings of IEEE Power Engineering Society Winter Meeting. Piscataway，2000. 1928～1932

[38] 曾祥君，尹项根，陈德树等．注入信号法补偿式高灵敏度发电机定子接地保护．中国电机工程学报，2000，20（11）：51～55，61

[39] Wu J A，Wan H and Lu Y P. Study of a fresh subharmonic injection scheme based on equilibrium principle for hydro-generator stator ground protection. In：Proceedings of IEEE Power Engineering Society Winter Meeting. Piscataway，2002，924～929

[40] 万慧，吴济安，陆于平．新型数字式发电机定子接地保护的研究．电力自动化设备，2002，22（11）：7～10

[41] 刘华钢，陈德树．自调整式三次谐波定子接地微机保护研究．电力系统自动化，1989，13（4）：60～65

[42] Yin X G，Malik O P and Hope G S. Adaptive ground fault protection schemes for turbo-generator

based on third harmonic voltages. IEEE Transaction on Power Delivery, 1990, 5 (2): 595~603

[43] 苏洪波，尹相根，陈德树．高灵敏度的三次谐波式发电机定子接地保护．电力系统自动化，1997，21 (3)：36~39

[44] 邰能灵，尹项根．大型水轮发电机定子接地保护方案及灵敏度分析．电力系统自动化，2000，24 (7)：41~45

[45] Tai N L, Wu H X, Hou Z J, et al. New Δ-protection schemes for generator stator ground fault. In: Proceedings of International Conference on Power System Technology. Kunming, 2002, 2594~2599

[46] 王维俭．电气主设备继电保护原理与应用．北京：中国电力出版社，1996

[47] 黄少锋，孙鹏，王增平等．基于三次谐波相角突变原理的发电机定子接地保护．电网技术，2000，24 (12)：70~73

[48] 林涛，陈德树，尹项根．小波分析在大型同步发电机微机继电保护中的应用研究．中国电机工程学报，1999，19 (8)：59~65

[49] 邰能灵，尹项根．正交小波在发电机定子单相接地保护中的应用．电力系统自动化，2001，25 (1)：34~37

[50] 邰能灵，候志俭，尹项根等．新型发电机100%定子单相接地保护方案．电力系统自动化，2002，26 (3)：41~44，51

[51] 管霖，吴国沛，黄雯莹等．小波变换在电力设备故障诊断中的应用研究．中国电机工程学报，2000，20 (10)：46~49，54

[52] 王维俭．发电机定子接地故障的行波分析．电站设备自动化，1982，(4)：1~14

[53] Mallat S and Hwang W L. Singularity detection and processing with wavelets. IEEE Transactions on Information Theory, 1992, 38 (2): 617~643

[54] Daqiang Bi, Xiangheng Wang, Weijian Wang, Z. Q. Zhu, David Howe. Improved transient simulation of salient-pole synchronous generators with internal and ground faults in the stator winding. IEEE Transactions on Energy Conversion, 2005, 20 (1): 128~134

[55] 毕大强，王祥珩，王善铭等．大型水轮发电机定子单相接地故障的暂态仿真．电力系统自动化，2002，26 (15)：39~44

[56] 毕大强，王祥珩，王维俭．基于三次谐波电压故障暂态分量的发电机定子单相接地保护方案研究．电力系统自动化，2003，27 (13)：45~49

[57] Bi D Q, Wang X H, Wang W J. Fault component of third harmonic voltage based ground fault protection for generators. In: Proceedings of Eight IEE International Conference on Developments in Power System Protection. Amsterdam, The Netherlands, 2004. 530~533

[58] 毕大强，王祥珩，王维俭．发电机中性点电压互感器断线的检测方法．继电器，2004，32 (16)：32~33，40

[59] Mallat S and Hwang W L. Singularity detection and processing with wavelets. IEEE Transactions on Information Theory, 1992, 38 (2): 617~643

[60] Mallat S. A wavelet tour of signal processing. San Diego: Academic Press, 1998

[61] 崔锦泰．小波分析导论．西安：西安交通大学出版社，1997

[62] 徐佩霞．小波分析与实例．合肥：中国科学技术大学出版社，2001

[63] 杨福生．小波变换的工程分析与应用．北京：科学出版社，1999

[64] Shensa M J. The discrete wavelet transform: wedding the à trous and Mallat algorithms. IEEE Transactions on Signal Proceeding, 1992, 40 (10): 2464～2482

[65] 毕大强，王祥珩，王维俭．基于小波变换的发电机定子单相接地保护能量法．电力系统自动化，2003，27 (22)：50～55

[66] Donoho D L. De-noising by soft-thresholding. IEEE Transactions on Information Theory, 1995, 41 (5): 613～627

[67] Bi D Q, Wang X H, Xu Z Y, et al. Analysis and improvement on stator earth-fault protection by injecting 20Hz signal. In: Proceedings of the Fifth International Conference on Electrical Machines and System. Shenyang, 2001. 301～304

[68] 毕大强，王祥珩，王维俭．发电机中性点接地装置等效电路的分析．继电器，2003，31 (1)：12～16

[69] 毕大强，王祥珩，余高旺等．高准确度外加 20Hz 电源定子单相接地保护的研制．电力系统自动化，2004，28 (16)：75～78

[70] 毕大强，王祥珩，余高旺等．消弧线圈接地方式下外加 20Hz 电源定子接地保护的应用分析．电力系统自动化，2005，29 (4)：82～84

第 4 章 大型变压器内部故障分析与继电保护

4.1 概述

4.1.1 变压器内部短路故障保护的现状

电力变压器作为一种关键主设备，在电力系统中占有极其重要的地位。电力变压器运行的可靠性是整个电力系统安全的重要保证。因此，变压器继电保护的正确可靠动作具有极端重要性。如果变压器发生故障时，保护装置拒动或者不能在要求时间内快速动作，可能造成变压器不同程度的损坏，甚至烧毁；如果变压器在没有发生故障时继电保护装置发生错误动作，又会造成不必要的停电损失。变压器内部短路、保护拒动，还将影响电力系统的稳定运行。

变压器可能出现的故障有很多种类型。大量统计数据表明，变压器的内部短路故障在所有变压器故障中占有较大的比例。随着我国经济建设的高速发展，电力建设也以高速增长，我国每年都有数目可观的高电压、大容量电力变压器投入系统运行。1999 年，我国运行中的 220kV 变压器有 2526 台，330kV 变压器有 102 台，500kV 变压器有 223 台；到 2002 年底，我国运行中的 220kV 变压器达 3229 台，330kV 变压器有 122 台，500kV 变压器有 295 台，增长的势头十分迅猛[1~4]。

根据统计，十几年来我国 220kV 及以上变压器年均故障率如表 4-1 所示。

表 4-1 我国近年各种变压器年均故障率 [次/（百台·年）]

年　份	220kV 变压器	330kV 变压器	500kV 变压器
20 世纪 90 年代平均	1.43	2.95	1.98
2000	0.77	0.98	1.64
2001	0.98	0.85	3.28
2002	0.73	0	2.37

变压器故障通常可分为本体故障和外部故障两类。变压器的本体故障包括匝间故障、铁心故障、两相接地故障、套管和分接开关故障等等变压器自身组件的故障。表 4-1 中的故障率为本体故障率。

表4-2给出了近几年来220kV及以上变压器继电保护装置运行情况的统计。该统计数字一方面表明了2000年以来我国变压器保护动作正确率相比20世纪末有相当大（近10个百分点）的提高，继电保护技术有了很大的进步，保护动作的可靠性有所提高；另一方面也看出变压器保护正确动作率相比发电机保护和系统保护仍有相当大的差距。在“九五”期间，后二者的正确动作率已经分别达到了98.2%和99.33%的水平。这一差距的存在，一方面反映了现有变压器保护方案存在某种程度的缺陷，另一方面也反映变压器内部短路故障机理的相对复杂性，目前还没有为人们所透彻了解。

表4-2　近年来我国变压器保护运行情况统计

年　份	保护动作次数	正确动作次数	误动次数	拒动次数	正确动作率（%）
1998	218	145	65	8	66.51
1999	206	138	67	1	66.99
2000	201	151	49	1	75.12
2001	252	208	43	1	82.54
2002	214	160	53	1	74.77

4.1.2　现有变压器故障保护的原理

一般认为，变压器内部故障有三个特征，一是相电流增加，二是差电流增加，三是故障放电形成气体。对应这三个特征的保护措施包括相电流过电流保护，差电流的差动保护，电弧故障的瓦斯保护和压力保护等。

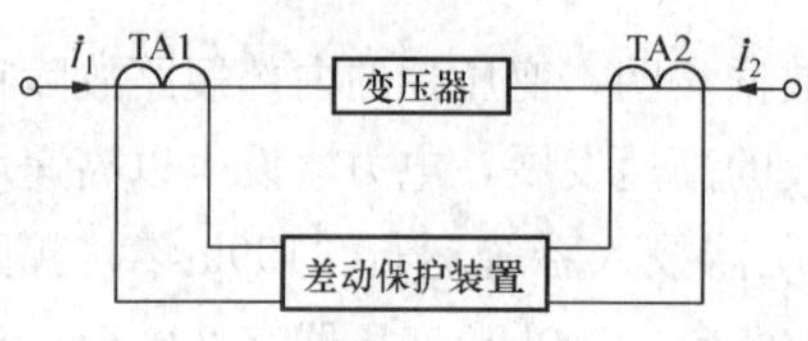

图4-1　差动保护原理接线图

差动保护是目前变压器内部短路故障保护的主要方式之一。差动保护是以下列的认识为基础的，即在变压器发生内部故障的情况下，差电流与正常运行情况比较是增加的。图4-1是差动保护原理接线图。差动保护装置通过比较差电流和制动电流做出决策。由于变压器原、副边绕组的电流是与原、副边绕组的电气匝数成反比，所以要求接在变压器原、副边的电流互感器的变比要与变压器的变比相一致，才能从原理上保证在无故障情况下，流入差动保护装置的差电流接近于零。以下不失一般性，认为原、副边绕组的电流 $\dot{I}_1$ 和 $\dot{I}_2$ 是经过折算为变比为1的。

差电流的定义为

$$I_d = |\dot{I}_1 + \dot{I}_2| \tag{4-1}$$

根据差动保护的原理，在变压器无故障的情况下，$I_d \approx 0$。制动电流有多种选择方案，其中主要的有以下三种

$$I_R = k|\dot{I}_1 - \dot{I}_2| \tag{4-2a}$$

$$I_R = k(|\dot{I}_1| + |\dot{I}_2|) \tag{4-2b}$$

$$I_R = \max(|\dot{I}_1|, |\dot{I}_2|) \tag{4-2c}$$

式中：k 是制动系数，通常取值为1或者0.5。

差动保护的动作判据是

$$I_d > sI_R \tag{4-3}$$

s 是图4-2中实斜线的斜率。为了克服由于TA严重饱和带来差电流的误差，有人提出了变斜率的差动保护判据，以改善差动保护的性能。图4-2中的虚线就是当差电流大到一定的程度时，采用更大的斜率实行保护制动。

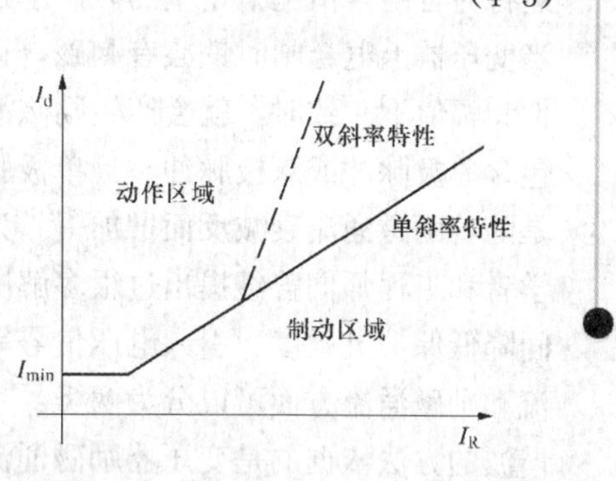

图4-2 差动保护制动特性

将差动保护原理用在变压器内部故障的保护遇到的挑战首先是励磁涌流问题。为此，人们首先想到了一些直接的办法，如人为地引入时间延迟，在某个时间段内降低保护的灵敏度，或者通过引入电压信号来抑制差动保护等。随后，人们很快地发现了在故障情况下和在出现励磁涌流情况下的差电流中的谐波成分是不一样的。因此，各种谐波保护的技术方案先后提出。谐波制动（restrain）或者谐波闭锁（blocking）对于差电流中励磁涌流或者过励磁电流占主导地位的情况确保了差动保护的安全性，但是对于谐波特征不够明显的情况，这一类的保护方案不能正常工作。还有一些波形识别方案能够较好地识别励磁涌流和内部故障电流，但是不能很好地识别过励磁电流和故障电流。关于变压器差动保护的原理以及针对变压器的特点提出的各种保护方案，文献[7，8]有更详细的介绍和讨论，这里不做具体阐述。

4.1.3 变压器内部故障差动保护存在原理性问题

差动保护的原理是基于进入网络的电流与离开该网络的电流相等。如果该网络有泄漏电流，则进入网络的电流与离开该网络的电流产生差值。因此该保护原理用于发电机保护是十分成功的。但是将差动原理用到电力变压器的内部故障保护则存在一些原理性的问题。一般认为，TA饱和、两个TA的变比与变压器的变比不匹配、由于变压器调压改变了分接区接线、由于变压器采用Y，d接线产生原边和副边的相位移、励磁涌流、过励磁等非内部短路故障都可能引起差电流的误差，从而使差动保护原理应用于电力变压器的合理性遇到挑战。

首先，电力变压器原、副边有较大的变比。因此，从原理上，要求变压器原、副边连接的电流互感器（TA）的变比与变压器原、副边的变比完全一致，但是实现起来是有困难的。因为有很多因素可造成TA的变比与变压器原、副边的变比不一致。比如，TA的计算变比与标称的变比可能不一致；TA的饱和也会造成变比的改变；变压器分接头的调整也会改变变压器的变比。所以，即使变压器没有发生内部故障，也不能保证变压器原副边绕组测量的差电流很小。这些原因造成的在无内部故障下出现的变压器输入电流与输出电流的不平衡远远大于输电线和发电机出现的不平衡电流。变压器差动保护中出现的这种不平衡电流仅靠采用速饱和变流器是不能得到解决的。

其次，电力变压器是非线性装置。铁磁非线性可能引起变压器在空载合闸、重合闸、过励磁等情况下产生大于额定工作电流数倍甚至 10 多倍的励磁涌流，使差电流急剧增加。变压器励磁涌流通常是在变压器上电合闸、变压器外部故障清除之后重合闸、变压器并联运行时合闸等情况下发生的。产生励磁涌流的本质是因为变压器铁心的非线性磁化特性。当变压器上电合闸时铁心有剩磁，且剩磁的极性和幅值与合闸瞬间所对应的稳态磁通的极性和幅值不一致时，就会产生励磁涌流。励磁涌流有明显的直流分量和奇次、偶次谐波；包含单极脉冲或双极脉冲，且单极脉冲的峰值衰减得很慢；二次谐波含量起始值不大，但是随着励磁涌流衰减反而增加[8]。为了克服由于励磁涌流产生的差动保护误动作的问题，学者和工程师们曾经提出过很多解决方案，其中包括前面已经提到过的延迟保护、短暂时间降低保护灵敏度、引入电压信号等。现在实际应用的基于电流的差动保护在区分故障电流和励磁涌流方面可以分为两类：一种是基于谐波的方法；另一种是波形识别方法。基于谐波的方法依据的是变压器励磁涌流相对于故障电流有明显的直流分量和谐波含量，尤其一般情况下 2 次谐波含量大。基于谐波的方法有多种不同的方案，比较典型的方案有全谐波法和 2 次、5 次谐波法。基于波形识别方法依据的是变压器励磁涌流上下半周期具有明显的非对称性，而内部故障电流一般具有对称性。另一种比较典型的方案是识别间断角的方案，励磁涌流有明显的间断角特征，而内部故障电流没有间断角特征。

第三，变压器的绕组是围绕铁心绕制的，因此绕组内发生匝间短路是沿导线纵向两点发生短路。输电线一般不会发生这种短路。变压器发生单匝或小匝数的匝间短路是差动保护无法检测的。这是因为：一方面，发生匝间短路所在相两端的电流仍然是相等的，这与发生对地短路的情况是不一样的；另一方面，局部匝间短路所引起的变比的变化并不明显，一般不会大于移动一个分接头所引起的变化。比如，有一个高压绕组是纠结连续式线圈，有 60 个线段（线饼）。如果在纠结式线圈部位发生匝间短路，根据纠结式线圈的结构，实际上是短路了一个线段的工作匝数，则短路匝数是总匝数的 1/60，即 1.7%。如果高压绕组每个分接段占绕组总匝数的 2.5%，这时匝间短路匝数就小于一个分接段的匝数。如果高压绕组是自耦变压器的串联绕组，则所占比例更小。内屏蔽式线圈、连续式线圈在撑条侧发生段间（饼间）短路，短路的匝数是两个线段的工作匝数。因此，如果差动保护对调压线圈改变分接头所引起的变比不敏感的话，那它对匝间短路所引起的变比变化也是不敏感的。而后者可能对变压器造成致命的破坏。

第四，电力变压器是具有紧密磁耦合的装置，不仅绕组间通过磁耦合传递能量，而且同一绕组线匝与线匝之间也存在磁的耦合（简称为纵向耦合）。这种特点在传输线网络中也是不存在的。由于变压器绕组存在纵向耦合，当绕组发生匝间短路或者对地短路时，在线端所测量到的电压、电流特征与传输线网络是不相同的。

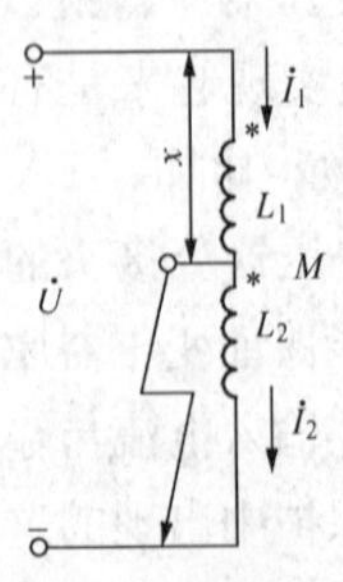

图 4-3　线圈发生对地短路示意图

上述四种情况中，前三种已经被普遍认识，并且学者和工程师们想了很多办法来弥补差动保护的缺陷。对于第四个情况，下面先给出一个简单的例子予以说明。

设有一个空心线圈，电感量为 L，忽略线圈的电阻。不失一般性，假设线圈长度为 1，离线圈首端 x 处某一点发生对线圈末端（设为参考

地）的短路，见图 4-3。那么，可以得到线圈两端的入端阻抗为

$$Z_{\mathrm{r}} = \mathrm{j}\omega\left(L_1 - \frac{M^2}{L_2}\right) = \mathrm{j}\omega\left(\frac{L_1L_2 - M^2}{L_2}\right) = \mathrm{j}\omega(1-k^2)L_1 \tag{4-4}$$

式中：$k=\dfrac{M}{\sqrt{L_1L_2}}$为耦合系数，$0 \leqslant k \leqslant 1$；$L_1$、$L_2$、$M$分别为两段线圈的自感、互感，如图 4-3 所示。

由式（4-4）可见，一方面，当短路点越接近首端时，L_1 越小，入端阻抗也越小，这是当然的；另一方面，当线圈耦合得越紧密，即 k 越大，则入端阻抗或者入端等效电感越小。当线圈全耦合即 $k=1$ 时，不论短路点在何处，入端阻抗或者入端电感接近等于零。显然，这个现象与传输线出现短路的情况是非常不一样的。传输线的入端阻抗是随着对地短路点离首端的距离成正比的。

进一步地，若线圈有紧密的耦合，漏磁通很小，那么可以假设

$$\frac{L_1}{L_2} = \frac{x^2}{(1-x)^2} \tag{4-5}$$

由于 $L_1 + L_2 + 2M = L$，则有

$$L_1 + \frac{(1-x)^2L_1}{x^2} + 2k\sqrt{L_1\left(\frac{(1-x)^2L_1}{x^2}\right)} = L_1 + \frac{(1-x)^2L_1}{x^2} + 2k\,\frac{1-x}{x}L_1 = L$$

求得 $L_1 = \dfrac{x^2L}{1-2x(1-x)(1-k)}$，$L_2 = \dfrac{(1-x)^2L}{1-2x(1-x)(1-k)}$，$M = \dfrac{kx(1-x)L}{1-2x(1-x)(1-k)}$。将它们代入式（4-4），可以得到

$$Z_{\mathrm{r}} = \mathrm{j}\omega(1-k^2)L_1 = \mathrm{j}\omega(1-k^2)\,\frac{x^2L}{1-2x(1-x)(1-k)} \tag{4-6}$$

可见，线圈内部发生对末端（地）短路时，线圈入端阻抗或入端电感值与短路点位置成非线性关系。事实上，耦合系数是线圈几何结构参数的函数。随着短路点位置的变化，也就是线圈分割成两段大小的变化，耦合系数也是变化的，即 k 是 x 的函数。表 4-3 给出了几个典型短路位置的入端电感值。

表 4-3　入端电感值随短路点位置成非线性变化

x	0	0.25	0.5	0.75	1
L_{r}	0	$\dfrac{[1-k^2(x)]L}{16-6[1-k(x)]}$	$\dfrac{[1-k^2(x)]L}{4-2[1-k(x)]}$	$\dfrac{9[1-k^2(x)]L}{16-6[1-k(x)]}$	L

4.2　变压器内部短路分析的理论基础

4.2.1　变压器绕组的基本结构

电力变压器从基本结构来看，有两大类：一类是心式结构（亦称内铁式），即铁心柱

和绕组是立式同轴圆柱形结构；另一类是壳式结构（亦称外铁式），即铁心和绕组是卧式矩形结构。国内主要生产和使用心式结构的电力变压器，也有生产和使用少量壳式结构的电力变压器。本文以心式结构电力变压器为对象进行研究和讨论，其原理原则上适用于壳式结构电力变压器。

电力变压器按照磁路结构来分，有单相变压器和三相变压器。单相变压器又有双铁心柱和三铁心柱两种；三相变压器常见有三铁心柱和五铁心柱的结构。超高压大容量单相变压器一般在旁柱上布置绕组。

按照电压变换和调整的关系，电力变压器一般可以分成四种：普通多绕组变压器（双绕组、三绕组）、自耦变压器、有载调压变压器和自耦有载调压变压器。对高压变压器来讲，普通多绕组变压器和自耦变压器一般有无载调压分接区。

按照纵绝缘结构来分，超高压变压器常用的纵绝缘结构有内屏连续式、纠结连续式等。各种不同的线圈纵绝缘结构主要是考虑增大匝间工作电压，以提高线圈的纵向等值电

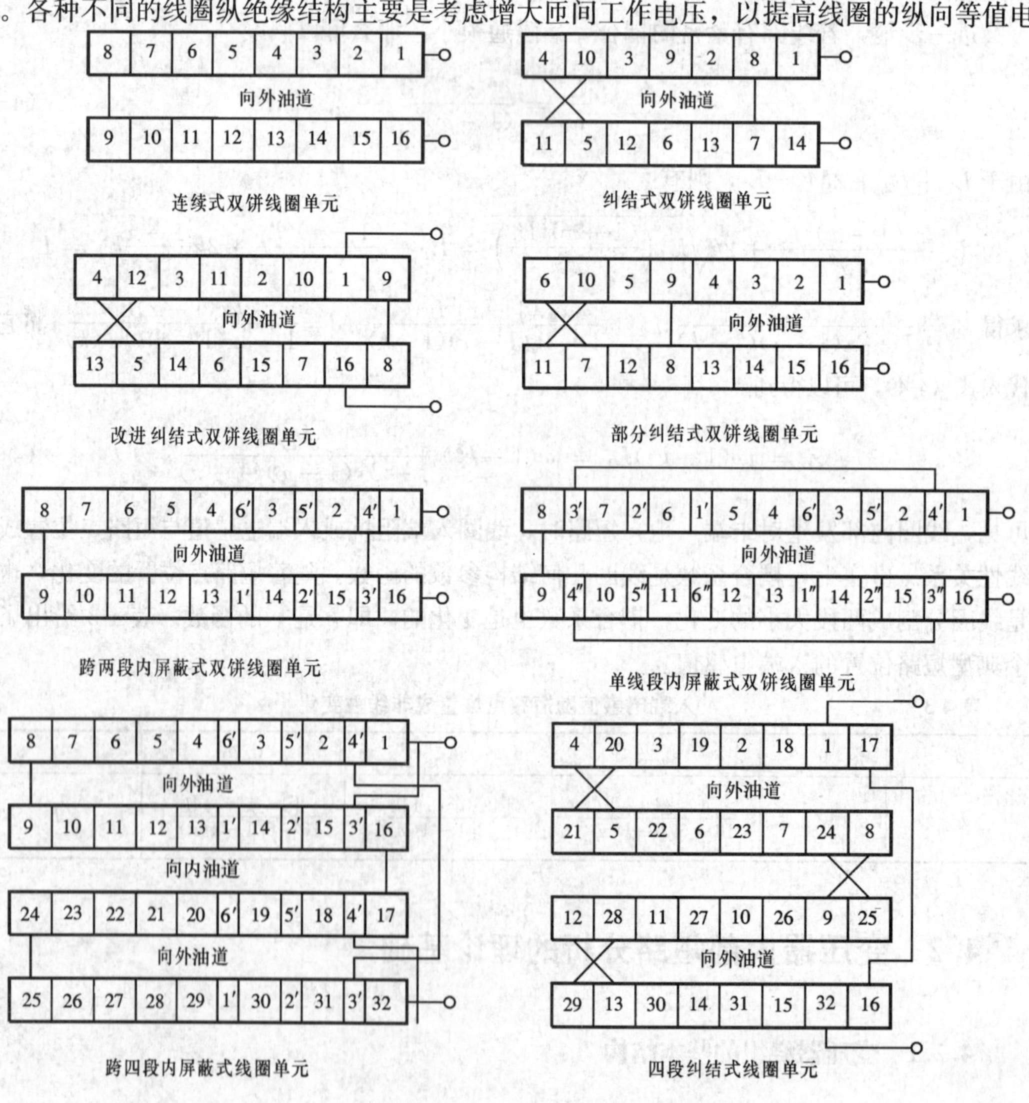

图 4-4　几种常用的线圈结构

容，增强抗冲击电压的能力。内屏蔽式线圈的屏蔽线有在一个线段内跨接的（以下简称一段屏），有跨接两段线饼的（简称二段屏），有跨接四段线饼的（简称四段屏）等；纠结式线圈一般是两段线圈纠结（简称双饼纠结），也有四段线圈纠结的（简称四段纠）；两根或多根导线并联穿插纠结，还会形成插花纠结式线圈结构。纠结式线圈由于制造工艺复杂，并且发现此种线圈容易激发高频的局部电磁振荡，现在此种线圈在220kV及以上电压等级的变压器中已经较少使用。图4-4给出了若干种常用的线圈结构示意图。在考虑匝间短路故障时，必须考虑变压器内部的线圈结构。

4.2.2 变压器的漏磁场[9,10]

现有变压器保护装置的设计多数是基于变压器铭牌上的短路阻抗或者是基于无故障变压器的测量参数的。但是变压器发生内部短路故障时，变压器的磁场分布发生了改变，因而变压器的参数也会发生改变。为了说明这个问题，必须了解变压器的短路阻抗是如何计算的。

变压器是一种磁耦合装置。通过对原边绕组施加交变电流，激励出空间变化的磁场，使副边绕组产生感应电动势。利用磁通或者磁通链的概念可以形象地描述原边绕组和副边绕组之间的磁耦合关系。从理论上讲，由原边绕组励磁安匝所产生的磁通一般不会全部贯穿副边绕组。贯穿副边绕组的那部分磁通通常称为主磁通，没有贯穿副边绕组的那部分磁通称为漏磁通。但是在电力变压器的设计中，一般认为沿着铁心所规定的磁路流动的磁通称为主磁通；凡不按铁心所规定的磁路流动的一切其他磁通，称为漏磁通。双绕组变压器的漏磁通是由副边绕组的磁通势和与其相平衡的原边绕组磁通势负载分量共同产生的，并且在原边、副边绕组中分别感应出漏抗电动势。而多绕组变压器的漏磁通则是由所有副边绕组磁通势和与其相平衡的原边绕组磁通势的负载分量共同产生的，并且在原边、副边绕组中感应出漏抗电动势。

根据变压器的理论，由其和等于零的磁通势所建立的磁场称作变压器的漏磁场。双绕组变压器的磁通势方程为

$$\dot{F}_1+\dot{F}_2=\dot{F}_m \quad 或 \quad \dot{I}_1 w_1+\dot{I}_2 w_2=\dot{I}_m w_1 \tag{4-7}$$

式中：$\dot{F}_1$、$\dot{I}_1$、w_1 分别为原边绕组的励磁磁通势、电流和电气匝数；$\dot{F}_2$、$\dot{I}_2$、w_2 分别为副边绕组的励磁磁通势、电流和电气匝数；合成磁通势 $\dot{F}_m=\dot{I}_m w_1$ 称为励磁磁通势，由它建立与副边绕组都完全链通的主磁通，$\dot{I}_m$ 为励磁电流。

由式（4-7）可以得到原边绕组的电流 $\dot{I}_1=\dot{I}_m-\dot{I}_2\frac{w_2}{w_1}=\dot{I}_m+\dot{I}_{1f}$。可见，原边绕组电流是励磁电流 $\dot{I}_m$ 与副边绕组电流折算到原边绕组的电流负载分量 $\dot{I}_{1f}$ 的几何和。这样一来，变压器的磁场可以看成是由两部分组成的：一部分是由励磁磁通势 $\dot{F}_m=\dot{I}_m w_1$ 建立的；另一部分是由其和等于零的副边绕组电流和原边绕组电流的负载分量的磁通势建

立的，即

$$\dot I_1 w_1 + \dot I_2 w_2 = \dot I_{\mathrm{m}} w_1 - \dot I_2 \frac{w_2}{w_1} w_1 + \dot I_2 w_2 = \dot I_{\mathrm{m}} w_1 + (\dot I_{1\mathrm{f}} w_1 + \dot I_2 w_2) = \dot F_{\mathrm{m}} + \dot F_{\mathrm{s}} \tag{4-8}$$

$\dot F_{\mathrm{s}} = \dot I_{1\mathrm{f}} w_1 + \dot I_2 w_2$ 是建立漏磁场的磁通势分量。

漏磁场的大小及分布规律决定着变压器绕组的短路电抗、附加损耗以及金属结构件里的损耗。漏磁场的大小及分布还决定着变压器正常运行状态及故障状态下作用在绕组上的电磁力和变压器的温升。不但绕组与铁心的结构和几何尺寸影响漏磁场的分布，绕组中的电流分布也影响漏磁场的分布。这些概念在后面计算短路电抗和漏电感的过程中可以进一步体现。

4.2.3 从磁场能量的角度计算变压器的短路电抗[9,10]

双绕组变压器在短路情况下的简化等值电路如图 4-5 所示。

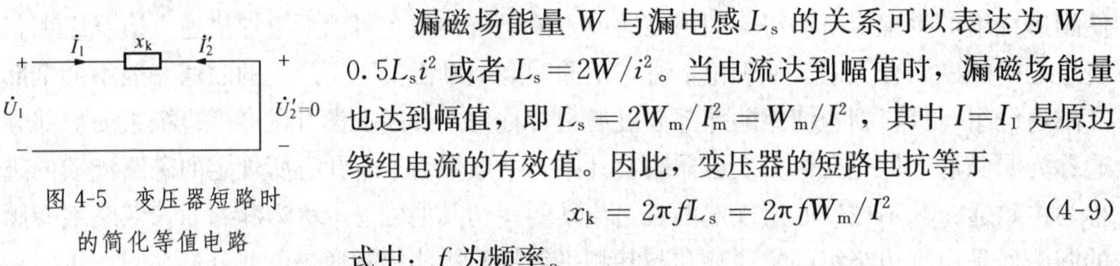

图 4-5　变压器短路时的简化等值电路

漏磁场能量 W 与漏电感 L_{s} 的关系可以表达为 $W=0.5L_{\mathrm{s}}i^2$ 或者 $L_{\mathrm{s}}=2W/i^2$。当电流达到幅值时，漏磁场能量也达到幅值，即 $L_{\mathrm{s}}=2W_{\mathrm{m}}/I_{\mathrm{m}}^2=W_{\mathrm{m}}/I^2$，其中 $I=I_1$ 是原边绕组电流的有效值。因此，变压器的短路电抗等于

$$x_{\mathrm{k}} = 2\pi f L_{\mathrm{s}} = 2\pi f W_{\mathrm{m}}/I^2 \tag{4-9}$$

式中：f 为频率。

另一方面，双绕组变压器的漏磁场能量等于

$$W = 0.5\int_V BH\mathrm{d}v$$

式中：B 是漏磁场中各处的磁感应强度；H 是漏磁场中各处的磁场强度；V 是漏磁场分布的空间体积。

由于只考虑非铁磁介质中的漏磁场，则有 $B=\mu_0 H$。所以漏磁场能量可以表示为

$$W = \frac{1}{2\mu_0}\int_V B^2\mathrm{d}v \tag{4-10}$$

下面首先考虑图 4-6 所示的绕组高度相同、磁通势沿轴向均匀分布的心式双绕组变压器的短路电抗计算，图中 LV 为低压绕组，HV 为高压绕组。在图 4-6 所示的心式单相双绕组变压器中，每个绕组贯穿相同的电流。就漏磁场而言，两个绕组的磁通势大小相等，方向相反，磁力线几乎在绕组的全部高度上平行于轴线，仅在绕组的端部发生弯曲。由于在绕组端部外漏磁通发散，磁阻降低，而且在铁心内部的磁路部分磁阻很小，可以认为漏磁场的磁通势绝大部分消耗在与绕组等高的那段磁路上。所以，对于绕组高度 h 绝对大于绕组幅向尺寸（漏磁宽度）$b=b_1+b_2+b_{12}$ 的情况，漏磁场可以近似认为是平行于轴线的。因此，在绕组截面的每个高度上，磁通势的分布如图 4-7 所示。

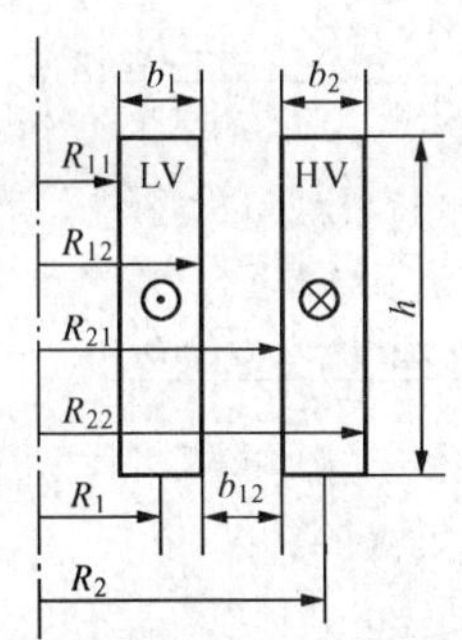

图 4-6　心式单相双绕组变压器绕组示意图

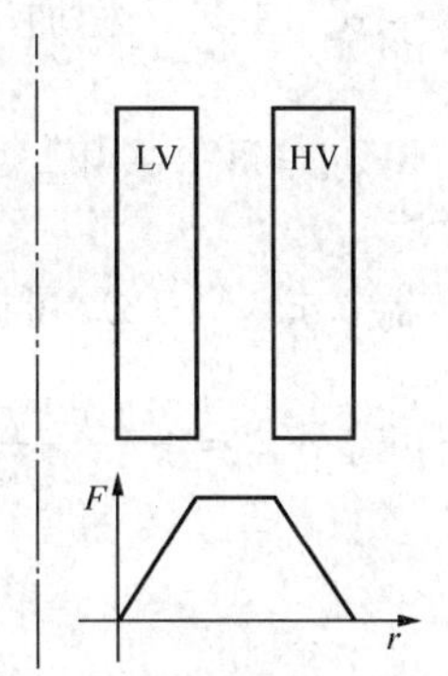

图 4-7　双绕组变压器磁通势分布

在上述假设条件下，漏磁通的有效路径长度

$$l_{\mathrm{p}} = h/\rho \tag{4-11}$$

$$\rho = 1 - \frac{1}{k\pi}(1 - \mathrm{e}^{-k\pi}) \tag{4-12}$$

式中：h 为绕组实际高度；$\rho<1$ 为考虑绕组端部效应的洛果斯基系数；$k=h/b$，b 为漏磁宽度。

漏磁感应强度 $B(r)$ 沿绕组截面的分布曲线与磁通势的分布曲线相同。于是有

$$\frac{B(r)}{\mu_0} l_{\mathrm{p}} = F(r) = (wi)_{\mathrm{r}} \tag{4-13}$$

式中：$(wi)_{\mathrm{r}}$ 表示通过截面 r 处的磁管所包围的全电流。

当电流达到幅值时，磁场强度也达到幅值，即

$$B_{\mathrm{m}}(r) = \mu_0 (wI_{\mathrm{m}})_{\mathrm{r}} / l_{\mathrm{p}} \tag{4-14}$$

将式（4-14）代入式（4-10）进行计算，根据漏磁感应强度的分布形状分为三种情况：

1）在 LV 绕组所占的径向尺寸范围内，全电流分布随半径的增加而线性增加，所以有 $B_{\mathrm{m}}(r) = \dfrac{\mu_0 w I_{\mathrm{m}} r}{l_{\mathrm{p}} b_1}, \mathrm{d}v = 2\pi(R_{11} + r) l_{\mathrm{p}} \mathrm{d}r$，代入式（4-10），可得

$$W'_{\mathrm{m}} = \frac{1}{2\mu_0}\int_0^{b_1}\left(\frac{\mu_0 w I_{\mathrm{m}} r}{l_{\mathrm{p}} b_1}\right)^2 2\pi(R_{11}+r) l_{\mathrm{p}} \mathrm{d}r = \frac{\mu_0 \pi w^2 I^2 \rho b_1}{3h}\left(2R_1 + \frac{b_1}{2}\right) \tag{4-15}$$

2）在两个绕组之间，漏磁感应强度达到幅值 B_{m}，体积为 $V = 2\pi R_{12} b_{12} l_{\mathrm{p}}$，其中 $R_{12} = R_1 + \dfrac{b_1 + b_{12}}{2}$。所以，绕组之间通道中的漏磁能量为

$$W''_{\mathrm{m}} = \frac{1}{2\mu_0}\left(\frac{\mu_0 w I_{\mathrm{m}}}{l_{\mathrm{p}}}\right)^2 2\pi R_{12} b_{12} l_{\mathrm{p}} = \frac{\mu_0 w^2 I^2 2\pi R_{12} b_{12} \rho}{h} \tag{4-16}$$

3）在 HV 绕组所占的径向尺寸范围内，全电流分布随半径的增加而线性减少，所以有 $B_{\mathrm{m}}(r) = \dfrac{\mu_0 w I_{\mathrm{m}} (b_2 - r)}{l_{\mathrm{p}} b_2}, \mathrm{d}v = 2\pi(R_{21} + r) l_{\mathrm{p}} \mathrm{d}r$，代入式（4-10），可得

$$W'''_{\mathrm{m}} = \frac{1}{2\mu_0}\int_0^{b_2}\left(\frac{\mu_0 w I_{\mathrm{m}} (b_2 - r)}{l_{\mathrm{p}} b_2}\right)^2 2\pi(R_{21}+r) l_{\mathrm{p}} \mathrm{d}r = \frac{\mu_0 \pi w^2 I^2 \rho b_2}{3h}\left(2R_2 - \frac{b_2}{2}\right) \tag{4-17}$$

将式（4-15）～式（4-17）相加，得到总的漏磁场能量为

$$W_{\mathrm{m}}=W'_{\mathrm{m}}+W''_{\mathrm{m}}+W'''_{\mathrm{m}}\approx\frac{2\mu_0\pi w^2I^2\rho}{h}\left(R_{12}b_{12}+\frac{R_1b_1+R_2b_2}{3}\right)\tag{4-18}$$

对于大型变压器，式（4-18）可以简化为

$$W_{\mathrm{m}}=\frac{\mu_0w^2I^2\rho2\pi R_{12}}{h}\left(b_{12}+\frac{b_1+b_2}{3}\right)=\frac{\mu_0w^2I^2\rho2\pi R_{12}b'}{h}\tag{4-19}$$

$$b'=b_{12}+(b_1+b_2)/3$$

将式（4-18）代入到式（4-9），得到

$$x_{\mathrm{k}}=\frac{2\pi fW_{\mathrm{m}}}{I^2}=\frac{2\pi f\mu_0w^2\rho\Sigma}{h}\tag{4-20}$$

$$\Sigma=2\pi\left(R_{12}b_{12}+\frac{R_1b_1+R_2b_2}{3}\right)$$

工程上通常使用百分数表示短路阻抗。它可以由式（4-20）进行如下换算

$$x_{\mathrm{k}}\%=\frac{x_{\mathrm{k}}I}{U}\times100=\frac{x_{\mathrm{k}}S_{\mathrm{N}}}{U}\times100=\frac{2\pi f\mu_0S_{\mathrm{N}}\rho\Sigma}{E_0^2h}\times100\tag{4-21}$$

式中：S_{N}为变压器额定容量；E_0 为每匝电压。

式（4-20）只含有频率、磁导率、线圈匝数和线圈的几何结构参数，而式（4-21）中还出现变压器的额定容量和每匝电压。本章主要考虑变压器绕组内部短路引起短路阻抗的变化，由于短路在相同绕组中引起不同的电流，所以下面更多使用式（4-20）。

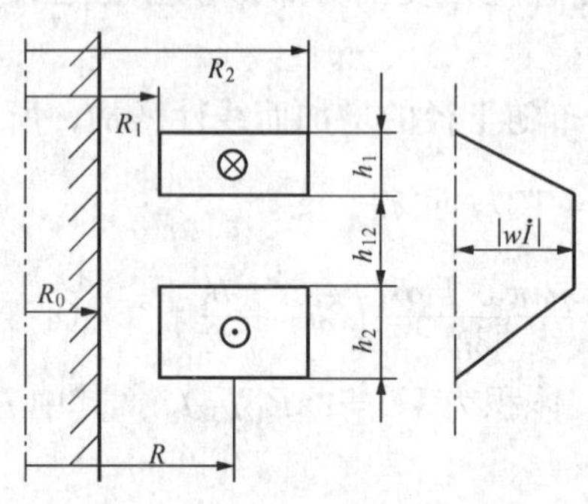

图 4-8　一对交错式线圈及其横向磁通势分布

其次，我们考虑图 4-8 所示的轴向排列的具有相同内外径的两个绕组的短路电抗的计算。

对于图 4-8 所示的线圈排列，令 $b=R_2-R_1$，则有效磁路长度 $l_{\mathrm{p}}=b/\rho$，式中 ρ 是洛果斯基系数。对于大型变压器来讲，由于 $R\gg b$，所以可以以平均半径 R 处的磁感应强度 $B(R)$ 代替线圈截面上沿径向的磁感应强度分布 $B(r)$。这样，类似于式（4-15）～式（4-17）的推导，可以得到横向漏磁场的短路阻抗

$$x_{\mathrm{k}}=\frac{2\pi fW_{\mathrm{m}}}{I^2}=\frac{2\pi f\mu_0w^2\rho\pi Dh'}{b}\tag{4-22}$$

$$D=2R,h'=h_{12}+\frac{h_1+h_2}{3}$$

对于心式变压器，交错式线圈的洛果斯基系数按照式（4-23）计算

$$\rho=1-\frac{1}{k_1\pi}(1-\mathrm{e}^{-k_1\pi})[1-0.5\mathrm{e}^{-2k_2\pi}(1-\mathrm{e}^{-k_1\pi})]\tag{4-23}$$

$$k_1 = \frac{b}{h_1 + h_{12} + h_2}, k_2 = \frac{R_1 - R_0}{h_1 + h_{12} + h_2}$$

式（4-20）和式（4-22）分别是心式双绕组变压器和心式一对交错式线圈的短路电抗的计算公式。对于心式多层线圈和心式多对交错式线圈组成绕组的短路阻抗，可以按照类似的方法进行推导或参阅文献［9，10］。

4.2.4 从磁场分布计算变压器漏电感

前面一节是从磁场能量计算变压器绕组的短路电抗。从可计算的角度来看，不但必须确定磁场能量存在的空间边界，而且在该边界内的磁场分布必须可计算。对于大容量变压器，绕组规模比较大，边缘、端部效应相对比较小，所以上述计算方法可以得到工程允许的计算准确度。事实上，变压器设计的短路阻抗一般都是按照这种方法计算的。但是如果绕组规模比较小，尤其是在本章考虑绕组内部短路的情况，被短路的线圈可能匝数很少，在这种情况下，需要考虑更精确地计算绕组参数方法。另外，在绕组内部发生短路的情况下，沿绕组的电流分布不相同，在计算绕组参数时也必须考虑一种更加灵活的划分线圈单元的方法。

变压器的内部短路故障通常是变压器带负载运行时出现的。即使是在变压器空载的情况下发生短路，如果不考虑励磁过渡过程，短路线圈也有贯穿电流通过。在这种情况下，主要是漏磁场分布决定线圈中的电压、电流分布。对于漏磁场而言，其主要分布是在铁心以外的线性介质区域，因此可以采用叠加原理。换句话说，变压器在发生内部短路情况下的漏磁场是每一个线圈段（或线圈单元）中的电流产生的漏磁场的叠加。因此，可以采取分线圈段计算变压器电感参数的办法。也就是说，当某个线圈段通过电流时，必然在其周围产生磁场分布，处于该磁场分布中的任意一个线圈段必然交链该磁场，因而可以计算它与励磁线圈之间的互感。如果耦合线圈与励磁线圈处于同一个位置，那就是自感了。

已经有许多计算变压器漏电感的模型。对于大型变压器来讲，从磁场分布角度计算变压器的漏电感，常见的简化模型有三种。三种模型的共同点是，对于漏磁场来讲，铁心中的磁场对漏磁场的影响很小或者可以忽略。

第一种以计算空心线圈的电感为基础，包括直接以空心线圈的电感代替有铁心的线圈的漏电感[11]，或者用扩大了直径的空心线圈的电感代替铁心线圈的漏电感[12]。前者的依据是，对于大型电力变压器来讲，线圈排列非常紧密，即使抽去铁心，线圈间仍然具有紧密的耦合。后者的理由是铁心的存在对漏磁场的影响可以用扩大线圈直径来等效。直接计算变压器线圈的空心电感有现成的计算手册[13]。采用等效直径法计算空心线圈的电感，首先必须测量铁心线圈的两个电感，即整个铁心线圈的电感和半个铁心线圈的电感，然后根据线圈的几何尺寸和作者提供的曲线[12]查出线圈的等效直径，再按照空心线圈计算电感的方法来计算。

第二种以假设铁心具有无穷大的磁导率为基础，包括计算漏电感的方法[14]和计算短路电感的方法[15]。在假设铁心具有无穷大磁导率的基础上，励磁电流为零，所以线圈中各次谐波电流的总安匝数总和为零[14]。以这个条件为约束所获得的电感参数满足漏磁场分布。基于铁心具有无穷大磁导率的假设，文献[15]给出了一种计算短路电感的方法。该方法首先给出等高不等直径的两个同心式圆柱线圈的互感计算公式，同时又给出了两个相同直径同心式圆柱线圈互感的曲线族，然后任意位置的两个同心式圆柱线圈的互感都可以由上述两种类型线圈互感的线性组合而成。

第三种是在综合上述两种模型的基础上考虑了铁心的存在对漏磁场的影响，但是由于只考虑计算漏电感，所以铁心的相对磁导率取为较小的无量纲数值，比如几十到几百。在这一类模型中也有两种典型的模型。两种模型的区别在于对铁轭的处理上。一种是假设铁轭为无穷大的平面，并且具有无穷大的磁导率，因而可以应用镜像法，沿轴向进行周期延拓，使得电流密度和矢量磁位可以实行傅里叶级数分解[16]；但是铁轭的位置可以沿轴向调整，一般比实际铁轭与绕组端部之间的距离要大一些，使之可以适当地考虑对绕组端部漏磁场有一定的影响。另一种是忽略铁轭的存在，而假设心柱为无限长，因此电流密度和矢量磁位可以沿轴向进行傅里叶变换，从而把关于矢量磁位的偏微分方程转化为常微分方程进行求解。

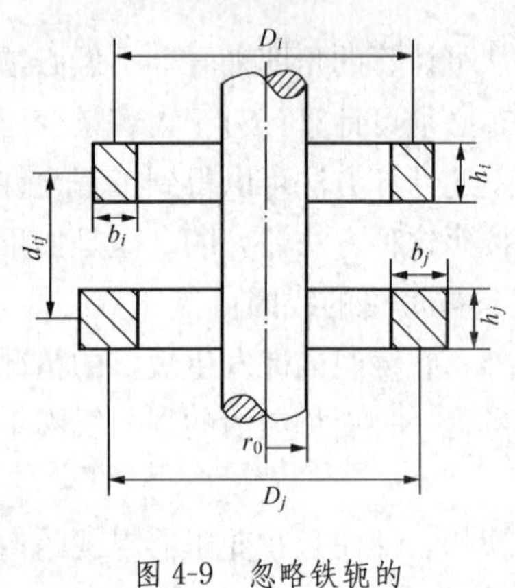

图 4-9　忽略铁轭的电感计算模型

下面只介绍忽略铁轭的模型，并且所计算得到的电感参数矩阵还要经过满足励磁安匝总和为零的条件进行修正。

图 4-9 给出了该计算模型的示意图。该模型是二维轴对称模型。任意一个心式线圈励磁，例如图中线圈 i 励磁，场中的矢量磁位在圆柱坐标下的方程可以描述为

$$\left(\frac{\partial^2}{\partial r^2}+\frac{1}{r}\frac{\partial}{\partial r}-\frac{1}{r^2}\right)A(r,z)+\frac{\partial^2}{\partial z^2}A(r,z)=-\mu j(r,z) \tag{4-24}$$

式中：A 为矢量磁位，j 为通电线圈截面上的电流密度，由于圆柱对称，电流密度和矢量磁位均只有切向分量 j_θ、A_θ，故式（4-24）中省去下标 θ；z 为轴向坐标；r 为径向坐标。

边界条件为：在铁心柱表面上磁场强度切向分量连续和磁感应密度法向分量连续，即

$$\begin{cases}H_{\mathrm{t}}\left|_{r=r_0^+}=H_{\mathrm{t}}\right|_{r=r_0^-}\\B_{\mathrm{r}}\left|_{r=r_0^+}=B_{\mathrm{r}}\right|_{r=r_0^-}\end{cases} \tag{4-25}$$

式中：r_0 为铁心柱半径。

由于 $\vec{B}=\nabla\times\vec{A}$ 且考虑 $A_z=A_r=0$，可得

$$\begin{cases}B_z=\dfrac{1}{r}\dfrac{\partial(rA)}{\partial r}\\B_r=-\dfrac{\partial A}{\partial z}\\B_\theta=0\end{cases} \tag{4-26}$$

代入式（4-25）的第二式，得

$$\begin{cases}\dfrac{1}{\mu_0}\dfrac{\partial}{\partial r}(rA)\mid_{r=r_0^+}=\dfrac{1}{\mu}\dfrac{\partial}{\partial r}(rA)\mid_{r=r_0^-}\\ \dfrac{\partial A}{\partial z}\mid_{r=r_0^+}=\dfrac{\partial A}{\partial z}\mid_{r=r_0^-}\end{cases}\tag{4-27}$$

式中：$\mu=\mu_r\mu_0$。

式（4-24）为非齐次偏微分方程，它的解可以写成

$$A(r,z)=\begin{cases}A_0(r,z)+A_1(r,z),0\leqslant r\leqslant r_0^-\\ A_0(r,z)+A_2(r,z),r>r_0^+\end{cases}\tag{4-28}$$

式中：$A_0(r,z)$ 为方程的一个特解；$A_1(r,z)$ 和 $A_2(r,z)$ 为相应的齐次方程满足式（4-28）的通解，其中 $A_1(r,z)$ 定义在铁心柱内，$A_2(r,z)$ 定义在铁心柱外。

将式（4-28）代入式（4-27），并考虑 $A_1(r,z)$ 和 $A_2(r,z)$ 的定义域，有

$$\begin{cases}\mu_r\left[\dfrac{\partial(rA_0)}{\partial r}+\dfrac{\partial(rA_2)}{\partial r}\right]_{r=r_0^+}=\left[\dfrac{\partial(rA_0)}{\partial r}+\dfrac{\partial(rA_1)}{\partial r}\right]_{r=r_0^-}\\ \left[\dfrac{\partial A_0}{\partial z}+\dfrac{\partial A_2}{\partial z}\right]_{r=r_0^+}=\left[\dfrac{\partial A_0}{\partial z}+\dfrac{\partial A_1}{\partial z}\right]_{r=r_0^-}\end{cases}\tag{4-29}$$

设 $A_0(r,z)$ 满足以下边界条件

$$\begin{cases}\left[\dfrac{\partial(rA_0)}{\partial r}\right]_{r=r_0^+}=\left[\dfrac{\partial(rA_0)}{\partial r}\right]_{r=r_0^-}\\ \left[\dfrac{\partial A_0}{\partial z}\right]_{r=r_0^+}=\left[\dfrac{\partial A_0}{\partial z}\right]_{r=r_0^-}\end{cases}\tag{4-30}$$

也就是说，对 $A_0(r,z)$ 来讲，在 r_0 两侧的介质是相同的。因而可令 $A_0(r,z)$ 代表无铁心柱线圈空间的矢量磁位，即处处有 $\mu=\mu_0$ 。那么 $A_1(r,z)$ 和 $A_2(r,z)$ 所满足的边界条件为

$$\begin{cases}(\mu_r-1)\left[\dfrac{\partial(rA_0)}{\partial r}\right]_{r=r_0}=\left[\dfrac{\partial(rA_1)}{\partial r}\right]_{r=r_0^-}-\mu_r\left[\dfrac{\partial(rA_2)}{\partial r}\right]_{r=r_0^+}\\ \left[\dfrac{\partial A_2}{\partial z}\right]_{r=r_0^+}=\left[\dfrac{\partial A_1}{\partial z}\right]_{r=r_0^-}\end{cases}\tag{4-31}$$

第一步，计算 $A_0(r,z)$：

根据以上分析，$A_0(r,z)$ 在整个开域满足下列方程

$$\left(\frac{\partial^2}{\partial r^2}+\frac{1}{r}\frac{\partial}{\partial r}-\frac{1}{r^2}\right)A_0(r,z)+\frac{\partial^2}{\partial z^2}A_0(r,z)=-\mu_0 j(r,z)\tag{4-32}$$

故可对式（4-32）自变量 z 取傅氏变换，得

$$\left(\frac{d^2}{dr^2}+\frac{1}{r}\frac{d}{dr}-\frac{1}{r^2}\right)\hat{A}_0(r,p)+p^2\hat{A}_0(r,p)=-\mu_0 J(r,p)\tag{4-33}$$

其中 $\hat{A}_0(r,p)$ 与 $J(r,p)$ 分别为 $A_0(r,z)$ 与 $j(r,z)$ 的象函数。

当单元线圈 i 加激励时，只在该线圈截面限定的区域内电流密度不为零，因此可以求得

$$J(r,p)=\begin{cases}\dfrac{I_i}{\sqrt{2\pi}S_i}(D_i+iC_i),r\in[r_{i1},r_{i2}]\\ 0\qquad\qquad\qquad\qquad\text{,其他}\end{cases}\tag{4-34}$$

$$\begin{cases}D_i=\dfrac{1}{p}[\sin(pz_{i2})-\sin(pz_{i1})]\\ C_i=\dfrac{1}{p}[\cos(pz_{i2})-\cos(pz_{i1})]\end{cases}\tag{4-35}$$

式中：$S_i=(r_{i2}-r_{i1})(z_{i2}-z_{i1})$ 为单元线圈 i 的截面积；I_i 为激励电流；r_{i1}、r_{i2} 和 z_{i1}、z_{i2} 分别为单元线圈内外径和上下轴向坐标。

式（4-33）的解可以写成

$$\hat{A}_0(r,p)=-\mu_0\int_0^{\infty}G(r,\eta,p)J(r,p)\mathrm{d}\eta\tag{4-36}$$

其中 $G(r,\eta,p)$ 为格林函数。它满足当 $r\to0$ 时，$\hat{A}_0(r,p)$ 有界；当 $r\to\infty$ 时，$\hat{A}_0(r,p)\to0$。令

$$G(r,\eta,p)=\frac{1}{W(\eta)}\begin{cases}I_1(|p|r)K_1(|p|\eta),r<\eta\\ I_1(|p|\eta)K_1(|p|r),r>\eta\end{cases}\tag{4-37}$$

式中：I_1，K_1 分别为第一类和第二类一阶修正贝塞尔函数，是式（4-33）相应齐次方程的两个线性无关解。$W(\eta)$ 应满足

$$W(\eta)=I_1(|p|\eta)\frac{\mathrm{d}}{\mathrm{d}\eta}K_1(|p|\eta)-K_1(|p|\eta)\frac{\mathrm{d}}{\mathrm{d}\eta}I_1(|p|\eta)\tag{4-38}$$

利用修正贝塞尔函数的关系式

$$\frac{\mathrm{d}}{\mathrm{d}x}I_1(|p|x)=pI_0(|p|x)-\frac{1}{x}I_1(|p|x)$$

$$\frac{\mathrm{d}}{\mathrm{d}x}K_1(|p|x)=-pK_0(|p|x)-\frac{1}{x}K_1(|p|x)$$

$$K_1(|p|x)I_0(|p|x)+K_0(|p|x)I_1(|p|x)=\frac{1}{px}$$

可得

$$W(\eta)=-\frac{1}{\eta}$$

$$G(r,\eta,p)=-\eta\begin{cases}I_1(|p|r)K_1(|p|\eta),r<\eta\\ I_1(|p|\eta)K_1(|p|r),r>\eta\end{cases}\tag{4-39}$$

当 $r<\eta$ 时，将式（4-34）、式（4-39）的第一式代入式（4-36），得

$$\hat{A}_0(r,p)=\frac{\mu_0 I_i}{\sqrt{2\pi}S_i}I_1(|p|r)(D_i+iC_i)\int_{r_{i1}}^{r_{i2}}\eta K_1(|p|\eta)\mathrm{d}\eta \tag{4-40}$$

对式（4-40）做傅里叶反变换，得

$$A_0(r,z)=\frac{\mu_0 I_i}{2\pi S_i}\int_{-\infty}^{\infty}\left[I_1(|p|r)(D_i+iC_i)\int_{r_{i1}}^{r_{i2}}\eta K_1(|p|\eta)\mathrm{d}\eta\right]\mathrm{e}^{ipz}\mathrm{d}p \tag{4-41}$$

将式（4-35）代入，并利用奇函数、偶函数在对称区间积分的性质，可得

$$A_0(r,z)=\int_0^{\infty}[a_0(p)\cos(pz)+b_0(p)\sin(pz)]I_1(|p|r)\mathrm{d}p \tag{4-42}$$

其中，

$$a_0(p)=\frac{\mu_0 I_i}{\pi S_i}\frac{[\sin(pz_{i2})-\sin(pz_{i1})]}{p}\int_{r_{i1}}^{r_{i2}}\eta K_1(|p|\eta)\mathrm{d}\eta \tag{4-43}$$

$$b_0(p)=\frac{\mu_0 I_i}{\pi S_i}\frac{[\cos(pz_{i2})-\cos(pz_{i1})]}{p}\int_{r_{i1}}^{r_{i2}}\eta K_1(|p|\eta)\mathrm{d}\eta \tag{4-44}$$

对于 $r>\eta$ 的情况，由于与后面计算电感无关，故不做讨论。

第二步，计算 $A_1(r,z)$ 和 $A_2(r,z)$：

问题表达为

$$\left(\frac{\partial^2}{\partial r^2}+\frac{1}{r}\frac{\partial}{\partial r}-\frac{1}{r^2}\right)A(r,z)+\frac{\partial^2}{\partial z^2}A(r,z)=0 \tag{4-45}$$

$$\begin{cases}(\mu_r-1)\left[\dfrac{\partial(rA_0)}{\partial r}\right]_{r=r_0}=\left[\dfrac{\partial(rA_1)}{\partial r}\right]_{r=r_0^-}-\mu_r\left[\dfrac{\partial(rA_2)}{\partial r}\right]_{r=r_0^+}\\ \left[\dfrac{\partial A_2}{\partial z}\right]_{r=r_0^+}=\left[\dfrac{\partial A_1}{\partial z}\right]_{r=r_0^-}\end{cases} \tag{4-46}$$

应用分离变量法，设 $A(r,z)=R(r)Z(z)$，代入式（4-45）可得

$$\frac{R''(r)}{R(r)}+\frac{R'(r)}{rR(r)}-\frac{1}{r^2}=\frac{-Z''(z)}{Z(z)} \tag{4-47}$$

由于式（4-47）两边分别是 r，z 的函数，只有当两边等于同一常数才可能相等，故令

$$\begin{cases}\dfrac{R''(r)}{R(r)}+\dfrac{R'(r)}{rR(r)}-\dfrac{1}{r^2}=\lambda\\ \dfrac{Z''(z)}{Z(z)}=-\lambda\end{cases} \tag{4-48}$$

下面讨论 λ 的取值：

（1）若 $\lambda<0$，则由式（4-48）得

$$Z(z)=C_1\mathrm{e}^{\sqrt{-\lambda}z}+C_2\mathrm{e}^{-\sqrt{-\lambda}z} \tag{4-49}$$

当 $z\to\infty$ 时，$Z(z)\to\infty$，即 $A(r,z)\to\infty$，这是不可能的，故 $\lambda<0$ 应排除。

（2）若 $\lambda=0$，则由式（4-48）得

$$Z(z)=C_1z+C_2 \tag{4-50}$$

当 $z\to\pm\infty$ 时，$Z(z)\to\infty$，即 $A(r,z)\to\infty$，故 $\lambda=0$ 亦应排除。

（3）若 $\lambda>0$，记 $\lambda=p^2$，且取 $p>0$，则由式（4-48）可得

$$\begin{cases}Z(z)=a(p)\cos(pz)+b(p)\sin(pz)\\ R(r)=c(p)I_1(pr)+d(p)K_1(pr)\end{cases} \tag{4-51}$$

式中：$a(p)$、$b(p)$、$c(p)$、$d(p)$ 为待定系数。

由于 r 与 z 无界，$A(r,z)$ 为处处有界，而 $\lim\limits_{r\to 0}K_1(pr)\to\infty$，$\lim\limits_{r\to\infty}I_1(pr)\to\infty$，则

$$A_1(r,z)=\int_0^{\infty}[a_1(p)\cos(pz)+b_1(p)\sin(pz)]I_1(pr)\mathrm{d}p \tag{4-52}$$

$$A_2(r,z)=\int_0^{\infty}[a_2(p)\cos(pz)+b_2(p)\sin(pz)]K_1(pr)\mathrm{d}p \tag{4-53}$$

式中：$a_1(p)$、$b_1(p)$、$a_2(p)$、$b_2(p)$ 为待定系数，由边界条件确定。

对式（4-42）、式（4-52）、式（4-53）分别对 r 和 z 求偏导数，并且代入式(4-46)可求得

$$\begin{cases}a_2(p)=a_0(p)b_3(p)\\ b_2(p)=b_0(p)b_3(p)\\ b_3(p)=\dfrac{(1-v)I_0(pr_0)I_1(pr_0)(pr_0)}{(1-v)K_0(pr_0)I_1(pr_0)pr_0+v}\end{cases} \tag{4-54}$$

式中：$v=\dfrac{1}{\mu_r}$。

由于 A_1 与后面计算电感无关，所以 $a_1(p)$、$b_1(p)$ 计算公式略去。

第三步，计算电感：

当单元线圈 i 加激励时，计算单元线圈 i 与单元线圈 j 之间的互感由式（4-55）给出

$$M_{ij}=\frac{\psi_{ij}}{I_i}=\frac{w_iw_j}{j_iS_iS_j}\int_{r_{j1}}^{r_{j2}}\int_{z_{j1}}^{z_{j2}}\phi_{ij}(r,z)\mathrm{d}r\mathrm{d}z \tag{4-55}$$

式中：ψ_{ij} 为 i、j 两单元线圈共同交链的磁通链；I_i 为线圈 i 的励磁电流；w_i、w_j 分别为 i、j 两 单元线圈的电气匝数；j_i 为线匝 i 的电流密度，为了简便运算，可取 $j_i=1$；S_i、S_j 分别为单元线圈 i 与单元线圈 j 的截面面积；$\phi(r,z)$ 为单元线圈 i 激励条件下在单元线圈 j 电流单元管所链的磁通；积分是在单元线圈 j 的截面上进行的，以便考虑整个单元线圈 j 所链着的磁链。

由于单元线圈 j 上的电流单元管所链的磁通由沿该单元管的矢量磁位的线积分求得，即

$$\phi_{ij}(r,z)=2\pi r(A_0+A_2) \tag{4-56}$$

因而将式（4-56）代入式（4-55）即求得自感或互感。

但是，由于 A_0 表示抽去铁心时的矢量磁位，所以由 A_0 对电感的贡献部分可以通过直接计算空心圆回路电感而得到，这样可以减少工作量。可见，任一单元线圈的自感或任两单元线圈之间的互感可以分成两个部分电感的合成：一部分是空心线圈的电感，记为 M_0；另一部分是考虑铁心影响的电感，记为 M_r。其计算式为

$$M_{ij}=w_iw_j(M_0+M_r)$$

考虑铁心影响的电感 M_r 由式（4-57）计算

$$M_r = \frac{8\mu_0}{j_i S_i S_j}\int_0^\infty \frac{1}{p^6} b_3(p)\left[\sin\frac{pH_j}{2}\sin\frac{pH_i}{2}\cos pd_{ij}\int_{pr_{i1}}^{pr_{i2}} \xi K_1(\xi)\mathrm{d}\xi\int_{pr_{j1}}^{pr_{j2}} \xi K_1(\xi)\mathrm{d}\xi\right]\mathrm{d}p \tag{4-57}$$

式中：$H_i = z_{i2} - z_{i1}, H_j = z_{j2} - z_{j1}, d_{ij} = \frac{z_{i2} + z_{i1} - z_{j2} - z_{j1}}{2}$。

关于修正贝塞尔函数及其积分的计算，有专门拟合公式和现成的程序，这里不再叙述。

计算空心电感，有专门的手册可以查阅[13]。每个单元线圈的电感可以采用计算螺旋式线圈电感的公式。单元线圈的自感可采取以下公式

$$M_0 = L = \frac{\mu_0}{4\pi} w^2 d\phi \tag{4-58}$$

式中：w 为单元线圈的匝数；d 为单元线圈的平均直径；ϕ 是随比值 $\alpha = \frac{l}{d}$ 而变的量值，l 为单元线圈的轴向长度。

ϕ 可以由公式计算，当 α 是大数值时，计算式为

$$\phi = \frac{\pi^2}{\alpha}\left[1 - \frac{4}{3\pi}\frac{1}{\alpha} + \frac{1}{8}\frac{1}{\alpha^2} - \frac{1}{64}\frac{1}{\alpha^4} + \cdots + (-1)^{n+1}\frac{[3\times 5\cdots(2n-3)]^2}{2^{2n}\times n!(n+1)!}\times\frac{2n-1}{\alpha^{2n}} + \cdots\right]$$

当 α 是小数值时，计算式为

$$\phi = 2\pi\left[\left(1 + \frac{\alpha^2}{8} - \frac{\alpha^4}{64} + \cdots\right)\ln\frac{4}{\alpha} - \frac{1}{2} + \frac{\alpha^2}{32} + \frac{\alpha^4}{96} + \cdots\right]$$

互感可以采用两个同轴螺旋线圈的互感公式计算，即

$$M_0 = \mu_0 \frac{w_a w_b}{l_a l_b}(\phi_1 - \phi_2) \tag{4-59}$$

式中：w_a 和 w_b 分别是 a 和 b 两单元线圈的匝数；l_a 和 l_b 分别是 a 和 b 两单元线圈的轴向长度。

ϕ_m（m=1，2）由下式计算

$$\phi_m = \frac{1}{4}(D_a D_b)^{\frac{3}{2}}\left\{k_1\eta^2\ln\left(\frac{\xi_m^2 + \eta^2}{\eta^2}\right) + \left[k_2\xi_m^2 + \frac{k_3}{8}\xi_m^4 - \frac{k_4}{64}\xi_m^6 + \frac{5}{1024}\xi_m^8\right]\ln\left(\frac{16}{\xi_m^2 + \eta^2}\right)\right.$$
$$\left. - 4k_5\xi\eta\,\mathrm{arctg}\frac{\xi_m}{\eta} - k_6\xi_m^2 + \frac{k_7}{16}\xi_m^4 + \frac{k_8}{48}\xi_m^6 - \frac{109}{12288}\xi_m^8 + \cdots\right\}$$

$$\xi_m = \frac{l_m}{\sqrt{D_a D_b}}, \eta = \frac{D_a - D_b}{2\sqrt{D_a D_b}}$$

$$l_1 = \frac{D_a + D_b}{2}, l_2 = \frac{|D_a - D_b|}{2}$$

$$k_1 = 1 + \frac{3}{8}\eta^2 - \frac{5}{64}\eta^4 + \frac{35}{1024}\eta^6$$

$$k_2 = 1 + \frac{3}{4}\eta^2 - \frac{15}{64}\eta^4 + \frac{35}{256}\eta^6$$

$$k_3 = 1 - \frac{5}{8}\eta^2 + \frac{35}{64}\eta^4$$

$$k_4 = 1 - \frac{7}{4}\eta^2$$

$$k_5 = 1 + \frac{1}{2}\eta^2 - \frac{1}{8}\eta^4 + \frac{1}{16}\eta^6$$

$$k_6 = 1 - \frac{9}{8}\eta^2 - \frac{1}{16}\eta^4 + \frac{325}{3027}\eta^6$$

$$k_7 = 1 + \frac{3}{2}\eta^2 - \frac{695}{384}\eta^4$$

$$k_8 = 1 - \frac{149}{64}\eta^2$$

式中，D_a 和 D_b 分别是 a 和 b 两单元线圈的平均直径。

由于单元线圈截面的轴向尺寸与辐向尺寸之比变化较大，而且单元线圈与单元线圈之间距离也变化较大，所以用上述两种模型计算电感参数需要特别谨慎选择方法。

第四步，按照漏磁场的条件，对电感矩阵进行处理。

前面计算的电感参数矩阵还是包含了铁心中的主磁通所引起的电感分量。为此需要作进一步的处理。处理的思路是根据在短路条件下，变压器绕组中各次谐波电流的励磁安匝总和应当等于零。

设 w_i 和 i_i 分别是第 i 个单元的匝数和电流，n 是线圈单元的总数，则有

$$\sum_{i=1}^{n} w_i i_i = 0 \tag{4-60}$$

即

$$w_n i_n = -(w_1 i_1 + w_2 i_2 + \cdots + w_{n-1} i_{n-1}) \tag{4-61}$$

由于电感支路电压与电流满足

$$\boldsymbol{u} = \boldsymbol{L}\frac{\mathrm{d}}{\mathrm{d}t}\boldsymbol{i} \tag{4-62}$$

式中：$\boldsymbol{u}=(u_1, u_2, \cdots, u_n)^{\mathrm{T}}$；$\boldsymbol{i}=(i_1, i_2, \cdots, i_n)^{\mathrm{T}}$；$\boldsymbol{L}$ 为利用上面的磁场模型计算得到的电感参数矩阵。

式（4-62）可以改写为

$$\begin{bmatrix} u_1 \\ u_2 \\ \vdots \\ u_n \end{bmatrix} = \begin{bmatrix} L_{11} & L_{12} & \cdots & L_{1n} \\ L_{21} & L_{22} & \cdots & L_{2n} \\ \vdots & \vdots & & \vdots \\ L_{n1} & L_{n2} & \cdots & L_{nn} \end{bmatrix} \frac{\mathrm{d}}{\mathrm{d}t} \begin{bmatrix} i_1 \\ i_2 \\ \vdots \\ i_n \end{bmatrix} \tag{4-63}$$

第 i、j 单元线圈之间的互感（自感）可以表示成

$$L_{ij} = w_i w_j L'_{ij} \tag{4-64}$$

将式（4-64）、式（4-61）代入式（4-63），整理并消去 i_n，有

$$\begin{bmatrix} u_1/w_1 \\ u_2/w_2 \\ \vdots \\ u_{n-1}/w_{n-1} \\ u_n/w_n \end{bmatrix} = \begin{bmatrix} (L'_{1,1}-L'_{1,n})w_1 & (L'_{1,2}-L'_{1,n})w_2 & \cdots & (L'_{1,n-1}-L'_{1,n})w_{n-1} \\ (L'_{2,1}-L'_{2,n})w_1 & (L'_{2,2}-L'_{2,n})w_2 & \cdots & (L'_{2,n-1}-L'_{2,n})w_{n-1} \\ \vdots & \vdots & & \vdots \\ (L'_{n-1,1}-L'_{n-1,n})w_1 & (L'_{n-1,2}-L'_{n-1,n})w_2 & \cdots & (L'_{n-1,n-1}-L'_{n-1,n})w_{n-1} \\ (L'_{n,1}-L'_{n,n})w_1 & (L'_{n,2}-L'_{n,n})w_2 & \cdots & (L'_{n,n-1}-L'_{n,n})w_{n-1} \end{bmatrix} \frac{\mathrm{d}}{\mathrm{d}t} \begin{bmatrix} i_1 \\ i_2 \\ \vdots \\ i_{n-1} \end{bmatrix} \tag{4-65}$$

将式（4-65）前 $n-1$ 行分别减去第 n 行，得

$$\begin{bmatrix} \frac{u_1}{w_1}-\frac{u_n}{w_n} \\ \frac{u_2}{w_2}-\frac{u_n}{w_n} \\ \vdots \\ \frac{u_{n-1}}{w_{n-1}}-\frac{u_n}{w_n} \end{bmatrix} = \begin{bmatrix} \hat{L}_{1,1} & \hat{L}_{1,2} & \cdots & \hat{L}_{1,n-1} \\ \hat{L}_{2,1} & \hat{L}_{2,2} & \cdots & \hat{L}_{2,n-1} \\ \vdots & \vdots & & \vdots \\ \hat{L}_{n-1,1} & \hat{L}_{n-1,2} & \cdots & \hat{L}_{n-1,n-1} \end{bmatrix} \frac{\mathrm{d}}{\mathrm{d}t} \begin{bmatrix} i_1 w_1 \\ i_2 w_2 \\ \vdots \\ i_{n-1} w_{n-1} \end{bmatrix} \tag{4-66}$$

式中：$\hat{L}_{i,j}=L'_{1,1}+L'_{n,n}-L'_{i,n}-L'_{n,j}$，显然，$\hat{L}_{i,j}=\hat{L}_{j,i}$。

将式（4-66）右边系数矩阵求逆，可得

$$\frac{\mathrm{d}}{\mathrm{d}t}\begin{bmatrix} i_1 w_1 \\ i_2 w_2 \\ \vdots \\ i_{n-1} w_{n-1} \end{bmatrix} = \begin{bmatrix} \Gamma_{1,1} & \Gamma_{1,2} & \cdots & \Gamma_{1,n-1} \\ \Gamma_{2,1} & \Gamma_{2,2} & \cdots & \Gamma_{2,n-1} \\ \vdots & \vdots & & \vdots \\ \Gamma_{n-1,1} & \Gamma_{n-1,2} & \cdots & \Gamma_{n-1,n-1} \end{bmatrix} \begin{bmatrix} \frac{u_1}{w_1}-\frac{u_n}{w_n} \\ \frac{u_2}{w_2}-\frac{u_n}{w_n} \\ \vdots \\ \frac{u_{n-1}}{w_{n-1}}-\frac{u_n}{w_n} \end{bmatrix} \tag{4-67}$$

显然 $\Gamma_{i,j}=\Gamma_{j,i}$。将式（4-67）各行相加，得

$$\frac{\mathrm{d}}{\mathrm{d}t}\left[\sum_{k=1}^{n-1} i_k w_k\right] = \left[\sum_{k=1}^{n-1}\Gamma_{k,1}\ \sum_{k=1}^{n-1}\Gamma_{k,2}\ \cdots\ \sum_{k=1}^{n-1}\Gamma_{k,n-1}\right] \begin{bmatrix} \frac{u_1}{w_1}-\frac{u_n}{w_n} \\ \frac{u_2}{w_2}-\frac{u_n}{w_n} \\ \vdots \\ \frac{u_{n-1}}{w_{n-1}}-\frac{u_n}{w_n} \end{bmatrix} = \frac{\mathrm{d}}{\mathrm{d}t}(-i_n w_n) \tag{4-68}$$

式（4-67）与式（4-68）合并后并整理可以得到

$$
\frac{\mathrm{d}}{\mathrm{d}t}\begin{bmatrix} i_1 \\ i_2 \\ \vdots \\ i_{n-1} \\ i_n \end{bmatrix} = \begin{bmatrix} \dfrac{\Gamma_{1,1}}{w_1^2} & \dfrac{\Gamma_{1,2}}{w_1 w_2} & \cdots & \dfrac{\Gamma_{1,n-1}}{w_1 w_{n-1}} & \dfrac{-\sum\limits_{k=1}^{n-1}\Gamma_{1,k}}{w_1 w_n} \\ \dfrac{\Gamma_{2,1}}{w_2 w_1} & \dfrac{\Gamma_{2,2}}{w_2^2} & \cdots & \dfrac{\Gamma_{2,n-1}}{w_2 w_{n-1}} & \dfrac{-\sum\limits_{k=1}^{n-1}\Gamma_{2,k}}{w_2 w_n} \\ \vdots & \vdots & & \vdots & \vdots \\ \dfrac{\Gamma_{n-1,1}}{w_{n-1} w_1} & \dfrac{\Gamma_{n-1,2}}{w_{n-1} w_2} & \cdots & \dfrac{\Gamma_{n-1,n-1}}{w_{n-1}^2} & \dfrac{-\sum\limits_{k=1}^{n-1}\Gamma_{n-1,k}}{w_{n-1} w_n} \\ \dfrac{-\sum\limits_{k=1}^{n-1}\Gamma_{k,1}}{w_n w_1} & \dfrac{-\sum\limits_{k=1}^{n-1}\Gamma_{k,2}}{w_n w_2} & \cdots & \dfrac{-\sum\limits_{k=1}^{n-1}\Gamma_{k,n-1}}{w_n w_{n-1}} & \dfrac{\sum\limits_{j-1}^{n-1}\sum\limits_{k=1}^{n-1}\Gamma_{k,j}}{w_n^2} \end{bmatrix} \begin{bmatrix} u_1 \\ u_2 \\ \vdots \\ u_{n-1} \\ u_n \end{bmatrix} \tag{4-69}
$$

则有

$$
\frac{\mathrm{d}}{\mathrm{d}t}\boldsymbol{i} = \tilde{\boldsymbol{\Gamma}}\boldsymbol{u}
$$

$\tilde{\boldsymbol{\Gamma}}$ 即为支路倒电感矩阵。这个矩阵可以直接用来形成节点导纳矩阵，但是需要注意的是 $\tilde{\boldsymbol{\Gamma}}$ 是非正定的。

上面所描述的计算变压器漏电感的方法需要了解变压器绕组的几何结构数据和电气参数，主要包括绕组数目、铁心柱半径、绕组内外半径、绕组高度、每个绕组电气匝数等。这些数据在设计图纸中都可以查到。

4.2.5 变压器的短路电抗与电感矩阵的关系

首先分析双绕组变压器的电感矩阵与短路电抗的关系。设双绕组变压器的电感矩阵为

$$
\boldsymbol{L} = \begin{pmatrix} L_1 & M \\ M & L_2 \end{pmatrix} \tag{4-70}
$$

式中：L_1 为原边绕组的自感；L_2 为副边绕组的自感；M 为原边绕组与副边绕组的互感。

根据电路理论，双绕组变压器的一种等效电路如图 4-10 所示。由图 4-10 电路首先进行连通处理，再进行解耦变换可以得到图 4-11 等效电路。

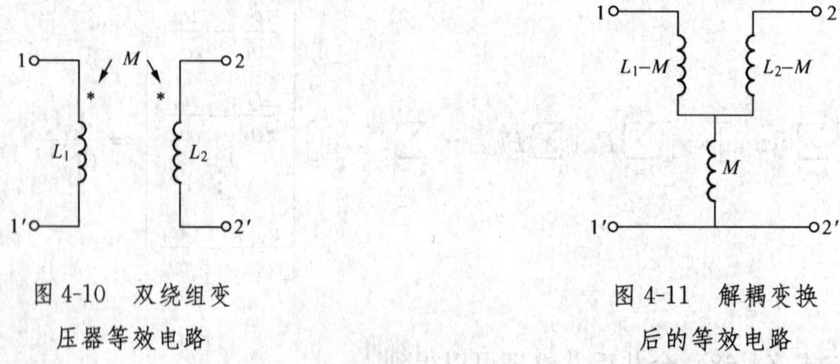

图 4-10 双绕组变压器等效电路

图 4-11 解耦变换后的等效电路

由于绕组的自感与匝数的平方成正比，互感与两个绕组匝数的乘积成正比，那么从图

4-11 可以看出，对于降压变压器来讲，一般有 $L_2 < M$，或者说 $L_2 - M < 0$。由图 4-11 可以计算副边绕组发生短路时，入端电感为

$$L_r = (L_1 - M) + (L_2 - M) \mathbin{/\!/} M = L_1 - \frac{M^2}{L_2} \tag{4-71}$$

或者说，短路电抗等于

$$x_k = 2\pi f\left(L_1 - \frac{M^2}{L_2}\right) \tag{4-72}$$

另一方面，根据变压器理论，如果忽略短路电阻，双绕组变压器的等值电路如图 4-12 所示。由于 $x_m \gg x'_2$，当副边绕组短路时，其简化等值电路如图 4-13 所示。

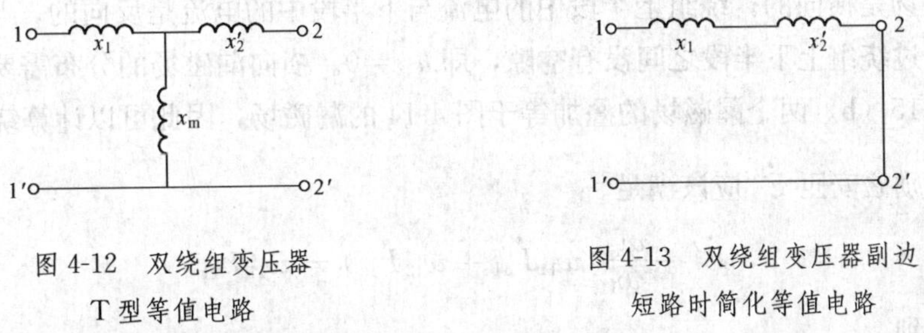

图 4-12 双绕组变压器 T 型等值电路

图 4-13 双绕组变压器副边短路时简化等值电路

由图 4-13 可以看出，短路电抗为

$$x_k = x_1 + x'_2 \tag{4-73}$$

比较式（4-72）与式（4-73）可以确定电感参数与短路电抗的关系。

这里特别值得一提的是，图 4-11 与图 4-12 虽然具有完全相同的电路拓扑，即两个电路都是 T 型等值电路，但是电路参数却没有对应的关系。比如，前面已经提到，图 4-11 中的 $L_2 - M$ 可能为负；但是图 4-12 中的 x'_2 却肯定是正值。可见，这两个电路图是绝对不能混淆的。

4.3 电力变压器内部短路分析

4.3.1 变压器原边侧内部对地短路对漏磁场分布和短路电抗的影响

如果变压器绕组内部发生了短路，那么该绕组不同线圈段中通过的电流就不相同，漏磁场的分布发生了改变，此时变压器的短路阻抗不再等于铭牌上的短路阻抗。

下面假定原边绕组发生对地短路。那么原边绕组分为两段，分别通过不同的电流，如图 4-14 所示。由图 4-14 可见，由于发生对地短路，原边绕组下半部中的电流是 i_{12}，与上半部的电流不同。这样一来，原来由双绕组组成的漏磁场变成了由三绕组组成的漏磁场，即漏磁场满足

$$\dot{I}_{11} w_{11} + \dot{I}_{12} w_{12} + \dot{I}_2 w_2 = 0 \tag{4-74}$$

式中：$w_{11} + w_{12} = w_1$。双绕组变压器轴向漏磁场分布不再是均匀的。由于漏磁场主要分布在空气中，可以应用叠加原理，将图 4-14 的漏磁场分解为图 4-15（a）和（b）两个漏磁

场的叠加。图 4-15（a）的漏磁场与图 4-7 是相同的，即两个绕组等高，原边绕组与副边绕组的电流方向相反，漏磁场为轴向的。轴向漏磁场的励磁安匝幅值是 $|\dot{I}_2 w_2| = |\dot{I}_{11} w_{11} + \dot{I}_{12} w_{12}|$，沿绕组轴向均匀分布，其中绕组上半段的励磁安匝数等于 $\left|\frac{(\dot{I}_{11} w_{11} + \dot{I}_{12} w_{12}) w_{11}}{w_1}\right|$，绕组下半段的励磁安匝数等于 $\left|\frac{(\dot{I}_{11} w_{11} + \dot{I}_{12} w_{12}) w_{12}}{w_1}\right|$，原边绕组的电流应该等于 $\frac{\dot{I}_{11} w_{11} + \dot{I}_{12} w_{12}}{w_1}$，副边绕组电流应该等于 $-\frac{\dot{I}_{11} w_{11} + \dot{I}_{12} w_{12}}{w_2}$ 图 4-15（b）的漏磁场是横向的，绕组上半段中的电流与下半段中的电流是反向的，与图 4-8 是相同的，只不过绕组上下半段之间没有空隙，即 $h_{12}=0$。横向漏磁场的分布需要保证图 4-15（a）与图 4-15（b）两个漏磁场的叠加等于图 4-14 的漏磁场，因此可以计算绕组上半段的横向漏磁场励磁安匝 $\dot{F}'$ 应该满足。

$$\dot{F}' + \frac{w_{11}}{w_1}(w_{11}\dot{I}_{11} + w_{12}\dot{I}_{12}) = w_{11}\dot{I}_{11}$$

于是可以得到

$$\dot{F}' = w_{11}\dot{I}_{11} - \frac{w_{11}}{w_1}(w_{11}\dot{I}_{11} + w_{12}\dot{I}_{12}) = \frac{w_{11}w_{12}}{w_1}(\dot{I}_{11} - \dot{I}_{12})$$

图 4-15（b）交错式线圈上半段线圈电流应该等于 $\frac{(\dot{I}_{11} - \dot{I}_{12}) w_{12}}{w_1}$，下半段线圈电流应该等于 $-\frac{(\dot{I}_{11} - \dot{I}_{12}) w_{11}}{w_1}$。图 4-15（a）与图 4-15（b）相叠加，保证了原边绕组上半段线圈的励磁安匝数是 $\dot{I}_{11} w_{11}$，下半段线圈的励磁安匝数是 $\dot{I}_{12} w_{12}$；副边绕组的总安匝数不变，但是上、下半段线圈中的安匝分布不一样。

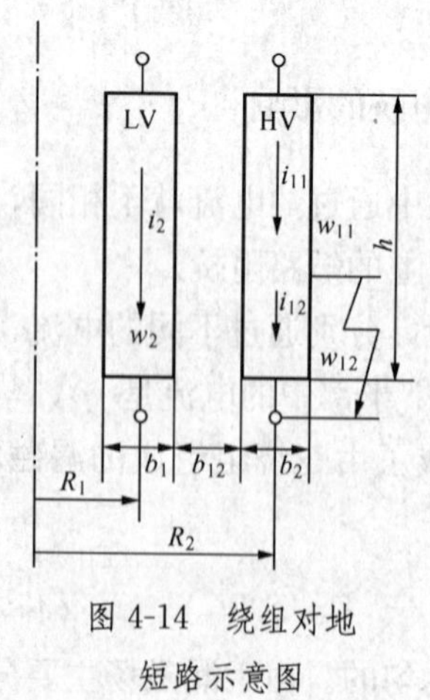

图 4-14 绕组对地短路示意图

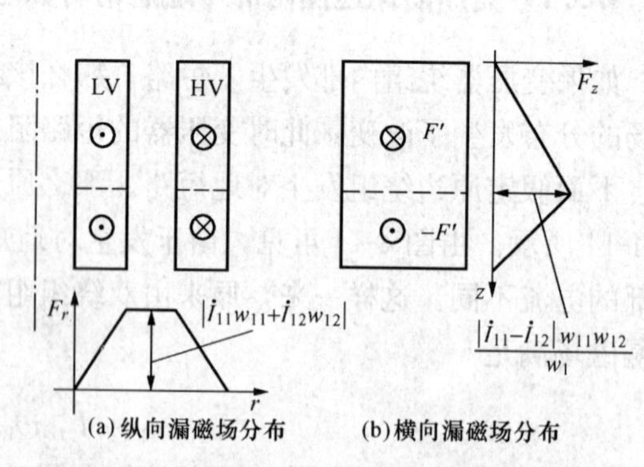

(a) 纵向漏磁场分布　(b) 横向漏磁场分布

图 4-15 漏磁场分解为纵向和横向漏磁场

根据式（4-18），图 4-15（a）所示的纵向磁场储存的磁场能量等于

$$W_{ma}=\frac{\mu_0\mid w_{11}\dot{I}_{11}+w_{12}\dot{I}_{12}\mid^2\rho_1\Sigma}{h} \tag{4-75}$$

所以，根据式（4-9），图 4-15（a）的短路电抗为

$$x_{ka}=\frac{2\pi f\mu_0\mid w_{11}\dot{I}_{11}+w_{12}\dot{I}_{12}\mid^2\rho_1\Sigma}{h\mid\dot{I}_1\mid^2}=\frac{2\pi f\mu_0\mid w_{11}\dot{I}_{11}+w_{12}\dot{I}_{12}\mid^2\rho_1\Sigma}{h\mid\dot{I}_{11}\mid^2} \tag{4-76}$$

式中：$\Sigma=2\pi\left(R_{12}b_{12}+\frac{R_1b_1+R_2b_2}{3}\right)$，$R_{12}=R_1+\frac{b_1+b_{12}}{2}$，$\rho_1=1-\frac{1}{k\pi}(1-e^{-k\pi})$，$k=\frac{h}{b}$，$b=b_1+b_{12}+b_2$。

同理，图 4-15（b）所示的横向磁场储存的磁场能量等于

$$W_{mb}=\frac{\mu_0\left(\frac{\mid\dot{I}_{11}-\dot{I}_{12}\mid w_{11}w_{12}}{w_1}\right)^2\rho_2\pi Dh'}{b} \tag{4-77}$$

图 4-15（b）的短路电抗由式（4-78）计算

$$x_{kb}=\frac{2\pi f\mu_0\left(\frac{\mid\dot{I}_{11}-\dot{I}_{12}\mid w_{11}w_{12}}{w_1}\right)^2\rho_2\Sigma'}{b\mid\dot{I}_{11}\mid^2} \tag{4-78}$$

式中：$\Sigma'=\frac{2\pi R_{12}h}{3}$；$\rho_2$ 是考虑绕组铁心侧和油箱侧横向漏磁场的洛果夫斯基系数 $\rho_2=1-\frac{1}{k_1\pi}(1-e^{-k_1\pi})[1-0.5e^{-2k_2\pi}(1-e^{-k_1\pi})]$；$k_1=\frac{b}{h}$；$k_2=\frac{R_1-0.5b_1-R_0}{h}$；$R_0$ 是铁心半径。这样，双绕组变压器的短路电抗为

$$x_k=x_{ka}+x_{kb}=\frac{2\pi f\mu_0}{\mid\dot{I}_{11}\mid^2}\left[\frac{\rho_1\Sigma\mid w_{11}\dot{I}_{11}+w_{12}\dot{I}_{12}\mid^2}{h}+\frac{\rho_2\Sigma'\left(\frac{\mid\dot{I}_{11}-\dot{I}_{12}\mid w_{11}w_{12}}{w_1}\right)^2}{b}\right] \tag{4-79}$$

上述的推导中 $i_1=i_{11}$。对于原边绕组发生对地短路的双绕组变压器，如果令副边绕组线端短接，并且假设电流的正方向如图 4-16 所示，忽略电阻，在考虑稳态的情况下可以解出 $\dot{I}_{12}$ 与 $\dot{I}_{11}$ 的关系。

由图 4-16 可以列写相量方程为

$$\begin{cases}\dot{U}_s=j\omega L_a\dot{I}_{11}+j\omega M_{ab}\dot{I}_{12}+j\omega M_{a2}\dot{I}_2\\0=j\omega M_{ab}\dot{I}_{11}+j\omega L_b\dot{I}_{12}+j\omega M_{b2}\dot{I}_2\\0=j\omega M_{a2}\dot{I}_{11}+j\omega M_{b2}\dot{I}_{12}+j\omega L_2\dot{I}_2\end{cases} \tag{4-80}$$

式中：L_a、L_b 分别为原边绕组 a、b 两段线圈的自感；M_{ab} 为 a、b 两段线圈之间的互感，

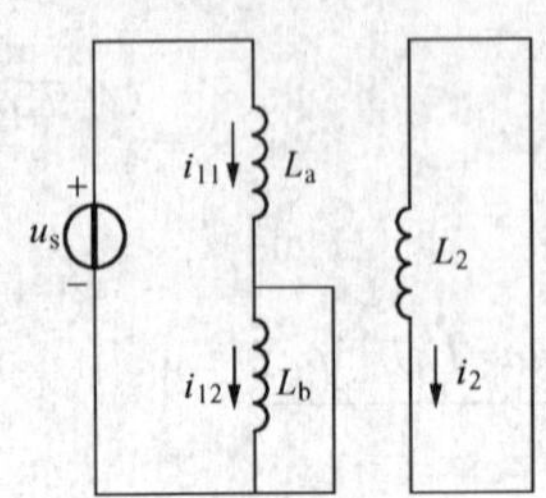

图 4-16 双绕组变压器原边侧发生对地短路，副边侧线端短接时的等效电路

并且有 $L_a+L_b+2M_{ab}=L_1$；L_2 为副边绕组的自感；M_{a2}、M_{b2} 分别为原边绕组 a、b 两段线圈与副边绕组之间的互感，并且有 $M_{a2}+M_{b2}=M_{12}$。

由式（4-80）的第二、三两式可以推导出

$$\dot{I}_{12}=\frac{M_{a2}M_{b2}-L_2M_{ab}}{L_bL_2-M_{b2}^2}\dot{I}_{11} \tag{4-81}$$

在式（4-81）中，$\dot{I}_{12}$ 与 $\dot{I}_{11}$ 是同相或反相的，各自感和互感系数可以根据几何结构参数计算。令 $\dot{I}_{12}=k_1\dot{I}_{11}$，代入到式（4-79），可以得到

$$x_k=2\pi f\mu_0\left\{\frac{\rho_1\Sigma(w_{11}+w_{12}k_1)^2}{h}+\frac{\rho_2\Sigma'[(1-k_1)w_{11}w_{12}]^2}{bw_1^2}\right\} \tag{4-82}$$

$$k_1=\frac{M_{a2}M_{b2}-L_2M_{ab}}{L_bL_2-M_{b2}^2}$$

式（4-82）是双绕组变压器原边侧发生对地短路时，原边侧的入端电抗。

下面以一台三相双绕组变压器的具体数据，按照式（4-82）计算原边侧发生对地短路时，短路电抗随短路位置变化的情况。

实例计算的变压器参数如下：三相双绕组变压器 26MVA，132/11kV，YN，yn（d）接线，高压纠结连续式绕组共 94 段、889 匝，内半径为 447.5mm，外半径 520mm，绕组高度为 1478.5mm，相电压为 76210V，相电流为 113.7A；低压绕组为双螺旋线圈，共 78 匝，内半径为 331mm，外半径 387.5mm，绕组高度为 1505mm，相电压为 6351V，相电流为 1364.6A。该变压器设计的短路阻抗为 8.46%。

计算中，高压绕组以双饼为单位划分线圈单元，按照空心线圈模型进行电感计算。低压绕组短接，从高压绕组第二线段末端开始设置对地短路，按照式（4-82）计算发生对地短路情况下的短路电抗，然后将短路点往末端方向移动，每次移动两个线段，重复计算短路电抗。图 4-17 给出了发生短路情况下的短路电抗随短路点位置的变化关系。当短路点接近高压绕组末端时，短路电抗接近设计的短路电抗。这可以说明计算的结果是可信的。

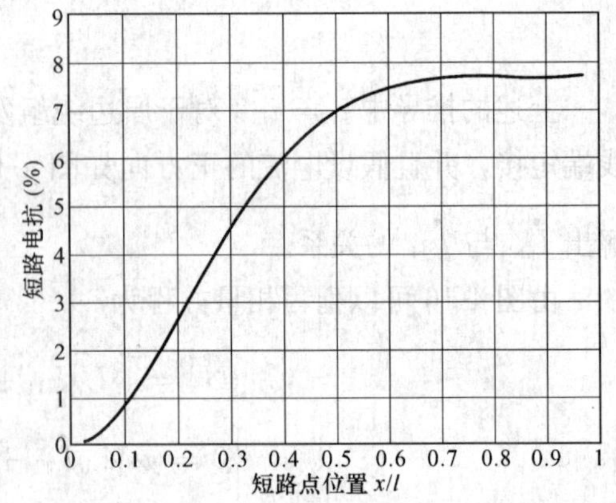

图 4-17 原边发生接地短路时短路电抗随短路位置的变化关系

此外，短路线圈中的电流与入端电流的比值如表 4-4 所示。从该表的数据可以看到，在低压绕组短接的前提下，第一，高压侧接地短路点出现在绕组首末端附近时，短路线圈中的电流与入端电流反相；第二，除了接近末端的对地短路时短路线圈中的电流大于入端电流外，在线圈的大部分范围内出现对地短路时，短路线圈中的电流远小于入端电流，即 $|k|\ll 1$。所以由式（4-82）可以看出短路电抗由于出现对地短路而减少。

表 4-4 对地短路时短路线圈中的电流与入端电流的比值 $k=\dot{I}_{12}/\dot{I}_{11}$

x	0.06	0.13	0.19	0.26	0.32	0.38	0.45	0.51
k	−0.020	−0.014	0.006	0.034	0.064	0.092	0.116	0.134
x	0.57	0.64	0.70	0.77	0.83	0.89	0.96	
k	0.145	0.145	0.128	0.086	−0.01	−0.234	−1.140	

4.3.2 变压器原边侧内部匝间短路对漏磁场分布和短路电抗的影响

采用与4.3.1小节相同的分析方法，现在来分析变压器绕组内部发生匝间短路时，漏磁场分布和短路电抗发生改变的情况。

假定在原边绕组发生了匝间短路。那么原边绕组分为三段，短路线圈部分通过了不同的电流，如图4-18所示。这样一来，原来由双绕组组成的漏磁场变成了由四绕组组成的漏磁场，即漏磁场满足

$$\dot{I}_{11}w_{11}+\dot{I}_{12}w_{12}+\dot{I}_{11}w_{13}+\dot{I}_{2}w_{2}=0 \tag{4-83}$$

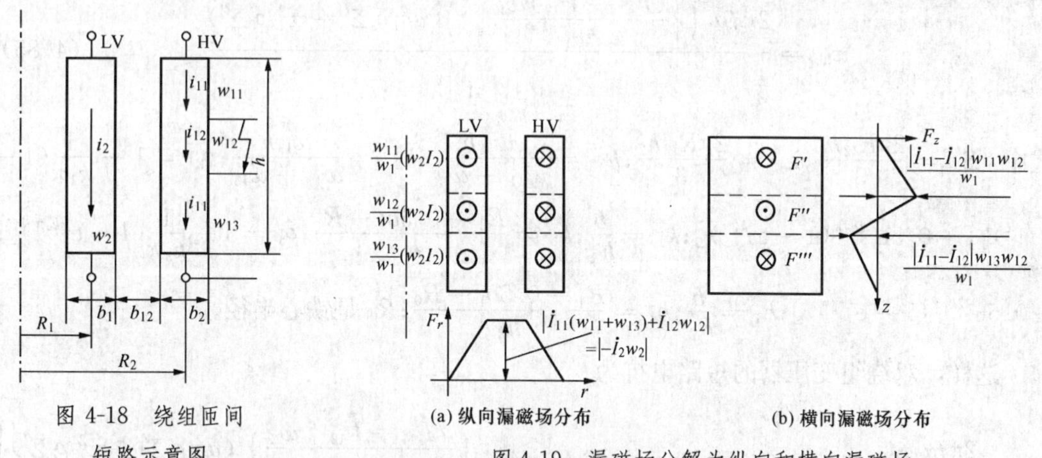

图 4-18 绕组匝间短路示意图

(a) 纵向漏磁场分布 (b) 横向漏磁场分布

图 4-19 漏磁场分解为纵向和横向漏磁场

由图4-18可见，由于发生匝间短路，原边绕组短路线圈中的电流是i_{12}，与该绕组其他部分的电流不同。这样双绕组变压器轴向漏磁场分布不再是均匀的。该漏磁场可以分解成轴向均匀的漏磁场［图4-19（a）］和横向漏磁场［图4-19（b）］。轴向漏磁场的幅值是$|\dot{I}_2w_2|=|\dot{I}_{11}(w_{11}+w_{13})+\dot{I}_{12}w_{12}|$，沿绕组轴向均匀分布；横向漏磁场的分布需要保证图4-19（a）与图4-19（b）两个漏磁场的叠加等于图4-18的漏磁场，也就是说原边绕组上部分的励磁安匝的幅值为$i_{11}w_{11}$，中部励磁安匝的幅值为$i_{12}w_{12}$，下部励磁安匝的幅值等于$i_{11}w_{13}$。因此可以计算绕组上部的横向漏磁场励磁安匝$\dot{F}'$应该满足

$$\dot{F}'+\frac{w_{11}}{w_1}[(w_{11}+w_{13})\dot{I}_{11}+w_{12}\dot{I}_{12}]=w_{11}\dot{I}_{11}$$

于是可以得到

$$\dot{F}' = w_{11}\dot{I}_{11} - \frac{w_{11}}{w_1}[(w_{11}+w_{13})\dot{I}_{11} + w_{12}\dot{I}_{12}] = \frac{w_{11}w_{12}}{w_1}(\dot{I}_{11} - \dot{I}_{12})$$

同样可以推得

$$\dot{F}'' = -\frac{w_{12}(w_{11}+w_{13})}{w_1}(\dot{I}_{11} - \dot{I}_{12}), F''' = \frac{w_{12}w_{13}}{w_1}(\dot{I}_{11} - \dot{I}_{12})$$

图 4-19（a）的短路电抗为

$$x_{ka} = \frac{2\pi f\mu_0 \mid (w_{11}+w_{13})\dot{I}_{11} + w_{12}\dot{I}_{12} \mid^2 \rho_1 \Sigma}{h \mid \dot{I}_{11} \mid^2} \tag{4-84}$$

式中：$\Sigma = 2\pi\left(R_{12}b_{12} + \frac{R_1b_1 + R_2b_2}{3}\right)$；$R_{12} = R_1 + \frac{b_1 + b_{12}}{2}$；$\rho_1 = 1 - \frac{1}{k\pi}(1 - e^{-k\pi})$；$k = \frac{h}{b}$；$b = b_1 + b_{12} + b_2$。

图 4-19（b）的横向漏磁场是等效于两对交错式线圈产生的。短路电抗由式（4-85）计算

$$x_{kb} = \frac{2\pi f\mu_0 \left(\left|\frac{(\dot{I}_{11} - \dot{I}_{12})w_{12}}{w_1}\right|^2\right)(w_{11}^2\rho_2\Sigma' + w_{13}^2\rho_3\Sigma'')}{b \mid \dot{I}_{11} \mid^2} \tag{4-85}$$

式中：$\Sigma' = \frac{2\pi R_{12}h_1}{3}$；$\Sigma'' = \frac{2\pi R_{12}h_2}{3}$；$h_1 = \frac{w_{11}h}{w_{11}+w_{13}}$；$h_2 = \frac{w_{13}h}{w_{11}+w_{13}}$；$\rho_2 = 1 - \frac{1}{k_1\pi}(1 - e^{-k_1\pi})[1 - 0.5e^{-2k_2\pi}(1 - e^{-k_1\pi})]$；$k_1 = \frac{b}{h_1}$；$k_2 = \frac{R_1 - 0.5b_1 - R_1}{h_1}$；$\rho_3 = 1 - \frac{1}{k_3\pi}(1 - e^{-k_3\pi})[1 - 0.5e^{-2k_4\pi}(1 - e^{-k_3\pi})]$；$k_3 = \frac{b}{h_2}$；$k_4 = \frac{R_1 - 0.5b_1 - R_0}{h_2}$；$R_0$ 是铁心半径。

这样，双绕组变压器的短路电抗为

$$x_k = \frac{2\pi f\mu_0}{\mid \dot{I}_{11} \mid^2}\left[\frac{\rho_1\Sigma \mid (w_{11}+w_{13})\dot{I}_{11} + w_{12}\dot{I}_{12} \mid^2}{h} + \frac{\left(\frac{\mid \dot{I}_{11} - \dot{I}_{12} \mid w_{12}}{w_1}\right)^2 (w_{11}^2\rho_2\Sigma' + w_{13}^2\rho_3\Sigma'')}{b}\right] \tag{4-86}$$

对于原边绕组发生匝间短路的双绕组变压器，如果令副边绕组线端短接（如图 4-20 所示），忽略电阻，在考虑稳态的情况下可以解出 $\dot{I}_{12}$ 与 $\dot{I}_{11}$ 的关系。

由图 4-20 可以列写相量方程为

$$\begin{cases} \dot{U}_s = j\omega(L_a + M_{ac})\dot{I}_{11} + j\omega M_{ab}\dot{I}_{12} + j\omega M_{a2}\dot{I}_2 \\ 0 = j\omega(M_{ab} + M_{bc})\dot{I}_{11} + j\omega L_b\dot{I}_{12} + j\omega M_{b2}\dot{I}_2 \\ 0 = j\omega(M_{a2} + M_{c2})\dot{I}_{11} + j\omega M_{b2}\dot{I}_{12} + j\omega L_2\dot{I}_2 \end{cases} \tag{4-87}$$

由式（4-87）的第二、三两式可以推导得到

$$\dot{I}_{12}=\frac{(M_{a2}+M_{c2})M_{b2}-L_2(M_{ab}+M_{bc})}{L_bL_2-M_{b2}^2}\dot{I}_{11}=k_I\dot{I}_{11} \tag{4-88}$$

$$k_I=\frac{(M_{a2}+M_{c2})M_{b2}-L_2(M_{ab}+M_{bc})}{L_bL_2-M_{b2}^2}$$

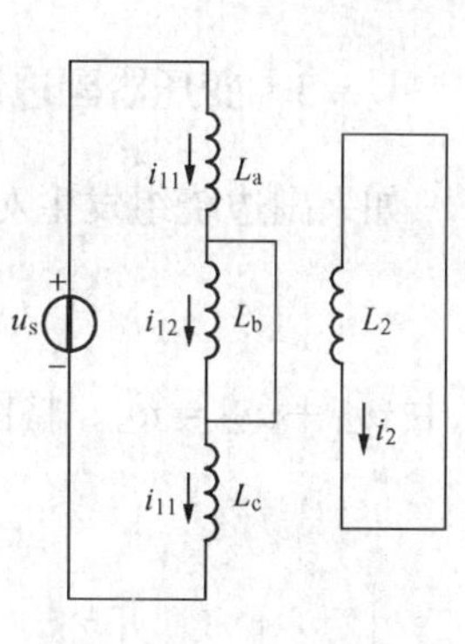

图 4-20 双绕组变压器原边侧发生匝间短路副边侧短接时的等效电路

在式（4-88）中，$\dot{I}_{12}$ 与 $\dot{I}_{11}$ 是同相或反相的，各自感和互感系数可以根据几何结构参数计算。令 $\dot{I}_{12}=k_I\dot{I}_{11}$，代入式（4-86），可以得到

$$x_k=2\pi f\mu_0\left(\frac{\rho_1\Sigma(w_{11}+w_{13}+k_Iw_{12})^2}{h}+\frac{[(1-k_I)w_{12}]^2(w_{11}^2\rho_2\Sigma'+w_{13}^2\rho_3\Sigma'')}{bw_1^2}\right) \tag{4-89}$$

式（4-89）是双绕组变压器原边侧发生匝间短路时，原边侧的入端阻抗。

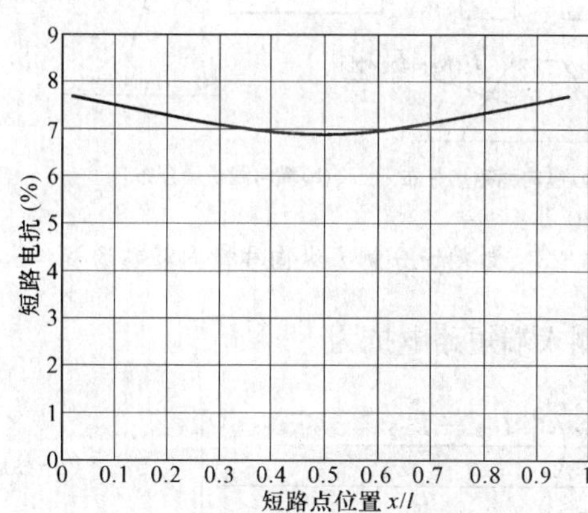

图 4-21 原边匝间短路时短路电抗随短路位置的变化

根据式（4-89）计算 4.3.1 小节中所给的三相双绕组变压器原边绕组发生匝间短路时，短路电抗随匝间短路位置的变化情况，如图 4-21 所示。短路匝数为两个线段，匝间短路的位置自绕组首端第二段末开始，逐个移动到绕组末端。图 4-21 横轴为自绕组首端到短路点的位置 x 占绕组总长度 l 的比值。

另外，短路线圈的电流与入端电流的比值如表 4-5、表 4-6 所示。从该表的数据可以看到，第一，短路线圈中的电流是入端电流的若干倍，短路线圈匝数越少，短路电流越大；第二，短路线圈中的电流与入端电流反相；第三，短路线圈电流与入端电流的比值 k_I 与短路位置的轴向分布 x 基本上是对称的。

表 4-5　双饼线圈短路时短路线圈的电流与入端电流的比值 $k_I=\dot{I}_{12}/\dot{I}_{11}$

x	0.06	0.13	0.19	0.26	0.32	0.38	0.45	0.51	0.57	0.64	0.70	0.77	0.83	0.89	0.96
$-k_I$	3.53	4.34	4.84	5.23	5.48	5.66	5.75	5.78	5.75	5.66	5.48	5.23	4.87	4.34	3.51

表 4-6　四饼线圈短路时短路线圈的电流与入端电流的比值 $k_I=\dot{I}_{12}/\dot{I}_{11}$

x	0.06	0.13	0.19	0.26	0.32	0.38	0.45	0.51	0.57	0.64	0.70	0.77	0.83	0.89	0.96
$-k_I$	1.61	2.04	2.32	2.53	2.66	2.76	2.81	2.82	2.79	2.73	2.63	2.47	2.24	1.92	1.40

4.3.3 变压器副边侧内部发生对地短路对漏磁场分布和短路电抗的影响

如果副边绕组发生对地短路，那么副边绕组分为两段，如图 4-22 所示。漏磁场满足

$$\dot{I}_{21}w_{21}+\dot{I}_{22}w_{22}+\dot{I}_{1}w_{1}=0 \tag{4-90}$$

其中 $w_{21}+w_{22}=w_2$。将图 4-22 的漏磁场分解为图 4-23（a）和（b）两个漏磁场的叠加。

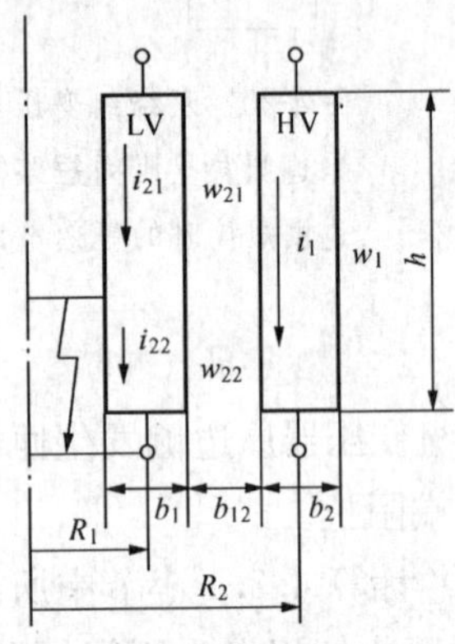

图 4-22 副边绕组对地短路示意图

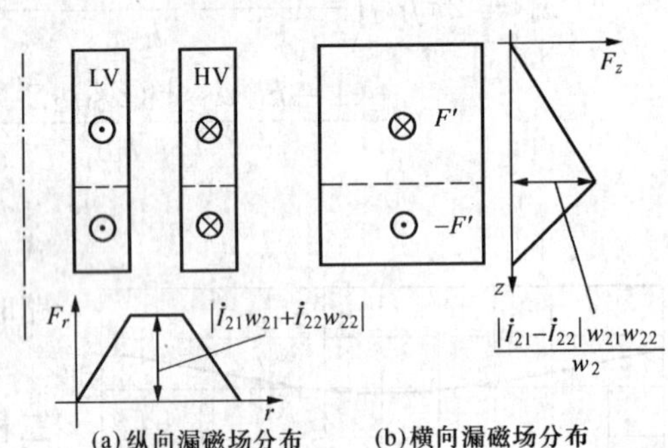

图 4-23 漏磁场分解为纵向和横向漏磁场

根据类似 4.3.1 小节的推导，可以得到原边侧入端短路电抗为

$$x_{\mathrm{k}}=\frac{2\pi f\mu_0}{I_1^2}\left\{\frac{\rho_1\Sigma\ (w_1\ |\ \dot{I}_1\ |\ )^2}{h}+\frac{\rho_2\Sigma'\left(\frac{|\ \dot{I}_{21}-\dot{I}_{22}\ |\ w_{21}w_{22}}{w_2}\right)^2}{b}\right\} \tag{4-91}$$

式中：$\Sigma=2\pi\ (R_{12}b_{12}+\frac{R_1b_1+R_2b_2}{3})$；$R_{12}=R_1+\frac{b_1+b_{12}}{2}$；$\rho_1=1-\frac{1}{k\pi}\ (1-\mathrm{e}^{-k\pi})$；$k=\frac{h}{b}$；$b=b_1+b_{12}+b_2$；$\Sigma'=\frac{2\pi R_{12}h}{3}$；$\rho_2=1-\frac{1}{k_1\pi}(1-\mathrm{e}^{-k_1\pi})[1-0.5\mathrm{e}^{-2k_2\pi}(1-\mathrm{e}^{-k_1\pi})]$；$k_1=\frac{b}{h}$；$k_2=\frac{R_1-0.5b_1-R_0}{h}$；$R_0$ 是铁心半径。

为了推导 $\dot{I}_{21}$、$\dot{I}_{22}$ 与 $\dot{I}_1$ 的关系，在副边绕组发生接地短路时，令副边绕组线端短接，并且假设电流的正方向如图 4-24 所示。

由图 4-24 可以列写相量方程为

$$\begin{cases}\dot{U}_{\mathrm{s}}=\mathrm{j}\omega L_1\dot{I}_1+\mathrm{j}\omega M_{1\mathrm{a}}\dot{I}_{21}+\mathrm{j}\omega M_{1\mathrm{b}}\dot{I}_{22}\\0=\mathrm{j}\omega M_{1\mathrm{a}}\dot{I}_1+\mathrm{j}\omega L_{\mathrm{a}}\dot{I}_{21}+\mathrm{j}\omega M_{\mathrm{ab}}\dot{I}_{22}\\0=\mathrm{j}\omega M_{1\mathrm{b}}\dot{I}_1+\mathrm{j}\omega M_{\mathrm{ab}}\dot{I}_{21}+\mathrm{j}\omega L_{\mathrm{b}}\dot{I}_{22}\end{cases} \tag{4-92}$$

式中：L_a、L_b 分别为副边绕组 a、b 两段线圈的自感，M_{ab} 为 a、b 两段线圈之间的互感，并且有 $L_a+L_b+2M_{ab}=L_2$；L_1 为原边绕组的自感，M_{1a}、M_{1b}分别为原边绕组与副边绕组 a、b 两段线圈之间的互感，并且有 $M_{1a}+M_{1b}=M_{12}$。

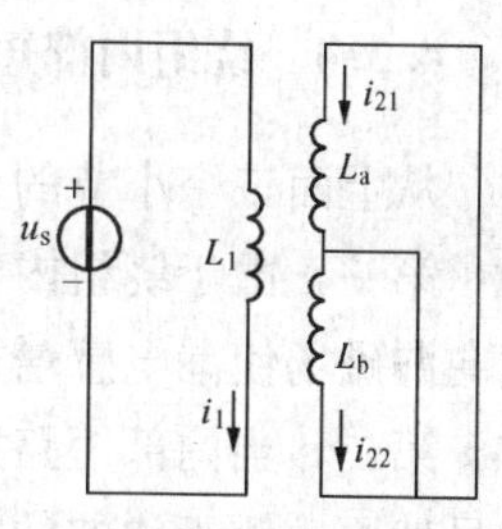

图 4-24 双绕组变压器副边绕组发生对地短路，副边线端短接时的等效电路

由式（4-92）的第二、三两式可以得到

$$\dot{I}_{21}=\frac{M_{1b}M_{ab}-L_bM_{1a}}{L_aL_b-M_{ab}^2}\dot{I}_1 \tag{4-93}$$

$$\dot{I}_{22}=\frac{M_{1a}M_{ab}-L_aM_{1b}}{L_aL_b-M_{ab}^2}\dot{I}_1 \tag{4-94}$$

在式（4-93）、式（4-94）中，$\dot{I}_{21}$、$\dot{I}_{22}$、$\dot{I}_1$ 相互间是同相或反相的，各自感和互感系数可以根据几何结构参数计算。令 $\dot{I}_{21}=k_a\dot{I}_1$，$\dot{I}_{22}=k_b\dot{I}_1$，代入到式（4-91），可以得到

$$x_k=2\pi f\mu_0\left(\frac{\rho_1\Sigma w_1^2}{h}+\frac{\rho_2\Sigma'\left[\ (k_a-k_b)\ w_{21}w_{22}\right]^2}{bw_2^2}\right) \tag{4-95}$$

$$k_a=\frac{M_{1b}M_{ab}-M_{1a}L_b}{L_aL_b-M_{ab}^2},\ k_b=\frac{M_{1a}M_{ab}-M_{1b}L_a}{L_aL_b-M_{ab}^2}$$

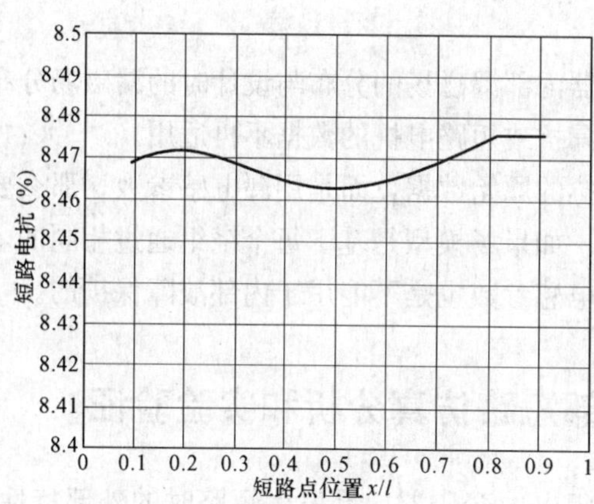

图 4-25 副边绕组内部接地短路时短路电抗随短路位置的变化

以 4.3.1 小节所给的三相双绕组变压器例子，计算副边绕组发生对地短路时的入端短路电抗，结果如图 4-25 所示。从图中可以看到，副边绕组内部发生对地短路时，虽然原边侧入端短路电抗仅有微小的变化，但是短路电抗大于正常值。这个结果从式（4-95）中也可以看出来。该式的第一部分就是正常短路电抗，而第二部分恒为正值。可见，当副边绕组发生短路时，不论短路位置在何处，短路电抗总是大于正常值。

表 4-7 给出了副边侧发生内部接地短路时，副边侧电流对原边侧电流的变比变化情况。该双绕组变压器的正常变比是 11.4。从表 4-7 也可以看出，无论是副边绕组的上半段电流还是下半段电流对原边侧电流的变比变化不大。

表 4-7 副边侧发生内部接地短路时电流变比（$k_a=\dot{I}_{21}/\dot{I}_1$，$k_b=\dot{I}_{22}/\dot{I}_1$）

x	0.09	0.18	0.27	0.36	0.45	0.55	0.64	0.73	0.82	0.91
$-k_a$	9.70	10.13	10.42	10.62	10.75	10.85	10.91	10.95	10.95	10.93
$-k_b$	10.88	10.92	10.93	10.90	10.84	10.91	10.62	10.42	10.12	9.57

4.3.4 绕组内部短路对短路电抗的影响

从上面三个小节的分析可以得到以下结论：

第一，由于绕组内部发生短路使绕组沿轴向安匝分布不均匀，产生横向漏磁场分量。横向漏磁场使漏电感增加。

第二，当内部短路发生在原边绕组内，原边侧入端短路电抗总体上是减少的。这是因为虽然原边侧不均匀的安匝分布所产生的横向漏磁场增加了漏电感，但是由于原边侧短路线圈中的电流与入端电流反向（相）（见表4-5和表4-6），或者短路线圈中的电流远小于入端电流（见表4-4），使原边绕组总安匝数减少对漏电感的作用大于横向漏磁场的作用，所以漏电感的总和是减少的，短路电抗也是随之减少的。

第三，当内部短路发生在副边绕组内，原边侧入端短路电抗是增加的。这是因为原边绕组的电流是一致的且等于入端电流，所以轴向漏磁场所对应的漏电感分量等于正常值，而横向漏磁场所对应的漏电感分量总是正值的，所以总的漏电感是增加的，因此短路电抗也是增加的。

第四，无论内部短路引起短路电抗增加还是减少，短路电抗的变化与短路位置不呈线性关系，这是由于变压器绕组之间存在互感的缘故。

第五，绕组内部发生对地短路和匝间短路引起的漏磁场分布和短路电抗的变化有明显差别。越接近首端的接地短路外特性故障特征越明显，而越接近中部的匝间短路外特性故障特征越明显。

总之，当绕组出现了内部短路以后，变压器内部漏磁场的分布与设计时的漏磁场分布不一样了，因而设计书或铭牌上提供的变压器漏抗或短路电抗的数据不再适用。

如果变压器内部故障保护不是采用短路电抗的原始数据，而是用漏电感参数，那么要看漏电感数据是采取什么样的场模型进行计算。如果场模型是基于每个绕组通过相同的电流而建立的，那么按照这样的场模型计算的漏电感参数也是不能用于内部故障保护的。

4.4 普通双绕组电力变压器内部短路仿真分析和实验验证

本节通过仿真和实验验证，研究普通双绕组电力变压器内部发生短路时的外部特性，并且讨论内部短路故障保护的灵敏度。仿真计算的电路模型是基于将绕组分割为线圈单元而建立的，从而能够灵活地设置短路故障。电路中的电感参数以4.2.4节所建立的模型进行计算。

4.4.1 实验变压器结构及参数

该电力变压器是三相三柱式双绕组变压器，高、低压绕组的接线组别是YN，d11，高压侧有载调压，调压范围±3×2.5%。变压器的铭牌参数为：额定容量12500kVA，额定电压35/6.3kV，短路阻抗$U_k\%=8.0$（额定分接）。

变压器绕组的空间布置和电气连接关系如图4-26所示。高压绕组为纠结连续式，中部进线，上、下半柱并联连接，半柱 38 个线饼（段），其中首端 6 个线饼为纠结式线圈，其他为连续式线圈，每个线饼 10～12 匝。高压绕组上、下半柱还对称布置有 6 个线饼的无载分接区，每个线饼在连线处有一个抽头，加上首末端共有 7 个分接抽头，上下半柱线圈对应分接抽头连接在一起，可进行电压调整。高压侧半柱线圈电气连接图如图 4-27 所示。图中，F 与 A1 相连为最大分接，F 与 A7 相连为最小分接。低压绕组由单半螺旋式线圈组成。

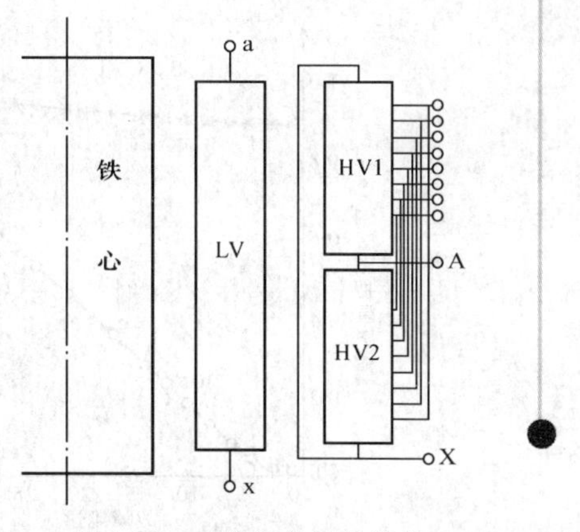

图 4-26 双绕组变压器绕组布置与电气连接

为了方便起见，高压绕组自中部首端起，分别自 0 至 37 对线饼顺序编号。

4.4.2 线圈内部对地短路的仿真分析

由于该变压器低压绕组连接组别为 d11 接，没有中性接地点，因此不考虑低压绕组内的接地短路故障。

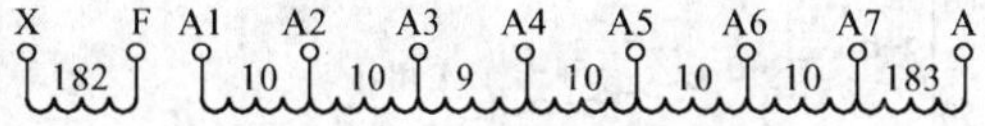

图 4-27 高压侧半柱线圈电气连接（A1～A7 为分接区抽头）

高压绕组的接地短路故障一般是高压绕组外侧（油箱侧）与油箱壁之间放电或者高压绕组端部与金属件之间的放电。高压绕组端部是中性点，对地电位很低。所以下面的仿真只在高压绕组外侧内油道连线处和分接区抽头处设置对地金属性短路。由于高压绕组半柱有 38 个线饼，其中调压线圈 6 个线饼每个线饼首末端都有一个抽头（见图 4-27），所以半柱线圈内共有 21 个节点可以设置对地短路。因为高压绕组上下半柱线圈结构对称，所以只需要研究下半柱线圈内发生对地短路情况。后面如无特殊说明，故障相均设置在 A 相。

仿真中设定变压器低压侧空载，高压侧接额定电压、电源内阻抗为 j0.2p.u. 的对称三相电源。高压侧中性点直接接地，故障点为金属性短路。由于低压绕组为三角形接法且空载，所以用星形中性点接地的对称大电阻负载（阻值$>10^5\Omega$）模拟无载，以解决参考电位问题。仿真结果均以标么值表示。

图 4-28 和图 4-29 分别给出了接地点自首端向末端移动时，变压器三相高压绕组和低压绕组电压变化情况，其中图 4-28（a）和 4-29（a）为电压幅值变化图，横坐标为故障点所在线饼号，纵坐标为电压有效值（以下同）；图 4-28（b）和 4-29（b）为电压相位变化情况。A、B、C 三相电量分别用○、+、×表示（以下同）。

图 4-30 和图 4-31 分别给出了接地点自首端向末端移动时，变压器三相高压绕组电流和接地短路电流变化情况，其中图 4-30（a）和 4-31（a）为电流幅值变化图，横坐标为故障点所在线饼号，纵坐标为电流有效值（以下同）；图 4-30（b）和 4-31（b）为电流相位变化情况。接地短路电流的正方向定义为从故障点指向地。

从以上的仿真结果中可以明显看到，高压绕组首端发生接地故障时，故障特征最为明

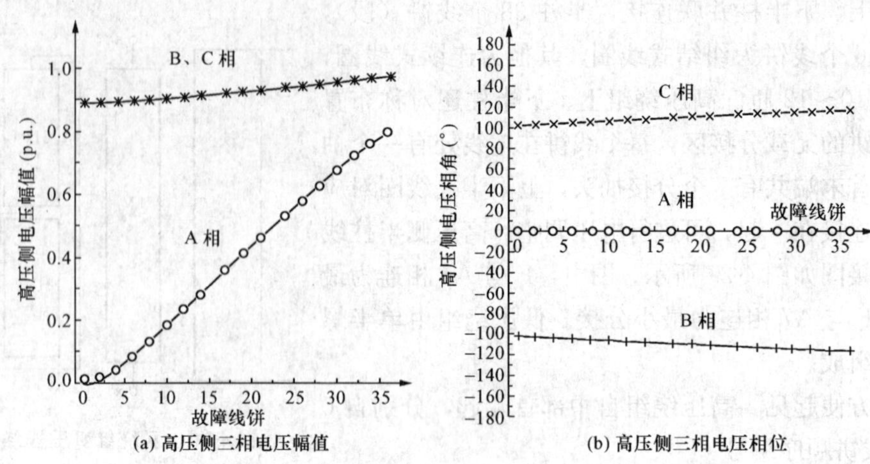

图 4-28　A 相高压绕组依次接地短路时高压侧三相电压幅值和相位变化情况

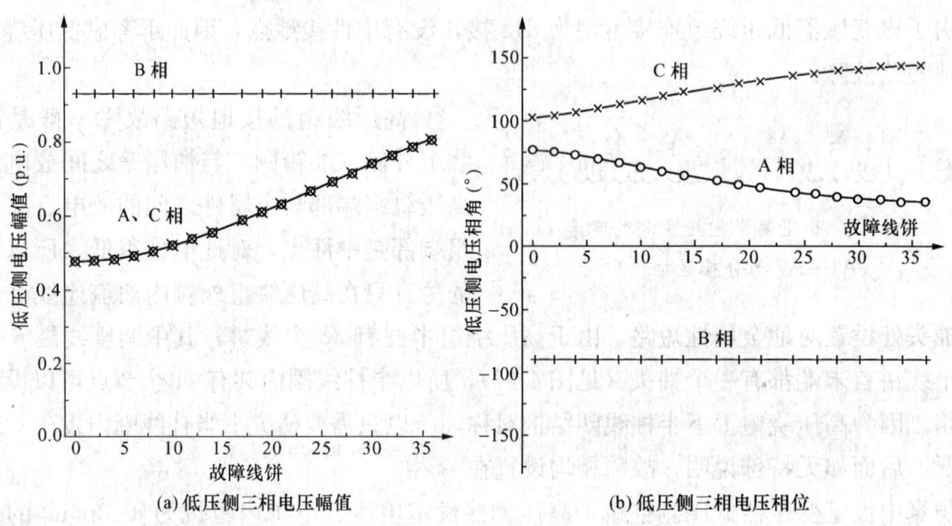

图 4-29　A 相高压绕组依次接地短路时低压侧三相电压幅值和相位变化情况

显，此时故障相电流达到 5 倍额定值。随着短路点向绕组段末端移动，故障特征逐渐削弱，三相电压趋于平衡，但是接地短路电流却随之单调增大。

仿真结果还显示，高压侧非故障相的电流也随着故障点的移动而变化，且两个非故障相电流大小、相位相同，并与故障相电流相位相反。这是因为，在忽略相间耦合的条件下，从电气上可以将三相变压器看成三个单相双绕组变压器以图 4－32 的方式连接而成的电路。在空载、没有故障的情况下，变压器三相平衡，此时对于基波来讲，变压器低压侧没有环流，即 $\dot{I}'_{\triangle}=0$，三相高压侧只有励磁电流。在变压器 A 相高压侧发生接地短路故障后，三相不再平衡，此时变压器低压侧出现环流 $\dot{I}_{\triangle}$，因而 B、C 两相高压侧也将出现电流，各电流方向如图所示。显然，B、C 两相电流大小和相位应该相同。

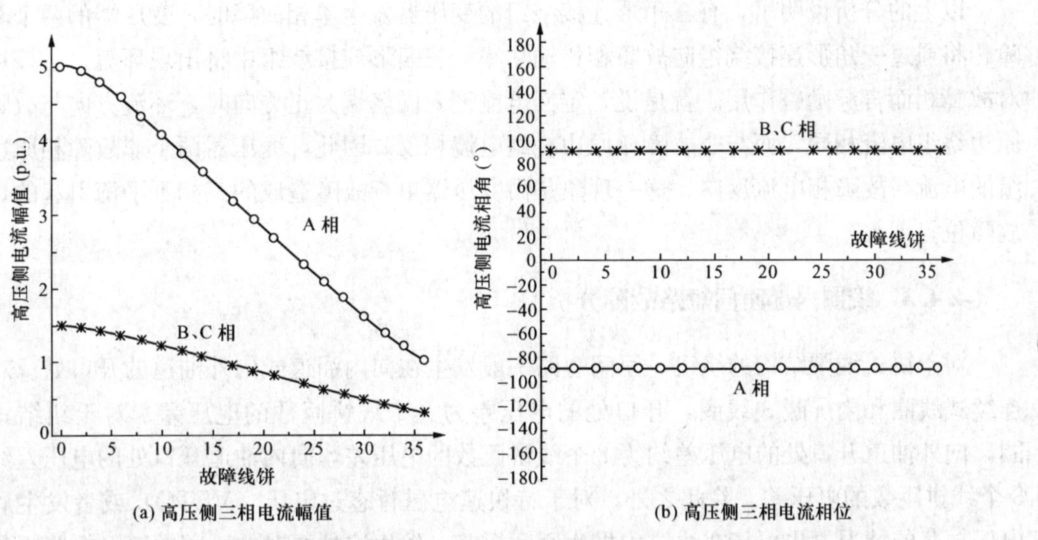

图 4-30　A 相高压绕组依次接地短路时高压侧三相电流幅值和相位变化情况

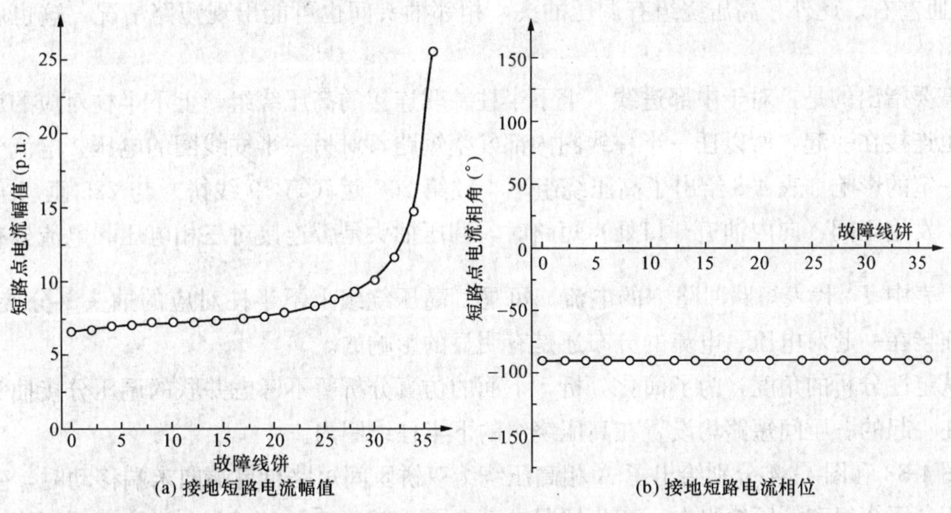

图 4-31　A 相高压绕组依次接地短路时接地短路电流幅值和相位变化情况

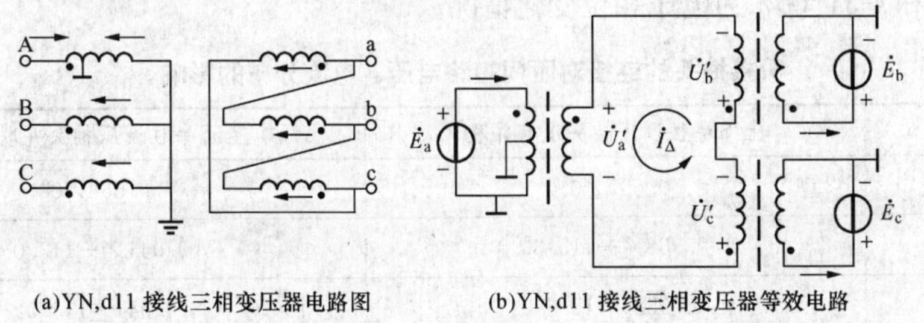

(a)YN,d11 接线三相变压器电路图
(b)YN,d11 接线三相变压器等效电路

图 4-32　A 相高压绕组接地短路时 YN，d11 接线三相变压器电路图及其等效电路

以上的分析说明了，有三角形连接绕组的变压器发生单相故障时，变压器的两个非故障相将通过三角形连接绕组向故障相传输功率；三角形连接绕组中将出现环流，且该环流对故障相而言起励磁作用。就是说，定义电流流入同名端为正方向时，环流方向与故障相原边绕组电流相同，而与非故障相原边绕组电流相反。因此，变压器两个非故障相原边绕组的电流与故障相电流反向。这一现象是由变压器单相故障造成的三相不平衡引起的，与故障位置无关。

4.4.3 线圈内部匝间短路故障分析

对于饼式线圈结构的绕组，匝间短路一般发生在向内油道或向外油道的开口处。对于连续式线圈和内屏蔽式线圈，开口处的电压差为 2 个线饼匝数的电压差；对于纠结式线圈，向外油道开口处的电压差约为 2 个线饼匝数的电压差，向内油道开口处的电压差约为 3 个线饼匝数的电压差。除此之外，对于特快速电磁暂态过电压（VFTO）或者发生局部电磁振荡的情况，也可能在线饼内发生匝间短路。发生这种情况的匝间短路，短路匝数为 1 个线匝到一个线饼的匝数。对于本节所给的变压器具体例子，双饼开口间发生短路也就是 20 匝左右。此外，高压绕组有调压抽头，相邻抽头间也可能出现短路情况，这也属于匝间短路。

需要指出的是，对于中部进线、上下半柱并联连接的高压绕组，上下半柱对应的调压抽头也连接在一起，所以任一半柱线圈内部发生短路，对另一半柱线圈的电压、电流分布也有一定的影响。表 4-8 给出了高压绕组下半柱第 207 匝（第 19 线饼）与 225 匝（第 20 线饼）发生匝间（向内油道开口处）短路时，调压抽头是否连接对三相电压、电流分布的影响。表中 $\dot{I}_f$ 代表短路回路中的电流。可见，高压绕组上下半柱对应的抽头（分接点）是否连接在一起对电压、电流的分布还是有明显的影响的。

从定性分析的角度，为了简化分析，下面的仿真分析暂不考虑并联的调压分接抽头是连接在一起的。匝间短路均设置在高压绕组的下半柱线圈内。

图 4-33 和图 4-34 分别给出了 A 相高压绕组双饼匝间短路自首端向末端移动时，变压器三相高压绕组和低压绕组电压变化情况，其中图 4-33（a）和 4-34（a）为电压幅值变化图，横坐标为匝间短路故障点电压高端线匝所在线饼号，纵坐标为电压有效值（以下同）；图 4-33（b）和 4-34（b）为电压相位变化情况。

表 4-8　　分接抽头的连接对匝间短路电压、电流分布的影响

电压、电流（p.u.）	上下半柱调压抽头没有并联	上下半柱调压抽头并联连接
$\dot{U}_A$	0.697∠0°	0.558∠0°
$\dot{U}_B$	0.958∠−115.3°	0.941∠−113.0°
$\dot{U}_C$	0.958∠115.3°	0.941∠113.0°
$\dot{I}_A$	1.51∠−90.0°	2.21∠−90.0°
$\dot{I}_B$	0.450∠90.0°	0.663∠90.0°

续表

电压、电流（p.u.）	上下半柱调压抽头没有并联	上下半柱调压抽头并联连接
$\dot{I}_C$	0.450∠90.0°	0.663∠90.0°
$\dot{I}_f$	46.3∠−90.0°	67.7∠−90.0°

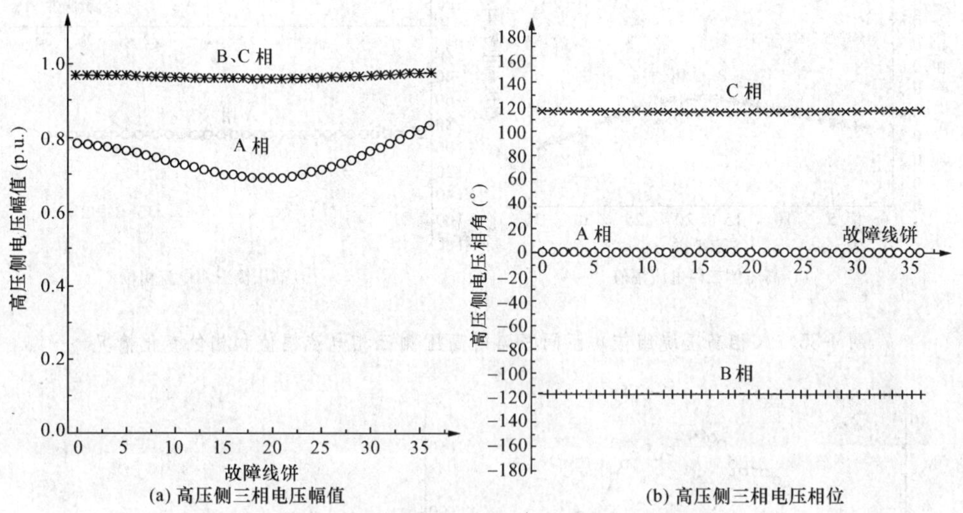

(a) 高压侧三相电压幅值　　(b) 高压侧三相电压相位

图 4-33　A相高压绕组依次匝间短路时高压侧三相电压幅值和相位变化情况

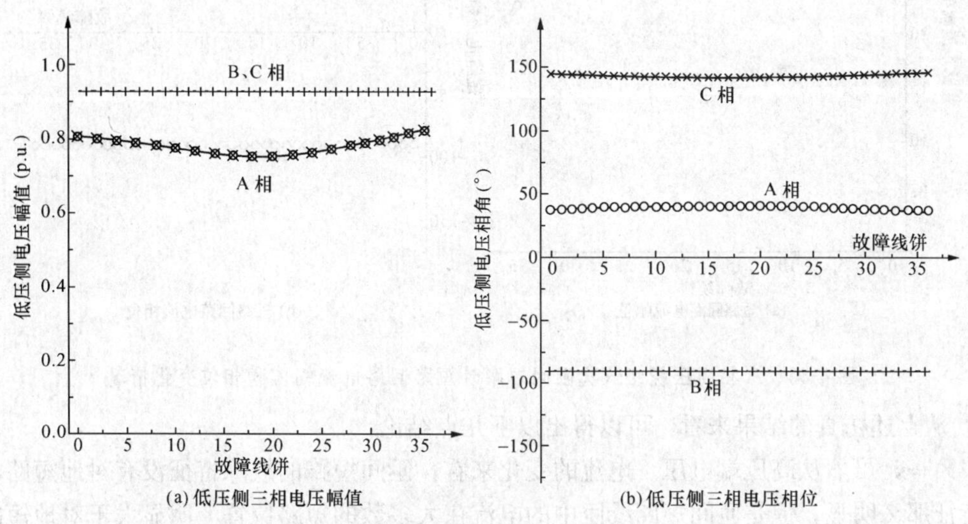

(a) 低压侧三相电压幅值　　(b) 低压侧三相电压相位

图 4-34　A相高压绕组依次匝间短路时低压侧三相电压幅值和相位变化情况

图 4-35 和图 4-36 分别给出了 A 相高压绕组双饼匝间短路自首端向末端移动时，变压器三相高压绕组电流和短路回路电流变化情况，其中图 4-35（a）和 4-36（a）为电流幅值变化图；图 4-35（b）和 4-36（b）为电流相位变化情况。匝间短路回路电流的正方向定义为外短路支路中从电压高端线匝指向电压低端线匝。

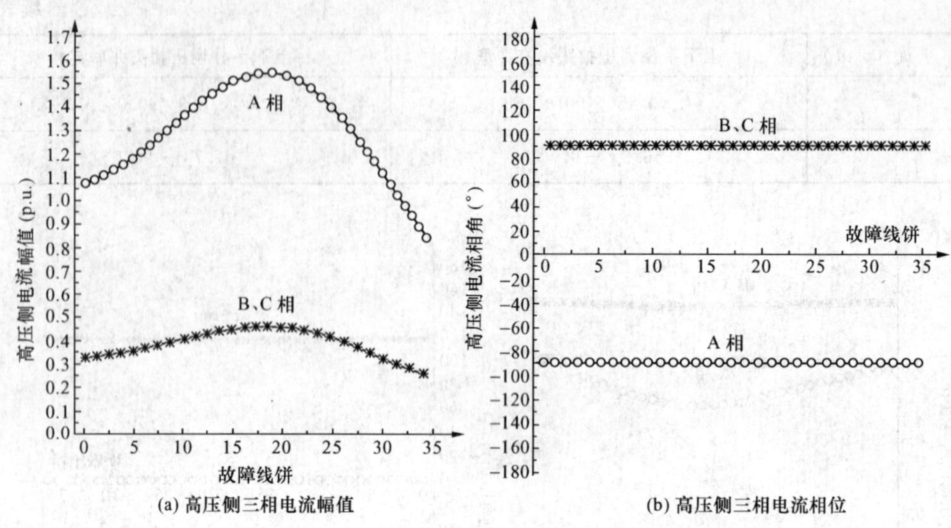

(a) 高压侧三相电流幅值　　(b) 高压侧三相电流相位

图 4-35　A 相高压绕组依次匝间短路时高压侧三相电流幅值和相位变化情况

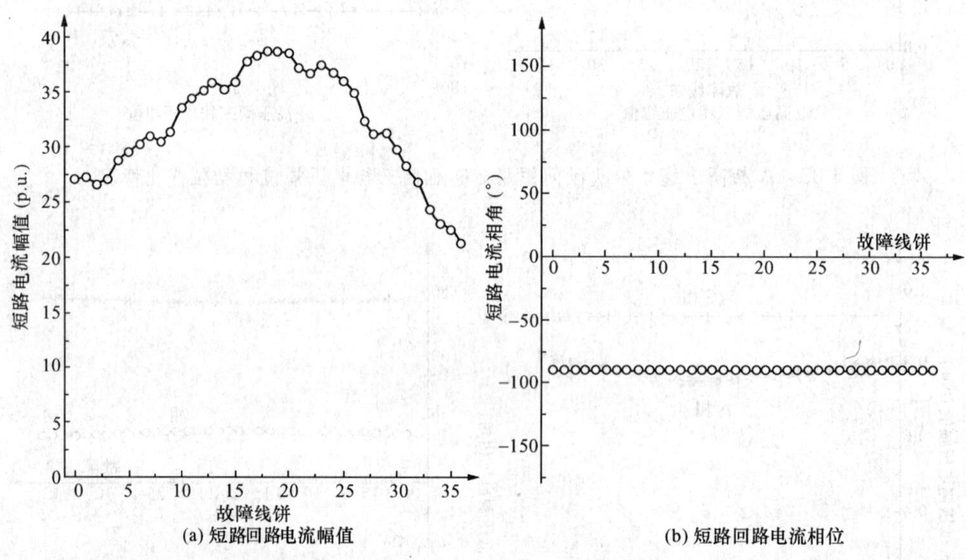

(a) 短路回路电流幅值　　(b) 短路回路电流相位

图 4-36　A 相高压绕组依次匝间短路时短路回路电流幅值和相位变化情况

从上述仿真的结果来看，可以得出以下几点结论：

第一，虽然从高压端电压、电流的变化来看，匝间短路的故障特征没有对地短路的故障特征那么明显，但是匝间短路线匝中的电流在大多数的短路位置上明显大于对地短路的短路点电流。这与本章 4.3 节的分析结果是一致的（比较表 4-4 与表 4-5、表 4-6）。

第二，匝间短路故障位置对故障特征的影响是相当明显的。发生在绕组中部（在本例中指半柱线圈的中部）的匝间短路故障特征最为明显。这与本章 4.3 节的分析结果也是一致的（见表 4-5、表 4-6）。

第三，与单相对地短路故障类似，在低压绕组三角形连接且空载、高压绕组发生单相匝间短路故障时，低压侧同样会产生环流，该环流使得高压侧两个非故障相电流大小、相位相同，且与故障相电流相位相反。

4.4.4 相间短路故障仿真分析

对于变压器内部发生相间短路故障，这里只考虑相邻两相外侧绕组（高压绕组）相同位置间发生短路故障这一种情况。下面的仿真分析只针对 A－B 相间短路，如图 4-37 所示。

首先对图 4-37 电路进行定性分析。L_A、L_B、L_C 分别为三相绕组高压侧的自感，L_a、L_b、L_c 分别为三相绕组低压侧的自感，M_{Aa}、M_{Bb}、M_{Cc}分别为三相高低压绕组之间的互感。设变压器励磁工作在线性区域，三相参数完全对称，即 $L_A=L_B=L_C$，$L_a=L_b=L_c$，$M_{Aa}=M_{Bb}=M_{Cc}$，$\dot{E}_A+\dot{E}_B+\dot{E}_C=0$ 等。当在 A、B 相相同位置间设置短路时，A、B 相绕组各分成两段。根据具有互感的两线圈按顺极性串联的关系，有 $L_{A1}+2M_{A12}+L_{A2}=L_A$，$L_{B1}+2M_{B12}+L_{B2}=L_B$，$M_{1a}+M_{2a}=M_{Aa}$。在此假设条件下并且忽略相间耦合，可以列写方程

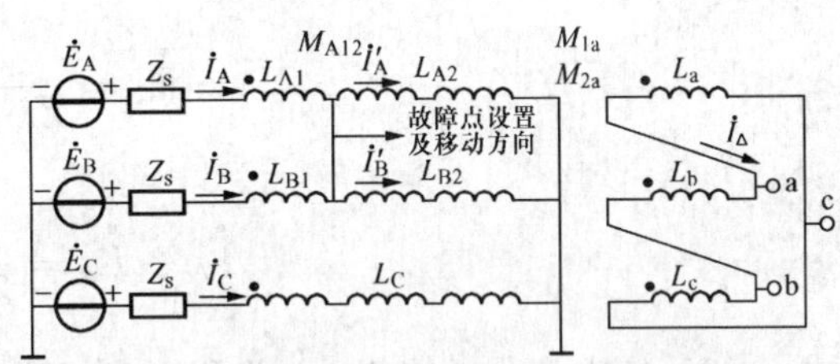

图 4-37 三相变压器 A、B 相间短路的设置

$$\dot{E}_A=[Z_s+j\omega(L_{A1}+M_{A12})]\dot{I}_A+j\omega(L_{A2}+M_{A12})\dot{I}'_A-j\omega M_{Aa}\dot{I}_\triangle \tag{4-96a}$$

$$\dot{E}_B=[Z_s+j\omega(L_{A1}+M_{A12})]\dot{I}_B+j\omega(L_{A2}+M_{A12})\dot{I}'_B-j\omega M_{Aa}\dot{I}_\triangle \tag{4-96b}$$

$$\dot{E}_C=(Z_s+j\omega L_A)\dot{I}_C-j\omega M_{Aa}\dot{I}_\triangle \tag{4-96c}$$

$$-j\omega 3L_a\dot{I}_\triangle+j\omega M_{1a}\dot{I}_A+j\omega M_{2a}\dot{I}'_A+j\omega M_{1a}\dot{I}_B+j\omega M_{2a}\dot{I}'_B+j\omega M_{Aa}\dot{I}_C=0 \tag{4-96d}$$

$$j\omega M_{A12}\dot{I}_A+j\omega L_{A2}\dot{I}'_A-j\omega M_{2a}\dot{I}_\triangle-j\omega M_{A12}\dot{I}_B-j\omega L_{A2}\dot{I}'_B+j\omega M_{2a}\dot{I}_\triangle=0 \tag{4-96e}$$

$$\dot{I}_A+\dot{I}_B=\dot{I}'_A+\dot{I}'_B \tag{4-96f}$$

$$\dot{E}_A+\dot{E}_B+\dot{E}_C=0 \tag{4-96g}$$

式中电压、电流的含义及正方向如图 4-37 所示。将式（4-96a）、式（4-96b）、式（4-96c）相加，并利用式（4-96f）、式（4-96g），可以得到

$$(Z_s+j\omega L_A)(\dot{I}_A+\dot{I}_B+\dot{I}_C)-j\omega 3M_{Aa}\dot{I}_\triangle=0 \tag{4-97}$$

利用式（4-96f），由式（4-96d）可以得到

$$-j\omega 3L_a\dot{I}_\triangle+j\omega M_{Aa}(\dot{I}_A+\dot{I}_B+\dot{I}_C)=0 \tag{4-98}$$

联立式（4-97）和式（4-98），可以得到

$$[Z_sL_a+j\omega(L_AL_a-M_{Aa}^2)](\dot{I}_A+\dot{I}_B+\dot{I}_C)=0 \tag{4-99}$$

对于任意的参数，应该有

$$\dot{I}_A + \dot{I}_B + \dot{I}_C = 0 \tag{4-100}$$

以及

$$\dot{I}_\triangle = 0 \tag{4-101}$$

由此可得

$$\dot{I}_C = \frac{\dot{E}_C}{Z_s + j\omega L_A} \tag{4-102}$$

$$\dot{I}_A + \dot{I}_B = \frac{-\dot{E}_C}{Z_s + j\omega L_A} \tag{4-103}$$

将式（4-96a）减去式（4-96b），并利用式（4-96e），可以得到

$$\dot{I}_A - \dot{I}_B = \frac{L_{A2}(\dot{E}_A - \dot{E}_B)}{Z_s L_A + j\omega(L_{A1}L_{A2} - M_{A12}^2)} \tag{4-104}$$

联立式（4-103）和式（4-104），可以得到

$$\dot{I}_A = \frac{L_{A2}(Z_s + j\omega L_A)(\dot{E}_A - \dot{E}_B) - [Z_s L_A + j\omega(L_{A1}L_{A2} - M_{A12}^2)]\dot{E}_C}{2(Z_s + j\omega L_A)[Z_s L_A + j\omega(L_{A1}L_{A2} - M_{A12}^2)]} \tag{4-105}$$

$$\dot{I}_B = \frac{-L_{A2}(Z_s + j\omega L_A)(\dot{E}_A - \dot{E}_B) - [Z_s L_A + j\omega(L_{A1}L_{A2} - M_{A12}^2)]\dot{E}_C}{2(Z_s + j\omega L_A)[Z_s L_A + j\omega(L_{A1}L_{A2} - M_{A12}^2)]} \tag{4-106}$$

从上面的推导中可以看到：

第一，低压侧三角形连接绕组内没有电流。

第二，C相的高压端电压和C相电流保持常数，与A、B相间故障位置的变化没有关系（故障设置在两相的相同位置之间）。这一点只要将图4-37画成图4-38的形式就看得更加清楚。在副边电流为零的情况下，C相回路完全独立于A、B相电路。

第三，A、B相电流的相量之和为常数，幅值等于C相电流，相位与C相电流相反。

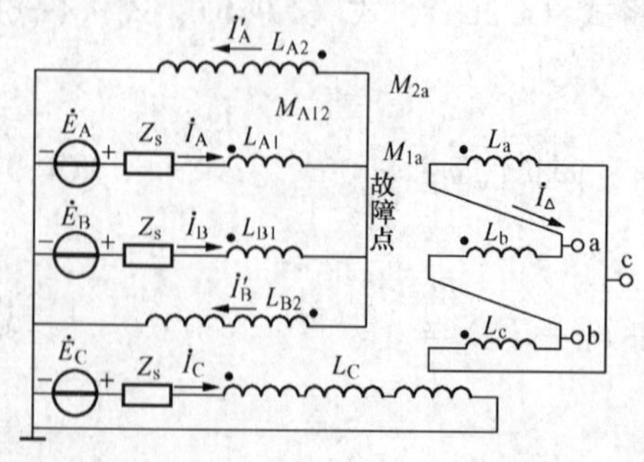

图 4-38　图 4-37 电路的变形

下面给出的仿真结果与上面的定性分析是一致的。图4-39和图4-40分别给出了A—B相间短路自首端向末端移动时，变压器三相高压绕组和低压绕组电压变化情况，其中图4-39（a）和4-40（a）为电压幅值变化图，横坐标为相间短路故障点所在线饼号，纵坐标为电压有效值（以下同）；图4-39（b）和4-40（b）为电压相位变化情况。

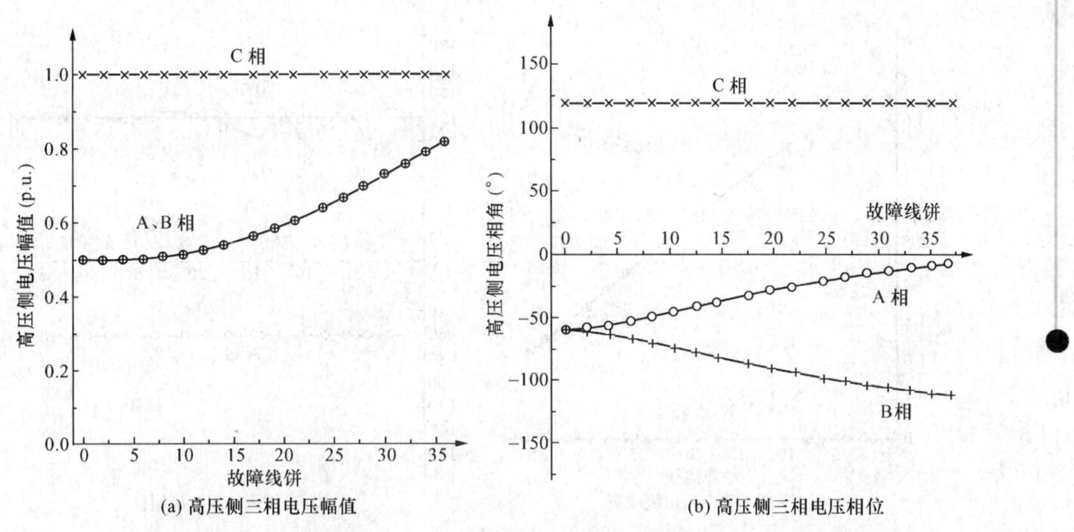

图 4-39　A—B相间依次短路时高压侧三相电压幅值和相位变化情况

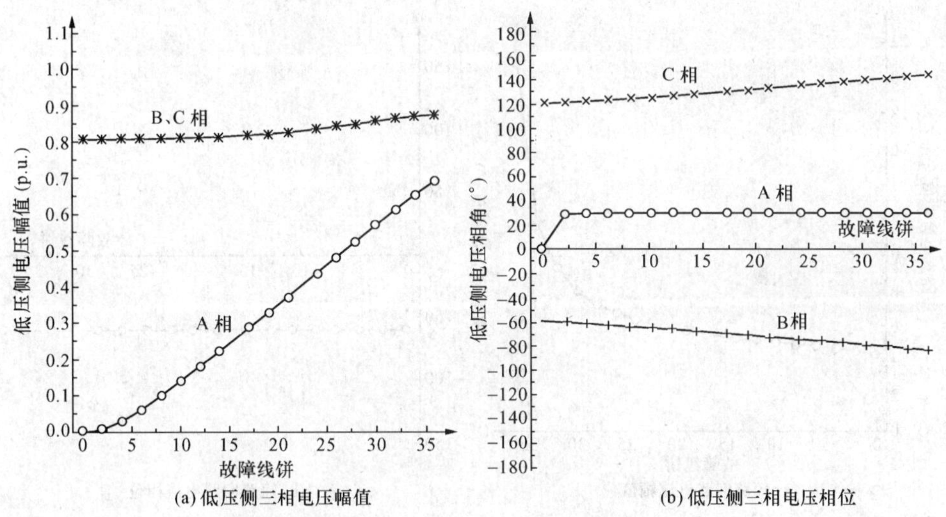

图 4-40　A—B相间依次短路时低压侧三相电压幅值和相位变化情况

图 4-41 和图 4-42 分别给出了 A—B 相间短路自首端向末端移动时，变压器三相高压绕组电流和短路回路电流变化情况，其中图 4-41（a）和图 4-42（a）为电流幅值变化情况；图 4-41（b）和图 4-42（b）为电流相位变化情况。短路回路电流正方向定义为从 A 相指向 B 相，即从 A 相流出为正。

从上面的定性分析和仿真结果可以看出：

第一，相间短路的故障特征相当明显。当故障点在高压绕组首端时（相当于端口短路），两故障相电压相同，电流大小相等、方向相反。随故障点向绕组末端移动，三相电压趋于平衡，电流单调递减，短路点电流单调递增。非故障相完全不受相间短路的影响，这与前面理论推导的结果是一致的。

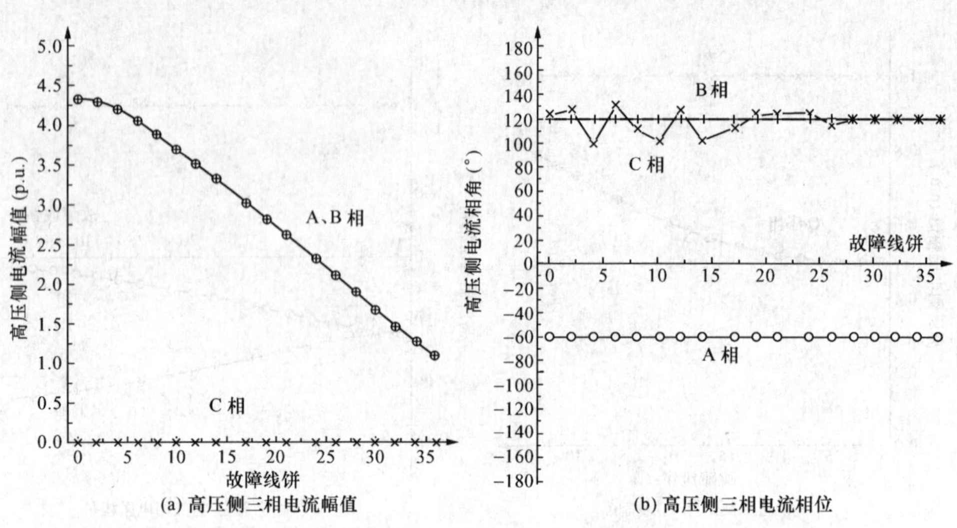

图 4-41　A—B 相间依次短路时高压侧三相电流幅值和相位变化情况

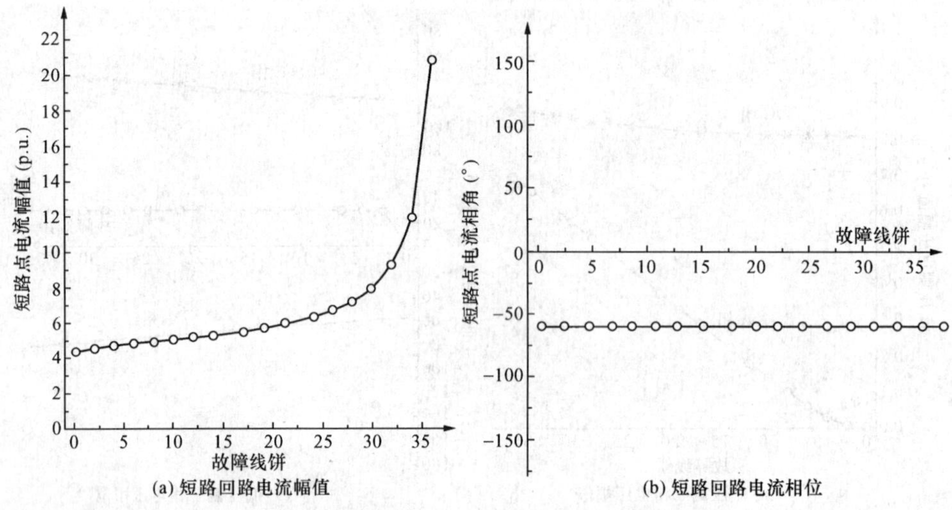

图 4-42　A—B 相间依次短路时短路回路电流幅值和相位变化情况

第二，在高压侧发生相间短路时，变压器三相同样不平衡，但三角形连接的低压绕组内并没有环流。

需要指出的是，三角形连接的低压绕组内没有环流，从而出现非故障相电压、电流与故障设置无关是有条件的。这些条件就是：①三相电源对称，即 $\dot{E}_A+\dot{E}_B+\dot{E}_C=0$；②三相电源内阻相同；③相间短路的故障点在两绕组的位置是相同的。如果这三个条件不能同时满足，则副边三角形连接绕组回路中 $\dot{I}_\Delta \neq 0$，从而非故障相电压、电流与故障相的电流有关。下面举几个例子给予说明。

1）A 相电源电动势为额定电压的 1.5 倍，A 相第 17 饼对 B 相第 17 饼短路时的电压、电流见表4-9。

表4-9　A相电源电动势为额定电压的1.5倍，A相第17饼对B相第17饼短路时的电压、电流（p.u.）

$\dot{U}_A$	$\dot{U}_B$	$\dot{U}_C$	$\dot{I}_A$	$\dot{I}_B$	$\dot{I}_C$	$\dot{I}_f$①
0.787 ∠−20.9°	0.586 ∠−86.7°	1.063 ∠125.4°	4.07 ∠−69.8°	3.02 ∠117.8°	0.58 ∠−90.0°	7.07 ∠−66.6°

① $\dot{I}_f$代表短路回路电流。

2）A相电源内阻抗为j0.3p.u.，B、C相电源内阻抗为j0.2p.u.，A相第17饼对B相第17饼短路时的电压、电流见表4-10。

表4-10　A相电源内阻抗为j0.3p.u.，B、C相电源内阻抗为j0.2p.u.，A相第17饼对B相第17饼短路时的电压、电流（p.u.）

$\dot{U}_A$	$\dot{U}_B$	$\dot{U}_C$	$\dot{I}_A$	$\dot{I}_B$	$\dot{I}_C$	$\dot{I}_f$
0.541 ∠−37.6°	0.596 ∠−93.0°	1.001 ∠117.1°	2.20 ∠−60.0°	2.71 ∠120.0°	0.25 ∠120.0°	4.91 ∠−60.0°

3）三相电源对称、内阻抗相同，A相第14饼对B相第19饼短路时的电压、电流见表4-11。

表4-11　三相电源对称、内阻抗相同，A相第14饼对B相第19饼短路时的电压、电流（p.u.）

$\dot{U}_A$	$\dot{U}_B$	$\dot{U}_C$	$\dot{I}_A$	$\dot{I}_B$	$\dot{I}_C$	$\dot{I}_f$
0.516 ∠−31.1°	0.636 ∠−91.6°	0.998 ∠117.9°	3.09 ∠−64.5°	2.67 ∠115.5°	0.18 ∠115.5°	5.62 ∠−64.5°

另外，在图4-41中，C相高压侧的电流几乎为零，这与式（4-102）的结果看起来是不一致的。产生差别的原因是仿真与理论分析的模型不一致。在理论分析模型中，没有严格考虑励磁阻抗，所以式（4-102）得出的C相电流是C相电压除以C相自感电抗。如果考虑了C相励磁阻抗，那么此时的C相电流就是C相励磁电流，在稳态情况下应该是一个很小的数值。而在仿真模型中利用了漏磁场励磁安匝平衡的条件，当C相副边电流为零时，原边电流自然也为零，这是近似得出的。

4.4.5　纵差保护和零差保护分析

根据本节的仿真结果可以分析各种保护方案对故障的动作情况。本小节选取三折线比率制动式纵差保护和三折线比率制动式零序差动保护（简称零差保护）作为研究的对象，制动电流的计算采用式(4-2c）的方法（各侧最大电流制动）。三折线比率制动式纵差保护的制动特性如图4-43所示。其中$I_{op.0}$

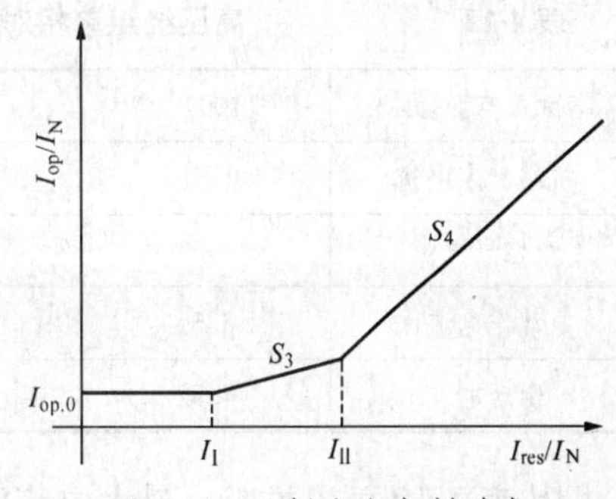

图4-43　三折线比率制动式纵差保护制动特性

$=0.3$，$S_3=0.3$，$S_4=0.8$，$I_{Ⅰ}=1$，$I_{Ⅱ}=2$。三折线式零差保护制动特性同图 4-43，其中 $I_{op.0}=0.2$，$S_3=0.3$，$S_4=0.8$，$I_{Ⅰ}=1$，$I_{Ⅱ}=2$。

一、对地短路的纵差/零差保护特性分析

图 4-44（a）和（b）给出了 A 相高压绕组设置接地短路时，A、C 两相纵差保护动作曲线。B 相经过相位匹配，动作电流为零，故不再列出。由图可见，在低压侧空载、高压侧发生单相对地短路故障时，三折线比率制动式纵差保护能够正确动作。

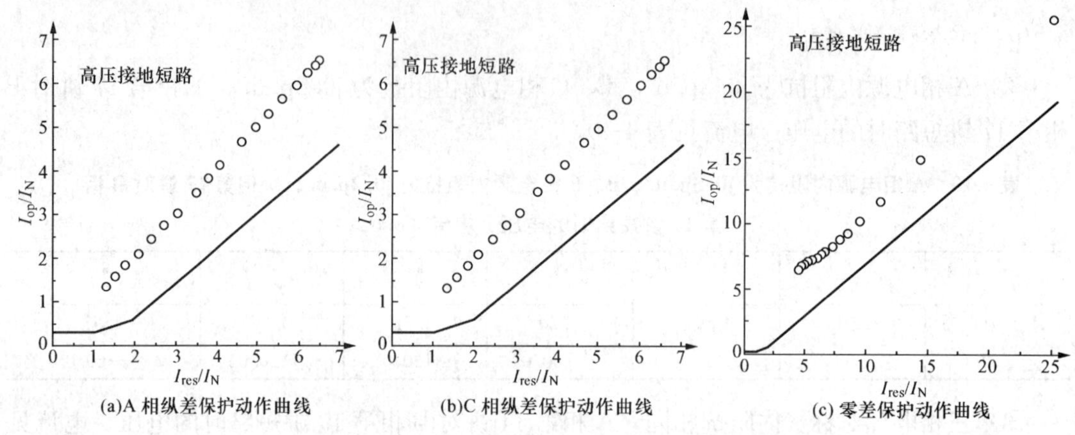

图 4-44　A 相高压绕组对地短路时差动保护动作曲线

图 4-44（c）给出了零差保护动作曲线。从图中可见，零差保护的动作电流要明显大于纵差保护的动作电流。但由于采用最大电流制动法以及三折线比率制动特性，零差保护的灵敏度可能还会低于纵差保护。这是因为随着短路点向高压绕组中性点移动时，高压侧机端零序电流将减小，同时中性点电流增大。在短路点非常靠近高压侧中性点时，机端零序电流将远小于中性点电流，此时零差保护的动作电流与中性点电流基本相等；而采用最大电流制动法得到的制动电流就是中性点电流，则此时零差保护的动作电流与制动电流基本相等。本例中机端零序电流以及中性点电流随故障点位置变化的情况见表 4-12，表中各电流为标幺值。为方便讨论，故障点位置已折算为故障点距中性点间匝数所占高压绕组总匝数的百分比。

表 4-12　　高压绕组单相对地短路时零差保护相关电流变化情况　　(p.u.)

故障点位置	100%	74%	50%	26%	5%
机端零序电流	1.99	1.63	1.18	0.75	0.38
中性点电流	4.52	5.59	6.45	8.50	25.26
动作电流	6.51	7.22	7.63	9.24	25.65
制动电流	4.52	5.59	6.45	8.50	25.26

从表 4-12 可以推断，最大电流制动法将严重影响零差保护的灵敏度。具体的灵敏度统计见本小节四。

二、高压饼间短路的纵差保护特性分析

图 4-45 同样给出了 A 相高压绕组设置饼间短路时，A、C 两相纵差保护动作曲线。可见，低压侧空载时，三折线比率制动式纵差保护对于高压侧饼间短路情况也能够正确动作。

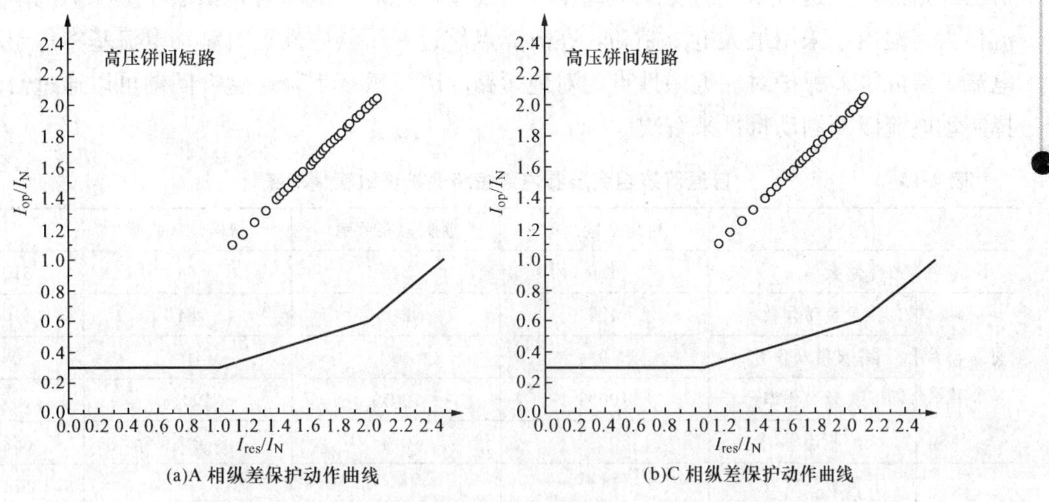

(a)A 相纵差保护动作曲线　(b)C 相纵差保护动作曲线

图 4-45　A 相高压绕组饼间短路时纵差保护动作曲线

三、高压相间短路的纵差保护特性分析

图 4-46 给出了 A—B 相高压绕组相同位置间设置相间短路时，A 相和 B、C 相纵差保护动作曲线。C 相纵差保护动作曲线与 B 相完全相同，因此将它们画在一起。可见，低压侧空载时，三折线比率制动式纵差保护对于高压侧相间短路情况也能够正确动作。

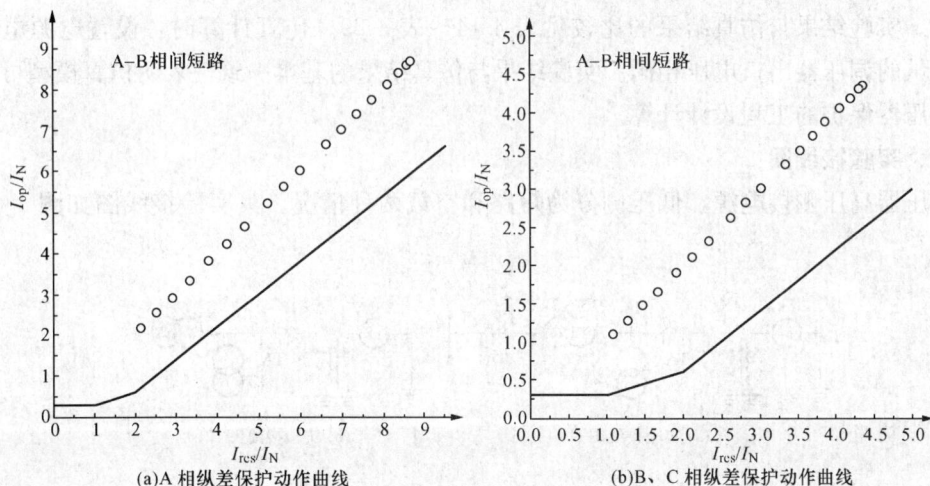

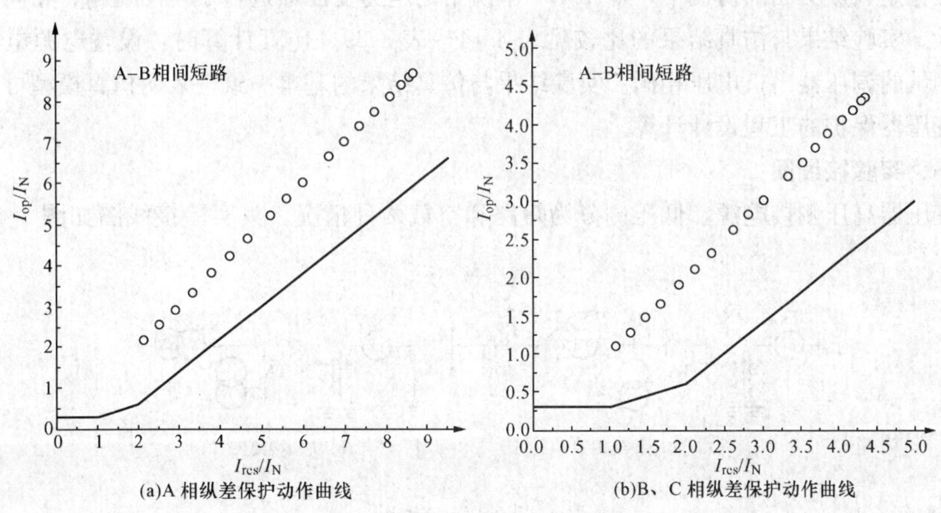

(a)A 相纵差保护动作曲线　(b)B、C 相纵差保护动作曲线

图 4-46　高压绕组 A-B 相间短路时纵差保护动作曲线

四、纵差/零差保护灵敏度分析

按照前面各小节故障点设置的选取方法，本节所仿真的这台普通双绕组变压器可以设

置的内部故障共有450种，其中对地短路21×2×3=126种，匝间短路37×2×3+6×3=240种，相间短路21×2×2=84种。三折线比率制动式纵差保护以及三折线比率制动式零差保护对这450种故障的动作情况统计在表4-13中。其中，非灵敏动作指$1.0<K_{sen}\leqslant1.5$。从表4-13来看，纵差保护的灵敏度还是很让人满意的。对于零差保护，前面的分析已经指出，在这台双绕组变压器高压绕组发生对地短路故障时，虽然零差保护的动作电流很大，但由于采用最大电流制动，在故障点靠近变压器中性点时制动电流基本等于动作电流，造成零差保护对靠近中性点的对地短路故障灵敏度下降。这个问题可以通过恰当选择制动电流以及制动特性来解决。

表4-13　普通双绕组变压器内部短路保护灵敏度情况统计

		对地短路故障	匝间短路故障	相间短路故障	合　计
故障总数		126	240	84	610
纵差保护动作情况	灵敏动作数	126	240	84	610
	非灵敏动作数	0	0	0	0
	灵敏动作率	100%	100%	100%	100%
	拒动率	0%	0%	0%	0%
零差保护动作情况	灵敏动作数	114	—	—	114
	非灵敏动作数	12	—	—	12
	灵敏动作率	90.5%	—	—	90.5%
	拒动率	0%	—	—	0%

4.4.6　实验验证

在保定天威集团的协助下，对4.4.1节所给的电力变压器进行了匝间短路、相间短路的实验。实验结果与仿真结果的比较见表4-14～表4-29。仿真计算时，设置电源电压与实验测试的调压器出口电压相同。实验结果与仿真结果的基本一致性表明仿真模型可以应用于变压器保护的工程设计计算。

一、实验接线图

变压器高压侧接电源，低压侧分为短路和空载两种情况。其实验接线图如图4-47所示。

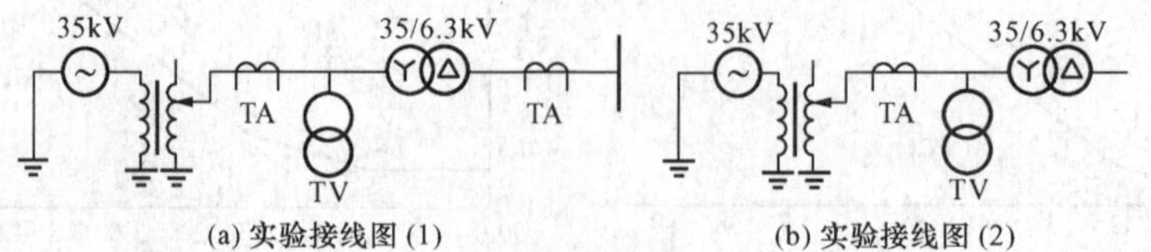

图4-47　实验接线图

二、实验结果与仿真对比

(1) 低压侧短接，变压器无故障时实验结果与仿真结果的比较见表4-14。

表 4-14　　低压侧短路

	$\dot{U}_A$	$\dot{U}_B$	$\dot{U}_C$	$\dot{I}_A$	$\dot{I}_B$	$\dot{I}_C$	$\dot{I}_a$	$\dot{I}_c$
实验值	496.2 ∠0°	475.6 ∠−120.6°	477.8 ∠116.3°	57.1 ∠−90.7°	57.0 ∠149.3°	56.4 ∠29.5°	340.2 ∠−61.3°	339.8 ∠59.3°
仿真结果	489.1 ∠0°	489.1 ∠−120.0°	489.1 ∠120.0°	56.6 ∠−90.0°	56.6 ∠150.0°	56.6 ∠30.0°	337.9 ∠−60.0°	337.9 ∠60.0°

（2）低压侧短接，高压侧不同匝间短路故障时实验结果与仿真结果的比较见表 4-15～表 4-20。

表 4-15　　A相A7与A之间短路

	$\dot{U}_A$	$\dot{U}_B$	$\dot{U}_C$	$\dot{I}_A$	$\dot{I}_B$	$\dot{I}_C$	$\dot{I}_a$	$\dot{I}_c$	$\dot{I}_f$
实验值	580.1 ∠0°	578.0 ∠−116.8°	579.1 ∠115.8°	89.5 ∠−87.9°	75.8 ∠145.1°	74.1 ∠38.5°	403.2 ∠−57.0°	400.2 ∠60.4°	79.6 ∠−87.0°
仿真结果	575.0 ∠0°	575.3 ∠−118.6°	576.3 ∠116.5°	99.9 ∠−90.4°	77.9 ∠139.0°	76.9 ∠39.5°	395.7 ∠−59.4°	391.6 ∠58.3°	91.6 ∠−90.4°

表 4-16　　A相A4与A之间短路

	$\dot{U}_A$	$\dot{U}_B$	$\dot{U}_C$	$\dot{I}_A$	$\dot{I}_B$	$\dot{I}_C$	$\dot{I}_a$	$\dot{I}_c$	$\dot{I}_f$
实验值	563.4 ∠0°	566.0 ∠−118.5°	567.7 ∠115.2°	92.1 ∠−89.5°	75.9 ∠142.1°	73.8 ∠38.1°	392.4 ∠−59.7°	389.0 ∠58.6°	82.4 ∠−88.8°
仿真结果	563.3 ∠0°	559.1 ∠−118.9°	560.0 ∠116.8°	90.5 ∠−90.4°	73.4 ∠141.0°	72.6 ∠37.4°	384.7 ∠−59.4°	380.7 ∠58.3°	81.2 ∠−90.3°

表 4-17　　A相A1与A之间短路

	$\dot{U}_A$	$\dot{U}_B$	$\dot{U}_C$	$\dot{I}_A$	$\dot{I}_B$	$\dot{I}_C$	$\dot{I}_a$	$\dot{I}_c$	$\dot{I}_f$
实验值	521.8 ∠0°	530.3 ∠−116.7°	530.4 ∠114.4°	91.4 ∠−87.9°	72.9 ∠141.8°	70.9 ∠41.1°	365.8 ∠−56.7°	361.3 ∠59.8°	83.3 ∠−87.3°
仿真结果	528.0 ∠0°	531.1 ∠−118.6°	532.1 ∠116.5°	91.8 ∠−90.4°	71.7 ∠139.2°	70.9 ∠39.3°	362.6 ∠−59.0°	358.8 ∠58.0°	84.8 ∠−90.4°

表 4-18　　A相A3与A5之间短路

	$\dot{U}_A$	$\dot{U}_B$	$\dot{U}_C$	$\dot{I}_A$	$\dot{I}_B$	$\dot{I}_C$	$\dot{I}_a$	$\dot{I}_c$	$\dot{I}_f$
实验值	96.9 ∠0°	89.6 ∠−116.2°	90.0 ∠116.3°	13.3 ∠−91.0°	11.8 ∠144.8°	11.3 ∠35.0°	64.0 ∠−60.4°	64.3 ∠56.6°	87.2 ∠−79.8°
仿真结果	90.8 ∠0°	88.8 ∠−119.1°	89.4 ∠117.3°	13.0 ∠−87.8°	11.4 ∠144.8°	10.9 ∠35.8°	61.8 ∠−59.9°	61.4 ∠59.0°	88.1 ∠−78.5°

表 4-19　　A相A6与A7之间短路　　(p.u.)

	$\dot{U}_A$	$\dot{U}_B$	$\dot{U}_C$	$\dot{I}_A$	$\dot{I}_B$	$\dot{I}_C$	$\dot{I}_a$	$\dot{I}_c$	$\dot{I}_f$
实验值	96.3 ∠0°	91.0 ∠−117.9°	92.2 ∠115.7°	12.9 ∠−86.4°	11.9 ∠147.6°	11.2 ∠34.2°	64.4 ∠−59.4°	65.5 ∠59.4°	138.1 ∠−65.5°
仿真结果	94.2 ∠0°	91.5 ∠−119.0°	92.4 ∠117.6°	12.7 ∠−85.8°	11.7 ∠146.9°	10.9 ∠35.1°	64.0 ∠−60.0°	63.8 ∠59.3°	141.8 ∠−63.9°

表 4-20　　**A 相 A 与 X 之间短路**　　(p. u.)

	$\dot{U}_A$	$\dot{U}_B$	$\dot{U}_C$	$\dot{I}_A$	$\dot{I}_B$	$\dot{I}_C$	$\dot{I}_a$	$\dot{I}_c$	$\dot{I}_f$
实验值	215.0 ∠0°	250.4 ∠−114.6°	244.4 ∠110.8°	76.1 ∠−88.0°	48.1 ∠125.8°	45.1 ∠56.0°	158.3 ∠−52.8°	151.7 ∠54.2°	78.3 ∠−88.0°
仿真结果	233.4 ∠0°	258.3 ∠−115.5°	259.2 ∠113.3°	78.7 ∠−90.3°	48.2 ∠124.2°	47.6 ∠54.7°	166.0 ∠−55.9°	164.2 ∠54.6°	78.7 ∠−90.3°

(3) 低压侧短接，高压侧相间短路故障时实验结果与仿真结果的比较见表 4-21～表 4-23。

表 4-21　　**A 相 A1 与 B 相 B1 间短路**　　(p. u.)

	$\dot{U}_A$	$\dot{U}_B$	$\dot{U}_C$	$\dot{I}_A$	$\dot{I}_B$	$\dot{I}_C$	$\dot{I}_a$	$\dot{I}_c$	$\dot{I}_f$
实验值	626.1 ∠0°	608.3 ∠−114.5°	644.5 ∠117.5°	101.2 ∠−79.4°	102.1 ∠145.3°	76.0 ∠33.1°	419.0 ∠−57.3°	446.2 ∠61.0°	77.6 ∠−57.0°
仿真结果	626.0 ∠0°	598.3 ∠−114.2°	651.3 ∠120.4°	104.5 ∠−79.2°	104.7 ∠143.4°	75.9 ∠31.9°	411.9 ∠−57.9°	442.6 ∠59.7°	87.9 ∠−60.5°

表 4-22　　**A 相 A7 与 B 相 B7 间短路**　　(p. u.)

	$\dot{U}_A$	$\dot{U}_B$	$\dot{U}_C$	$\dot{I}_A$	$\dot{I}_B$	$\dot{I}_C$	$\dot{I}_a$	$\dot{I}_c$	$\dot{I}_f$
实验值	479.9 ∠0°	470.8 ∠−111.2°	513.0 ∠121.4°	95.1 ∠−73.4°	96.6 ∠144.0°	60.7 ∠35.0°	315.8 ∠−54.5°	350.7 ∠61.3°	79.1 ∠−54.6°
仿真结果	483.3 ∠0°	461.3 ∠−110.2°	529.2 ∠122.3°	99.4 ∠−74.0°	99.6 ∠142.1°	61.7 ∠33.8°	311.4 ∠−56.0°	354.4 ∠59.9°	86.7 ∠−56.0°

表 4-23　　**A 相 A4 与 B 相 B4 间短路**　　(p. u.)

	$\dot{U}_A$	$\dot{U}_B$	$\dot{U}_C$	$\dot{I}_A$	$\dot{I}_B$	$\dot{I}_C$	$\dot{I}_a$	$\dot{I}_c$	$\dot{I}_f$
实验值	550.3 ∠0°	536.5 ∠−113.9°	574.1 ∠120.8°	97.0 ∠−77.1°	98.1 ∠144.2°	67.8 ∠33.6°	365.9 ∠−57.0°	395.5 ∠60.6°	76.7 ∠−56.7°
仿真结果	543.9 ∠0°	519.6 ∠−112.6°	578.0 ∠121.1°	99.3 ∠−77.0°	99.6 ∠142.7°	67.3 ∠32.7°	355.1 ∠−57.1°	390.4 ∠59.7°	84.1 ∠−57.1°

(4) 低压侧空载，高压侧匝间短路故障时实验结果与仿真结果的比较见表 4-24～表 4-27。

表 4-24　　**A 相 A1 与 A7 之间短路**　　(p. u.)

	$\dot{U}_A$	$\dot{U}_B$	$\dot{U}_C$	$\dot{I}_A$	$\dot{I}_B$	$\dot{I}_C$	$\dot{I}_f$
实验值	202.0 ∠0°	200.0 ∠−122.9°	199.7 ∠122.5°	8.17 ∠−81.8°	4.09 ∠98.2°	4.06 ∠96.4°	88.2 ∠96.4°
仿真结果	201.5 ∠0°	206.1 ∠−118.1°	206.5 ∠116.1°	8.07 ∠−89.1°	4.04 ∠90.7°	4.04 ∠90.7°	85.5 ∠90.9°

表 4-25 A相A3与A5之间短路 (p.u.)

	$\dot{U}_A$	$\dot{U}_B$	$\dot{U}_C$	$\dot{I}_A$	$\dot{I}_B$	$\dot{I}_C$	$\dot{I}_f$
实验值	109.3 ∠0°	103.3 ∠−115.5°	104.9 ∠107.2°	2.96 ∠−79.5°	1.48 ∠104.1°	1.47 ∠105.9°	99.1 ∠−77.7°
仿真结果	107.5 ∠0°	108.1 ∠−118.2°	108.9 ∠116.9°	3.25 ∠−82.0°	1.63 ∠98.0°	1.63 ∠98.0°	103.4 ∠−82.0°

表 4-26 A相A1与A2之间短路 (p.u.)

	$\dot{U}_A$	$\dot{U}_B$	$\dot{U}_C$	$\dot{I}_A$	$\dot{I}_B$	$\dot{I}_C$	$\dot{I}_f$
实验值	111.5 ∠0°	104.3 ∠−113.1°	100.6 ∠114.3°	2.33 ∠−67.7°	1.16 ∠108.7°	1.15 ∠108.7°	148.0 ∠−64.7°
仿真结果	109.4 ∠0°	108.0 ∠−118.1°	109.9 ∠117.8°	2.55 ∠−63.7°	1.27 ∠116.3°	1.27 ∠116.3°	161.9 ∠−63.7°

表 4-27 A相A6与A7之间短路 (p.u.)

	$\dot{U}_A$	$\dot{U}_B$	$\dot{U}_C$	$\dot{I}_A$	$\dot{I}_B$	$\dot{I}_C$	$\dot{I}_f$
实验值	110.7 ∠0°	106.5 ∠−114.7°	101.2 ∠117.2°	2.35 ∠−59.7°	1.17 ∠123.9°	1.17 ∠125.7°	149.2 ∠120.9°
仿真结果	109.3 ∠0°	107.9 ∠−118.1°	109.9 ∠117.8°	2.57 ∠−63.4°	1.28 ∠116.6°	1.28 ∠116.6°	163.3 ∠116.6°

(5) 低压侧空载，高压侧相间短路故障时实验结果与仿真结果的比较见表 4-28、表 4-29。

表 4-28 A相A1与B相B1间短路 (p.u.)

	$\dot{U}_A$	$\dot{U}_B$	$\dot{U}_C$	$\dot{I}_A$	$\dot{I}_B$	$\dot{I}_C$	$\dot{I}_f$
实验值	636.4 ∠0°	628.5 ∠−115.2°	672.8 ∠119.3°	34.3 ∠−56.5°	34.5 ∠124.3°	0.03 ∠−160.7°	80.1 ∠124.0°
仿真结果	658.0 ∠0°	634.3 ∠−113.3°	698.6 ∠121.2°	39.4 ∠−57.8°	39.4 ∠123.3°	0	91.4 ∠121.9°

表 4-29 A相A7与B相B7间短路 (p.u.)

	$\dot{U}_A$	$\dot{U}_B$	$\dot{U}_C$	$\dot{I}_A$	$\dot{I}_B$	$\dot{I}_C$	$\dot{I}_f$
实验值	489.1 ∠0°	487.2 ∠−113.0°	541.6 ∠118.7°	45.9 ∠−54.3°	46.3 ∠126.1°	0.03 ∠61.2°	81.1 ∠126.0°
仿真结果	487.3 ∠0°	469.1 ∠−108.5°	548.9 ∠123.5°	49.2 ∠−55.3°	49.2 ∠125.4°	0	86.2 ∠125.0°

4.5 自耦电力变压器内部短路故障仿真分析

本节对一台自耦电力变压器进行内部短路故障的仿真分析。仿真建模的方法同第 4.4

节。超高压变压器多采用自耦变压器或自耦有载调压变压器，而自耦变压器有区别于普通多绕组变压器的电气特征，所以值得单独分析。

4.5.1 变压器结构及参数

该变压器是三相三柱式三绕组自耦变压器，接线组别为 YN，a0，d11，额定容量为120000kVA，额定电压为 220kV/110kV/22kV。其相绕组的空间位置关系及电气连接如图 4-48 所示。

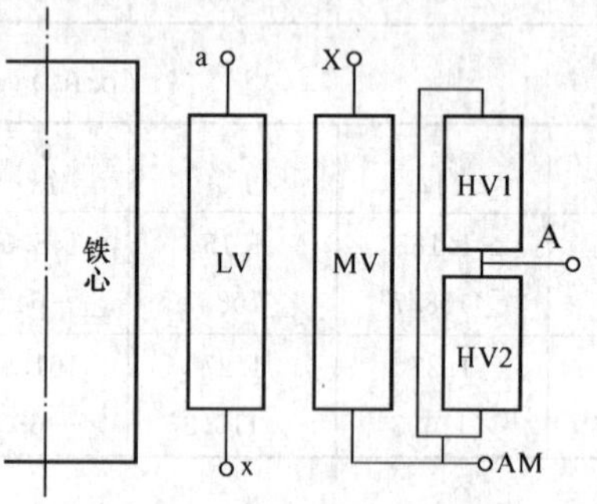

图 4-48 自耦变压器相绕组布置及电气连接

高压绕组（亦称串联绕组）中部进线，上、下半柱（标以 HV1、HV2）并联；高压绕组与中压绕组（亦称公共绕组，标以 MV）自耦连接。高压绕组为纠结式线圈，共 2×36 个线饼，2×600 匝，每饼最少 13 匝，最多 18 匝。中压绕组为纠结连续式线圈，共 78 个线饼，662 匝，每饼最少 6.5 匝，最多 9 匝。低压绕组为连续式线圈，共 76 个线饼，220 匝，每饼平均约 3 匝。高压下半柱线饼编号依次为 0，1，2，…，35，上半柱与之对称。

4.5.2 高压绕组接地短路故障分析

由于变压器连接组别为 YN，a0，d11，因此不考虑低压绕组内发生对地短路故障的情况。中压绕组位于高、低压绕组之间，因此也不考虑中压绕组对地短路故障的情况。

与第 4.4 节相同，下面的仿真中只考虑高压绕组向外油道连线处发生接地短路故障，所以最多可以设置 2×20 个接地故障点。

仿真的条件是，变压器高压侧接额定电压、内阻为 0.2jp.u. 的电源，中、低压侧开

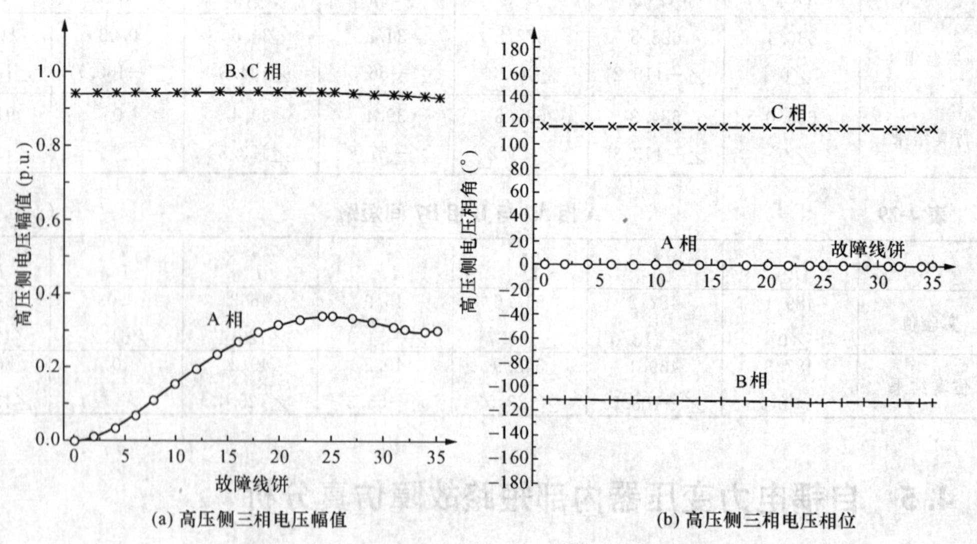

图 4-49 高压绕组依次接地短路时高压侧三相电压幅值和相位变化情况

路。故障设置在A相高压绕组下半柱。

图4-49～图4-51分别给出了接地点自高压绕组首端向高压绕组末端移动时，变压器三相高压绕组、中压绕组和中压绕组电压变化情况。其中图4-49（a）、图4-50（a）和图4-51（a）为电压幅值变化情况，横坐标为故障点所在线饼号，纵坐标为电压有效值（以下同）；图4-49（b）、图4-50（b）和图4-51（b）为电压相位变化情况。

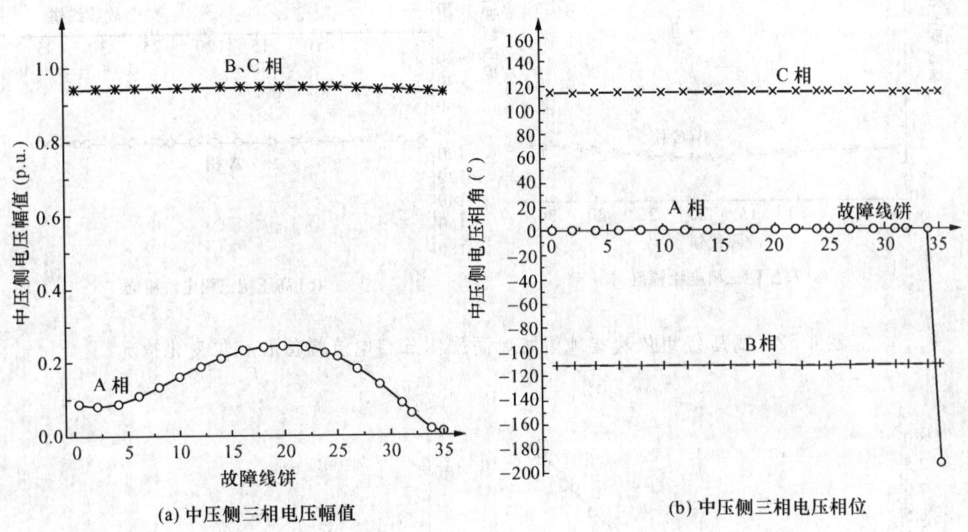

(a) 中压侧三相电压幅值　　(b) 中压侧三相电压相位

图4-50　高压绕组依次接地短路时中压侧三相电压幅值和相位变化情况

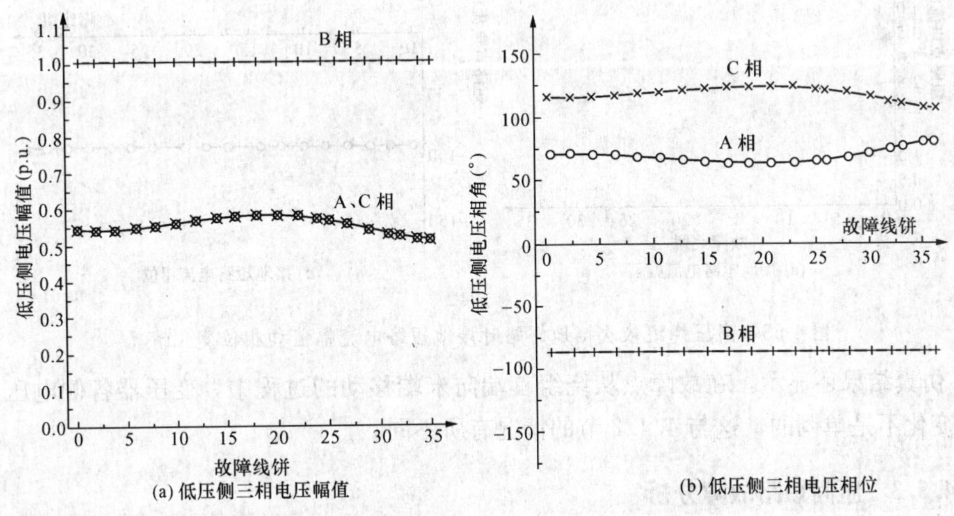

(a) 低压侧三相电压幅值　　(b) 低压侧三相电压相位

图4-51　高压绕组依次接地短路时低压侧三相电压幅值和相位变化情况

图4-52和图4-53分别给出了高压绕组接地点自首端向末端移动时，变压器三相高压绕组电流和接地短路电流变化情况，其中图4-52（a）和图4-53（a）为电流幅值变化情况，图4-52（b）和图4-53（b）为电流相位变化情况。接地短路电流的正方向定义为从故障点指向地。

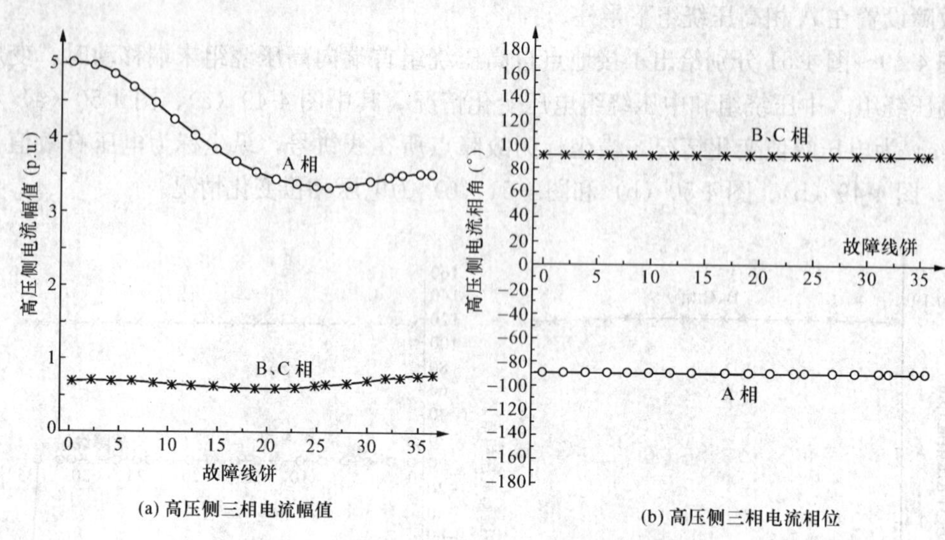

图 4-52 高压绕组依次接地短路时高压侧三相电流幅值和相位变化情况

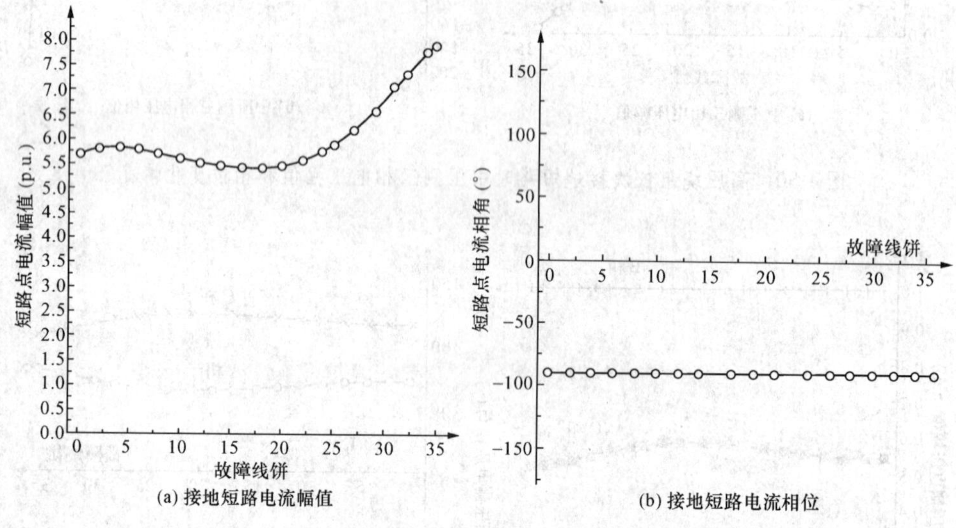

图 4-53 高压绕组依次接地短路时接地短路电流幅值和相位变化情况

仿真结果还显示，在故障点从绕组首端向末端移动的过程中，变压器各侧电压、电流的变化不是单调的，这与 4.4.2 节的情况有所不同。

4.5.3 匝间短路故障分析

本例变压器三个绕组均为饼式线圈，因此三个绕组都有可能发生线饼之间的匝间短路故障。前面已经提到过，对于饼式线圈，匝间短路故障一般发生在油道开口处。不同结构形式的饼式线圈，其发生匝间短路故障的情况也不尽相同。若饼式线圈单饼匝数为 n，则连续式线圈向内、向外油道开口处发生匝间短路的匝数为 $2n$；纠结式线圈向外、向内油道发生匝间短路的匝数分别为 $2n$ 和 $3n$。按照这种考虑来设置线饼之间的匝间短路，则高

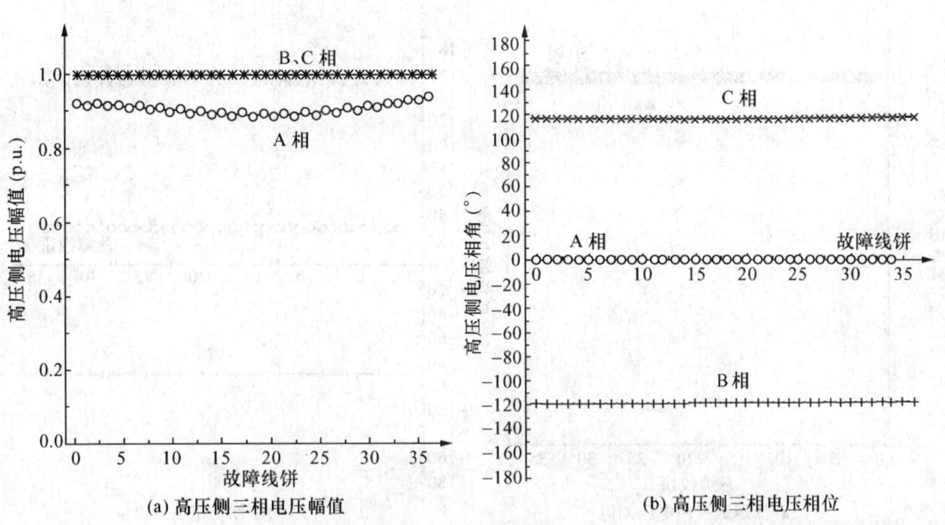

图 4-54 高压绕组依次饼间短路时高压侧三相电压幅值和相位变化情况

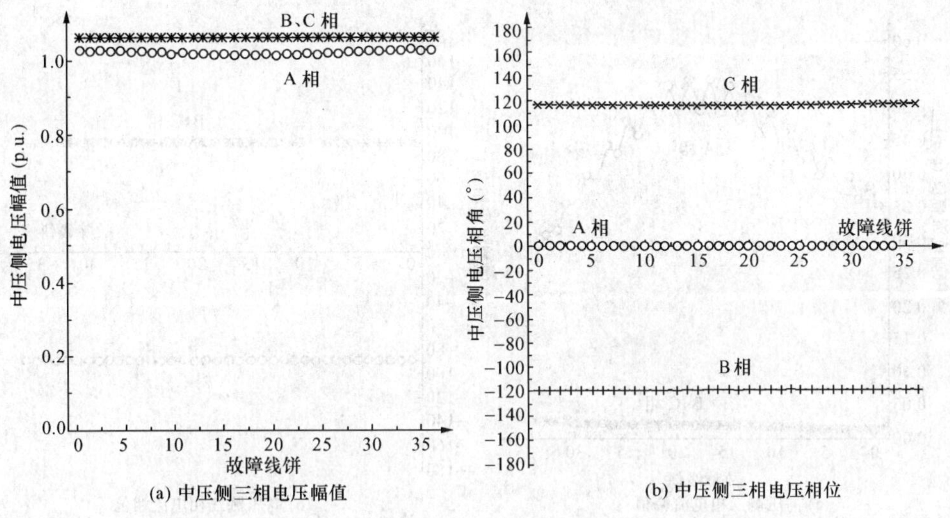

图 4-55 高压绕组依次饼间短路时中压侧三相电压幅值和相位变化情况

压绕组可设置 2×35 个匝间短路，中压绕组可设置 77 个匝间短路，低压绕组可设置 75 个匝间短路。这种匝间短路本节以下统称饼间短路。

一、高压绕组下半柱发生饼间短路

图 4-54 至图 4-56 分别给出了饼间短路自高压绕组下半柱首端向末端移动时，变压器三相高压绕组、中压绕组和低压绕组电压变化情况，其中图 4-54（a）、图 4-55（a）和图 4-56（a）为电压幅值变化情况，图 4-54（b）、图 4-55（b）和图 4-56（b）为电压相位变化情况。

图 4-57 和图 4-58 分别给出了高压绕组下半柱饼间开口处发生饼间短路自首端向末端移动时，变压器三相高压绕组电流和短路回路电流变化情况，其中图 4-57（a）和图 4-58

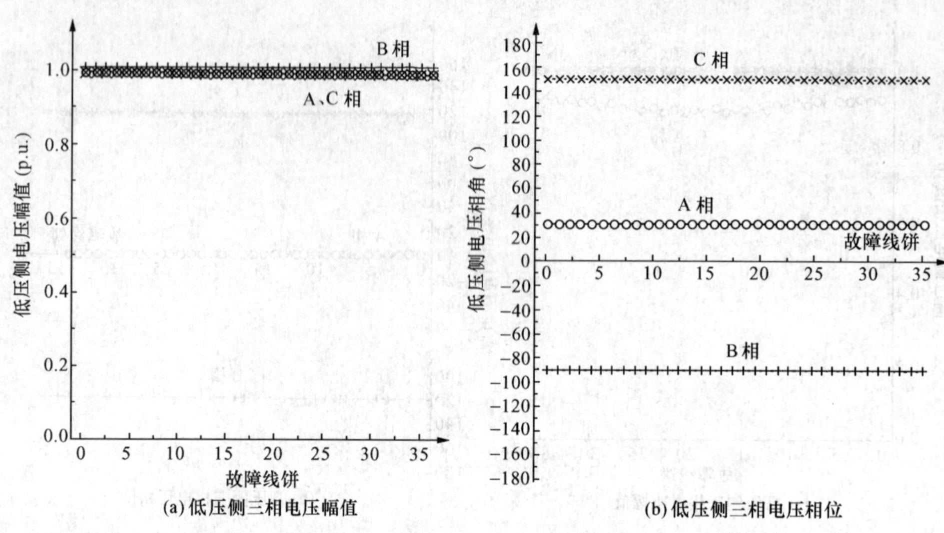

(a) 低压侧三相电压幅值　　(b) 低压侧三相电压相位

图 4-56　高压绕组依次饼间短路时低压侧三相电压幅值和相位变化情况

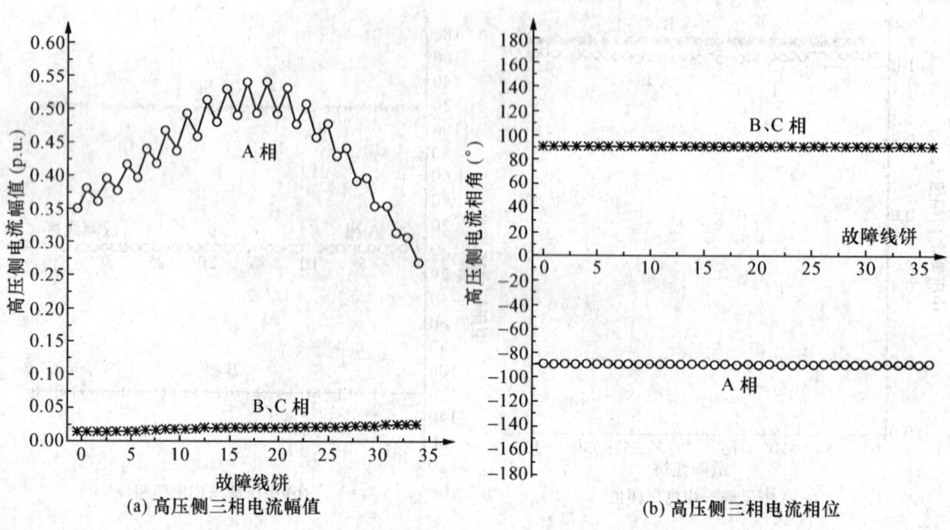

(a) 高压侧三相电流幅值　　(b) 高压侧三相电流相位

图 4-57　高压绕组依次饼间短路时高压侧三相电流幅值和相位变化情况

（a）为电流幅值变化情况，图 4-57（b）和图 4-58（b）为电流相位变化情况。匝间短路回路电流的正方向定义为外短路支路中从电压高端线匝指向电压低端线匝。由于高压绕组为纠结式线圈，短路匝数依次为 $2n$、$3n$ 重复，所以故障相高压绕组的电流有锯齿状变化。

二、中压绕组发生饼间短路

图 4-59～图 4-61 分别给出了中压绕组发生饼间短路自首端向末端移动时变压器三相高压绕组、中压绕组和低压绕组电压变化情况，其中图 4-59（a）、图 4-60（a）和图 4-61（a）为电压幅值变化情况，图 4-59（b）、图 4-60（b）和图 4-61（b）为电压相位变化情况。

图 4-62 和图 4-63 分别给出了中压绕组发生饼间短路自首端向末端移动时，变压器三

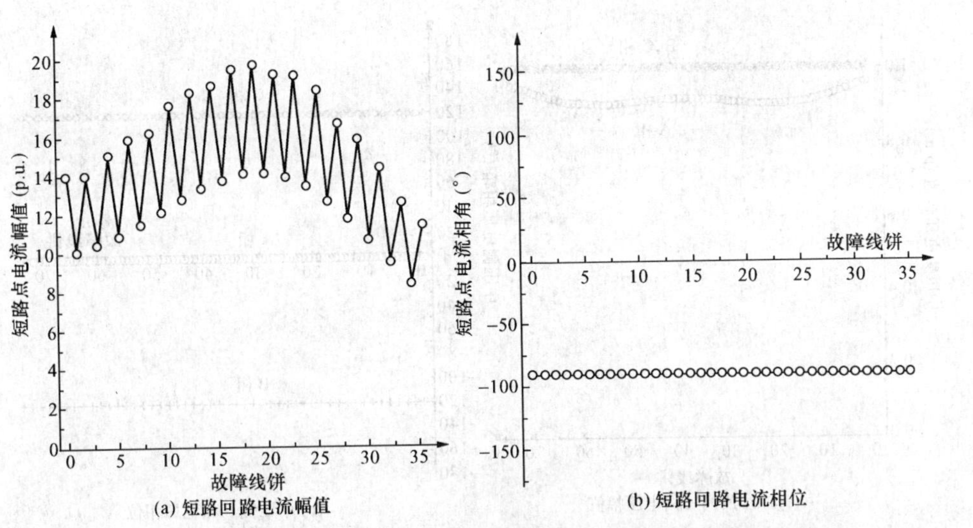

图 4-58 高压绕组依次饼间短路时短路回路电流幅值和相位变化情况

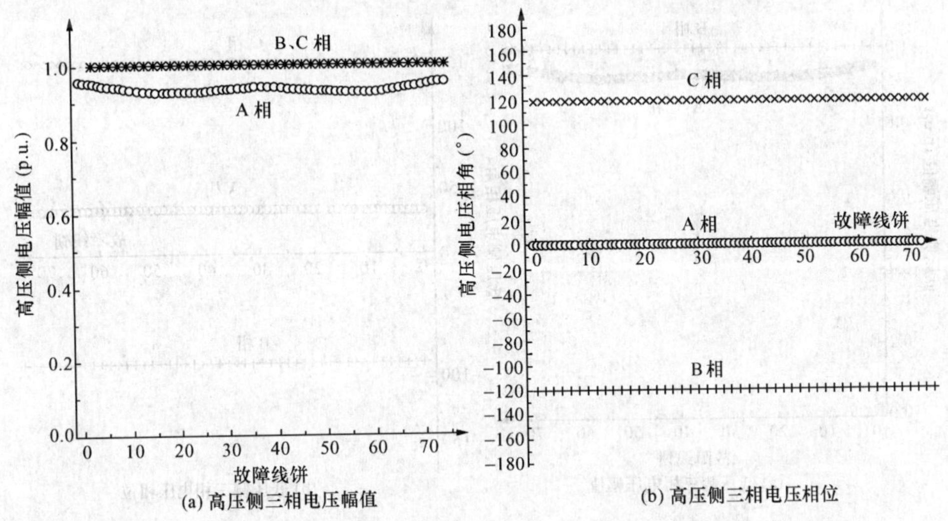

图 4-59 中压绕组依次饼间短路时高压侧三相电压幅值和相位变化情况

相高压绕组电流和短路回路电流变化情况，其中图 4-62（a）和图 4-63（a）为电流幅值变化情况，图 4-62（b）和图 4-63（b）为电流相位变化情况。饼间短路回路电流的正方向定义为外短路支路中从电压高端线匝指向电压低端线匝。

在中压绕组发生饼间短路时，其特征是随着故障点自首端向末端移动，相电压、电流出现了两个波峰，位置分别在中压绕组约 1/4 和 3/4 处。这是因为高压绕组为中部进线，上下对称，所以对中压绕组饼间短路的响应也呈现出明显的对称性。

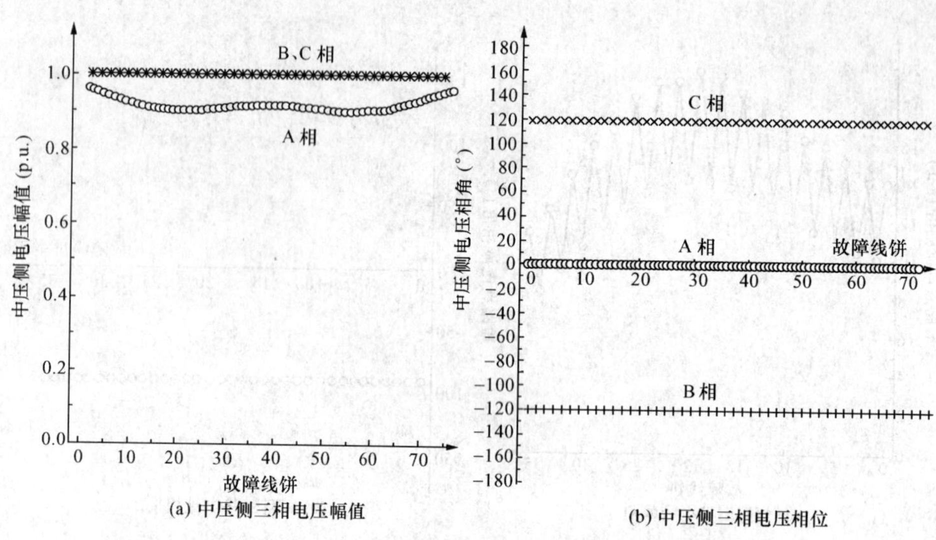

图 4-60　中压绕组依次饼间短路时中压侧三相电压幅值和相位变化情况

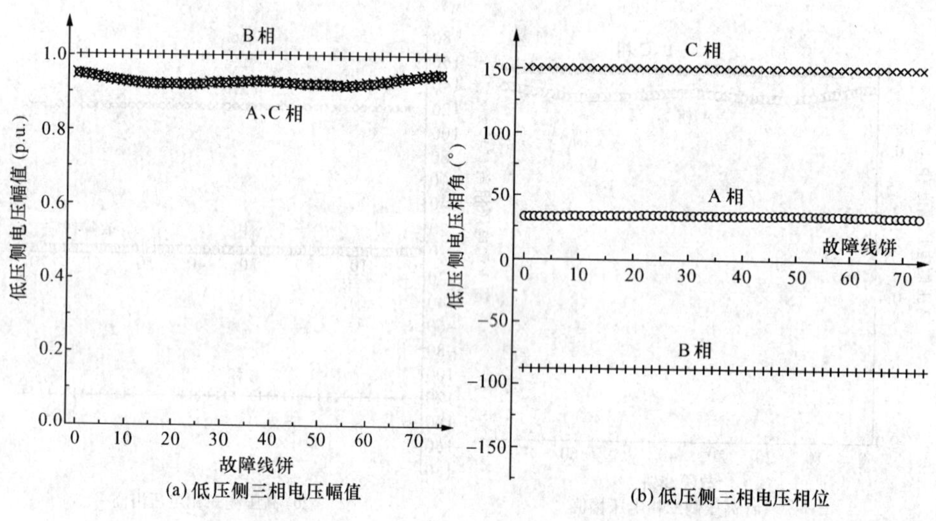

图 4-61　中压绕组依次饼间短路时低压侧三相电压幅值和相位变化情况

三、低压绕组发生饼间短路

图 4-64～图 4-66 分别给出了低压绕组饼间短路自首端向末端移动时，变压器三相高压绕组、中压绕组和低压绕组电压变化情况，其中图 4-64（a）、图 4-65（a）和图 4-66（a）为电压幅值变化情况，图 4-64（b）、图 4-65（b）和图 4-66（b）为电压相位变化情况。

图 4-67 和图 4-68 分别给出了低压绕组饼间开口处发生饼间短路自首端向末端移动时，变压器三相高压绕组电流和短路回路电流变化情况，其中图 4-67（a）和图 4-68（a）

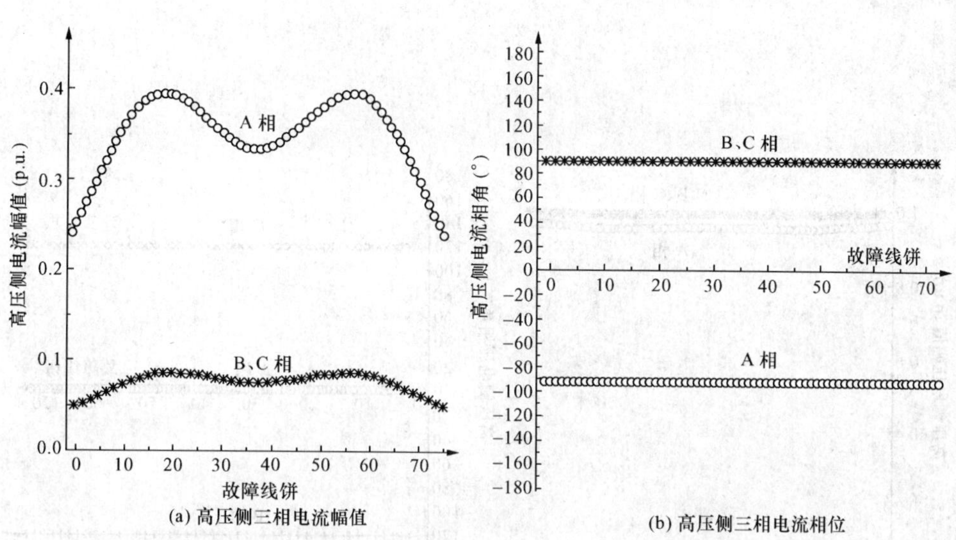

图 4-62　中压绕组依次饼间短路时高压侧三相电流幅值和相位变化情况

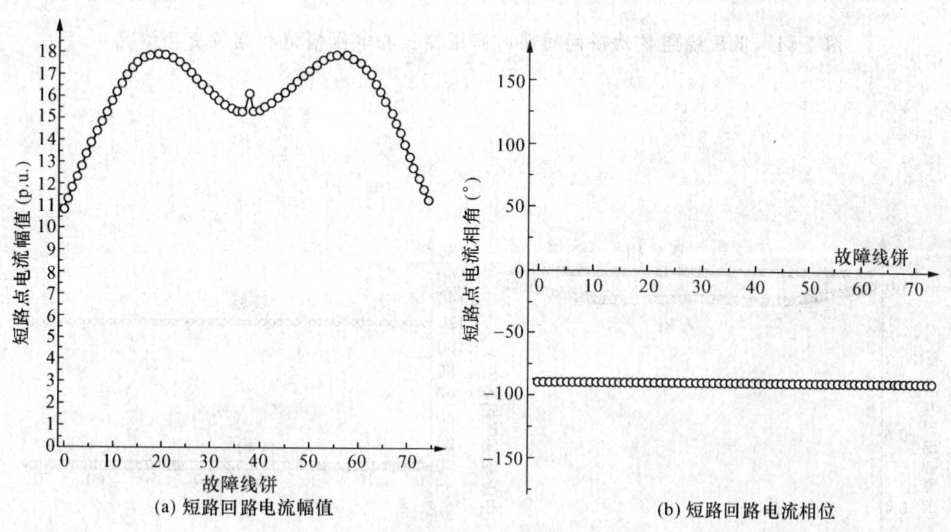

图 4-63　中压绕组依次饼间短路时短路回路电流幅值和相位变化情况

为电流幅值变化情况，图 4-67（b）和图 4-68（b）为电流相位变化情况。饼间短路回路电流的正方向定义为外短路支路中从电压高端线匝指向电压低端线匝。

低压绕组设置饼间短路时，随着故障点的移动，电压、电流响应中同样出现对称的波峰，这与前面的中压绕组设置饼间短路出现的电压、电流响应的情况是一致的。在电压、电流的响应中尤其是短路点电流存在明显“毛刺”，这主要是因为低压绕组每个线饼只有2～3 匝数，且为分数匝所引起的。低压侧电压出现了明显的不规则扰动，这是由于在仿真中，低压绕组是通过大电阻负载引入参考电位，带来一定的计算误差。

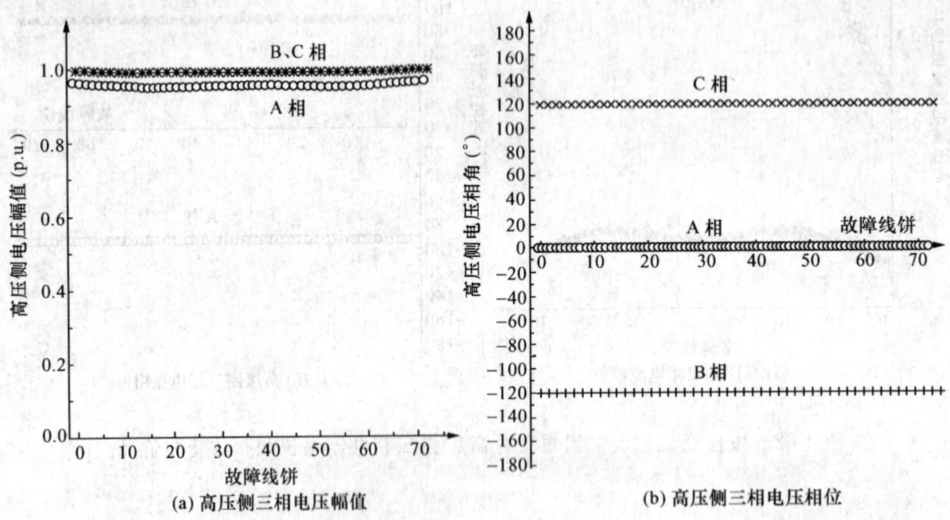

图 4-64　低压绕组依次饼间短路时高压侧三相电压幅值和相位变化情况

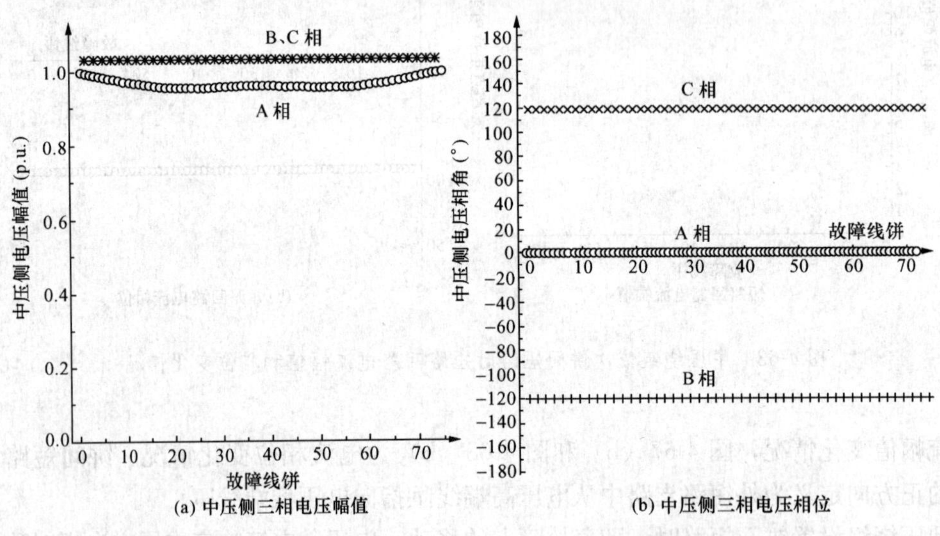

图 4-65　低压绕组依次饼间短路时中压侧三相电压幅值和相位变化情况

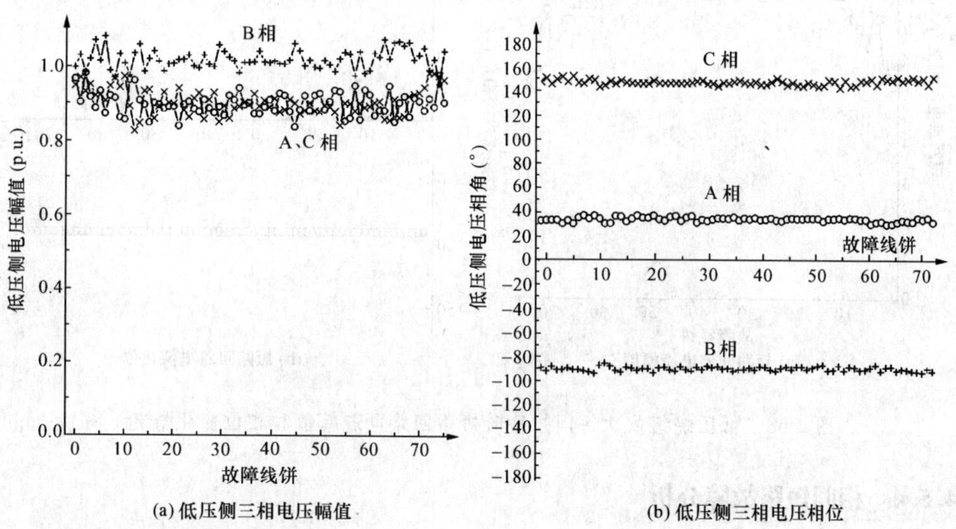

(a) 低压侧三相电压幅值　　　　(b) 低压侧三相电压相位

图 4-66　低压绕组依次饼间短路时低压侧三相电压幅值和相位变化情况

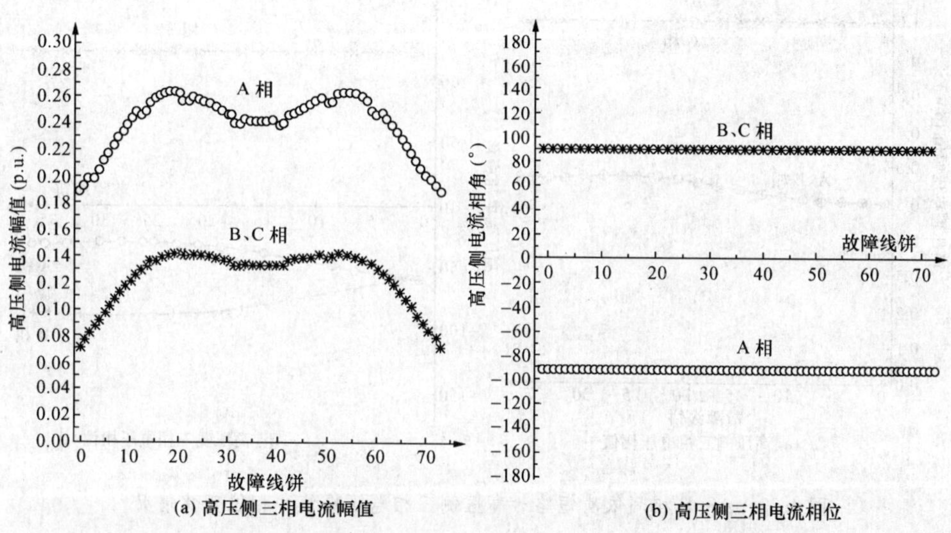

(a) 高压侧三相电流幅值　　　　(b) 高压侧三相电流相位

图 4-67　低压绕组依次饼间短路时高压侧三相电流幅值和相位变化情况

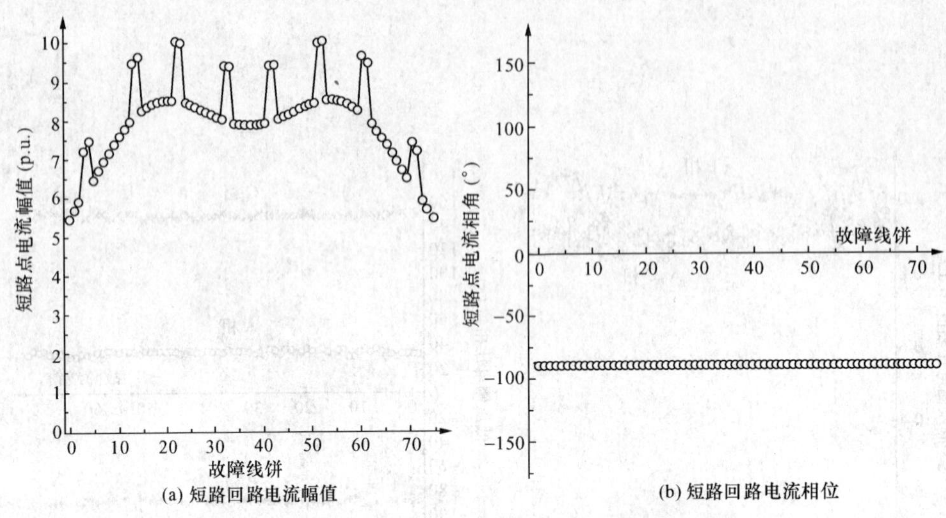

(a) 短路回路电流幅值　　(b) 短路回路电流相位

图 4-68　低压绕组依次饼间短路时短路回路电流幅值和相位变化情况

4.5.4　相间短路故障分析

相间短路只可能发生在相邻相的两个高压绕组相同线饼最外侧线匝间。高压绕组有 2×36 个线饼，两相间可以设置 2×20 个相间短路。下面只给出 A-B 相间短路的仿真结果。

图 4-69～图 4-71 分别给出了 A－B 相高压绕组发生相间短路自首端向末端移动时，

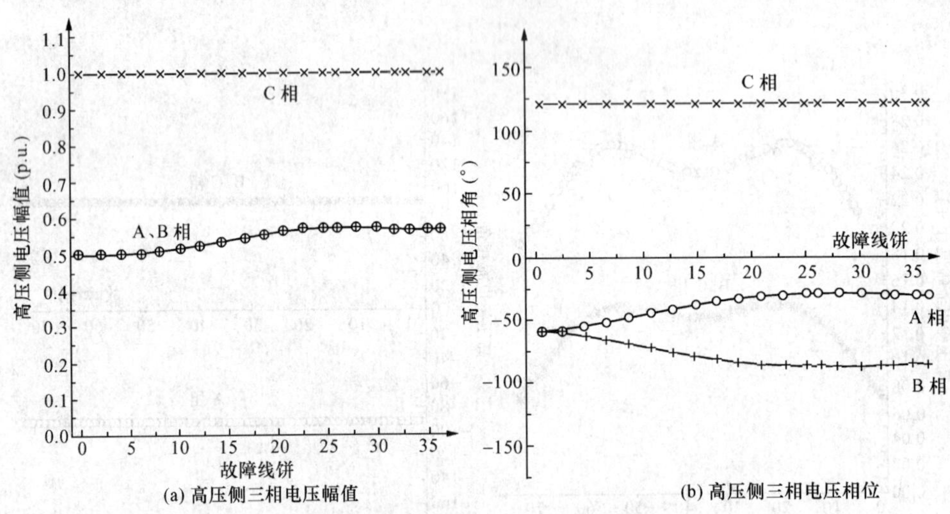

(a) 高压侧三相电压幅值　　(b) 高压侧三相电压相位

图 4-69　A—B 相间依次短路时高压侧三相电压幅值和相位变化情况

变压器三相高压绕组、中压绕组和低压绕组电压变化情况，其中图 4-69（a）、图 4-70（a）和图 4-71（a）为电压幅值变化情况，图 4-69（b）、图 4-70（b）和图 4-71（b）为电压相位变化情况。

图 4-72 和图 4-73 分别给出了 A-B 相间短路自首端向末端移动时，变压器三相高压绕

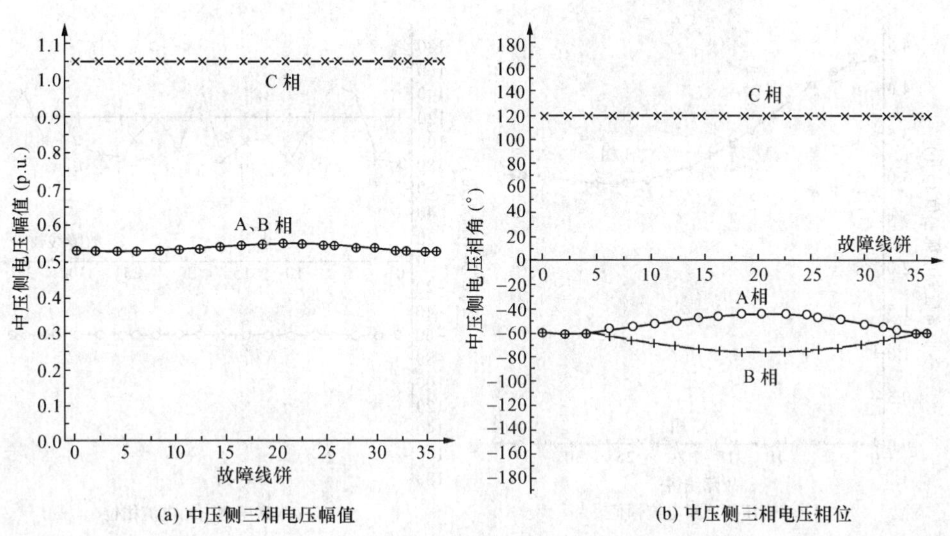

图 4-70 A—B 相间依次短路时中压侧三相电压幅值和相位变化情况

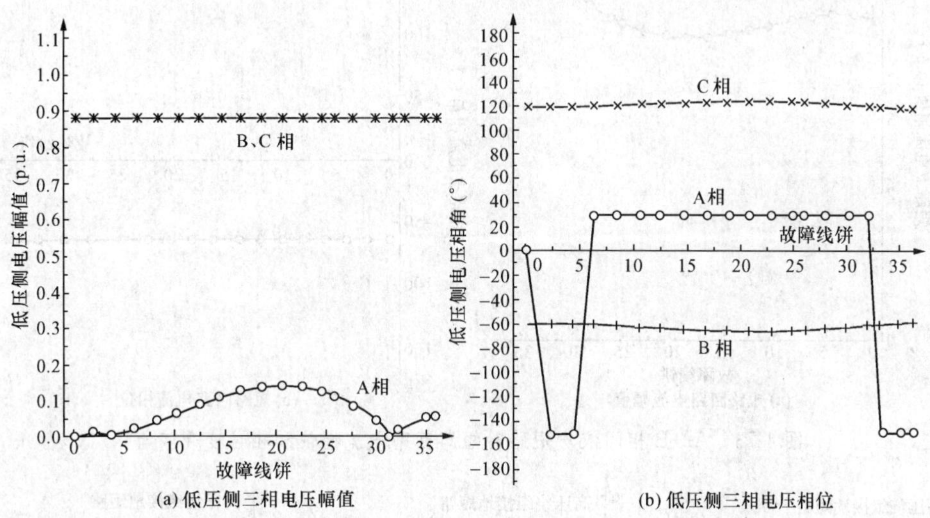

图 4-71 A—B 相间依次短路时低压侧三相电压幅值和相位变化情况

组电流和短路回路电流变化情况，其中图 4-72（a）和图 4-73（a）为电流幅值变化情况，图 4-72（b）和图 4-73（b）为电流相位变化情况。相间短路回路电流的正方向定义为外短路支路中从 A 相指向 B 相。

4.5.5 纵差保护和零差保护灵敏度分析

图 4-74（a）和图 4-74（b）给出了 A 相高压绕组出现对地短路时，A、C 两相纵差保护动作曲线。可见，在低压侧空载、高压侧发生单相对地短路故障时，三折线比率制动式纵差保护能够正确动作。

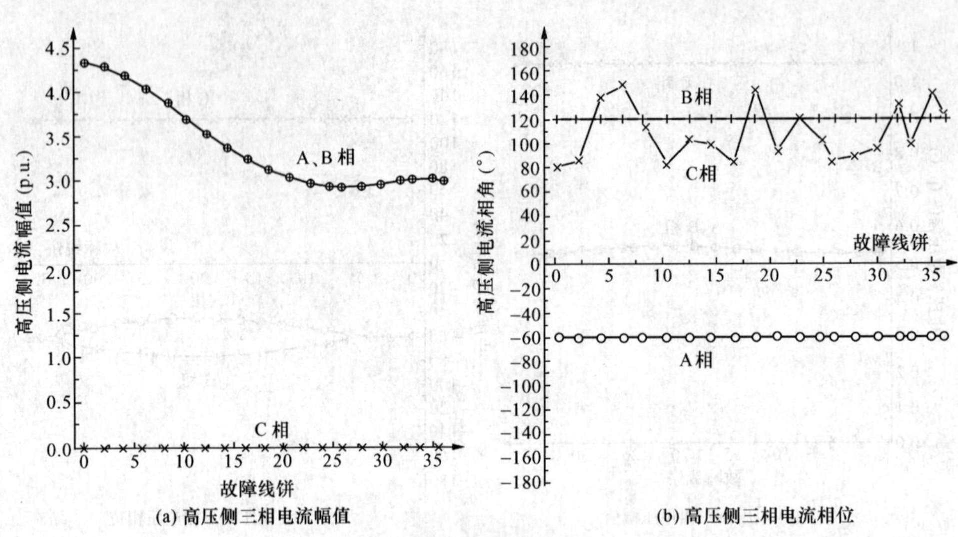

(a) 高压侧三相电流幅值　(b) 高压侧三相电流相位

图 4-72　A—B 相间依次短路时高压侧三相电流幅值和相位变化情况

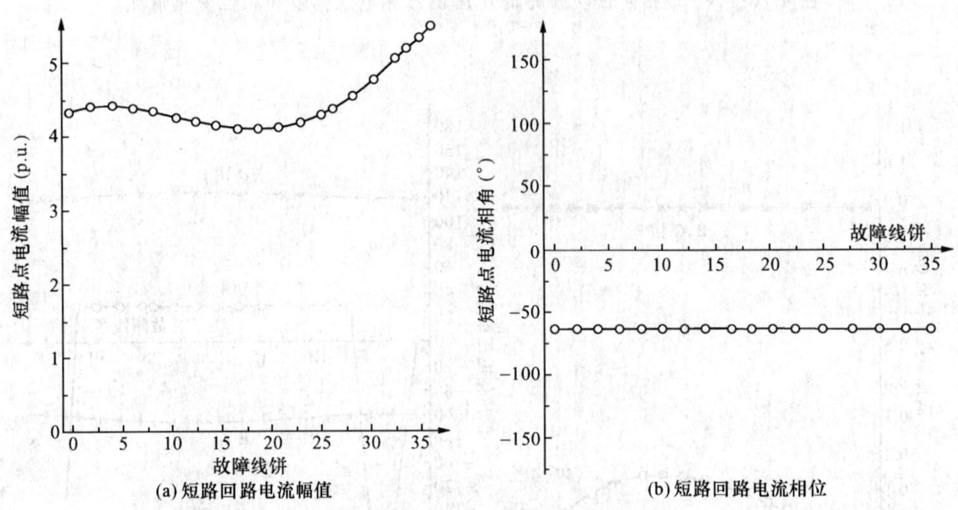

(a) 短路回路电流幅值　(b) 短路回路电流相位

图 4-73　A—B 相间依次短路时短路回路电流幅值和相位变化情况

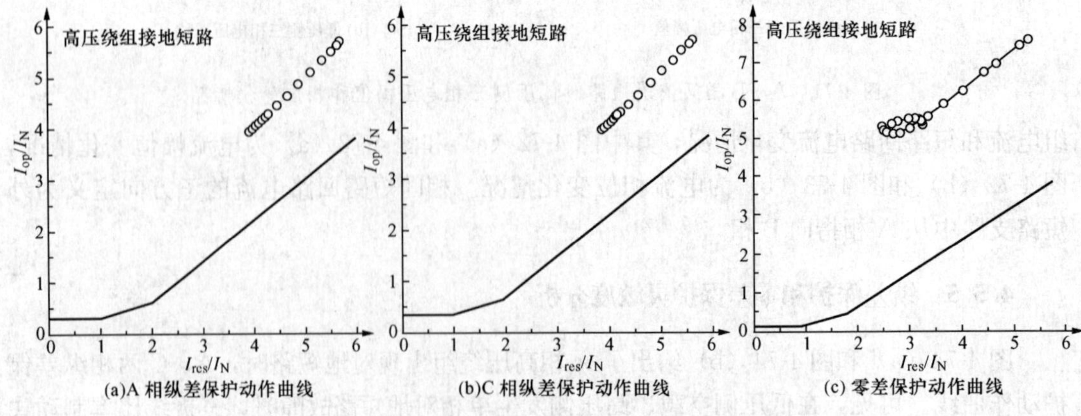

(a)A 相纵差保护动作曲线　(b)C 相纵差保护动作曲线　(c) 零差保护动作曲线

图 4-74　高压绕组对地短路时差动保护动作曲线

图 4-74（c）给出了零差保护的动作曲线。可见零差保护的灵敏度很高。这是因为高压绕组与中压绕组为自耦接法，发生在高压绕组末端的故障距中性点仍很远。

图 4-75～图 4-77 分别给出了 A 相高压绕组下半柱、中压绕组、低压绕组发生饼间短路时，A、C 两相纵差保护动作曲线。可见，在低压侧空载，高压侧、中压侧、低压侧分别发生饼间短路时，三折线比率制动式纵差保护的灵敏度堪忧，个别情况可能拒动。

图 4-78 给出了 A-B 相间短路时，A、C 两相纵差保护动作曲线。可见，在低压侧空载、A-B 相间短路时，三折线比率制动式纵差保护能够正确动作。

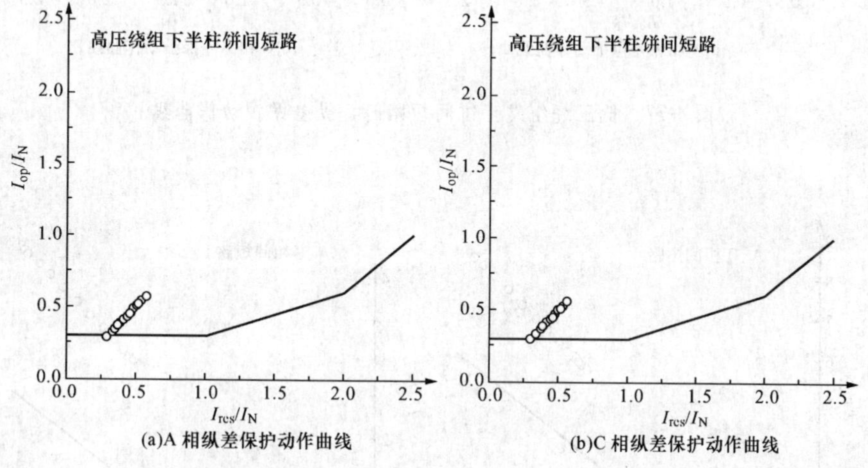

图 4-75　高压绕组下半柱发生饼间短路时，纵差保护动作曲线

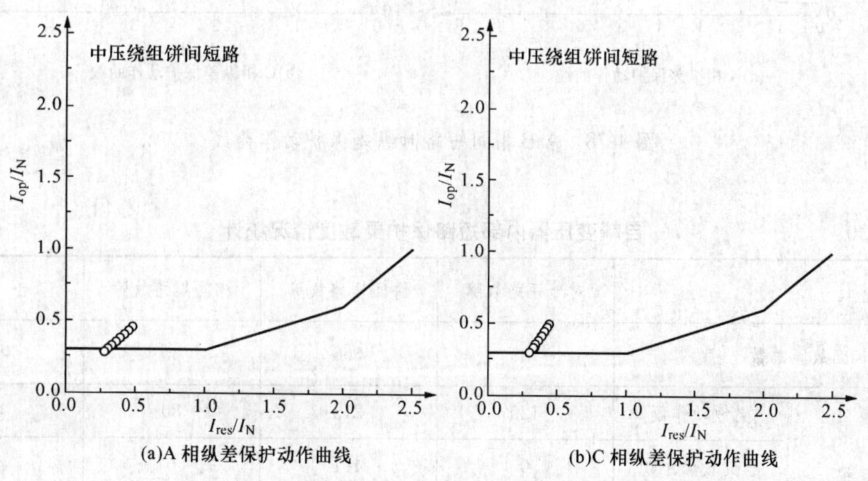

图 4-76　中压绕组发生饼间短路时，纵差保护动作曲线

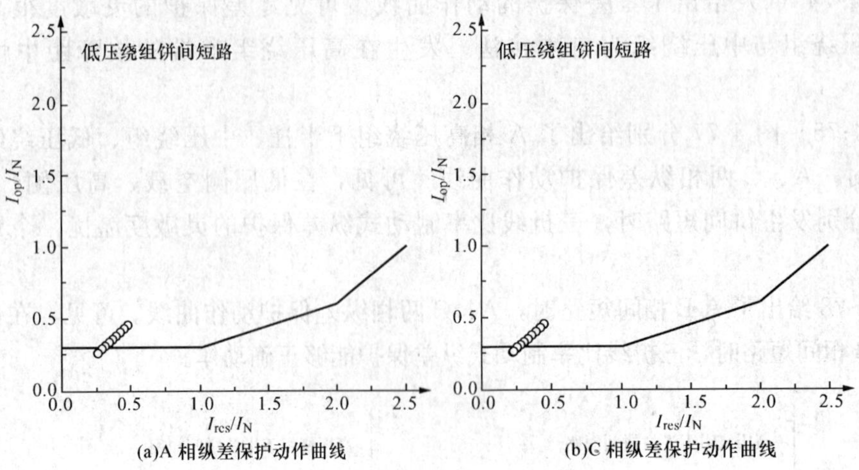

(a)A 相纵差保护动作曲线　　(b)C 相纵差保护动作曲线

图 4-77　低压绕组发生饼间短路时，纵差保护动作曲线

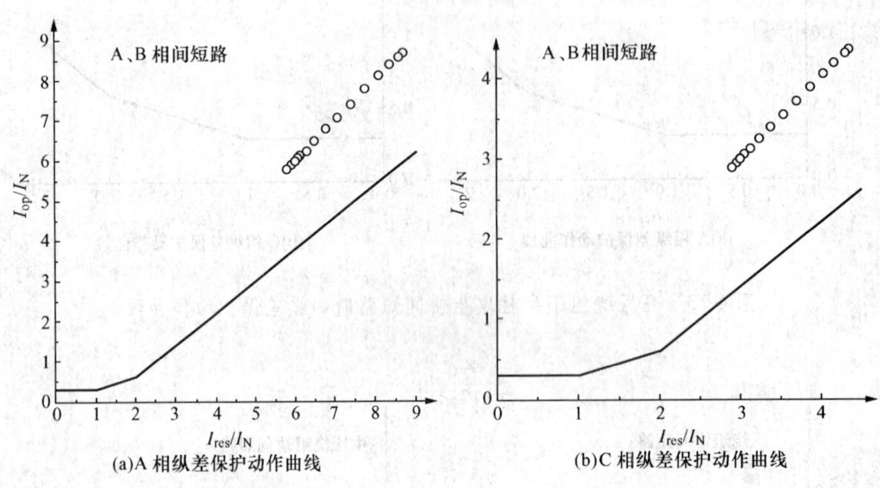

(a)A 相纵差保护动作曲线　　(b)C 相纵差保护动作曲线

图 4-78　A-B 相间短路时纵差保护动作曲线

表 4-30　　自耦变压器内部短路保护灵敏度情况统计

		对地短路故障	饼间短路故障	相间短路故障	合　计
故障总数		120	666	80	866
纵差保护动作情况	灵敏动作数	120	213	80	413
	非灵敏动作数	0	411	0	411
	灵敏动作率	100%	32.0%	100%	47.7%
	拒动率	0%	6.31%	0%	4.85%

续表

		对地短路故障	饼间短路故障	相间短路故障	合　计
故障总数		120	666	80	866
零差保护动作情况	灵敏动作数	120	—	—	120
	非灵敏动作数	0	—	—	0
	灵敏动作率	100%	—	—	100%
	拒动率	0%	—	—	0%

综上所述，这台自耦变压器在仿真中可以设置的内部故障共有866个，其中对地短路120个，饼间短路666个，相间短路80个。三折线比率制动式纵差保护以及三折线比率制动式零差保护对这些故障的动作情况分析结果汇总在表4-30中。可见，对于该自耦变压器，纵差保护对于接地故障和相间短路故障的灵敏度还是令人满意的；对于饼间短路故障，有可能发生拒动。对分别发生在高压、中压、低压绕组的线饼之间的饼间短路，纵差保护都存在保护死区，其中发生在低压绕组的饼间短路，纵差拒动率高达13.3%(10/75)，而且灵敏动作数为零。对于发生在线饼之内的匝间短路，由于短路匝数更少，纵差保护可能起不到保护的作用。

4.6　双侧供电的自耦变压器内部短路故障仿真分析

本节以4.5节所给的自耦变压器为对象，对双侧供电变压器内发生内部故障进行仿真分析。变压器高、中压侧分别接电源，电源电压均为额定值，高、中压侧电源内阻分别为0.1j、0.2j（p.u.）；低压侧开路。由于低压侧为三角形接线且空载，没有参考节点，所以仿真中仍用星形中性点接地的对称大电阻负载（阻值$>10^5\Omega$）模拟空载，以解决参考电位问题。

4.6.1　高压绕组接地短路故障分析

图4-79～图4-81分别给出了接地点自高压绕组下半柱首端向末端移动时，变压器三相高压绕组、中压绕组、低压绕组电压变化情况，其中图4-79（a）、图4-80（a）和图4-81（a）为电压幅值变化情况，图4-79（b）、图4-80（b）和图4-81（b）为电压相位变化情况。

图4-82～图4-84分别给出了接地点自高压下半柱绕组首端向末端移动时，变压器三相高压绕组、中压绕组电流和接地短路电流变化情况，其中图4-82（a）、图4-83（a）和图4-84（a）为电流幅值变化图，图4-82（b）、图4-83（b）和图4-84（b）为电流相位变化情况。接地短路电流的正方向定义为从故障点指向地。

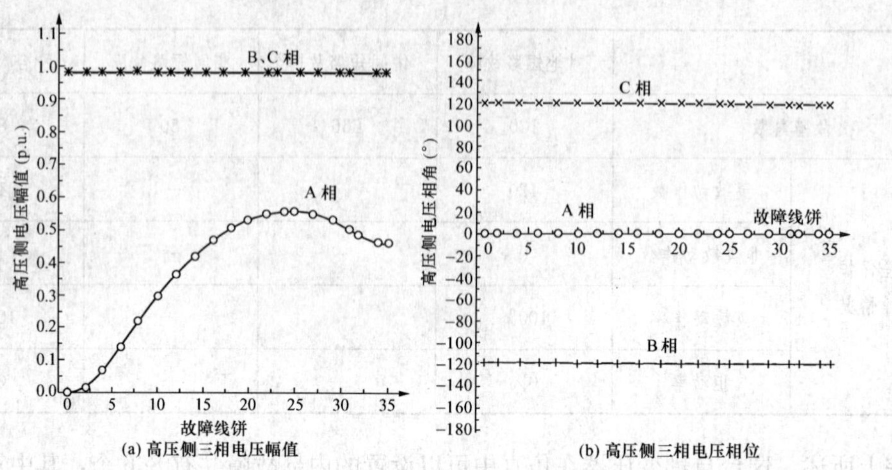

图4-79　高压绕组依次接地短路时高压侧三相电压幅值和相位变化情况

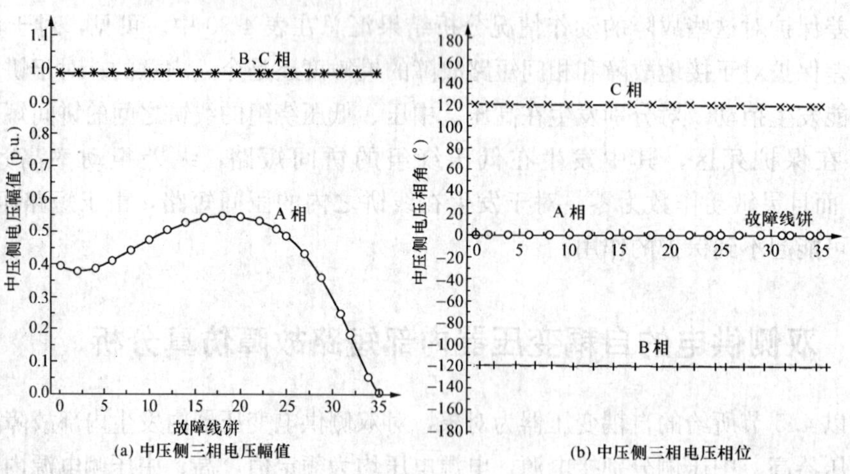

图4-80　高压绕组依次接地短路时中压侧三相电压幅值和相位变化情况

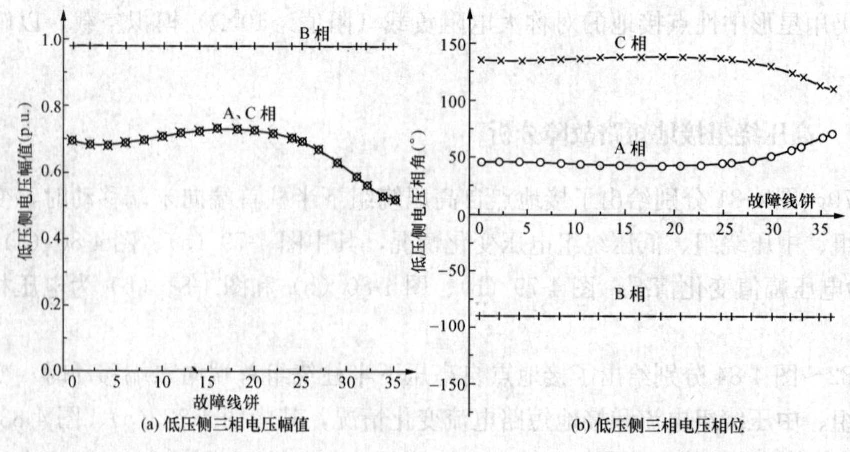

图4-81　高压绕组依次接地短路时低压侧三相电压幅值和相位变化情况

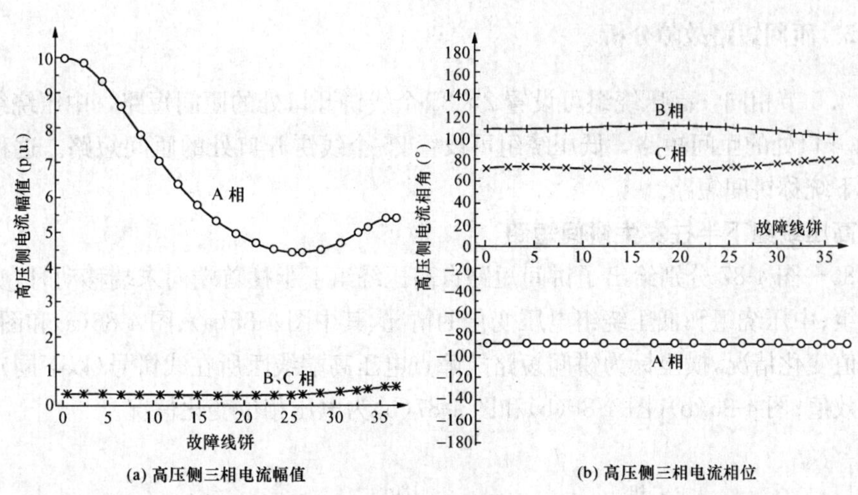

(a) 高压侧三相电流幅值　(b) 高压侧三相电流相位

图 4-82　高压绕组依次接地短路时高压侧三相电流幅值和相位变化情况

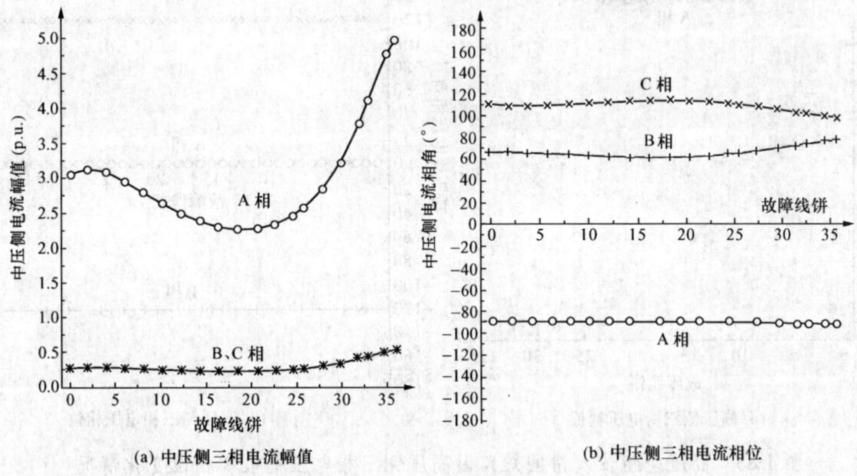

(a) 中压侧三相电流幅值　(b) 中压侧三相电流相位

图 4-83　高压绕组依次接地短路时中压侧三相电流幅值和相位变化情况

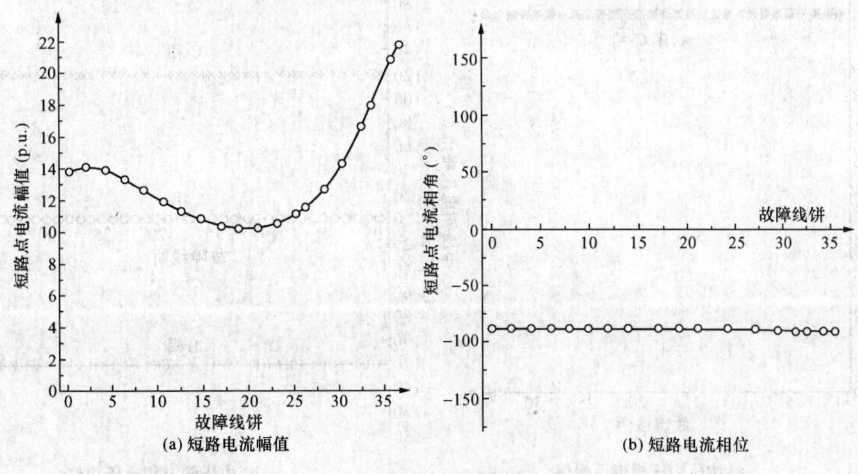

(a) 短路电流幅值　(b) 短路电流相位

图 4-84　高压绕组依次接地短路时短路电流幅值和相位变化情况

4.6.2 匝间短路故障分析

与第 4.5 节相同，高压绕组可设置 2×35 个线饼开口处的匝间短路，中压绕组可设置 77 个线饼开口处的匝间短路，低压绕组可设置 75 个线饼开口处的匝间短路。这种匝间短路本节以下统称饼间短路。

一、高压绕组下半柱发生饼间短路

图 4-85～图 4-87 分别给出了饼间短路自高压绕组下半柱首端向末端移动时，变压器三相高压绕组、中压绕组和低压绕组电压变化的情况，其中图 4-85(a)、图 4-86(a)和图 4-87(a)为电压幅值变化情况，横坐标为饼间短路故障点电压高端线匝所在线饼号(以下同)，纵坐标为电压有效值；图 4-85(b)、图 4-86(b)和图 4-87(b)为电压相位变化情况。

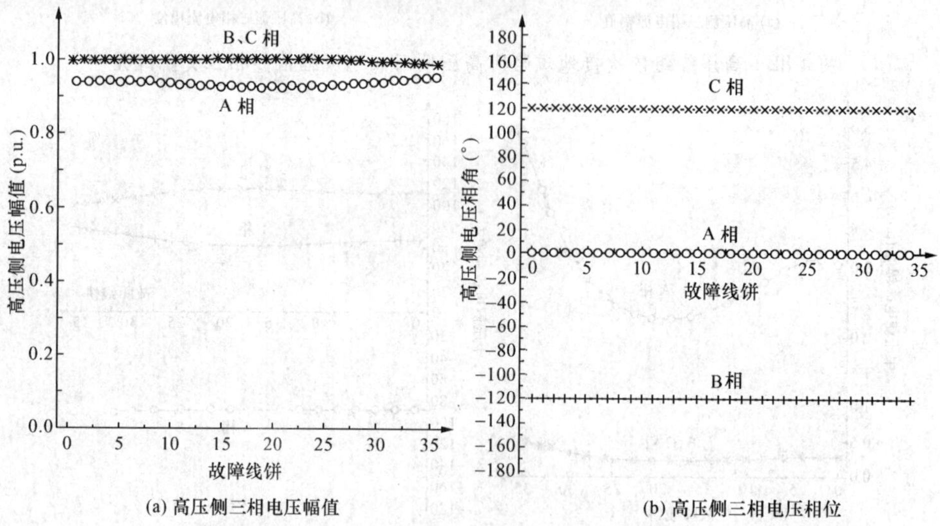

(a) 高压侧三相电压幅值　(b) 高压侧三相电压相位

图 4-85　高压绕组依次饼间短路时高压侧三相电压幅值和相位变化情况

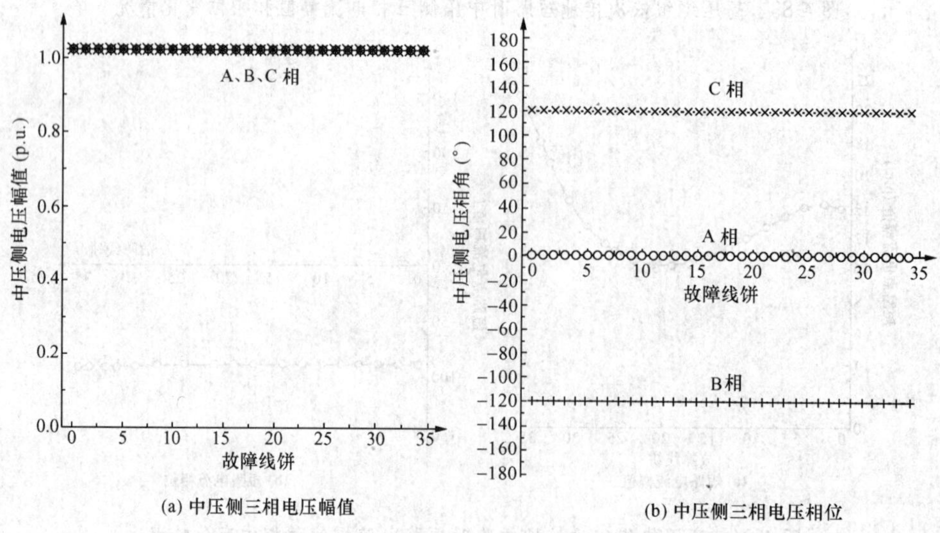

(a) 中压侧三相电压幅值　(b) 中压侧三相电压相位

图 4-86　高压绕组依次饼间短路时中压侧三相电压幅值和相位变化情况

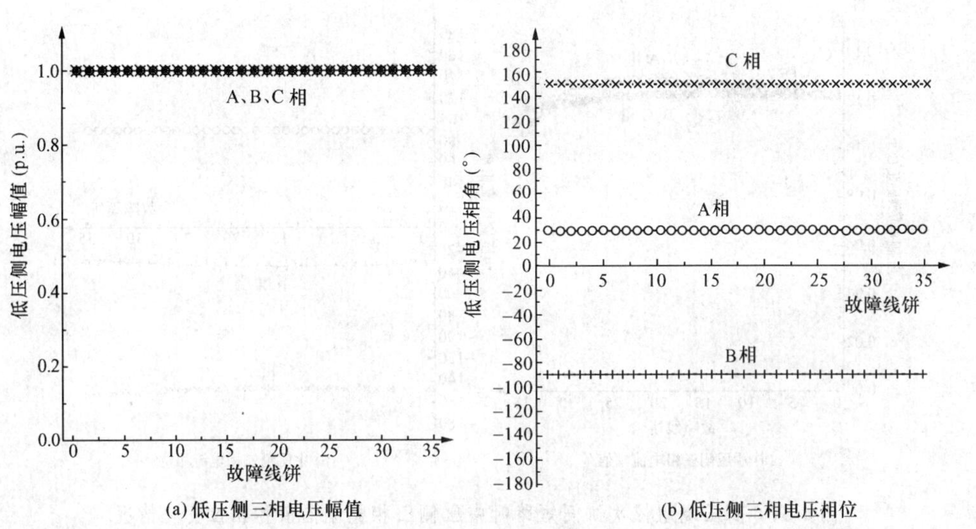

图 4-87 高压绕组依次饼间短路时低压侧三相电压幅值和相位变化情况

图 4-88～图 4-90 分别给出了高压绕组下半柱饼间开口处发生饼间短路自首端向末端移动时，变压器三相高压绕组和中压绕组电流、短路回路电流变化情况，其中图 4-88（a）、图 4-89（a）和图 4-90（a）为电流幅值变化情况，图 4-88（b）、图 4-89（b）和图 4-90（b）为电流相位变化情况。电流出现锯齿状的原因同第 4.5 节图 4-57、图 4-58。

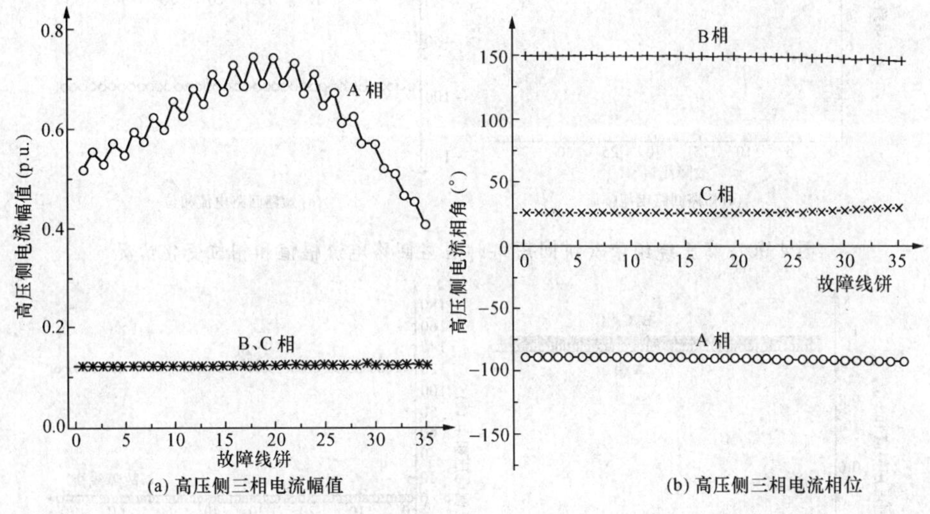

图 4-88 高压绕组依次饼间短路时高压侧三相电流幅值和相位变化情况

二、中压绕组发生饼间短路

图 4-91～图 4-93 分别给出了饼间短路自中压绕组首端向末端移动时，变压器三相高压绕组、中压绕组和低压绕组电压变化情况，其中图 4-91（a）、图 4-92（a）和图 4-93（a）为电压幅值变化情况，图 4-91（b）、图 4-92（b）和图 4-93（b）为电压相位变化情况。

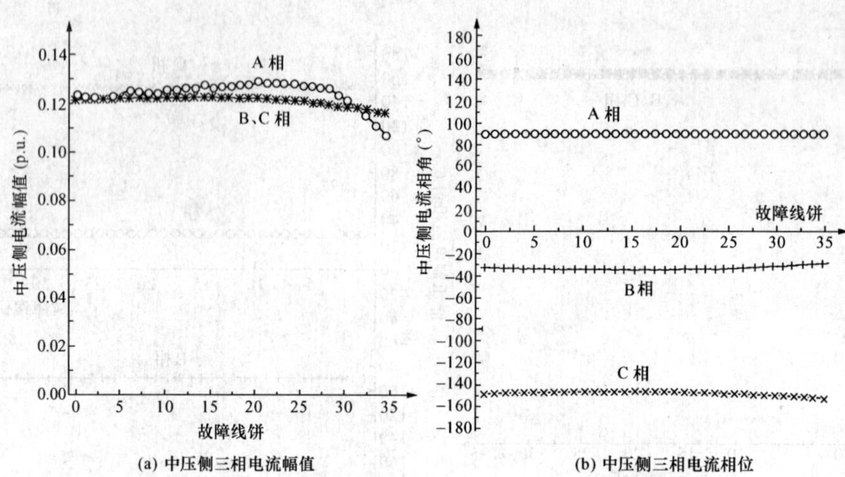

图 4-89　高压绕组依次饼间短路时中压侧三相电流幅值和相位变化情况

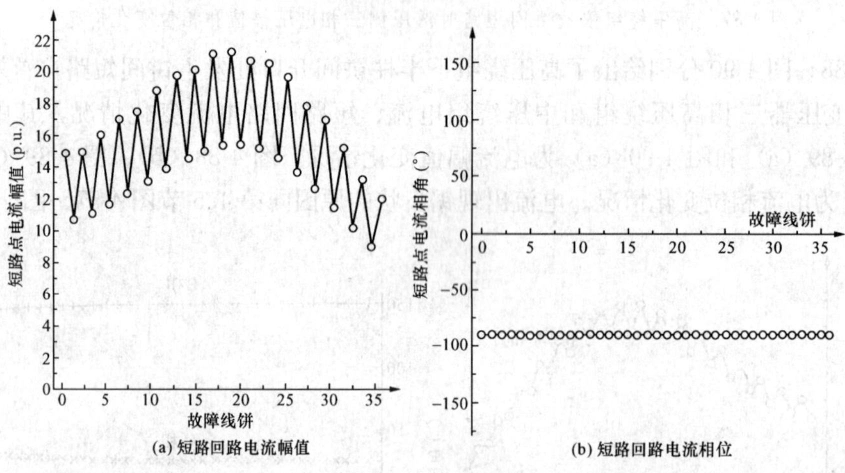

图 4-90　高压绕组依次饼间短路时短路回路电流幅值和相位变化情况

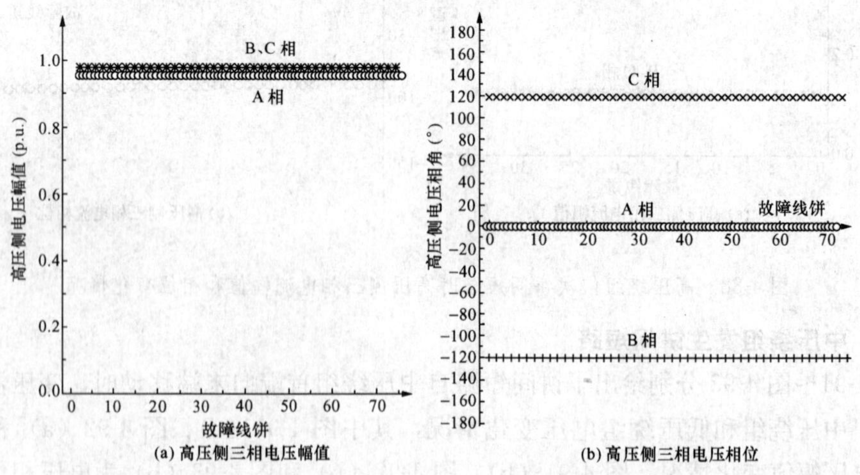

图 4-91　中压绕组依次饼间短路时高压侧三相电压幅值和相位变化情况

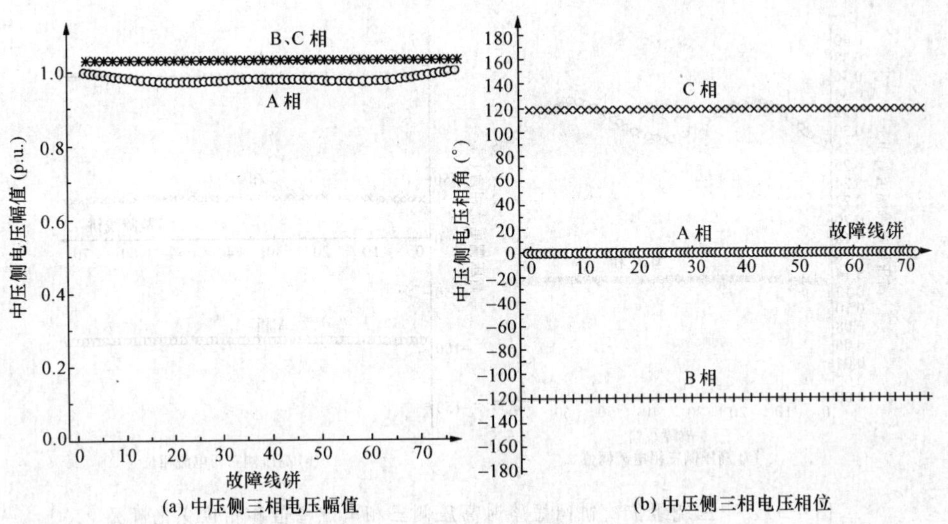

(a) 中压侧三相电压幅值 (b) 中压侧三相电压相位

图 4-92 中压绕组依次饼间短路时中压侧三相电压幅值和相位变化情况

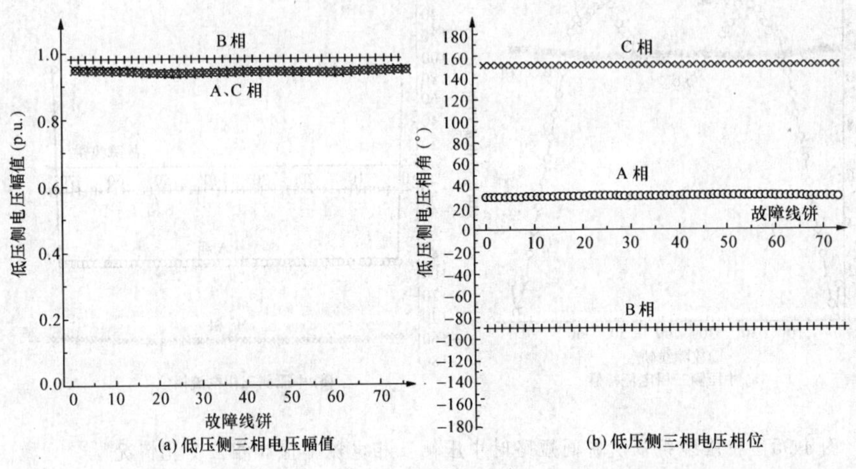

(a) 低压侧三相电压幅值 (b) 低压侧三相电压相位

图 4-93 中压绕组依次饼间短路时低压侧三相电压幅值和相位变化情况

图 4-94～图 4-96 分别给出了中压绕组饼间短路自首端向末端移动时，变压器三相高压绕组和中压绕组电流、短路回路电流变化情况，其中图 4-94（a）、图 4-95（a）和图 4-96（a）为电流幅值变化情况，图 4-94（b）、图 4-95（b）和图 4-96（b）为电流相位变化情况。

三、低压绕组发生饼间短路

图 4-97～图 4-99 分别给出了饼间短路自低压绕组首端向末端移动时，变压器三相高压绕组、中压绕组和低压绕组电压变化情况，其中图 4-97（a）、图 4-98（a）和图 4-99（a）为电压幅值变化情况，图 4-97（b）、图 4-98（b）和图 4-99（b）为电压相位变化情况。电压出现锯齿状的原因同第 4.5 节图 4-66。

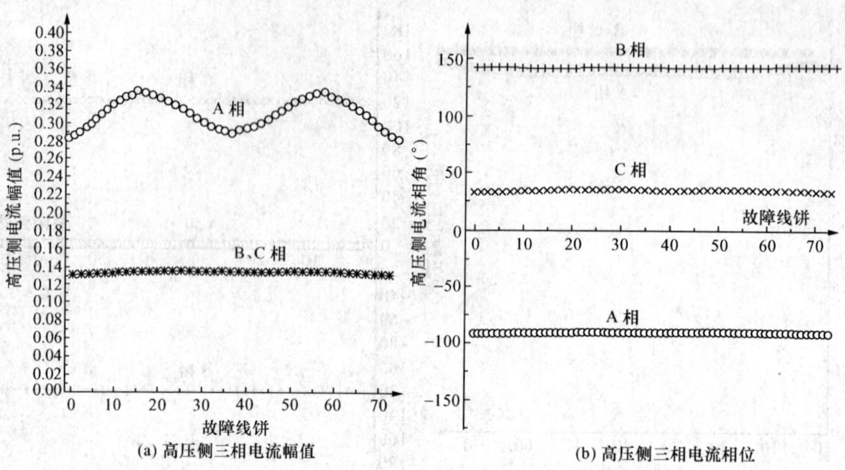

图 4-94　中压绕组依次饼间短路时高压侧三相电流幅值和相位变化情况

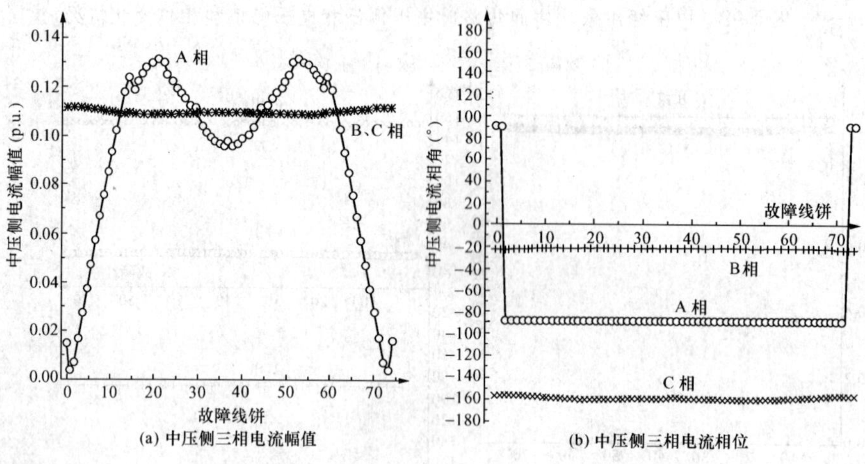

图 4-95　中压绕组依次饼间短路时中压侧三相电流幅值和相位变化情况

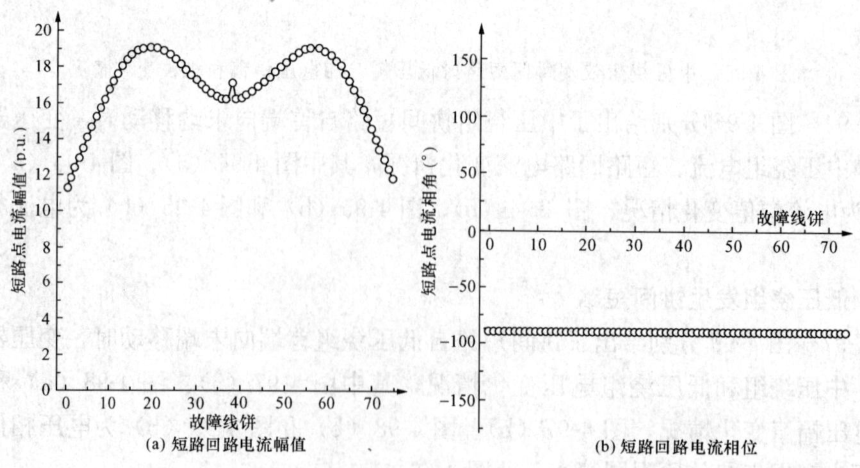

图 4-96　中压绕组依次饼间短路时短路回路电流幅值和相位变化情况

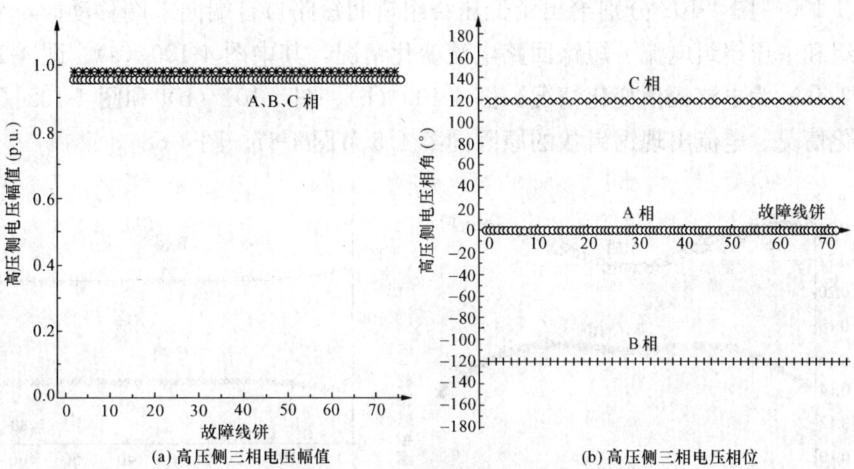

图 4-97　低压绕组依次饼间短路时高压侧三相电压幅值和相位变化情况

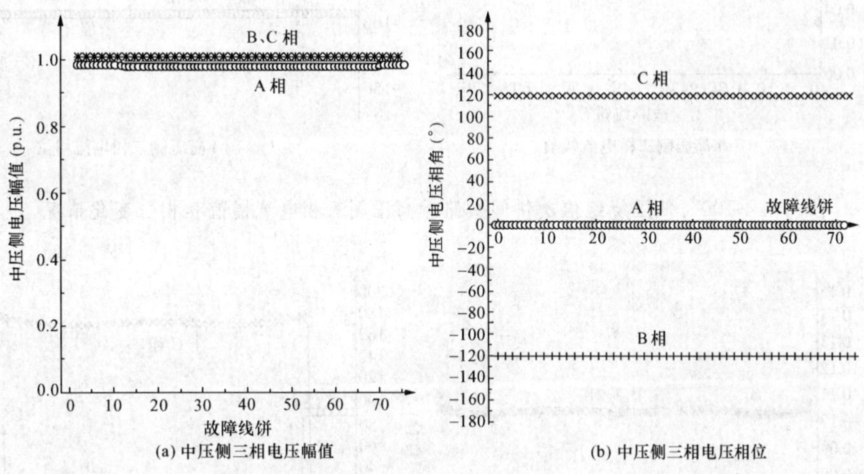

图 4-98　低压绕组依次饼间短路时中压侧三相电压幅值和相位变化情况

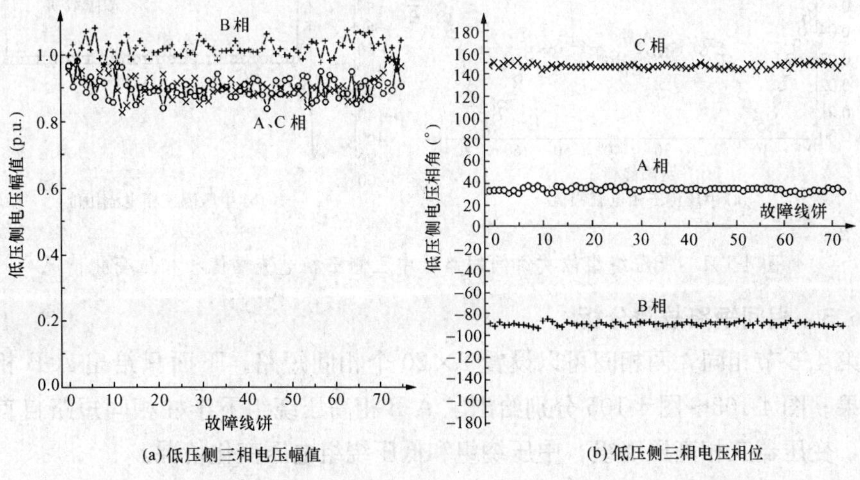

图 4-99　低压绕组依次饼间短路时低压侧三相电压幅值和相位变化情况

图 4-100～图 4-102 分别给出了低压绕组饼间短路自首端向末端移动时，变压器三相高压绕组和中压绕组电流、短路回路电流变化情况，其中图 4-100（a）、图 4-101（a）和图 4-102（a）为电流幅值变化情况，图 4-100（b）、图 4-101（b）和图 4-102（b）为电流相位变化情况。电流出现锯齿状的原因同第 4.5 节图 4-67、图 4-68。

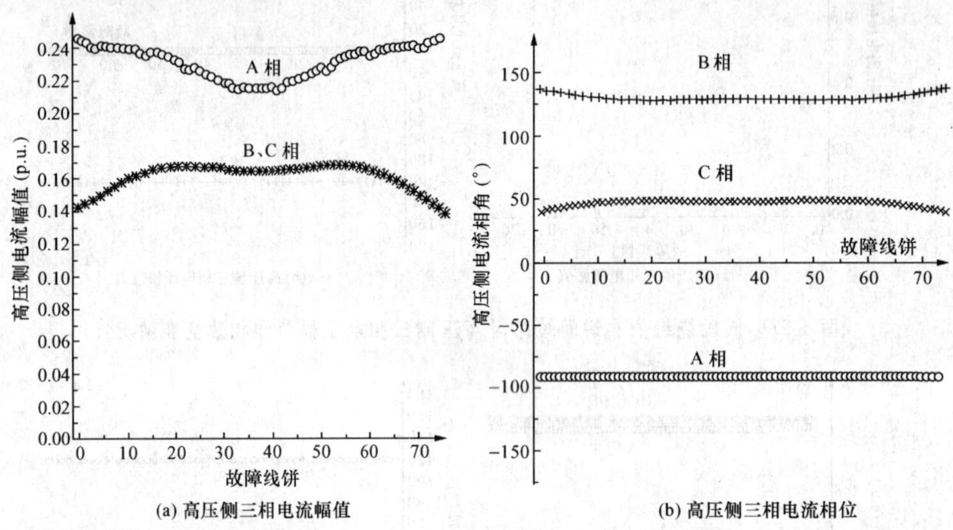

图 4-100　低压绕组依次饼间短路时高压侧三相电流幅值和相位变化情况

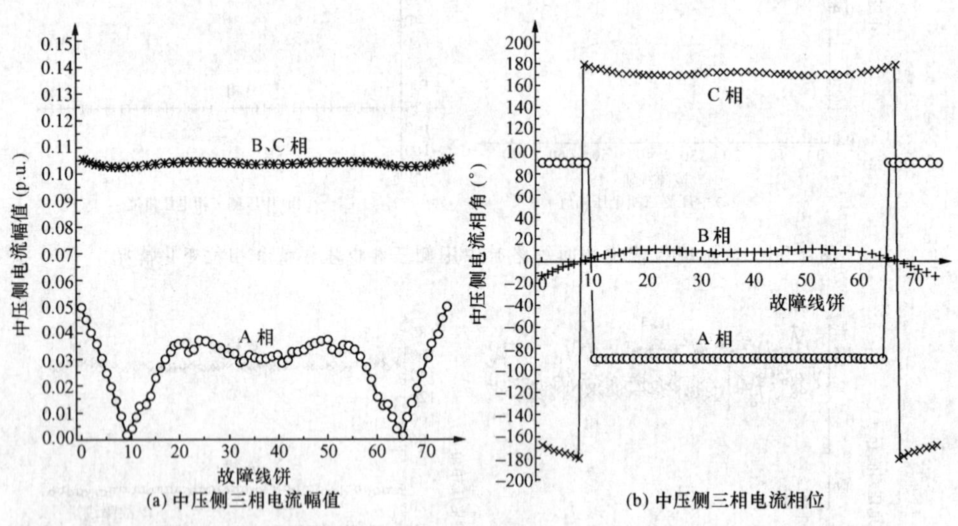

图 4-101　低压绕组依次饼间短路时中压侧三相电流幅值和相位变化情况

4.6.3　相间短路故障分析

与第 4.5 节相同，两相间可以设置 2×20 个相间短路。下面只给出 A-B 相间短路的仿真结果。图 4-103～图 4-105 分别给出了 A-B 相高压绕组下半柱相间短路自首端向末端移动时，变压器三相高压绕组、中压绕组和低压绕组电压变化情况。

图 4-106～图 4-108 分别给出了 A-B 相间短路自首端向末端移动时，变压器三相高压

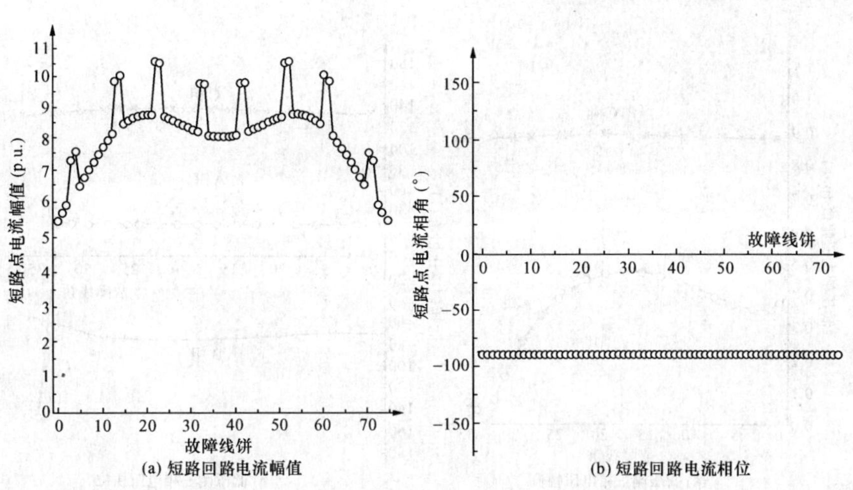

图 4-102 低压绕组依次饼间短路时短路回路电流幅值和相位变化情况

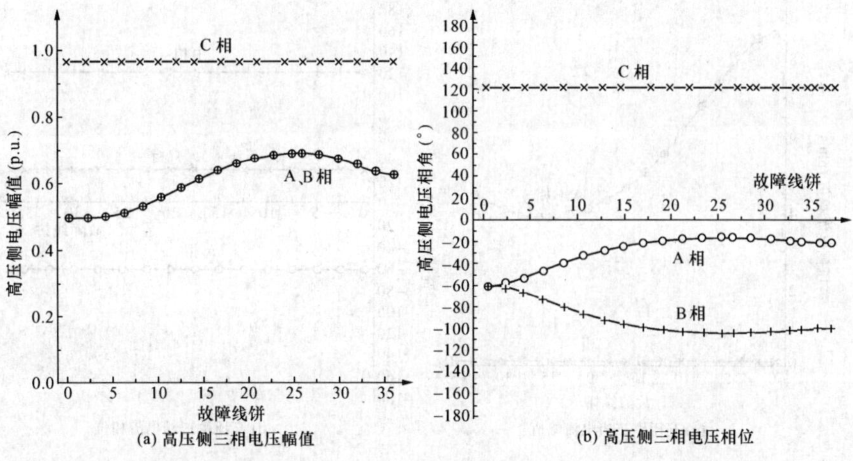

图 4-103 A-B 相间依次短路时高压侧三相电压幅值和相位变化情况

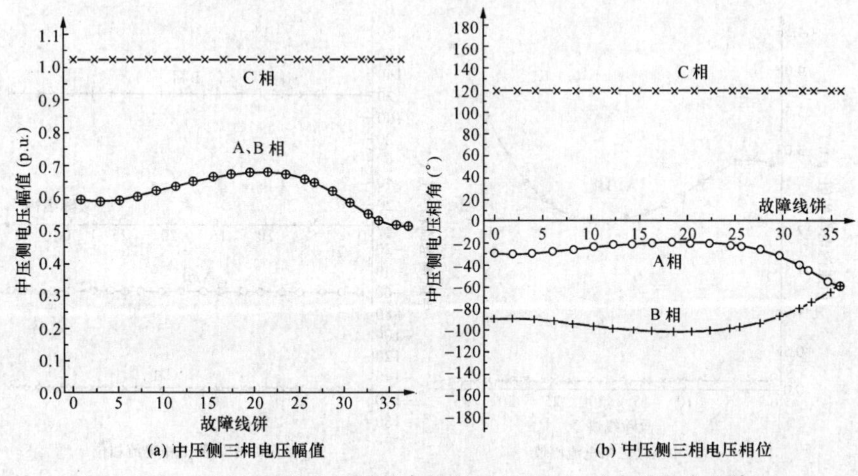

图 4-104 A-B 相间依次短路时中压侧三相电压幅值和相位变化情况

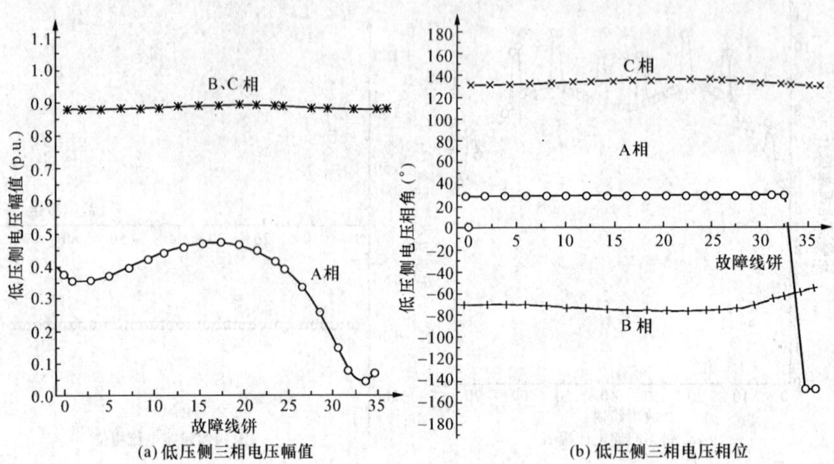

图 4-105　A-B 相间依次短路时低压侧三相电压幅值和相位变化情况

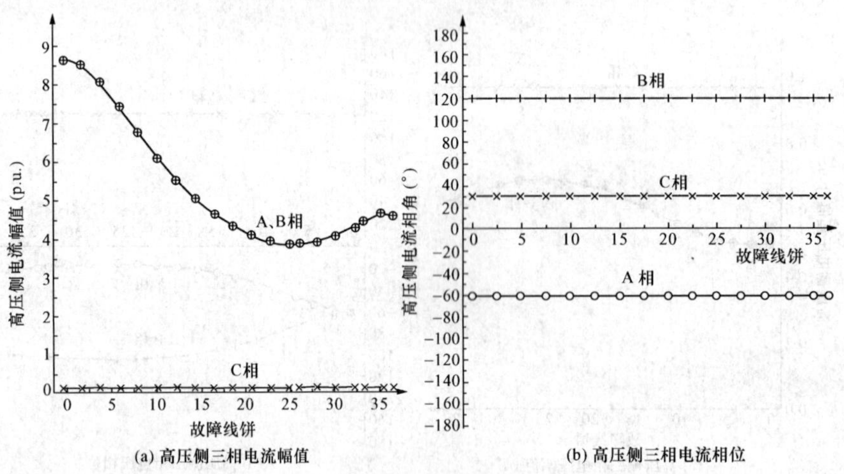

图 4-106　A-B 相间依次短路时高压侧三相电流幅值和相位变化情况

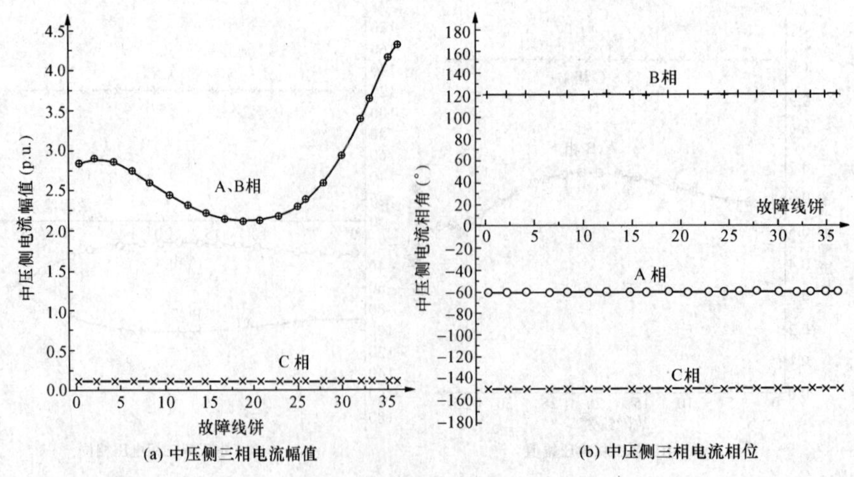

图 4-107　A-B 相间依次短路时中压侧三相电流幅值和相位变化情况

绕组和中压绕组电流、短路回路电流变化情况，其中图 4-106（a）、图 4-107（a）和图 4-108（a）为电流幅值变化情况，图 4-106（b）、图 4-107（b）和图 4-108（b）为电流相位变化情况。

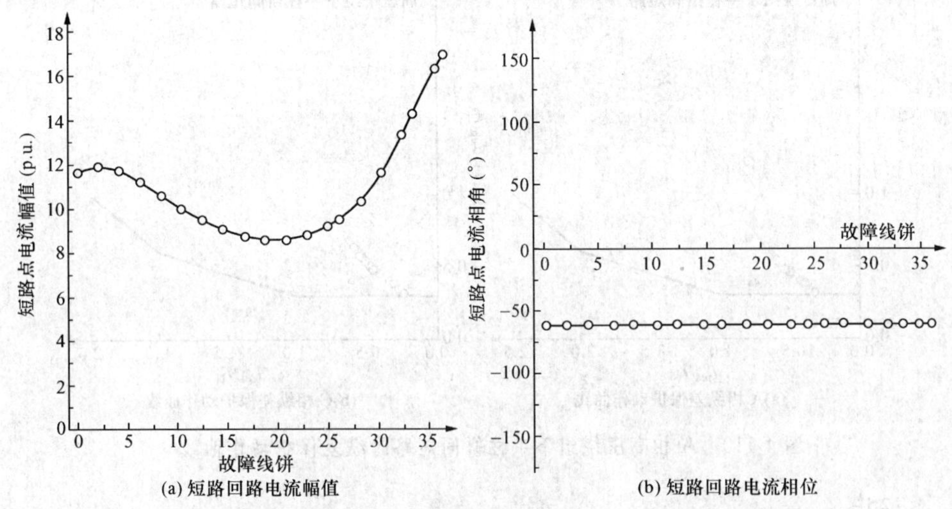

(a) 短路回路电流幅值　　(b) 短路回路电流相位

图 4-108　A-B 相间依次短路时短路回路电流幅值和相位变化情况

4.6.4　纵差保护和纵差/零差保护灵敏度分析

图 4-109（a）和图 4-109（b）给出了 A 相高压绕组下半柱对地短路时，A、C 两相纵差保护动作曲线图。可见，在低压侧空载、高压侧发生单相对地短路故障时，三折线比率制动式纵差保护能够正确动作。

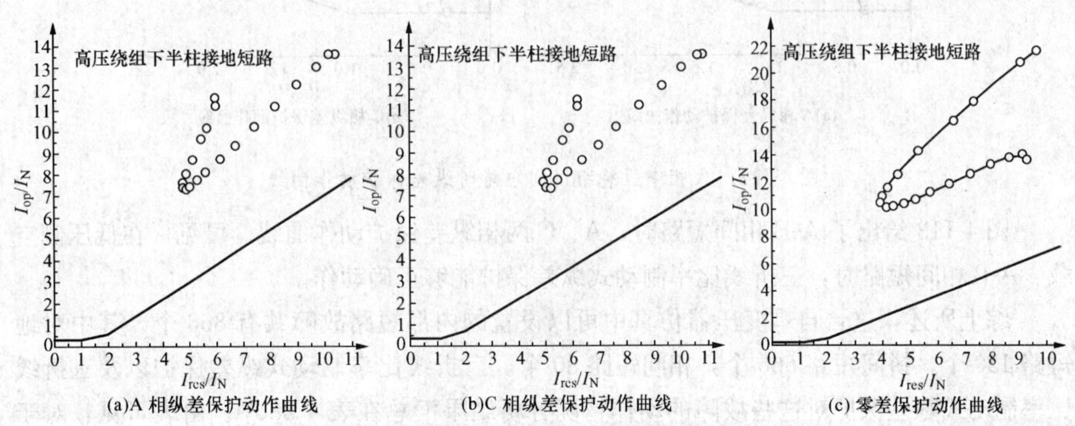

(a)A 相纵差保护动作曲线　　(b)C 相纵差保护动作曲线　　(c) 零差保护动作曲线

图 4-109　A 相高压绕组下半柱接地短路时差动保护动作曲线

图 4-109(c)给出了零差保护动作曲线，与图 4-74(c)类似，零差保护的灵敏度很高。

图 4-110～图 4-112 分别给出了 A 相高压绕组下半柱、中压绕组、低压绕组发生饼间开口处的饼间短路时，A、C 两相纵差保护动作曲线。可见，在低压侧空载，高压侧、中

压侧、低压侧分别发生饼间短路时，三折线比率制动式纵差保护的灵敏度均较低，尤其低压绕组饼间短路时，三折线比率制动式纵差保护可能拒动。

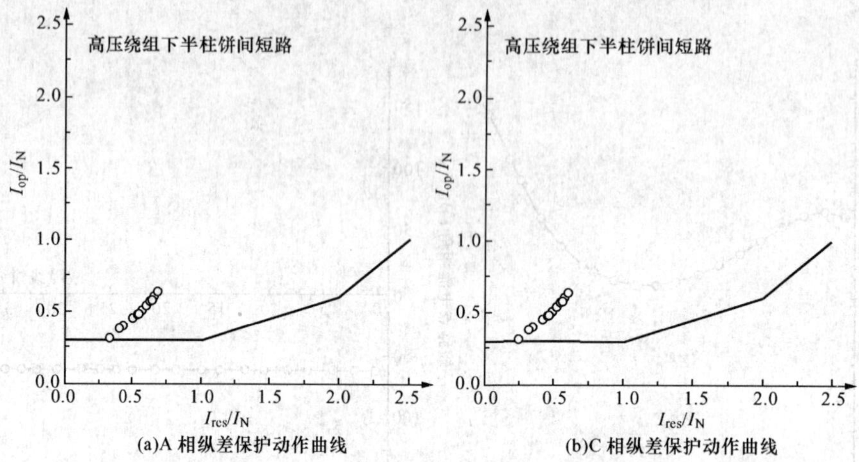

图 4-110　A 相高压绕组下半柱饼间短路时纵差保护动作曲线

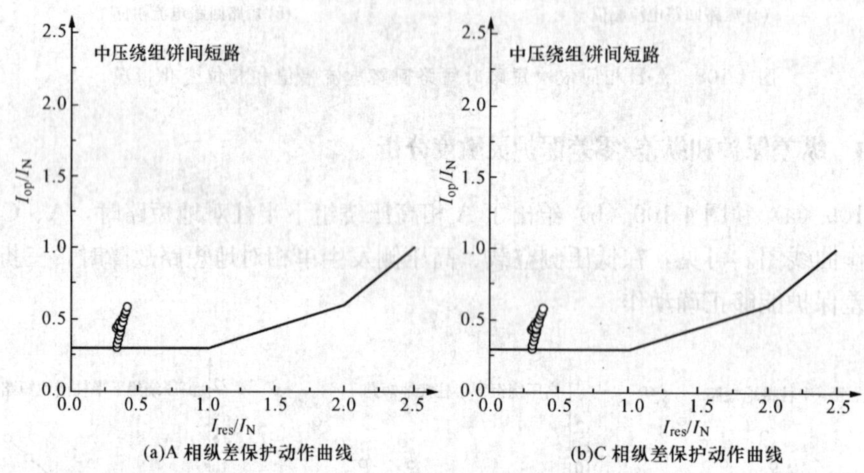

图 4-111　A 相中压绕组饼间短路时纵差保护动作曲线

图 4-113 给出了 A-B 相间短路时，A、C 两相纵差保护动作曲线。可见，在低压侧空载、A-B 相间短路时，三折线比率制动式纵差保护能够正确动作。

综上所述，这台自耦变压器仿真中可以设置的内部短路故障共有 866 个，其中对地短路 120 个，饼间短路 666 个，相间短路 80 个。三折线比率制动式纵差保护以及三折线比率制动式零差保护对这些故障的动作情况分析结果汇总在表 4-28 中。由表可见，对于该自耦变压器，在两侧供电的情况下，纵差保护对于接地故障和相间短路故障的灵敏度还是令人满意的；对于饼间短路故障，多数情况下可能发生拒动。对分别发生在高压、中压、低压三个绕组内的线饼之间的饼间短路，纵差保护都存在保护死区，其中发生在低压绕组上的饼间短路，纵差保护拒动率高达 10.7%（8/75），而且灵敏动作数为零。同样，对于发生在线饼之内的匝间短路，由于短路匝数更少，纵差保护可能起不到保护的作用。

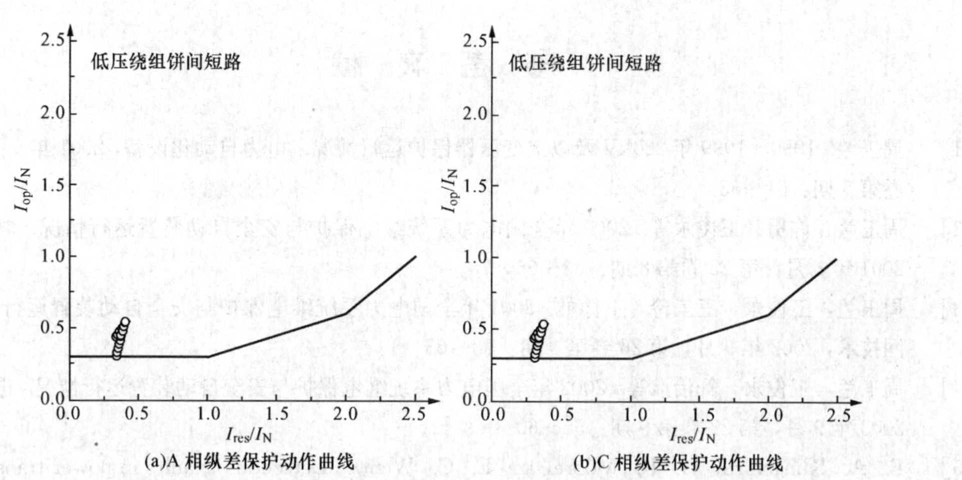

图 4-112 A 相低压绕组饼间短路时纵差保护动作曲线

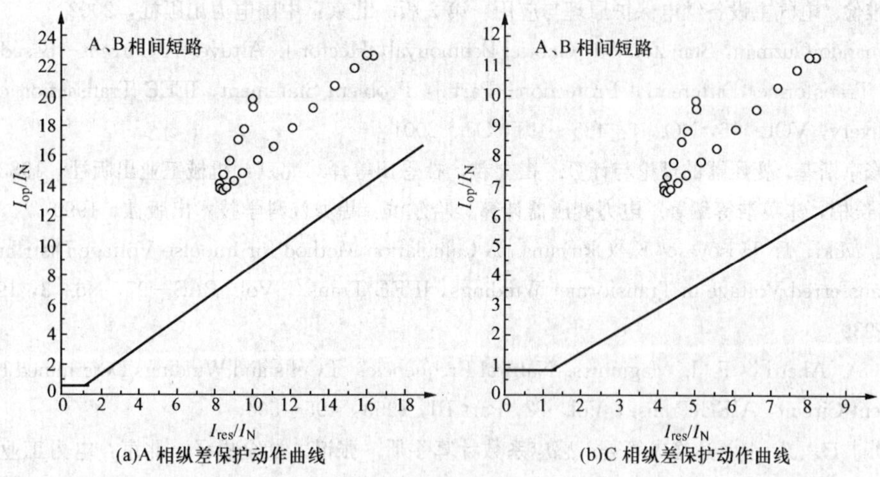

图 4-113 高压绕组 A-B 相间短路时纵差保护动作曲线

对比表 4-30 和表 4-31，可以看到对于双侧供电变压器，纵差保护的灵敏度高于单侧电源供电的情况；而零差保护的情况则区别不大。

表 4-31 双侧供电的自耦变压器内部短路保护灵敏度情况统计

		对地短路故障	饼间短路故障	相间短路故障	合 计
故障总数		120	666	80	866
纵差保护动作情况	灵敏动作数	120	258	80	458
	非灵敏动作数	0	378	0	378
	灵敏动作率	100%	38.7%	100%	52.9%
	拒动率	0%	4.50%	0%	3.46%
零差保护动作情况	灵敏动作数	120	—	—	120
	非灵敏动作数	0	—	—	0
	灵敏动作率	100%	—	—	100%
	拒动率	0%	—	—	0%

参 考 文 献

[1] 周玉兰. 1990～1999 年 220kV 及以上变压器保护运行情况. 电力自动化设备，2001 年 5 月，第 21 卷第 5 期：51～53

[2] 周玉兰，许勇，王俊永等. 2000 年全国电力系统继电保护与安全自动装置运行情况. 电网技术，2001 年 8 月，第 25 卷第 8 期：63～66，75

[3] 周玉兰，王俊永，王玉玲，王德林. 2001 年全国电力系统继电保护与安全自动装置运行情况. 电网技术，2002 年 9 月，第 26 卷第 9 期：58～63

[4] 周玉兰，王俊永，舒治淮等. 2002 年全国电力系统继电保护与安全自动装置运行情况. 电网技术，2003 年 9 月，第 27 卷第 9 期：55～60

[5] E. A. Klingshirn，H. R. Moore，and E. C. Wentz. Detection of faults in power transformers，AIEE Transactions，pt. Ⅲ，vol. 76：87～95，Apr. 1957

[6] 王维俭. 电力系统继电保护基本原理. 北京：清华大学出版社，1992

[7] 王维俭. 电气主设备继电保护原理与应用. 第 2 版. 北京：中国电力出版社，2002

[8] Armando Guzmán，Stan Zocholl，Gabriel Benmouyal，Héctor J. Altuve. A Current－Based Solution for Transformer Differential Protection—Part I：Problem Statement，IEEE Transaction on Power Delivery，VOL. 16，NO. 4：485～491，Oct. 2001

[9] 瓦修京斯基. 变压器的理论与计算. 崔立君，杜恩田等译. 北京：机械工业出版社，1983

[10] 路长柏，朱英浩等编著. 电力变压器计算. 哈尔滨：黑龙江科学技术出版社，1990

[11] A. Miki，T. Hosoya & K. Okuyama. A Calculation Method for Impulse Voltage Distribution and transferred Voltage in Transformer Windings，IEEE Trans.，Vol. PAS－97，No. 3，1978：930～939

[12] P. A. Abetti & F. J. Maginniss. Natural Frequencies of Coils and Windings Determined by Equivalent Circuit，AIEE Trans.，Vol. 72，Part III，1953：495～504

[13] ［苏］П. Л. 卡兰达洛夫等著. 感应系数计算手册. 张谨、杜全恩译. 北京：电力工业出版社，1957

[14] J. H. McWhirter，C. D. Fahrnkopf & J. H. Steele. Determination of Impulse Stresses within Transformer Windings by Computers，AIEE Trans.，Part III，Vol. 75，1957：1267～1274

[15] Dr. M. Krondl & A. Schleich. Predetermination of the Transient Voltages in Transformers Subject to Impulse Voltage，Bulletin Oerlikon，No. 342/343，1960

[16] P. I. Fergestad & T. Henriksen. Inductance for the Calculation of Transient Oscillations in Transformers，IEEE Trans.，Vol. PAS－93，1974：510～517

[17] А. Г. Ъунин，Л. Н. Қонторович. расчет Импульсных перенапряжений в обмотках Трансформаторов с уцетом влияния матнитопровда. электричество，No7. 1975

附录一 电机的多回路参数计算

电机的参数，包括电感参数和电阻参数，是电机内部故障分析的关键。电机的电阻参数的计算较为简单，本部分不对其进行讨论，下面主要研究电机电感参数的计算。

电机的电感参数是电机最基本的参数，是表征电流产生磁链的重要参数。多回路分析法的一个关键问题就是必须准确地计算电机参数。一般而言，电机某一回路的磁链与其他所有回路的电流有关。电机的电感参数包括定子回路的电感系数，转子回路的电感系数以及定子回路和转子回路之间的电感系数。由于定、转子之间的相对运动，这些电感参数很多是时变的。由于电机的磁路由空气隙与铁磁材料共同组成，上述参数还与电机磁路的饱和程度有关。

按气隙形状的不同，同步电机主要分为凸极同步电机和隐极同步电机两大类。凸极同步发电机（主要是水轮发电机）由于气隙不均匀，电机的电磁关系更复杂一些；而且从转子绕组结构上看，凸极同步电机既有励磁绕组，又有阻尼绕组，也更具有代表性。因此，如不特别说明，本部分主要针对凸极同步电机的结构。事实上，气隙均匀的隐极同步发电机（主要为汽轮发电机）可视为气隙不均匀的凸极同步电机的特例。根据凸极同步电机推导出来的计算公式，对隐极同步电机一般也是适用的。当考虑隐极同步电机实心转子铁心的涡流效应时，可以用等效的阻尼绕组来代替其作用。

交流电机回路中通以电流时产生的磁链，按照其性质可以分为两种：一种是漏磁链，与它对应的电感系数可以认为与转子位置无关，且为恒值；另一种磁链，是磁链中的主要部分，称为主磁链，它通过气隙同时与定子回路和转子回路交链。当转子转动而引起磁阻变化时，与主磁链对应的电感系数将发生相应的变化。研究这部分电感系数主要有磁场和磁路两种方法。用磁场分析的方法计算参数，虽然对于饱和及涡流问题的处理很有效，但计算量很大，原始数据准备工作也比较复杂，本部分没有涉及。

下面主要讨论用磁路分析法计算电感系数的问题。电机回路是由线圈连接而成的，计算电感系数时从单个线圈出发，可以根据线圈的连接情况灵活地计算回路的电感系数。根据电感系数的基本概念，首先分析电机的气隙磁导和气隙磁通势，求出电机的气隙磁场，再计算出单个线圈的电感系数，然后根据各回路的实际组成情况，由相关线圈的电感系数来计算回路电感系数。计算时认为磁路的磁阻不随磁通密度的大小而变化，将铁心的磁阻归算到气隙中，即将气隙适当放大来考虑铁心磁阻的影响。需要考虑饱和的影响时，可以根据电机的运行条件，利用适当选择气隙放大倍数的方法来处理。另外，对于电机齿槽效应采用气隙的卡氏系数表征；不考虑磁滞和涡流等次要因素的影响。

一、气隙导磁系数

由磁路的欧姆定律可知，磁路的磁通势 F、磁路的磁导 Λ 和磁路的磁通 Φ 之间的关系为

$$F\Lambda = \Phi$$

对于均匀磁路 $\Lambda=\mu\frac{S}{l}$

式中：S 为磁路截面积；l 为磁路长度；μ 为磁路磁导率。

如果以磁通密度来表示，则

$$F\lambda = B \tag{附 1-1}$$

式中：λ 表示单位面积的磁导，称为导磁系数，$\lambda=\mu\frac{1}{l}$。

凸极同步电机的气隙不均匀，气隙的不同位置处气隙长度不同，气隙导磁系数 λ_δ 也不相同，并与磁通势和转子的位置有关。

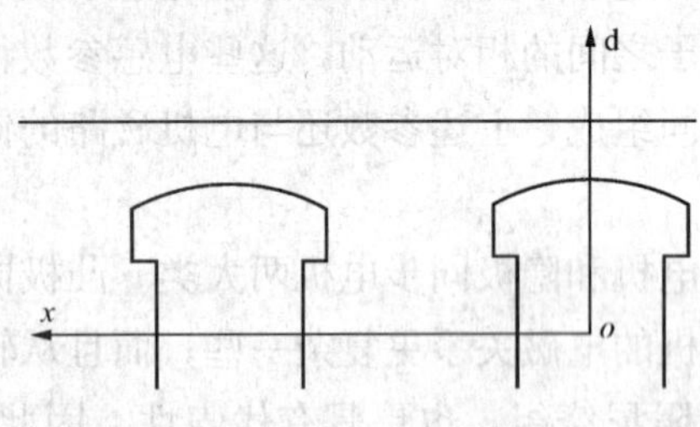

附图 1-1　凸极同步电机的转子坐标

在转子上建立坐标系（见附图 1-1），坐标原点取在转子 d 轴轴线上。由于转子对称于 d 轴，距离 d 轴 x 处的气隙长度与距离 d 轴 $-x$ 处的气隙长度相等，因而具有相同的导磁系数，即 $\lambda_\delta(x)=\lambda_\delta(-x)$。又因为对称于磁极轴线的导磁系数在每个磁极下的分布情况相同，因而有 $\lambda_\delta(x)=\lambda_\delta(\pi\pm x)$。因之导磁系数是 x 的偶函数，且只有偶次谐波，其一般表达式为

$$\lambda_\delta(x)=\frac{\lambda_0}{2}+\sum_{l=1}\lambda_{2l}\cos 2lx, l=1,2,3,\cdots,\infty \tag{附 1-2}$$

凸极同步电机气隙不均匀，如果其等效气隙长度 $\delta(x)$ 已知，则其导磁系数 $\lambda_\delta(x)$ 为

$$\lambda_\delta(x)=\frac{\mu_0}{\delta(x)} \tag{附 1-3}$$

根据傅氏级数求得如下的表达式

$$\lambda_0=\frac{4}{\pi}\int_0^{\frac{\pi}{2}}\lambda_\delta(x)\mathrm{d}x=\frac{4}{\pi}\int_0^{\frac{\pi}{2}}\frac{\mu_0}{\delta(x)}\mathrm{d}x \tag{附 1-4}$$

$$\lambda_{2l}=\frac{4}{\pi}\int_0^{\frac{\pi}{2}}\lambda_\delta(x)\cos 2lx\,\mathrm{d}x=\frac{4}{\pi}\int_0^{\frac{\pi}{2}}\frac{\mu_0}{\delta(x)}\cos 2lx\,\mathrm{d}x \tag{附 1-5}$$

根据凸极同步电机结构的特点，其极靴部分和极间部分的等效气隙长度 $\delta(x)$ 可以分别处理。在极靴部分，可以认为其磁力线全部沿径向通过气隙，并可按其几何尺寸给出等效气隙长度的表达式。在极间部分，根据作图法和分析法可知极间部分的磁场的分布情况与磁通势所加的位置有关，因此，需按磁通势零值正处在极间中心线和磁通势最大值正处在极间中心线上两种情况分别给出等效气隙长度的表示式。等效气隙长度 $\delta(x)$ 的具体表示式见参考文献［1］❶。

二、电机定子回路的电感系数

根据电感系数的基本概念，在某一线圈（或回路）中通入电流，电流将产生空间分布

❶　附录部分引用的参考文献同第 1 章。

的气隙磁通势，对气隙磁通势进行谐波分解得到各次谐波磁通势，再用气隙磁导的概念求出各次谐波磁场，根据线圈（或回路）的空间位置计算相应的各次谐波磁链，从而得到总的磁链，磁链与电流 i 的比值即为线圈（或回路）的自感或互感系数。对于凸极机来说，气隙磁导是一个级数表示式，因此与气隙磁场有关的电感参数的表示式多为级数，有的甚至是双重或三重级数式。而对于隐极机，不考虑齿槽影响时，气隙磁导为一常数，可看作凸极机的一种特例。与漏磁场有关的电感系数要单独计算，然后同气隙磁场产生的电感系数相加，得到总的电感系数。与漏磁场有关的电感系数的计算在第六部分介绍。

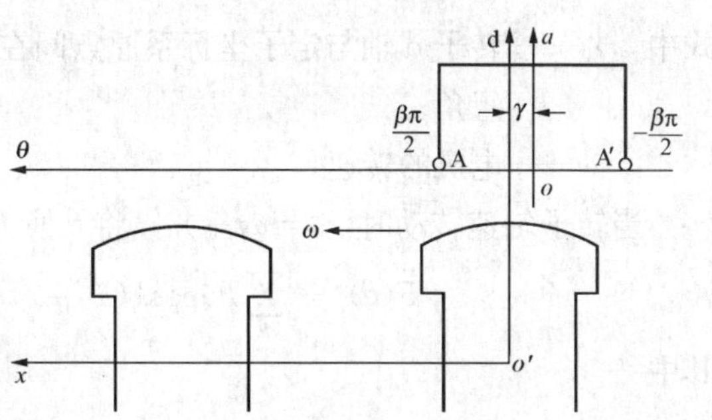

附图 1-2　定子线圈 AA′通电流产生的气隙磁通势

1. 单个线圈通电流后产生的气隙磁通势

设定子线圈 AA′通电流 i，产生矩形波磁通势，如附图 1-2 所示。对矩形波磁通势进行谐波分析，在整个电机圆周［$-P\pi$，$P\pi$］区间，有

$$F(\theta)=\sum_{n}a_{n}\cos\frac{n}{P}\theta,\ n=1,2,\cdots \tag{附 1-6}$$

$$a_{n}=\frac{1}{P\pi}\int_{-P\pi}^{P\pi}F(\theta)\cos\frac{n}{P}\theta\mathrm{d}\theta=\frac{2}{n\pi}iw_{\mathrm{s}}\sin\frac{n\beta\pi}{2P} \tag{附 1-7}$$

式中：P 为极对数；β 为线圈短距比；w_{s} 为线圈匝数；θ 为沿电机圆周方向的电角度。

因为矩形波磁通势关于线圈 AA′的轴线对称，所以式（附 1-6）中只有余弦项。式（附 1-6）中的磁通势基波为 $a_1\cos\frac{1}{P}\theta$，其周期为 $2P\pi$；P 次谐波磁通势为 $a_P\cos\theta$，其周期为 2π；kP 次谐波磁通势为 $a_{kP}\cos k\theta$，其周期为 $2\pi/k$。若按照通常的习惯，以周期为 2π 电角度的空间波为基波，则式（附 1-6）可改写为

$$F(\theta)=\sum_{k}F_{k}\cos k\theta,k=\frac{1}{P},\frac{2}{P},\frac{3}{P},\cdots \tag{附 1-8}$$

$$F_{k}=\frac{2}{kP\pi}iw_{\mathrm{s}}\sin\frac{k\beta\pi}{2}=\frac{2}{kP\pi}iw_{\mathrm{s}}k_{yk}$$

式中：$k_{yk}=\sin\frac{k\beta\pi}{2}$，为线圈的短距系数。

可以看出，单个线圈通电产生的矩形波磁通势中，分数次和低次谐波是很强的。

由于凸极机的气隙不均匀，同样的气隙磁通势产生的气隙磁密将随着转子位置的不同而不同。为了便于分析，将定子磁通势沿 d 轴和 q 轴进行分解，分成 $F_{dk}(x)$ 和 $F_{qk}(x)$ 两个分量，使得它们的作用位置不随转子位置的变化而变化，从而使两个磁通势对应的气隙保持不变。为此将定子坐标系下所写的磁通势的关系式（附 1-8）转换到转子坐标系中。由于 $\theta=x+\gamma$（如附图 1-2 所示），图中 x 坐标建立在转子上，以 d 轴位置为零点，γ 为转子位置角，它是转子 d 轴顺转动方向领先定子坐标系原点的电角度，有

$$\gamma = \int_0^t \omega \mathrm{d}t + \gamma_0$$

式中 γ_0——转子 d 轴与定子坐标系原点间在 $t=0$ 时的电角度，即 $t=0$ 时的转子初始位置角；

ω——电机的转速。

当转子匀速转动时，$\gamma=\omega t+\gamma_0$，将 θ 换为 $x+\gamma$，则式（附 1-8）变为

$$F(\theta) = \sum_k F_k \cos k(x+\gamma) = \sum_k [F_{dk}(x) + F_{qk}(x)] \quad \text{(附 1-9)}$$

其中

$$F_{dk}(x) = F_k \cos k\gamma \cos kx = F_{dkm} \cos kx \quad \text{(附 1-10)}$$

$$F_{qk}(x) = -F_k \sin k\gamma \sin kx = -F_{qkm} \sin kx \quad \text{(附 1-11)}$$

$F_{dk}(x)$的幅值为 $F_{dkm}=F_k\cos k\gamma=\dfrac{2}{kP\pi}iw_s\sin\dfrac{k\beta\pi}{2}\cos k\gamma$，与电流的大小及转子位置角 γ 有关，而且幅值的位置正好在 $x=0$ 处。当电流 i 及转子位置变化时，$F_{dk}(x)$ 只变化幅值而不变化其位置，也即它是一个与转子纵轴（d 轴）没有相对运动的脉振磁通势分量。因此这个磁通势称为第 k 次谐波磁通势的纵轴分量。

$F_{qk}(x)$的幅值为 $F_{qkm}=F_k\sin k\gamma=\dfrac{2}{kP\pi}iw_s\sin\dfrac{k\beta\pi}{2}\sin k\gamma$，它对转子横轴 q 轴具有同样的性质，因而称为第 k 次谐波磁通势的横轴分量。

2. 单个线圈通电流后产生的气隙磁场

由气隙磁通势和气隙导磁系数可以得到气隙磁场，因为气隙磁通势的谐波次数为 $k=\dfrac{1}{P}$，$\dfrac{2}{P}$，$\dfrac{3}{P}$，…，气隙导磁系数 $\lambda_\delta(x)$ 除了常数项$\dfrac{\lambda_0}{2}$外，还有各偶次谐波项，所以气隙磁场既有整数次，也有分数次谐波。

对 d 轴和 q 轴磁通势产生的气隙磁密分别进行计算。第 k 次谐波磁通势的纵轴分量 $F_{dk}(x)$ 产生的气隙磁密为

$$\begin{aligned} B_d(x) &= F_{dk}(x)\lambda_\delta(x) \\ &= F_{dkm}\cos kx\left(\frac{\lambda_0}{2}+\sum_{l=1}^{\infty}\lambda_{2l}\cos 2lx\right) \\ &= F_{dkm}\left\{\frac{\lambda_0}{2}\cos kx+\sum_{l=1}^{\infty}\frac{\lambda_{2l}}{2}[\cos(2l-k)x+\cos(2l+k)x]\right\} l=1,2,3,\cdots,\infty \end{aligned}$$

纵轴第 k 次谐波磁通势产生的气隙磁密含有多种谐波，对其进行傅氏分析，可得第 k 次谐波磁通势的纵轴分量 $F_{dk}(x)$ 在气隙中产生的 j 次谐波磁密的幅值 B_{dkjm} 为

$$\begin{aligned} B_{dkjm} &= \frac{2}{p\pi}\int_0^{p\pi} B_d(x)\cos jx\,\mathrm{d}x \\ &= \frac{2}{p\pi}F_{dkm}\int_0^{p\pi}\left\{\frac{\lambda_0}{2}\cos kx+\sum_{l=1}^{\infty}\frac{\lambda_{2l}}{2}[\cos(2l-k)x\right. \end{aligned}$$

$$+\cos(2l+k)x]\Big\}\cos jx\,\mathrm{d}x, l=1,2,3,\cdots,\infty \tag{附 1-12}$$

当 $|2l\pm k|\neq j$ 及 $k\neq j$ 时，上式中的积分结果为零；当 $|2l\pm k|=j$（即 $2l=|k\pm j|$）及 $k\neq j$ 时，上式积分结果为

$$\begin{aligned}B_{\mathrm{d}kj\mathrm{m}} &= F_{\mathrm{d}k\mathrm{m}}\times\frac{1}{2}(\lambda_{2l}|_{2l=|k-j|}+\lambda_{2l}|_{2l=|k+j|})\\ &= F_{\mathrm{d}k\mathrm{m}}\times\frac{1}{2}(\lambda_{|k-j|}+\lambda_{|k+j|})\\ &= F_{\mathrm{d}k\mathrm{m}}\lambda_{\mathrm{d}kj}, \qquad j=|2l\pm k|\end{aligned}$$

$$\lambda_{\mathrm{d}kj}=\frac{1}{2}(\lambda_{|k-j|}+\lambda_{|k+j|}), \qquad |k\pm j|=2l \tag{附 1-13}$$

为纵轴 k 次谐波磁通势产生 j 次谐波磁密的谐波导磁系数，其中

$$\lambda_{|k\pm j|}=\lambda_{2l}, \qquad l=1,2,3,\cdots$$

当 $k=j$ 及 $2l=k+j$ 时，即 $l=k$ 时，式（附 1-12）积分的结果为

$$B_{\mathrm{d}kk\mathrm{m}}=F_{\mathrm{d}k\mathrm{m}}\times\frac{1}{2}(\lambda_0+\lambda_{2k})=F_{\mathrm{d}k\mathrm{m}}\lambda_{\mathrm{d}kk}$$

$$\lambda_{\mathrm{d}kk}=\frac{1}{2}(\lambda_0+\lambda_{2k}) \tag{附 1-14}$$

为纵轴 k 次谐波磁通势产生 k 次谐波磁密的谐波导磁系数。

比较式（附 1-13）和式（附 1-14）可知，只要将 $k=j$ 代入式（附 1-13），就可得到式（附 1-14）。因此，无论是 $k=j$，还是 $k\neq j$，只要 $2l=|k\pm j|$，$l=0$，1，2，…，纵轴谐波导磁系数都可以由式（附 1-13）计算。

同样可得横轴 k 次谐波磁通势产生的 j 次谐波磁密和谐波导磁系数 $\lambda_{\mathrm{q}kj}$ 的计算公式为

$$B_{\mathrm{q}kj\mathrm{m}}=-F_{\mathrm{q}k\mathrm{m}}\lambda_{\mathrm{q}kj}$$

$$\lambda_{\mathrm{q}kj}=\frac{1}{2}(\lambda_{|k-j|}-\lambda_{|k+j|}) \tag{附 1-15}$$

$$\lambda_{|k\pm j|}=\lambda_{2l}, \qquad l=0,1,2,\cdots$$

根据上述结果可以看出：

(1) k 次谐波磁通势的幅值和它产生的 j 次谐波磁密幅值之间存在着简单的关系式

$$B_{\mathrm{d}kj\mathrm{m}}=F_{\mathrm{d}k\mathrm{m}}\lambda_{\mathrm{d}kj}, B_{\mathrm{q}kj\mathrm{m}}=-F_{\mathrm{q}k\mathrm{m}}\lambda_{\mathrm{q}kj}$$

而且气隙谐波导磁系数 $\lambda_{\mathrm{d}kj}$ 和 $\lambda_{\mathrm{q}kj}$ 与气隙导磁系数 λ_{2l}（$l=0$，1，2，…）间也存在着简单的关系。因此，求得 λ_{2l} 后，就不难求得 $\lambda_{\mathrm{d}kj}$ 和 $\lambda_{\mathrm{q}kj}$。由于 λ_{2l} 为不随转子位置角变化的常数，$\lambda_{\mathrm{d}kj}$ 和 $\lambda_{\mathrm{q}kj}$ 也为不随转子位置角变化的常数。

(2) 在凸极电机中，k 次谐波磁通势产生的谐波磁密次数 j 与谐波磁通势的次数 k 有一定的关系，即 $j=|k\pm 2l|$，$l=0$，1，2，…。例如，当 $k=1$ 时，$j=1$，3，5，7，…；当 $k=\frac{1}{5}$ 时，$j=\frac{1}{5}$，$\frac{9}{5}$，$\frac{11}{5}$，$\frac{19}{5}$，…。

因此，$\lambda_{\mathrm{d}kj}$ 和 $\lambda_{\mathrm{q}kj}$ 中代表谐波次数的下标 k 和 j 之间也有一定的关系，即 $|k\pm j|=2l$，（$l=0$，1，2，…）。如果 $|k\pm j|\neq 2l$，则 $\lambda_{\mathrm{d}kj}$ 或 $\lambda_{\mathrm{q}kj}$ 均等于零。

（3）根据式（附 1-13）和式（附 1-15）还可见，谐波导磁系数是可逆的，即

$$\left.\begin{aligned}\lambda_{dkj} &= \lambda_{djk}\\ \lambda_{qkj} &= \lambda_{qjk}\end{aligned}\right\} \tag{附 1-16}$$

3. 单个线圈的自感系数

得到纵轴和横轴气隙磁密后，将线圈中通过的纵轴和横轴气隙磁密分别进行积分，再乘以线圈匝数，就可以得到线圈的对应的磁链。纵轴气隙磁密对线圈的自感磁链为

$$\psi_{dkj} = w_s\int_{s_1}^{s_2} B_{dkjm}\cos jx\,ds$$

$$ds = d\left(\frac{x}{P}Rl\right) = \frac{\tau l}{\pi}dx$$

式中：R 为定子内径；l 为定子铁心长；τ 为极距。

因此

$$\begin{aligned}\psi_{dkj} &= \frac{w_s\tau l}{\pi}\int_{-\gamma-\frac{\beta\pi}{2}}^{-\gamma+\frac{\beta\pi}{2}} B_{dkjm}\cos jx\,dx\\ &= \frac{4w_s^2\tau l}{P\pi^2 kj}k_{yk}k_{yj}\lambda_{dkj}i\cos k\gamma\cos j\gamma\end{aligned} \tag{附 1-17}$$

同样方法可得到横轴气隙磁密对线圈的自感磁链为

$$\begin{aligned}\psi_{qkj} &= \frac{w_s\tau l}{\pi}\int_{-\gamma-\frac{\beta\pi}{2}}^{-\gamma+\frac{\beta\pi}{2}} B_{qkjm}\sin jx\,dx\\ &= \frac{4w_s^2\tau l}{P\pi^2 kj}k_{yk}k_{yj}\lambda_{qkj}i\sin k\gamma\sin j\gamma\end{aligned} \tag{附 1-18}$$

与该纵、横轴磁密相应的该线圈的自感系数分别为

$$L_{dkj} = \frac{\psi_{dkj}}{i} = \frac{4w_s^2\tau l}{P\pi^2 kj}k_{yk}k_{yj}\lambda_{dkj}\cos k\gamma\cos j\gamma \tag{附 1-19}$$

$$L_{qkj} = \frac{\psi_{qkj}}{i} = \frac{4w_s^2\tau l}{P\pi^2 kj}k_{yk}k_{yj}\lambda_{qkj}i\sin k\gamma\sin j\gamma \tag{附 1-20}$$

相应地，根据各次谐波磁通势产生的各次谐波磁密的总和，即可得到与这个气隙磁场对应的线圈 AA′的自感系数为

$$\begin{aligned}L_\delta &= \sum_k\sum_j(L_{dkj}+L_{qkj})\\ &= \frac{4w_s^2\tau l}{P\pi^2}\sum_k\sum_j\frac{k_{yk}k_{yj}}{kj}(\lambda_{dkj}\cos k\gamma\cos j\gamma+\lambda_{qkj}\sin k\gamma\sin j\gamma)\end{aligned} \tag{附 1-21}$$

$$k = \frac{1}{P},\frac{2}{P},\frac{3}{P},\cdots,$$

$$j = |\,k\pm 2l\,|, l = 0,1,2,\cdots$$

式中 k——磁通势的谐波次数；

j——磁密的谐波次数。

可见，单个线圈的自感系数是双重级数，表示了各种谐波的总效应，其中分数次谐波

和低次谐波的作用很强，可以与基波的作用相比。这时如果只考虑基波磁通势产生的基波磁场，可能导致不能允许的误差。

式（附 1-21）可以化为

$$L_\delta=\frac{2w_s^2\tau l}{P\pi^2}\sum_k\sum_j\frac{k_{yk}k_{yj}}{kj}\{(\lambda_{dkj}-\lambda_{qkj})\cos(k+j)\gamma+(\lambda_{dkj}+\lambda_{qkj})\cos(k-j)\gamma\}$$

（附 1-22）

因为 $|k\pm j|=2l$，$l=0$，1，2，…，因此，式（附 1-22）还可以写成

$$L_\delta(\gamma)=L_{0\delta}+L_2\cos2\gamma+L_4\cos4\gamma+\cdots \tag{附 1-23}$$

式（附 1-22）表明，转子位置角 γ 变化 π 电角度，定子线圈的自感系数就重复一次，这是符合物理概念的。

上式只是气隙磁场引起的自感系数。在考虑了槽漏磁和端部漏磁引起的自感系数 L_{0l} 后，定子单个线圈 AA′的自感系数为

$$L(\gamma)=L_0+L_2\cos2\gamma+L_4\cos4\gamma+\cdots \tag{附 1-24}$$

$$\begin{aligned}L_0&=L_{0l}+L_{0\delta}\\&=L_{0l}+\frac{2w_s^2\tau l}{P\pi^2}\sum_k\left[\left(\frac{k_{yk}}{k}\right)^2(\lambda_{dkk}+\lambda_{qkk})\right],k=\frac{1}{P},\frac{2}{P},\frac{3}{P},\cdots\end{aligned} \tag{附 1-25}$$

$$L_2=\frac{2w_s^2\tau l}{P\pi^2}\left\{\sum_k\left[\frac{k_{yk}k_{y(2-k)}}{k(2-k)}(\lambda_{dk(2-k)}-\lambda_{qk(2-k)})\right]+2\sum_k\left[\frac{k_{yk}k_{y(k+2)}}{k(k+2)}(\lambda_{dk(k+2)}+\lambda_{qk(k+2)})\right]\right\}$$

（附 1-26）

式（附 1-26）中的第二个连加号里 $k=\frac{1}{P}$，$\frac{2}{P}$，$\frac{3}{P}$，…，第一个连加号里 $k=\frac{1}{P}$，$\frac{2}{P}$，$\frac{3}{P}$，…，$\frac{2P-1}{P}$。

由式（附 1-13）和式（附 1-15）可知

$$\lambda_{dkk}+\lambda_{qkk}=\lambda_0 \tag{附 1-27}$$

$$\lambda_{dk(2-k)}-\lambda_{qk(2-k)}=\lambda_2 \tag{附 1-28}$$

$$\lambda_{dk(k+2)}+\lambda_{qk(k+2)}=\lambda_2 \tag{附 1-29}$$

因此，式（附 1-25）和式（附 1-26）可进一步简化为

$$L_0=L_{0l}+\frac{2w_s^2\tau l\lambda_0}{P\pi^2}\sum_k\left(\frac{k_{yk}}{k}\right)^2 \tag{附 1-30}$$

$$L_2=\frac{2w_s^2\tau l\lambda_2}{P\pi^2}\left\{\sum_k\frac{k_{yk}k_{y(2-k)}}{k(2-k)}+2\sum_k\frac{k_{yk}k_{y(k+2)}}{k(k+2)}\right\} \tag{附 1-31}$$

4. 单个线圈间的互感系数

凸极同步电机定子绕组单个线圈间互感系数的计算与其自感系数的计算过程相似，只是在求互感磁链时应考虑两个线圈的偏移角 α。若线圈 BB′的轴线沿转子转动方向上落后于 AA′的轴线 α 电角度，求线圈 AA′通电后对线圈 BB′产生的互感磁链时，其积分上下限分别为 $-\gamma-\alpha+\frac{\beta\pi}{2}$ 和 $-\gamma-\alpha-\frac{\beta\pi}{2}$，即

$$\psi_{dkj\,AB}=\frac{w_s\tau l}{\pi}\int_{-\gamma-\alpha-\frac{\beta\pi}{2}}^{-\gamma-\alpha+\frac{\beta\pi}{2}}B_{dkjm}\cos jx\,dx$$

$$=\frac{4w_s^2\tau l}{P\pi^2 kJ}k_{yk}k_{yj}\lambda_{dkj}i\cos k\gamma\cos j(\gamma+\alpha) \quad (附 1\text{-}32)$$

$$\psi_{qkj\,AB}=\frac{w_s\tau l}{\pi}\int_{-\gamma-\alpha-\frac{\beta\pi}{2}}^{-\gamma-\alpha+\frac{\beta\pi}{2}}B_{qkjm}\sin jx\,dx$$

$$=\frac{4w_s^2\tau l}{P\pi^2 kj}k_{yk}k_{yj}\lambda_{qkj}i\sin k\gamma\sin j(\gamma+\alpha) \quad (附 1\text{-}33)$$

相应的互感系数为

$$M_{dkj\,AB}=\frac{4w_s^2\tau l}{P\pi^2 kj}k_{yk}k_{yj}\lambda_{dkj}\cos k\gamma\cos j(\gamma+\alpha) \quad (附 1\text{-}34)$$

$$M_{qkj\,AB}=\frac{4w_s^2\tau l}{P\pi^2 kj}k_{yk}k_{yj}\lambda_{qkj}i\sin k\gamma\sin j(\gamma+\alpha) \quad (附 1\text{-}35)$$

考虑各次谐波磁通势引起的各次谐波磁密的总效果时，可得与气隙磁场对应的线圈 AA′与 BB′的总的互感系数为

$$M_{AB\delta}=\sum_k\sum_j(M_{dkj\,AB}+M_{qkj\,AB})$$

$$=\frac{2w_s^2\tau l}{P\pi^2}\sum_k\sum_j\frac{k_{yk}k_{yj}}{kj}\{(\lambda_{dkj}+\lambda_{qkj})\cos[(k-j)\gamma-j\alpha]+(\lambda_{dkj}-\lambda_{qkj})\cos[(k+j)\gamma+j\alpha]\} \quad (附 1\text{-}36)$$

$$k=\frac{1}{P},\frac{2}{P},\frac{3}{P}\cdots,\quad j=|k\pm 2l|,\quad l=0,1,2,\cdots$$

利用关系式

$$M_{dkj\,AB}+M_{qkj\,AB}+M_{djk\,AB}+M_{qjk\,AB}$$

$$=\frac{4w_s^2\tau l}{P\pi^2}\frac{k_{yk}k_{yj}}{kj}\left\{(\lambda_{dkj}+\lambda_{qkj})\cos\frac{(j+k)\alpha}{2}\cos\left[(k-j)\left(\gamma+\frac{\alpha}{2}\right)\right]+(\lambda_{dkj}-\lambda_{qkj})\cos\frac{(j-k)\alpha}{2}\cos\left[(k+j)\left(\gamma+\frac{\alpha}{2}\right)\right]\right\}$$

$$M_{dkk\,AB}+M_{qkk\,AB}$$

$$=\frac{2w_s^2\tau l}{P\pi^2}\left(\frac{k_{yk}}{k}\right)^2\left\{(\lambda_{dkk}+\lambda_{qkk})\cos k\alpha+(\lambda_{dkk}-\lambda_{qkj})\cos 2k\left(\gamma+\frac{\alpha}{2}\right)\right\}$$

式中：k 和 j 为给定的数值；角$\left(\gamma+\frac{\alpha}{2}\right)$前的因子（$k+j$）或（$k-j$）只能是偶数，且

$\lambda_{dkk}-\lambda_{qkk}=\frac{1}{2}(\lambda_0+\lambda_{2k})-\frac{1}{2}(\lambda_0-\lambda_{2k})=\lambda_{2k}$，只有在 k 为正整数时，λ_{2k} 才有值，否则 $\lambda_{2k}=0$。

可以将式（附 1-36）写成$\left(\gamma+\frac{\alpha}{2}\right)$角的偶次谐波余弦级数，即

$$M_{AB\delta}=M_{AB0\delta}+M_{AB2}\cos 2\left(\gamma+\frac{\alpha}{2}\right)+M_{AB4}\cos 4\left(\gamma+\frac{\alpha}{2}\right)+\cdots \quad (附 1\text{-}37)$$

当转子磁极轴线处于两个线圈的中间位置时，即 $\gamma+\frac{\alpha}{2}=0$ 时，互感系数达到极值。

在考虑了漏磁引起的互感系数 M_{AB0l} 后，定子单个线圈 AA′与 BB′的互感系数为

$$M_{AB}=M_{AB0}+M_{AB2}\cos2\left(\gamma+\frac{\alpha}{2}\right)+M_{AB4}\cos4\left(\gamma+\frac{\alpha}{2}\right)+\cdots \quad (附1\text{-}38)$$

$$M_{AB0}=M_{AB0l}+\frac{2w_s^2\tau l}{P\pi^2}\sum_k\left[\left(\frac{k_{yk}}{k}\right)^2(\lambda_{dkk}+\lambda_{qkk})\cos k\alpha\right] \quad (附1\text{-}39)$$

$$M_{AB2}=\frac{2w_s^2\tau l}{P\pi^2}\left\{\sum_k\left[\frac{k_{yk}k_{y(2-k)}}{k(2-k)}(\lambda_{dk(2-k)}-\lambda_{qk(2-k)})\cos(1-k)\alpha\right]\right.$$
$$\left.+2\sum_k\left[\frac{k_{yk}k_{y(k+2)}}{k(k+2)}(\lambda_{dk(k+2)}+\lambda_{qk(k+2)})\cos(1+k)\alpha\right]\right\} \quad (附1\text{-}40)$$

上式还可进一步简化为

$$M_{AB0}=M_{AB0l}+\frac{2w_s^2\tau l\lambda_0}{P\pi^2}\sum_k\left[\left(\frac{k_{yk}}{k}\right)^2\cos k\alpha\right] \quad (附1\text{-}41)$$

$$M_{AB2}=\frac{2w_s^2\tau l\lambda_2}{P\pi^2}\left\{\sum_k\frac{k_{yk}k_{y(2-k)}}{k(2-k)}\cos(1-k)\alpha+2\sum_k\frac{k_{yk}k_{y(k+2)}}{k(k+2)}\cos(1+k)\alpha\right\} \quad (附1\text{-}42)$$

当线圈 BB′和线圈 AA′的轴线重合时，即 $\alpha=0$ 时，式（附 1-41）和（附 1-42）就变成式（附 1-30）和式（附 1-31）了，这是符合物理意义的。

在两个线圈的互感系数中，气隙磁场的分数次谐波和低次谐波的影响是很强的。但是一般单个线圈的自感和互感的表示式（附 1-24）和式（附 1-38）中一般只取两项——常数项和 2 次谐波项（注意这两项都是级数求和的结果），精度就够了。

5. 电机定子回路的电感系数

电机实际运行时，定子的线圈通过一定的连接方式与外部电路相连，形成实际的回路。电机实际回路的组成会随着研究问题的不同而不同。在计算出定子各线圈的电感系数后，可以很容易地根据连接关系得到定子回路的电感系数。

用 $M_{S(i)Q(j)}$ 表示电机定子的 S 回路的第 i 个线圈与 Q 回路的第 j 个线圈间的互感系数，则 S 回路和 Q 回路的互感系数表示式将为

$$M_{SQ}=\sum_{i=1}^{m}\sum_{j=1}^{n}M_{S(i)Q(j)}$$
$$=M_{SQ0}+M_{SQ2}\cos2(\gamma+\alpha_{SQ2})+M_{SQ4}\cos4(\gamma+\alpha_{SQ4})+\cdots \quad (附1\text{-}43)$$

式中：m 为 S 回路的线圈数；n 为 Q 回路的线圈数。

与式（附 1-24）和式（附 1-38）一样，在式（附 1-43）中，一般只取前两项就能满足工程计算的需要。

如用 $M_{S(i)Q(j)0}$ 表示 S 回路的第 i 个线圈与 Q 回路的第 j 个线圈间的互感系数的常数项，则式（附 1-43）的常数项计算式为

$$M_{SQ0}=\sum_{i=1}^{m}\sum_{j=1}^{n}M_{S(j)Q(j)0} \quad (附1\text{-}44)$$

至于式（附 1-43）的 2 次谐波项的幅值 M_{SQ2} 和相角 α_{SQ2} 可以根据下述途径计算。

设 $M_{S(i)Q(j)2}$ 和 $\alpha_{S(i)Q(j)2}$ 分别表示 S 回路的第 i 个线圈与 Q 回路的第 j 个线圈间的互感系数 2 次谐波项的幅值和相角（该相角等于这两个线圈轴线夹角的一半），则

$$M_{SQ2}\cos 2(\gamma+\alpha_{SQ2}) = \sum_{i=1}^{m}\sum_{j=1}^{n} M_{S(i)Q(j)2}\cos 2(\gamma+\alpha_{S(i)Q(j)2}) \qquad \text{(附 1-45)}$$

当 $2\gamma=0$ 时，有

$$M_{SQ2}\cos 2\alpha_{SQ2} = \sum_{i=1}^{m}\sum_{j=1}^{n} M_{S(i)Q(j)2}\cos 2\alpha_{S(i)Q(j)2} \qquad \text{(附 1-46)}$$

当 $2\gamma=\frac{\pi}{2}$ 时，有

$$M_{SQ2}\sin 2\alpha_{SQ2} = \sum_{i=1}^{m}\sum_{j=1}^{n} M_{S(i)Q(j)2}\sin 2\alpha_{S(i)Q(j)2} \qquad \text{(附 1-47)}$$

由式（附 1-46）和式（附 1-47）可求得 M_{SQ2} 和 $\mathrm{tg}2\alpha_{SQ2}$，从而得到 α_{SQ2}。

气隙磁场谐波对定子各分支的电感系数的影响也很大，特别是气隙磁场的分数次谐波和低次谐波。

由式（附 1-24）、式（附 1-38）和式（附 1-43）可见，定子单个线圈的自感系数，还有定子各回路的电感系数均与转子位置角 γ 有关，即它们都是时变函数。

具体计算各电感系数时，例如在用式（附 1-30）、式（附 1-31）、式（附 1-41）、式（附 1-42）计算时，要对无穷级数进行求和，通常取有限项计算即可。但对单个线圈的电感系数，由于气隙磁场谐波影响较大，只取几项计算是不够的。

最后应当提及，对于多数问题，相绕组可以作为一个研究单元。在正常设计的电机中，相绕组一般都采用分布短距绕组，从而大大削弱了相绕组产生的气隙磁场谐波。

三、电机转子回路的电感系数

凸极同步电机转子上不仅有励磁绕组，还有阻尼绕组。下面分别研究它们的电感系数。

1. 励磁回路的自感系数

凸极同步电机每极下的励磁绕组一般都是集中绕组，各极绕组之间可以串联，也可以并联。下面计算以正常情况分析，如果采用其他连接形式或励磁绕组发生内部故障时，可以采用类似的方法进行计算。

励磁绕组自感系数 L_{fd} 由两部分组成，即

$$L_{fd} = L_{fdl} + L_{fd\delta} \qquad \text{(附 1-48)}$$

式中：L_{fdl} 为对应于包括励磁绕组端部漏磁、极间漏磁和极面漏磁在内的漏磁场引起的自感系数；$L_{fd\delta}$ 为对应于气隙磁密的自感系数。

励磁绕组通电流后产生的磁通势为矩形波，附图 1-3 画出了励磁磁通势 $F(x)$ 和它所产生的气隙磁密 $B(x)$。设每极上励磁绕组的匝数为 w_{fd}，各极励磁绕组的并联分支数为 a_{fd}，总励磁电流为 i_{fd}，则每极励磁绕组中的电流为 $\frac{i_{fd}}{a_{fd}}$。每极励磁磁通势为 $F_f=w_{fd}\frac{i_{fd}}{a_{fd}}$，可以近似认为它是宽度为 π 弧度的矩形波。这时气隙磁密为

$$B_{\mathrm{f}}(x)=\frac{\mu_0 F_{\mathrm{f}}}{\delta(x)}=\mu_0 w_{\mathrm{fd}}\frac{i_{\mathrm{fd}}}{a_{\mathrm{fd}}}\frac{1}{\delta(x)} \tag{附 1-49}$$

每极磁通

$$\Phi_{\mathrm{fd}}=\frac{\tau l}{\pi}\int_{-\frac{\pi}{2}}^{\frac{\pi}{2}}B_{\mathrm{f}}(x)\mathrm{d}x=\frac{\tau l}{\pi}w_{\mathrm{fd}}\frac{i_{\mathrm{fd}}}{a_{\mathrm{fd}}}\int_{-\frac{\pi}{2}}^{\frac{\pi}{2}}\frac{\mu_0}{\delta(x)}\mathrm{d}x$$

由式（附 1-4）可知

$$\Phi_{\mathrm{fd}}=\frac{\tau l w_{\mathrm{fd}}}{2}\frac{i_{\mathrm{fd}}}{a_{\mathrm{fd}}}\lambda_0$$

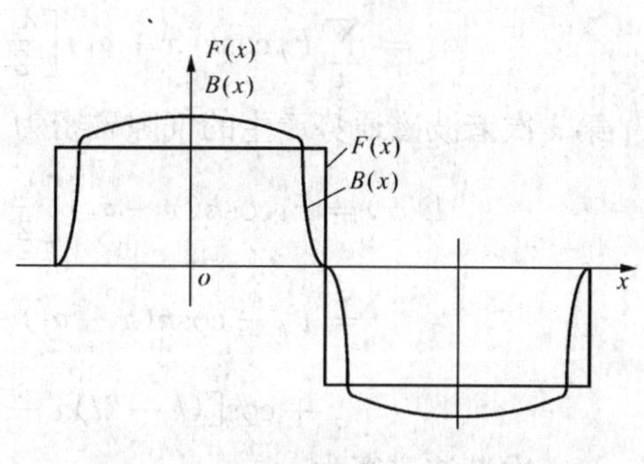

附图 1-3 励磁磁通势及其气隙磁密

每极磁链 $\psi_{\mathrm{fd}}=w_{\mathrm{fd}}\Phi_{\mathrm{fd}}=\frac{\tau l}{2}w_{\mathrm{fd}}^2\frac{i_{\mathrm{fd}}}{a_{\mathrm{fd}}}\lambda_0$

因而与气隙磁密相应的励磁绕组的自感系数为

$$L_{\mathrm{fd}\delta}=\frac{2P}{a_{\mathrm{fd}}^2}\frac{\psi_{\mathrm{fd}}}{\frac{i_{\mathrm{fd}}}{a_{\mathrm{fd}}}}=\frac{\tau l P}{a_{\mathrm{fd}}^2}w_{\mathrm{fd}}^2\lambda_0 \tag{附 1-50}$$

2. 阻尼回路的自感系数

凸极同步电机的阻尼绕组一般是由阻尼条和阻尼环组成的笼形结构，阻尼条由阻尼环全部短接或部分短接，对纵轴及横轴而言，通常都是对称的。在这样的笼形电路中，电流回路的选择可以是任意的，选择方法很多，可以对称于纵轴或横轴取回路，也可以根据网孔取回路。这里采用按网孔取回路的办法。

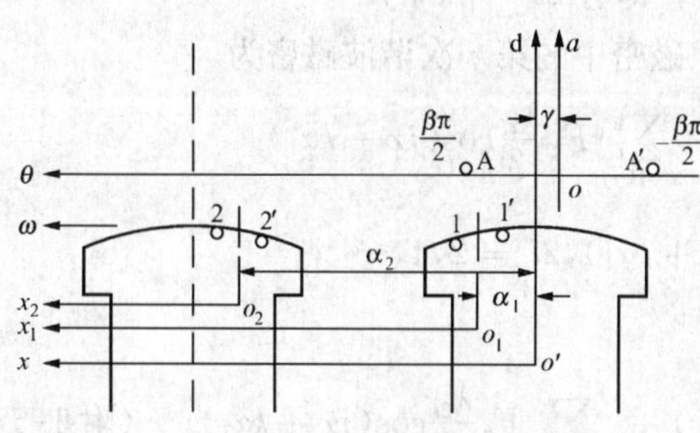

附图 1-4 凸极同步电机阻尼回路的电感系数计算模型

参看附图 1-4，阻尼回路 11′顺转向领先 d 轴中心线 α_1 电角度，在阻尼回路中通以电流 i，这个阻尼回路将产生矩形波磁通势，以电弧度为 2π 的波作为基波，对它进行傅氏分析，有

$$F(x_1)=\sum_k F_k\cos kx_1, k=\frac{1}{P},\frac{2}{P},\frac{3}{P}\cdots \tag{附 1-51}$$

$$F_k=\frac{2}{kP\pi}iw_{\mathrm{r}}\sin\frac{k\beta_1\pi}{2}$$

式中：w_{r} 为阻尼回路匝数，通常 $w_{\mathrm{r}}=1$；β_1 为该阻尼回路短路比；x_1 为转子上的坐标系，坐标原点取在阻尼回路 11′的轴线上。

将该磁通势表示式转换到以 d 轴为原点的 x 坐标上时，则相应的磁通势表示式为

$$F'(x_1)=\sum_k F_k\cos k(x-\alpha_1), k=\frac{1}{P},\frac{2}{P},\frac{3}{P},\cdots \tag{附 1-52}$$

该磁通势产生的气隙磁密为

$$B_\delta(x)=F'(x)\lambda_\delta(x)$$

$$= \sum_k F_k \cos k(x-\alpha_1)\left[\frac{\lambda_0}{2}+\sum_l \lambda_{2l}\cos(2lx)\right], l=1,2,\cdots \quad (附 1\text{-}53)$$

第 k 次谐波磁通势产生的气隙磁密为

$$\begin{aligned} B(x) &= F_k \cos k(x-\alpha_1)\left[\frac{\lambda_0}{2}+\sum_l \lambda_{2l}\cos(2lx)\right] \\ &= F_k \frac{\lambda_0}{2}\cos k(x-\alpha_1)+\sum_l F_k \frac{\lambda_{2l}}{2}\{\cos[(k+2l)x-k\alpha_1] \\ &\quad +\cos[(k-2l)x-k\alpha_1]\} \end{aligned} \quad (附 1\text{-}54)$$

第 k 次谐波磁密为

$$\begin{aligned} B_{kk}(x) &= F_k \frac{\lambda_0}{2}\cos k(x-\alpha_1)+F_k \frac{\lambda_{2k}}{2}\cos k(x+\alpha_1) \\ &= F_k \cos k\alpha_1 \frac{\lambda_0+\lambda_{2k}}{2}\cos kx + F_k \sin k\alpha_1 \frac{\lambda 0-\lambda_{2k}}{2}\sin kx \\ &= F_k \cos k\alpha_1 \lambda_{dkk}\cos kx + F_k \sin k\alpha_1 \lambda_{qkk}\sin kx \end{aligned} \quad (附 1\text{-}55)$$

第 j 次谐波磁密为

$$\begin{aligned} B_{kj}(x) &= F_k \frac{\lambda_{|k-j|}}{2}\cos(jx-k\alpha_1)+F_k \frac{\lambda_{|k+j|}}{2}\cos(jx+k\alpha_1) \\ &= F_k \cos k\alpha_1 \frac{\lambda_{|k-j|}+\lambda_{|k+j|}}{2}\cos jx + F_k \sin k\alpha_1 \frac{\lambda_{|k-j|}-\lambda_{|k+j|}}{2}\sin jx \\ &= F_k \cos k\alpha_1 \lambda_{dkj}\cos jx + F_k \sin k\alpha_1 \lambda_{qkj}\sin jx \end{aligned} \quad (附 1\text{-}56)$$

式中的 $|k-j|$ 和 $|k+j|$ 是这样得到的：在式（附 1-54）中，当 $j=k\pm 2l$ 时，$j-k=\pm 2l$，故有 $2l=|k-j|$；当 $-j=k-2l$ 时，即有 $2l=|k+j|$。

由式（附 1-55）和式（附 1-56）可知气隙磁密中的第 j 次谐波磁密为

$$\begin{aligned} B_j(x) &= F_j \frac{\lambda_0}{2}\cos j(x-\alpha_1)+\sum_{2l=|k-j|} F_k \frac{\lambda_{2l}}{2}\cos(jx-k\alpha_1) \\ &\quad +\sum_{2l=|k+j|} F_k \frac{\lambda_{2l}}{2}\cos(jx+k\alpha_1), 2l=2,4,\cdots \end{aligned}$$

整理可得

$$B_j(x) = \sum_{2l=|k-j|} F_k \frac{\lambda_{2l}}{2}\cos(jx-k\alpha_1)+\sum_{2l=|k+j|} F_k \frac{\lambda_{2l}}{2}\cos(jx+k\alpha_1) \quad (附 1\text{-}57)$$

$$k=\frac{1}{P},\frac{2}{P},\frac{3}{P},\cdots,\quad |k-j|=0,2,4,\cdots, |k+j|=2,4,\cdots$$

令上式中 $\alpha_1=0$，式（附 1-57）将简化为

$$\begin{aligned} B_j(x) &= \left[F_k \frac{\lambda_{2l}}{2}\bigg|_{2l=|k-j|}+F_k \frac{\lambda_{2l}}{2}\bigg|_{2l=|k+j|}\right]\cos jx \\ &= F_k \lambda_{dkj}\cos jx, |k-j|=0,2,4,\cdots; |k+j|=2,4,\cdots \end{aligned}$$

这时只有 d 轴磁通势，即它是阻尼回路 11′轴线与转子 d 轴重合时，d 轴 k 次谐波磁通势产生的 j 次谐波磁密的表达式。

有了气隙磁密的表达式后，可以求得各回路的磁链，进而得到各回路的电感系数。

先求阻尼回路 11′的自感系数。第 j 次谐波磁密 $B_j(x)$ 在阻尼回路 11′中产生的自感磁

链为

$$\psi_j=\frac{w_r\tau l}{\pi}\int_{-\frac{\beta_1\pi}{2}}^{\frac{\beta_1\pi}{2}}B_j(x)\mathrm{d}x_1$$

$$=\frac{w_r\tau l}{\pi}\int_{-\frac{\beta_1\pi}{2}+\alpha_1}^{\frac{\beta_1\pi}{2}+\alpha_1}B_j(x)\mathrm{d}x$$

$$=\frac{2w_r^2\tau l}{P\pi^2}i\left\{\sum_{2l=|k-j|}\frac{\lambda_{2l}}{kj}\sin\frac{k\beta_1\pi}{2}\sin\frac{j\beta_1\pi}{2}\cos(j-k)\alpha_1+\sum_{2l=|k+j|}\frac{\lambda_{2l}}{kj}\sin\frac{k\beta_1\pi}{2}\sin\frac{j\beta_1\pi}{2}\cos(j+k)\alpha_1\right\}$$

$$|k-j|=0,2,4,\cdots,\ |k+j|=2,4,\cdots \tag{附 1-58}$$

相应的自感系数为

$$L_j=\frac{2w_r^2\tau l}{P\pi^2}\left\{\sum_{2l=|k-j|}\frac{\lambda_{2l}}{kj}\sin\frac{k\beta_1\pi}{2}\sin\frac{j\beta_1\pi}{2}\cos(j-k)\alpha_1+\sum_{2l=|k+j|}\frac{\lambda_{2l}}{kj}\sin\frac{k\beta_1\pi}{2}\sin\frac{j\beta_1\pi}{2}\cos(j+k)\alpha_1\right\}$$

$$|k-j|=0,2,4,\cdots,\ |k+j|=2,4,\cdots \tag{附 1-59}$$

计及气隙磁场中的各次谐波时，阻尼回路 11′的总自感系数为

$$L=\sum_j L_j$$

$$=\frac{2w_r^2\tau l}{P\pi^2}\sum_j\left\{\sum_{2l=|k-j|}\frac{\lambda_{2l}}{kj}\sin\frac{k\beta_1\pi}{2}\sin\frac{j\beta_1\pi}{2}\cos(j-k)\alpha_1+\sum_{2l=|k+j|}\frac{\lambda_{2l}}{kj}\sin\frac{k\beta_1\pi}{2}\sin\frac{j\beta_1\pi}{2}\cos(j+k)\alpha_1\right\}$$

$$j=\frac{1}{P},\frac{2}{P},\frac{3}{P},\cdots,\ |k-j|=0,2,4,\cdots,\ |k+j|=2,4,\cdots \tag{附 1-60}$$

实际计算时，j，k，$2l$ 取到一定的次数即可。

再求阻尼回路 11′和 22′间的互感系数。仍然在阻尼回路 11′通电流 i，它产生的 j 次谐波磁密如式（附 1-57）所示，$B_j(x)$ 在阻尼回路 22′中产生的磁链为

$$\psi_{12j}=\frac{w_r\tau l}{\pi}\int_{-\frac{\beta_2\pi}{2}}^{\frac{\beta_2\pi}{2}}B_j(x)\mathrm{d}x_2$$

$$=\frac{w_r\tau l}{\pi}\int_{-\frac{\beta_2\pi}{2}+\alpha_2}^{\frac{\beta_2\pi}{2}+\alpha_2}B_j(x)\mathrm{d}x$$

$$=\frac{2w_r^2\tau l}{P\pi^2}i\left\{\sum_{2l=|k-j|}\frac{\lambda_{2l}}{kj}\sin\frac{k\beta_1\pi}{2}\sin\frac{j\beta_2\pi}{2}\cos(j\alpha_2-k\alpha_1)+\sum_{2l=|k+j|}\frac{\lambda_{2l}}{kj}\sin\frac{k\beta_1\pi}{2}\sin\frac{j\beta_2\pi}{2}\cos(j\alpha_2+k\alpha_1)\right\}$$

$$|k-j|=0,2,4,\cdots,\ |k+j|=2,4,\cdots \tag{附 1-61}$$

式中：x_2 为固定在转子上的坐标系，坐标原点取在阻尼回路 22′的轴线上；β_2 为阻尼回路 22′的短距比。

相应的互感系数为

$$M_{12j}=\frac{2w_r^2\tau l}{P\pi^2}\left\{\sum_{2l=|k-j|}\frac{\lambda_{2l}}{kj}\sin\frac{k\beta_1\pi}{2}\sin\frac{j\beta_2\pi}{2}\cos(j\alpha_2-k\alpha_1)\right.$$
$$\left.+\sum_{2l=|k+j|}\frac{\lambda_{2l}}{kj}\sin\frac{k\beta_1\pi}{2}\sin\frac{j\beta_2\pi}{2}\cos(j\alpha_2+k\alpha_1)\right\}$$
$$|k-j|=0,2,4,\cdots,\ |k+j|=2,4,\cdots \tag{附 1-62}$$

计及所有气隙磁密谐波的总和，则得阻尼回路 11′和 22′的总互感系数为

$$M_{12}=\sum_j M_{12j}$$
$$=\frac{2w_r^2\tau l}{P\pi^2}\sum_j\left\{\sum_{2l=|k-j|}\frac{\lambda_{2l}}{kj}\sin\frac{k\beta_1\pi}{2}\sin\frac{j\beta_2\pi}{2}\cos(j\alpha_2-k\alpha_1)\right.$$
$$\left.+\sum_{2l=|k+j|}\frac{\lambda_{2l}}{kj}\sin\frac{k\beta_1\pi}{2}\sin\frac{j\beta_2\pi}{2}\cos(j\alpha_2+k\alpha_1)\right\}$$
$$j=\frac{1}{P},\frac{2}{P},\frac{3}{P},\cdots,\ |k-j|=0,2,4,\cdots,\ |k+j|=2,4,\cdots \tag{附 1-63}$$

若 $\alpha_1=\alpha_2$，$\beta_1=\beta_2$，则式（附 1-63）即为阻尼回路的自感系数。

3. 励磁绕组与阻尼回路间的互感系数

设励磁绕组通电流 i_{fd}后，产生的磁通势为矩形波，它产生的气隙磁密 $B(x)$ 为

$$B(x)=F(x)\lambda_\delta(x)=F(x)\frac{\mu_0}{\delta(x)} \tag{附 1-64}$$

由附图 1-3 可见

$$B(x)=B(-x),\ B(x)=-B(\pi\pm x)$$

所以将 $B(x)$ 展成傅氏级数后只有余弦项，而且只有奇数谐波，其一般表达式为

$$B(x)=\sum_k B_{fkm}\cos kx\,dx,\ k=1,3,5,\cdots \tag{附 1-65}$$

$$B_{fkm}=\frac{2}{\pi}\int_0^\pi B(x)\cos kx\,dx$$
$$=\frac{2}{\pi}\int_0^\pi F(x)\frac{\mu_0}{\delta(x)}\cos kx\,dx$$
$$=\frac{4}{\pi}\int_0^{\frac{\pi}{2}}\frac{F_f\mu_0}{\delta(x)}\cos kx\,dx \tag{附 1-66}$$

相应的导磁系数是

$$\lambda_{dk}=\frac{B_{fkm}}{F_f}=\frac{4}{\pi}\int_0^{\frac{\pi}{2}}\frac{\mu_0}{\delta(x)}\cos kx\,dx,k=1,3,5,\cdots \tag{附 1-67}$$

比较式（附 1-67）与式（附 1-5）可见，凸极同步电机气隙导磁系数 λ_{2l} 的计算公式与矩形波励磁磁通势产生的各次谐波磁密相应的磁导系数 λ_{dk} 的计算公式在形式上相似。区别仅在于 λ_{2l}的公式中 $2l$ 是偶数，而在 λ_{dk}的公式中 k 为奇数。

励磁绕组通电流 i_{fd}产生的 k 次谐波气隙磁密在阻尼回路 11′中产生的磁链为

$$\psi_{1fk}=\frac{w_r\tau l}{\pi}\int_{\frac{-\beta_1\pi}{2}+\alpha_1}^{\frac{\beta_1\pi}{2}+\alpha_1}B_{fkm}\cos kx\,dx$$

$$= \frac{2w_r w_{\mathrm{fd}}\tau l}{\pi}\frac{i_{\mathrm{fd}}}{a_{\mathrm{fd}}}\frac{\lambda_{\mathrm{d}k}}{k}\sin\frac{k\beta_1\pi}{2}\cos k\alpha_1 \tag{附 1-68}$$

与 k 次谐波气隙磁密相应的互感系数为

$$M_{1\mathrm{f}k} = \frac{2w_r w_{\mathrm{fd}}\tau l}{\pi}\frac{1}{a_{\mathrm{fd}}}\frac{\lambda_{\mathrm{d}k}}{k}\sin\frac{k\beta_1\pi}{2}\cos k\alpha_1 \tag{附 1-69}$$

计及所有气隙磁密谐波，可得阻尼回路 11′与励磁绕组的总互感系数为

$$M_{1\mathrm{f}} = \sum_k M_{1\mathrm{f}k} = \sum_k \frac{2w_r w_{\mathrm{fd}}\tau l}{\pi}\frac{1}{a_{\mathrm{fd}}}\frac{\lambda_{\mathrm{d}k}}{k}\sin\frac{k\beta_1\pi}{2}\cos k\alpha_1, k = 1,3,5,\cdots \tag{附 1-70}$$

如果先假定阻尼回路 11′通以电流，然后求它在励磁绕组中产生的磁链，也可以得到与式（附 1-70）相同的结果。

最后应该说明，转子回路的电感系数与转子位置角无关，式（附 1-50）、式（附 1-60)、式（附 1-63)、式（附 1-70）都反映了这个特点。这是符合规律的，因为定子铁心是圆的。

四、电机定、转子回路间的电感系数

由于定子与转子的相对运动，定子绕组与转子上的绕组（包括励磁回路和阻尼回路）之间的互感系数都是时变量。

1. 定子线圈与励磁绕组间的互感系数

励磁电流 i_{fd}产生的气隙磁密见式（附 1-65)，其第 k 次谐波气隙磁密在定子线圈 AA′中产生的磁链为

$$\psi_{\mathrm{fa}k} = \frac{w_{\mathrm{s}}\tau l}{\pi}\int_{-\frac{\beta\pi}{2}}^{\frac{\beta\pi}{2}} B_{\mathrm{f}k\mathrm{m}}\cos kx\,\mathrm{d}\theta$$

$$= \frac{w_{\mathrm{s}}\tau l}{\pi}\int_{-\frac{\beta\pi}{2}-\gamma}^{\frac{\beta\pi}{2}-\gamma} B_{\mathrm{f}k\mathrm{m}}\cos kx\,\mathrm{d}x$$

$$\theta = x + \gamma$$

将式（附 1-66）中的 $B_{\mathrm{f}k\mathrm{m}}$的表达式代入上式，得

$$\psi_{\mathrm{fa}k} = \frac{2w_{\mathrm{fd}}w_{\mathrm{s}}\tau l}{\pi}\frac{i_{\mathrm{fd}}}{a_{\mathrm{fd}}}\frac{\lambda_{\mathrm{d}k}}{k}\sin\frac{k\beta\pi}{2}\cos k\gamma \tag{附 1-71}$$

相应的互感系数为

$$M_{\mathrm{fa}k} = \frac{2w_{\mathrm{fd}}w_{\mathrm{s}}\tau l}{\pi}\frac{1}{a_{\mathrm{fd}}}\frac{\lambda_{\mathrm{d}k}}{k}\sin\frac{k\beta\pi}{2}\cos k\gamma \tag{附 1-72}$$

求所有气隙磁密谐波的总和，即得定子线圈 AA′和励磁绕组间的总互感系数为

$$M_{\mathrm{fa}} = \sum_k M_{\mathrm{fa}k} = \frac{2w_{\mathrm{fd}}w_{\mathrm{s}}\tau l}{\pi}\frac{1}{a_{\mathrm{fd}}}\sum_k \frac{\lambda_{\mathrm{d}k}}{k}\sin\frac{k\beta\pi}{2}\cos k\gamma, k = 1,3,5\cdots \tag{附 1-73}$$

可见，它随转子位置的不同而不同，是时变参数。

2. 定子线圈与阻尼回路间的互感系数

参看附图 1-4，设阻尼回路 11′通电流 i，它产生的 j 次谐波气隙磁密见式（附 1-57)，$B_j(x)$ 对线圈 AA′产生的磁链为

$$\psi_{1aj}=\frac{w_s\tau l}{\pi}\int_{-\frac{\beta\pi}{2}}^{\frac{\beta\pi}{2}}B_j(x)\mathrm{d}\theta$$

$$=\frac{w_s\tau l}{\pi}\int_{-\frac{\beta\pi}{2}-\gamma}^{\frac{\beta\pi}{2}-\gamma}B_j(x)\mathrm{d}x$$

$$=\frac{2w_s w_r\tau l}{P\pi^2}i\left\{\sum_{2l=|k-j|}\frac{\lambda_{2l}}{kj}\sin\frac{k\beta_1\pi}{2}\sin\frac{j\beta\pi}{2}\cos(j\gamma+k\alpha_1)\right.$$

$$\left.+\sum_{2l=|k+j|}\frac{\lambda_{2l}}{kj}\sin\frac{k\beta_1\pi}{2}\sin\frac{j\beta\pi}{2}\cos(j\gamma-k\alpha_1)\right\}$$

$$|k-j|=0,2,4,\cdots,|k+j|=2,4,\cdots,j=\frac{1}{P},\frac{2}{P},\frac{3}{P},\cdots \quad (\text{附 }1\text{-}74)$$

计及所有气隙磁密谐波时，可得定子线圈 AA′和阻尼回路 11′的互感系数为

$$M_{1a}=\frac{2w_s w_r\tau l}{P\pi^2}\sum_j\left\{\begin{aligned}&\sum_{2l=|k-j|}\frac{\lambda_{2l}}{kj}\sin\frac{k\beta_1\pi}{2}\sin\frac{j\beta\pi}{2}\cos(j\gamma+k\alpha_1)\\&+\sum_{2l=|k+j|}\frac{\lambda_{2l}}{kj}\sin\frac{k\beta_1\pi}{2}\sin\frac{j\beta\pi}{2}\cos(j\gamma-k\alpha_1)\end{aligned}\right\}$$

$$|k-j|=0,2,4,\cdots,|k+j|=2,4,\cdots,j=\frac{1}{P},\frac{2}{P},\frac{3}{P},\cdots \quad (\text{附 }1\text{-}75)$$

式（附 1-74）、式（附 1-75）是从转子边通电流来计算互感系数的。若从定子线圈通电流来计算，当然也可得到同样的结果。

比较式（附 1-75）和式（附 1-63），可见两者的差别仅在于作了下面的替换

$$w_k\rightarrow w,\beta\rightarrow\beta_2,\gamma\rightarrow-\alpha_2$$

但两式的意义差别很大，式（附 1-63）的结果是常数，即阻尼回路间的互感系数与转子位置无关；式（附 1-75）的结果是 γ 角的函数，即阻尼回路和定子线圈间的互感系数与转子位置有关。

有了定子单个线圈与励磁绕组、阻尼回路的互感系数后，就不难求出由它们组成的定子回路与转子各回路之间的互感系数。

最后还应说明，前面求励磁绕组自感系数，励磁绕组与各阻尼回路的互感系数，励磁绕组与定子各回路的互感系数时，均认为励磁绕组为各极下串联或并联。如果励磁绕组采用其他连接方式，或励磁绕组发生内部故障，励磁绕组将被分割为多个回路，这时就需要分别计算励磁各回路的电感系数，以及它们与各阻尼回路、定子各回路的互感系数。

五、饱和情况下的气隙磁导分析法

前面在分析与气隙磁场有关的电感系数时，采用了气隙磁导的概念和谐波分析的方法，并认为磁通势全部消耗在气隙中，至于铁心磁阻，可以用适当放大气隙长度的方法加以考虑。

在电机不饱和时，电机铁心工作在其磁化曲线的直线部分，电机的励磁电流和空载电

压的关系也处于线性段，这时的铁心磁阻较小，相对于气隙磁阻来说，或可以忽略，或可以按照铁心磁阻与气隙磁阻的比值将气隙放大，或按实验的空载特性线性段来加大气隙长度。

同步电机正常运行时其铁心工作在接近饱和处，铁心磁阻的作用明显增强，可采用下述方法考虑饱和的影响。

(1) 在空载情况下，可以借助空载特性曲线确定饱和系数 K，把主磁路的铁心磁阻归算到气隙中，将电机气隙放大 K 倍进行等效，然后用等效后的气隙计算气隙磁场引起的电感系数。如附图 1-5 所示，对应于额定电压 U_N 的空载励磁电流是 i_{fd0}，不考虑饱和时，根据气隙线可得其励磁电流为 i'_{fd0}，饱和系数为

$$K=\frac{i_{fd0}}{i'_{fd0}}=\frac{\overline{df}}{\overline{de}}$$

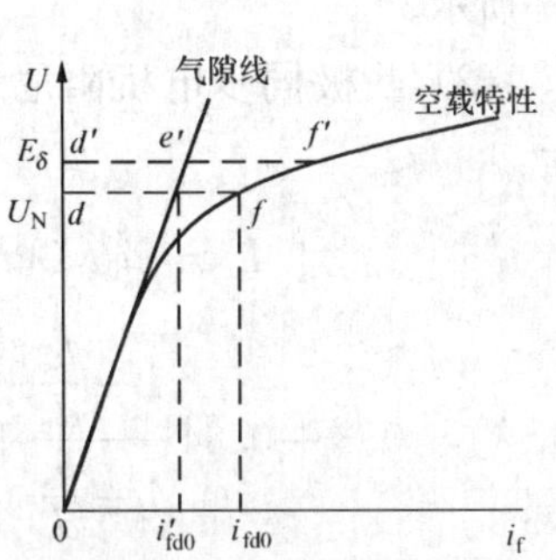

附图 1-5 根据电机的空载特性曲线确定饱和系数

(2) 电机负载运行时，也可根据电机的无载特性曲线来放大气隙长度。此时相量图如附图 1-6 所示。这时与电机气隙磁密对应的气隙电动势为 E_δ。求得 E_δ 后，由 E_δ 和空载特性曲线，求得在这一负载时的饱和系数为

$$K'=\frac{\overline{d'f'}}{\overline{d'e'}}$$

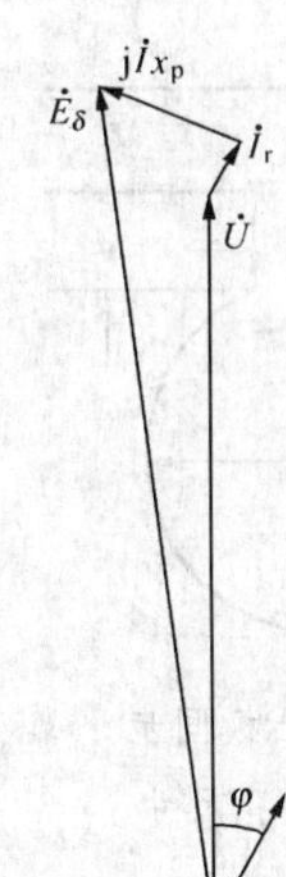

附图 1-6 电机负载运行相量图

x_p—普梯尔电抗；

r—相电阻

这种处理饱和影响的方法是按照电机正常运行时基波磁路的情况考虑的。如果研究的问题涉及气隙磁场空间谐波较强的情况，这种处理方法将会导致一定的误差。需要时，可以根据电机回路和电流大小，用数值计算方法分析其磁场分布，或者采用场路耦合方法进行分析。

六、漏磁场引起的电感系数

以上讨论的是气隙磁场引起的电感系数。漏磁场虽然不是主要成分，但也不容忽略，必须在电感系数计算中予以考虑。

1. 转子漏磁场引起的电感系数

(1) 凸极同步电机励磁绕组的漏磁自感系数为

$$L_{fd\delta}=2P\mu_0\frac{w_{fd}^2}{a_{fd}^2}\lambda_f l \qquad (附 1\text{-}76)$$

$$\lambda_f\approx 4.0\left(\frac{d_t}{c_p}-0.25\right)+1.75\left(\frac{a_p}{c_p}+0.2\right)-1.27\left(\frac{a_p}{c_p}-0.5\right)^2+1.15\frac{h_m}{c_m}+0.44\frac{b_m}{l}$$

$$d_t=h_p+\delta-\frac{b_p^2}{4D_1}$$

$$c_p = \tau - b_p - \frac{2\pi d_t}{2P}$$

$$c_m = \tau - b_m - \frac{\pi}{2P}(h_m + 2h_p + 2\delta)$$

式中：λ_f 为励磁绕组的比漏磁导；l 为转子铁心长；凸极同步电机磁极各部分尺寸如附图 1-7 所示。

（2）凸极同步电机阻尼绕组的漏磁自感系数为

$$L_c = \mu_0 l_c (\lambda_c + \lambda_t)$$

$$\lambda_c = 0.3 + 0.64\frac{1-\dfrac{b_s}{d_c}}{1+\dfrac{b_s}{d_c}} + \frac{h_s}{b_s}\text{（对圆形导条）}$$

$$\lambda_t = \frac{1}{\pi}\ln\frac{\sqrt{1+\left(\dfrac{2\delta}{b_s}\right)^2}}{2} - \frac{2\delta}{\pi b_s}\operatorname{arctg}\frac{2\delta}{b_s} + \frac{\delta}{b_s}$$

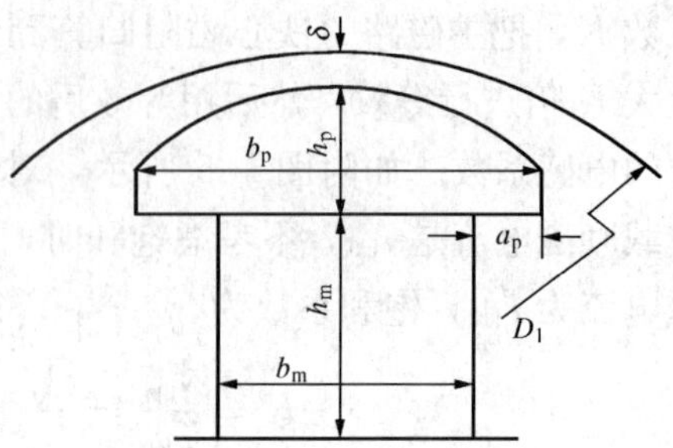

附图 1-7　凸极同步电机磁极各部分尺寸

D_1—定子铁心内径；δ—气隙长；h_p，b_p—分别为极靴高和宽；h_m，b_m—分别为极身高和宽

式中：l_c 为转子磁极长；λ_c 为槽比漏磁导；λ_t 为齿顶比漏磁导；凸极同步电机阻尼条孔各部分尺寸见附图 1-8。

（3）凸极同步电机每段端环的漏感系数为

$$L_e = \frac{t_2 \mu_0}{2\pi}\left(\ln\frac{2l_e}{r_e} + 0.25\right)$$

式中：t_2 为每段端环长；l_e 为端环到转子端面的距离；r_e 为端环截面的等效半径。

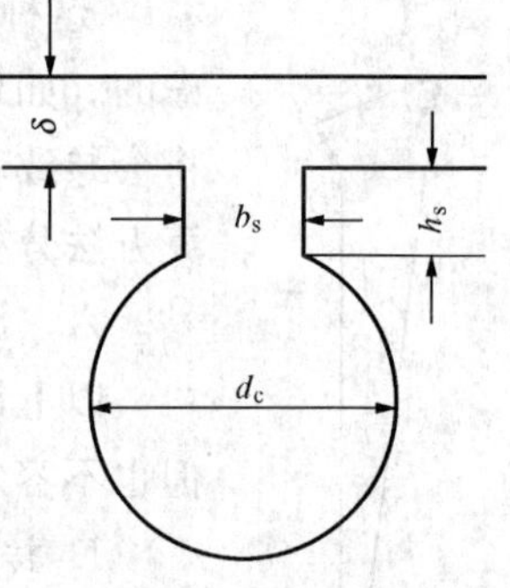

附图 1-8　凸极同步电机阻尼条孔尺寸

2. 定子漏磁场引起的电感系数

在分析气隙磁场引起的定子各回路的电感系数时，已经考虑了谐波磁场，所以定子差漏抗的作用已包括在这些电感系数之中。下面讨论槽漏磁场和端部漏磁场引起的电感系数。

（1）槽漏磁场引起的电感系数：

若认为漏磁磁路不饱和并忽略铁心部分的磁阻，则只有同槽线棒才有因为槽漏磁场引起的互感，不同槽线棒则没有因槽漏磁场引起的互感。已知定子绕组的连接后，可采用逐槽寻找同槽号线棒的方法来确定因槽漏磁场引起的定子各回路的电感系数。用计算机来进行这种工作十分方便。

（2）端部漏磁场引起的电感系数：

准确计算定子端部漏磁场引起的电感系数是十分困难的。比较严格的计算端部漏磁场引起的电感系数的方法是进行端部磁场的计算。这时可以采用离散的方式来处理。计算定子单个线圈通电流后的端部漏磁场引起的电感系数时，把线圈端部分成若干电流元，按毕奥—沙伐定理计算该电流元产生的磁场。端部每一点的磁场都是各电流元在该点产生的磁场的叠加。求出端部每一点的磁场后即可计算各线圈端部的磁链，从而得到端部漏磁场引起的电感系数。计算中可使用镜像电流代替铁磁介质的作用，用气隙电流代替气隙的作用，这时单个线圈通电流后产生的端部漏磁场的问题就变成了由线圈端部电流、气隙电流和它们的镜像共同在均匀的空气介质中产生的磁场问题了。计算中，可采用直角坐标系，也可采用圆柱坐标系。

附录二　发电机内部短路暂态分析

一、研究同步发电机定子内部短路暂态过程的背景和意义

关于同步发电机定子内部短路的稳态分析，在本书的第一章已经做了详细论述。对内部短路的主保护方案设计，一般以稳态工频量计算结果为依据。为了更准确地验证同步电机内部短路主保护装置的动作性能和分析主保护动作行为，还有必要对内部故障的暂态过程进行深入的研究。因为快速保护的动作时间可在0.02s左右，即约1个周波快速保护可以动作，这时电机内部故障的过渡过程一般尚未结束，需要从理论上揭示同步发电机定子绕组内部故障的瞬态特征及暂态过程中各个故障量的变化规律，并编制一个经过实际考验的计算大型同步发电机定子内部故障暂态过程的仿真软件，用来替代实际不允许进行的绕组内部短路工业真机实验。

二、同步发电机定子内部故障暂态过程的研究现状及主要方法

在20世纪90年代以前，受计算速度的限制，只能分析电机的稳态内部故障。随着计算机性能的提高，电机的分析方法不断丰富，内部故障的暂态分析也取得了很大进展。

清华大学电机系在提出交流电机的多回路理论，并用其成功地解决了内部故障的稳态计算问题[1~3]后，近年来又致力于内部故障的暂态研究。文献［22，23］运用多回路分析方法，分别以凸极发电机和隐极发电机为对象，对电机空载条件下的内部故障和机端各种外部短路的暂态过程进行了仿真，并通过实验，验证了仿真模型的正确性；在此基础上，分析了内部故障各种主保护方案的配置及其灵敏度，指出用发生突然短路时的瞬态基波分量校验的保护灵敏度，比用稳态工频分量校验的灵敏度更高[24]。文献［26］对三峡大型水轮发电机在单机空载和联网负载工况的定子绕组内部故障暂态过程进行了仿真计算。

国内一些高校近年来应用多回路法研究同步电机内部故障，在内部故障的暂态分析方面也取得了很多成果[29~31]，如华中理工大学、东南大学、华北电力大学、海军工程大学等。

国外学者也很重视对电机内部故障，包括其暂态过程的研究。文献［7］用类似于多回路分析法的手段，研究了汽轮发电机定、转子绕组的内部故障和非正常运行的暂态过程。文献［8，9］研究了异步电机绕组内部故障（包括定子一支路开焊、转子鼠笼条断裂及端环断裂）的稳态及暂态性能。

用多回路数学模型计算同步发电机定子内部故障（包括暂态及稳态过程）的一个关键问题，是必须准确计算电机参数，尤其是各回路（或线圈）的电感参数。由于电机的磁路由空气隙与铁磁材料共同组成，电感参数还与电机的饱和程度有关。

在多回路分析方法中，一般用气隙磁导的概念和谐波分析的方法计算电感参数，把铁心磁阻按基波主磁路归算到气隙中，即认为磁通势全部消耗在气隙里，通过适当放大气隙来考虑铁心磁阻的影响。但这样做无法计及磁路的磁阻随磁密的变化，对铁磁饱和的考虑

是比较粗略的，尤其在对内部故障暂态过程的仿真计算中，只能用一个近似放大的等效气隙长度（一般对应故障前正常稳态的饱和情况）计算电感系数，无法准确地考虑内部故障的过渡过程中随时间、空间而变化的饱和因素。即使用电磁场有限元法计算电感参数，也只是通过在一个线圈或回路中通电，计算其他线圈或回路的磁链来得到电感参数[6,7,27～29]，并不能反映内部故障过程中多个绕组同时流过变化的故障电流时电机磁路的饱和情况。

另一方面，对于隐极汽轮发电机，由于转速较高（一般都是3000r/min），在离心力作用下对转子机械强度的要求较高，所以转子一般由实心的合金钢锻造而成。发电机正常运行时，三相对称的定子电流只产生基波正序旋转磁场（5、7次等高次谐波磁场幅值很小，可忽略），旋转磁场与转子同步，不会在转子铁心中感应涡流。但发生内部故障后，不对称的定子电流产生的基波负序磁场和各种不同次数不同转向的谐波磁场与转子之间存在相对运动，会在导电的实心转子中感应出涡流，起到与阻尼回路类似的作用。在多回路分析法中，可以用等效的阻尼绕组来代替实心转子的2倍基频涡流（定子的基波负序磁场产生）的作用[25]。

但这种把实心转子的涡流效应处理成阻尼绕组的做法，是建立在稳态场的基础上的，不能很好地计算内部故障的暂态过程。一方面，暂态过程中，定子电流的谐波分量较强，有正序也有负序，除了2倍基频涡流以外，还会在转子中感应出一系列频率的涡流；而且由于转速的变化，这些涡流的频率也在小范围地变化。另一方面，暂态短路电流一般比较大（尤其在负载时），铁心的饱和程度与比故障前不同，与涡流效应对应的电阻和电感将随之变化，所以由故障前的工作点计算出的等效参数的误差会很大。

此外，在对气隙磁导的计算中，一般按定、转子表面光滑处理，仅用卡氏系数放大气隙来考虑电机的齿槽效应，没有考虑气隙磁导的齿谐波变化。

所以，多回路方法计算内部故障，计算精度虽然能够满足一般的工程要求，但对于内部故障的暂态过程[22～25]，由于对饱和、涡流等非线性因素的考虑还不够充分，有时会产生比较大的计算误差。事实上对于涡流、饱和这些非线性问题，用磁路的方法是很难解决的。有限元法被引入电机电磁场的分析计算，使电机中的非线性问题又多了一条解决途径。

在对交流电机的暂态过程分析中，必须考虑与电机相连的外部电路的约束条件。在很多情况下已知的只是电网或其他电源的电压，而电机内绕组的电流要受到机端电压的约束，电流和场量都是未知的，必须同时满足电路方程和磁场方程。对这类问题，如果直接求解时变电磁场，虽然可以同时考虑电机饱和、涡流及高次谐波等因素，但计算量太大，尤其是内部故障时需要对整机区域的离散化方程进行时步计算。鉴于电机的实际结构特别复杂，若不做简化，目前整机的三维电磁场计算还不易实现。文献［32～34］将三相电路方程与瞬态电磁场方程相结合，分别计算了凸极同步发电机[32,33]和隐极汽轮发电机[34]发生突然三相短路的暂态过程，考虑了饱和、涡流因素，但都只分析计算了电机的对称运行情况，没有涉及到内部故障这样的不对称运行方式。此外，电磁场计算与多回路理论相结合的场路耦合法，还被应用于某些特殊电机系统的研究[35～37]中。

经过近几年的工作，清华大学电机系又将电机电磁场的有限元计算与多回路方法相结合，提出并建立了定子内部故障的场路耦合数学模型，在此基础上对同步发电机三相突然短路和定子绕组的各种内部故障等进行了暂态仿真[38]，不仅能考虑绕组的空间位置、连接方式，还能细致地考虑凸极效应、齿槽影响、铁心的饱和和涡流等因素。正常运行及各种故障时，特别是饱和情况下，仿真结果都与实验结果吻合，证明了该数学模型的正确性。下面将对该数学模型进行详细的介绍。

三、同步发电机定子绕组内部故障的场路耦合数学模型

1. 场路耦合数学模型的基本思想

把矢量磁位和回路电流都当作求解变量，通过联立电机的电磁场方程与反映绕组连接情况的电路方程，可以建立同步发电机定子绕组内部故障的瞬态电磁场与多回路耦合的数学模型。该模型的基本思路是：把电机的直线部分与端部分开考虑，见附图 2-1。那么，对电机的直线部分用二维电磁场的有限元计算方法，以分布的电流和矢量磁位作为变量，不但可以考虑电机的凸极效应、齿槽影响、转子涡流和铁心饱和等非线性因素，而且免去了参数计算的困难，也简化了迭代过程；而电机端部用多回路模型中的端漏 L_e 计算。

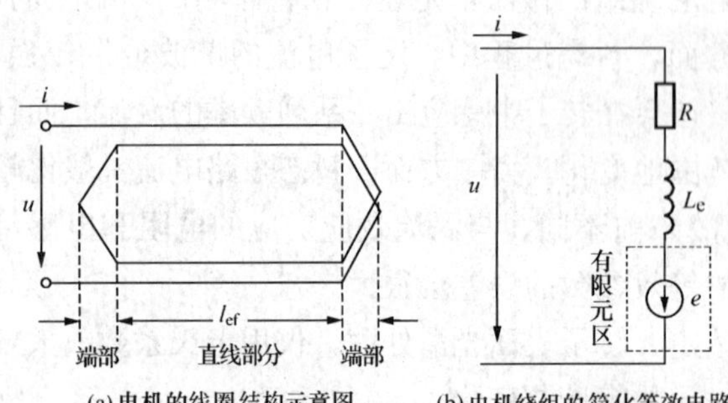

(a) 电机的线圈结构示意图　　(b) 电机绕组的简化等效电路

附图 2-1　场路耦合法的电机绕组模型

2. 电机电磁场的有限元模型

用电磁场方法分析电机，只要知道电机的几何结构尺寸和材料特性，就可以计算电机的过渡过程，省去了参数计算的麻烦，从根本上克服了集中参数、磁路分析方法的局限性。

电机电磁场实际上是三维场，但由于实际电机结构特别复杂，加之大容量高速计算机价格昂贵，目前整机的三维电磁场计算还不易实现。针对电机的铁心部分和端部部分的不同特点，在不计径向通风道、不考虑斜槽时，可以认为在直线部分任一位置的横截面上，电磁场的分布都是相同的；而在电机端部，由于一边是磁导率较高的铁磁材料，另一边是空气，可以通过镜像法处理边界，然后单独计算出端部漏感。

对于同步发电机，为了简化计算，作以下基本假设：

(1) 假设电机内的电磁场是似稳场，忽略位移电流。

(2) 把直线部分的电磁场当作二维分布，端部磁场以多回路模型中的端部漏电感的形式加以考虑。

(3) 认为材料各向同性，忽略铁磁材料的磁滞效应，把 $B-H$ 曲线当作单值曲线。

(4) 忽略定子叠片铁心和有源电流区的涡流。

(5) 忽略电导率 σ 的温度效应。

由假设 (1)，Maxwell 方程为

$$\nabla \times \vec{H} = \vec{J}_c \qquad (附 2-1)$$

$$\nabla \times \vec{E} = -\frac{\partial \vec{B}}{\partial t} \quad (附 2\text{-}2)$$

$$\vec{B} = \mu \vec{H} \quad (附 2\text{-}3)$$

$$\vec{J}_c = \sigma \vec{E} \quad (附 2\text{-}4)$$

式中：$\vec{H}$ 为磁场强度；$\nabla \times \vec{H}$ 为 $\vec{H}$ 的旋度；$\vec{B}$ 为磁感应强度；$\vec{J}_c$ 为传导电流密度；$\vec{E}$ 为电场强度；$\nabla \times \vec{E}$ 为 $\vec{E}$ 的旋度；μ 为磁导率；σ 为电导率。

引入矢量磁位 $\vec{A}$，使之满足

$$\nabla \times \vec{A} = \vec{B} \quad (附 2\text{-}5)$$

Maxwell 方程中的传导电流密度 $\vec{J}_c$ 由两部分组成

$$\vec{J}_c = \vec{J}_s - \sigma \frac{\partial \vec{A}}{\partial t} \quad (附 2\text{-}6)$$

式中：$\vec{J}_s$ 为有源电流密度，只存在于定子线圈、励磁线圈和阻尼条这样的闭合回路经过的区域内；$-\sigma \frac{\partial \vec{A}}{\partial t}$ 为涡流电流密度；σ 为材料的电导率。

将式（附 2-5）、式（附 2-3）代入式（附 2-1），得到

$$\nabla \times (\nu \nabla \times \vec{A}) = \vec{J}_c \quad (附 2\text{-}7)$$

式中：ν 为材料的磁阻率，$\nu = \frac{1}{\mu}$。

由假设（2），并设电机的横截面在 xoy 平面上，那么矢量磁位和电流密度都只有轴向分量，即 $\vec{A} = A(x, y)\hat{k}$，$\vec{J}_s = J_s \hat{k}$，将式（附 2—7）左端按旋度展开，并将式（附 2—6）代入式（附 2—7）的右端，可得到瞬态电磁场方程

$$\frac{\partial}{\partial x}\left(\nu \frac{\partial A}{\partial x}\right) + \frac{\partial}{\partial y}\left(\nu \frac{\partial A}{\partial y}\right) = -J_s + \sigma \frac{\partial A}{\partial t} \quad (附 2\text{-}8)$$

由于式（附 2-8）是偏微分方程，为得到唯一解，还需要给出边界条件

$$A|_{\partial S} = 0 \quad (附 2\text{-}9)$$

式中：S 为待求场的区域，∂S 为区域 S 的边界。

由于求解区域 S 为电机的横截面，其边界 ∂S 就是定子的外圆周。

应用有限元法分析时，要在求解空间对上述电磁场方程［式（附 2-8）和式（附 2-9)］进行离散化。这里采用线性三角形单元剖分，节点总数设为 T_{node}，那么形状函数 $\boldsymbol{N}$ 是 T_{node} 维的向量函数：$\boldsymbol{N}(x, y) = [N_1(x, y), N_2(x, y), \cdots, N_{T_{node}}(x, y)]^T$。当 (x, y) 位于由节点 i_e、j_e、k_e 组成的单元 e 内时，有

$$\begin{cases} N_{i_e}(x,y) = (a_i + b_i x + c_i y)/2\Delta_e \\ N_{j_e}(x,y) = (a_j + b_j x + c_j y)/2\Delta_e \\ N_{k_e}(x,y) = (a_k + b_k x + c_k y)/2\Delta_e \\ N_l(x,y) = 0, \text{当 } l \neq i_e、j_e、k_e \text{ 时} \end{cases} \tag{附 2-10}$$

式中：Δ_e 为 e 号单元的面积；i_e、j_e、k_e 分别代表 e 号单元 3 个节点的整体编号。

将场域剖分以后，电机横截面上分布的矢量磁位可由各节点矢量磁位的线性插值得到

$$A(x,y) = \boldsymbol{N}^{\mathrm{T}}\boldsymbol{A} \tag{附 2-11}$$

式中：$\boldsymbol{A}$ 为 T_{node} 维的向量，由各节点的矢量磁位构成，是待求的变量。

那么边界条件——式（附 2-9）将离散为

$$A_{d_j} = 0 \tag{附 2-12}$$

式中：d_j 代表位于 ∂S 上的第 j 个节点的整体编号，$j=1，2，\cdots，n_1$，n_1 为第一类边界（这里就是 ∂S，即定子外圆周）上的节点总数。

考虑到定子绕组发生内部故障后，电机内的磁场不像正常工作时那样沿圆周方向呈周期性变化，必须对电机的整个横截面进行剖分，所以边界条件中不包括周期性条件。

然后用加权余量法将式（附 2-8）离散化。取形状函数 $\boldsymbol{N}$ 作为权函数，加权积分可得到

$$\iint_S \left\{ \boldsymbol{N}\left[\frac{\partial}{\partial x}\left(\nu\frac{\partial A}{\partial x}\right) + \frac{\partial}{\partial y}\left(\nu\frac{\partial A}{\partial y}\right)\right] + \boldsymbol{N}J_s - \boldsymbol{N}\sigma\frac{\partial A}{\partial t}\right\} \mathrm{d}s = 0 \tag{附 2-13}$$

把式（附 2-13）中的面积分看作各单元积分之和，即 $S=\sum_e \Delta_e$。那么式（附 2-13）的左端第一项积分可化为

$$\begin{aligned} &\iint_S \left\{\frac{\partial}{\partial x}\left(\boldsymbol{N}\left(\nu\frac{\partial A}{\partial x}\right)\right) + \frac{\partial}{\partial y}\left(\boldsymbol{N}\left(\nu\frac{\partial A}{\partial y}\right)\right)\right\}\mathrm{d}s - \iint_S \left\{\frac{\partial \boldsymbol{N}}{\partial x}\nu\frac{\partial A}{\partial x} + \frac{\partial \boldsymbol{N}}{\partial y}\nu\frac{\partial A}{\partial y}\right\}\mathrm{d}s \\ &= \iint_S \nabla\cdot(\boldsymbol{N}\nu\nabla A)\,\mathrm{d}s \\ &\quad - \sum_e \iint_{\Delta e}\left\{\frac{\partial \boldsymbol{N}}{\partial x}\nu_e\frac{\partial}{\partial x}(\boldsymbol{N}^{\mathrm{T}}\boldsymbol{A}) + \frac{\partial \boldsymbol{N}}{\partial y}\nu_e\frac{\partial}{\partial y}(\boldsymbol{N}^{\mathrm{T}}\boldsymbol{A})\right\}\mathrm{d}s \\ &= \int_{\partial S}[\boldsymbol{N}]\nu\nabla A\hat{n}\,\mathrm{d}l \\ &\quad - \sum_e \iint_{\Delta e}\left\{\frac{1}{2\Delta_e}\begin{bmatrix}\vdots \\ b_i \\ \vdots \\ b_j \\ \vdots \\ b_k \\ \vdots\end{bmatrix}\nu_e\frac{1}{2\Delta_e}[\cdots\ \ b_i\ \ \cdots\ \ b_j\ \ \cdots\ \ b_k\ \ \cdots][\boldsymbol{A}]\right. \end{aligned}$$

$$+\frac{1}{2\Delta_e}\begin{bmatrix}\vdots\\c_i\\\vdots\\c_j\\\vdots\\c_k\\\vdots\end{bmatrix}\nu_e\frac{1}{2\Delta_e}[\cdots\quad c_i\quad\cdots\quad c_j\quad\cdots\quad c_k\quad\cdots][\boldsymbol{A}]\Bigg\}\mathrm{d}s$$

$$=\boldsymbol{F}-\boldsymbol{KA}$$

其中矩阵$\boldsymbol{K}$是T_{node}阶的方阵

$$\boldsymbol{K}=\sum_e\begin{bmatrix} & i_e\text{列} & & j_e\text{列} & & k_e\text{列} & \\ \cdots & \frac{\nu_e(b_i^2+c_i^2)}{4\Delta_e} & \cdots & \frac{\nu_e(b_ib_j+c_ic_j)}{4\Delta_e} & \cdots & \frac{\nu_e(b_ib_k+c_ic_k)}{4\Delta_e} & \cdots \\ & \vdots & & \vdots & & \vdots & \\ \cdots & \frac{\nu_e(b_jb_i+c_jc_i)}{4\Delta_e} & \cdots & \frac{\nu_e(b_j^2+c_j^2)}{4\Delta_e} & \cdots & \frac{\nu_e(b_jb_k+c_jc_k)}{4\Delta_e} & \cdots \\ & \vdots & & \vdots & & \vdots & \\ \cdots & \frac{\nu_e(b_kb_i+c_kc_i)}{4\Delta_e} & \cdots & \frac{\nu_e(b_kb_j+c_kc_j)}{4\Delta_e} & \cdots & \frac{\nu_e(b_k^2+c_k^2)}{4\Delta_e} & \cdots \\ & \vdots & & \vdots & & \vdots & \end{bmatrix}\begin{matrix}\\ i_e\text{行}\\ \\ j_e\text{行}\\ \\ k_e\text{行}\\ \\ \end{matrix}$$

（附 2-14）

而$\boldsymbol{F}$是T_{node}维向量：$\boldsymbol{F}=[f_1\quad\cdots\quad f_i\quad\cdots\quad f_{T_{\mathrm{node}}}]^{\mathrm{T}}$，各行元素

$$f_i=\int_{\partial S}N_i\nu\nabla A\hat{n}\,\mathrm{d}l$$

由式（附 2-10）可知，当i号节点位于区域S的内部时，$N_i(x,y)\mid_{(x,y)\in\partial S}=0$，所以

$$f_i=0,i\neq d_1,d_2,\cdots,d_{n_1}\qquad\text{（附 2-15）}$$

也就是说，向量$\boldsymbol{F}$中，只有对应第一类边界节点的整体编号的行元素可能非 0。实际上由于第一类边界节点的矢量磁位是给定的［见式（附 2-12）］，必须将这些节点的已知矢量磁位值代入式（附 2-13）的离散化方程中，所以$\boldsymbol{F}$中非 0 行的数值对计算结果不会有任何影响。为推导方便，可认为

$$\boldsymbol{F}=\boldsymbol{0}\qquad\text{（附 2-16）}$$

式（附 2-13）的左端第二项积分

$$\iint_S\boldsymbol{N}J_S\mathrm{d}s$$

$$
= \sum_e J_S(e) \iint_{\Delta_e} \begin{bmatrix} \vdots \\ N_i(x,y) \\ \vdots \\ N_j(x,y) \\ \vdots \\ N_k(x,y) \\ \vdots \end{bmatrix} \mathrm{d}s = \sum_e J_S(e) \begin{bmatrix} \vdots \\ \frac{\Delta_e}{3} \\ \vdots \\ \frac{\Delta_e}{3} \\ \vdots \\ \frac{\Delta_e}{3} \\ \vdots \end{bmatrix} \begin{matrix} \\ i_e\text{行} \\ \\ j_e\text{行} \\ \\ k_e\text{行} \\ \\ \end{matrix}
$$

其中 $J_S(e)$代表单元 e 内的有源电流密度，只有当单元 e 属于线棒区域(包括定子绕组、励磁绕组和阻尼条)时，才有 $J_s(e)\neq 0$，并且忽略有源电流区域的涡流，认为线棒内的电流是均匀的，那么

$$
\sum_e J_S(e) \begin{bmatrix} \vdots \\ \frac{\Delta_e}{3} \\ \vdots \\ \frac{\Delta_e}{3} \\ \vdots \\ \frac{\Delta_e}{3} \\ \vdots \end{bmatrix} \begin{matrix} \\ i_e\text{行} \\ \\ j_e\text{行} \\ \\ k_e\text{行} \\ \\ \end{matrix} = \boldsymbol{C}_{\mathrm{b}} \boldsymbol{I}_{\mathrm{b}}
$$

式中：电流向量 $\boldsymbol{I}_{\mathrm{b}}$ 代表所有线圈的电流（如果定子是双层绕组，定子槽数为 Z_1，那么定子有 Z_1 个线圈；转子绕组不发生内部故障时，可把整个励磁绕组看成一个等效线圈；每个阻尼回路也就是一个线圈）；$\boldsymbol{C}_{\mathrm{b}}$ 为所有线圈与各单元节点的关联矩阵。

由 $\boldsymbol{\Psi} = \oint \vec{A}\,\mathrm{d}\vec{l}$，还可得到各线圈直线部分的磁链

$$
\boldsymbol{\Psi}_{\mathrm{bM}} = l_{ef} \boldsymbol{C}_{\mathrm{b}}{}^{\mathrm{T}} \boldsymbol{A} \tag{附 2-17}
$$

式中：l_{ef}为电机铁心的长度。

从式（附 2-17）可看出，线圈直线部分的磁链 $\boldsymbol{\Psi}_{\mathrm{bM}}$与铁心的饱和有关。

式（附 2-13）的左端第三项积分为

$$
\begin{aligned}
&\iint_S -\boldsymbol{N}\sigma \frac{\partial A}{\partial t}\mathrm{d}s \\
&\quad = \sum_e \iint_{\Delta e} -\boldsymbol{N}\sigma_e \frac{\partial}{\partial t}(\boldsymbol{N}^{\mathrm{T}}\boldsymbol{A})\mathrm{d}s = \sum_e \iint_{\Delta e} -\boldsymbol{N}\boldsymbol{N}^{\mathrm{T}}\sigma_e \frac{\partial A}{\partial t}\mathrm{d}s \\
&\quad = -Q \cdot \frac{\partial \boldsymbol{A}}{\partial t}
\end{aligned}
$$

其中矩阵 $\boldsymbol{Q}$ 是 T_{node} 阶的方阵

$$\boldsymbol{Q}=\sum_e\begin{bmatrix} & i_e\text{列} & & j_e\text{列} & & k_e\text{列} & \\ & \vdots & & \vdots & & \vdots & \\ \cdots & \dfrac{\sigma_e\Delta_e}{6} & \cdots & \dfrac{\sigma_e\Delta_e}{12} & \cdots & \dfrac{\sigma_e\Delta_e}{12} & \cdots \\ & \vdots & & \vdots & & \vdots & \\ \cdots & \dfrac{\sigma_e\Delta_e}{12} & \cdots & \dfrac{\sigma_e\Delta_e}{6} & \cdots & \dfrac{\sigma_e\Delta_e}{12} & \cdots \\ & \vdots & & \vdots & & \vdots & \\ \cdots & \dfrac{\sigma_e\Delta_e}{12} & \cdots & \dfrac{\sigma_e\Delta_e}{12} & \cdots & \dfrac{\sigma_e\Delta_e}{6} & \cdots \\ & \vdots & & \vdots & & \vdots & \end{bmatrix}\begin{matrix} \\ \\ i_e\text{行} \\ \\ j_e\text{行} \\ \\ k_e\text{行} \\ \\ \end{matrix} \quad (\text{附 } 2\text{-}18)$$

至此，得到式（附 2-13）的离散化方程为

$$-QpA-KA+C_bI_b=0 \quad (\text{附 } 2\text{-}19)$$

式中：$\boldsymbol{A}$ 为 T_{node} 维矢量磁位向量，其中 T_{node} 是节点总数；I_b 为 Z 维线圈电流向量，$Z=Z_1+Z_f+Z_d$，其中 Z_1 为双层绕组定子槽数（线圈数等于槽数），Z_f、Z_d 分别为励磁绕组和阻尼绕组的等效线圈数，不考虑转子内部故障时，可把整个励磁绕组看成 1 个线圈，认为 $Zf=1$，每个阻尼回路也当成 1 个线圈，$Z_d=N_d=2pN_C$，P 为极对数，N_C 为每极下的阻尼条数，对汽轮发电机，如果转子槽楔导电性良好、可起到一定的阻尼作用，也应当作阻尼条考虑；[C_b] 为所有线圈与各单元节点的关联矩阵；$\boldsymbol{Q}$、$\boldsymbol{K}$ 为系数矩阵，可由有限元的单元分析得到，参见式（附 2-18）、式（附 2-14）。

3. 考虑电机内部故障的电路方程

在场路耦合数学模型中，反映绕组故障情况的电路方程与多回路模型是一致的。按照第 1 章 1.2.1 中选择的定、转子各回路，可得到电机所有回路的电压方程［即第 1 章的式(1-8)］为

$$p\boldsymbol{\Psi}'+\boldsymbol{M}_T p\boldsymbol{I}'+(\boldsymbol{R}'+\boldsymbol{R}_T)\boldsymbol{I}'=\boldsymbol{E} \quad (\text{附 } 2\text{-}20)$$

式中：$\boldsymbol{\Psi}'$、I' 分别代表所有回路的磁链和电流，都是未知的 N 维向量，回路总数 $N=N_S+N_f+N_d$；$\boldsymbol{M}_T$、$\boldsymbol{R}_T$ 和 $\boldsymbol{R}'$ 都是 N 阶的常数方阵；$\boldsymbol{E}$ 是 N 维的向量，由无穷大电网的电压和励磁电压组成，是已知向量，具体表达式参见第 1 章 1.2.1。

无论定子绕组正常对称还是发生了内部故障，都能得到定子各线圈电流与回路电流的关联关系

$$\boldsymbol{I}_b=\boldsymbol{G}\boldsymbol{I}' \quad (\text{附 } 2\text{-}21)$$

式中：$\boldsymbol{G}$ 为所有线圈与回路的关联矩阵，是 Z 行[$Z=Z_1+Z_f+Z_d$，其中 Z_1 为双层绕组定子槽数(线圈数等于槽数)]、N 列($N=N_S+N_f+N_d$)的常数矩阵，与定子绕组的连接方式和故障形式有关。

在多回路数学模型中，磁链是用电流和回路电感参数来表示的，即 $\boldsymbol{\Psi}'=\boldsymbol{M}'\boldsymbol{I}'$；而在场路耦合数学模型中，把回路磁链看成由端部漏磁链 $\boldsymbol{\Psi}'_1$ 和直线部分的磁链 $\boldsymbol{\Psi}'_M$ 两部分组成，即

$$\boldsymbol{\Psi}' = \boldsymbol{\Psi}'_l + \boldsymbol{\Psi}'_M \tag{附 2-22}$$

端部漏磁链用多回路方法计算

$$\boldsymbol{\Psi}'_l = \boldsymbol{M}'_l \boldsymbol{I}' \tag{附 2-23}$$

其中回路端部漏感矩阵

$$\boldsymbol{M}'_l = \begin{bmatrix} \boldsymbol{M}'_{S,el} & & \\ & L_{fd,el} & \\ & & \boldsymbol{M}_{d,el} \end{bmatrix} \tag{附 2-24}$$

$$\boldsymbol{M}'_{S,el} = \begin{bmatrix} L_{S'1,el} & M_{S'1,S'2,el} & \cdots & M_{S'1,S'N_S,el} \\ M_{S'2,S'1,el} & L_{S'2,el} & \cdots & M_{S'2,S'N_S,el} \\ \vdots & \vdots & \ddots & \vdots \\ M_{S'N_S,S'1,el} & M_{S'N_S,S'2,el} & \cdots & L_{S'N_S,el} \end{bmatrix}$$

$$\boldsymbol{M}_{d,el} = \begin{bmatrix} 2L_{e,1} & & & \\ & 2L_{e,2} & & \\ & & \ddots & \\ & & & 2L_{e,N_d} \end{bmatrix}$$

式中：$\boldsymbol{M}'_{S,el}$为定子绕组的回路端部漏感矩阵，在回路端部漏感矩阵中，对定子与转子之间的端部互漏感、励磁绕组与阻尼绕组之间的端部互漏感，可以忽略不计；$L_{fd,el}$为励磁绕组的端部漏感；$\boldsymbol{M}_{d,el}$为阻尼回路端部漏感矩阵；$L_{e,i}$为第 i 号阻尼端环的漏感（$i=1$，2，…，N_d），由于在铁心的两端各有一圈端环，所以要乘以 2（见第 1 章的图 1-3）。

一般情况下，不考虑饱和对端部漏感的影响，把 $\boldsymbol{M}'_l$ 当作常数矩阵。

电机直线部分的磁链 Ψ'_M，包括与气隙有关的主磁链和除端部漏磁链以外的漏磁链，它与铁心的饱和、涡流及磁极形状、齿槽等有关，可由电磁场有限元计算得到

$$\boldsymbol{\Psi}'_M = \boldsymbol{G}^T \boldsymbol{\Psi}_{bM} \tag{附 2-25}$$

式中：$\boldsymbol{\Psi}_{bM}$代表各线圈直线部分磁链。

将式（附 2-17）代入式（附 2-25），得

$$\boldsymbol{\Psi}'_M = \boldsymbol{G}^T l_{ef} \boldsymbol{C}_b{}^T \boldsymbol{A} \tag{附 2-26}$$

式中：l_{ef}为定子铁心长度。

把式（附 2-23）、式（附 2-26）代入式（附 2-22），然后再代入式（附 2-20）得

$$l_{ef}\boldsymbol{C}^T p\boldsymbol{A} + (\boldsymbol{M}'_l + \boldsymbol{M}_T)p\boldsymbol{I}' + (\boldsymbol{R}' + \boldsymbol{R}_T)\boldsymbol{I}' = \boldsymbol{E} \tag{附 2-27}$$

$$\boldsymbol{C} = \boldsymbol{C}_b \boldsymbol{G} \tag{附 2-28}$$

式中：矢量磁位 $\boldsymbol{A}$ 和回路电流 $\boldsymbol{I}'$ 都是待求变量；系数矩阵 $\boldsymbol{R}'$、$\boldsymbol{R}_T$、$\boldsymbol{M}'_l$、$\boldsymbol{M}_T$ 都是 N 阶的常数方阵；$\boldsymbol{E}$ 是已知的 N 维向量，由无穷大电网的电压和励磁电压组成；$\boldsymbol{C}$ 为所有回路与各单元节点的关联矩阵。式(附 2-27)就是同步发电机定子内部故障的场路耦合数学模型中的电路方程。

4. 电机内部故障的场路耦合模型

将式（附 2-21）、式（附 2-28）代入式（附 2-19），并与式（附 2-27）联列，得到计算定子内部故障的场路耦合数学模型，其矩阵表示形式为

$$\begin{bmatrix} -\boldsymbol{Q} & \\ l_{ef}\boldsymbol{C}^{T} & \boldsymbol{M}'_l+\boldsymbol{M}_{T} \end{bmatrix} p\begin{bmatrix} \boldsymbol{A} \\ \boldsymbol{I}' \end{bmatrix}+\begin{bmatrix} -\boldsymbol{K} & \boldsymbol{C} \\ & \boldsymbol{R}'+\boldsymbol{R}_{T} \end{bmatrix}\begin{bmatrix} \boldsymbol{A} \\ \boldsymbol{I}' \end{bmatrix}=\begin{bmatrix} \boldsymbol{0} \\ \boldsymbol{E} \end{bmatrix} \quad \text{（附 2-29）}$$

式（附 2-29）是 $T_{node}+N$ 阶的微分方程组，待求状态变量 $[\boldsymbol{A} \quad \boldsymbol{I}']^{T}$ 由各节点矢量磁位和各回路电流组成。在系数矩阵中，$\boldsymbol{K}$ 与各单元的节点坐标、磁导率有关［见式（附 2-14）］，随转子的转动而改变，是时变系数，而且受电机的饱和状况影响；$\boldsymbol{Q}$ 与导体单元的面积和电导率有关［见式（附 2-18）］，不考虑电导率随温度的变化时，是常数矩阵；一般也不考虑饱和对漏感的影响，那么回路端部漏感矩阵 $\boldsymbol{M}'_l$［见式（附 2-24）］和其他参数矩阵 $\boldsymbol{R}'$、$\boldsymbol{R}_{T}$、$\boldsymbol{M}_{T}$（见第 1 章的 1.2.1 的第三部分）也都是常数矩阵。

5. 场路耦合数学模型的数值求解

确定了同步发电机定子内部故障的数学模型和参数后，就需要找到稳定性好、精度高、计算量小而且占用存储空间小的数值计算方法来求解方程。

（1）微分方程的离散化：

可以采用 Crank-Nicolson（梯形积分）方法对数学模型的微分方程进行时间离散，其优点是：

1）稳定性好，是全平面稳定。计算步长不会受到系统中最小时间常数的约束。

2）计算精度高。此法的全局截断误差是 $o(\Delta t^2)$ 级，局部截断误差是 $o(\Delta t^3)$ 级。只要步长取得合适，计算精度可以满足工程要求。

3）计算工作量小。此法属于单步法。与多步法相比，它不但起步计算方便，而且只要保留上一步的计算结果，因而节省计算机存储空间。由于每步只算一次右端函数，比四阶龙格-库塔法的计算量小。

Crank-Nicolson 时间离散算法由下式给出

$$X_{k+1}=X_k+\frac{\Delta t}{2}(\dot{X}_k+\dot{X}_{k+1}) \quad \text{（附 2-30）}$$

式中的下标 k 代表第 k 时步的时变量，比如 $\dot{X}_k$ 是第 k 时步 X 的时间差分。

将式（附 2-29）简记为

$$\boldsymbol{L}\dot{\boldsymbol{X}}+\boldsymbol{S}\boldsymbol{X}=\boldsymbol{F} \quad \text{（附 2-31）}$$

在 k 时刻：$\boldsymbol{L}_k\dot{\boldsymbol{X}}_k+\boldsymbol{S}_k\boldsymbol{X}_k=\boldsymbol{F}_k$

在 $k+1$ 时刻：$\boldsymbol{L}_{k+1}\dot{\boldsymbol{X}}_{k+1}+\boldsymbol{S}_{k+1}\boldsymbol{X}_{k+1}=\boldsymbol{F}_{k+1}$

将上两式相加，得：$\boldsymbol{L}_k\dot{\boldsymbol{X}}_k+\boldsymbol{L}_{k+1}\dot{\boldsymbol{X}}_{k+1}+\boldsymbol{S}_k\boldsymbol{X}_k+\boldsymbol{S}_{k+1}\boldsymbol{X}_{k+1}=\boldsymbol{F}_k+\boldsymbol{F}_{k+1}$

由于 L 是常数阵，即 $\boldsymbol{L}_k=\boldsymbol{L}_{k+1}=\boldsymbol{L}$，再将式（附 2-30）代入上式，可得

$$\left(\frac{2}{\Delta t}\boldsymbol{L}+\boldsymbol{S}_{k+1}\right)\boldsymbol{X}_{k+1}=\left(\frac{2}{\Delta t}\boldsymbol{L}-\boldsymbol{S}_k\right)\boldsymbol{X}_k+\boldsymbol{F}_k+\boldsymbol{F}_{k+1}$$

即

$$\begin{bmatrix} -\frac{2}{\Delta t}\boldsymbol{Q}-\boldsymbol{K}_{k+1} & \boldsymbol{C} \\ l_{\text{ef}}\frac{2}{\Delta t}\boldsymbol{C}^{\text{T}} & \frac{2}{\Delta t}(\boldsymbol{M}'_l+\boldsymbol{M}_{\text{T}})+\boldsymbol{R}'+\boldsymbol{R}_{\text{T}} \end{bmatrix}\begin{bmatrix}\boldsymbol{A}_{k+1}\\ \boldsymbol{I}'_{k+1}\end{bmatrix}$$

$$=\begin{bmatrix} -\frac{2}{\Delta t}\boldsymbol{Q}+\boldsymbol{K}_{k} & -\boldsymbol{C} \\ l_{\text{ef}}\frac{2}{\Delta t}\boldsymbol{C}^{\text{T}} & \frac{2}{\Delta t}(\boldsymbol{M}'_l+\boldsymbol{M}_{\text{T}})-\boldsymbol{R}'-\boldsymbol{R}_{\text{T}} \end{bmatrix}\begin{bmatrix}\boldsymbol{A}_{k}\\ \boldsymbol{I}'_{k}\end{bmatrix}+\begin{bmatrix}0\\ E_{k}\end{bmatrix}+\begin{bmatrix}0\\ E_{k+1}\end{bmatrix} \quad \text{(附 2-32)}$$

考虑到式（附 2-32）的系数矩阵不对称，在存储和计算上都比对称的系数矩阵复杂，可以稍加变换，在等号两边同时左乘一个常数变换矩阵 $\boldsymbol{T}=\begin{bmatrix}\boldsymbol{T}_{\text{A}} & \\ & \boldsymbol{T}_{\text{I}}\end{bmatrix}$，其中 $\boldsymbol{T}_{\text{A}}$ 为 T_{node} 阶的单位矩阵（T_{node} 为节点总数），$\boldsymbol{T}_{\text{I}}$ 为 N 阶的对角矩阵（N 为回路总数，$N=N_{\text{s}}+N_{\text{f}}+N_{\text{d}}$），并且所有的对角元素都为 $\frac{\Delta t}{2l_{\text{ef}}}$。

（实际上，$\boldsymbol{T}$ 也是个对角阵，$\boldsymbol{T}=\begin{bmatrix}1 &&&&&& \\ & 1 &&&&& \\ && \ddots &&&& \\ &&& 1 &&& \\ &&&& \frac{\Delta t}{2l_{\text{ef}}} && \\ &&&&& \ddots & \\ &&&&&& \frac{\Delta t}{2l_{\text{ef}}}\end{bmatrix}$），则式（附 2-32）变换为

$$\begin{bmatrix} -\frac{2}{\Delta t}\boldsymbol{Q}-\boldsymbol{K}_{k+1} & \boldsymbol{C} \\ \boldsymbol{C}^{\text{T}} & \frac{1}{l_{\text{ef}}}(\boldsymbol{M}'_l+\boldsymbol{M}_{\text{T}})+\frac{\Delta t}{2l_{\text{ef}}}(\boldsymbol{R}'+\boldsymbol{R}_{\text{T}}) \end{bmatrix}\begin{bmatrix}\boldsymbol{A}_{k+1}\\ \boldsymbol{I}'_{k+1}\end{bmatrix}$$

$$=\begin{bmatrix} -\frac{2}{\Delta t}\boldsymbol{Q}+\boldsymbol{K}_{k} & -\boldsymbol{C} \\ \boldsymbol{C}^{\text{T}} & \frac{1}{l_{\text{ef}}}(\boldsymbol{M}'_l+\boldsymbol{M}_{\text{T}})-\frac{\Delta t}{2l_{\text{ef}}}(\boldsymbol{R}'+\boldsymbol{R}_{\text{T}}) \end{bmatrix}\begin{bmatrix}\boldsymbol{A}_{k}\\ \boldsymbol{I}'_{k}\end{bmatrix}$$

$$+\begin{bmatrix}0\\ \frac{\Delta t}{2l_{\text{ef}}}\boldsymbol{E}_{k}\end{bmatrix}+\begin{bmatrix}0\\ \frac{\Delta t}{2l_{\text{ef}}}\boldsymbol{E}_{k+1}\end{bmatrix} \quad \text{(附 2-33)}$$

这样经过 Crank-Nicolson 方法的推导，描述定子内部故障场路耦合数学模型的微分方程组已离散为代数方程式（附 2-33），可用来求解暂态过程。

暂态计算中初始状态是这样给出的：假定在稳态情况下发生故障，初始状态就是故障前的稳定运行状态，然后对式（附 2-33）向后逐步求解，可求得整个暂态过程。

（2）非线性代数方程的求解。

代数方程式（附 2-33）的系数矩阵中包含 $\boldsymbol{K}$，它不仅时变，还与各单元的磁导率 μ

（或者说是磁阻率 ν）有关。而铁磁物质（比如电机的定子铁心和转子铁心）的磁化特性呈非线性关系，μ 是磁感应强度 $\overrightarrow{B}$ 的函数，也是矢量磁位 $\overrightarrow{A}$ 的函数。所以式（附 2-33）是个非线性代数方程式，它的求解一般归结为多次迭代求解同阶的线性代数方程式。常用的解法有 Newton-Raphson 法、修正的 Newton-Raphson 法、欠松弛迭代法、最速下降法、延拓法、固定点方法及不同方法的交叉使用等。

从收敛速度和计算方便出发，采用具有二阶收敛速度的 Newton-Raphson 法求解非线性方程，并对磁化曲线采用逐段线性插值函数逼近，可迭代求出式（附 2-33）的数值解，其中要注意针对第一类边界条件的节点而修正系数矩阵。受篇幅所限，这里不进行具体推导。

上述求解过程不仅可以省去计算时变的电感参数的麻烦，而且能够比较准确地考虑铁心饱和、涡流和齿槽等因素的影响。

四、同步发电机定子内部故障的仿真计算与实验验证

对于同步发电机内部故障的数学模型及相应的数值解法，需要通过发电机定子内部短路的实验来检验其正确性。由于绕组内部线圈间短路时，短路匝电流很大，很难在原型机上进行额定工况下的内部短路试验。下面的实验结果都是在兰州电机厂制造的 12kW 专用实验凸极同步发电机上得到的，其主要参数见附录六。

实验电机定子绕组每相 2 分支，每支路有 7 个线圈，且每个线圈的上、下层边都有抽头，发电机的绕组情况见附录六的附图 6-1。为方便进行定子内部故障的实验，每个线圈的两个抽头都引到接线板上。实验时，用接触器对要短路的两个绕组抽头进行短接。

在这个机组上进行了绕组正常运行时的空载实验、三相对称突然短路实验；在单机空载和机端带对称电阻负载的工况下，进行了定子绕组匝间短路、同相不同支路间短路和不同相支路间短路三种不同类型的内部短路实验。

按照第 1 章 1.2.1 中所述的回路选择方法，该实验电机的回路数为

$$N = N_S + N_f + 2P \times N_c = N_S + 1 + 4 \times 6 = 30(\text{正常绕组}) \sim 31(\text{定子内部短路故障})$$

$$\text{定子回路数 } N_S = \begin{cases} 5 & \text{对正常绕组} \\ 6 & \text{发生内部短路时} \end{cases}$$

对于多回路数学模型，微分方程的阶数等于回路数，只有 30～31 阶，计算机的求解速度会比较快。一般计算步长取为 0.2ms，应用 P4 1.7GHz CPU、256M 内存的 PC 机，在半分钟至几分钟之内，就可仿真出整个暂态过程。

而对场路耦合数学模型，由于剖分得到的单元、节点数目非常多（见附图 2-2），共有 9292 个单元、4668 个节点，再加上回路数，得到约 4700 阶的非线性代数方程组。所以求解暂态过程就需要比较长的机时。为使计算结果能够反

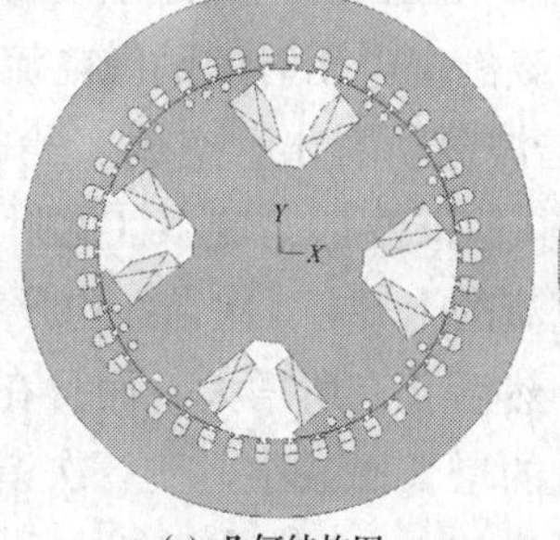

(a) 几何结构图

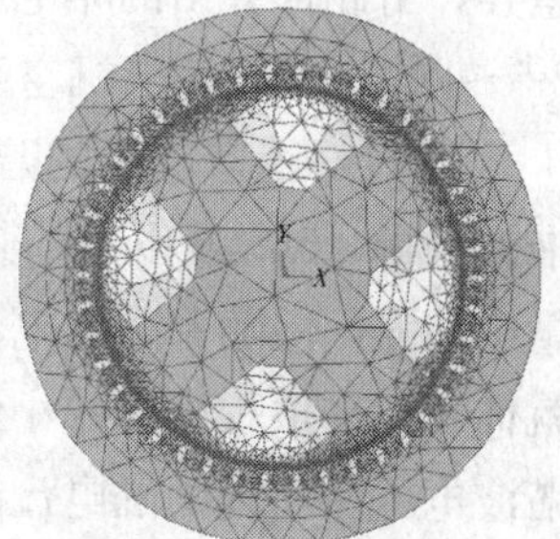
(b) 网格剖分图

附图 2-2　12kW 实验电机的横截面

映电机齿、槽的周期性变化带来的影响，在每个工频周期内计算 $2\times Z_1=84$ 步（Z_1 为定子槽数），即计算步长取为 $\Delta t=0.238$ms。

下面将给出几个实验与仿真结果相对比的例子，说明数学模型的正确性和仿真方法的可行性。

1. 正常绕组的单机空载特性

在测量实验电机的空载特性时发现，在比较小的励磁电流下，相电压呈现平顶形；随着励磁电流的上升，波形的平顶程度减小，有变“尖”的趋势。

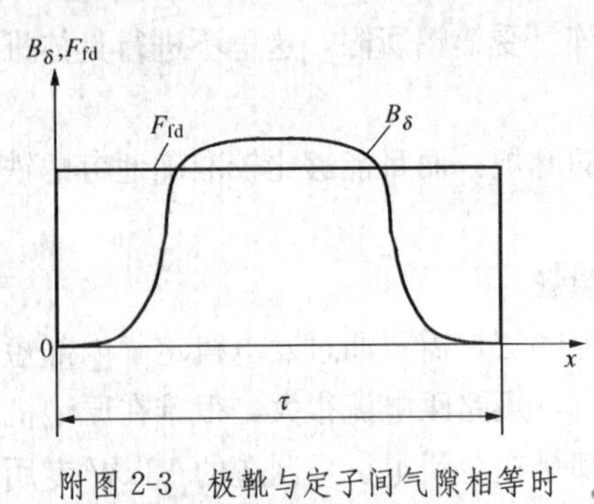

附图 2-3　极靴与定子间气隙相等时的励磁磁通势 F_{fd} 和气隙磁密 B_δ 分布波形

造成这种现象的主要原因是铁心磁阻的影响。套在磁极上的励磁绕组通入直流励磁电流后，产生的励磁磁通势在一个极下是矩形波。对于极靴与定子之间有均匀气隙的凸极电机，不考虑磁路差异和饱和因素时，只是极间部分磁阻较大，其余地方磁阻相差不大（主要是气隙磁阻），因此气隙磁密波形呈平顶状。附图 2-3 所示平顶形的磁密波中含有较大的 3 次谐波分量，尽管定子绕组采取了分布、短距的措施，相绕组中还会产生不小的 3 次谐波电动势，再加上基波分量，相电动势波形将呈平顶形。

从单机空载运行状态下的磁场分布图（见附图 2-4）看出，由于我们所用的实验电机极靴两边伸出极身的部分比较长，而且很薄，造成极身边缘部分的磁力线在转子铁心中的路径很长，而且经过了磁极中磁密最大的地方（从用灰度表现的单元磁密图中能清楚看出，磁场最强的部分位于极靴边缘）。随着励磁电流的增大，极靴边缘部分最先进入饱和状态，经过这里的磁路消耗在铁心里的磁位降最大，该处的气隙磁密会比磁极中心附近处的磁密增加得少一些，造成气隙磁密从极中心附近向两边逐渐减小，波形的平顶程度降低，所以感应出的定子相电压会有变“尖”的趋势。

当励磁电流继续增大时，磁极的其他部分，包括极中心附近，也会逐渐饱和，磁极各处的气隙磁密会增大得比较均匀，使得定子相电压逐渐又呈平顶形。

相电压波形的这种变化趋势，在场路耦合模型的仿真结果中，基本上得到了验证。而多回路模型把铁心磁阻按照基波主磁路归算到了气隙中，无法考虑不同磁路中铁心磁阻的差异，由此计算出的相电压，在励磁电流逐渐上升的过程中，波形始终呈平顶形（见附图 2-5～附图 2-7，该电机空载额定电压时的励磁电流 $I_{fd0}=8.24$A）。

通过对稳态电压的谐波分析看出，空载实验的相电压中除基波分量外，主要是 3 次谐波分量，5 次及以上的其他谐波都比较小（见附表 2-1）。而 3 次谐波电压虽然在谐波分量中最强，但随着励磁电流的上升，3 次谐波电压的增长与基波电压并不同步，在形状上就体现为平顶程度先减小然后又有所增大。而且在励磁电流为 4.0～5.0A 的范围里，3 次谐波电压反而随励磁电流的增长而减小，比 5 次谐波电压还低，这时定子相电压波形比较接近于正弦波。当励磁电流从 5.0A 左右继续上升时，3 次谐波电压才又开始增大。

以实验数据来检验场路耦合模型的仿真结果，发现基波分量的相对误差都在 4%以

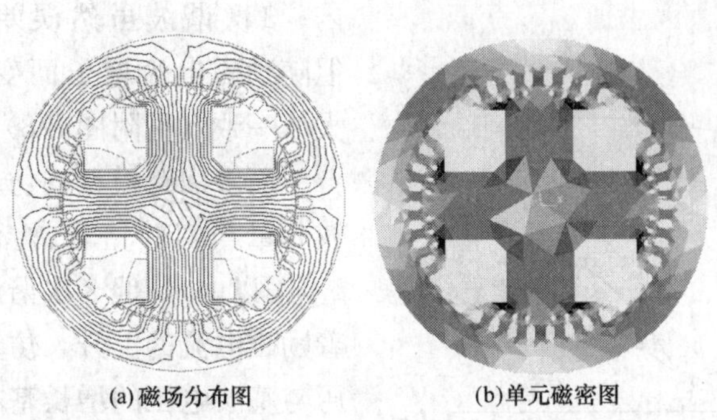

(a)磁场分布图　　(b)单元磁密图

附图 2-4　正常空载运行时，实验电机的磁场分布

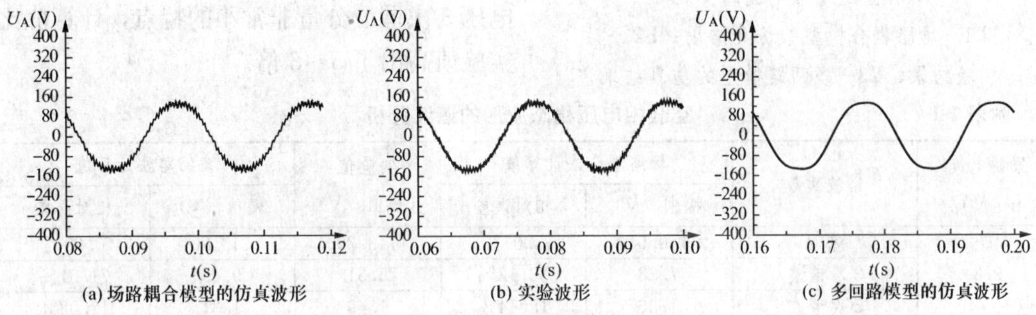

(a) 场路耦合模型的仿真波形　　(b) 实验波形　　(c) 多回路模型的仿真波形

附图 2-5　励磁电流 I_{fd0} = 2.3A 时，正常绕组的空载相电压的稳态波形

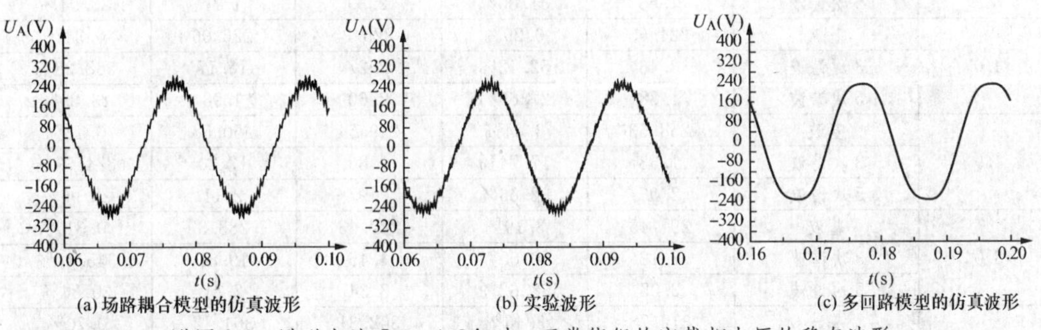

(a) 场路耦合模型的仿真波形　　(b) 实验波形　　(c) 多回路模型的仿真波形

附图 2-6　励磁电流 I_{fd0} = 4.9A 时，正常绕组的空载相电压的稳态波形

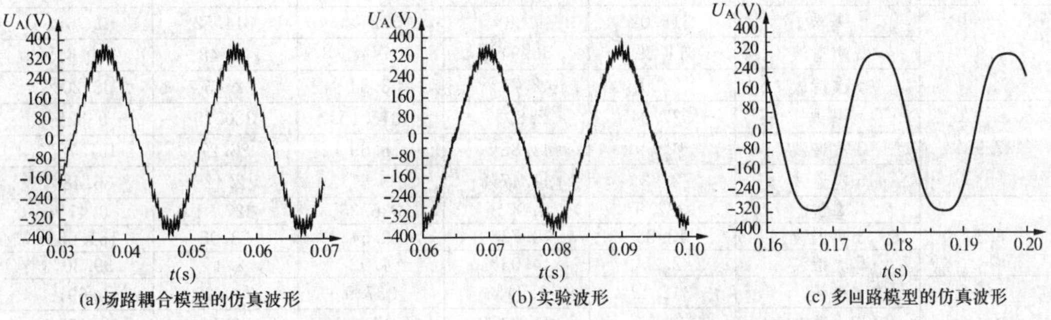

(a)场路耦合模型的仿真波形　　(b)实验波形　　(c) 多回路模型的仿真波形

附图 2-7　励磁电流 I_{fd0} = 9.1A 时，正常绕组的空载相电压的稳态波形

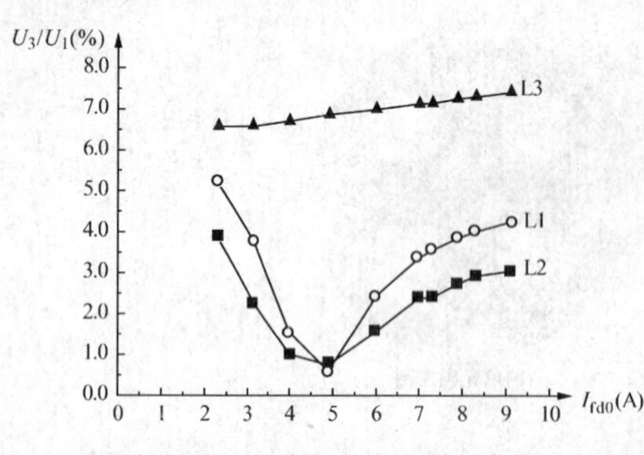

附图 2-8 空载相电压的 3 次谐波含量随励磁电流的变化

L1—场路耦合模型的仿真结果；L2—实验结果；L3—多回路模型的仿真结果

内；3 次谐波虽然误差较大（65%以内），但随励磁电流增长而变化的趋势还与实验大体一致（见附图 2-8）。

而多回路模型的仿真电压波形，虽然基波分量与实验值非常接近（相对误差都在 1.5%以内），但 3 次谐波电压明显偏大。随着励磁电流的上升，仿真结果的 3 次谐波电压与基波电压的增长基本同步，相电压都表现为明显的平顶形状；在励磁电流为 4.0～5.0A 的范围内，仿真结果没有体现出实验电压 3 次谐波分量非常小的特点，计算值比实验值高出了 5～8 倍。

附表 2-1　　空载相电压稳态波形的谐波分析

励磁电流 I_{fd0}（A）	谐波次数	场路耦合法计算值		实验值（幅值，V）	多回路法计算值	
		幅值（V）	相对误差		幅值（V）	相对误差
2.3	基波	140.51	2.01%	143.39	143.80	0.29%
	3 次谐波	7.28	32.12%	5.51	9.45	71.51%
	5 次谐波	1.26	15.44%	1.49	1.31	12.08%
3.15	基波	186.27	3.27%	192.57	195.4	1.47%
	3 次谐波	7.03	61.24%	4.36	12.86	194.95%
	5 次谐波	1.63	31.80%	2.39	1.77	25.94%
4.0	基波	224.65	0.29%	225.3	226.06	0.34%
	3 次谐波	3.46	52.42%	2.27	15.17	568.28%
	5 次谐波	1.88	27.69%	2.60	1.98	23.85%
4.9	基波	258.63	3.64%	249.54	250.58	0.42%
	3 次谐波	1.53	17.74%	1.86	17.20	824.73%
	5 次谐波	2.00	32.66%	2.97	2.11	28.96%
6.0	基波	291.45	3.19%	282.43	283.3	0.31%
	3 次谐波	7.12	60.00%	4.45	19.81	345.17%
	5 次谐波	2.05	38.62%	3.34	2.31	30.84%
7.0	基波	312.78	3.46%	302.31	304.42	0.70%
	3 次谐波	10.51	45.77%	7.21	21.71	201.11%
	5 次谐波	2.15	38.92%	3.52	2.38	32.39%
7.3	基波	318.02	1.88%	312.14	314.52	0.76%
	3 次谐波	11.29	50.94%	7.48	22.48	200.53%
	5 次谐波	2.20	42.71%	3.84	2.45	36.20%
7.9	基波	327.34	2.89%	318.15	320.75	0.82%
	3 次谐波	12.59	44.88%	8.69	23.27	167.78%
	5 次谐波	2.23	41.47%	3.81	2.42	36.48%
8.3	基波	332.8	1.97%	326.36	327.91	0.47%
	3 次谐波	13.33	39.73%	9.54	23.95	151.05%
	5 次谐波	2.25	44.03%	4.02	2.44	39.30%
9.1	基波	342.42	1.34%	337.9	340.23	0.69%
	3 次谐波	14.55	41.26%	10.3	25.21	144.76%
	5 次谐波	2.30	46.76%	4.32	2.45	43.29%

事实上，用多回路模型仿真时，气隙等效长度是根据实验或设计的基波电压来确定的。也就是说在不同的空载励磁电流下，气隙等效长度是不同的，所以附图 2-8 中的 L3 不是一条水平的直线。但如果实验数据不全，就只能假设气隙等效长度与励磁电流成线性关系，那么基波电压的计算误差也会增大。而场路耦合模型就没有这个问题，只要铁磁材料的磁化曲线比较准确，随励磁电流的变化，仿真电压的基波分量与实验结果都很吻合，能够反映铁心的不同饱和情况。

2. 正常绕组的机端三相突然短路

机端三相突然短路是同步电机的一种典型的外部故障，实际应用中同步电机的瞬态参数均可从机端三相突然短路实验中得到。在我们的实验中，励磁电源采用 24V 直流电压源，只能靠调节励磁回路的串联电阻来改变励磁电流，所以励磁电阻 R_{fd}（包括了串联电阻）比较大，励磁电流的直流分量及定子电流的基波分量衰减得比较快。附图 2-9、附图 2-10 给出了单机空载下，机端三相突然短路的定子相电流和励磁电流的暂态波形（励磁回路电阻 $R_{fd}=6.0\Omega$）。附图 2-11 是稳态三相短路的相电流波形。

用多回路模型仿真时，按照短路前的饱和情况、把气隙等效长度取为 0.967mm（根据 $I_{fd0}=4.0$A 时的空载实验电压确定的）。由图可见，由两种数学模型计算出的三相突然短路的相电流峰值，与实验值的相对误差都在 10%以内；励磁电流的峰值，误差也在 20%以内。而三相短路的稳态相电流，计算值与实验值非常接近。

同时看到，由多回路模型得到的仿真波形，虽然也大致相似于实验波形，但仔细对比可以发现，过渡过程不如稳态吻合得好。这主要因为故障发生后，随着暂态电流的衰减，饱和程度也在变化，这是多回路方法无法考虑的。而由场路耦合模型得到的仿真波形，不但稳态量的大小与实验值非常接近，而且在故障后的整个过渡过程中都与实验波形基本吻合（尤其是定子电流）。

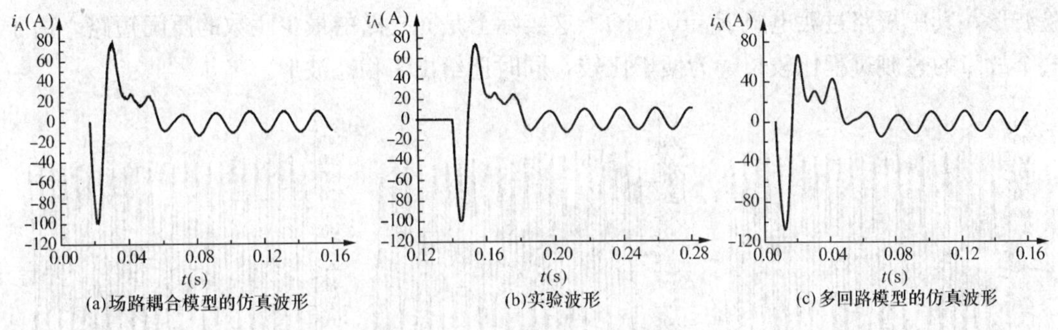

附图 2-9　机端三相突然短路后的 A 相电流暂态波形

由于机端三相突然短路实验会造成很大的电流冲击，需要容量较大的短路开关，而且短路峰值过大会导致电机端部受力过大，对电机可能造成严重的后果，所以实际上大都是在（1/4～1/3）额定电压下进行的。此时电机往往还没有进入饱和区，也就是说，实验往往只能得到不饱和参数。用场路耦合计算程序能够比较准确地仿真出机端三相突然短路的整个过渡过程，如果用来代替机端三相突然短路实验，可以安全、方便地得到任意电压下的过渡过程，并由此得到电机在不同工况下的瞬态参数（包括饱和情况下的参数）。

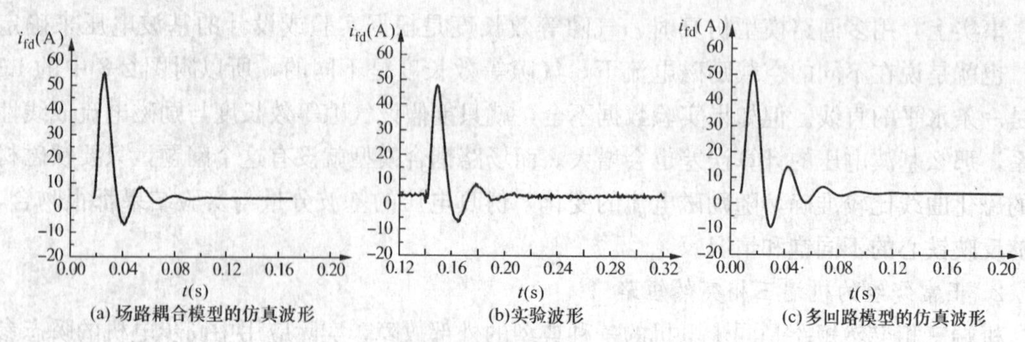

附图 2-10　机端三相突然短路后的励磁电流暂态波形

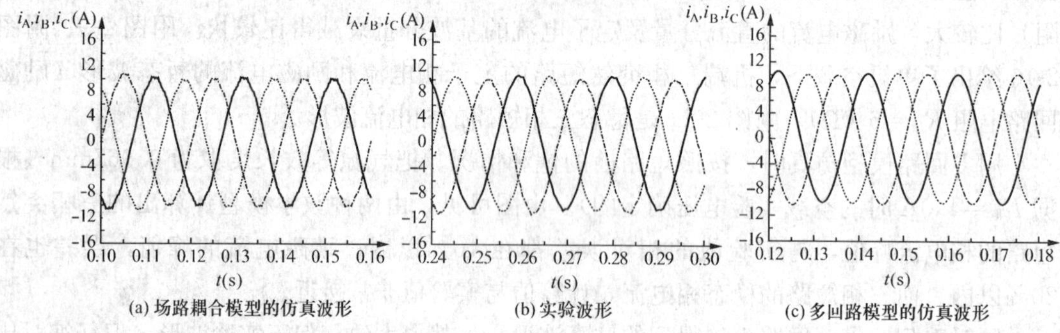

附图 2-11　机端三相突然短路后的三相电流稳态波形

3. 单机空载时定子绕组的同相同分支匝间短路

附图 2-12～附图 2-15 是在单机空载工况下，励磁电流 $I_{fd0}=7.9$A（励磁电阻 $R_{fd}=3.06\Omega$）时，发生 a11［见附录六的附图 6-1（b）］对绕组中性点短路时各电流的仿真和实验波形，其中短路过渡电阻 $R_f=0.06\Omega$。这实际上是同支路的最少匝数的匝间短路。由于这个故障的过渡过程比较长，为便于比较，同时还给出了稳态波形。

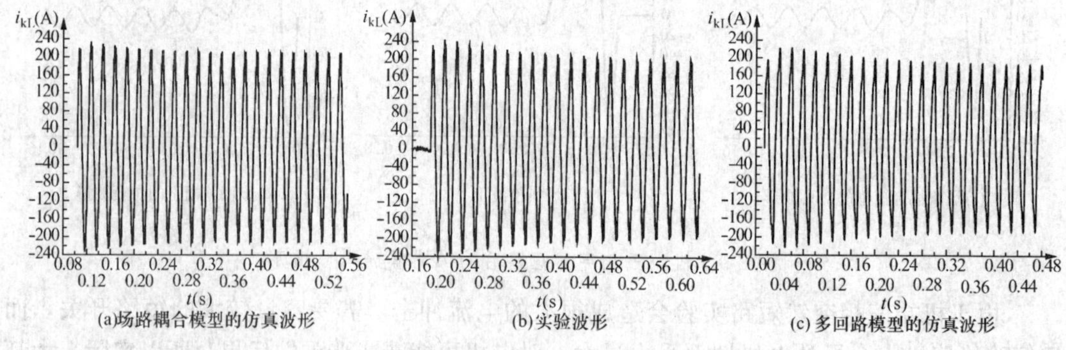

附图 2-12　a11 对中性点短路时的短路回路电流 i_{kL} 的暂态波形

由图可见，由场路耦合模型得到的仿真波形，在故障后的整个过渡过程中都与实验波形基本吻合，比多回路模型的仿真波形更接近于实验结果。

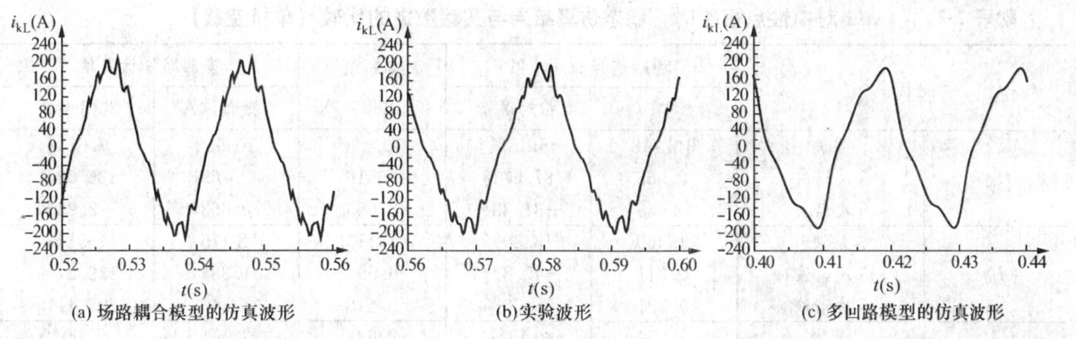

附图 2-13 a11 对中性点短路时的短路回路电流 i_{kL} 的稳态波形

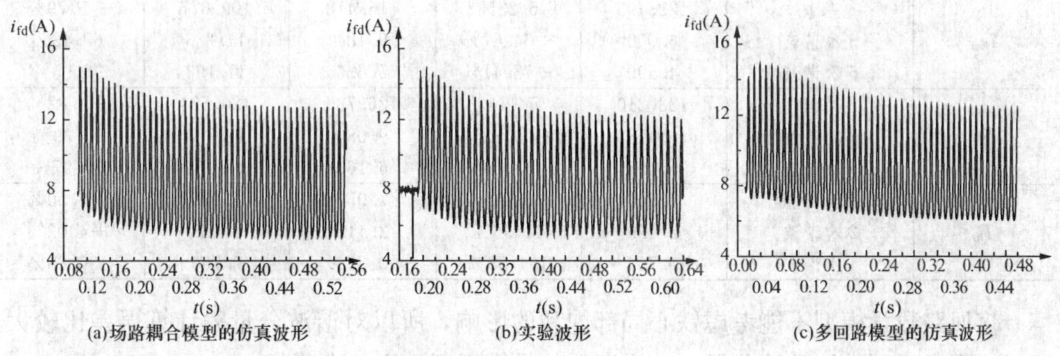

附图 2-14 a11 对中性点短路时的励磁电流 i_{fd} 的暂态波形

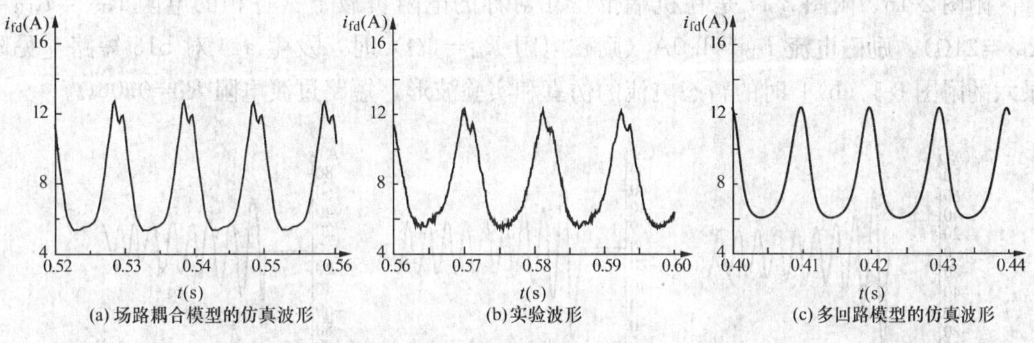

附图 2-15 a11 对中性点短路时的励磁电流 i_{fd} 的稳态波形

为了更清楚地分析两种仿真方法的计算误差，这里对稳态电流进行了谐波分析，见附表 2-2。从表中看出，与实验值相比，场路耦合法计算出的定子稳态电流、基波分量误差都在 15%以内（绝大部分在 6%以内）；3 次谐波分量的计算误差大一些，有的达到近 90%；5 次及更高次谐波的计算误差更大，不过由于高次谐波含量很小，所以从波形上看，计算结果还是很接近实验的。多回路法计算出的定子基波电流也比较准确，误差都在 20%以内（绝大部分在 8%以内）；但 3 次谐波分量的计算值普遍偏大；5 次及更高次谐波的计算误差更大。

附表 2-2　　a11 对中性点短路时，稳态仿真结果与实验数据的比较（单机空载）

电流量		场路耦合法计算值		实验值（有效值，A）	多回路法计算值	
		有效值（A）	相对误差		有效值（A）	相对误差
I_{a1}	基波	10.718	5.18%	10.190	10.962	7.58%
	3 次谐波	0.968	87.60%	0.516	2.769	436.63%
	5 次谐波	0.469	−31.33%	0.683	0.663	−2.93%
I_{b1}	基波	4.660	13.30%	4.113	4.175	1.51%
	3 次谐波	0.311	−47.82%	0.596	1.384	132.21%
	5 次谐波	0.231	56.08%	0.148	1.340	805.41%
I_{c1}	基波	2.679	2.13%	2.623	3.111	18.60%
	3 次谐波	0.757	39.15%	0.544	1.318	142.28%
	5 次谐波	0.340	325.00%	0.080	0.532	565.00%
I_{ka1}	基波	122.493	5.22%	116.418	109.677	−5.79%
	3 次谐波	6.000	−34.67%	9.184	14.733	60.42%
	5 次谐波	4.590	−18.41%	5.626	11.193	98.95%
I_{kL}	基波	133.210	5.11%	126.736	120.624	−4.82%
	3 次谐波	6.418	−29.32%	9.080	17.287	90.39%
	5 次谐波	5.053	−18.05%	6.166	11.035	78.97%
I_{fd}	直流分量	7.905	−0.57%	7.950	7.910	−0.50%
	2 次谐波	2.429	14.96%	2.113	2.028	−4.02%
	4 次谐波	0.754	194.53%	0.256	0.760	196.88%

多回路数学模型不能考虑铁心局部饱和的影响，所以对谐波分量的计算误差比较大。不过，当只需要计算基波分量时，多回路数学模型还是比较准确的。

4. 单机带电阻负载时定子绕组的相间短路

附图 2-16、附图 2-17 是在机端带三相对称的电阻负载下（各相的电阻 $R_{FA}=R_{FB}=R_{FC}=24\Omega$），励磁电流 $I_{fd0}=4.0A$（励磁电阻 $R_{fd}=6\Omega$）时，发生 a14 对 b13 短路［见附录六的附图 6-1（b）］时的暂态电流的仿真和实验波形，短路过渡电阻 $R_f=0.06\Omega$。

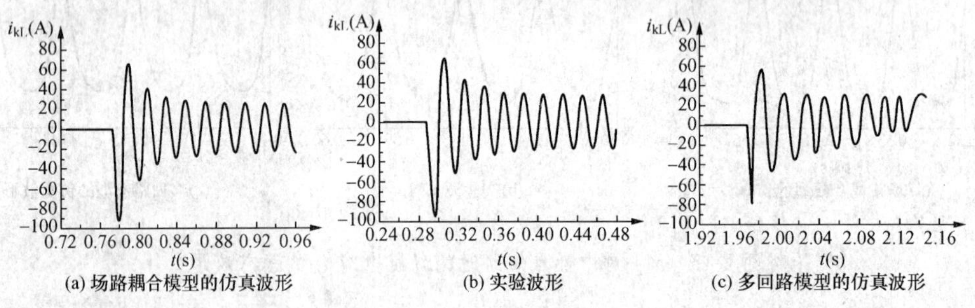

附图 2-16　a14 对 b13 短路时的短路回路电流 i_{kL} 的暂态波形

由附图 2-16、附图 2-17 可见，对于单机带电阻负载运行状态下的 a14 对 b13 短路故障，由场路耦合模型得到的仿真波形，在故障后的整个过渡过程中都与实验波形基本吻合；而由多回路模型得到的仿真波形，虽然也大致相似于实验波形，但仔细对比可以发现，过渡过程不如稳态吻合得好。这主要因为故障发生后，随着暂态电流的衰减，饱和程度也在变化，而这是多回路法无法考虑的。

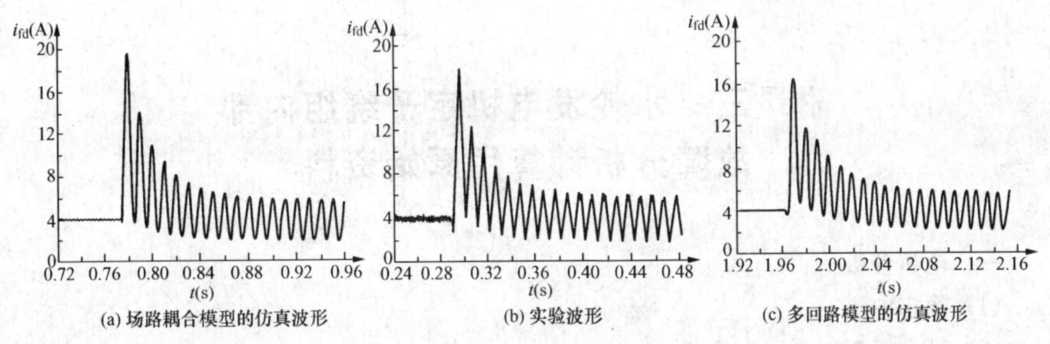

附图 2-17 a14 对 b13 短路时的励磁电流 i_{fd} 的暂态波形

五、小结

同步发电机定子内部故障的多回路数学模型和场路耦合数学模型，都能考虑绕组的分布与连接方式、故障的空间位置、气隙磁场的空间谐波等因素，可用于单机空载及负载运行下的同步发电机机端外部各种短路故障、定子绕组内部各种短路故障等工况的暂态过程仿真。

在电机饱和不严重的情况下，多回路数学模型的暂态仿真结果与实验结果大致吻合，虽然有时非故障分支电流与实验结果的差异比较大，但基波分量还比较准确，基本可以满足工程需要。而且这种仿真方法计算速度快、存贮空间小，可用来进行主保护方案的设计与校验。

场路耦合数学模型由于能够细致地考虑磁极形状、铁心的饱和和涡流等因素，对于正常运行及各种故障，定子所有支路电流及励磁电流的仿真结果都与实验波形相当吻合，尤其当铁心中存在局部饱和时也能得到比较准确的仿真结果，这说明了该数学模型的正确性和数值解法的准确性。

场路耦合数学模型的仿真程序可以代替实际工作中难以实现的内部短路等故障实验。该模型虽然计算速度慢、存贮空间大，对计算机性能的要求比较高，目前无法广泛应用，但在局部饱和严重或铁心涡流明显的情况下，它具有多回路模型不可替代的优势。

附录三 水轮发电机定子绕组内部故障分析计算用原始资料

一、电机参数

(1) 额定电压;
(2) 额定电流;
(3) 额定容量;
(4) 额定功率;
(5) 额定功率因数;
(6) 空载额定电压时的励磁电流;
(7) 额定运行时的励磁电流;
(8) 极对数;
(9) 定子铁心内径;
(10) 定子铁心长度;
(11) 极距;
(12) 定子齿数;
(13) 定子每相并联支路数;
(14) 定子绕组节距;
(15) 定子每线圈匝数;
(16) 定子线圈伸出铁心直线部分长度,如附图 3-1 所示 l_z;
(17) 定子线圈伸出铁心轴向长度,如附图 3-1 所示 E_x;
(18) 定子槽形和槽内布置图,如附图 3-2 所示;
(19) 定子绕组连接图和定子绕组槽号图;
(20) 定子绕组每相电阻;
(21) 转子铁心长度;
(22) 转子每极阻尼条数;
(23) 极弧系数;
(24) 气隙长度(最大值、最小值);
(25) 阻尼条长度、直径和材料;
(26) 阻尼环截面和材料;
(27) 阻尼环到转子端面的距离;
(28) 转子磁极线圈尺寸;
(29) 励磁绕组每线圈匝数;
(30) 励磁绕组并联支路数;

(31) 励磁绕组电阻；

(32) 空载特性曲线；

(33) 转子铁心和磁极的几何尺寸；

(34) 阻尼槽尺寸及其分布图。

二、系统参数

(1) 高压系统等值电抗（最大值、最小值）；

(2) 升压变压器额定值U_N、I_N、S_N；

(3) 升压变压器连接方式；

(4) 升压变压器短路阻抗。

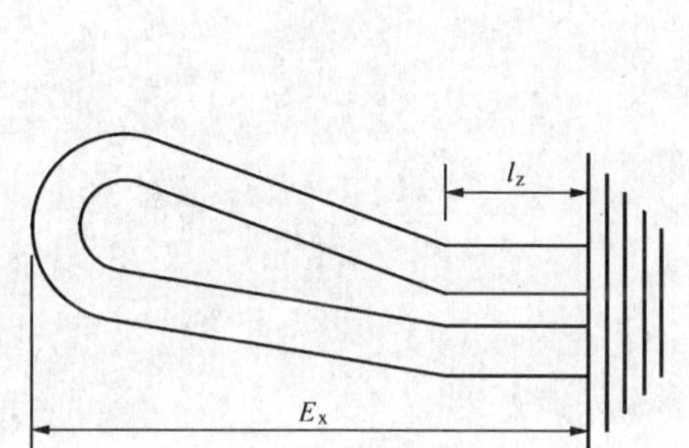

附图 3-1 定子端部尺寸

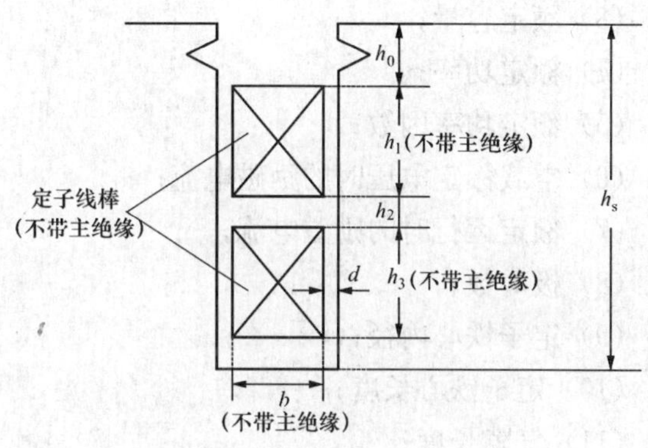

附图 3-2 定子槽形和槽内布置图

h_1 和 h_3—不带主绝缘的定子线棒高；b—不带主绝缘的定子线棒宽；d—定子线棒外包主绝缘厚度；h_s—定子槽高

附录四 汽轮发电机定子绕组内部故障分析计算用原始资料

一、电机参数

(1) 额定电压；
(2) 额定电流；
(3) 额定容量；
(4) 额定功率；
(5) 额定功率因数；
(6) 空载额定电压时的励磁电流；
(7) 额定运行时的励磁电流；
(8) 极对数；
(9) 定子铁心内径；
(10) 定子铁心长度；
(11) 气隙长度；
(12) 极距；
(13) 定子齿数；
(14) 定子每相并联支路数；
(15) 定子绕组节距；
(16) 定子每线圈匝数；
(17) 定子线圈伸出铁心直线部分长度（如附图 3-1 中所示 l_z）；
(18) 定子线圈伸出铁心轴向长度（如附图 3-1 中所示 E_x）；
(19) 定子槽形和槽内布置图（提供附图 3-2 中所标注的各部分的数据）；
(20) 定子绕组连接图；
(21) 定子绕组每相电阻；
(22) 转子铁心长度；
(23) 转子槽分度；
(24) 转子槽数；
(25) 阻尼条长度、截面尺寸和材料；
(26) 阻尼环截面尺寸和材料；
(27) 转子铁心材料、导电率、导磁率；
(28) 转子槽楔材料、导电率、导磁率；
(29) 转子护环材料、导电率、导磁率；
(30) 励磁绕组每线圈匝数；

(31) 励磁绕组并联支路数；

(32) 励磁绕组总电阻；

(33) 转子绕组图；

(34) 转子槽形和槽内布置图；

(35) 转子阻尼绕组布置图；

(36) 空载特性曲线。

二、系统参数

(1) 高压系统等值电抗（最大值、最小值）；

(2) 升压变压器额定值 U_N、I_N、S_N；

(3) 升压变压器连接方式；

(4) 升压变压器短路阻抗。

附录五　变压器绕组内部故障分析计算用原始资料

一、全套变压器设计图纸

图纸中必须包括：

(1) 铁心结构尺寸；

(2) 绕组结构尺寸；

(3) 绝缘结构及油道尺寸；

(4) 绕组连接；

(5) 线规；

(6) 电磁设计单。

二、变压器铭牌数据及出厂数据

数据中必须包括：

(1) 视在容量；

(2) 额定电压；额定电流；

(3) 连接组别；

(4) 中性点接地阻抗；

(5) 短路阻抗；

(6) 变压器铁心 B-H 曲线（基本磁化曲线）；

(7) 绕组直流电阻。

附录六　12kW 凸极实验电机的主要数据

额定容量 S_N	15kVA	额定功率 P_N	12kW
额定电压 U_N	400V（Y）	额定电流 I_N	21.7A
额定功率因数 $\cos\varphi_N$	0.8	频率 f_N	50Hz
空载额定电压时的励磁电流 I_{fd0}	8.24A	极对数 P	2
额定负载时的励磁电流 I_{fdN}	22.6A	额定转速 n_N	1500r/min
定子槽数 Z	42	定子线圈短距比	0.857
定子并联支路数 a	2	定子单个线圈的匝数	14 匝
定子绕组连接方式	叠绕组	定子每极每相槽数	$3\frac{1}{2}$
定子铁心长度	0.12m	定子铁心内径	0.23m
每极励磁绕组匝数	94 匝	转子每极阻尼条数	6
最小气隙长度	0.6mm（极靴处气隙均匀）	极弧系数	0.7096

定子绕组上层边所在的槽号（中性点→机端，槽号逆转向排序）

A1：	-32	-31	-30	-29	40	41	42
A2：	-11	-10	-9	-8	19	20	21
B1：	-25	-24	-23	-22	33	34	35
B2：	-4	-3	-2	-1	12	13	14
C1：	-39	-38	-37	-36	26	27	28
C2：	-18	-17	-16	-15	5	6	7

定子绕组展开图及连接图见附图 6-1。

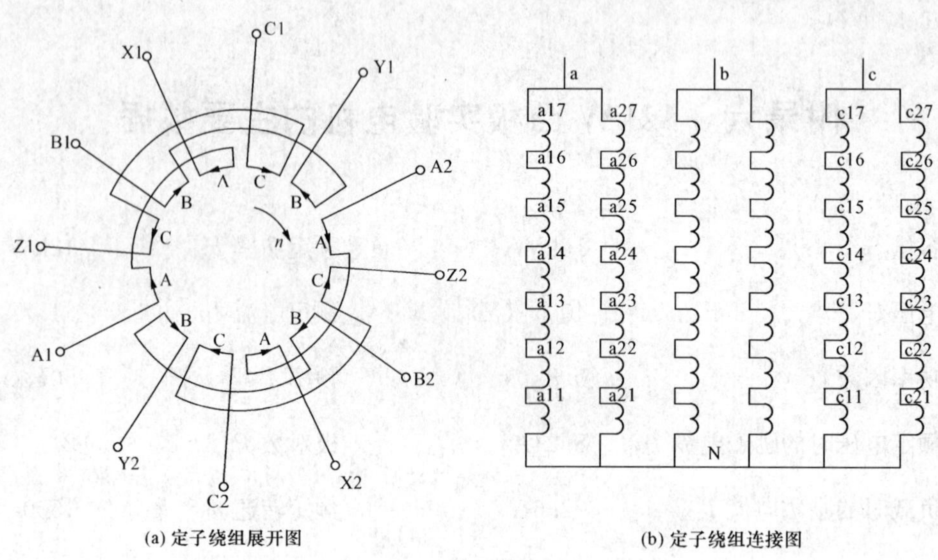

(a) 定子绕组展开图

(b) 定子绕组连接图

附图 6-1　12kW 凸极同步发电机的定子绕组

附录七 许继动模实验室 30kVA 凸极同步发电机的主要数据

额定容量 S_N	30kVA	额定功率 P_N	24kW
额定电压 U_N	400V（Y）	额定电流 I_N	43.3A
功率因数 $\cos\varphi_N$	0.8	频率 f_N	50Hz
空载额定电压时的励磁电流 I_{fd0}	2.7A	极对数 P	3
额定负载时的励磁电流 I_{fdN}	4.5A	额定转速 n_N	1000r/min
定子槽数 Z	54	定子线圈短距比	0.778
定子并联支路数 a	2	定子单个线圈的匝数	8 匝
定子绕组连接方式	叠绕组	定子每极每相槽数	3
定子铁心长度	0.22m	定子铁心内径	0.423m
每极励磁绕组匝数	550 匝	转子每极阻尼条数	6
最小气隙长度	2.8mm	极弧系数	0.9
最大气隙长度	9.44mm		

定子绕组上层边所在的槽号（中性点→机端，槽号顺转向排序）

A1：21 20 19 -10 -11 -12 3 2 1

A2：-46 -47 -48 39 38 37 -28 -29 -30

B1：27 26 25 -16 -17 -18 9 8 7

B2：-52 -53 -54 45 44 43 -34 -35 -36

C1：33 32 31 -22 -23 -24 15 14 13

C2：-4 -5 -6 51 50 49 40 -41 -42

该机定子绕组展开图见附图 7-1。

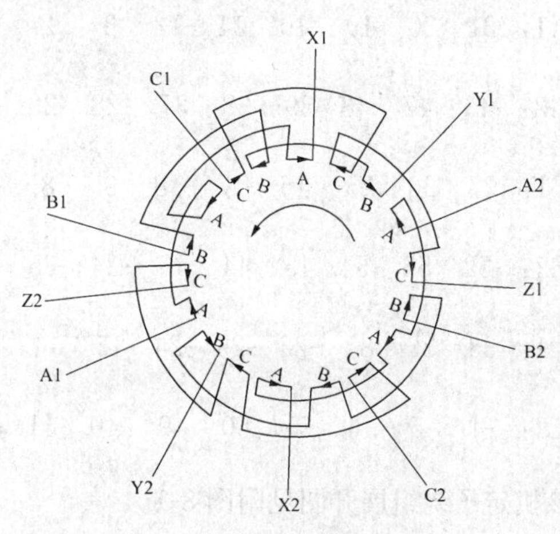

附图 7-1 30kVA 模拟隐极发电机的定子绕组展开图

附录八　许继动模实验室 30kVA 隐极同步发电机的主要数据

参数	数值	参数	数值
额定容量 S_N	30kVA	额定功率 P_N	24kW
额定电压 U_N	400V（Y）	额定电流 I_N	43.3A
功率因数 $\cos\varphi_N$	0.8	频率 f_N	50Hz
空载额定电压时的励磁电流 I_{fd0}	0.9576A	极对数 P	3
额定负载时的励磁电流 I_{fdN}	2.197A	额定转速 n_N	1000r/min
定子槽数 Z	54	定子线圈短距比	0.778
定子并联支路数 a	2	定子单个线圈的匝数	8 匝
定子绕组连接方式	叠绕组	定子每极每相槽数	3
定子铁心长度	0.22m	定子铁心内径	0.423m
转子槽分度数	42	转子槽数	30
励磁绕组连接方式	同心式单层绕组	励磁绕组每极线圈数	2.5 个
励磁绕组每极匝数	625 匝	转子每极阻尼条数	7
气隙长度	1.1mm		

定子绕组上层边所在的槽号（中性点→机端，槽号顺转向排序）

A1：21　20　19　-10　-11　-12　3　2　1

A2：-46　-47　-48　39　38　37　-28　-29　-30

B1：27　26　25　-16　-17　-18　9　8　7

B2：-52　-53　-54　45　44　43　-34　-35　-36

C1：33　32　31　-22　-23　-24　15　14　13

C2：-4　-5　-6　51　50　49　-40　-41　-42

该机定子绕组展开图见附图 8-1。

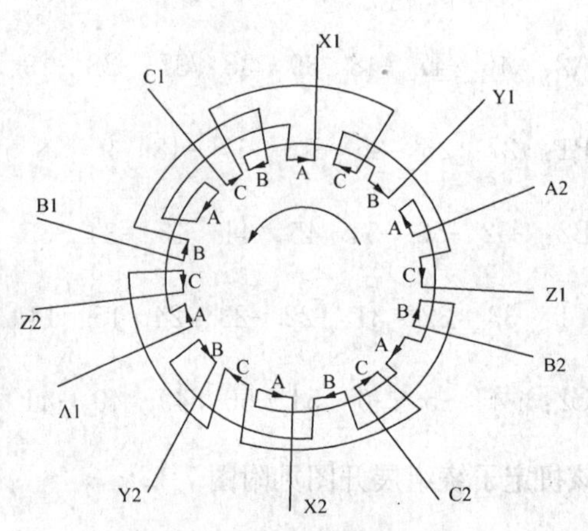

附图 8-1　30kVA 模拟隐极发电机的定子绕组展开图